AF114050

DIE HORMONE

IHRE PHYSIOLOGIE UND PHARMAKOLOGIE

VON

PAUL TRENDELENBURG
PROFESSOR AN DER UNIVERSITÄT BERLIN

ERSTER BAND
KEIMDRÜSEN · HYPOPHYSE
NEBENNIEREN

MIT 60 ABBILDUNGEN

BERLIN
VERLAG VON JULIUS SPRINGER
1929

ISBN-13: 978-3-642-90475-2   e-ISBN-13: 978-3-642-92332-6
DOI: 10.1007/978-3-642-92332-6

Alle Rechte, insbesondere
das der Übersetzung in fremde Sprachen, vorbehalten
Copyright 1929 by Julius Springer in Berlin
Softcover reprint of the hardcover 1st edition 1929

MEINEM LEHRER

W. STRAUB

GEWIDMET

Vorwort.

In der folgenden Darstellung der physiologischen und pharmakologischen Wirkungen der Hormone wurde der Schwerpunkt auf eine erschöpfende und kritische Wiedergabe der wichtigeren experimentell gewonnenen Ergebnisse gelegt. Von einer Vollständigkeit der Wiedergabe wurde abgesehen, da viele der älteren experimentellen Arbeiten in den älteren Darstellungen der Hormonwirkungen, besonders in dem Lehrbuche von A. BIEDL, Innere Sekretion, ausführlich referiert sind, und da manche der neueren Arbeiten mit so durchsichtigen methodischen Fehlern behaftet sind, daß ihnen kein wissenschaftlicher Wert zukommt. Immerhin glaube ich, die Literatur so vollständig durchgesehen und hier berücksichtigt zu haben, daß es jedem möglich sein wird, die vorhandenen Lücken an Hand der angeführten Literatur ohne allzu viele Mühe selbst auszufüllen. Bewußt wurde von einer vollzähligen Wiedergabe der auf dem Boden der Lehre von der inneren Sekretion so üppig wuchernden Theorien abgesehen, und es wurden nur die experimentell genügend gesicherten Theorien berücksichtigt.

Das Buch befaßt sich nur mit den „klassischen" Hormonen, d. h. mit den Stoffen einiger Organe, von denen nachgewiesen wurde, daß sie in differenzierten Zellen Substanzen bilden, die für den morphologischen Aufbau des Körpers, die physischen und chemischen Funktionen seiner Organe oder das psychische Verhalten bestimmend sind. Die vielen, meist aber hypothetischen, die Funktionen einzelner Organe fördernden oder hemmenden Stoffe, die in den verschiedensten Organen selbst gebildet werden, und die neuerdings unzweckmäßigerweise ebenfalls Hormone genannt werden, obwohl eine Fernwirkung dieser Stoffe nicht nachgewiesen ist, blieben unberücksichtigt.

In einem zweiten Bande, der in Vorbereitung ist, wird über die Hormone der Schilddrüse, der Nebenschilddrüse, der Inselzellen des Pankreas, der Epiphyse und des Thymus sowie der Darmschleimhaut berichtet werden.

Dieser Band wurde Ende 1928 abgeschlossen; er berücksichtigt die bis Ende dieses Jahres erschienenen Arbeiten.

Berlin, im April 1929.   PAUL TRENDELENBURG.

Inhaltsverzeichnis.

Erstes Kapitel.
Keimdrüsen.

Seite

I. Geschichtliche Bemerkungen über die Erforschung der Keimdrüsenwirkungen. 1

II. Hormonale Wirkungen der weiblichen Keimdrüsen und anderer weiblicher Geschlechtsorgane sowie der Foeten 3

    a) Anatomie und Histologie des Eierstockes 3
    b) Zusammenhänge zwischen Brunst (Oestrus) sowie Menstruation und funktionellem Zustand der Eierstöcke 6
        Säugetiere 6. — Vögel 8. — Mensch 8.
    c) Zusammenhänge zwischen Schwangerschaft und funktionellem Zustand der Eierstöcke; Einfluß der Schwangerschaft auf den Körper 9
    d) Einfluß der Eierstockentfernung auf den weiblichen Körper 13
        Wirbellose 13. — Wirbeltiere 13.
    e) Überpflanzungen von Eierstöcken 19
        Wirbellose 19. — Wirbeltiere 19.
    f) Beweise für die Bildung von Hormonen im Ovar durch Versuche mit Ovarauszügen 22
    g) Die Hormonwirkungen der einzelnen Gewebsteile des Eierstockes 24
        Interstitielles Gewebe 25. — Follikel und Follikelflüssigkeit 26. — Corpus luteum 30.
    h) Hormonwirkungen der Placenta 35
    i) Über das Vorkommen weiblicher Geschlechtshormone in weiteren Organen und Körperflüssigkeiten 38
    k) Wirkung der Eierstock- und Placentahormone außerhalb der Sphäre der weiblichen Geschlechtsorgane 41
    l) Resorption und Ausscheidung der Hormone des Eierstockes und der Placenta. 43
    m) Chemische Eigenschaften der Hormone der weiblichen Geschlechtsorgane 44
    n) Wechselbeziehungen zwischen den Hormonen der weiblichen Geschlechtsorgane und anderen Hormonen 48
        Schilddrüse 48. — Nebenschilddrüse 50. — Hypophysenvorderlappen 50. — Hypophysenhinterlappen 51. — Nebennierenrinde 52. — Nebennierenmark 54. — Inselzellen des Pankreas 54. — Epiphyse 55. — Thymus 56.
    o) Exogene Schädigungen der Ovarfunktion 56
        Ernährungsstörungen 56.—Röntgenstrahlen 57.— Gifte 57. — Umwelteinflüsse. Traumen 58.

Vorwort.

In der folgenden Darstellung der physiologischen und pharmakologischen Wirkungen der Hormone wurde der Schwerpunkt auf eine erschöpfende und kritische Wiedergabe der wichtigeren experimentell gewonnenen Ergebnisse gelegt. Von einer Vollständigkeit der Wiedergabe wurde abgesehen, da viele der älteren experimentellen Arbeiten in den älteren Darstellungen der Hormonwirkungen, besonders in dem Lehrbuche von A. BIEDL, Innere Sekretion, ausführlich referiert sind, und da manche der neueren Arbeiten mit so durchsichtigen methodischen Fehlern behaftet sind, daß ihnen kein wissenschaftlicher Wert zukommt. Immerhin glaube ich, die Literatur so vollständig durchgesehen und hier berücksichtigt zu haben, daß es jedem möglich sein wird, die vorhandenen Lücken an Hand der angeführten Literatur ohne allzu viele Mühe selbst auszufüllen. Bewußt wurde von einer vollzähligen Wiedergabe der auf dem Boden der Lehre von der inneren Sekretion so üppig wuchernden Theorien abgesehen, und es wurden nur die experimentell genügend gesicherten Theorien berücksichtigt.

Das Buch befaßt sich nur mit den ,,klassischen" Hormonen, d. h. mit den Stoffen einiger Organe, von denen nachgewiesen wurde, daß sie in differenzierten Zellen Substanzen bilden, die für den morphologischen Aufbau des Körpers, die physischen und chemischen Funktionen seiner Organe oder das psychische Verhalten bestimmend sind. Die vielen, meist aber hypothetischen, die Funktionen einzelner Organe fördernden oder hemmenden Stoffe, die in den verschiedensten Organen selbst gebildet werden, und die neuerdings unzweckmäßigerweise ebenfalls Hormone genannt werden, obwohl eine Fernwirkung dieser Stoffe nicht nachgewiesen ist, blieben unberücksichtigt.

In einem zweiten Bande, der in Vorbereitung ist, wird über die Hormone der Schilddrüse, der Nebenschilddrüse, der Inselzellen des Pankreas, der Epiphyse und des Thymus sowie der Darmschleimhaut berichtet werden.

Dieser Band wurde Ende 1928 abgeschlossen; er berücksichtigt die bis Ende dieses Jahres erschienenen Arbeiten.

Berlin, im April 1929.   PAUL TRENDELENBURG.

Inhaltsverzeichnis.

Erstes Kapitel.
Keimdrüsen.

Seite

I. Geschichtliche Bemerkungen über die Erforschung der Keimdrüsenwirkungen. 1

II. Hormonale Wirkungen der weiblichen Keimdrüsen und anderer weiblicher Geschlechtsorgane sowie der Foeten 3
   a) Anatomie und Histologie des Eierstockes 3
   b) Zusammenhänge zwischen Brunst (Oestrus) sowie Menstruation und funktionellem Zustand der Eierstöcke 6
      Säugetiere 6. — Vögel 8. — Mensch 8.
   c) Zusammenhänge zwischen Schwangerschaft und funktionellem Zustand der Eierstöcke; Einfluß der Schwangerschaft auf den Körper 9
   d) Einfluß der Eierstockentfernung auf den weiblichen Körper 13
      Wirbellose 13. — Wirbeltiere 13.
   e) Überpflanzungen von Eierstöcken 19
      Wirbellose 19. — Wirbeltiere 19.
   f) Beweise für die Bildung von Hormonen im Ovar durch Versuche mit Ovarauszügen 22
   g) Die Hormonwirkungen der einzelnen Gewebsteile des Eierstockes 24
      Interstitielles Gewebe 25. — Follikel und Follikelflüssigkeit 26. — Corpus luteum 30.
   h) Hormonwirkungen der Placenta 35
   i) Über das Vorkommen weiblicher Geschlechtshormone in weiteren Organen und Körperflüssigkeiten 38
   k) Wirkung der Eierstock- und Placentahormone außerhalb der Sphäre der weiblichen Geschlechtsorgane 41
   l) Resorption und Ausscheidung der Hormone des Eierstockes und der Placenta. 43
   m) Chemische Eigenschaften der Hormone der weiblichen Geschlechtsorgane 44
   n) Wechselbeziehungen zwischen den Hormonen der weiblichen Geschlechtsorgane und anderen Hormonen 48
      Schilddrüse 48. — Nebenschilddrüse 50. — Hypophysenvorderlappen 50. — Hypophysenhinterlappen 51. — Nebennierenrinde 52. — Nebennierenmark 54. — Inselzellen des Pankreas 54. — Epiphyse 55. — Thymus 56.
   o) Exogene Schädigungen der Ovarfunktion 56
      Ernährungsstörungen 56. — Röntgenstrahlen 57. — Gifte 57. — Umwelteinflüsse. Traumen 58.

Inhaltsverzeichnis. VII

III. Hormonale Wirkungen der männlichen Keimdrüsen 58
   a) Anatomie und Histologie des Hodens 58
   b) Beziehungen zwischen Hodenaufbau und Brunstzyklen . . 59
   c) Hodenaufbau bei natürlichem und experimentellem Kryptorchismus 60
   d) Hodenaufbau nach Unterbindung oder Durchtrennung der Samenleiter 61
   e) Wirkung der Röntgenstrahlen auf das Hodengewebe 62
   f) Einfluß der Entfernung der männlichen Keimdrüsen auf den Körper 63

      Wirbellose 63. — Kaltblütige Wirbeltiere 64. — Vögel 66. — Säugetiere, Menschen 67. — Teilkastration 71.

   g) Überpflanzungen der männlichen Keimdrüsen 72

      Kaltblütige Wirbeltiere 72. — Vögel 73. — Säugetiere, Mensch 74.

   h) Experimentelle „Verjüngung" durch Förderung der Hodensekretion 75
   i) Wirkungen der verfütterten Hodensubstanz und der Injektionen von Hodenauszügen 76
   k) Chemie der Hodensubstanzen 80
   l) Wechselbeziehungen zwischen männlicher Keimdrüse und anderen innersekretorischen Organen 80

      Schilddrüse 80. — Nebenschilddrüse 82. — Hypophysenvorderlappen 82. — Hypophysenhinterlappen 82. — Nebenniere 82. — Epiphyse 84. — Thymus 85.

   m) Exogene Schädigungen der Hodenfunktion 86

      Ernährungsfehler 86. — Gifte 86. — Fieber. Außentemperatur. Verletzungen 87.

IV. Wirkung der weiblichen und der männlichen Geschlechtshormone auf die Keimdrüsen und Geschlechtsmerkmale des anderen Geschlechts; gleichzeitige Einwirkung beider Geschlechtshormone auf den männlichen und weiblichen Körper 88
   a) Geschlechtlich noch nicht differenzierte, embryonale Tiere 88
   b) Geschlechtlich differenzierte Tiere 89

Zweites Kapitel.

Hypophyse.

I. Geschichtliche Bemerkungen über die Erforschung der Hypophysenwirkungen 98
II. Anatomie und Histologie der Hypophyse 100
III. Innervation und Sekretabgabe 102
IV. Erkrankungen des Menschen mit Veränderungen an der Hypophyse 106
   a) Akromegalie, Gigantismus, Zwergwuchs 106
   b) Hypophysäre Kachexie 108
   c) Dystrophia adiposogenitalis 108
   d) Diabetes insipidus 109

VIII Inhaltsverzeichnis.

Seite
V. Folgen der Hypophysenentfernung 109
   a) Amphibien 109
   b) Reptilien 111
   c) Vögel 111
   d) Säugetiere 111
       Ist die Hypophyse lebensnotwendig? 112. — Wachstumshemmung 113. — Verfettung 114. — Genitale Atrophie 114. — Polyurie 115. — Stoffwechsel. Temperatur 116.

VI. Anteil des Zwischenhirnes an den nach Hypophysenentfernung auftretenden Erscheinungen 117

VII. Chemie der wirksamen Substanzen des Vorderlappens 120

VIII. Wirkungen der Vorderlappenzufuhr 122
   a) Wirbellose Tiere 122
   b) Amphibien, Reptilien 122
   c) Warmblüter 123

IX. Zahl der wirksamen Stoffe im Hinterlappen und Gehalt der einzelnen Teile des Hinterlappens an ihnen 130

X. Chemische und physikalische Eigenschaften der wirksamen Stoffe des Hinterlappens 133

XI. Allgemeine Pharmakologie der Hinterlappenauszüge 137

XII. Resorption und Schicksal der Hinterlappensubstanzen 139

XIII. Vergiftungsbild, Toxicität 140

XIV. Spezielle Pharmakologie der Hinterlappensubstanzen . . . 141
   a) Kreislauf 141
       Kaltblütige Wirbeltiere 141. — Warmblütige Wirbeltiere 142.
   b) Atmung, Bronchialmuskeln 149
   c) Irismuskel 150
   d) Muskeln des Verdauungsrohres und der Gallenblase . . . 150
   e) Muskeln der Urogenitalorgane 152
   f) Glatte Muskeln der Haare 157
   g) Quergestreifter Muskel, motorischer Nerv 157
   h) Pigmentzellen 157
   i) Drüsensekretionen 158
   k) Blutzellen, Blutgerinnung 159
   l) Wasser- und Salzhaushalt, Harnabgabe 159
   m) Stoffwechsel 168
   n) Temperatur 172
   o) Wachstum, Metamorphose 173

XV. Wechselbeziehungen zwischen Hypophyse und anderen innersekretorischen Organen 173
   a) Schilddrüse 173
   b) Nebenschilddrüse 176
   c) Nebenniere 176
   d) Inselzellen des Pankreas 178
   e) Keimdrüsen 179

XVI. Einfluß von Giften usw. auf die innere Sekretion der Hypophyse 182

Drittes Kapitel.
Nebennieren und sonstiges chromaffines Gewebe.

Seite
I. Geschichtliche Bemerkungen über die Erforschung der Funktion der Nebennierenrinde 185
II. Anatomie, Histologie, Entwicklungsgeschichte, vergleichende Anatomie der Nebennierenrinde 186
III. Erkrankungen des Menschen durch Störungen der Nebennierenrindenfunktion 188
IV. Folgen der Nebennierenrindenentfernung 189
    A. Niedere Wirbeltiere 189
    B. Säugetiere 190
        a) Lebensnotwendigkeit des Rindengewebes 190
        b) Symptome des Nebennierenausfalles 192

        Muskelschwäche 193. — Atmung 194. — Kreislauf 194. — Harnbildung 194. — Wachstum 195. — Stoffwechsel 195. — Körpertemperatur und Wärmeregulation 197. — Blutmenge, -konzentration und -gerinnung 197. — Zusammensetzung des Blutes 198. — Sektionsbefund 200.

V. Nebennierentransplantationen 200
VI. Theorien über die Funktion der Nebennierenrinde 201
    A. Entgiftungstheorie 201
    B. Theorie der Hormonbildung in den Rindenzellen 203
        a) Wirkung der Zufuhr von Nebennierenrinde auf die Ausfallserscheinungen 203
        b) Wirkung der Nebennierenrinde bei niederen Organismen 205
        c) Versuche zur Isolierung eines Rindenhormones 205
VII. Wechselbeziehungen zwischen Nebennierenrinde und anderen innersekretorischen Organen 206
    a) Keimdrüsen 206
    b) Hypophyse 207
    c) Inselzellen des Pankreas 207
    d) Schilddrüse 207
    e) Nebennierenmark 208
    f) Thymus 208
VIII. Exogene Schädigungen der Rindenzellen 208
IX. Geschichtliche Bemerkungen über die Erforschung der Wirkungen des Nebennierenmarkes und sonstigen adrenalinbildenden Gewebes 209
X. Anatomie und Histologie des chromaffinen Gewebes, Entwicklungsgeschichte, vergleichende Anatomie 211
XI. Innervation des Nebennierenmarkes 214
XII. Erkrankungen des Menschen mit Veränderungen am chromaffinen System 214

XIII. Folgen der Entfernung oder Zerstörung des chromaffinen Gewebes. 216
XIV. Chemische und physikalische Eigenschaften des Adrenalins 219
XV. Nachweis und Auswertung des Adrenalins mit chemischen Methoden 221
XVI. Adrenalingehalt der Nebennieren. 224
XVII. Aufbau des Adrenalins 225
XVIII. Allgemeine pharmakologische Wirkungen des Adrenalins 226
   A. Beziehungen zum autonomen Nervensystem 226
   B. Beziehungen zum Zentralnervensystem 230
   C. Beziehungen zu den sensiblen und motorischen Nerven 231
   D. Lage des Angriffs des Adrenalins 231
   E. Wesen der Adrenalinwirkung. 232
XIX. Allgemeine Bedingungen der Adrenalinwirkung 234
   a) Abhängigkeit vom Tonus. 234
   b) Abhängigkeit von der Erregbarkeit der sympathisch innervierten Organe 235
   c) Abhängigkeit vom Kationen- und Anionengehalt der die Zellen umgebenden Flüssigkeit 236
   d) Antagonisten und Synergisten des Adrenalins 239
XX. Resorption und Schicksal des Adrenalins 247
XXI. Allgemeines Vergiftungsbild 252
XXII. Kreislauf 254
   a) Wirbellose Tiere. 254
   b) Kaltblütige Wirbeltiere. 255
   c) Warmblütige Wirbeltiere. 258
   d) Mensch. 279
XXIII. Glatte Augenmuskeln 280
XXIV. Glatte Muskeln der Atmungswege 282
XXV. Muskeln des Magendarmkanals 283
XXVI. Muskeln der Gallenwege 286
XXVII. Muskeln der Milz 286
XXVIII. Glatte Muskeln der Harnwege 286
XXIX. Glatte Muskeln der Geschlechtsorgane 287
XXX. Haarschaftmuskeln 289
XXXI. Quergestreifte Muskeln 289
XXXII. Pigmentzellen 292
XXXIII. Drüsensekretionen und Nierentätigkeit 292
XXXIV. Zentralnervensystem 295
XXXV. Grundumsatz 296
XXXVI. Kohlenhydratstoffwechsel 299
XXXVII. Fettstoffwechsel 306
XXXVIII. Eiweißstoffwechsel 307
XXXIX. Körpertemperatur 308
XL. Säuren-Basengleichgewicht 310

Inhaltsverzeichnis. XI
Seite
XLI. Salzstoffwechsel 311
XLII. Zahl der Blutkörperchen und Blutkonzentration 311
XLIII. Blutgerinnung 313
XLIV. Physiologie und Pathologie der Adrenalinsekretion ... 313
Beziehungen der Adrenalinsekretion zum Splanchnicus 314. — Zentren der sekretorischen Nerven des Nebennierenmarkes 316. — Adrenalinabgabe in der Ruhe 219. — Reflektorische Erregung der Adrenalinsekretion durch sensible Reize 219. — Adrenalinabgabe bei Unterkühlung und im Fieber 320. — Operationsadrenalinanämie 321. — Adrenalinabgabe bei psychischer Erregung 322. — Adrenalinabgabe bei Muskelarbeit 323. — Adrenalinabgabe bei Aderlaß, Blutdrucksenkung 323. — Adrenalinabgabe bei Sauerstoffmangel, Kohlensäurevergiftung 324. — Adrenalinabgabe in der Narkose 325. — Adrenalinabgabe nach Morphin 326. — Adrenalinabgabe nach Strychnin und anderen zentralen Krampfgiften 327. — Adrenalinabgabe nach Nicotin, Coniin und quartären Ammoniumbasen 328. — Adrenalinabgabe nach Giften des autonomen Nervensystems 330. — Adrenalinabgabe im Schock 331. — Wirkung anorganischer Stoffe auf die Adrenalinabgabe 331. — Einfluß von Hunger, Infektionskrankheiten, Verbrennung, Urämie auf die chromaffinen Zellen 332. — Einfluß der Röntgenstrahlen auf die chromaffinen Zellen 333. — Adrenalinsekretion bei kaltblütigen Wirbeltieren 333.

XLV. Wechselbeziehungen zwischen Nebennierenmark und anderen innersekretorischen Organen 334
a) Keimdrüsen 334
b) Hypophyse. 334
c) Schilddrüse 334
d) Nebenschilddrüse 337
e) Inselzellen des Pankreas. 337

Sachverzeichnis 341

Erstes Kapitel.
Keimdrüsen.
I. Geschichtliche Bemerkungen über die Erforschung der Keimdrüsenwirkungen.

Die ersten Hinweise auf die Bedeutung der Keimdrüsen für die geschlechtliche Differenzierung der physischen und psychischen Eigenschaften höherer Organismen wurden bei den wohl schon in vorgeschichtlichen Zeiten von den Tierzüchtern ausgeführten Kastrationen gewonnen. Seit jeher wurde die Keimdrüsenentfernung beim männlichen Geschlechte aus ökonomischen Gründen ausgeführt, da dieser Eingriff bekanntlich die Wildheit der Tiere mildert, sie für stetige Arbeitsleistung geeigneter macht und ihren Wert als Nahrungsmittel steigert. Ebenfalls schon in vorgeschichtlicher Zeit wurde auch beim Menschen die Entfernung der männlichen Keimdrüsen vorgenommen, sei es zur Vernichtung der Zeugungsfähigkeit und der Mannbarkeit, sei es aus religiösen Gründen wie bei der Sekte der Skopzen.

Das Verdienst, die ersten Tierversuche angestellt zu haben, die die Lehre von der hormonalen Beeinflussung des Körpers und der Psyche von den Keimdrüsen aus fest begründeten, kommt dem Göttinger Physiologen BERTHOLD[1] zu, der im Jahre 1849 — in einer nur 4 Seiten umfassenden Arbeit! — die Ergebnisse seiner Versuche an 6 Hähnen veröffentlichte. Bei diesen Tieren hatte er teils beide, teils nur einen Hoden entfernt, teils wurden den total kastrierten Hähnen Hoden anderer Exemplare in die Bauchhöhle überpflanzt.

Diese Beobachtungen legten den Grundstock für die ganze Lehre von der inneren Sekretion. BERTHOLD sprach auf Grund seiner Versuche als erster den für die Physiologie völlig neuen Gedanken aus: da die Hoden auch noch nach der Transplantation die sekundären Geschlechtsmerkmale beeinflussen, muß „deren Einwirkung auf das Blut und dann eine entsprechende Einwirkung des Blutes auf den allgemeinen Organismus überhaupt" vorhanden sein.

40 Jahre lang fanden BERTHOLDs Beobachtungen und Schlußfolgerungen unverdient wenig Beachtung. Erst als 1889 BROWN SÉQUARD[2]

---
[1] BERTHOLD: Arch. Anat. Physiol. wiss. Med. **1849**, 42.
[2] BROWN SÉQUARD, M.: Arch. Anat. Physiol. norm. path., V. Ser., **1**, 651, 739 (1889); **2**, 201, 443, 456, 641 (1889).

seine Aufsehen erregenden Versuche über die „dynamische" Wirkung von Auszügen männlicher Keimdrüsen veröffentlicht hatte, begann die Epoche ernsthafter wissenschaftlicher Bearbeitungen der Frage, welche hormonalen Wirkungen von der männlichen Keimdrüse ausgehen. Die Schwäche der BROWN SÉQUARDschen Versuche liegt in der Tatsache, daß er seine Behauptungen kaum auf exakt durchgeführte Tierversuche, sondern hauptsächlich auf Selbstversuche stützte, bei denen zweifellos suggestive Einflüsse mit im Spiele waren, wenn sie den damals 72jährigen Forscher zu dem Glauben verleiteten, daß schon die erste Einspritzung von Hodensaft bei ihm einen „radikalen Umschwung" der Altersbeschwerden gebracht habe, und daß schon in 2 Wochen die Kraft, die er viele Jahre zurück besessen hatte, wiedergekehrt sei.

Nach einer großen Reihe meist völlig kritikloser klinischer Versuche an Gesunden und Kranken mit angeblich begeisternden Erfolgen wurde es still über die dynamische Wirkung der BROWN SÉQUARDschen Behandlungsmethode. Aber das Interesse blieb wach und regte zu weiteren Versuchen an, unter denen die mit BERTHOLDs Technik durchgeführten viele Jahre später zu entscheidenden Feststellungen führten.

Die wichtigsten Bereicherungen brachten die Transplantationsversuche von Hoden in kastrierte Tiere. Die überwiegende Mehrzahl derselben[1] verlief bis zum Jahre 1910 negativ. In diesem Jahre teilte dann GUTHRIE[2] seine erfolgreichen Autotransplantationen bei Hähnen mit, und STEINACH[3] sowie SAND[4] glückten Hodentransplantationen bei Ratten. 3 Jahre später führte LESPINASSE[5] die erste erfolgreiche Hodentransplantation beim Menschen aus.

In der Zwischenzeit sind unsere Kenntnisse über die hormonalen Leistungen der männlichen Keimdrüsen zu einem gewissen Abschluß gelangt. In argem Mißverhältnis zu diesen Kenntnissen stehen dagegen noch immer unsere Kenntnisse über die chemische Natur des wirksamen Hodenstoffes.

Erst 46 Jahre nachdem BERTHOLD den Nachweis erbracht hatte, daß der Hoden einen die Gestaltung und die Psyche des männlichen Körpers bestimmenden Stoff in das Blut abgibt, nämlich 1895, ging man an die ersten Versuche, den Eierstock in Tiere (KNAUER[6]) und in Frauen (MORRIS[7]) zu überpflanzen. Man erkannte nun, daß auch die

---

[1] Über diese älteren Versuche siehe SAND, KN.: Handb. norm. path. Physiol. **14**, 1, 254 (1926).
[2] GUTHRIE, C. C.: J. exp. Med. **12**, 269 (1910).
[3] STEINACH, E.: Zbl. Physiol. **24**, 551 (1910). — Pflügers Arch. **144**, 71 (1912). [4] SAND, s. o.
[5] LESPINASSE, V. D.: J. amer. med. Assoc. **59**, 1869 (1913).
[6] KNAUER, E.: Arch. Gynäk. **60**, 322 (1900).
[7] MORRIS, R. T.: N. Y. State J. Med. **62** (1895).

überpflanzte weibliche Keimdrüse die einer Kastration folgenden Ausfallserscheinungen im weiblichen Körper beseitigen kann.

Es ist inzwischen nicht nur gelungen, die Zusammenhänge zwischen der Hormonproduktion in den verschiedenen Teilen der weiblichen Geschlechtsorgane und den zyklischen Vorgängen an den Geschlechtsorganen weitgehend zu klären, es war auch die chemische Erforschung der spezifischen Hormone des weiblichen Körpers viel erfolgreicher als die chemische Erforschung der Hodenhormone. Schon vor 15 Jahren konnten FELLNER[1] und ISCOVESCO[2] zeigen, daß die typischen Hormonwirkungen des Ovars auch durch die Injektion von Lipoidauszügen aus Ovarien und Placenten zu erzielen sind. Es gelang dann, die Lipoide weitgehend zu reinigen, so daß schon sehr kleine Mengen des gewonnenen Öles wirksam wurden. Doch war die Annahme, daß die wirksamen Stoffe zu den typischen Lipoiden zählen, unrichtig, denn es gelang vor wenigen Jahren LAQUEUR, ZONDEK und deren Mitarbeitern den wirksamen Stoff in wasserlösliche Form zu bringen. Über die chemische Natur dieses Stoffes besteht noch volle Unklarheit.

II. Hormonale Wirkungen der weiblichen Keimdrüsen und anderer weiblicher Geschlechtsorgane sowie der Foeten.

a) Anatomie und Histologie des Eierstockes.

Die morphologische Erforschung des Eierstockes[3] hat bisher keine endgültige Entscheidung bringen können, welchen Elementen des Organes die innersekretorischen Leistungen zukommen. So kann sich die Darstellung der morphologischen Befunde auf die wichtigeren Punkte beschränken, um so mehr, als die aus den histologischen Befunden gezogenen Schlüsse in vielen Einzelheiten noch auseinandergehen. Die weiblichen Keimdrüsen der Wirbeltiere entstehen aus Coelomzellen in der medialen Seite der Urogenitalfalte, dem Keimdrüsenfeld, sie sind also mesodermaler Herkunft. In der frühesten Embryonalzeit gleichen sie den Frühstadien der Hoden. In die sich bildende Epithelmasse dringen später vom Mesenterium her Bindegewebszellen ein, die die Masse zum größten Teil in strangförmige oder kugelige Felder zerlegen. Nur im Zentrum bleibt die Zellmasse als Rete ovarii ungeteilt erhalten,

---

[1] FELLNER, O. O.: Arch. Gynäk. 100, 641 (1913).
[2] ISCOVESCO, H.: C. r. Soc. Biol. 73, 16 (1912).
[3] Neuere Darstellungen über die Histologie des Ovars: FRAENKEL, L.: Handb. norm. path. Physiol. 14 I, 429 (1926). — LAHM, W.: Handb. inn. Sekr. 1, 123 (1926). — ASCHOFF, L.: Vortr. üb. Path., Jena 1925. — COWDRY, E. V.: Endocr. a. Metab. 2, 537 (1924). — VINCENT, Sw.: Ebenda 551. — HARMS, J. W.: Körper und Keimzellen, Berlin 1926. — HETT, J.: Handb. biol. Arb. meth., Abt. V, T. 3 B, H. 5 (1928).

während der mittlere Teil vorwiegend strangförmige Struktur annimmt und der äußere Rindenteil kugelige Epithelhaufen enthält. Schon in sehr frühen Entwicklungsstadien sind im Epithel *Keimzellen* nachzuweisen. Ihr Herkommen ist noch umstritten. Die ältere Annahme, daß sie aus dem Epithel des Keimdrüsenfeldes entstehen, ist von den meisten verlassen. Man nimmt vielmehr an, daß sie in einem sehr frühen Furchungsstadium gebildet werden und zwar im ganzen kaudalen Abschnitt des Embryos. Erst später wandern sie in das Keimdrüsenfeld ein.

Aus den Keimzellen entstehen die *Primordialfollikel*. Eine der Zellen dieser Epithelkugeln bildet sich zur Eizelle aus. Im Eierstock des Neugeborenen sind sehr zahlreiche Primordialfollikel enthalten; ihre Zahl nimmt beim Menschen bis zum 3. Jahre noch zu, sie soll nach manchen in die Hunderttausende gehen. Zum Teil entwickeln sie sich zu GRAAFschen Follikeln.

Beim Herannahen der Pubertät nehmen die GRAAFschen *Follikel* an Größe zu, und in manchen von ihnen tritt ein Follikelflüssigkeit enthaltender Hohlraum auf. Die Follikelflüssigkeit entsteht aus dem Zerfall oder dem Sekret der den Hohlraum umgebenden Epithelzellen. Die Schale dieser mehrere Schichten bildenden Zellen wird Zona granulosa genannt; in ihr ist randständig, in die Follikelflüssigkeit vorragend der Eihügel, d. h. die von Epithelzellen bedeckte Eizelle, eingelagert. Die Granulosaschicht ist durch eine feine Membran, die Glashaut, durch die keine Blutgefäße zur Granulosa vordringen, von zwei äußeren Schalen abgetrennt, der gefäßreichen, bindegewebigen Theca interna, deren Zellen viele Fettropfen enthalten, und der Theca externa.

Nachdem der reifende Follikel zunächst in die Tiefe des Eierstockes gewandert war, nähert er sich mit zunehmender Größe der Ovaroberfläche. Der Eihügel wandert gleichzeitig an den nach außen gelegenen Pol des Follikels. Schließlich reißt die Wand des Follikels ein, beim Menschen und manchen Säugetieren spontan, bei anderen Säugetierarten nur unter dem Einfluß einer Begattung. Das austretende Ei wird von den Fimbrien der Tuben aufgefangen, während die Follikelflüssigkeit sich in die Bauchhöhle ergießt.

Das Schicksal der Follikelreste hängt vom Schicksal des Eies ab. Der *gelbe Körper*, der sich aus dem Follikel bildet, wird viel größer und seine Lebensdauer ist eine viel längere, wenn das Ei befruchtet und eingebettet wird; außer der Schwangerschaft hat auch die Laktation einen die Ausbildung des gelben Körpers begünstigenden Einfluß.

Das Corpus luteum scheint sich vorwiegend aus wuchernden Granulosazellen zu bilden. Die Luteinzellen enthalten beim Menschen und den meisten Säugetieren einen gelben Farbstoff, der für die hormonalen Leistungen bedeutungslos ist; — er fehlt bei einigen Säugetieren, so beim Schwein. Die Zellen sind sehr fett- und lipoidreich. Wahrscheinlich beteiligen sich auch die Zellen der Theca interna an der Luteinzellenbildung. Nach der späteren Rückbildung der Luteinzellen hinterbleibt an der Stelle des gelben Körpers ein Narbengewebe, das sogenannte Corpus candicans.

Echte gelbe Körper bilden sich nur bei den Säugetieren aus; bei Vögeln und Reptilien sind sie bloß angedeutet.

Die Frage, ob das histologische Bild für eine innersekretorische Leistung der Luteinzellen spricht oder nicht, wird von den verschiedenen Histologen verschieden beantwortet. Es erübrigt sich, in eine Diskussion der für und wider angeführten Argumente einzutreten, da der pharmakologische Versuch die Frage mit Ja beantwortet hat.

Vor und auch während der Geschlechtsreife entwickeln sich viele Follikel nicht zur vollen Reife, und während einer Schwangerschaft sowie während einer Laktation bleibt die Reifung vollkommen aus, so daß keine Ovulation eintritt. Die nicht geplatzten Follikel zeigen verschiedene Rückbildungserscheinungen; diese „Atresien" sind von denen des geplatzten Follikels verschieden, denn hierbei bleibt die Umbildung zu einem gelben Körper aus. Die Granulosaschicht löst sich von der Theca interna ab und schwimmt in der Follikelflüssigkeit. Die Theca interna wuchert und soll nach manchen an der Bildung des zuerst von PFLÜGER 1863 beschriebenen Gewebes der *interstitiellen Zellen*, die in kleinen regellosen Massen zwischen dem Stroma eingebettet sind, beteiligt sein. Ein Teil des interstitiellen Gewebes scheint aber schon in frühem Embryonalstadium aus Bindegewebszellen gebildet zu werden.

Die interstitiellen Zellen enthalten viel Fettropfen. In ihrem Aufbau sind sie den Hodenzwischenzellen und den Nebennierenrindenzellen ähnlich.

Die Menge der interstitiellen Zellen ist bei den einzelnen Säugetieren eine sehr verschieden große. Beim Menschen, beim Schwein, beim Schaf und beim Hunde sind sie z. B. nur spärlich entwickelt. Im Eierstock des Vogels sind sie vorhanden, sie fehlen dagegen bei Amphibien. Ihre Menge nimmt während der Pubertät und während der Schwangerschaft zu. Bei winterschlafenden Tieren ist sie zur Zeit des Winterschlafes vermindert. Die Angaben der einzelnen Untersucher über den relativen Gehalt der Eierstöcke an interstitiellem Gewebe gehen jedoch weit auseinander.

Ein sicherer histologischer Beweis für die innersekretorische Funktion dieser den Luteinzellen ähnelnden interstitiellen Zellen ist noch nicht erbracht. Die Bezeichnung dieses Zellkomplexes als „Pubertätsdrüse" ist einstweilen besser abzulehnen, da dieser Name eine bisher noch nicht erreichte Sicherheit der Kenntnisse über die Funktion dieser Zellen vortäuscht.

Die histologische Untersuchung[1] zeigt, daß die im Ovar besonders reichlich enthaltenen Fette und Lipoide nur in geringer Menge in den Granulosazellen und in den Zellen der Theca der Follikel enthalten sind, und daß der gelbe Körper und die interstitiellen Zellen viel reicher an ihnen sind. Das Maximum der Verfettung des Corpus luteum menstruationis ist etwa eine Woche vor Beginn der nächsten zu erwartenden Menstruation erreicht.

b) Zusammenhänge zwischen Brunst (Oestrus) sowie Menstruation und funktionellem Zustand der Eierstöcke.

1. Säugetiere. Für den Ausbau der Kenntnisse über den Anteil der Hormonwirkungen des Eierstockes an den zyklischen Vorgängen im weiblichen Körper sind die Ergebnisse der histologischen Untersuchungen an den Geschlechtsorganen, die während der verschiedenen Phasen der Brunstzyklen vorgenommen wurden, von ausschlaggebender Bedeutung. Während die wild lebenden Warmblüter in der Regel im Laufe eines Jahres eine oder einige wenige Perioden geschlechtlicher Aktivität mit zyklischen Vorgängen an den Geschlechtsorganen zeigen, füllen bei den meisten domestizierten Tieren und beim Menschen diese zyklischen Vorgänge das ganze Jahr aus.

Die Dauer der einzelnen Zyklen[2] ist von der Größe der Säugetiere abhängig. Bei der Frau betragen die Menstruationsintervalle bekanntlich etwa 28 Tage, fast ebenso lang gezogen sind die weit unregelmäßigeren Wellen beim Affen (Macacus 27 Tage) und bei der Kuh (21 Tage), während die Zyklen bei den kleineren Säugetieren schneller ablaufen (Katze 14 Tage, Meerschweinchen 18 Tage, Ratte $4^1/_2$ Tage, Maus 4 bis 10 Tage). Bei den meisten Säugetieren sind die Gipfel der Brunsterregung durch Stadien der Ruhe unterbrochen, in denen die Weibchen die Begattungsversuche der Männchen ablehnen.

Besonders eingehend wurden die Beziehungen der Brunstzyklen zu der Ovartätigkeit bei den kleinen Nagetieren (Meerschweinchen, Ratte und Maus) untersucht[3]. Hier seien nur die Verhältnisse bei der Ratte (Abb. 1) näher geschildert, die bei Meerschweinchen und Mäusen sind sehr ähnlich.

In der Phase der Brunstruhe, die etwa 57 Stunden währt, ist die

---

[1] Siehe bei MICULICZ-RADECKI, F. v.: Arch. Gynäk. **116**, 203 (1923). — JAFFÉ, R.: Arch. Frauenkde u. Konstit.forschg **12**, 368 (1926).

[2] Lit. bei LONG, J. A., u. H. MCLEAN EVANS: Mem. Univ. California **6** (1922). — ALLEN, E., u. E. DOISY: Physiologic. Rev. **7**, 600 (1927).

[3] Meerschweinchen: STOCKARD, C. R., u. G. N. PAPANICOLAOU: Amer. J. Anat. **22**, 225 (1917). — Voss, H. E.: Pflügers Arch. **216**, 156 (1927). — Ratte: LONG u. EVANS. — Maus: ALLEN, E.: Amer. J. Anat. **30**, 297 (1922). — PARKES, A. S.: Proc. roy. Soc. B. **100**, 151 (1926).

Scheidenschleimhaut nur 4—7 Schichten und 0,042 mm dick, das Sekret derselben enthält Schleim, sowie einige Epithelien und Leukocyten. Der Uterus ist dünn (1,7 mm), und im Ovar sind vorwiegend kleine Follikel und ziemlich große, wachsende gelbe Körper vorhanden.

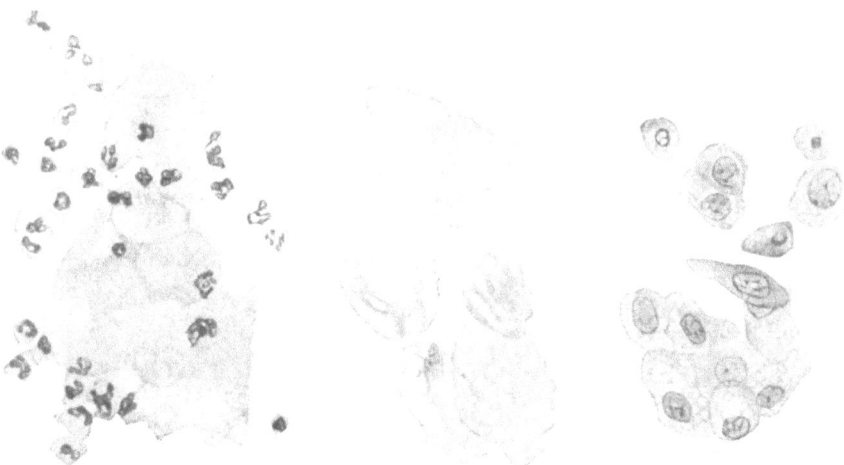

Abb. 1. Vaginalausstrich der Ratte in den verschiedenen Stadien des Brunstzyklus.
Links: Verhornte Epithelien und Leukozyten im vierten Stadium.
Mitte Verhornte Epithelien im zweiten Stadium.
Rechts: Kernhaltige Epithelien im Beginn des ersten Stadiums. (Nach Long u. Evans.)

Im Beginn der Brunstperiode (Phase I = 12 Stunden) verdickt sich die Scheidenschleimhaut um mehrere Zellschichten auf 0,1 mm, und die Vulva beginnt zu schwellen. Das Scheidensekret enthält nur Epithelzellen. Der Uterus füllt sich mehr und mehr mit Flüssigkeit, sein Durchmesser wächst auf 3,7 mm. Die Eierstöcke enthalten nun große Follikel. Am Ende dieser Phase sind die Tiere bereit, sich begatten zu lassen.

In der folgenden Phase II verhornen die äußeren Schichten des Schleimhautepithels, im Scheidenabstrich sind diese verhornten Epithelien in Massen zu finden. Der Uterus hat mit 5 mm Durchmesser seine maximale Ausdehnung erreicht, er gibt sein Sekret in die Scheide ab und wird dabei dünn. Die Follikel im Ovar sind nun reif.

Phase III (zusammen mit Phase II = 27 Stunden) ist durch das Auftreten von Leukocyten in dem viele verhornte Epithelien enthaltenden Scheidensekret, durch das Schwinden der Hornschicht des Scheidenepithels, durch Degeneration des Uterusepithels und durch das Einsetzen der Ovulationen charakterisiert.

In der letzten Phase IV wird die Scheidenschleimhaut dünner, die verhornten Epithelien im Sekret nehmen ab, das Uterusepithel zeigt Degeneration und Regeneration, neue gelbe Körper bilden sich, die Eier sind im Ovidukt angelangt.

Bei Kaninchen scheinen die zyklischen Veränderungen am Scheidenepithel zu fehlen[1].

---

[1] KUNDE, M. M., u. T. PROUD: Amer. J. Physiol. **85**, 386 (1928).

Daß das Scheidenepithel der kleinen Nagetiere unter der Einwirkung des Eierstockhormones typische Veränderungen durchmacht — es treten verhornte Epithelzellen im Scheidensekret auf, — ermöglichte ein weiter unten zu schilderndes Verfahren der Auswertung von Organauszügen. Die Brunstzyklen der Ratten werden verlängert, wenn man die Weibchen mit sterilen (vasektomierten) Männchen zusammenbringt[1]. Ebenso wirken mechanische Reizungen an der Cervix uteri, Einbringen von Fremdkörpern oder Injektionen von Flüssigkeit in die Uterushöhle; die Ruhe zwischen zwei Brunstperioden wird verlängert, da die gelben Körper der letzten Brunstperiode abnorm lange bestehen bleiben und die neuen Ovulationen verspätet einsetzen.

Unter den Säugetieren treten echte Menstruationsblutungen bekanntlich nur bei Affenweibchen auf. Den Menstruationen scheint in der Regel eine Ovulation voranzugehen[2].

Bei vielen Säugetieren, so bei Ratten, Schweinen, Affen, Opossum, wurde nachgewiesen, daß die rhythmischen Spontanbewegungen von Uterus und Tuben in einer Abhängigkeit von den Brunstzyklen stehen. Nach den meisten Untersuchern[3] scheinen die Zusammenziehungen des Uterus im Intervall häufiger als in der Brunstzeit zu erfolgen, während die Tuben zur Brunstzeit häufigere Wellen zeigen, so daß jetzt die Bedingungen für die Fortbeförderung der Eier besonders günstig sind.

An weiblichen Ratten wurden den Brunstperioden parallelgehende sehr starke Steigerungen des Bewegungstriebes festgestellt[4]. Bei jeder Brunsterregung zeigen die in einem Laufrad lebenden Tiere eine sehr ausgesprochene Zunahme des Bewegungstriebes.

Der Grundumsatz[5] weiblicher Kaninchen erleidet zur Zeit der Brunst keine Veränderung oder eine nur unbedeutende Erhöhung, bei Ratten ist er kurz vor und nach Beginn der Brunst etwas erhöht.

2. Bei **Vögeln** fand man zur Zeit jeder Ovulation ein Hochgehen des Blutzuckers. Sehr auffallend ist bei ihnen ein enormes Ansteigen der Blutkalziumwerte (bis auf das Doppelte des Normalwertes) zur gleichen Zeit[6].

3. **Mensch.** Aus zahlreichen histologischen Eierstockuntersuchungen ist bekannt, daß die Menstruation der Frau in der Regel etwa in die

---

[1] LONG u. EVANS.
[2] CORNER, W. G.: J. amer. med. Assoc. **89**, 1838 (1927).
[3] HARTMAN, C. G.: Anat. Rec. **23**, 9 (1922); **27**, 293 (1926). — KEYE, J. D.: Bull. Hopkins Hosp. **34**, 60 (1923). — SECKINGER, D. L.: Ebenda 236. — Ders. u. G. W. CORNER: Anat. Rec. **26**, 299 (1923). — BLAIR, E.: Amer. J. Physiol. **65**, 223 (1923). — FRANK, R. F., u. Mitarb.: Ebenda **74**, 395 (1925). — CLARK, A. J., u. Mitarb.: J. of Pharmacol. **26**, 359 (1925).
[4] SLONAKER, J. R.: Amer. J. Physiol. **68**, 284 (1923). — WANG, G. H., u. Mitarb.: Ebenda **73**, 581 (1925).
[5] TSUBURA, S.: Biochem. Z. **143**, 291 (1923). — LEE, M. O.: Amer. J. Physiol. **81**, 492 (1927); **86**, 694 (1928) (Lit.).
[6] RIDDLE, O., u. W. H. REINHART: Amer. J. Physiol. **76**, 660 (1926).

Mitte zwischen zwei Ovulationen fällt. Zu dieser Zeit hat der gelbe Körper, der sich aus dem 14 Tage zuvor gesprungenen Follikel bildete, annähernd seine stärkste Ausbildung erreicht, während die neu heranreifenden Follikel noch sehr klein sind. In den folgenden 10 Tagen werden diese Follikel reif, gleichzeitig bilden sich die gelben Körper langsam zurück, um nach Monaten zu Corpora candicantia zu werden. Gleichzeitig mit der Eireifung geht ein Aufbau der Uterus- und Scheidenschleimhaut einher, so daß deren Dicke auf das Vielfache ansteigt; die Drüsen entwickeln und füllen sich, bis der neue Menstruationstermin erreicht ist und etwa 14 Tage nach dem Follikelsprung der Zerfall der aufgebauten Schleimhaut unter Blutaustritt aus den Schleimhautgefäßen bis in deren tiefere Schichten hinein von neuem einsetzt[1].

Bei der Frau stehen die Stoffwechselvorgänge unter einer nur unbedeutenden Abhängigkeit vom zyklischen Geschehen im Eierstock. Während der Menstruation ist die Alkalireserve im Blute ein wenig vermindert[2], es besteht also eine geringe Azidose. Unter den Stickstoffsubstanzen des Blutes zeigt die Harnsäure periodisch wiederkehrende Schwankungen, während die Harnstoffwerte unbeeinflußt bleiben[3]. Der Blutzucker und das Blutkalzium zeigen keine wesentlichen oder regelmäßigen Wellen[4]. Der Grundumsatz der Frau ist häufig kurz vor der Menstruation ein wenig erhöht und während der Menstruation oft um einige Prozent erniedrigt[5]. Das Einsetzen der ersten Menstruationszyklen bei Mädchen ist ohne Einfluß auf die Höhe des Grundumsatzes; bei geschlechtsreif gewordenen Mädchen findet man die gleichen Werte wie bei noch nicht menstruierenden Mädchen gleichen Alters, gleicher Größe und gleichen Gewichtes[6].

c) Zusammenhänge zwischen Schwangerschaft und funktionellem Zustand der Eierstöcke; Einfluß der Schwangerschaft auf den Körper.

Wenn das aus dem Follikel ausgetretene Ei befruchtet wird und in der Uterusschleimhaut eingebettet wird, tritt bekanntlich eine Unterbrechung der zyklischen Vorgänge an den Geschlechtsorganen ein; in

---

[1] SCHRÖDER, R.: Arch. Gynäk. **101**, 1 (1913). — TSCHIRDEWAHN, FR.: Z. Geburtsh. **83**, 80 (1921) u. a.

[2] HASSELBALCH, H. H., u. S. H. GAMMELTOFT: Biochem. Z. **68**, 206 (1915) u. a.

[3] OKEY, R., u. ST. ERIKSON: J. of biol. Chem. **68**, 687 (1926).

[4] Lit. bei RIDDLE, O., u. W. H. REINHART: Amer. J. Physiol. **76**, 660 (1926).

[5] HAFKESBRING, R., u. M. E. COLLETT: Amer. J. Physiol. **70**, 73 (1924) (Lit.). — BENEDICT, F. G., u. Mitarb.: Ebenda **86**, 43, 59 (1928).

[6] BLUNT, K., u. Mitarb.: J. of biol. Chem. **62**, 491 (1926) u. a.

den Ovarien werden die Follikel vor ihrer Reife atretisch. Die Hemmung ist im Beginn einer Schwangerschaft oft noch keine absolute, so daß bei der Frau manchmal noch ein oder zwei schwache Monatsblutungen auftreten können.

Während der Schwangerschaft wächst der gelbe Körper zu abnormer Größe, bei manchen Säugetieren so stark, daß die Hauptmasse des Eierstockes aus gelbem Gewebe besteht. Gegen Ende der Schwangerschaft beginnt die Rückbildung des gelben Körpers, um nach Ablauf vieler Monate ein Corpus candicans zu bilden.

Nach der Geburt erfolgt bei den darauf hin untersuchten kleinen Säugetieren schon innerhalb weniger Stunden wieder eine Follikelreifung und Ovulation, die zu neuer Schwangerschaft führen kann. Läßt man aber die Jungen an der Mutter säugen, so wird hierdurch das Auftreten weiterer Ovulationen und Brunstzyklen gehemmt. In den Eierstöcken finden sich alsdann die lange persistierenden Corpora lutea lactationis, die jener ersten Ovulation nach der Geburt entstammen.

Eine sehr merkwürdige Form von Schwangerschaftsveränderungen läßt sich bei solchen Tieren erzeugen, bei denen der reife Follikel der Brunstzeit nur dann springt, wenn eine Begattung stattfand (Ratte, Kaninchen, Katze, Frettchen). Sorgt man nämlich durch die Unterbindung der Samenstränge bei dem begattenden Männchen oder der Tuben beim Weibchen dafür, daß die Begattung unfruchtbar bleibt, so entwickelt sich aus jedem gesprungenen Follikel ein gelber Körper, wie er sonst nur dann vorkommt, wenn eine befruchtende Begattung stattgefunden hatte und eine Schwangerschaft gefolgt war[1]. Diese „Scheinschwangerschaft" kommt gelegentlich auch bei anderen Tieren spontan vor.

Mit der Ausbildung jenes gelben Körpers geht trotz gar nicht vorhandener Schwangerschaft eine länger (bei der Ratte 10 bis 11 Tage lang) anhaltende Scheingravidität einher, bei der nicht nur die Brunstzyklen unterbrochen sind und Uterus, Scheide, Milchdrüse die typische Schwangerschaftsentwicklung zeigen, sondern es tritt sogar am Ende der Scheingravidität der Instinkt der Mutterliebe in Erscheinung. Die Kaninchen rupfen sich nun für den gar nicht vorhandenen Nachwuchs die Brusthaare aus und bauen das Bett für die Jungen. Diese Scheinschwangerschaft schwindet mit der Rückbildung der gelben Körper.

Zu den bekannten Einflüssen einer Schwangerschaft auf die Ausbildung der sekundären Geschlechtsorgane sei erwähnt, daß die Neigung der Gebärmutter des Säugetieres zu spontanen Kontraktionen mit fort-

---

[1] Bouin, P., u. P. Ancel: J. Physiol. et Path. gén. **12**, 1 (1910); **13**, 31 (1911). — Hammond, J., u. F. H. A. Marshall: Proc. roy. Soc. B. **87**, 422 (1914); — J. of Physiol. **65**, XVII (1928). — Marshall, F. H. A.: Quart. J. exp. Physiol. **17**, 205 (1927).

schreitender Schwangerschaft zuerst abnimmt und dann stark zunimmt und wenige Tage vor der Geburt nehmen die Bewegungen wehenartigen Charakter an[1]; die Empfindlichkeit gegen manche erregende Gifte wird vermehrt.

Bei der Katze wirkt der Hypogastricusreiz und Adrenalin nun fördernd statt wie zuvor hemmend[2].

Daß die Schwangerschaftshypertrophie der Milchdrüse und die Milchsekretion nach der Geburt unabhängig von nervösen Verbindungen zwischen Eierstock und Uterus einerseits und Milchdrüsen andererseits zustande kommt, bewiesen GOLTZ und EWALD[3]; sie durchtrennten bei einer Hündin das Brustmark und entfernten das Lendenmark. Nach der Geburt trat eine normale Milchsekretion auf. Gleiches folgt aus den Beobachtungen an parabiotisch vereinigten Säugetierweibchen[4] und an den Zwillingsschwestern PLACEK[5]; während der Schwangerschaft des einen Partners vergrößerten sich die Milchdrüsen auch des anderen Partners, nach der Geburt trat Laktation ein.

Die humorale Natur der Schwangerschaftshypertrophie der Milchdrüsen ergab sich schließlich auch noch aus den Versuchen RIBBERTS[6], der bei Meerschweinchen die Brustdrüsen an andere Körperstellen transplantierte.

Das Verhalten des Stoffwechsels in der Schwangerschaft[7] ist bei Mensch und Tier wiederholt untersucht worden. Beim Menschen ist der Grundumsatz nicht über das dem Gewichtszuwachs nach zu erwartende Maß vermehrt; beim Tier finden manche (aber nicht alle) Untersucher eine dieses Maß übersteigende Zunahme.

CARPENTER und MURLIN fanden als Durchschnittswerte des Grundumsatzes bei Frauen am Ende der Schwangerschaft 3,57 ccm O_2 pro Minute und pro Kilo gegen 3,49 ccm im nicht graviden Zustand. Die Ergebnisse dieser Versuche am Menschen sind zweifellos viel zuverlässiger als die der methodisch viel schwierigeren Versuche am Tier.

Die spezifisch-dynamische Wirkung zugeführter Nahrung soll dagegen beim Menschen während einer Schwangerschaft bis kurz vor Geburtseintritt

---

[1] KNAUS, H.: Arch. f. exper. Path. **124**, 152 (1927).
[2] CUSHNY, A. R.: J. of Physiol. **35**, 1 (1906) u. a.
[3] GOLTZ, F., u. J. R. EWALD: Pflügers Arch. **63**, 362 (1896).
[4] MATSUYAMA, R.: Frankf. Z. Path. **25**, 436 (1926) (Lit.). — ERNST, M.: Dtsch. Z. Chir. **202**, 231 (1927).
[5] BASCH, K.: Dtsch. med. Wschr. **21**, 987 (1910).
[6] RIBBERT, H.: Arch. mikrosk. Anat. u. Entw.mechan. **7**, 688 (1898). — BASCH.
[7] Lit. bei GRAFE, E.: Erg. Physiol. **21**, II, 1 (1923). — HARDING, V. J.: Physiologic. Rev. **5**, 279 (1925). — KNIPPING, N. W.: Arch. Gynäk. **116**, 520 (1923). — CARPENTER, T. M., u. J. R. MURLIN: Arch. int. Med. **7**, 184 (1911).

absinken; auf Nahrungszufuhr tritt eine geringere Steigerung des O_2-Verbrauches ein als bei Nichtschwangeren[1].

Der Eiweißstoffwechsel scheint nur entsprechend dem Wachstum der mütterlichen Organe und der Frucht anzusteigen[2].

Die Schwangerschaft der Frau geht mit einer Zunahme der Fette, Lipoide und Cholesterine im Blute einher[3]; beim Kaninchen sinkt dagegen der Gehalt des Blutes an Cholesterin und an Phosphatiden ab[4].

Die nicht selten auftretende Schwangerschaftsglykosurie ist renaler Natur: der Blutzuckergehalt ist unverändert. Adrenalin wirkt in der Schwangerschaft stärker glykosurisch, wohl als Folge dieser Änderung der Durchlässigkeit der Nieren[5].

Auch das Absinken der Rest-N-Werte und des Harnstoffes des Blutes dürfte die Folge einer Störung der Nierenfunktion sein[6].

Das Säuren-Basengleichgewicht ist bei der Frau, nicht aber bei allen Säugetierarten im Sinne einer Abnahme der Alkalireserve des Blutes gestört[7].

Bei den zahlreichen Mineralstoffwechselversuchen[8] fanden einige der Untersucher ein gewisses Absinken der Blutkalkwerte[9]; dieses Absinken mag an der Tetaniebereitschaft während der Schwangerschaft beteiligt sein (Seite 50).

Gegen Ende der Gravidität tritt beim menschlichen Embryo eine Unstetigkeit der Entwicklung des Uterus auf; dessen Gewicht nimmt nun unverhältnismäßig zu, um nach der Geburt wieder abzusinken. Man hat diese Erscheinung ebenso wie das Auftreten einer Sekretion aus den Brustdrüsen Neugeborener, die ebenfalls in den letzten Schwangerschaftsmonaten abnorm stark wachsen, wohl mit Recht auf eine Beeinflussung des kindlichen Organismus durch die von der Mutter während des intrauterinen Lebens übergegangenen Ovar- oder Placentarhormone bezogen. (Siehe auch S. 28.)

---

[1] KNIPPING.
[2] MURLIN, J. R.: Amer. J. Physiol. 26, 134 (1910). — HOFFSTRÖM, K. A.: Skand. Arch. Physiol. 23, 326 (1909). — HASSELBALCH, K. A., u. J. A. GAMMELTOFT: Biochem. Z. 68, 206 (1915).
[3] NEUMANN, J., u. E. HERRMANN: Wien. klin. Wschr. 24, 411 (1911). — TYLER, M., u. FR. P. UNDERHILL: J. of biol. Chem. 66, 1 (1925) u. a.
[4] BAUMANN, E. J., u. O. M. HOLLY: Amer. J. Physiol. 75, 618 (1925).
[5] CRISTOFOLETTI, R.: Gyn. Rundschau 5, 169 (1911).
[6] STANGER, H. J.: Bull. Hopk. Hosp. 35, 133 (1924).
[7] HASSELBALCH u. GAMMELTOFT. — BAUMANN u. HOLLY. — GOTTSCHALK, A.: Klin. Wschr. 6, 802 (1927) u. a.
[8] Lit. bei CRISTOFOLETTI.
[9] BOCK, A.: Klin. Wschr. 6, 1090 (1927). — BOKELMANN, O., u. A. BOCK: Ebenda S. 2427.

d) Einfluß der Eierstockentfernung auf den weiblichen Körper.

1. Wirbellose[1]. Im Gegensatz zu den bei den Wirbeltieren anzutreffenden Verhältnissen ist die hormonale Einwirkung der weiblichen Geschlechtsdrüsen auf Körper und Psyche der wirbellosen Tiere von ganz untergeordneter Bedeutung. So ist bei den Insekten die Geschlechtsform und -ausbildung endgültig mit der Befruchtung des Eies bestimmt. Entfernt man z. B. schon im frühen Raupenstadium die weiblichen Geschlechtsdrüsen, so bleibt die Ausbildung der Flügel des keimdrüsenlosen Schmetterlings zur weiblichen Form im wesentlichen unbeeinflußt, und diese Schmetterlinge lassen sich wie normale Weibchen von den Männchen begatten.

Diese Befunde schließen natürlich nicht aus, daß auch bei den Insekten eine hormonale Beeinflussung der Geschlechtsmerkmale besteht, — nur geht sie sicher nicht vorwiegend von den Keimdrüsen aus.

Eine sehr merkwürdige Beeinflussung der Geschlechtsausbildung durch einen außerhalb der weiblichen Keimdrüsen gebildeten Reizstoff unbekannter Art wurde bei dem Wurm Bonellia nachgewiesen[2]. Die geschlechtlich noch nicht differenzierten Larven dieses Wurmes entwickeln sich zu männlichen Tieren, die nur wenige Millimeter lang sind und die später im Uterus des Weibchens leben, sofern sie einige Tage lang am Rüssel eines Weibchens parasitierten. Sonst entwickeln sich die Larven zu Weibchen, die einen mehrere Zentimeter langen Rumpf und einen meterlangen Rüssel besitzen. Der das Geschlecht bestimmende Faktor ist eine im Rüsselgewebe des Weibchens vorhandene Substanz; Larven werden auch dann zu Männchen, wenn sie in einen Auszug von Rüsselgewebe gebracht werden.

2. Wirbeltiere.

Kaltblüter. Bei niederen Wirbeltieren[3] sind nur selten Eierstockentfernungen ausgeführt worden. Bei Tritonen und Fröschen tritt nach der Ovarentfernung eine Verkleinerung des Eileiters ein bzw. dies Organ hypertrophiert nicht mehr zur Brunstzeit.

Wird bei weiblichen Kröten der Eierstock entfernt, so entwickeln sich aus dem BIDDERschen Organ — einem rudimentär gebliebenen Eierstock — Eier und es stellt sich keine Kastrationsatrophie ein. Diese fehlt auch nach der isolierten Entfernung des BIDDERschen Organs, und sie tritt erst ein, wenn sowohl Ovar als BIDDERsches Organ entfernt worden sind[4].

Vögel. Die Entfernung des Eierstockes ist beim Vogel technisch

---

[1] Lit. bei HARMS, J. W.: Handb. norm. path. Physiol. **14**, I, 205 (1926); Körper und Keimzellen, Berlin 1926.
[2] Näheres bei SEILER, J.: Naturw. **15**, 33 (1927).
[3] Siehe bei HARMS.
[4] HARMS, W.: Z. Anat. **90**, 594 (1923).

sehr schwierig; oft bleiben Reste der rudimentär gewordenen rechten Keimdrüse zurück. Nach der Entfernung des Eierstockes beim jungen

Abb. 2. Braunes Leghornhuhn, vor Geschlechtsreife kastriert.
(Nach Sharpey Schafer.)

Vogel[1] (Ente, Huhn) weicht die Gestaltung des Körpers sehr weit von der normalen weiblichen Form ab. Es bildet sich der Kapaunentypus

Abb. 3. Brauner Leghornhahn, 3 Jahre alt, vor Geschlechtsreife kastriert.
(Nach Sharpey Schafer.)

aus, der auch von erfahrenen Beobachtern nicht vom männlichen Kapaunentypus unterschieden werden kann. (Abb. 2 u. 3).

Diese ungeschlechtliche Neutralform des Kapaunen gleicht der

---

[1] PÉZARD, A.: C. r. Acad. Sci. **158**, 513 (1914); **160**, 260 (1915), — Erg. Physiol. **27**, 552 (1928) (Lit.) u. a.

männlichen Normalform viel mehr als der weiblichen. Beim kastrierten Huhn haben die Sporen und das Gefieder im ganzen die gleiche Gestalt wie beim Hahn; die mächtig entwickelten Schwanzfedern können an Pracht sogar die des Hahnes übertreffen. Offenbar gehen also vom Ovar des Vogels Einflüsse aus, die die Ausbildung des Gefieders und der Sporen dämpfen. Dagegen bleiben Bartlappen und Kamm unterentwickelt; sie sind nach einiger Zeit kleiner als beim normalen Huhn. Die Vergrößerung des Eileiters und die Verfettung der Leber zur Brunstzeit bleiben beim kastrierten Vogel aus.

Säugetiere, Mensch. Auch bei jugendlichen Säugetieren gibt die Entfernung der Eierstöcke der Gestaltentwicklung die Richtung zu einem Neutraltyp, der der Form des männlichen Kastraten nahesteht. Jener Neutraltyp besitzt einige dem normalen Weibchen sonst fehlende Züge.

Das Körperwachstum ist bei der kastrierten Kuh vermehrt, beim kastrierten weiblichen Meerschweinchen etwas vermindert; bei anderen weiblichen Säugetieren, z. B. den Ratten und Kaninchen ist dagegen die Ovarentfernung fast ohne Einfluß auf die Gewichtszunahme[1]. Das Becken frühkastrierter weiblicher Tiere (Lämmer) nimmt eine schlankere und schmälere Form an, wie sie auch den frühkastrierten männlichen Tieren eigen ist[2].

Die sekundären Geschlechtsorgane bleiben nach der Kastration unterentwickelt und alle zyklischen Vorgänge an den Geschlechtsorganen fallen aus.

Wenn bei Ratten die Eierstöcke sehr bald nach der Geburt entfernt werden, dann wächst der Uterus trotzdem zunächst ebenso wie beim Normaltier, aber es bleibt die normalerweise vor dem Brunstbeginn einsetzende Wachstumsförderung aus. So fand WIESNER[3] bei 74 Tage alten normalen und kastrierten Ratten fast den gleichen Uterusdurchmesser (0,67 und 0,66 mm), während die normalen Tiere zur Zeit der Geschlechtsreife 1,76 mm, gleich alte Frühkastraten nur 0,71 mm Uterusdurchmesser zeigten.

Bei manchen horntragenden Säugetieren bleibt nach der präpuberalen Ovarentfernung die Hornbildung aus (Herdwickschaf). Die Verknöcherungen der knorpeligen Skelettabschnitte sind verzögert[4]. Die psychischen geschlechtlichen Erregungen fehlen oder sind abgeschwächt.

---

[1] TANDLER, J., u. K. KELLER: Arch. Entw.mechan. **31**, 289 (1911). — MOORE, C. R.: Bull. Mar. biol. Labor. **43**, 285 (1922).
[2] MASUI, K., u. Y. TAMURA: Brit. J. exper. Biol. **3**, 207 (1926). — LIVINGSTON, A. E.: Amer. J. Physiol. **40**, 153 (1916). — CARMICHAEL, E. S., u. F. H. A. MARSHALL: Proc. roy. Soc. B., **79**, 387 (1907). — HATAI, S.: J. of exper. Zool. **18**, 1 (1915) u. a.
[3] WIESNER, B. P.: Akad. Wiss., Wien 1925, Nr 21 u. 22.
[4] FRANZ, K.: Beitr. Geburtsh. **13**, 12 (1909).

Wird die Kastration auf der Höhe der Geschlechtsreife[1] ausgeführt, so setzt sehr bald die Rückbildung der Geschlechtsorgane zur infantilen Form ein. Mit dem Schwinden der zyklischen Sexualvorgänge pflegt der Geschlechtstrieb bald zu erlöschen, ausnahmsweise bleibt er abgeschwächt erhalten. Nur wenn die Kastration in der zweiten Hälfte einer bestehenden Schwangerschaft ausgeführt wird, bleibt die erwähnte Kastrationsatrophie für die Dauer der Schwangerschaft aus. (Siehe S.32 u.35.) Das kastrierte erwachsene weibliche Tier wird träger und zeigt bei Versuchen im Laufrad einen stark verringerten Bewegungsdrang[2]. Die Muskeln ermüden viel rascher[3].

Die unmittelbar vor einer Brunst ausgeführte Eierstockentfernung beeinflußt bei der Ratte das Auftreten der nächsten Brunst nicht; bei einem längeren Abstand vor der zu erwartenden Brunst bleibt diese dagegen stets aus[4].

Bei Affen bewirkt die etwa zwei Wochen nach einer Menstruation vorgenommene Ovarentfernung einen vorzeitigen Eintritt der neuen Menstruation; wird die Operation noch einige Tage später ausgeführt, so erfolgt die Menstruation, um ca. 10 Tage verfrüht, nach 5 Tagen[5].

So zahlreich auch die Versuche am Warmblüter über den Einfluß der Spätkastration auf den Grundumsatz des Körpers[6] sind, — es ist doch eine endgültige Entscheidung, wie stark dieser Eingriff wirkt, noch nicht möglich. Es steht nur fest, daß der Grundumsatz, wenn es überhaupt zu einer Änderung desselben kommt, nach der Kastration weiblicher Säugetiere erniedrigt ist und daß die Abnahme sich in bescheidenen Grenzen hält und nicht mehr als 20—25% des Grundumsatzes, der vor der Kastration gemessen wurde, beträgt. Beim Kaninchen fand man z. B. einige Wochen nach der Ovarentfernung statt der durchschnittlichen normalen Sauerstoffaufnahme von 9,59 ccm O_2 in der Minute und auf das Kilogrammgewicht den Durchschnittswert 6,94 ccm. Der respiratorische Quotient bleibt unverändert.

---

[1] SELLHEIM, H.: Beitr. Geburtsh. 2, 236 (1899). — MARSHALL, F. H. A.: Proc. roy. Soc. B., 85, 27 (1912).
[2] WANG, G. H., u. Mitarb.: Amer. J. Physiol. 71, 729, 736 (1925); 73, 581 (1925).
[3] MILEY, H. H.: Amer. J. Physiol. 82, 7 (1927).
[4] LONG, J. A., u. H. MCLEAN EVANS: Mem. Univ. California 6, (1922).
[5] ALLEN, E.: Amer. J. Physiol. 85, 471 (1928).
[6] LOEWY, A., u. P. F. RICHTER: Arch. f. Physiol., Supl. 1899, 174. — LOEWY, A.: Erg. Physiol. 2, I, 130 (1903). — LÜTHJE, H.: Arch. f. exper. Path. 48, 184 (1902). — TSUBURA, S.: Biochem. Z. 143, 291 (1923). — KORENTSCHEWSKY, W. G.: Z. exper. Path. u. Ther. 16, 68 (1914). — MURLIN, J. R., u. H. BAILEY: Surg. etc. 25, 332 (1917). — ECKSTEIN, E., u. E. GRAFE: Z. physiol. Chem. 107, 73 (1919). — BERTSCHI, H.: Biochem. Z. 106, 37 (1920). — LEE, M. O.: Amer. J. Physiol. 81, 492 (1927).

Auf die Körpertemperatur ist die Ovarentfernung ohne Einfluß[1]. Die Angaben über das Verhalten des N-Stoffwechsels nach der Ovarentfernung[2] gehen auseinander; in LÜTHJES genauen Analysen an einer Hündin trat keine Änderung zutage; nach KORENTSCHEWSKY soll dagegen der Eiweißumsatz gesetzmäßig sinken, und auch andere Autoren fanden nach der Kastration eine Vermehrung des N-Ansatzes, die aber nach Monaten spontan vorüberging.

Auch bei der Frau hat die Entfernung der Eierstöcke keine oder höchstens eine geringe Senkung des Grundumsatzes zur Folge[3]. Der Kohlenhydratstoffwechsel verläuft nach der Eierstockentfernung aus noch ungeklärten Gründen träger; bei Frauen und bei weiblichen Säugetieren ist die Kohlenhydrattoleranz nach der Kastration vermindert, wie zuerst STOLPER[4] feststellte und wie viele, aber nicht alle, Nachuntersucher bestätigten. Adrenalin wirkt ungewöhnlich leicht glykosurisch[5].

Der Blutzucker steigt bei kastrierten weiblichen Säugetieren (Kaninchen) in der ersten Zeit nach der Kastration auf etwas erhöhte Werte; nach einigen Wochen ist er, ebenso auch der Kohlenhydratbestand der Muskeln, wieder normal[6].

Die Entfernung der Eierstöcke im Spätstadium einer Schwangerschaft stört, wie zahlreiche Erfahrungen der Gynäkologen lehren, den Fortgang der Schwangerschaft im allgemeinen nicht; sie verhindert die spätere Laktation nicht und führt während der Dauer der Schwangerschaft nicht zur Kastrationsatrophie der sekundären Geschlechtsmerkmale.

Ebenso läuft beim schwangeren Tiere die Schwangerschaft in der Regel ungestört weiter, wenn die Kastration erst in der zweiten Schwangerschaftshälfte ausgeführt wird. Offenbar gehen also in der zweiten Schwangerschaftshälfte von Geweben, die außerhalb der Eierstöcke liegen, Einflüsse aus, die die Atrophie der Geschlechtsorgane und den Abort verhindern. Es wird weiter unten gezeigt werden, welches Gewebe diese Funktion ausübt.

---

[1] BORMANN, F. VON: Z. exper. Med. 51, 38 (1926) (Lit.).
[2] Lit. bei GRAFE, E.: Erg. Physiol. 21, II, 1 (1923). — ORITA, J.: Arch. Gynäk. 123, 133 (1925).
[3] ZUNTZ, L.: Z. Geburtsh. 53, 352 (1904). — Lit. bei GRAFE, E.: Erg. Physiol. 21, II (1923). — HORNUNG, R.: Zbl. Gynäk. 51, 2971 (1927). — KING, J. T.: Bull. Hopkins Hosp. 39, 281 (1926).
[4] STOLPER: Zbl. Phys. 6, Nr 21 (1911). — TSUBURA, S.: Biochem. Z. 143, 291 (1923) (Lit.).
[5] CRISTOFOLETTI, R.: Gynäk. Rdsch. 5, 113, 169 (1911). — TSUBURA (Lit.). — HÜRZELER, O.: Mschr. Geburtsh. 54, 214 (1921). — KAWASHIMA, S.: Nach Ber. Physiol. 45, 108 (1928).
[6] TAKAKUSU, S.: Biochem. Z. 128, 1 (1922). — HANDOVSKY, H., u. H. TAMANN: Arch. f. exper. Path. 134, 203 (1928).

Wenn dagegen die Eierstöcke in der ersten Schwangerschaftshälfte entfernt werden, dann nimmt das Fruchtwasser bald an Menge ab, die Embryonen werden aufgelöst, später schwindet auch die Placenta und die Rückbildung von Gebärmutter, Milchdrüsen usw. setzt ein[1].
Die nur einseitig ausgeführte Eierstockentfernung[2] läßt die Ausbildung der sekundären Geschlechtsmerkmale unbeeinflußt. Das zurückgelassene Ovar oder ein zurückgelassener Ovarrest hypertrophiert und in dem hypertrophierten Gewebe kommen bald mehr reife Follikel zur Ausbildung als in einem gleichgroßen Stück normalen Eierstockgewebes. Die Gesamtzahl der reifenden und platzenden Follikel wird nach einiger Zeit wieder die gleiche wie beim normalen Tier. Daher nimmt die Zahl der von einseitig ovarektomierten Kaninchen oder Meerschweinchen geworfenen Jungen nicht ab. Auch wird die Dauer der Brunstzyklen nicht verändert. Es genügen sehr kleine Ovarreste, um die Brunstzyklen nach einiger Zeit wiederkehren zu lassen.

Welche Einflüsse die Zahl der in den Eierstöcken zur Reife gelangenden Follikel bestimmen, ist noch nicht sicher bekannt. Manche Beobachtungen, über die weiter unten berichtet wird, sprechen dafür, daß die Zahl der reifenden Follikel um so kleiner ist, je größer die Menge des funktionierenden Corpus-luteum-Gewebes ist.

Das Ausmaß der Hemmung der Follikelreifung ist für jede Tierart konstant: Die Zahl der reifenden und platzenden Follikel ist jeweils immer annähernd die gleiche.

Nach den Ergebnissen von Versuchen an parabiotisch vereinten Ratten hat es den Anschein, als ob in dem seiner Keimdrüsen beraubten Körper Stoffe entstehen, die auf die Eierstockausbildung fördernd wirken. Denn die Eierstöcke eines Tieres, das mit einem kastrierten Partner vereint ist, enthalten ungewöhnlich viele reifende Follikel und gelbe Körper. Als Folge der Funktionssteigerung der Eierstöcke wird die Vergrößerung und vermehrte Sekretproduktion des Uterus aufgefaßt. Hierbei bleibt es sich gleich, ob der kastrierte Partner männlichen oder weiblichen Geschlechtes ist[3]. Diese Ovarveränderungen sind bei der erwähnten Versuchsanordnung viel aus-

---

[1] FRAENKEL, L.: Arch. Gynäk. 68, 438 (1903); 91, 705 (1910). — LANE-CLAYPON, J. E., u. E. H. STARLING: Proc. roy. Soc. B. 77, 505 (1906). — MARSHALL, F. H. A., u. W. A. JOLLY: Trans. roy. Soc. B. 198, 99 (1906). — S. auch MIZUNO, T.: Jap. J. med. Sci. Trans. IV 2, 1 (1927). — HARRIS, R. G.: Anat. Rec. 37, 83 (1927).
[2] BOND: Brit. med. J. 1906, 121. — ARAI, H.: Amer. J. Anat. 28, 59 (1921). — LIPSCHÜTZ, A.: Skand. Arch. Physiol. 43, 45 (1923). — Pflügers Arch. 211, 722 (1926). — ASDELL, S. A.: Brit. J. exper. Biol. 1, 473 (1924). — GOTO, N.: Arch. Gynäk. 123, 387 (1925). — HANSON, F. B., u. CH. BOONE: Amer. Naturalist 60, 257 (1926). — PARKES, A. S.: Proc. roy. Soc. B. 100, 151 (1926).
[3] MATSUYAMA, R.: Frankf. Z. Path. 25, 436 (1921). — YATSU, N.: Anat. Rec. 21, 217 (1921). — GOTO, N.: Arch. Gynäk. 123, 387 (1925).

gesprochener zu erhalten als nach der Halbkastration. So liegt der Schluß nahe, daß vom Kastraten ein fördernder Stoff übergeht, zumal die Injektion von Blut kastrierter Tiere den gleichen Einfluß haben soll.

e) Überpflanzungen von Eierstöcken.

1. **Wirbellose.** Die Eierstocktransplantationen bei *Wirbellosen*[1] (Insekten) haben die oben berichtete Feststellung bestätigt, daß die Ausbildung der weiblichen Geschlechtsmerkmale unter einer höchstens ganz untergeordneten hormonalen Einwirkung seitens der Eierstöcke steht.

2. **Wirbeltiere.**

Kaltblüter. Bei *Tritonen*[2] wird dagegen die Ausbildung der sekundären Geschlechtsmerkmale der Weibchen durch die Ovartransplantation gefördert.

Warmblüter. Ebenso ist an kastrierten weiblichen *Vögeln* gezeigt worden, daß die Umbildung des Kammes, der Sporen, des Gefieders usw. zum neutralen Kapaunentyp durch eine Eierstocktransplantation wieder rückgängig gemacht bzw. verhindert werden kann[3]. Hühner können aus dem überpflanzten Eierstock über zwei Legeperioden hin regelmäßig Eier liefern.

Wie oben erwähnt wurde, stammen die ersten bei *Menschen* und *Säugetieren* erfolgreichen Eierstocküberpflanzungen von MORRIS[4] und von KNAUER[5], die durch diese Operationen die Hormonbildung der Eierstöcke bewiesen, denn sie beobachteten ein Schwinden der Kastrationsatrophie.

Die Überpflanzungen des Eierstockes bereiten beim Säugetier technisch verhältnismäßig geringe Schwierigkeiten. Die überpflanzten Organe werden bald mit Blutgefäßen versorgt, sie können, wie sich aus zahlreichen Untersuchungen ergeben hat, die innersekretorische Funktion nach wenigen Tagen aufnehmen und jahrelang aufrechterhalten. Die Aussichten auf Einheilen und Funktionieren sind wie bei anderen transplantierten Organen dann am besten, wenn die Ovare eines Tieres diesem reimplantiert werden und arteigene Ovare haben viel bessere Einheilungsaussichten als artfremde.

Das histologische Verhalten eines überpflanzten Eierstockes ist von der Menge des im Körper noch vorhandenen Eierstockgewebes abhängig.

---

[1] Lit. bei HARMS, W.: Handb. norm. path. Physiol. **14**, I, 241 (1926).
— Körper und Keimzellen, Berlin 1926.
[2] HARMS, W.: Arch. Entw.mechan. **35**, 748 (1913) u. ¹.
[3] GUTHRIE, C. C.: J. of exper. Zool. **5**, 563 (1907). — J. of exper. Med. **12**, 269 (1910). — PÉZARD, A.: Erg. Physiol. **27**, 552 (1928) u. a.
[4] MORRIS, R. T.: N. Y. State J. Med. **62** (1895).
[5] KNAUER, E.: Arch. Gynäk. **60**, 322 (1900).

Je mehr desselben zurückgelassen wird, um so schlechter ist die Einheilungsaussicht[1]. Bei niederer Temperatur aufbewahrte Eierstöcke können noch nach vielen Tagen funktionstüchtige Transplantate liefern[2].

Nach der Transplantation in total kastrierte Weibchen pflegt die Follikelreifung bis zum Ende vor sich zu gehen, so daß Ovulationen eintreten und gelbe Körper gebildet werden. Wird zu erhaltenen Eierstöcken hinzutransplantiert, so wird die Follikelreifung im Transplantat gehemmt und die Follikel werden frühzeitig atretisch[3].

Aus diesen Beobachtungen ergibt sich demnach, daß von den Eierstöcken Einflüsse ausgehen, die die Follikelreifung hemmen; sie ergänzen die oben erwähnten Befunde an teilkastrierten Weibchen.

Weiter gehen aber sicher auch von außerhalb der Eierstöcke gelegenen Gewebselementen Einflüsse aus, die das Schicksal eines Transplantates bestimmen. Denn wenn man einen ganz jungen und noch unreifen Eierstock in den kastrierten Körper eines erwachsenen Tieres transplantiert, so verhält sich das jugendliche Ovar anders als wie in einem jungen Tier; es reifen nämlich in jenem Transplantat die Follikel heran und die vollen Hormonwirkungen treten auf[4]. Vielleicht hängt dieser die Follikelreifung begünstigende Einfluß des herangewachsenen Körpers mit der Funktion des Hypophysenvorderlappens zusammen. (Siehe S. 125.)

Nach einer gelungenen Überpflanzung schwinden alle Folgen der Eierstockentfernung oder sie bleiben aus. Dies gilt für die Atrophie der Tuben, der Gebärmutter und Scheide[5]. Die erloschenen Brunst- und Menstruationszyklen kehren in regelmäßiger Folge wieder[6]. Es ist sogar wiederholt festgestellt worden, daß das aus dem Transplantat stammende Ei befruchtet wurde und eine normal verlaufende Schwangerschaft sich einstellte[7]. Nicht nur das geschlechtliche Begehren des Weibchens kehrt wieder; nach der Transplantation erwecken die Tiere auch wieder die Geschlechtsbegierde der Männchen, die sich gegen kastrierte Weibchen sonst ganz indifferent verhalten.

Es schwindet nach der Transplantation auch die einer Ovarien-

---

[1] Siehe SAND, KN.: Handb. norm. path. Physiol. 14, I, 276 (1926).
[2] LIPSCHÜTZ, A.: Pflügers Arch. 220, 321 (1928).
[3] LIPSCHÜTZ, A.: Pflügers Arch. 211, 682, 722 (1926).
[4] LIPSCHÜTZ, A.: Pflügers Arch. 211, 745 (1926). — FRANK, R. T., u. R. G. GUSTAVSON: J. amer. med. Assoc. 84, 1715 (1925).
[5] HALBAN, J.: Mschr. Geburtsh. 12, 496 (1901). — KNAUER.
[6] HALBAN, J.: Wien. klin. Wschr. 1899, Nr 49. — MARSHALL, F. H. A., u. W. A. JOLLY: Trans. roy. Soc. B. 198, 99 (1906). — LONG, J. A., u. H. MCLEAN EVANS: Mem. Univ. California 6, (1922)· u. a.
[7] Zuerst beobachtet von GRIGORIEFF: Zbl. Gynäk. 21, 663 (1897).

entfernung folgende körperliche Trägheit der Versuchstiere[1], und wenn jene Operation eine Senkung des Gaswechsels verursacht hatte, so bewirkt die Transplantation ein Wiederansteigen desselben[2].

Nach der Überpflanzung eines Eierstockes in ein normales, nicht kastriertes Weibchen wird das Wachstum der Milchdrüsen nicht über das Maß der bei geschlechtsreifen, aber nicht schwangeren Tieren physiologischen Reife hinaus getrieben. Es bildet sich bei diesen Tieren keine „Schwangerschafts"-Milchdrüse aus (während dies nach der Ovartransplantation in kastrierte Männchen der Fall ist. S. S. 93)[3]. Diese Tatsache wird wohl darauf zurückzuführen sein, daß das implantierte Ovar durch das zurückgelassene Ovargewebe in seiner Funktion gehemmt wird (s. oben).

Auch die Gewebe des jugendlichen Organismus sind schon empfindlich für die Hormone eines transplantierten Ovars vom erwachsenen Tier. Beim Frühkastraten stellen sich nämlich nach der Transplantation reifer Eierstöcke die Brunsterscheinungen und Wachstumsförderungen an den sekundären Geschlechtsorganen, also eine Pubertas praecox, ein.

Empfindlich sind die auf die Ovarhormone ansprechenden Gewebe schließlich auch noch dann, wenn sie nach dem physiologischen Erlöschen der Eierstockfunktionen jene Veränderungen durchgemacht haben, die für die Kastration typisch sind. Gleiches gilt für die psychischen Veränderungen des Klimakteriums. Bewiesen ist dies nicht nur durch zahlreiche klinische Beobachtungen an klimakterischen Frauen[4], denen der Eierstock einer geschlechtsreifen Frau eingepflanzt wurde, sondern auch durch das eindeutige Ergebnis der Tierversuche.

STEINACH[5] überpflanzte als erster die Ovarien jugendlicher Ratten in senile Rattenweibchen. Darauf gewannen die Tiere das Aussehen nichtseniler Ratten wieder, die Geschlechtsinstinkte kehrten zurück, es zeigte sich ein unverkennbares Wachsen der Milchdrüsen. Ähnlich günstige Erfolge berichtet KOLB[6] von einer Ziege, PETTINARI[7] von einer Hündin. (Näheres siehe HARMS[8]).

Zweifellos können also die im Klimakterium atrophierten sekundären Geschlechtsorgane sowie die erlöschenden Sexualinstinkte durch die Transplantation in jenen funktionellen Zustand versetzt werden, in dem sie sich in einem früheren Lebensstadium befanden. Um eine echte

---

[1] WANG, G. H., u. Mitarb.: Amer. J. Physiol. 73, 581 (1925).
[2] TSUBURA, S.: Biochem. Z. 143, 291 (1923).
[3] LIPSCHÜTZ, A., u. Mitarb.: Pflügers Arch. 211, 722 (1926).
[4] SIPPEL, P. v.: Arch. Gynäk. 118, 445 (1923).
[5] STEINACH, E.: Arch. Entw.mechan. 46, 12 (1920).
[6] KOLB: Verh. Schweizer Naturf.ges. 103, 311 (1922).
[7] PETTINARI, V.: Arch. ital. de Biol. 74, 57, 62 (1924).
[8] HARMS, J. W.: Körper u. Keimdrüsen, Berlin 1926.

"Verjüngung" (STEINACH) der in Betracht kommenden Zellelemente braucht es sich deshalb jedoch nicht zu handeln.

Die vorliegenden Beobachtungen sind zu spärlich, um eine sichere Entscheidung der Frage zu erlauben, ob wirklich die Zufuhr des Ovarialhormones in den senil gewordenen weiblichen Körper auch außerhalb der Sphäre der sekundären Geschlechtsorgane einen wiederbelebenden, "verjüngenden" Einfluß hat. Die Entscheidung wird wohl erst dann zu bringen sein, wenn man Versuche mit parenteraler Zufuhr der Hormone auf breiter Basis ausführt. Ehe diese nicht vorliegen, ist es verfrüht, zu der berührten Frage Stellung zu nehmen.

Nach den genannten Autoren soll unter der Einwirkung des Transplantates die erloschene Ovarfunktion wiederkehren, so daß die körpereigenen Ovare wieder Brunstzyklen auslösen können und zur Gravidität führen können. Entscheidende Ergebnisse können auch hier nur weitere Injektionsversuche liefern, die bisher meist dagegen sprechen (s. S. 29), daß es möglich ist, durch Zufuhr von Ovarialhormon das klimakterisch gewordene Ovar mit einiger Sicherheit wieder funktionstüchtig zu machen.

f) Beweise für die Bildung von Hormonen im Ovar durch Versuche mit Ovarauszügen.

Lassen schon die Erfolge der Transplantationsversuche keine andere Deutung zu als die, daß von den transplantierten Eierstöcken chemische Substanzen an das Blut abgegeben werden, die die Kastrationserscheinungen beseitigen, so ist der endgültige Beweis für die Hormonbildung im Eierstock schließlich dadurch erbracht worden, daß man den Einfluß von Eierstockpräparaten auf die Ausbildung der Kastrationserscheinungen untersuchte.

Daß das Ovar zur Zeit der Brunst einen diese auslösenden Stoff enthält, wurde 1906 von MARSHALL und JOLLY[1] bewiesen. Sie entfernten bei einer brünstigen Hündin den Eierstock und spritzten den Auszug aus demselben einer nicht brünstigen Hündin ein. Die Vagina und das Vaginalsekret nahmen darauf die für die Brunst typische Beschaffenheit an.

Die Hyperämisierung von Uterus und Scheide nach der parenteralen Zufuhr von Ovarauszügen oder Preßsäften stellten dann einige Jahre später auch ADLER[2], SCHICKELE[3], sowie ASCHNER[4] fest und zwar auch an zuvor kastrierten Tieren.

---

[1] MARSHALL, F. H. A., u. W. A. JOLLY: Trans. roy. Soc. B. **198**, 99 (1906).
[2] ADLER, L.: Arch. Gynäk. **95**, 349 (1912).
[3] SCHICKELE, G.: Arch. Gynäk. **97**, 409 (1912).
[4] ASCHNER, B.: Arch. Gynäk. **99**, 534 (1913).

Neuerdings hat man besonders die für die Brunstphasen typischen Veränderungen am Scheidensekret der kleinen Nagetiere, über die oben berichtet wurde (S. 6), zum Nachweis des Gehaltes des Eierstockes, seiner Bestandteile und anderer Gewebe an brunstauslösendem Hormon herangezogen[1]. Man verwendet Mäuse oder Ratten, die vor nicht allzu langer Zeit kastriert worden waren. (Liegt die Kastration mehr als einige Wochen zurück, so kann aus zurückgebliebenen kleinen Eierstockresten Ovargewebe regeneriert worden sein.) Man spritzt den Tieren die zu untersuchenden Auszüge einige Tage lang subcutan ein und untersucht täglich das mit einem Glasstäbchen entnommene Scheidensekret. Nach der Zufuhr überschwelliger Mengen des Brunsthormones treten innerhalb weniger Tage massenhaft *verhornte* Epithelien im Sekret auf.

Diese Methode[2] erlaubt eine annähernde pharmakologische Auswertung des Brunsthormongehaltes in den Auszügen. Man sucht die Menge auf, die bei einer kurz zuvor kastrierten jungen Ratte (ca. 140 g) oder Maus gerade das Auftreten von Epithelschollen im Scheidensekret herbeiführt; diese Auszugsmenge enthält dann 1 Ratten- resp. 1 Mäuseeinheit. (1 Ratteneinheit ist etwa 4—5mal so groß wie eine Mäuseeinheit.) Die Fehlerbreite dieser Methode wird — vielleicht etwas zu optimistisch — auf ± 20—25 % geschätzt.

Der Abstoßung des obersten, verhornten Scheidenepithels geht eine starke Verdickung desselben, wie sie auch die Uterusschleimhaut zeigt, voraus. Der epitheliale Verschluß des Scheideneingangs wird bei kastrierten kleinen Nagetieren nach den Injektionen gelöst[3].

So wie bei den Transplantationen erhielt man nach Injektionen von Ovarialauszügen diese Wirkungen auf die Scheidenschleimhaut auch bei alten Tieren, deren Brunstzyklen schon erloschen waren, sowie bei jungen Tieren, die noch nicht geschlechtsreif waren.

Der Nachweis, daß neben dieser brunstauslösenden Substanz auch eine das Wachstum der sekundären Geschlechtsorgane fördernde Substanz im Eierstock enthalten ist, glückte 1912 FELLNER[4] sowie ISCOVESCO[5]. Bei jungen Kaninchen und Meerschweinchen nimmt nach mehrtägiger Injektion geeignet bereiteter Auszüge (über die Bereitung derselben siehe S. 44) die Masse des Uterus und der Scheide stark zu; in der ver-

---

[1] DOISY, E. A., u. Mitarb.: J. of biol. Chem. **61**, 711 (1924). — Amer. J. Physiol. **69**, 557 (1924) und viele andere.
[2] Zur Methode siehe besonders: DOISY u. Mitarb. — LOEWE, S., u. F. LANGE: Z. exper. Med. **54**, 188 (1927). — Dieselben u. W. FAURE: Dtsch. med. Wschr. **52**, 559 (1926). — LANGE, F.: Z. exper. Med. **51**, 284 (1926). — BUGBEE, E. P., u. D. E. SIMOND: Endocr. **10**, 192 (1926).
[3] STEINACH, E., u. Mitarb.: Pflügers Arch. **210**, 598 (1925).
[4] FELLNER, O. O.: Arch. Gynäk. **100**, 541 (1913).
[5] ISCOVESCO, H.: C. r. Soc. Biol. **73**, 16 (1912). — S. auch ASCHNER, B.: Arch. Gynäk. **99**, 534 (1913) u. a.

dickten Schleimhaut des Uterus wuchern die Drüsen. Diese sezernieren stärker, die Scheide wird länger und weiter. Wurden die Tiere zuvor kastriert, so geht die Kastrationsatrophie der genannten Organe innerhalb kurzer Zeit zurück, und ihre Größe erreicht die nicht kastrierter Tiere oder übertrifft sie sogar[1]. An der Brustdrüse vergrößern sich die Acini und der Warzenhof, die Zitzen wachsen und werden wieder erigierbar[2].

Nach STEINACH und Mitarbeitern[3] sollen die Injektionen von Ovarauszügen bei alten Ratten, deren Brunstzyklen seit Monaten erloschen waren, ein Wiederauftreten der Funktionen der Eierstöcke herbeiführen. Denn nach dem Ende der Einspritzungen traten oft einige Monate lang anhaltende Brunstzyklen wieder auf. Andere vermißten dagegen neuerdings in Versuchen an alten Mäusen, bei denen allerdings nicht ein Auszug aus dem Gesamtovar, sondern aus der Follikelflüssigkeit verwandt wurde, eine solche „verjüngende" Wirkung auf die Ovarfunktion fast ausnahmslos[4].

Weiter wirken die Ovarauszüge auf das Beckenwachstum so ein, wie das funktionierende Ovar. Bei jungen Tieren wird das Wachstum gefördert, und die Form des Beckens gleicht sich der der geschlechtsreifen Weibchen an[5].

Schließlich läßt sich durch die Behandlung mit Ovarauszügen auch der nach einer Kastration geschwundene Geschlechtstrieb wieder erwecken. Die mit den Auszügen behandelten Tiere lassen die Begattungen der Männchen wieder zu; bei noch sehr jungen Individuen stellt sich nach den Injektionen vorzeitig eine Brunst ein.

(Über weitere Wirkungen der Ovarauszüge auf den Körper wird weiter unten, S. 41, berichtet.)

g) Die Hormonwirkungen der einzelnen Gewebsteile des Eierstockes[6].

Die histologische Untersuchung des Eierstockes hat, wie erwähnt, keine sichere Entscheidung bringen können, welches der Anteil der drei in Betracht kommenden Ovarbestandteile, des Follikels samt Inhalt, des interstitiellen Gewebes und des gelben Körpers an den innersekre-

---

[1] OKINTSCHITZ, L.: Arch. Gynäk. 102, 333 (1914). — STEINACH, E., u. Mitarb.: Pflügers Arch. 210, 598 (1925); 219, 325 (1928) u. a.
[2] FELLNER—STEINACH u. Mitarb. u. a.
[3] STEINACH u. Mitarb.
[4] LAQUEUR, E.: Klin. Wschr. 6, 390 (1927). — SLONAKER, J. R.: Amer. J. Physiol. 81, 325 (1927).
[5] PLAUT, R.: Z. physiol. Chem. 111, 36 (1920).
[6] Siehe auch PARKES, A. S.: Biolog. Rev. Cambridge philos. Soc. 3, 208 (1928).

torischen Wirkungen ist. Dies gilt auch für die Untersuchung der Eierstöcke, die transplantiert worden waren: nach SAND[1] kann nach geglückten Transplantationen jeder der drei Bestandteile besonders gut erhalten sein.

1. **Interstitielles Gewebe.** Die besonders von STEINACH und LIPSCHÜTZ auf Grund histologischer Befunde vertretene Theorie, daß der Hauptanteil an den Hormonwirkungen des Eierstockes dem interstitiellen Gewebe zukomme, ist nach den neueren Ergebnissen der pharmakologischen Auswertung der verschiedenen Ovarteile nicht mehr zu halten. Denn aus weiter unten mitzuteilenden Versuchen ergibt sich, daß der Follikel samt Inhalt weit mehr des brunstauslösenden Hormones zu enthalten pflegt als das Restovar.

Dagegen kann eine Beteiligung der interstitiellen Zellen an den Hormonwirkungen nicht abgelehnt werden, sie ist vielmehr durch die Beobachtungen an röntgenbestrahlten Tieren wahrscheinlich gemacht worden.

Bei geeigneter Dosierung der Röntgenstrahlen wird, wie zuerst HALBERSTÄDTER[2] nachwies, in erster Linie der Follikelapparat geschädigt. Die Follikelreifung wird frühzeitig unterbrochen, es kommt nicht mehr zum Follikelsprung und zur Bildung gelber Körper; die Folge ist natürlich Sterilität. Das interstitielle Gewebe bleibt dagegen zunächst ungeschädigt oder hypertrophiert häufig.

Trotz der Zerstörung des Follikelapparates durch die Bestrahlung bewirkt sie bei nicht allzu hoher Dosierung keine Kastrationsatrophie der sekundären Geschlechtsmerkmale; diese sollen nach STEINACH und HOLZKNECHT[3] vielmehr in ihrer Ausbildung gefördert werden, und zwar, wie jene Autoren annehmen, als Folge der Hypertrophie der interstitiellen Zellen. Weiterhin weisen PARKES[4] und v. SCHUBERT[5] darauf hin, daß die zyklischen Scheidenepithelveränderungen der Brunst bei der bestrahlten Maus erhalten bleiben können, obwohl die histologische Untersuchung der Eierstöcke keinen Anhalt mehr dafür bringt, daß sich noch zyklische Prozesse an den geschädigten Follikeln abgespielt haben könnten. Nach starker Einwirkung von Röntgenstrahlen werden aber bei Kaninchen trotz erhaltener interstitieller Zellen die sekundären Geschlechtsorgane atrophisch[6].

Auf der anderen Seite schlossen SEITZ und WINTZ[7] aus Beobachtungen an bestrahlten Frauen, daß die zur Menstruationsblutung führenden Ver-

---

[1] SAND, KN.: Handb. norm. path. Physiol. **14**, I, 251 (1926).
[2] HALBERSTÄDTER, L.: Berl. klin. Wschr. **42**, 64 (1905).
[3] STEINACH, E., u. G. HOLZKNECHT: Arch. Entw.mechan. **42**, 490 (1917).
[4] PARKES, A. S.: Proc. roy. Soc. B. **100**, 172 (1926). — Ders. u. Mitarb.: Ebenda **101**, 29 (1926).
[5] SCHUBERT, V.: Klin. Wschr. **6**, 136 (1927).
[6] BOUIN, P., u. Mitarb.: C. r. Soc. Biol. **61**, 417 (1906).
[7] SEITZ, L., u. H. WINTZ: Münch. med. Wschr. **66**, 475 (1919).

änderungen der Uterusschleimhaut der Frau nicht an die interstitiellen Zellen, sondern an den Follikelapparat gebunden sind. Denn wenn die Bestrahlung in der ersten Hälfte des Intermenstruums ausgeführt wird, d. h. ehe der Follikel gereift ist, dann bleibt die folgende Menstruation in 95% der Fälle aus, während nach einer später im Intervall ausgeführten Bestrahlung dies nur bei 4% der Fall ist, dagegen in 80% erst bei der übernächsten Menstruation.

ZONDEK und ASCHHEIM[1] schließen auf die Produktion eines Hormones in dem interstitiellen Gewebe aus der Tatsache, daß im Gegensatz zu dem Inhalt normaler Ovarzysten, der ohne Wirkung auf das Scheidenepithel ist, der Inhalt der vom interstitiellen Gewebe ausgehenden Zysten die Scheidenepithelwucherung herbeiführt. (Siehe dagegen die unten erwähnten Beobachtungen an der Ratte.)

2. Follikel und Follikelflüssigkeit. Es kann heute nicht mehr bezweifelt werden, daß das die Brunst in Gang setzende Hormon in erster Linie aus dem Follikel stammt. Sicher ist weiter, daß das Gewebe des gelben Körpers nicht allein maßgebend sein kann.

Für diese ausschlaggebende Bedeutung des Follikels spricht die Beobachtung, daß sich bei Kühen eine andauernde Brunst einstellen kann, wenn Follikelzysten persistieren, und die Tatsache, daß die Brunstphase bei den Tieren, deren Follikel nur nach einer Begattung platzt (z. B. bei Kaninchen), verlängert ist, wenn auf der Höhe der Brunst keine Begattung stattfindet, so daß der Follikel abnorm lange persistiert.

Längere Zeit hindurch persistierende Follikelzysten treten nach Eierstockverletzungen bei der Ratte auf; sie sind von einer Vergrößerung des Uterus und einer dauernden Verhornung der Scheidenepithelien begleitet[2].

Weiter ist darauf hinzuweisen, daß bei Säugetieren, die nur zu bestimmten Jahreszeiten Brunstzyklen zeigen, diese Zyklen mit gleichzeitigen Eireifungszyklen einhergehen. Zerstört man bei Hündinnen, die alle 6 Monate läufig werden, zwischen 2 Brunstperioden die reifenden Follikel, dann bleibt die zu erwartende Brunst aus[3].

Nach der Injektion von Follikelflüssigkeit[4] (1 ccm täglich subcutan)

---

[1] ZONDEK, B., u. S. ASCHHEIM: Klin. Wschr. **5**, 400 (1926).
[2] WANG, G. H., u. A. F. GUTTMACHER: Amer. J. Physiol. **82**, 335 (1927).
[3] MARSHALL, F. A. H., u. W. A. WOOD: J. of Physiol. **58**, 74 (1924).
[4] FRANK, R. T.: J. amer. med. Assoc. **78**, 181 (1922). — ALLEN, E., u. E. A. DOISY: Amer. J. Physiol. **68**, 138 (1924). — Dieselben u. Mitarb.: Ebenda **69**, 577 (1924). — Anat. Rec. **27**, 194 (1924). — J. of biol. Chem. **61**, 711 (1924). — LAQUEUR, E., u. Mitarb.: Dtsch. med. Wschr. **1926**, Nr 1 u. 2. — Klin. Wschr. **6**, 390 (1927). — COURRIER, R.: C. r. Acad. Sci. **178**, 2129 (1924). — Arch. de Biol. **34**, 133 (1924). — SMITH, M. G.: Bull. Hopkins Hosp. **39**, 203 (1926). — LOEWE, S., u. F. LANGE: Z. exper. Med. **54**, 188 (1927). — LANGE, F.: Ebenda **51**, 284 (1926). — TUISK, R.: J. of Physiol. **63**, 181 (1927). — COWARD, K. H., u. J. H. BURN: Ebenda **63**, 270 (1927). — MIZUNO, T.: Jap. J. med. Sci. Trans. IV, **2**, 1 (1927).

oder von aus dieser bereiteten Präparaten kann man an jugendlichen, geschlechtsreifen oder senilen Nagern auch nach zuvor ausgeführter Kastration jene mehrfach erwähnten Veränderungen der Scheidenschleimhaut und des Scheidensekretes herbeiführen, die für die Brunst typisch sind. Bei jungen Nagern bildet sich der solide Strang der Scheide zum Schlauch um, die Epithelmembran des sich weitenden Scheideneinganges schwindet. Die Uterus- und Vaginalschleimhaut der behandelten kastrierten Tiere wuchert, im Scheidensekret erscheinen die abgestoßenen kernlosen Epithelschollen, die Drüsen des Uterus werden vermehrt. Selbst junge, noch unreife oder reife kastrierte Tiere lassen nun die Begattung zu.

Bei fortdauernder Behandlung mit Follikelpräparaten wird die Abstoßung der Vaginalepithelschollen bei kleinen kastrierten Nagetieren zu einem Dauerzustand. Nach dem Aussetzen der Injektionen bildet sich die Schleimhauthypertrophie in wenigen Tagen zurück, und die Schollen verschwinden im Scheidensekret.

Durch Injektionsversuche mit Follikelhormon bei höheren Affen und bei Menschen ist bewiesen, daß der Fortfall des Hormones für das Zustandekommen der Menstruationsblutung verantwortlich zu machen ist[1]. Wenn man kastrierten Affen oder nicht menstruierenden Frauen einige Tage lang das Follikelhormon zuführt, so tritt einige Tage nach der Beendigung der Injektionen eine typische Menstruationsblutung auf. Diese ist demnach bedingt durch den Zerfall der unter dem Einfluß des Follikelhormones aufgebauten Uterusschleimhaut. Also ist die Menstruation physiologischerweise die Folge eines Nachlassens der Follikelsekretion, wie nach den obenerwähnten Kastrationsversuchen zu erwarten war.

Die Injektion von Follikelextrakten in schwangere Tiere soll nach ALLEN, DOISY und Mitarbeitern[2] sowie FRAENKEL[3] die Schwangerschaft nicht unterbrechen, und sonst wirksame Auszugsmengen sollen nunmehr die Scheidenepithelverhornung nicht mehr herbeiführen. Andere Untersucher[4] geben an, daß schon kleine Mengen von Follikelauszug die Frühschwangerschaft unterbrechen, während am Ende der Schwangerschaft erst große Mengen den Abort auslösen.

Auf die Ausbildung der Corpora lutea graviditatis hat die Zufuhr von Follikelhormon keinen Einfluß[5].

---

[1] PRATT, J. P., u. E. ALLEN: J. amer. med. Assoc. 85, 510 (1925); 86, 1964 (1926). — ALLEN, E.: Nach Ber. Physiol. 45, 111 (1928). — LOEWE, S.: Klin. Wschr. 6, 59 (1927). — ZONDEK, B.: Ebenda 5, 1218 (1926). — FRAENKEL, S.: Dtsch. med. Wschr. 53, Nr 50 u. 51 (1927). — SCHRECK, A.: Klin. Wschr. 7, 1172 (1928).

[2] ALLEN, E., E. A. DOISY u. Mitarb.: Amer. J. Physiol. 68, 138 (1924).

[3] FRAENKEL, S., u. E. FELS: Dtsch. med. Wschr. 53, 2156 (1927). — S. auch MIZUNO, J.: Jap. J. med. Sci. Trans. IV. 2, 1 (1927).

[4] PARKES, A. S., u. C. W. BELLERBY: J. of Physiol. 62, 145, 301 (1927). — S. auch SMITH, M. G.: Bull. Hopkins Hosp. 39, 203 (1926).

[5] COURRIER, R.: C. r. Soc. Biol. 99, 224 (1928).

Während einer Laktation ruhen die Brunstzyklen der kleinen Nagetiere; doch kann man durch Injektionen von Follikelauszug auch bei laktierenden Tieren die typischen Scheidenepithelveränderungen herbeiführen[1].

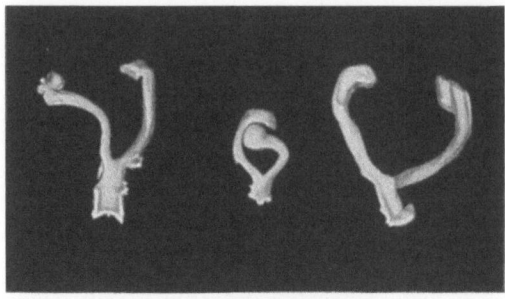

Abb. 4. Wirkung des Follikelhormons auf das Uteruswachstum junger Ratten.
Links und rechts: Uterus nach 8 Einspritzungen von je einer Mauseeinheit innerhalb von 10 Tagen.
Mitte: Uterus des unbehandelten Schwestertieres.
(Nach E. Laqueur u. Mitarb.)

Nach den ersten Angaben von ALLEN und DOISY hatte es den Anschein, als ob die Follikelflüssigkeit frei sei von einer das Wachstum des Uterus und der Scheide fördernden Substanz. Neuerdings ist aber an vielen Säugetieren festgestellt worden, daß die Masse dieser Organe nach Injektionen von Follikelauszügen sehr erheblich zunimmt (Abb. 4); bei wiederholten Einspritzungen scheinen sogar schon solche Mengen wachstumsfördernd zu wirken, die das Scheidenepithel noch nicht zur Verhornung bringen[2].

Ob dieser wachstumsfördernde Stoff der Follikelflüssigkeit von der Mutter auf die Embryonen übergehen kann, wird verschieden beantwortet. Nach COURRIER[3] sind die Uteri von Früchten, deren Mütter Follikelauszug erhielten, abnorm groß, PARKES und BELLERBY[4] vermißten aber diesen Befund.

Auch ein Wachstum der Milchdrüsen wurde bei Tieren und bei einem amenorrhoischen Mädchen nach Injektionen von Follikelauszügen beobachtet[5]. Nach längerer Zufuhr sollen die hypertrophierten Milchdrüsen behandelter Meerschweinchen Milch sezernieren können[6], doch wird andererseits angegeben, daß die Injektionen die Milchabgabe laktierender Tiere etwas hemmen sollen[7].

---

[1] PARKES u. BELLERBY.

[2] ZONDEK, B., u. S. ASCHHEIM: Klin. Wschr. 5, 2199 (1926). — COURRIER, R.: C. r. Soc. Biol. 94, 280 (1926). — Ders. u. P. POTVIS: Ebenda 878. — STEINACH, E., u. Mitarb.: Pflügers Arch. 219, 306 (1928). — LAQUEUR, E.: Dtsch. med. Wschr. 54, 922 (1928). — Ders. u. Mitarb.: Arch. Entw.mechan. 112, 350 (1927).

[3] COURRIER, R.: C. r. Acad. Sci. 178, 2192 (1924).

[4] PARKES, A. S., u. C. W. BELLERBY: J. of Physiol. 62, 145 (1927).

[5] STEINACH, E., u. Mitarb.: Pflügers Arch. 219, 306 (1928). — LAQUEUR, E., u. Mitarb.: Dtsch. med. Wschr. 54, 465 (1928). — ZONDEK, B.: Klin. Wschr. 5, 1218 (1926).

[6] STEINACH u. Mitarb.

[7] PARKES, A. S., u. C. W. BELLERBY: J. of Physiol. 62, 311 (1927).

Über den Einfluß des Follikelhormones auf die Tätigkeit des Eierstockes gehen die Angaben auseinander. Manche[1] vermißten auch nach lang anhaltender Zufuhr jeden deutlichen Einfluß auf die Eierstöcke sowohl bei jungen als auch bei geschlechtsreifen Säugetieren; die in der Schwangerschaft oder Laktationszeit ruhenden Ovulationen kamen nicht in Gang. Bei Vögeln soll dagegen die fortgesetzte Zufuhr die noch ruhende Legetätigkeit in Gang bringen können[2]. Das im gelben Körper enthaltene ovulationshemmende und das die Eieinbettung fördernde Hormon (s. unten) fehlen in dem Follikel[3].

Der Hormongehalt des Follikels und seines Inhaltes ist von der Größe des Follikels abhängig. ZONDEK und ASCHHEIM[4] implantierten bei kastrierten Mäusen kleine Follikel: die Scheidenepithelveränderungen blieben aus, während sie nach der Implantation größerer Follikel auftraten. Daher enthält das Gesamtovar einer Frau kurz nach der Ovulation, zur Zeit also, in der nur kleine Follikel vorhanden sind, nur etwa $1/4$—$1/6$ der in der Flüssigkeit eines einzigen reifen Follikels enthaltenen Hormonmenge. Auch die Follikelwandung enthält den auf die Scheidenepithelien wirkenden Stoff und zwar nur in den Thekazellen, nicht in den Granulosazellen, welch letztere nach der Implantation unwirksam sind[5].

Mit der obenerwähnten Methode der Auswertung an kleinen kastrierten Nagetieren — Aufsuchen der Schwellenmenge, die eben eine Verhornung des Scheidenepithels herbeiführt (diese Menge wird 1 Mäuse- oder Ratteneinheit genannt) — hat man versucht, den Hormongehalt des Ovares unter verschiedenen Bedingungen quantitativ zu bestimmen. Nach ZONDEK[6] soll das Ovar einer Frau kurz nach der Menstruation (kleine Follikel!) nur eine Mäuseeinheit enthalten, im Intermenstruum steigt die Menge auf 4—6 Einheiten, und ein reifer Follikel enthält nach ihm 8 Einheiten.

Die Angaben über den Gehalt der Eierstöcke an brunstauslösendem Hormon schwanken sehr stark. 1 kg enthält nach den verschiedenen Untersuchern[7] 100—160 R E bzw. 500—1000 und 219—293 M E. Viel reicher

---

[1] ZONDEK, B., u. S. ASCHHEIM: Klin. Wschr. 5, 2199 (1926); 6, 1321 (1927). — LOEB, L., u. W. B. KOUNTZ: Amer. J. Physiol. 84, 283 (1928). — LAQUEUR, E., u. Mitarb.: Arch. Entw.mechan. 112, 350 (1927).
[2] LOEWE, S., u. Mitarb.: Pflügers Arch. 215, 453 (1926).
[3] PAYNE, W. B., u. Mitarb.: Amer. J. Physiol. 86, 243 (1928). — COURRIER, R., u. R. MASSE: C. r. Soc. Biol. 99, 263, 265 (1928).
[4] ZONDEK, B., u. S. ASCHHEIM: Arch. Gynäk. 127, 250 (1926). — Klin. Wschr. 5, 400, 979, 1218 (1926).
[5] Dieselben: Ebenda 2199.   [6] ZONDEK, B.: Ebenda 1218.
[7] DOISY, E. A., u. Mitarb.: Endocrin. 10, 273 (1926). — LANGE, F.: Z. exper. Med. 51, 284 (1926). — PARKES, A. S., u. C. W. BELLERBY: J. of Physiol. 61, 562 (1926); 62, 385 (1927).

ist die Follikelflüssigkeit[1]. In 1 kg fanden die meisten über 100 M E, nach LAQUEUR kann der Gehalt bis zu 30000 M E betragen!

Viel Wert kommt diesen Zahlenangaben wohl kaum zu; offenbar sind die Extraktionsverfahren der meisten Untersucher nicht zur quantitativen Erfassung des Hormones geeignet gewesen. Auch scheinen die Follikelsäfte der verschiedenen Säugetiere sehr verschieden reich an Hormon zu sein[2].

Im Restovar[3] ist viel weniger Hormon (pro Kilo Gewicht) enthalten als in der Follikelflüssigkeit (nach LAQUEUR 10—600mal weniger). So sprechen auch diese Versuche gegen die Theorie, daß die interstitiellen Zellen von besonderer Bedeutung für die Hormonproduktion des Ovariums seien.

3. **Corpus luteum.** Auch der gelbe Körper ist, wie zuerst PRÉNANT 1898 richtig vermutete, an den Hormonwirkungen des Eierstockes beteiligt. Die für die Follikelflüssigkeit so typische Wirkung auf das Scheidenepithel der kleinen Nagetiere wurde mehrfach auch mit Corpus luteum erhalten. Doch ist diese Wirkung anscheinend nur dann vorhanden, wenn noch Flüssigkeitsreste im Zentrum des gelben Körpers enthalten sind. Gelbe Körper ohne Höhle sollen wirkungslos sein[4]. Die Abgabe dieses auf die Schleimhaut wirkenden Stoffes scheint aber so gering zu sein, daß sie das Zustandekommen der Menstruation (beim Affen) nicht beeinflußt[5].

Physiologisch bedeutsamer ist eine zweite Wirkung des gelben Körpers, die der Follikelflüssigkeit nicht zukommt. Durch die Einwirkung des gelben Körpers gewinnt die Uterusschleimhaut die Fähigkeit, das befruchtete Ei zu fixieren und zur Entwicklung zu bringen.

Wenn man beim Kaninchen innerhalb der ersten Tage nach eingetretener Befruchtung, ehe noch das Ei zur Einbettung gelangt ist, den aus dem geplatzten Follikel stammenden gelben Körper entfernt oder zerstört, so wird nach FRAENKEL[6] das Ei nicht eingebettet, die Schwangerschaft bleibt aus. Bei der Maus[7] ist das Corpus luteum

---

[1] Dieselben. — LAQUEUR, E., u. Mitarb.: Dtsch. med. Wschr. **1926**, Nr 1 u. 2. — Klin. Wschr. **6**, 390 (1927). — LOEWE, S., u. E. H. VOSS: Klin. Wschr. **5**, 1083 (1926) u. a. [2] PARKES u. BELLERBY.
[3] ALLEN, E., u. E. A. DOISY: J. of biol. Chem. **61**, 70 (1924). — LANGE. — LAQUEUR u. Mitarb. — S. auch PARKES u. BELLERBY. — DICKENS, F., DODDS u. WRIGHT: Biochemic. J. **19**, 853 (1925).
[4] ALLEN, E., u. E. A. DOISY: Amer. J. Physiol. **68**, 138 (1924). — FRANK, R. T., u. R. G. GUSTAVSON: J. amer. med. Assoc. **84**, 1715 (1925). — ZONDEK, B., u. S. ASCHHEIM: Klin. Wschr. **5**, 400 (1926). — LOEWE, S., u. S. LANGE: Arch. f. exper. Path. **120**, 47 (1927). — PARKES, A. S., u. C. W. BELLERBY: J. of Physiol. **64**, 233 (1927). — KAUFMANN, C., u. W. DUNKEL: Klin. Wschr. **6**, 2228 (1927). — PAYNE, W. B., u. Mitarb.: Amer. J. Physiol. **86**, 243 (1928).
[5] ALLEN, E.: Amer. J. Physiol. **85**, 471 (1928).
[6] FRAENKEL, L., u. FR. COHN: Anat. Anz. **20**, 294 (1902). — FRAENKEL, L.: Arch. Gynäk. **68**, 438 (1903); **91**, 705 (1910). — CORNER, G. W.: Amer. J. Physiol. **86**, 74 (1928).
[7] PARKES, A. S.: J. of Physiol. **65**, 341 (1928) (Lit.).

während der ganzen Schwangerschaft unentbehrlich. LOEB[1] brachte entscheidende Versuche, die bewiesen, daß die Uterusschleimhaut unter der Einwirkung des gelben Körpers befähigt wird, sich unter dem Reiz des auf sie gelangenden Eies in eine Dezidua umzubilden. Das Ei wirkt hierbei lediglich als Fremdkörper, denn auch mechanische Reize, wie Durchziehen eines Fadens, lösen eine solche „Deziduom"- oder „Placentom"bildung aus.

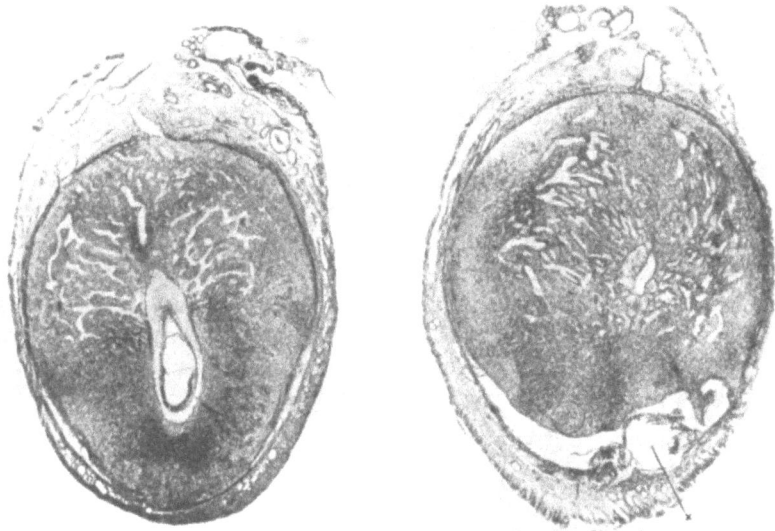

Abb. 5. Links: Schnitt durch den Uterus einer schwangeren Ratte 9 Tage nach der Befruchtung. Rechts: Plazentombildung im Uterus einer Ratte 4 Tage nach Reizung durch einen Faden bei ×. (Nach Long u Evans).

Bei der Ratte gelingt es in keiner Phase des normalen Brunstzyklus, durch derartige Fremdkörperreize künstlich Placentome zu bilden. Dies wird aber möglich, wenn man durch mechanische Reize an der Cervix ein längeres Persistieren des gelben Körpers (siehe S. 8) herbeigeführt hatte (Abb. 5), oder wenn Corpora lutea lactationis vorhanden sind[2]. Ebenso gelingt die Placentombildung dann, wenn man durch Einspritzung von EVANSschem Auszug aus dem Vorderlappen der Hypophyse eine abnorm starke Bildung von Corpus-luteum-Gewebe angeregt hat[3].

---

[1] LOEB, L.: Zbl. Physiol. **22**, 498 (1908); **23**, 73 (1909). — Siehe auch CORNER u. WARREN: Anat. Rec. **16**, 168 (1919). — LONG, J. A., u. H. MCLEAN EVANS: Mem. Univ. California **6** (1922). — FRANK, R.: J. amer. med. Assoc. **73**, 1764 (1919). — GERLINGER, H.: Nach Ber. Physiol. **35**, 723 (1926). — NIELSON: C. r. Soc. Biol. **85**, 368 (1922).
[2] LONG u. EVANS.   [3] TEEL, H. M.: Amer. J. Physiol. **79**, 184 (1926).

Während der ganzen ersten Hälfte einer Schwangerschaft sind bei den meisten Säugetieren die gelben Körper für die Fortdauer der Schwangerschaft unentbehrlich. Bei Kaninchen und Ziegen tritt nach einer in der ersten Schwangerschaftshälfte ausgeführten Ovarektomie der Abort ein; die Placenta bildet sich zurück, und die Hypertrophie der sekundären Geschlechtsorgane schwindet[1].

Zweifellos ist diese Rückbildung der Masse des schwangeren Uterus auf den Ausfall der gelben Körper zu beziehen. Die Rückbildung wird gehemmt, wenn man dem ovarektomierten Tier den einem schwangeren Tier entnommenen gelben Körper einpflanzt[2]. Und in vielen Versuchen wurde gezeigt, daß geeignet bereitete Auszüge aus gelben Körpern einen das Wachstum des Uterus und der Scheide mächtig fördernden Einfluß haben.

Der ausschlaggebende Anteil der gelben Körper an der Schwangerschaftshypertrophie der Gebärmutter und der Milchdrüsen folgt auch aus den obenerwähnten Beobachtungen an scheinschwangeren Tieren. Bei scheingraviden Kaninchen geht z. B. jene Hypertrophie der Ausbildung der gelben Körper parallel; wie diese erreicht sie in 2 Wochen ihr Maximum und schwindet sehr bald nach der Entfernung der gelben Körper[3] (Abb. 6). Die vergrößerten Milchdrüsen können laktieren. Auch nach Injektionen von Auszügen aus gelben Körpern wurde die Abgabe einer milchähnlichen Flüssigkeit aus den vergrößerten Milchdrüsen beobachtet.

Die letzte, sicher nachgewiesene, physiologisch wichtige Hormonwirkung der gelben Körper betrifft die Eireifung.

Es ist Tierzüchtern seit langem bekannt, daß bei Kühen ein ungewöhnlich langes Erhaltenbleiben der gelben Körper vorkommt, und daß mit diesem Ausbleiben der physiologischen Rückbildung eine Sterilität der Tiere verbunden ist; die mechanische Zerstörung des leicht zu palpierenden gelben Körpers hat nach 3—4 Tagen eine neue Ovulation zur Folge, und die Sterilität ist beseitigt. Analoge Beobachtungen wurden auch an Frauen gemacht.

Ebenso kann man bei normalen Tieren durch die Entfernung der gelben Körper das Eintreten der folgenden Brunst und Ovulation beschleunigen[4]. Auch bei der erwähnten „Scheingravidität" der Kaninchen besteht eine Sterilität[5].

---

[1] FRAENKEL, L.: Arch. Gynäk. **68**, 438 (1903). — DRUMMOND-ROBISON, G., u. S. A. ASDELL: J. of Physiol. **61**, 608 (1926).   [2] FRAENKEL.
[3] ANCEL, P., u. P. BOUIN: J. Physiol. et Path. gén. **12**, 1 (1910); **13**, 31 (1911). — JOUBLOT, J.: Arch. d'Anat. **7**, 435 (1927) u. a.
[4] LOEB, L.: Zbl. Physiol. **23**, 73 (1910); **24**, 203 (1910). — Ders. u. C. HESSELBERG: J. of exper. Med. **25**, 285 (1925).
[5] NAESLUND, J.: Nach Ber. Physiol. **7**, 355 (1921).

Weiter kann man durch Transplantationen von gelben Körpern und Injektionen von Auszügen aus gelben Körpern den Eintritt der folgenden Brunst bei Meerschweinchen und Ratten hinausschieben.

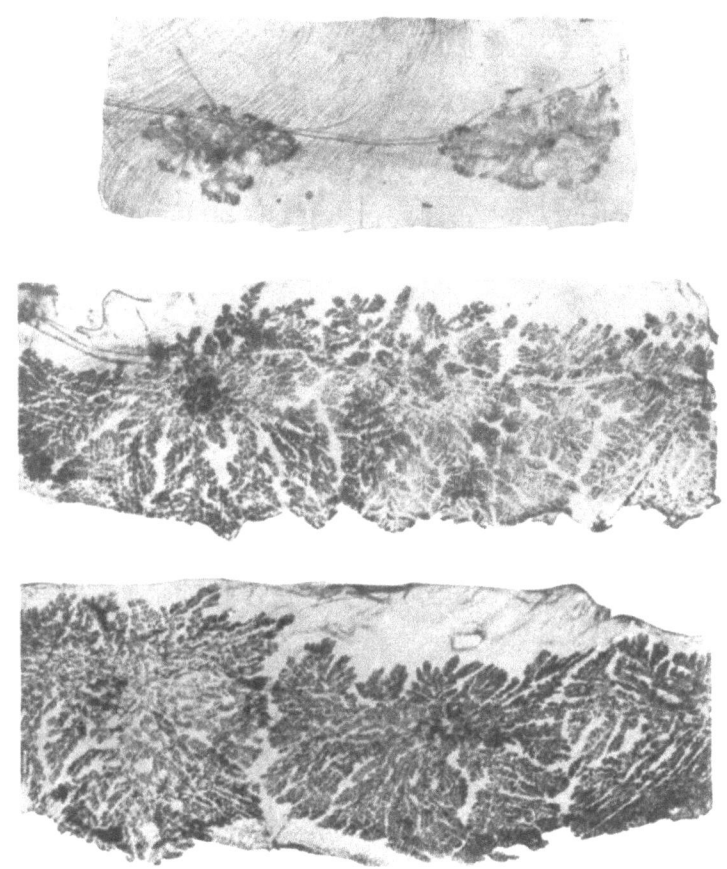

Abb. 6. Hypertrophie der Milchdrusen eines Kaninchens wahrend der Scheingraviditat.
Oben: Vor der Scheingraviditat.
Mitte und unten: Wahrend der Scheingraviditat.
(Nach Ancel u. Bouin.)

Diese Hemmung ist eine so vollkommene, daß man durch dauernde Behandlung mit Auszügen aus gelben Körpern eine dauernde Sterilität der Tiere herbeiführen kann[1]. Die Eierstöcke enthalten dann nur kleine,

---

[1] HERRMANN, E., u. M. STEIN: Wien. klin. Wschr. 29, 778 (1916). — WINTZ u. FINGERHUT: Münch. med. Wschr. 61, 1657 (1914). — HABERLANDT, L.: Pflügers Arch. 194, 235 (1922); 202, 1 (1924). — KNAUS, H.: Ebenda 203, 394 (1924). — KENNEDY, W. P.: Quart. J. exper. Physiol. 15,

unreife Follikel und keine gelben Körper; da die Follikelsekretion eine zu geringe wird, werden die Tiere nicht brünstig. Bei Hühnern sistiert nach derartigen Injektionen das Eierlegen[1].

Es kann demnach kaum mehr bezweifelt werden, daß die zuerst von PRÉNANT[2] aufgestellte, dann besonders von COURRIER[3] gestützte Theorie, nach der die Hormone des gelben Körpers an der Regulation der Follikelreifungszyklen beteiligt sind, zu Recht besteht — aber die gelben Körper sind keine Vorbedingung für die Entstehung jener Zyklen, denn die Zyklen fehlen nicht bei den Tieren, die unbelegt keine gelben Körper bilden[4].

Es ist noch unbekannt. welche Einflüsse dazu Anlaß geben, daß die Befruchtung und Einbettung eines Eies zu einer stärkeren und länger anhaltenden Ausbildung des gelben Körpers führt. Man könnte an eine Beteiligung des Hypophysenvorderlappens denken, da dieser die Bildung der Corpora lutea begunstigt (s. S. 126). Aber dieser Auffassung steht die Tatsache entgegen, daß hypophysektomierte Tiere eine normale Schwangerschaft durchmachen können. Nach weiter unten mitgeteilten Beobachtungen ist es wahrscheinlicher, daß die Placenta den die Ausbildung der gelben Körper fördernden Stoff liefert.

Ebenso unbekannt ist die Ursache für das Persistieren des aus dem ersten, nach einer Geburt geborstenen Follikel entstandenen Corpus luteum lactationis[5]. Die Beendigung der Laktation führt zu rascher Rückbildung dieses Corpus luteum lactationis, so daß die Ovulationen und Brunstzyklen wieder einsetzen.

Das Persistieren des Laktations-Corpus-luteum hat zur Folge, daß in dem Falle der Befruchtung der bei den ersten Ovulationen nach einer Geburt ausgestoßenen Eier die Tragzeit des neuen Wurfes um einige Tage verlängert ist, denn die Implantation dieser Eier erfolgt nun um diese paar Tage verspätet[6].

Fraglich ist weiter, ob die aus dem gelben Körper mit Wasser zu extrahierende Substanz unbekannter Natur, die nach intravenöser Einspritzung die Abgabe von Milch aus einer laktierenden Milchdrüse vermehrt[7], wirklich ein spezifisches Hormon von physiologischer Bedeutung ist.

---

103 (1925). — PAPANICOLAOU, G. N.: J. amer. med. Assoc. 86, 1422 (1926). — LOEWE, S., u. F. LANGE: Arch. f. exper. Path. 120, 47 (1927). — PARKES, A. S., u. C. W. BELLERBY: J. of Physiol. 64, 233 (1927). — PAYNE, W. B., u. Mitarb.: Amer. J. Physiol. 86, 243 (1928). — MACHT, D. J., u. Mitarb.: Amer. J. Physiol. 85, 389 (1928). — COTTE, G., u. G. PALLOT: C. r. Soc. Biol. 99, 69 (1928). — NAESLUND.

[1] PEARL, R., u. F. M. SURFACE: J. of biol. Chem. 19, 263 (1914). — S. dagegen CORNER, C. W., u. F. H. HURNI: Amer. J. Physiol. 46, 433 (1918).
[2] PRÉNANT, A.: Rev. gén. Sci. 1898, nach HABERLANDT.
[3] COURRIER, R.: Rev. franç. Endocrin. 3, 94 (1925).
[4] PARKES, A. S.: Proc. roy. Soc. B. 100, 26 (1926).
[5] PARKES, A. S.: Proc. roy. Soc. B. 100, 151 (1926). — Ders. u. C. W. BELLERBY: J. of Physiol. 62, 301 (1927). — LONG u. EVANS nach PARKES.
[6] KIRKHAM: Anat. Rec. 11, 31 (1916). — TEEL, H. M.: Amer. J. Physiol. 79, 170 (1926).
[7] OTT, J., u. J. C. SCOTT: Proc. Soc. exper. Biol. a. Med. 1910, Dez. —

h) **Hormonwirkungen der Placenta.**

In klaren, auf klinische Beobachtungen sich stützenden Überlegungen hat HALBAN[1] als erster erkannt, daß von der Placenta fördernde Einflüsse auf die sekundären Geschlechtsorgane ausgehen. Während die Eierstockentfernung in der ersten Schwangerschaftshälfte den Abort bewirkt und zur Kastrationsatrophie der sekundären Geschlechtsorgane führt, hat die Entfernung in der zweiten Schwangerschaftshälfte diese Wirkung nicht. Diese erhaltenden Einflüsse können nicht nur vom Foetus ausgehen, denn sie sind auch bei Blasenmole vorhanden, und sie pflegen mit dem Absterben der Frucht zunächst nicht zu schwinden.

Im Tierversuche sind mehrere Wirkungen der Placenta aufgedeckt worden. Auszüge derselben, die jungen oder kastrierten Ratten oder Mäusen eingespritzt wurden, machen jene oben öfters erwähnte Verdickung des Scheidenepithels und bewirken das Auftreten verhornter Epithelien im Scheidensekret[2].

Vergleicht man den Gehalt der Follikelflüssigkeit an diesem Hormon mit dem der Placenta, so überrascht der Reichtum der Placenta. So geben ALLEN und DOISY 400—700 Ratteneinheiten, GLIMM und WADEHN 500—1000 Mäuseeinheiten pro Kilo an. Das Hormon ist auf mütterlichen und foetalen Anteil der Placenta etwa in gleicher Menge verteilt. Die Gesamtmenge des in der reifen Placenta vorhandenen Hormones übertrifft die der beiden Eierstöcke um etwa das 500fache[3].

Der prozentuale Gehalt der Placenta an dem auf das Scheidenepithel wirksamen Hormon nimmt im Verlauf der Schwangerschaft zu; nach FELS[4] hat die Implantation von Placentastückchen aus dem Anfang der Schwangerschaft in junge Mäuse keine Wirkung auf das Scheidenepithel; mit Placenten vom Schwangerschaftsende ist die Reaktion am Scheidenepithel positiv.

Bei fortdauernder Zufuhr von Placentahormon soll die Wirkung auf das Scheidenepithel schließlich verloren gehen; hier wäre also das Verhalten des Epithels gegen das Placentahormon ein anderes als gegen das Follikelhormon[5].

Die physiologische Bedeutung dieser Epithelwirkung der Placenta ist unbekannt. In ähnlicher Weise reagiert die Uterusschleimhaut, die

---

SCHÄFER, E. A., u. K. MACKENZIE: Proc. roy. Soc. B. **84**, 16 (1912). — ITAGAKI, M.: Quart. J. exper. Physiol. **11**, 1 (1917).
[1] HALBAN, J.: Arch. Gynäk. **75**, 353 (1905).
[2] ALLEN u. DOISY. — LANGE. — LOEWE, S., u. E. H. VOSS: Klin. Wschr. **5**, 1083 (1926). — ZONDEK, B., u. S. ASCHHEIM: Arch. Gynäk. **127**, 250 (1926). — FELLNER, O. O.: Med. Klin. **23**, 1527 (1927).
[3] PARKES, A. S., u. C. W. BELLERBY: J. of Physiol. **62**, 385 (1927).
[4] FELS, E.: Klin. Wschr., **5**, 2349 (1926).
[5] FRANK, R. T., u. Mitarb.: J. amer. med. Assoc. **85**, 1558 (1925).

sich bei der Untersuchung placentabehandelter Tiere als mächtig verdickt, viel blut- und drüsenreicher erweist. Es ist unbekannt, ob dieser und die weiteren auf die weiblichen Geschlechtsorgane wirkenden Stoffe in der Placenta gebildet oder in ihr nur gespeichert werden.

Abb. 7. Uterus eines unbehandelten Kaninchens von 550 g (links) und Uterus eines 1 Woche lang mit Placentalipoideinspritzungen behandelten Kaninchens des gleichen Wurfes von 550 g. (Nach Miura u Trendelenburg.)

Die auf Grund klinischer Beobachtungen ausgesprochene Vermutung, daß die Placenta Stoffe bilden kann, die auf die Ausbildung der sekundären Geschlechtsorgane fördernd einwirken, wurde durch Versuche mit Einspritzungen von Placentaauszügen bestätigt[1]. Bei virginellen oder kastrierten Tieren setzt wenige Tage nach Beginn der Einspritzungen ein mächtiges Wachstum von Uterus, Tuben, Scheide, Milchdrüsen ein, so daß innerhalb kurzer Zeit die Masse dieser Organe auf das Vielfache ansteigen kann. Das stricknadeldünne, gerade, blasse Uterushorn eines jungen Kaninchens wird zu einem bleistiftdicken, stark hyperämischen, geschlängelten Schlauch (Abb. 7). (Die hyperämisierende Wirkung der Placentaauszüge war schon vor der wachstumsfördernden Wirkung von ASCHNER[2] entdeckt worden.)

Die Spontanbewegungen des Uterus werden durch eine Vorbehandlung der Tiere gefördert, der Uterus wird empfindlicher gegen erregende Gifte[3] (Abb. 8). Doch läßt sich durch Placentainjektionen bei nicht schwangeren Katzen die für die Schwangerschaft dieser Tiere typische Umkehr der hemmenden Wirkung des Hypogastricusreizes auf den Uterus in eine erregende nicht erzielen[4].

Die wachstumsfördernde Wirkung der Placentaauszüge äußert sich auch dann, wenn der Auszug in ein abgebundenes Stück eines Uterushornes eingeführt wird[5].

---

[1] FELLNER, O. O.: Arch. Gynäk. **100**, 613 (1913). — HERRMANN, E.: Z. Geburtsh. **41**, 1 (1915). — SCHRÖDER, R., u. F. GOERBIG: Ebenda **83**, 764 (1921). — STEINACH, E., u. Mitarb.: Pflügers Arch. **210**, 598 (1925) u. a.
[2] ASCHNER, B.: Arch. Gynäk. **99**, 534 (1913). — Ders. u. C. GRIGORIU: Arch. Gynäk. **94**, 766 (1911).
[3] FRANK, R. T., u. Mitarb.: Amer. J. Physiol. **74**, 395 (1925). — MIURA, Y.: Arch. f. exper. Path. **114**, 348 (1926).
[4] DYKE, H. B. VAN, u. R. G. GUSTAVSON: J. of Pharmacol. **33**, 274 (1928).
[5] LOEWE, S., u. E. H. V. VOSS: Klin. Wschr. **5**, 1083 (1926).

Nach den Placentainjektionen beobachtet man an den Milchdrüsen eine Hyperämisierung der Warzenhöfe, eine Vergrößerung der Zitzen, ein Wuchern der Drüsenschläuche. Die Milchdrüsen können nach einiger Zeit eine colostrumartige Flüssigkeit, manchmal sogar eine milchartige Flüssigkeit absondern[1]. Auch diese fördernde Wirkung auf die Milchdrüsen ist schon bei infantilen Tieren sowie bei kastrierten Tieren zu erzielen.

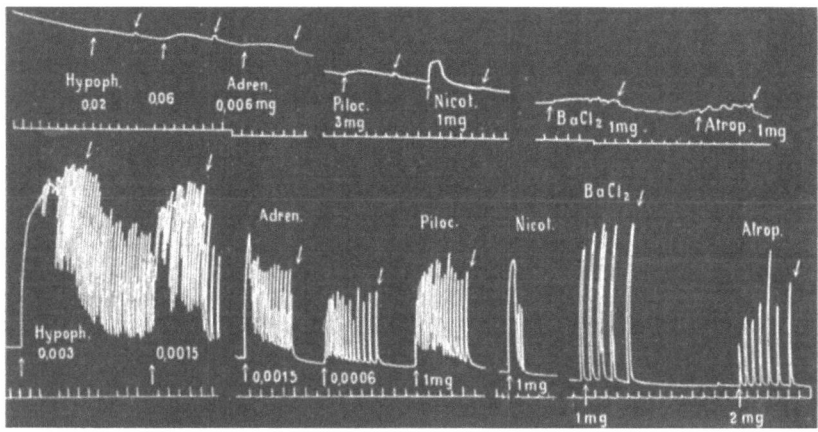

Abb. 8. Oben: Empfindlichkeit eines ausgeschnittenen Uterus eines normalen Kaninchens von 550 g. Unten: Empfindlichkeit eines ausgeschnittenen Uterus eines 1 Woche lang mit Placentalipoideinspritzungen behandelten Kaninchens des gleichen Wurfes von 550 g gegen verschiedene Gifte. (Nach Miura u. Trendelenburg [siehe auch Abb. 7].)

Man hat die einige Tage nach dem Ausstoßen des Kindes einsetzende Milchsekretion mit der Placentafunktion in Beziehung gebracht. Das Einschießen der Milch wurde bei Frauen häufig auch dann beobachtet, wenn die Frucht schon vor Beendigung der Schwangerschaft ausgestoßen oder abgestorben war (HALBAN[2]), sie ist also offenbar die Folge des Verlustes des Embryo oder der Placenta. Bei der lactierenden Kuh sieht man eine Vermehrung der Milchsekretion, wenn die bestehende Schwangerschaft in ihrem Spätstadium unterbrochen wird[3]. Die Placenta scheint dabei die ausschlaggebende Bedeutung zu haben, da die Milch auch nach Abgang einer Blasenmole einschießen kann. Man könnte sich denken, daß die Milchproduktion die Folge des Ausfalles der Placentahormone sei, so wie die Menstruation zweifellos auf das

---

[1] BASCH, K.: Dtsch. med. Wschr. 21, 987 (1910). — ASCHNER u. GRIGORIU. — HERRMANN. — STEINACH u. Mitarb. — PLAUT, R.: Z. Biol. 79, 263 (1923) u. a.
[2] HALBAN, J.: Arch. Gynäk. 75, 353 (1905).
[3] DRUMMOND-ROBISON, G., u. S. A. ASDELL: J. of Physiol. 61, 608 (1926).

Nachlassen der Follikelhormonproduktion zurückzuführen ist. Aber diese Annahme konnte bisher durch das Tierexperiment nicht gestützt werden. PLAUT[1] gibt vielmehr ausdrücklich an, daß bei Tieren, die über die physiologische Schwangerschaftsdauer hinaus mit Einspritzungen von Placentaauszügen behandelt wurden, nach dem Aussetzen der Behandlung keine Lactation einsetzt.

Wie im gelben Körper, so ist auch in der Placenta ein Sterilität bewirkender Stoff enthalten. Auszüge aus der Placenta machen die Tiere für die Dauer der parenteralen Zufuhr steril[2].

Vermutlich ist der Ausfall dieses Stoffes der Grund dafür, daß die erste Ovulation schon sehr bald nach der Geburt, d. h. nach der Ausstoßung der Placenta erfolgt, bei kleinen Nagetieren schon wenige Stunden darauf.

Wahrscheinlich ist mit diesem Stoff nicht identisch ein Stoff, den ZONDEK und ASCHHEIM[3] kürzlich in der Placenta nachwiesen und der genau so wie eines der Vorderlappenhormone (siehe S. 126) unreife Follikel zur Reifung bringt, in den reifen Follikeln Blutungen herbeiführt und eine vorzeitige Umbildung der Follikel in gelbe Körper bewirkt. Ob dieser Stoff in der Placenta gebildet wird oder ob er aus dem Vorderlappen der Hypophyse stammt und in der Placenta nur gespeichert wird, ist noch unbekannt; ebenso ist noch unentschieden, ob dieser Stoff hormonale Wirkungen entfaltet.

i) **Über das Vorkommen weiblicher Geschlechtshormone in weiteren Organen und Körperflüssigkeiten.**

Seitdem ANCEL und BOUIN das Vorhandensein von Epithelzellen in der Muskulatur der *Gebärmutter* beschrieben haben und aus dem histologischen Bild den (nicht allgemein als berechtigt anerkannten) Schluß gezogen haben, daß diese Zellen eine innersekretorische Tätigkeit entfalten, hat man nach solchen innersekretorischen Leistungen der Gebärmutter gesucht. Sichere Beweise hierfür stehen aus, so daß der alte Satz „propter uterum solum mulier est quae est" zugunsten der Eierstöcke zu ändern ist.

Der auf die Scheidenschleimhaut der kleinen Nagetiere wirkende Stoff ist im Uterus schwangerer Schafe in geringer Menge enthalten[4]. Doch braucht nicht angenommen zu werden, daß dieser Stoff in der Gebärmutter gebildet wird, denn er ist auch im Blute Schwangerer zu finden (siehe unten).

---

[1] PLAUT.
[2] HABERLANDT. — FRAENKEL, L.: Arch. Gynäk. **99**, 225 (1913). — FELLNER, O. O.: Ebenda **117**, 132 (1922). — Med. Klin. **23**, 1527 (1927).
[3] ZONDEK, B., u. S. ASCHHEIM: Klin. Wschr. **7**, 831 (1928).
[4] PARKES, A. S., u. C. W. BELLERBY: J. of Physiol. **62**, 385 (1927).

Die Entfernung des Uterus ist bei Ratten ohne Wirkung auf die Brunstzyklen[1]. (Die Angabe von LINDIG[2], daß die Ovartätigkeit junger Tiere einige Wochen nach der Uterusentfernung aufhöre, bedarf der Nachprüfung.) Die sekundären Geschlechtsmerkmale werden, wie immer wieder festgestellt wurde[3], nach der Uterusentfernung nicht atrophisch. Bei Ratten und Meerschweinchen soll die Uterusentfernung die Ausbildung von gelben Körpern begünstigen.

Versuche mit der Injektion von Uterusauszügen haben keine wesentlichen Ergebnisse gehabt: die Uteruslipoide haben keine wachstumsfördernde Wirkung auf Uterus und Scheide[4]; ob die uteruserregende Wirkung von Uterusauszügen[5] auf einen für den Uterus spezifischen Stoff zurückzuführen ist, scheint sehr fraglich, und gleiches gilt für die die Lactation fördernde Wirkung von Uterusauszügen, die man nach intravenöser Einspritzung beobachtete (nur die Uteri der frühen Nachgeburtszeit sollen wirksame Extrakte liefern[6]); auf das Wachstum der Milchdrüsen sind Injektionen von Uterusauszügen wirkungslos[7].

Umstritten ist die Frage, ob vom *Foetus* Stoffe in die Mutter übergehen, die für die Ausbildung der mütterlichen Organe von Bedeutung sind. Das auf das Scheidenepithel der kleinen Nagetiere wirkende Hormon fehlt in Schaffoeten[8]. Einige Untersucher[9] fanden nach der Implantation von Foeten in die Bauchhöhle oder nach der Injektion von Foetenbrei oder -auszug eine Vergrößerung der Milchdrüsen, manchmal sogar eine Lactation. Doch verliefen die Nachuntersuchungen zum Teil negativ[10].

Dagegen konnte man aus *pflanzlichen Keimlingen*, aus Blüten, aus Hefe, Mehl, Reis Auszüge gewinnen, die sowohl auf das Scheidenepithel der kleinen Nagetiere als auch auf das Uteruswachstum so einwirkten wie

---

[1] LONG, J. A., u. H. MCLEAN EVANS: Mem. Univ. California **6** (1922).
[2] LINDIG: Gynäk. Kongreß, Innsbruck 1922. — Siehe auch ZIMMERMANN, R.: Arch. Gynäk. **134**, 328 (1928).
[3] Z. B. SELLHEIM, H.: Beitr. Geburtsh. **1**, 229 (1898). — FOGES, A.: Zbl. Physiol. **19**, 273 (1905). — CARMICHAEL, E. S., u. F. H. A. MARSHALL: Proc. roy. Soc. B. **79**, 387 (1907). — HAMMOND, J., u. F. H. A. MARSHALL: Ebenda **87**, 422 (1914). — FRANZ, K.: Beitr. Geburtsh. **13**, 12 (1909). — LOEB, L.: Amer. J. Physiol. **83**, 202 (1927). — TAKAKUSU, S.: Arch. mikrosk. Anat. **102**, 1 (1924).
[4] FELLNER, O. O.: Arch. Gynäk. **100**, 641 (1913).
[5] GUGGISBERG, H.: Z. Geburtsh. **75**, 231 (1913). — BACKMAN, E. L.: Pflügers Arch. **189**, 261 (1921).
[6] MACKENZIE, K.: Quart. J. exper. Physiol. **4**, 305 (1911).
[7] PLAUT, R.: Z. Biol. **79**, 263 (1923).
[8] PARKES u. BELLERBY.
[9] LANE-CLAYPON, J. E., u. E. H. STARLING: Proc. roy. Soc. B. **77**, 505 (1906). — BIEDL, A., u. R. KÖNIGSTEIN: Z. exper. Path. u. Ther. **8**, 358 (1911). — ASCHNER, B., u. CH. GRIGORIU: Arch. Gynäk. **94**, 766 (1911). — FOA, C.: Arch. di Fisiol. **5**, 520 (1908).
[10] HAMMOND, J., u. F. H. A. MARSHALL: Proc. roy. Soc. B. **87**, 422 (1914).

das Follikelhormon[1]. (Daß diese Stoffe untereinander und mit dem Follikelhormon identisch sind, ist nicht bewiesen).

Zu bestimmten Zeiten ist das auf das Scheidenepithel wirkende Hormon auch im Blute der Tiere und der Frauen nachzuweisen. So gibt die Injektion von geeignet bereiteten Blutauszügen hoch brünstiger Tiere[2] eine positive Reaktion, ebenso wirkt das Blut der Frauen vom 10. Tage vor der Menstruation bis zur Menstruation, und zwar kurz vor dieser am stärksten, auf das Scheidenepithel ein[3]. Weiter taucht das erwähnte Hormon im Harne und Kote schwangerer Frauen auf; vom 5. Schwangerschaftsmonat ab ist es nachweisbar, und im Harne der hochgraviden Frau kann der Gehalt bis auf 5000 M E im Liter, im Kot auf 30000 M E pro Kilo Trockensubstanz ansteigen, um nach der Geburt rasch abzufallen[4]. (Da der Stoff auch im Nabelschnurblut zu finden ist, dürfte er während der 2. Schwangerschaftshälfte aus der Placenta stammen.) Außerhalb der Schwangerschaft enthält der Harn nur im Menstruationsintervall dies Hormon, und zwar in sehr geringer Menge: 0,7—1,7 M E werden am Tage abgegeben.

Auch der das Wachstum des Uterus fördernde Stoff ist im Serum der Frau kurz vor der Menstruation nachzuweisen[5], in größerer Menge ist er im Blute schwangerer Frauen zu finden[6]. Schon 0,1 ccm des Serums schwangerer Frauen kann, wiederholt bei kleinen Mäusen eingespritzt, eine starke Vergrößerung der Gebärmutter mit Wucherung ihrer Schleimhaut und Bildung von Sekret auslösen, während das Serum nichtschwangerer oder menstruierender Frauen wirkungslos ist. Auch diese Wirkung schwindet sehr bald nach der Geburt.

Nachdem schon SCHRÖDER und GOERBIG[7] nach der Injektion von Leberlipoiden eine Wachstumsförderung des Uterus kleiner Kaninchen beobachtet hatten, wies neuerdings GSELL-BUSSE[8] nach, daß die Ein-

---

[1] FELLNER, O. O.: Wien. klin. Wschr. **39**, 1263 (1926). — DOHRN, M., u. Mitarb.: Med. Klin. **1926**, 1437. — GLIMM, E., u. F. WADEHN: Biochem. Z. **179**, 3 (1926). — LOEWE, S., u. Mitarb.: Ebenda **180**, 1 (1927).
[2] FRANK, R. T., u. Mitarb.: J. amer. med. Assoc. **85**, 510 (1925).
[3] LOEWE, S., u. E. H. V. VOSS: Klin. Wschr. **5**, 1083 (1926). — FELS, E.: Ebenda 1729. — FRANK, R. T.: Ebenda **6**, 1288 (1927). — HIRSCH, H.: Arch. Gynäk. **133**, 173 (1928).
[4] ASCHHEIM, S., u. B. ZONDEK: Klin. Wschr. **6**, 1322 (1927). — ZONDEK, B.: Ebenda **7**, 485 (1928). — FRAENKEL, S., u. E. FELS: Dtsch. med. Wschr. **53**, 2156 (1927). — DOHRN, M., u. W. FAURE: Klin. Wschr. **7**, 942 (1928). — HIRSCH.
[5] FRANK, R. T., u. M. A. GOLDBERGER: J. amer. med. Assoc. **86**, 1686 (1926).
[6] TRIVINO, F. G.: Klin. Wschr. **5**, 2022 (1926). — SMITH, M. G.: Bull. Hopkins Hosp. **41**, 62 (1927).
[7] SCHRÖDER, R., u. E. GOERBIG: Z. Geburtsh. **83**, 764 (1921).
[8] GSELL-BUSSE, M. A.: Pflügers Arch. **219**, 626 (1928).

spritzungen von Natriumtaurocholat bei Mäusen und Ratten das Scheidenepithel zur Verhornung bringen und das Uteruswachstum fördern können.

Alle anderen Organe (mit Ausnahme des Hodens, siehe S. 94) erwiesen sich dagegen frei von Stoffen, die auf das Vaginalepithel oder den Uterus einwirken, so Milz, Hypophyse, Thymus, Nebenniere, Epiphyse, Schilddrüse[1].

Sehr bald nach dem Beginn einer Schwangerschaft taucht im Harn der Frau fast ausnahmslos eine Substanz auf, die das Wachstum unreifer Follikel nicht-geschlechtsreifer Tiere begünstigt, eine Umwandlung der Follikel in gelbe Körper bewirkt und eine Pubertas praecox herbeiführt[2]. Sie wirkt also ebenso wie die oben erwähnte Substanz der Placenta und das später zu erwähnende Hormon des Hypophysenvorderlappens. Es ist noch nicht entschieden, ob diese Substanz wirklich aus dem Vorderlappen stammt, wie ihre Entdecker, ZONDEK und ASCHHEIM, anzunehmen scheinen, oder ob sie nicht vielmehr unabhängig vom Vorderlappen in der Placenta gebildet wird.

Zum Nachweis der Substanz wird jugendlichen Mäusen ein paar Tage lang bis 0,5 ccm Harn eingespritzt; nach etwa 100 Stunden wird der Eierstock untersucht. Stammte der Harn von einer schwangeren Frau, so zeigt der Eierstock und sonstige Geschlechtsapparat der behandelten Tiere die oben erwähnten Reifeerscheinungen (Schwangerschaftsdiagnose nach ZONDEK und ASCHHEIM).

k) **Wirkung der Eierstock- und Placentahormone außerhalb der Sphäre der weiblichen Geschlechtsorgane.**

Die meisten der älteren Versuche, bei denen mit unvollkommen gereinigten Auszügen aus Ovarien, gelben Körpern oder Placenten gearbeitet wurde, konnten zu der Frage nach sonstigen pharmakologischen Wirkungen auf Organe, die nicht zu den weiblichen Geschlechtsorganen zählen, nur wenige wertvolle Beiträge liefern.

Im ganzen hat es den Anschein, als ob diese Hormone eine hohe Geschlechtsspezifität besitzen, die aber nicht auf die geschlechtsdifferenzierten Organe des weiblichen Körpers beschränkt ist, sondern sich auf die des männlichen Körpers erstreckt. Diese Wirkung der Hormone des weiblichen Geschlechtsapparates auf die männlichen Keimdrüsen und sonstigen männlichen Geschlechtsorgane wird S. 91 ab-

---

[1] ISCOVESCO, H.: C. r. Soc. Biol. **75**, 393 (1913). — FRANK, R. T., u. Mitarb.: Endocrin. **10**, 260 (1926). — ZONDEK, B.: Klin. Wschr. **5**, 1218 (1926). — Ders. u. S. ASCHHEIM: Arch. Gynäk. **127**, 250 (1926).
[2] ZONDEK, B., u. S. ASCHHEIM: Klin. Wschr. **7**, 831, 1322, 1453 (1928).

gehandelt. Hier sei nur kurz erwähnt, daß die weiblichen Hormone eine die männliche Keimdrüse schädigende Wirkung besitzen und daß sie sicher die Ausbildung einiger der geschlechtsdifferenzierten Organe des Männchens hemmen können, so die Ausbildung des Gliedes und der Samenblasen, während das Wachstum der männlichen Milchdrüsen mächtig gefördert wird.

Alle älteren Arbeiten, aus deren Ergebnis auf eine besondere Allgemeingiftigkeit intravenös gegebener Auszüge aus den Eierstöcken, den gelben Körpern oder der Placenta geschlossen wurde, können übergangen werden[1], ebenso alle Angaben über Herz-, Kreislauf- und Atmungswirkung solcher mangelhaft gereinigter Auszüge. Denn nach neueren Feststellungen[2] sind die Einspritzungen genügend gereinigter Präparate aus der Follikelflüssigkeit oder der Placenta ohne jede Allgemeingiftigkeit, ohne Wirkung auf den Kreislauf oder die Atmung, selbst wenn Mengen eingespritzt werden, die das Vielfache der Gabe darstellen, welche den Brunstzyklus auslöst oder das Wachstum der Gebärmutter stark fördert. Es wurden in diesen Versuchen bis zu 80 Mäuseeinheiten auf einmal intravenös gegeben.

Auch alle älteren Versuche mit Auszügen der hormonhaltigen Gewebe an ausgeschnittenen Organen, bei denen teils Hemmung, teils Förderung der verschiedenen Arten glatter Muskulatur beobachtet wurde, sollten mit gut gereinigten neuzeitlichen Präparaten überprüft werden. Bisher ist von letzteren nur bekannt, daß sie im Gegensatz zu jenen mangelhaft gereinigten Präparaten auf das isolierte Froschherz, das Beingefäßpräparat des Frosches, den ausgeschnittenen Meerschweinchenuterus höchstens ganz schwach einwirken, und von dieser geringen Wirkung steht auch noch dahin, ob sie auf die in sicher reinem Zustande ja noch nicht isolierten Hormone zu beziehen ist.

Ausführliche Publikationen über die Stoffwechselwirkung der neuen, gut gereinigten Auszüge liegen noch nicht vor. Nach kurzen Angaben soll das gereinigte Follikelhormon, kastrierten Ratten oder Frauen eingespritzt, den Stoffwechsel fördern; diese Wirkung soll geschlechtsspezifisch sein[3]. Auch in älteren Versuchen mit unvollkommen gereinig-

---

[1] Lit. bei BIEDL, A.: Handb. norm. path. Physiol. **14**, I, 384 (1926). — SHARPEY SCHAFER, E.: Endocrine Organs, London, **2**, 402 (1926).
[2] LAQUEUR, E., u. Mitarb.: Dtsch. med. Wschr. **1926**, Nr 1 u. 2. — LOEWE, S.: Klin. Wschr. 6, 390 (1927). — DOISY, E. A., u. Mitarb.: Endocrin. 10, 273 (1926). — FRAENKEL, L., u. E. FELS: Dtsch. med. Wschr. **53**, 2156 (1927).
[3] LAQUEUR, E.: Klin. Wschr. 6, 390 (1927). — ZONDEK, B., u. H. BERNHARDT: Ebenda 4, 2001 (1925). — FRAENKEL, S., u. E. FELS: Dtsch. med. Wschr. **53**, 2156 (1927). — LEE, M. O., u. G. F. VAN BUSKIRK: Amer. J. Physiol. **84**, 321 (1928). — KOCHMANN, M.: Arch. f. exper. Path. **137**, 187 (1928). — Siehe auch DE VEER, A.: Z. exper. Med. **44**, 240 (1925).

ten Auszügen oder mit Verfütterung von Ovarialsubstanz wird zum Teil von einer stoffwechselsteigernden Wirkung berichtet[1]. Aber hier sind, wie bei den Versuchen über den Einfluß auf den Fett- und Eiweißstoffwechsel[2], weitere Versuche mit reinen Präparaten notwendig.

Umstritten ist der Einfluß des Follikelhormones auf das Wachstum. Nach BUGBEE und SIMOND[3] sollen Injektionen von gereinigtem Follikelliquor das Wachstum normaler und kastrierter Ratten erheblich hemmen, während ZONDEK und ASCHHEIM[4] bei Mäusen nach Injektionen ihres gereinigten Liquorpräparates eine geringe Förderung der Skelettausbildung feststellten. (ISCOVESCO[5] beobachtete nach Einspritzungen von Ovarlipoiden eine sehr beträchtliche Förderung des Wachstums junger Kaninchen.)

Injektionen von Follikelhormon haben bei kastrierten weiblichen Ratten eine starke Steigerung des Bewegungstriebes zur Folge[6].

Auf das Wachstum und die Metamorphose von Kaulquappen haben gereinigte Ovarpräparate eine fördernde Wirkung[7].

Entgegen älteren Angaben scheint das Corpus luteum die Blutgerinnung nicht in spezifischer Weise zu verändern[8].

l) **Resorption und Ausscheidung der Hormone des Eierstockes und der Placenta.**

Die Resorption des auf das Scheidenepithel und des auf das Uteruswachstum wirkenden Stoffes aus dem Magendarmkanal[9] ist eine so unvollkommene, daß Hormonmengen, die parenteral einverleibt gut wirksam sind, jede Wirkung vermissen lassen. Es sind große Hormonmengen notwendig, um nach der Verfütterung die erwähnten Verände-

---

[1] LOEWY, A., u. P. F. RICHTER: Arch. f. Physiol. 1899, Supl. 174. — LOEWY, A.: Erg. Physiol. 2, I, 130 (1903). — ARNOLDI, W., u. E. LESCHKE: Z. klin. Med. 92, 364 (1921). — BELOW, N.: Mschr. Geburtsh. 36, 679 (1912).
[2] NEUMANN, S., u. B. VAS: Mschr. Geburtsh. 15, 433 (1902). — WEIL, A.: Pflügers Arch. 185, 33 (1920). — DE VEER. — ORITA, J.: Arch. Gynäk. 123, 133 (1925) u. a.
[3] BUGBEE, E. P., u. A. E. SIMOND: Endocrin. 10, 360 (1926). — Siehe auch LAQUEUR, E., u. Mitarb.: Arch. Entw.mechan. 112, 350 (1927).
[4] ZONDEK, B., u. S. ASCHHEIM: Klin. Wschr. 5, 2199 (1926).
[5] ISCOVESCO, H.: C. r. Soc. Biol. 75, 393 (1913).
[6] BUGBEE, E. P., u. A. E. SIMOND: Endocrin. 10, 350 (1926).
[7] ABDERHALDEN, E.: Pflügers Arch. 176, 236 (1919). — Ders. und W. BRAMMERTZ: Ebenda 186, 263 (1921).
[8] ATZINGER, F.: Pflügers Arch. 213, 548 (1926).
[9] SCHRODER u. GOERBIG. — FAUST, E. ST.: Schweiz. med. Wschr. 1925, 575. — DICKENS, F., u. Mitarb.: Biochemic. J. 19, 853 (1925). — LAQUEUR, E.: Klin. Wschr. 6, 390 (1927). — Ders. u. J. E. DE JONGH: Ebenda 7, 1851 (1928). — LOEWE, S., u. Mitarb.: Dtsch. med. Wschr. 52, 310 (1926). — ZONDEK, B., u. S. ASCHHEIM: Arch. Gynäk. 127, 250 (1926).

rungen auszulösen (bei der Ratte etwa 100mal so viel als bei subcutaner Einspritzung).

Wirksamer als die Verfütterung scheint die rectale Einverleibung zu sein (bei der Ratte genügt etwa $^1/_4$ der oralen Gaben[1]). Die Einspritzung einer bestimmten Hormonmenge in das Unterhautzellgewebe ist wirksamer als die intravenöse Einspritzung. Die Wirkung wird verstärkt, wenn die Gesamtmenge auf mehrere im Laufe eines Tages gegebene Teildosen verteilt wird[2].

Die Ausscheidung künstlich zugeführten Hormones scheint noch nicht untersucht zu sein. Obenerwähnte Befunde machen es wahrscheinlich, daß die Ausscheidung sowohl in den Kot als in den Harn stattfindet.

m) Chemische Eigenschaften der Hormone der weiblichen Geschlechtsorgane.

Die Reindarstellung der wirksamen Körper ist bisher nicht gelungen. Auch kann mit chemischer Methode die Frage, ob es nur ein oder mehrere Hormone der weiblichen Geschlechtsorgane gibt, noch nicht entschieden werden.

Wenn auch neuerdings wieder behauptet wurde[3], daß in Follikel und gelbem Körper nur ein und dasselbe Hormon enthalten sei, so scheint mir diese Angabe mit einigen der obenerwähnten Tatsachen nicht vereinbar. Es braucht ja nur daran erinnert zu werden, daß die Einspritzungen von Auszügen der gelben Körper die Follikelreifungen vollkommen hemmen, so daß Sterilität eintritt, während für Follikelauszüge diese Wirkung nicht nachgewiesen ist. Auch scheint die Stärke der Wirksamkeit des Follikels, des gelben Körpers und der Placenta auf das Scheidenepithel der kleinen Nager einerseits und auf das Uteruswachstum andererseits nicht parallel zu gehen. Vielmehr scheint der Follikelapparat besonders reich an dem epithelwirksamen, brunstauslösenden Hormon zu sein, während gelber Körper und Placenta relativ viel des wachstumsfördernden Hormones enthalten.

Aber eine restlose Klärung der Frage, wie viele Hormone in den weiblichen Geschlechtsorganen gebildet werden, ist zur Zeit noch unmöglich. Auf alle Punkte, die für die Bildung einer Mehrzahl sprechen, einzugehen, scheint mir unfruchtbar, da die Entscheidung nur durch neue Versuche zu bringen ist.

Die in physiologischen Versuchen beobachteten Wirkungen verlangen meines Erachtens nicht mehr als zwei, höchstens drei verschiedene Hormone.

---

[1] SCHRECK, A.: Klin. Wschr. **7**, 1172 (1928). — LAQUEUR u. DE JONGH.
[2] EVANS, H. M., u. G. O. BURR: Amer. J. Physiol. **77**, 518 (1926) u. a.
[3] ZONDEK.

Die Versuche, aus Eierstöcken oder Placenta die wirksamen Hormone darzustellen, knüpfen an die Entdeckung von FELLNER[1] und von ISCOVESCO[2], daß die das Wachstum der sekundären weiblichen Geschlechtsorgane fördernden Stoffe in die lipoidlösenden Auszüge übergehen.

In außerordentlich mühsamen Arbeiten hat man versucht, aus den Lipoidgemischen die wirksamen Substanzen chemisch rein darzustellen. FRÄNKEL und HERRMANN[3] gelangten durch Destillation ihres vorgereinigten Lipoidgemisches zu einer ölartigen Fraktion, die das wachstumsfördernde Substrat enthielt; diese Fraktion war P-frei, womit bewiesen war, daß das Hormon kein Phosphatid ist. Dagegen war dieses Öl mit der Zusammensetzung $C^{32}H^{52}O^2$ noch nicht ganz frei von Cholesterin und Cholesterinestern. HERRMANN vermutete, daß das Hormon ein Cholesterinderivat sei. Nach den Vorschriften von FRÄNKEL, HERRMANN und FONDA oder nach etwas modifizierten Verfahren erhielten auch andere Untersucher wirksame Öle, so daß kein Zweifel darüber bestehen kann, daß das Hormon entweder ein Lipoid ist oder an Lipoide sehr fest (Destillation!) gebunden ist. Mit Wasser läßt sich aus dem Lipoid ohne weiteres nichts Wirksames herauslösen.

FAUST[4] widerlegte die Ansicht von der Cholesterinnatur des wachstumsfördernden Stoffes. Er verbesserte das Verfahren dadurch, daß er die acetonlöslichen Cholesterinkörper mehrmals bei —80° ausfrieren ließ. Den Rest des Cholesterins entfernte er mit Digitonin. Durch Destillation im Vacuum, nach Entfernen der ungesättigten Fettsäuren wurde schließlich ein im Vacuum bei 170—180° siedendes gelbes Öl erhalten, das wasserunlöslich war und aus C, H und O bestand. 50 kg Placenta, die als Ausgangsmaterial dienten, lieferten nur wenige Gramm dieses Öles. Es hatte eine sehr starke Wirksamkeit auf das Wachstum des Uterus junger Kaninchen; 4—10 mg, im Laufe etwa einer Woche injiziert, bewirkten eine sehr starke Vergrößerung und Hyperämisierung des Uterus.

Weitere Verfahren, die aus Follikelflüssigkeit, Ovar oder Placenta zu öligen Lipoiden führen, die ebenfalls wasserunlöslich, hitzebeständig, z. T. auch cholesterinfrei sind, finden sich bei DICKENS u. Mitarb.[5], HARTMANN[6], sowie GLIMM und WADEHN[7]. Die Verseifung dieser Öle, deren Wirksamkeit auf das Wachstum des Uterus ebenso wie auf die Uterus-

---

[1] FELLNER, O. O.: Arch. Gynäk. 100, 614 (1913).
[2] ISCOVESCO, H.: C. r. Soc. Biol. 73, 16, 124 (1912); 75, 393 (1913).
[3] HERRMANN, E.: Mschr. Geburtsh. 41, 1 (1915). — FRÄNKEL, S., u. M. FONDA: Biochem. Z. 141, 379 (1923).
[4] FAUST, E. ST.: Schweiz. med. Wschr. 1925, 575.
[5] DICKENS, F., u. Mitarb.: Biochemic. J. 19, 853 (1925).
[6] HARTMANN, M., u. H. ISLER: Biochem. Z. 175, 46 (1926).
[7] GLIMM, E., u. F. WADEHN: Biochem. Z. 166, 155 (1925); 179, 3 (1926).

schleimhaut (Affen menstruierten nach Einwirkung des Präparates von DICKENS u. Mitarb.) erwiesen wurde, setzt die Wirksamkeit nicht oder nur wenig herab.

Bei diesen Lipoiden wurde vorwiegend die wachstumsfördernde Wirkung auf den Uterus als Maßstab der Wirksamkeit benutzt. Neuerdings wiesen DOISY und ALLEN mit Mitarbeitern[1] nach, daß ein die für die Brunst typischen Schleimhautveränderungen der Vagina auslösendes Lipoid aus der Follikelflüssigkeit gewonnen werden kann.

Die Eiweißsubstanzen des Liquors werden mit Alkohol gefällt, der Rückstand des alkoholischen Auszuges wird in Wasser gelöst und nach Zusatz von Natronlauge mit Äther ausgeschüttelt. Nach weiterer Reinigung mit Petroläther hinterbleibt eine ölige Substanz, von der meist 0,025—0,075 mg, manchmal schon 0,01 mg eine Ratteneinheit darstellt. Die Substanz enthält nur Spuren von Cholesterin, ist aber nicht N-frei. Sie gibt mit Wasser Emulsionen, aber keine echten Lösungen.

Einen wichtigen Fortschritt brachte in letzter Zeit die Entdeckung, daß das brunstauslösende und wachstumsfördernde Hormon in wasserlöslicher Form erhalten werden kann.

ZONDEK[2] gelangt zur Darstellung eines wasserlöslichen brunstauslösenden Hormones aus dem Ovar (und aus dem Harn Schwangerer) durch Verseifung der mit Alkohol ausgezogenen Lipoide in alkoholischer Natronlauge; in Wasser aufgenommen läßt sich die wirksame Substanz mit Äther ausschütteln. Nach dem Abdestillieren des Äthers hinterbleibt ein weißes Pulver, das mit Alkohol aufgenommen wird; dem Alkohol wird verdünnte Säure zugesetzt, nach dem Neutralisieren ist das Hormon fast quantitativ in der wässerigen Lösung. Das Hormon hat auch die wachstumsfördernde Wirkung auf den Uterus. $^{1}/_{100}$—$^{1}/_{1000}$ mg hat die Wirkung von 1 Mäuseeinheit. Aus der Placenta konnten ZONDEK und BRAHN[3] ebenfalls das Hormon in wässeriger Lösung gewinnen; die mit Alkohol, Äther und dann mit Chloroform herausgelösten Lipoide werden mit Essigsäure behandelt, dabei geht der wirksame Stoff in Lösung. Das ZONDEKsche wasserlösliche Präparat ist unter dem Namen Folliculin im Handel.

Mit anderen, noch nicht genau angegebenen und nur summarisch mitgeteilten Verfahren stellten LAQUEUR und Mitarbeiter[4] ein brunst- und wachstumsauslösendes Hormon dar, das wasserlöslich, aber kaum lipoidlöslich ist und das gegen Hitze, Säure, Alkali, Fermente stabil ist; vom

---

[1] DOISY, E. A., u. Mitarb.: J. of biol. Chem. **59**, XLIII (1924); **61**, 711 (1924); **69**, 357, 537 (1926); Endocr. **10**, 273 (1926).

[2] ZONDEK, B.: Klin. Wschr. **5**, 1218 (1926); **7**, 485 (1928). — Siehe auch GLIMM u. WADEHN: Ebenda **6**, 999 (1927).

[3] ZONDEK, B., u. B. BRAHN: Klin. Wschr. **4**, 2445 (1925).

[4] LAQUEUR, E.: Klin. Wschr. **6**, 390 (1927); Dtsch. med. Wschr. **54**, 923 (1928). — Ders. u. Mitarb.: Ebenda **1926**, Nr 1 u. 2.

reinsten Präparat hatte schon $^1/_{3000}$ mg die Wirksamkeit einer Mäuseeinheit, und weniger als $^1/_{300000}$ mg, einige Tage lang injiziert, genügte, um das Uteruswachstum von jungen Ratten und Meerschweinchen stark zu fördern. Im Handel führte das LAQUEURsche Präparat den Namen Menformon. Es ist N- und P-frei, leicht adsorbierbar, dialysabel, und es gibt keine Cholesterinreaktion.

DOISY, der zunächst an eine echte Wasserlöslichkeit des brunstauslösenden Follikelhormones nicht recht glaubte, gelang es neuerdings ebenfalls mit seinen Mitarbeitern[1], das Hormon in wasserlöslicher Form zu gewinnen. Der weitgehend gereinigte Stoff hatte schon in der Menge von weniger als $^1/_{1000}$ mg die Wirkung einer Ratteneinheit; er ist sehr leicht oxydabel, aber in Wasser, Alkohol oder Äther gelöst dauernd haltbar.

Von diesen wasserlöslichen Stoffen ist nicht bewiesen, daß sie chemisch rein sind. Über ihre chemische Natur ist nichts Näheres bekannt.

Hiernach kann also zweifellos aus Ovar, Follikelsaft, Corpus luteum und Placenta ein Stoff gewonnen werden, der die Brunst auslöst und das Wachstum der sekundären Geschlechtsorgane fördert. Es ist zu vermuten, daß die genannten Materialien den gleichen Stoff enthalten.

Das brunstauslösende Prinzip scheint annähernd quantitativ aus den Organen in Wasser zu bringen zu sein. Ob dies auch für das wachstumsfördernde Prinzip gilt, ist noch nicht untersucht. Es ist denkbar, daß neben dem wasserlöslichen erwähnten Hormon in gelben Körpern und Placenten noch ein nur das Wachstum förderndes Hormon enthalten ist.

Das ovulationshemmende Hormon soll nach PAYNE und Mitarbeitern[2] ein Lipoid sein, doch sollen nach KENNEDY[3] u. a. auch wässerige Auszüge aus dem gelben Körper die Ovulationen hemmen. Über seine chemischen und physikalischen Eigenschaften ist nichts Näheres bekannt.

Neuerdings sind außer Menformon-Follikulin einige weitere Firmenpräparate in den Handel gebracht worden, die das scheidenepithelverändernde und uteruswachstumfördernde Hormon enthalten, so Hormovar, Sistomensin[4].

Dagegen sind die älteren Firmenpräparate aus Eierstöcken, auch die injizierbaren, samt und sonders ohne jede Wirkung gewesen[5].

---

[1] TRAYER, S., C. N. JORDAN u. E. A. DOISY: J. of biol. Chem. **79**, 53 (1928).
[2] PAYNE, W. B., u. Mitarb.: Amer. J. Physiol. **86**, 243 (1928).
[3] KENNEDY, W. P.: Quart. J. exper. Physiol. **15**, 103 (1925).
[4] SCHÜBEL, K.: Münch. med. Wschr. **1927**, 1571. — UHLMANN, FR.: Z. exper. Med. **55**, 487 (1927). — KOCHMANN, M.: Arch. f. exper. Path. **137**, 187 (1928). — TRENDELENBURG, P., u. H. GREMELS: Ebenda 201.
[5] SCHRÖDER u. GOERBIG. — ZONDEK, B., u. Mitarb.: Arch. Gynäk. **127**, 250 (1926). — LOEWE, S.: Dtsch. med. Wschr. **1926**, 312. — ALLEN, E., u.

n) Wechselbeziehungen zwischen den Hormonen der weiblichen Geschlechtsorgane und anderen Hormonen.

Die Bereitwilligkeit, mangelhaft gestützte Theorien innersekretorischen Inhaltes aufzustellen, macht sich besonders dann geltend, wenn es sich um die wechselseitige Beeinflussung der hormonliefernden Organe handelt. Manche dieser Theorien mögen ihren Wert als Arbeitshypothesen haben. Diese Bedeutung rechtfertigt es aber wohl kaum, sie näher zu erörtern, solange nicht die klinischen, histologischen oder physiologischen Beobachtungen ihre Berechtigung erwiesen haben.

So sollen im folgenden Abschnitt nur die wichtigeren der auf exakte Beobachtungen sich stützenden Annahmen erörtert werden.

1. **Schilddrüse.** Bei Frauen wird häufig mit dem Beginn der Geschlechtsreife, während jeder Menstruation und während der Gravidität eine mäßig starke Vergrößerung der Schilddrüse beobachtet. Es braucht hier auf die vielen Erörterungen, ob das histologische Bild der Schilddrüse[1] in diesen Zuständen für eine Über- oder Unterproduktion spricht, nicht näher eingegangen werden: sie haben angesichts gewisser Feststellungen der Physiologie wenig Bedeutung.

Jede stärkere Funktionsänderung der Schilddrüse in der Pubertätszeit, in der Schwangerschaft oder während der Menstruations- und Brunstzyklen müßte sich natürlich in einer Änderung des Grundumsatzes äußern. Daß dieser aber durch die Pubertät, durch die Gravidität oder während der Brunstzyklen keine auf Änderungen der Schilddrüsenfunktion zu beziehenden, irgend nennenswerten Zu- oder Abnahmen zeigt, ergibt sich aus den früher (S. 11) erwähnten Stoffwechselbestimmungen an Mensch und Tier.

Am ehesten scheint noch die Annahme berechtigt, daß die Gravidität auf die Schilddrüsenfunktion leicht hemmend einwirkt. Denn gelegentlich, aber keineswegs regelmäßig wird in der Schwangerschaft eine Verschlimmerung eines bestehenden Myxödems, eine Besserung der Erscheinungen eines bestehenden Morbus Basedow gesehen.

Die Angaben über den Einfluß der Eierstockentfernung auf Größe und Struktur der Schilddrüse gehen auseinander. Teils fand man Vergrößerung, teils Verkleinerung[2]. Wie weit die geringe Stoffwechselerniedrigung, die ja oft nach der Kastration von Frauen oder weiblichen

---

E. A. Doisy: Amer. J. Physiol. **86**, 138 (1924). — Geist, S. H., u. W. Harris: Endocrin. **7**, 41 (1923).

[1] Lit. bei Wegelin, C.: Handb. path. Anat. Hist. **8**, 1 (1926).
[2] Z. B. Hatai, S.: J. of exper. Zool. **18**, 1 (1915). — Livingston, A. E.: Amer. J. Physiol. **40**, 153 (1916). — Matsuyama, R.: Frankf. Z. Path. **25**, 436 (1925). — Wegelin (Lit.).

Tieren beobachtet wurde (S. 16), auf dem Umweg über die Schilddrüse zustande kommt, bedarf noch exakter tierexperimenteller Untersuchung. Für das Absinken der N-Ausscheidung nach der Kastration wird diese indirekte Wirkung über die Schilddrüse angenommen[1].

So wie bei Frauen, die an Morbus Basedow leiden, häufig Menstruationsstörungen und Amenorrhoe beobachtet werden, so hat man auch bei Tieren, denen Schilddrüsensubstanz zugeführt wurde, Schädigungen der Follikelreifung gesehen. Der Grad derselben hängt wohl von der zugeführten Menge ab.

Bei jungen weiblichen Nagetieren löst die Verfütterung von Schilddrüse keine Pubertas praecox aus; bei erwachsenen Tieren werden die Brunstzyklen durch kleine tägliche Gaben kaum verändert; große Gaben heben die Brunstzyklen auf[2], und die Tiere werden unfruchtbar. Sehr oft erfolgt bei schwangeren Säugetieren nach Schilddrüsenfütterung ein Abort[3]. Besonders leicht sterben die männlichen Früchte ab. Bei Hühnern sollen geringe Schilddrüsenmengen nach der Verfütterung eine verfrühte Geschlechtsreife herbeiführen[4], nach reichlicher Zufuhr entarten dagegen die Eierstöcke, und die Tiere legen monatelang keine Eier mehr[5].

Bei Kaulquappen[6] hat die Schilddrüsenfütterung keinen ausgesprochenen Einfluß auf die Eierstockausbildung.

Gleiches gilt bei diesen Tieren für die Schilddrüsenentfernung.

Die Entfernung der Schilddrüse bei Säugetieren[7] führt, wenn der Eingriff im jugendlichen Alter ausgeführt wurde, wohl ausnahmslos zu degenerativen Prozessen in den Eierstöcken. Die Follikel werden vorzeitig atretisch. Hühner legen nur noch einige dünnschalige Eier. Oft sind die Säugetiere steril, die Milchdrüsen bleiben unterentwickelt und liefern wenig Milch. Bei schwangeren Kaninchen tritt nach der Thyreoidektomie oft Abort ein[8].

---

[1] KORENTSCHEWSKY.
[2] CAMERON, G. R., u. A. B. P. AMIES: Nach Ber. Physiol. 38, 438 (1927). — MATSUMOTO, S.: Jap. J. med. Sci. IV. Pharmac. 2, 119 (1928).
[3] Lit. bei WEGELIN, C.: Handb. path. Anat. Hist. 8, 390 (1926) und bei KNAUS, H.: Z. klin. Chir. 131, 424 (1925). — SCHÜTZ, F.: Klin. Wschr. 6, 45 (1927). — PIGHINI, G.: Nach Ber. Physiol. 38, 719 (1927). — MATSUMOTO. — DÖDERLEIN, D.: Arch. Gynäk. 133, 680 (1928). — DULZETTO, F.: Arch. de Biol. 38, 355 (1928). [4] PIGHINI.
[5] ZAWADOWSKY, B.: Endocrin. 10, 732 (1926).
[6] ALLEN, B. M.: J. of exper. Zool. 24, 499 (1918). — SWINGLE, W. W.: Ebenda 545. — SPEIDEL, C. C.: Anat. Rec. 31, 65 (1925).
[7] HOFMEISTER, FR.: Beitr. klin. Chir. 11, 441 (1894). — v. EISELSBERG, A.: Arch. klin. Chir. 49, 207 (1895). — LANZ: Arch. klin. Chir. 74, 882 (1904). — TATUM, A. T.: J. of exper. Med. 17, 636 (1913). — HAMMETT, FR. S.: Amer. J. Physiol. 77, 527 (1926) u. a.
[8] SCHÜTZ, F.: Pflügers Arch. 216, 341 (1927).

Bei Ratten ist der Einfluß der Thyreoidektomie ein geringer[1]; die Brunstzyklen geschlechtsreifer Tiere sind nur wenig verlängert, bei jungen Tieren tritt die Pubertät nicht verspätet ein.

Bei hypothyreotischen weiblichen Kretinen ist die Hemmung der Ovarfunktion nicht immer so ausgesprochen, daß nicht gelegentlich doch eine Schwangerschaft zustande käme.

2. Nebenschilddrüse. Während der Schwangerschaft treten bei der Frau gelegentlich Zeichen der Tetanie auf[2]. Hierbei wurden sichere morphologische Veränderungen der Epithelkörperchen vermißt.

Daß eine Schwangerschaft das Auftreten einer Tetanie begünstigt, ergibt sich auch klar aus den Tierversuchen. Wenn man bei Tieren durch teilweise Entfernung der Epithelkörperchen oder durch geeignete diätetische Maßnahmen nach totaler Parathyreoidektomie einen Zustand von dauernd latenter Tetanie erzeugt hat, dann beobachtet man bei eingetretener Schwangerschaft ein Manifestwerden der Tetanie[3]. Schwangere Tiere zeigen eine weit geringere Resistenz gegen die der Epithelkörperchenherausnahme folgenden Schädigungen als normale Tiere. Da auch das Auftreten einer Brunstperiode bei latent tetanischen Hündinnen tetanieauslösend wirkt, dürften die hier in Frage stehenden Einflüsse vom Eierstock ausgehen, zumal die Kastration die Wirkungen einer Epithelkörperchenentfernung abschwächen soll[4].

Das Fehlen der Epithelkörperchen verhindert bei Hündinnen weder Brunst noch Schwangerschaft[5].

3. Hypophysenvorderlappen[6]. In den letzten Jahren wurden die auf Grund älterer klinischer Beobachtungen und tierexperimenteller Ergebnisse schon vermuteten oder wahrscheinlich gemachten innigen Wechselbeziehungen zwischen Eierstock und Vorderlappen sicher gestellt.

Nach der Transplantation von Vorderlappengewebe oder der Injektion geeignet bereiteter Vorderlappenauszüge treten mit Regelmäßigkeit folgende Veränderungen am Eierstock ein. Bei reifen Tieren kommen abnorm viele Follikel zur Entwicklung, aber diese Entwicklung findet einen verfrühten Abschluß, da sich die Follikel schon vor dem Springen in gelbe Körper umwandeln, in denen das Ei eingebettet liegen bleibt.

---

[1] HERRING, P. J.: Quart. J. exper. Physiol. **11**, 231 (1917). — LEE, M. O.: Endocrin. **9**, 410 (1925).

[2] Siehe bei SEITZ, L.: Arch. Gynäk. **89**, 53 (1909).

[3] POOL, E. H.: Surg. etc. **25**, 260 (1917). — DRAGSTEDT, L. R., u. Mitarb.: Amer. J. Physiol. **69**, 477 (1924) (Lit.).

[4] LUCKHARDT, A. B., u. J. BLUMENSTOCK: Amer. J. Physiol. **63**, 409 (1923).

[5] PERELMANN: nach HERXHEIMER, G.: Handb. path. Anat. Hist. **8**, 644 (1926).

[6] Eine nähere Darstellung mit den Literaturangaben findet sich im Kapitel Hypophysenvorderlappen, siehe S. 114, 125 u. 179.

Die Tiere werden hierdurch steril. Hühner, denen man Vorderlappenauszüge, die den wirksamen Stoff enthalten, parenteral zuführt, legen keine Eier mehr. Bei der Ratte gewinnt die Uterusschleimhaut nach parenteraler Zufuhr wirksamer Vorderlappenauszüge die Eigenschaft, auf einen Fremdkörperreiz mit einer Placentombildung zu antworten, sicher ist dies die Folge der abnorm reichlichen Bildung von gelben Körpern.

Bei noch nicht geschlechtsreifen Säugetieren bewirkt die parenterale Einverleibung der Vorderlappenstoffe eine stürmische Ovarentwicklung. Die Eierstöcke werden viel größer, zahlreiche Follikel reifen heran und bilden sich in gelbe Körper um; die Tiere werden schon in ganz früher Jugend geschlechtsreif, suchen die Männchen auf und lassen die Begattung zu.

Daß der Vorderlappen unter physiologischen Bedingungen für die Ovarentwicklung von entscheidender Bedeutung ist, folgt aus den Hypophysenentfernungsversuchen. Nach der Hypophysektomie verkümmern die Eierstöcke, und die Entwicklung der sekundären Geschlechtsorgane bleibt zurück; der Fortfall des Vorderlappens ist ausschlaggebend.

Während einer Gravidität vergrößert sich der Vorderlappen, und bei schwangeren Frauen hat man manchmal eine mit der Schwangerschaft parallel verlaufende Akromegalie beobachtet. Auf eine nach diesen Beobachtungen zu vermutende Steigerung der Vorderlappensekretion während einer Schwangerschaft könnte die Tatsache bezogen werden, daß der Harn schwangerer Frauen einen Stoff enthält, der auf die Geschlechtsreifung junger Mäuse genau so einwirkt wie der obenerwähnte Stoff des Vorderlappens; es tritt nach mehrtägiger Behandlung der Tiere eine Pubertas praecox ein. (Siehe S. 180). Dieser Stoff fehlt im Harne von nichtschwangeren Frauen und von Männern. Er tritt etwa im zweiten Schwangerschaftsmonat auf und schwindet sehr bald nach der Geburt. Aber der Beweis, daß dieser Stoff aus dem Vorderlappen stammt, steht noch aus. Er könnte auch in der Placenta entstanden sein, deren Auszüge ebenfalls eine Pubertas praecox herbeiführen können.

4. Hypophysenhinterlappen[1]. Der Hinterlappen der Hypophyse scheint ohne jeden Einfluß auf die Funktionen des Eierstockes und das Wachstum der sekundären weiblichen Geschlechtsmerkmale zu sein. Die Injektion von Hinterlappenauszügen löst bei kastrierten Tieren keine Brunsterscheinungen aus; bei jungen, nichtkastrierten Tieren tritt danach keine Pubertas praecox ein, die Uteri junger Tiere bleiben blaß und klein. Auch hat die operative Entfernung des Hinterlappens keine Störung der Eierstockfunktion zur Folge.

---

[1] Eine nähere Darstellung mit Literaturangaben findet sich im Kapitel Hypophysenhinterlappen, siehe S. 181.

Man hat vermutet, daß die sekretorische Tätigkeit des Hinterlappens unter dem Einfluß des Ovariums steht. Nach der Einspritzung von Auszügen aus dem Eierstock soll die Sekretion des uteruserregenden Stoffes aus dem Hinterlappen in den Cerebrospinalliquor dann vermehrt werden, wenn der Eierstock Tieren entnommen wurde, die kurz vor dem Werfen standen oder eben eine Geburt hinter sich hatten. Diese Angaben bedürfen der Nachprüfung.

Bei der Untersuchung des Cerebrospinalliquors gebärender Frauen vermißte man eine Vermehrung des Gehaltes an uteruserregendem Stoff— es sieht also nicht so aus, als ob eine Mehrausschüttung von Hinterlappensekret für den Geburtseintritt von Bedeutung wäre, um so mehr als die Geburt bei hypophysenlosen Tieren ungestört verlaufen kann.

Vielleicht spielt aber für das Eintreten der Wehen am Ende der Schwangerschaft die Tatsache eine Rolle, daß die Gebärmutter von Tieren (Kaninchen) mit zunehmender Schwangerschaft immer empfindlicher wird gegen die erregende Wirkung von Hinterlappenauszügen. (Eine gleiche Empfindlichkeitssteigerung bekommt man auch nach der Einspritzung von Placentalipoiden bei nichtgraviden Tieren.)

5. **Nebennierenrinde.** Beziehungen zwischen weiblicher Keimdrüse und Nebennierenrinde bestehen zwar, ihre Deutung ist aber noch ganz unsicher. So bleibt noch offen, ob die bei ovarektomierten Tieren häufig, aber keineswegs regelmäßig, beobachtete Hypertrophie der Nebennierenrinde[1], und zwar besonders der Zona fasciculata, wirklich der Ausdruck einer Kastrationshyperfunktion der Rinde ist. Gleiches gilt für die Feststellung, daß der Rindenaufbau der Säugetiere[2] und die Masse des Rindengewebes der Vögel[3] mit den Brunstzyklen einhergehende Änderungen zeigen; zur Legezeit der Vögel hat die Rinde ihre maximale Ausbildung erreicht.

Auch mit der oft beobachteten Hypertrophie der Rinde während der Gravidität[4] ist einstweilen nicht viel anzufangen. Durch Einspritzungen von Ovarauszügen oder Menformon[5] hat man keine sehr eindeutigen Veränderungen an der Nebennierenrinde erzeugen können.

Weibliche Ratten besitzen erheblich mehr Rindengewebe als männliche Ratten[6].

---

[1] Lit. bei KOLMER, W.: Pflügers Arch. 144, 361 (1912). — KOLDE, W.: Arch. Gynäk. 99, 272 (1913). — HATAI, S.: J. of exper. Zool. 18, 1 (1915). — DONALDSON, J. C.: Amer. J. Physiol. 68, 517 (1924). — JAFFE, H. L., u. D. MARINE: J. of exper. Med. 38, 93 (1923). — MATSUYAMA, R.: Frankf. Z. Path. 25, 436 (1925).
[2] STILLING, H.: Arch. mikrosk. Anat. 52, 176 (1898) u. a.
[3] RIDDLE, O.: Proc. Soc. exper. Biol. a. Med. 19, 281 (1921). — Amer. J. Physiol. 66, 322 (1926).   [4] Lit. bei [1].
[5] LAQUEUR, E., u. Mitarb.: Arch. Entw.mechan. 112, 350 (1927).
[6] MACKAY, E. M., u. L. L.: J. of exper. Med. 46, 429 (1927).

Die Entfernung der Nebennieren hemmt bei Ratten, Mäusen und Hündinnen die Brunstzyklen, die Eizellen degenerieren, die Ovulationen können aufhören, so daß die Tiere steril werden können[1]. Bei der Nebennierenentfernung der Ratten wird bekanntlich nicht alles Rindengewebe entfernt, so daß diese Ovulationshemmung nicht regelmäßig eintritt. Die Nebennierenentfernung soll den Effekt einer Kastration auf Uterus und Scheide abschwächen[2].

Eine der gesicherten Feststellungen betrifft den eigenartigen Einfluß der Schwangerschaft auf das Überleben von Hündinnen, deren Nebennieren exstirpiert werden[3]. Während nichtschwangere Hündinnen sowie männliche Hunde in der überwiegenden Mehrzahl zwischen dem 4.—9. Tag nach der zweizeitig ausgeführten Operation sterben, tritt der Tod bei schwangeren Hündinnen erst nach 13—39 Tagen ein. So scheint das Corpus luteum graviditatis oder die Placenta für den Ausfall der Nebennierenrinde teilweise eintreten zu können. Auch bei der Entfernung während der Brunstzeit ist die Überlebensdauer der Hündinnen verlängert[4]. Bei Katzen hingegen schützt die Schwangerschaft nicht gegen die Folgen der Nebennierenentfernung[5].

Sehr ausgedehnte, aber nicht zu sicheren Entscheidungen gelangte Erörterungen haben sich an die klinisch gelegentlich gemachte Beobachtung der Pubertas praecox bei Mädchen mit Nebennierenrindengeschwulst (Hypernephrom) angeschlossen[6]. Bei dieser Erkrankung tritt nicht selten eine Umstimmung der Geschlechtsmerkmale nach der männlichen Seite hin ein. Bei Kindern mit Nebennierentumoren können schon bei der Geburt Zeichen der Pubertät vorhanden sein. Die Deutung ist eine verschiedene. Einige nehmen einen fördernden Einfluß eines hypothetischen Nebennierenrindenhormones an.

In Injektionsversuchen mit Nebennierenrindenlipoidauszügen ist es aber nicht gelungen, eine Förderung des Wachstums weiblicher Geschlechtsorgane (Uterus) zu erzielen[7]. Auch wird der Brunstzyklus durch die Einspritzung von Nebennierenrindenauszügen oder durch die Implantation von Rindengewebe bei kastrierten Tieren nicht ausgelöst[8].

---

[1] NOVAK, J.; Arch. Gyn. 101, 36 (1914). — WYMAN, L. C.: Amer. J. Physiol. 86, 528 (1928). — MASUI, K.: Endokrinol. 2, 19 (1928). — VIALE, G.: Nach Ber. Physiol. 47, 467 (1928).
[2] KISHIKAWA, W.: Biochem. Z. 163, 176 (1925).
[3] ROGOFF, J. M., u. G. N. STEWART: Amer. J. Physiol. 79, 508 (1927).
[4] ROGOFF, J. M., u. G. N. STEWART: Ebenda 86, 20 (1928).
[5] COREY, E. L.: Physiologic. Zool. 1, 147 (1928).
[6] Siehe bei DIETRICH, A., u. H. SIEGMUND: Handb. path. Anat. Hist. 8, 1016 (1926). — THOMAS, E.: Innere Sekretion in der ersten Lebenszeit, Jena 1926.
[7] ISCOVESCO, H.: C. r. Soc. Biol. 75, 510 (1913).
[8] FRANK, R. T., u. Mitarb.: Endocrin. 10, 260 (1926). — ZONDEK, B., u. S. ASCHHEIM: Arch. Gynäk. 130, 1 (1927).

Es ist kaum zu erwarten, daß die Frage nach der Beeinflussung der weiblichen Geschlechtsorgane durch die Nebennierenrinde eine endgültige Klärung finden wird, ehe nicht die Gewinnung eines die Hormonwirkung entfaltenden Auszuges aus der Nebennierenrinde geglückt ist.

6. Nebennierenmark. An der Schwangerschafts- und Kastrationshypertrophie der Nebenniere ist das Mark, wenn überhaupt, nur wenig beteiligt. Über den Adrenalingehalt der Nebennieren in der Schwangerschaft gehen die Angaben auseinander; eine eindeutige Veränderung scheint nicht vorzukommen[1]. Bei Kühen soll der Gehalt abnehmen, bei Ratten zunehmen. Nach einigen Untersuchern[2] vermindert die Kastration angeblich bei Ratten den Adrenalingehalt, aber andere[3] vermißten jeden Einfluß. Da während der Schwangerschaft normale Blutzuckerwerte gefunden werden[4], kann die mehrfach behauptete Schwangerschaftshyperadrenalinämie nicht vorhanden sein. Höchstens könnte die kurz nach der Geburt auftretende Hyperglykämie die Folge einer Mehrsekretion von Adrenalin sein.

Während, wie erwähnt, sichere Beziehungen zwischen Adrenalingehalt der Nebennieren und Eierstocktätigkeit nicht nachgewiesen werden konnten, ist dies für den Adrenalingehalt der sympathischen Ganglienzellen möglich gewesen. POLL und seine Mitarbeiter[5] zeigten, daß die Zahl der Zellen, die die chromaffine Reaktion geben, in den sympathischen Ganglienzellen des Plexus cervicalis der Maus während der Schwangerschaft und nach Injektionen von Placentalipoiden sowie Follikelauszügen stark zunimmt (ebenso wirken die brunstauslösenden Auszüge von Pflanzenkeimlingen und Hefe). Über eine physiologische Bedeutung dieser vermehrten Adrenalinbildung in den sympathischen Ganglienzellen — denn um eine solche dürfte es sich wohl handeln — ist nichts Näheres bekannt.

Auf die Brunstzyklen der Maus sind Adrenalineinspritzungen ohne Einfluß[6].

Daß die Adrenalinempfindlichkeit des Kohlenhydratstoffwechsels in der Schwangerschaft eine Veränderung zeigt, wurde oben erwähnt (S. 12).

7. Inselzellen des Pankreas. Über Wechselbeziehungen zwischen weiblicher Keimdrüse und Inselzellen liegen wenige gesicherte Beobachtungen vor.

---

[1] ZANFROGNINI, A.: Nach Malys Jber. **40**, 459 (1910).
[2] SCHENK, P.: Arch. f. exper. Path. **64**, 362 (1911).
[3] MATSUYAMA, R.: Frankf. Z. Path. **25**, 436 (1921). — SIEGERT, nicht publ. Vers.
[4] NEUBAUER, E., u. J. NOVAK: Dtsch. med. Wschr. **1911**, 2287.
[5] BLOTEVOGEL, M., M. DOHRN u. H. POLL: Med. Klin. **1926**, Nr 35 u. 37. — BLOTEVOGEL, M.: Z. mikrosk.-anat. Forschg **10**, 141 (1927).
[6] ZONDEK, B., u. S. ASCHHEIM: Arch. Gynäk. **130**, 1 (1927).

Bei Mäusen soll die Insulinempfindlichkeit während der Brunst und nach Einspritzungen von brunstauslösendem Hormon vermindert sein[1], aber andererseits wird auch angegeben, daß der Zusatz von Follikelhormon die Insulinwirkung steigere[2].

Mittelgroße Insulingaben machen nach langanhaltender Zufuhr Kaninchen steril, ohne sichere Veränderungen an den Follikeln zu erzeugen. Nach Ablauf der Sterilität werden vorwiegend weibliche Junge geboren[3]. Bei Tauben hören die Ovulationen auf[4].

8. Epiphyse. Während bei Knaben gelegentlich eine sexuelle Frühreife beobachtet wird, die mit einer Bildung von Tumoren — meist von Teratomen — in der Epiphyse verbunden ist, kommt diese Form sexueller Frühreife bei Mädchen anscheinend nie vor[5].

Die zahlreichen Epiphysenentfernungen bei weiblichen Tieren[6] konnten sichere Beziehungen zwischen diesem Organ und der Keimdrüsenfunktion nicht nachweisen. In manchen Versuchen an Küken, deren Epiphyse entfernt wurde, beobachtete man eine Vergrößerung des Eierstockes und verfrühte Geschlechtsreifung, doch verliefen andere Versuche an Küken negativ.

Ebenso haben viele Experimentatoren bei Ratten, Meerschweinchen Kaninchen und Hunden jeden sicheren Einfluß der Epiphysenentfernung auf Eierstöcke und Sexualausbildung vermißt. Aber IZAWA, der an einem reinen Rattenstamm arbeitete, fand neuerdings, daß die Eierstöcke der im Alter von 20 Tagen operierten Tiere zwei Monate später um durchschnittlich 26% schwerer waren als bei den Kontrolltieren.

Versuche mit Epiphysenverfütterung[7], die Geschlechtsausbildung zu beeinflussen, verliefen meist negativ; nur McCORD gibt an, bei weiblichen Meerschweinchen, die täglich 10 mg Trockensubstanz erhielten, eine Pubertas praecox erzielt zu haben.

Die Implantation von Epiphysengewebe bei der Maus ist ebenfalls ohne Wirkung auf die Geschlechtsreifung und die Brunstzyklen[8].

---

[1] DICKENS, FR., u. Mitarb.: Biochemic. J. **19**, 853 (1925).
[2] VOGT, E.: Klin. Wschr. **7**, 1460 (1928).
[3] VOGT, E.: Med. Klin. **23**, 537 (1925).
[4] RIDDLE, O.: Proc. Soc. exper. Biol. a. Med. **20**, 244 (1923).
[5] Siehe BERBLINGER, W.: Handb. path. Anat. Hist. **8**, 681 (1926).
[6] EXNER, A., u. J. BOESE: Dtsch. Z. Chir. **57**, 182 (1910). — FOÀ, C.: Arch. ital. de Biol. **59**, 79 (1914). — DANDY, W. E.: J. of exper. Med. **22**, 237 (1915). — KOLMER, W.: Pflügers Arch. **196**, 1 (1922). — HOFMANN, E.: Ebenda **209**, 685 (1925). — IZAWA, Y.: Amer. J. Physiol. **77**, 126 (1926). — BADERTSCHER, J. A.: Anat. Rec. **28**, 117 (1924).
[7] McCORD, C. P.: J. amer. med. Assoc. **65**, 517 (1915). — HOSKINS, E. R.: J. of exper. Zool. **21**, 295 (1916). — SISSON, W. L., u. I. M. T. FINLEY: J. of exper. Med. **31**, 335 (1920).
[8] ZONDEK, B., u. S. ASCHHEIM: Arch. Gynäk. **130**, 1 (1927).

Im ganzen ist also die Theorie, daß die Epiphyse die Funktion der weiblichen Keimdrüse beeinflusse, experimentell sehr mangelhaft gestützt.

9. Thymus. Bekanntlich setzt zur Zeit des Beginnes der geschlechtlichen Reifung eine Rückbildung des Thymus ein. Man schloß hieraus auf einen hemmenden Einfluß, den die Keimdrüsen auf die Thymusausbildung ausüben.

Nach einigen Angaben[1] soll auch bei kastrierten Säugetieren der Thymus besonders groß werden und abnorm lange bestehen bleiben. Aber neuerdings vermißten MASUI und TAMURA[2] bei weiblichen Kaninchen diesen das Wachstum des Thymus begünstigenden Einfluß der Kastration.

Die Einspritzungen von Follikelflüssigkeit bewirken bei Ratten eine Atrophie des Thymus[3].

Die Angaben über den Einfluß der Thymektomie[4] auf die Ausbildung der Eierstöcke geben ebenfalls kein klares Bild; man findet Berichte über eine Förderung der Geschlechtsreifung auf der einen Seite, wie über Ovardegenerationen auf der anderen Seite, während nach PARK und MCCLURE[5] bei Hündinnen die Ovarausbildung nach der Thymektomie ungestört verläuft.

Bei Vögeln zeigt sich sowohl nach spontan eintretender Thymushypoplasie wie nach möglichst vollkommener Thymektomie eine eigenartige Störung im Aufbau der Eier; ihre Schalen sind mangelhaft entwickelt. Da die Verfütterung sehr kleiner Mengen von Thymussubstanz diese fehlerhafte Leistung des Oviduktes ausgleicht, liegt die Annahme einer hormonalen Beeinflussung der Entwicklung der Schale des Vogeleies durch den Thymus nahe[6].

Die Implantation von Thymusgewebe hat auf die sexuelle Reifung und die Brunstzyklen der Maus keine Wirkung[7].

o) **Exogene Schädigungen der Ovarfunktion.**

1. Ernährungsstörungen. Über die Wirkung der unzweckmäßig zusammengesetzten Nahrung auf die Funktionen des Ovars und der sekundären Geschlechtsorgane des weiblichen Körpers liegen sehr viele Angaben

---

[1] Siehe bei HENDERSON, J.: J. of Physiol. **31**, 222 (1904). — GOODALE, A.: Ebenda **32**, 191 (1904). — GELLIN, O.: Z. exper. Path. u. Ther. **8**, 71 (1910) (Lit.). — MARINE, D.: Arch. of Path. **1**, 175 (1926). — SCHMINCKE, A.: Handb. path. Anat. Hist. **8**, 796 (1926).
[2] MASUI, K., u. Y. TAMURA: Brit. J. exper. Biol. **3**, 207 (1926).
[3] MIZUNO, J.: Jap. J. med. Sci. Trans. IV. **2**, 1 (1927).
[4] Siehe bei HARMS, J. W.: Körper u. Keimdrüsen, Berlin 1926.
[5] PARK, E. A., u. R. D. MCCLURE: Amer. J. Dis. Childr. **18**, 317 (1919).
[6] SIOLI: Pathol. **3**, 118 (1911). — RIDDLE, O.: Amer. J. Physiol. **68**, 557 (1924). [7] ZONDEK u. ASCHHEIM.

vor[1]; doch scheint die Frage, ob es ein von den bisher bekannten Vitaminen abzusonderndes, auf die Fortpflanzung des weiblichen Körpers spezifisch eingestelltes Vitamin E gibt oder nicht, noch nicht endgültig geklärt.

Sowohl bei Mangel des antineuritischen wie des antirachitischen Vitamins oder bei experimentell erzeugtem Skorbut leidet die Ovarfunktion. Die Sexualreife tritt verspätet ein, die Fruchtbarkeit ist vermindert oder aufgehoben, die Laktation ist unvollkommen, so daß die Aufzucht der Jungen versagt. Einige Autoren berichten von vorzeitiger Atresie der Follikel, so daß die Brunstzyklen ausfallen; andere geben an, daß die Ovulationen ungestört sind, daß aber die Implantation der Eier nicht eintritt.

Auf die Existenz eines besonderen sterilitätsverhindernden, laktationsfördernden Vitamins (Vitamin E) schließt man aus der Tatsache, daß auch nach der Verfütterung einer Nahrung, die die bisher bekannten Vitamine (A—D) in genügender Menge enthält, Unfruchtbarkeit der Weibchen bei sonst ungestörtem Wohlbefinden auftreten kann. Bei Mangel an Vitamin E sind die Entwicklung und die Implantation der Eier ungestört; doch tritt vorzeitiger Fruchttod ein. Dies noch nicht endgültig bewiesene Vitamin E ist hitzebeständig und in reichlicher Menge vorhanden in Gemüse und in dem Öl des Weizensamens, in geringerer Menge auch in dem Öl des Baumwollsamens und im Palmöl.

2. **Röntgenstrahlen.** Über die Wirkung der Röntgenstrahlen auf den Eierstock finden sich S. 25 nähere Angaben.

3. **Gifte.** *Thallium* ist unter allen untersuchten Giften das einzige, das die Brunstzyklen der kleinen Nagetiere unterdrücken kann[2]. Dagegen ist die Zufuhr von *Alkohol*[3], von *Morphin*[4] und von *Yohimbin*[5] ohne hemmenden resp. fördernden Einfluß auf die Brunstzyklen. *Nicotin*[6] soll die Follikelreifung etwas hemmen.

Nach DORN[7] werden an den Ovarien von Versuchstieren durch Cholin-

---

[1] Siehe bei EVANS, H. M., u. K. S. BISHOP: Anat. Rec. **23**, 17 (1922). — Amer. J. Physiol. **63**, 396 (1923). — ABDERHALDEN, E.: Pflügers Arch. **175**, 187 (1919). — ECKSTEIN, A.: Ebenda **201**, 16 (1923). — HINTZELMANN, U.: Arch. f. exper. Path. **100**, 353 (1923). — HARTMANN, C.: Amer. J. Physiol. **68**, 97 (1924). — BEARD, H. H.: Ebenda **75**, 682 (1925). — NELSON, V. E., u. Mitarb.: Ebenda **76**, 325, 339 (1926). — SURE, B.: J. of biol. Chem. **69**, 29, 41, 53 (1926); **76**, 659, 673 (1928). — PARKES, A. S., u. J. C. DRUMMOND: Brit. J. exper. Biol. **3**, 251 (1926). — MILLER, H. G.: Amer. J. Physiol. **79**, 255 (1927). — EVANS, H. M.: J. of biol. Chem. **77**, 651 (1928).
[2] BUSCHKE, A., u. Mitarb.: Klin. Wschr. **6**, 683 (1927).
[3] MACDOWELL, E. C., u. E. M. LORD: Arch. Entw.mechan. **109**, 549 (1927).
[4] MYERS, H. B., u. J. B. FLYNN: J. of Pharmacol. **33**, 267 (1928).
[5] LOEWE, S., u. Mitarb.: Arch. f. exper. Path. **122**, 366 (1927).
[6] HOFSTÄTTER, R.: Virchows Arch. **244**, 183 (1923).
[7] DORN, J.: Experimentelle und histologische Untersuchungen zur Frage der chemischen Imitation der Strahlenwirkung, Inaug.-Diss. Heidelberg 1917.

injektion histologische Veränderungen herbeigeführt, die den nach der Bestrahlung an diesen Organen beobachteten Veränderungen gleichen. Dadurch sollte die WERNERsche Theorie[1] von der Beteiligung des aus dem Lecithin abgespaltenen Cholins an der Strahlenwirkung gestützt werden. Andererseits wurden aber solche Veränderungen von HALBERSTÄTTER und RÜTTEN[2] vermißt, oder wenn sie eintraten, so waren sie nicht für Cholin spezifisch.

4. **Umwelteinflüsse. Traumen.** Das Leben in erhöhter Außentemperatur[3] (32—40°) bewirkt eine Degeneration der Keimzellen der Eierstöcke; die Ursache dieser Degeneration ist unbekannt. Werden die Tiere bei niederer Außentemperatur gehalten, so verlängert sich die Brunstzyklendauer[4].

Nach Verletzungen der verschiedensten Art wurden starke Degenerationen des Eierstockgewebes beobachtet; auch das Wesen dieser Veränderungen ist unbekannt[5].

Bewegungsmangel hemmt bei Tauben, Hühnern, Tritonen die Follikelreifung und damit die Eiablage.

III. Hormonale Wirkungen der männlichen Keimdrüsen.

a) Anatomie und Histologie des Hodens[6].

In den frühesten Entwicklungsstadien ist das Gewebe der männlichen Keimdrüsen von dem Gewebe der weiblichen nicht verschieden; die Anlage ist also ursprünglich eine indifferente.

Der reife Hoden ist aufgebaut aus einem bindegewebigen Gerüst, in das die Hodenkanälchen eingelagert sind. Im lockeren Bindegewebe zwischen den Samenkanälchen liegen einzeln oder in Gruppen die Zwischenzellen. Der Epithelbelag der Hodenkanälchen, das eigentliche Parenchym des Hodens, besteht aus den SERTOLIschen Stützzellen und den Samenzellen. Im reifen Hoden liegen die sehr vielgestaltigen SERTOLIschen Zellen zwischen den samenbildenden Zellen eingeschlossen. Ihre Basis grenzt mit einem verbreiterten Fuß an die Membrana propria der Kanälchen an; sie reichen mit dem anderen Ende bis zum Lumen der Samenkanälchen. Das Protoplasma dieser Zellen

---

[1] WERNER, R.: Strahlentherapie I, 442 (1912). — Dtsch. med. Wschr. **1905**, 691. — Münch. med. Wschr. **1910**, 1947. — Med. Klin. **8**, 1160 (1912).
[2] HALBERSTÄTTER, L., u. F. RÜTTEN: Strahlentherapie **5**, 787 (1915).
[3] STIEVE, H.: Klin. Wschr. **3**, 1153 (1924). — Naturwiss. **15**, 951 (1927). — HART, C.: Pflügers Arch. **196**, 151 (1922).
[4] LEE, M. O.: Amer. J. Physiol. **78**, 246 (1926). — PARKES, A. S., u. F. W. R. BRAMBELL: J. of Physiol. **64**, 388 (1928).
[5] Näheres siehe bei HARMS, J. W.: Körper u. Keimdrüsen, Berlin 1926.
[6] Siehe bei ROMEIS, B.: Handb. norm. path. Physiol. **14** I, 693 (1926). — COWDRY, E. V.: Endocrin. a. Metab. **2**, 423 (1924). — JAFFÉ, R., u. F. BERBERICH: Handb. inn. Sekr. **1**, 197 (1927). — HARMS, J. W.: Körper u. Keimzellen, Berlin 1926.

enthält meist doppelbrechende Fettsubstanzen, und neben Sekretbläschen sind kurze nadelförmige Krystalle nachweisbar. Hiernach weist das histologische Bild darauf hin, daß die SERTOLIschen Zellen nicht nur, wie früher angenommen, die Funktion von Stützelementen haben, sondern daß sie ein Sekret bilden, das teils den Samenzellen zugeleitet, teils in das Lumen der Kanälchen abgegeben wird. Auch läßt das histologische Bild die Möglichkeit einer innersekretorischen Funktion der SERTOLIschen Zellen durchaus zu.

Die Samenzellen machen die Hauptmasse des Parenchyms aus, sie bilden die an den innersekretorischen Leistungen des Hodens wohl nicht beteiligten Samenfäden. Auf die einzelnen Phasen der Spermatogenese soll hier nicht näher eingegangen werden.

Die Hodenzwischenzellen — nach dem Entdecker auch LEYDIGsche Zellen genannt — bilden die sogen. ,,interstitielle Drüse" (BOUIN). Ihre Masse ist bei den verschiedenen Tierarten sehr verschieden groß. Spärlich sind die Zwischenzellen im allgemeinen bei der Ratte, beim Stier, beim Widder und beim Ziegenbock, gut ausgebildet sind sie bei Vögeln und Amphibien (während der Brunst), beim Eber, beim Maulwurf und beim Menschen. Im Protoplasma der interstitiellen Zellen sind Granula, Vacuolen und Fettkörnchen zu erkennen, sowie — nur beim Menschen — Krystalloide. Die Entstehung der Zwischenzellen ist noch umstritten. Manche nehmen einen bindegewebigen Ursprung an, andere lassen sie aus dem Keimepithel oder aus der Nebennierenrindenanlage oder schließlich aus eingewanderten weißen Blutzellen abstammen.

Die Zwischenzellen sind schon bei mehrere Monate alten menschlichen Embryonen und beim neugeborenen Kinde reichlich vorhanden. In der Kindheit nimmt ihre Zahl erst ab, dann zur Zeit der Geschlechtsreife wieder zu.

b) Beziehungen zwischen Hodenaufbau und Brunstzyklen.

Bei den kaltblütigen und bei den nicht domestizierten warmblütigen Wirbeltieren pflegt die geschlechtliche Tätigkeit jahreszeitliche Schwankungen durchzumachen. Entsprechend diesen Schwankungen finden sich Veränderungen der Hodengestaltung. Während der Brunstzeit nimmt die Hodenmasse zu, bei einigen Wirbeltieren außerordentlich stark, so besonders bei Amphibien und bei Vögeln. Man hat bei Vögeln eine Zunahme der Masse auf über das Tausendfache der in der Ruhezeit festzustellenden Masse nachgewiesen.

In sehr zahlreichen Untersuchungen, so besonders von NUSSBAUM, COURRIER, ARON, ANCEL und BOUIN, STIEVE und MARSHALL hat man den Anteil der einzelnen Gewebsarten des Hodens an diesen jahreszeitlichen Schwankungen analysiert, in der Hoffnung, aus dem Ergebnis sicheren Aufschluß darüber zu bekommen, welche Gewebsteile das brunstauslösende Hormon liefern. Diese Hoffnung hat sich bisher nicht erfüllt, so daß auf eine nähere Darstellung[1] dieser Untersuchungen an Fischen, Amphibien, Reptilien, Vögeln und Säugetieren verzichtet werden kann.

Die Schlußfolgerung mancher Forscher, daß besonders die Zwischenzellen vor und während der Brunst an Masse zunehmen und daß diese in erster Linie oder ausschließlich das Hormon bilden, fand von vielen Seiten scharfe Ablehnung. Viele Beispiele wurden bekannt, die zeigen, daß bei kalt- und warmblütigen Wirbeltieren die Hypertrophie der Zwischenzellen fehlt oder nur gering ist, während die Massenzunahme der Keimzellen viel ausgesprochener ist. So beginnt bei jungen Tritonen die sexuelle Differenzierung vor der Ausbildung von Zwischenzellgewebe; bei Kröten sind die Zwischenzellen zur Zeit der Brunstperiode spärlich entwickelt, bei der Maus sind sie zur Zeit der Geschlechtsreife schwach ausgebildet; Hirsche und Rehe bilden das neue Geweih aus, obwohl der Hoden zu dieser Zeit arm an Zwischenzellen ist.

Die bisherigen Ergebnisse erlauben also sicher nicht den Schluß, daß die interstitiellen Zellen eine führende Rolle beim Zustandekommen der Brunst der männlichen Wirbeltiere spielen, während andererseits die histologischen Befunde dieser Arbeiten den Anteil der Zwischenzellen an den hormonalen Wirkungen des Hodens nicht ausschließen konnten.

c) **Hodenaufbau bei natürlichem und experimentellem Kryptorchismus.**

Bei der überwiegenden Mehrzahl der Säugetiere verläßt der Hoden noch während des intrauterinen Lebens die Bauchhöhle, oder der Descensus testiculorum tritt vor jeder Brunstperiode ein. Neuere Feststellungen beweisen, daß bei den Säugetieren, die den Descensus zeigen, die Verlagerung der Hoden aus der Bauchhöhle in den Hodensack die Spermatogenese begünstigt.

Bleibt die Hodenverlagerung in das Scrotum aus, so findet man bei der Untersuchung dieser Hoden eine mehr oder weniger weitgehende Degeneration des samenbildenden Gewebes, während die SERTOLIschen und die LEYDIGschen Zellen erhalten sind[2]. Häufig, aber nicht regel-

---

[1] Siehe bei ROMEIS, B.: Handb. norm. path. Physiol. 14 I, 719 (1926). — HARMS, J. W.: Körper u. Keimzellen, Berlin 1926. — JAFFÉ, R., u. F. BERBERICH: Handb. inn. Sekr. 1, 197 (1927). — COURRIER, R.: C. r. Soc. Biol. 85, 486 (1921). — Arch. de Biol. 37, 173 (1927).

[2] Siehe bei ROMEIS, B.: Handb. norm. path. Physiol. 14 I, 697, 830 (1926). — HARMS, J. W.: Körper u. Keimzellen, Berlin 1926. — LESPINASSE, V. D.: Endocrin. and Metab. 2, 499 (1924). — MOORE, C. R.: Amer. J. Physiol. 77, 59 (1926). — OSLUND, R. M.: Ebenda 76. — SAND, KN.: J. of Physiol. 18,

mäßig sind die LEYDIGschen Zellen an Masse vermehrt, während die Gesamtmasse des Hodens vermindert ist. Da der Hoden bei Kryptorchismus in der Regel keine Spermatozoen liefert, sind kryptorche Individuen meist steril. Hingegen sind die sekundären Geschlechtsmerkmale meist vollkommen ausgebildet, der Geschlechtstrieb kann sogar abnorm stark sein (so bei kryptorchen Hengsten).

Die gleichen degenerativen Veränderungen sind an den Hoden, die nach der Brunstzeit wieder in die Bauchhöhle verlagert werden, zu beobachten. Sie lassen sich auch experimentell durch Verlagerung der Hoden aus dem Scrotum in die Bauchhöhle oder unter die Rückenhaut erzielen, auch wenn die Blutversorgung und die Innervation durch diese Verlagerung sicher nicht gestört wird. Die Keimzellen der Samenkanälchen degenerieren wieder weitgehend, die SERTOLIschen Zellen bleiben erhalten, die Zwischenzellen sind oft, aber nicht regelmäßig vermehrt. Diese Veränderungen beginnen schon wenige Tage nach der Verlagerung, sie schwinden wieder vollkommen, wenn der Hoden in das Scrotum zurückgebracht wird. Auch bei der Transplantation von Hodengewebe erhält sich das spermatogene Gewebe viel besser, wenn die Transplantation statt in die Bauchhöhle in den Hodensack ausgeführt wird.

Die Ursache der bei Verlagerung in die Bauchhöhle auftretenden Degenerationen ist nach MOORE u. a. die stärkere Erwärmung des Organes in der Bauchhöhle. Künstliche Erwärmung des Hodens im Scrotum bewirkt die gleichen Degenerationen. Abkühlung eines unter die Rückenhaut transplantierten Hodens begünstigt umgekehrt auf der Außenseite desselben die Spermatogenese.

Wie erwähnt wurde, ist die Ausbildung der sekundären Geschlechtsmerkmale und der Geschlechtstrieb bei Kryptorchismus trotz dieser starken degenerativen Veränderungen des kryptorchen Hodens meist nicht vermindert, oft eher vermehrt. Doch kann Kryptorchismus auch zu Eunuchoidismus führen. Sicher ist im Hoden meist das samenbildende Gewebe viel mehr vermindert als das Zwischenzellgewebe. So besteht die Möglichkeit, daß neben dem spermatogenen Gewebe auch das Gewebe der SERTOLIschen Zellen oder der LEYDIGschen Zellen das männliche Geschlechtshormon liefern kann.

d) Hodenaufbau nach Unterbindung oder Durchtrennung der Samenleiter.

Nach der Durchtrennung oder Unterbindung der Samenleiter stellen sich an den Hoden der Säugetiere und weniger ausgesprochen auch der

---

494 (1921); **19**, 305, 515 (1921). — TIEDJE, H.: Veröff. Kriegs- u. Konstit.-path. Jena, H. **8**, 1921 u. a.

Vögel ähnliche Veränderungen wie bei Kryptorchismus ein[1]. Im Laufe der Zeit zerfällt das samenbildende Epithel, die Spermatogenese hört auf. Später können weitgehende Regenerationen einsetzen. Die SERTOLIschen Zellen können ebenfalls degenerieren. Dagegen bleiben nach den Angaben der meisten Untersucher die Zwischenzellen erhalten, ja sie sollen oft an Masse sehr zunehmen. Doch ist diese letztere Behauptung nicht unwidersprochen geblieben. ROMEIS fand z. B. bei einer jungen Ratte nach der Vasoligatur eine Abnahme des Volumens der Hodenkanäle von 947 auf 256 mm^3, das Volumen des interstitiellen Gewebes nahm von 72 auf nur 77 mm^3 zu.

Trotz dieser weitgehenden Atrophie des samenbildenden Gewebes bewirkt die Samenleiterunterbindung oder -durchtrennung bei Vögeln und Säugetieren keine Abnahme der Ausbildung der sekundären Geschlechtsmerkmale oder des Geschlechtsdranges. Vielmehr soll, wie weiter unten näher geschildert werden wird, dieser Eingriff die Ausbildung der Merkmale und den Geschlechtstrieb fördern. Die Wirkung der Samenleiterunterbindung soll bei alten Tieren der einer Hodentransplantation gleichkommen[2].

Man hat hieraus geschlossen (STEINACH u. a.), daß die nach der Samenleiterunterbindung hypertrophierenden Gewebsteile des Hodens, d. h. die LEYDIGschen Zellen, vermehrt Hormon abgeben und hat den Erfolg der Samenstrangunterbindung als Beweis für die Hormonbildung gerade in den LEYDIGschen Zwischenzellen hingestellt.

Es scheint aber sehr wohl möglich, daß die kaum zu bezweifelnde Steigerung der hormonalen Leistung des Hodens nach der Samenstrangunterbindung darauf zurückzuführen ist, daß aus dem zugrunde gehenden samenbildenden Gewebe viel Hormon frei wird und resorbiert wird. Jedenfalls können die erwähnten Beobachtungen eine alleinige oder vorwiegende Hormonbildung gerade in den Zwischenzellen nicht beweisen, aber auch sie lassen diese Möglichkeit durchaus zu.

e) **Wirkung der Röntgenstrahlen auf das Hodengewebe**[3].

Auch nach der Einwirkung von Röntgen- und Radiumstrahlen auf das Gewebe des Hodens werden in erster Linie die samenbildenden

---

[1] Siehe bei ANCEL, P., u. P. BOUIN: C. r. Soc. Biol. **56**, 84, 97 (1904). — SHATTOCK u. SELIGMANN, C. G.: Proc. roy. Soc. **73**, 49 (1904). — SAND, KN.: J. Physiol. et Path. gén. **18**, 494 (1921); **19**, 303, 515 (1921). — WHEELON, H. W.: Endocrin. and Metab. **2**, 439 (1924). — OSLUND, R. M.: Amer. J. Physiol. **69**, 589 (1924); **70**, 111 (1924); **77**, 85 (1926). — FUJITA, F.: Trans. jap. path. Soc. **14**, 69 (1924). — HARMS, J. W.: Körper u. Keimzellen, Berlin 1926. — ROMEIS, B.: Münch. med. Wschr. **68**, 600 (1921). — Handb. norm. path. Physiol. **14** I, 728 (1926). — SAND, K.: Ebenda 349 u. a.

[2] TSUBURA, S.: Biochem. Z. **143**, 248 (1923).

[3] Lit. bei SCHINZ, H. R., u. B. SLOTOPOLSKY: Erg. med. Strahlenforschg. **1**, 445 (1925). — HARMS, J. W.: Körper u. Keimzellen, Berlin 1926.

Zellen geschädigt. Die Spermatogonien atrophieren als erste Zellen, so daß nur noch die vorhandenen Spermatocyten Samenfäden bilden können und später die Spermatozoenbildung vollkommen erlischt, weil die Neubildung von Spermatocyten aus Spermatogonien aufhört. Die Masse der Samenkanälchen nimmt stark ab. Ihre Wandung besteht fast nur noch aus SERTOLIschen Zellen, doch scheinen mindestens kleine Reste des samenbildenden Gewebes stets erhalten zu bleiben.

Die Menge der interstitiellen Zellen nimmt nicht nur relativ, sondern oft auch absolut zu. Beim Kaninchen wurde z. B. eine Zunahme der Masse des interstitiellen Gewebes bis auf das $2^1/_2$ fache festgestellt.

Aus zahlreichen Beobachtungen an Menschen und warmblütigen Wirbeltieren ergibt sich, daß die weitgehende Verminderung des Keimgewebes wohl die Fertilität vernichtet, nicht aber die Ausbildung der Geschlechtsmerkmale oder den Geschlechtstrieb beeinträchtigt. Sie weisen also darauf hin, daß entweder sehr geringe Reste des keimbildenden Gewebes genügen, die für die Ausbildung der Geschlechtscharaktere nötigen Hormonmengen zu liefern, oder daß die SERTOLIschen bzw. die interstitiellen Zellen als hormonliefernde Quellen in Betracht zu ziehen sind. Da es auch durch die Bestrahlung nicht gelingt, ein nur aus interstitiellen Zellen bestehendes Hodengewebe zu erzeugen, da vielmehr stets kleine Reste des Keimgewebes erhalten bleiben sollen, ist dagegen der Beweis der innersekretorischen Bedeutung der interstitiellen Zellen durch die Versuche mit Bestrahlung wiederum nicht erbracht. Daß die Transplantation zuvor bestrahlter Hoden die Kastrationsfolgen verhindern kann, wurde an Affen festgestellt[1].

Eine endgültige Entscheidung in der Frage nach der hormonalen Bedeutung der einzelnen Bestandteile des Hodens wird erst dann zu erbringen sein, wenn es gelungen ist, Methoden auszuarbeiten, die die Wirkungen des männlichen Hormones quantitativ zu messen gestatten, und wenn man mit solchen Methoden den Gehalt von Hoden, die verschieden reich an einzelnen Gewebsbestandteilen sind, auswerten kann.

f) **Einfluß der Entfernung der männlichen Keimdrüsen auf den Körper.**

1. **Wirbellose.** Die Zahl der Kastrationsversuche an Wirbellosen[2] ist noch zu gering, als daß sich schon jetzt nähere Angaben über das Auftreten der Keimdrüsenhormonwirkungen während der Entwicklung der Tiere machen ließen. Sicher steht nur, daß die männlichen Keimdrüsen von Anneliden und von Crustaceen die Ausbildung sekundärer

---

[1] THOREK, M.: Endocrin. 8, 61 (1924).
[2] Näheres bei HARMS, J. W.: Körper u. Keimzellen, Berlin 1926. — Handb. norm. path. Physiol. 14 I, 205 (1926).

Geschlechtsmerkmale bestimmend beeinflussen, während die Hoden der Insekten offenbar kein die Ausbildung der Geschlechtsmerkmale beeinflussendes Hormon liefern.

Unter den Anneliden wurde besonders am Regenwurm experimentiert. Dieser besitzt im Clitellum ein zyklische Veränderungen durchmachendes Geschlechtsmerkmal, das zur Zeit der Begattung an Masse zunimmt und ein der Vereinigung der Würmer dienendes Sekret absondert. Nach der Entfernung der männlichen Keimdrüsen der zwittrig gebauten Würmer bildet sich dies Clitellum zurück, während die Ovarentfernung ohne Einfluß ist. Es ist also zu vermuten, daß der Hoden einen die Ausbildung des Clitellums fördernden Stoff abgibt (HARMS). Experimentelle Kastrationen scheinen bei Crustaceen nicht vorgenommen zu sein. Aber nicht selten liefert die Natur das Experiment der sogen. parasitären Kastration männlicher Crustaceen. Es parasitieren häufig weibliche Sacculinen in den Hoden der Krebse. Als Folge der Keimdrüsenzerstörung wird dann eine Rückbildung der männlichen Geschlechtsmerkmale beobachtet. Es kann kaum bezweifelt werden, daß diese Rückbildung die Folge eines Ausfalles von Hodenhormon ist. Wenn bei jenen Crustaceen gelegentlich weibliche Geschlechtsmerkmale auftreten, so könnte dies durch einen Übergang von Ovarhormon aus den parasitierenden Sacculinen auf die Crustaceen bedingt sein[1].

Bei Insekten verläuft die Ausbildung der sekundären männlichen Geschlechtsmerkmale völlig oder fast ganz unabhängig von den Keimdrüsen; ihre Entfernung wirkt auf die Ausbildung selbst dann nicht störend, wenn sie schon im frühen Raupenstadium ausgeführt worden war. Ebenso ist der Geschlechtstrieb unabhängig von der Anwesenheit der Keimdrüsen; die kastrierten Schmetterlinge begatten die Weibchen wie normale Männchen.

2. Kaltblütige Wirbeltiere[2]. Aus den wenigen Kastrationsversuchen an männlichen Fischen und Tritonen ergibt sich eindeutig, daß die sekundären Geschlechtscharaktere, z. B. das sogen. Hochzeitskleid der Fische oder der für die männlichen Tritonen[3] typische Rückenkamm sich nicht entwickeln, wenn die Hoden entfernt worden sind.

Bei Fröschen[4] schwindet nach der Kastration die Hypertrophie der

---

[1] Siehe auch CUNNIGHAM, J. F.: Arch. Entw.mechan. **26**, 372 (1908).
[2] Lit. bei WHEELON, H.: Endocrin. and Metab. **2**, 431 (1924). — SAND, KN.: Handb. norm. path. Physiol. **14** I, 215 (1926). — HARMS, J. W.: Körper u. Keimzellen, Berlin 1926.
[3] ARON, M.: C. r. Acad. Sci. **173**, 57 (1921). — CHAMPY, CH.: C. r. Soc. Biol. **88**, 1245 (1923) u. a.
[4] STEINACH, E.: Pflügers Arch. **56**, 304 (1894). — NUSSBAUM, M.: Ebenda **126**, 519 (1908). — HARMS, W.: Ebenda **128**, 25 (1909); **133**, 27 (1910). — Z. Anat. **90**, 594 (1923). — TAKAHASHI, N.: Endocrin. **7**, 302 (1923). — Weitere Lit. bei HARMS.

Armmuskeln des Männchens; die Samenblasen werden klein und drüsenarm. Die Hypertrophie der Daumenschwielen und Wucherung der Schwielendrüsen zur Brunstzeit ist zwar nach der Kastration sehr vermindert, aber nicht ganz aufgehoben, so daß Reste der zyklischen Hypertrophien erhalten zu sein pflegen. Wird die Hodenentfernung im Beginn der Schwielenhypertrophie — im Oktober — ausgeführt, so geht die Hypertrophie trotzdem noch längere Zeit hindurch weiter vor sich.

Der Umklammerungsreflex der männlichen Frösche zur Paarungszeit wird durch die Kastration sehr stark abgeschwächt; die während einer Umklammerung ausgeführte Testikelentfernung löst die Umklammerung nur dann, wenn gleichzeitig die gefüllten Samenblasen entfernt werden. Es scheint also auch in den Samenblasen ein die Umklammerung unterhaltendes Hormon enthalten zu sein.

Das männliche Hormon scheint auf die schon vor langer Zeit in den Corpora quadrigemina nachgewiesenen Zentren, die jenen Umklammerungsreflex hemmen, einzuwirken.

Die Beeinflussung der Daumenschwielen durch dieses Hormon kommt hingegen nicht, wie früher angenommen, durch zentralnervöse Wirkung zustande. Denn wenn man Stückchen aus der atrophischen Daumenschwiele eines kastrierten Frosches in die Rückenhaut eines normalen Frosches transplantiert, so ist an den Schwielen des Transplantates eine Wucherung des Epithels und der Drüsen nachzuweisen.

Sicher steht also die Ausbildung der sekundären Geschlechtsmerkmale des Frosches unter der Einwirkung der Hodensekretion. Doch bleiben Andeutungen der jahreszeitlichen Schwankungen der Merkmale nach der Kastration vorhanden, vielleicht als Ausdruck der ebenfalls in jahreszeitlichen Schwankungen verlaufenden Funktion anderer innersekretorischer Organe.

Bei Alytes soll die Hypertrophie der Daumenschwielen zur Brunstzeit auch dann eintreten, wenn die Hoden entfernt wurden[1].

Bei der Kröte (Bufo vulg.) hat besonders die Frage, ob das neben dem Hoden liegende BIDDERsche Organ auf die Ausbildung der Geschlechtsmerkmale einwirkt, interessiert[2]. Das BIDDERsche Organ ist ein rudimentäres ovarienähnliches Organ, dessen Größe im Herbst sein Maximum erreicht. Es enthält nicht bis zur Reifung gelangende Eier, dagegen keine Zwischenzellen.

Nach HARMS u. a. fördert das BIDDERsche Organ die Ausbildung der Merkmale der männlichen Kröte. Nach ihm bleiben die Kastrationsfolgen aus, wenn nur der Hoden weggenommen wird, sie treten dagegen

---

[1] KAMMERER, P.: Arch. Entw.mechan. **45**, 323 (1918).
[2] Siehe bei HARMS.

auf, wenn dieser Eingriff mit der Entfernung des BIDDERschen Organs kombiniert wird.

Anders waren die Ergebnisse von PONSE, die aber an Kröten einer anderen Gegend experimentierte. Nach ihr stehen die psychischen und somatischen Merkmale nur unter dem Einfluß des Hodens, während das BIDDERsche Organ ohne Einwirkung sein soll.

(Über die Umwandlung des BIDDERschen Organs in ein reife Eier lieferndes Organ siehe S. 91.)

3. **Vögel.** Wie bei der Besprechung der Kastrationsfolgen, die bei weiblichen Vögeln zu beobachten sind, schon erwähnt wurde, hat das Federkleid des kastrierten Vogels beiderlei Geschlechts im großen und ganzen das Aussehen des Federkleides des männlichen Tieres. Dementsprechend ändert sich bei Hähnen nach der Kastration[1] die Befiederung nur wenig. Die Schwanzdeckfedern der Kapaunen sind eher etwas besser ausgebildet, und die Färbung ist eher etwas prächtiger als beim nicht kastrierten Hahn gleicher Rasse (siehe Abb. 3, Seite 14).

Demnach hat das Hodenhormon einen schwach hemmenden Einfluß auf die Gestaltung der Befiederung. Es gibt Rassen, bei denen dieser hemmende Einfluß offenbar viel stärker ausgeprägt ist. So hat der Sebrighthahn normalerweise ein Hennengefieder. Nach der Kastration wird er hahnenfiedrig oder, wohl richtiger gesagt, kapaunenfiedrig, während die übrigen Kastrationsfolgen die gleichen sind wie bei anderen Rassen.

Man hat angenommen[2], daß im Hoden dieser hennenfiedrigen Hähne Zellen, die den Luteinzellen des Ovares gleichen, enthalten sind und daß diese Zellen ein dem Ovarhormon gleichendes Hormon abgeben. Aber die histologischen Grundlagen dieser Annahme sind umstritten. Für die Bildung eines auf das Gefieder im Sinne der Umgestaltung zum weiblichen Typus einwirkenden Stoffes im Hoden der hennenfiedrigen Hähne spricht das Ergebnis der Transplantationsversuche, das hier vorweggenommen sei. In einen hahnenfiedrigen kastrierten Hahn transplantiertes Hodengewebe von einem hennenfiedrigen Hahn macht Hennenfiedrigkeit, während der Kamm und die Bartlappen ihre männliche Form behalten.

Der Kamm, die Bartlappen, die Ohrscheiben des kastrierten Hahnes

---

[1] Lit. bei SELLHEIM, H.: Beitr. Geburtsh. **1**, 229 (1898); **2**, 236 (1899). — FOGES, A.: Pflügers Arch. **93**, 39 (1903). — PÉZARD, A.: C. r. Acad. Sci. **153**, 1027 (1911). — Erg. Physiol. **27**, 552 (1928). — WHEELON, H.: Endocrin. and Metab. **2**, 431 (1924). — HARMS, J. W.: Körper u. Keimzellen, Berlin 1926. — SAND, KN.: Handb. norm. path. Physiol. **14** I, 215 (1926). — SHARPEY SCHAFER, E.: Endocrin. Organs **2**, 375 (1926).

[2] BORING, A. M., u. F. H. MORGAN: J. gen. Physiol. **1**, 127 (1918). — Siehe auch FELL, H. H.: Brit. J. exper. Biol. **1**, 97, 293 (1923).

bleiben unterentwickelt, sie erreichen nicht einmal die für das Huhn typische Ausbildung. Die Sporen des Hahnenkapaunes werden dagegen etwas größer als die des Hahnes. Die Größe des Kehlkopfes steht zwischen der des normalen Hahnes und des normalen Huhnes.

Der Geschlechtstrieb frühkastrierter Hähne fehlt oder er ist sehr schwach entwickelt. Die Stimme wird heiser, die Kapaune krähen nicht oder nur sehr unvollkommen. Die Kampfeslust ist erloschen.

Der Stoffwechsel[1] kastrierter Hähne sinkt stark (bis um 30%) ab, bekanntlich tritt eine Anhäufung von Fett in den Muskeln und unter der Haut auf, während die Leber fettarm wird. Die Tiere werden bis um 25% schwerer.

Auf die im geschlechtsreifen Alter ausgeführte Kastration folgt schon nach wenigen Tagen die Rückbildung von Kamm und Bartlappen.

Sehr ähnlich sind die Einwirkungen der Kastration bei anderen Vogelarten; da diese Versuche nichts prinzipiell Neues ergaben, soll von ihrer Wiedergabe abgesehen werden.

4. **Säugetiere, Menschen.** Wenn bei Säugetieren[2] die Hoden vor dem Eintritt der Geschlechtsreife entfernt werden, stellt sich als auffallendste Folgeerscheinung eine Unterentwicklung der Geschlechtsorgane und der meisten sekundären Geschlechtsmerkmale sowie des Geschlechtsinstinktes ein.

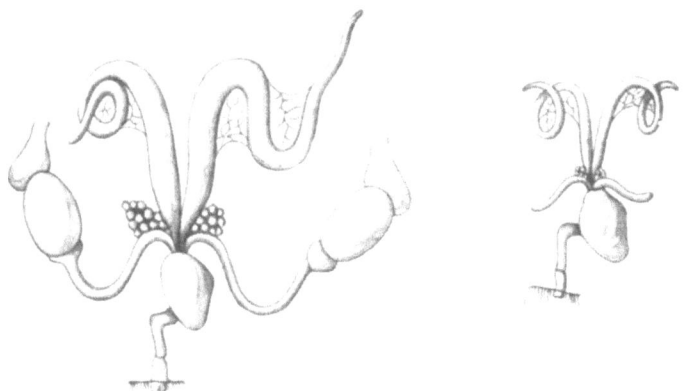

Abb. 9. Wirkung der Kastration auf die Geschlechtswerkzeuge des erwachsenen Meerschweinchens.
Links: Normale Geschlechtswerkzeuge.
Rechts: Nach Kastration atrophierte Geschlechtswerkzeuge. (Nach Gley u. Pézard.)

Der Penis, die Prostata und die Samenblasen bleiben klein (Abb. 9). Der das Wachstum dieser Organe fördernde Einfluß der Keimdrüsen

---

[1] HEYMANS, C.: J. Physiol. Path. gén. 19, 323 (1921). — AUDE, H.: Rev. franç. Endocrin. 5, 81 (1927).
[2] Lit. siehe bei LOEWY, A.: Erg. Physiol. 2 I, 130 (1903).

ist schon unmittelbar nach der Geburt vorhanden. Denn wenn bei Ratten 12 Stunden nach der Geburt die Hoden entfernt werden, sind schon wenige Tage später Glied und Samenblasen bei diesen Tieren kleiner als bei den Kontrolltieren, und in der Folgezeit bleibt bei den Kastraten jede Zunahme der Größe aus, wie die einer Arbeit WIESNERS[1] entnommenen Zahlen zeigen.

	Länge der Glans penis normale kastrierte Ratten		Länge der Samenblasen normale kastrierte Ratten	
12 Stunden n. Geburt	2,1 mm	—	1,2 mm	—
7 Tage alt . . .	3,4 mm	2,7 mm	3,0 mm	3,0 mm
28 ,, ,, . . .	3,4 mm	2,7 mm	4,4 mm	3,0 mm
56 ,, ,, . . .	4,2 mm	2,7 mm	4,8 mm	3,0 mm
112 ,, ,, . . .	6,1 mm	3,0 mm	11,4 mm	3,2 mm

Am Glied des Meerschweinchens bleibt nach der Frühkastration die Ausbildung des Stachelapparates aus. In den Samenblasen ist wenig Sekret enthalten. Der Inhalt ist nicht mehr flüssig, sondern viscös, er gerinnt nicht mehr wie normaler Samenblaseninhalt bei der Vermischung mit dem Sekret einer normalen Prostata, und die Prostata eines kastrierten Meerschweinchens ist arm an dem die Gerinnung des normalen Samenblaseninhaltes fördernden Ferment[2].

Die Ausbildung anderer geschlechtlich differenzierter Zellen des Körpers wird dagegen zum Teil durch das Hodenhormon gehemmt.

So wird das Wachstum der Zitzen von Stierkälbern durch die frühzeitig ausgeführte Kastration gefördert. Nach SELLHEIM beträgt die Länge der Zitzen bei 4—6 jährigen Stieren 1,1—1,5 cm, bei gleichaltrigen Ochsen dagegen 2,6—5,0 cm.

Der Einfluß der Kastration auf das Körperwachstum ist bei den einzelnen Säugetierarten verschieden. Bei den einen Arten beobachtet man eine geringe Förderung, bei den anderen eine geringe Hemmung[3].

Das Haarkleid der kastrierten männlichen Säugetiere nähert sich der Form des Haarkleides der Weibchen. Schon vor sehr langer Zeit wies HUNTER darauf hin, daß die Stirnhaare des kastrierten Bullen so lang werden wie die der Kuh.

---

[1] WIESNER, B. P.: Akad. Wiss., Wien **1925**, Nr. 21/22.
[2] GLEY, E., u. A. PÉZARD: Arch. intern. Physiol. **16**, 363 (1921).
[3] Z. B. MOORE, C. R.: J. of exper. Zool. **28**, 459 (1919) (Ratte). — MASUI, K., u. Y. TAMURA: Brit. J. exper. Biol. **3**, 207 (1926) (Maus). — HATAI, S.: J. of exper. Zool. **18**, 1 (1915) (Ratte). — TANDLER, J., u. S. GROSZ: Arch. Entw.mechan. **27**, 35 (1909); **30**, 235 (1910) (Rind). — WEGENEN, G. VAN: Amer. J. Physiol. **84**, 461 (1928) (Ratte).

Bei vielen der geweih- und horntragenden Säugetiere[1] bleibt die Bildung von Geweih und Horn nach der Hodenentfernung ganz aus (Widder, Ziegenbock, Hirsch), wenn die Entfernung in früher Jugend ausgeführt wird. Geweih und Horn entwickeln sich verkümmert, wenn die Kastration später erfolgt (Hirsch, Rehbock). Bei anderen Säugetieren hemmen die Hoden die Hornentwicklung. Die Hörner des Stieres sind kürzer als die Hörner des Ochsen. Schließlich gibt es geweihtragende Säugetiere, bei denen Wechsel und Ausbildung des Geweihes unabhängig von den männlichen Keimdrüsen erfolgen (Renntier).

Die kastrierten männlichen Säugetiere haben ein ruhigeres Temperament, sie lassen in der Regel die Kampfeslust um den Besitz der Weibchen vermissen. Der Geschlechtstrieb ist erloschen oder herabgesetzt, gelegentlich üben aber auch Kastraten Begattungsversuche aus.

Die Spätkastration bewirkt eine erhebliche Rückbildung der sekundären Geschlechtsorgane, und eine Abstumpfung, nicht selten ein Aufhören des Geschlechtstriebes. Bei männlichen Ratten, die in einem Laufrad lebten, fand man nach der Kastration eine starke Abnahme der Spontanbeweglichkeit. Der Muskel kastrierter männlichen Kaninchen ist abnorm leicht ermüdbar[2].

Der Einfluß der Kastration auf den Stoffwechsel ist bei männlichen Tieren oft untersucht worden[3]. Die Ergebnisse sind aber nicht ganz eindeutig. Doch besteht darin Übereinstimmung, daß die Hodenentfernung nie eine Steigerung des Grundumsatzes zur Folge hat. Unwirksam fanden die Kastration KLEIN beim Stiere, BERTSCHI beim Kaninchen, BUGBEE und SIMOND beim Hunde, während andere Untersucher Abnahme des Sauerstoffverbrauches bis um etwa 20% fanden, so LOEWY und RICHTER an einem Hunde, TSUBURA an Kaninchen, deren Sauerstoffverbrauch einige Zeit nach der Hodenentfernung nur

---

[1] SELLHEIM, H.: Z. Geburtsh. **74**, 362 (1913). — SHATTOCK, S. G., u. C. G. SELIGMANN: Proc. roy. Soc. **73**, 49 (1904). — MARSHALL, F. H. A.: Ebenda **85**, 27 (1912). — CUNNINGHAM, J. T.: Arch. Entw.mechan. **26**, 372 (1903).
[2] WANG, G. H., u. Mitarb.: Amer. J. Physiol. **73**, 581 (1925). — HOSKINS, R. G.: Endocrin. **9**, 277 (1925). — HANDOVSKY, H.: Pflügers Arch. **220**, 782 (1928).
[3] LOEWY, A., u. P. F. RICHTER: Arch. f. Physiol., Supl. **1899**, 174. — LÜTHJE, H.: Arch. f. exper. Path. **48**, 184 (1902). — KORENTCHEVSKY, W. G.: Z. exper. Path. u. Ther. **16**, 68 (1914). — Ders. u. M. CARR: Biochemic. J. **19**, 773 (1925). — KLEIN: Biochem. Z. **72**, 169 (1916). — KOJIMA, M.: Quart. J. exper. Physiol. **11**, 351 (1917). — BERTSCHI, H.: Biochem. Z. **106**, 37 (1920). — BUGBEE, E. P., u. A. SIMOND: Amer. J. Physiol. **75**, 542 (1925). — Siehe auch GRAFE, E.: Erg. Physiol. **21**, II (1923). — LEE, M. O., u. E. F. VAN BUSKIRK: Amer. J. Physiol. **84**, 321 (1928).

6,7 ccm pro Minute statt 9,6 ccm i. D. betrug, und von KOJIMA, sowie LEE und VAN BUSKIRK an Ratten, bei denen die Senkung meist gegen 10 % des Normalwertes betrug. Nach KORENTCHEVSKY soll der N-Umsatz kastrierter männlicher Hunde absinken; LUETHJE fand bei einem kastrierten Hund fast den gleichen N-Ansatz wie beim nichtkastrierten Bruder.

Bei kastrierten männlichen Kaninchen tritt nach Zuckerdarreichung eine alimentäre Glykosurie leichter ein, vermutlich infolge verminderter Zuckerverbrennbarkeit. Auf die Höhe des Blutzuckerspiegels ist der Eingriff dagegen ohne Einfluß[1].

Gelegentlich, doch keineswegs regelmäßig, macht sich eine Neigung zu vermehrtem Fettansatz bemerkbar.

Die Kastration soll bei cholesteringefütterten Kaninchen zu einer abnorm starken Atheromatose führen. Der Cholesteringehalt des Blutes steigt nach der Hodenentfernung etwas an, der Muskel wird dagegen cholesterinärmer[2].

Die Temperatur wird durch die Hodenentfernung nicht verändert[3].

Die Kastration des Mannes ist als ältestes innersekretorisches Experiment seit vorgeschichtlichen Zeiten immer wieder ausgeführt worden. Wenn der Eingriff vor dem Eintritt der Geschlechtsreife vorgenommen wird, bleiben Glied, Prostata und Samenblasen auf kindlicher Entwicklungsstufe stehen. Nur ganz ausnahmsweise entwickelt sich ein schwacher Geschlechtstrieb.

Das Körperwachstum ist im allgemeinen gefördert. Die Eunuchen sind meist abnorm groß, es besteht ein Mißverhältnis zwischen der besonders ausgesprochenen Länge der Extremitäten und der Länge des Rumpfes. Die Knochen sind schlank, die Epiphysenlinien verknöchern abnorm spät. Nicht selten sind am Knochenbau akromegale Züge zu sehen. Der Kehlkopf steht seiner Ausbildung nach in der Mitte zwischen der männlichen und weiblichen Form. Der Stimmumschlag bleibt aus. Die Muskulatur ist meist schwach ausgebildet, die Haut des Körpers ist blaß und dünn, im Gesicht treten frühzeitig Hautrunzeln auf.

Das Kopfhaar ist von weicher Beschaffenheit und reichlich, es neigt zu frühzeitigem Ergrauen. Die Barthaare fehlen oder erreichen nur die spärliche Ausbildung wie bei alten Frauen. An Rumpf und Gliedern tritt nur eine feine Lanugobehaarung auf. Die Achsel- und Schamhaare fehlen oder sind nur spärlich entwickelt; die etwa auftretende Schambehaarung zeigt die für das weibliche Geschlecht typische Begrenzung.

Nur ein Teil der Kastraten neigt zur Fettsucht, das Fettpolster ist

---

[1] TSUBURA, S.: Biochem. Z. 143, 291 (1923). — Siehe dagegen KAWASHIMA, SH.: J. of Biochem. 7, 361 (1927).
[2] SHAPIRO, S.: J. of exper. Med. 45, 595 (1927). — HANDOVSKY, H., u. H. TAMANN: Arch. f. exper. Path. 134, 203 (1928).
[3] LIPSCHÜTZ, A.: Pflügers Arch. 168, 177 (1917). — BORMANN, F. VON: Z. exper. Med. 51, 38 (1926).

dann besonders dick über dem Gesäß, den Hüften und der Brust. Viele Kastraten sind dagegen auffallend mager.

Die Spätkastration hat oft eine nur sehr geringe Rückbildung der Geschlechtsorgane und Umstimmung der Merkmale zur Folge; im besonderen bleibt die tiefe Stimme erhalten. Ausnahmsweise kann der Geschlechtstrieb und die Kohabitationsmöglichkeit erhalten bleiben.

Auch beim Menschen scheint die männliche Keimdrüse den Grundumsatz etwas zu erhöhen. Man fand bei kastrierten oder hodeninsuffizienten Männern mehrfach eine geringe, zum Teil vorübergehende Verminderung des Grundumsatzes[1].

5. **Teilkastration.** Aus Beobachtungen an Hähnen und Säugetieren ergibt sich, daß das Zurücklassen sehr kleiner Hodenreste im Körper genügt, um die Kastrationsfolgen nicht in Erscheinung treten zu lassen.

So genügt nach LIPSCHÜTZ[2] beim Meerschweinchen $1/20$-$1/32$ der gesamten Hodenmasse zur Aufrechterhaltung der Ausbildung der Geschlechtsmerkmale, in einem Versuche war sogar der 100. Teil der Hodenmasse genügend, um die anfangs aufgetretenen Kastrationserscheinungen wieder zurückzubringen.

Ebenso sind nach PÉZARD[3] beim Hahne wenige Prozent der Hodensubstanz zur Aufrechterhaltung des männlichen Formcharakters genügend.

Umstritten ist noch die Frage, ob die Wirksamkeit der Hodenhormone einem „Alles-oder-Nichts"-Gesetz folgt oder nicht. PÉZARD nimmt auf Grund seiner Teilkastrationsversuche an Hähnen an, daß dies der Fall sei. Nach ihm sollen die Kastrationsfolgen stets ausbleiben, wenn eine bestimmte Menge des Gewebes ($1/2$ g) zurückgelassen wird, während kleinere Mengen stets die Folgen einer Totalkastration haben sollen. Auch ARONS Versuche an Tritonen[4] sprechen für die Gültigkeit eines Alles-oder-Nichts-Gesetzes.

Aber andererseits gibt LESPINASSE[5] an, daß die Hemmung der Ausbildung der sekundären Geschlechtsmerkmale des Hähnchens der Menge des entfernten Hodengewebes proportional ist. Wenn $1/4$ der Hodenmasse zurückgelassen wurde, blieb das Wachstum von Kamm und Bartlappen nur wenig zurück, bei $1/16$ der Hodenmasse waren die

---

[1] LOEWY, A., u. S. KAMINER: Berl. klin. Wschr. 1916, Nr 41. — LIEBESNY, P.: Biochem. Z. **144**, 308 (1924). — FISCHER, S.: Klin. Wschr. **6**, 2239 (1927).
[2] LIPSCHÜTZ, A.: Skand. Arch. Physiol. **43**, 45 (1923). — Ders. u. A. IBRUS: Ebenda **44**, 237 (1923). — Ders. u. Mitarb.: Pflügers Arch. **188**, 76 (1921). — KROPMAN, E.: Skand. Arch. Physiol. **44**, 76 (1923).
[3] PÉZARD, A.: J. Physiol. et Path. gén. **20**, 495 (1922).
[4] ARON, M.: C. r. Acad. Sci. **173**, 57, 482 (1921).
[5] LESPINASSE, V. D.: Endocrin. a. Metab. **2**, 491 (1924).

Wachstumshemmungen viel ausgesprochener, $^1/_{32}$ genügte nicht mehr, um Kamm und Bartlappen zur Entwicklung zu bringen, und nun entwickelten sich die Schwanzfedern nach Kapaunenart. Auch BENOIT lehnt das „Alles-oder-Nichts"-Gesetz ab [1].

Die endgültige Entscheidung wird erst zu bringen sein, wenn man bei kastrierten männlichen Tieren wirksame Extrakte in steigenden Mengen einspritzen kann. Allgemeine pharmakologische Erfahrungen lassen es recht unwahrscheinlich erscheinen, daß die PÉZARDsche Anschauung richtig ist.

Bei den erwähnten Teilkastrationsversuchen beobachtete man, daß die eine Differenzierung der verschiedenen sekundären Merkmale nach der männlichen Richtung eben bewirkenden Schwellenmengen des Hodensekretes offenbar ziemlich weit auseinanderliegen. Am empfindlichsten gegen das Hodenhormon ist nach PÉZARD das Gewebe des Kammes, es folgt das Krähvermögen, dann der Kampfinstinkt, während der Geschlechtstrieb eine noch größere Hodenmasse benötigt (Gesetz der stufenweisen Differenzierung des Soma).

Nach einseitiger Hodenentfernung [2] hypertrophiert der zurückgelassene 2. Hoden nur wenig, ebenso ist die Massenzunahme eines Hodenfragmentes nur gering. Nach LIPSCHÜTZ soll sogar jede echte Hypertrophie des Resthodens oder des Hodenrestes ausbleiben und nur bei jungen Tieren eine raschere Ausbildung des zurückgelassenen Anteils bis zur reifen Form eintreten.

Im zurückgelassenen Fragment kommt es zu einer gewissen Vermehrung der interstitiellen Zellen, während am Keimgewebe degenerative Prozesse zu beobachten sind.

g) Überpflanzungen der männlichen Keimdrüsen.

1. **Kaltblütige Wirbeltiere.** Die positiv verlaufenen Transplantationsversuche BERTHOLDS an Hähnen waren fast ganz in Vergessenheit geraten, als NUSSBAUM [3] 1908 an Fröschen zeigte, daß die Kastrationsfolgen ausbleiben, wenn nach der Kastration die Implantation von Hodensubstanz vorgenommen wird.

Im transplantierten Hodengewebe tritt zunächst eine weitgehende Degeneration der Keimzellen ein, doch können später aus den erhalten gebliebenen Urkeimzellen wieder spermatozoenbildende Zellen regenerieren.

---

[1] BENOIT, J.: C. r. Soc. Biol. **97**, 275 (1927).
[2] HARMS, J. W.: Körper u. Keimzellen (1926). — LIPSCHÜTZ.
[3] NUSSBAUM, M.: Pflügers Arch. **126**, 510 (1908). — HARMS, W.: Ebenda **128**, 25 (1909). — MEYNS, R.: Ebenda **132**, 433 (1910). — HARMS, J. W.: Körper u. Keimzellen (1926). — MEISENHEIMER, J.: Monogr. Jena 1909. — CHAMPY, CH.: C. r. Soc. Biol. **93**, 1299 (1925).

Die Transplantation hat bei kastrierten Fröschen zur Folge, daß die Rückbildung der Daumenschwielen und -drüsen wie der Samenblasen ausbleibt oder doch geringer ist als bei Kastration allein.

Wirksam ist auch die Überpflanzung der Hoden junger Frösche in kastrierte alte Frösche, während die Überpflanzung der Testikel alter Frösche in junge kastrierte Tiere unwirksam sein soll.

Nach HARMS[1] sollen die sekundären Merkmale der Kröte nach Entfernung des Hodens und des BIDDERschen Organs keine Rückbildung erleiden, wenn das BIDDERsche Organ allein implantiert wird.

2. **Vögel**[2]. Bei den obenerwähnten, die Lehre von der inneren Sekretion der Keimdrüsen begründenden Versuchen von BERTHOLD wurden bei sechs Hähnen die Hoden entfernt und lose in die Bauchhöhle wieder hineingelegt. Diese Transplantation hatte zur Folge, daß die sekundären Geschlechtscharaktere sich nicht wie nach einfacher Kastration abänderten, sondern durch Monate hindurch erhalten blieben.

Nach manchen mißglückten Versuchen ist die Wiederholung der BERTHOLDschen Versuche in neuerer Zeit mehrfach geglückt. PÉZARD z. B. verfolgte das Verhalten der Kammgröße an normalen, an kastrierten und an kastrierten, aber einer Transplantation unterworfenen Hähnen. Während die Kammlänge bei drei normalen Hähnen 81, 86 und 110 mm betrug, maßen die Kämme der Kapaune nur 54, 56, 63 mm. Die Kämme der kastrierten und einer Transplantation unterzogenen Hähne hatten dagegen die Längenmaße von 82—154 mm, sofern die transplantierte Hodenmasse 0,5 g überstieg.

Die die Atrophie aufhebende Wirkung der Transplantate soll auch dem Alles-oder-Nichts-Gesetz unterworfen sein. Oberhalb einer bestimmten Menge Hodengewebe soll sofort der maximale Effekt auftreten.

Alle Kastrationsfolgen schwinden nach der Transplantation so vollkommen, daß die Tiere bald im körperlichen und psychischen Verhalten normalen Hähnen vollkommen gleichen.

Die überpflanzten Hoden heilen bei Vögeln besonders gut ein. Im Transplantat bleibt — anders als bei Säugetieren — das spermatogene Gewebe gut erhalten, während die Menge des Zwischengewebes wie im normalen Vogelhoden eine spärliche bleibt[3]. Die in postpuberal kastrierte Hähne transplantierten präpuberalen Hoden werden rasch reif[4].

---

[1] HARMS, J. W.: Körper u. Keimzellen (1926).
[2] BERTHOLD: Arch. Anat., Physiol. u. wiss. Med. 1849, 42. — FOGES, A.: Pflügers Arch. 93, 39 (1903). — GUTHRIE, C. C.: J. of exper. Med. 12, 269 (1910). — PÉZARD, A.: C. r. Acad. Sci. 160, 260 (1915). — J. Physiol. et Path. gén. 20, 200, 495 (1922) u. a.
[3] ROMEIS, B.: Handb. norm. path. Physiol. 14, I, 519 (1926). — PÉZARD, A., u. Mitarb.: C. r. Soc. Biol. 90, 1459 (1924); 92, 493 (1925). — Erg. Physiol. 27, 552 (1928) (Lit.). [4] PÉZARD.

3. Säugetiere, Mensch. Nachdem zahlreiche ältere Versuche[1], überpflanzte Hoden bei kastrierten männlichen Tieren zur Einheilung zu bringen und die Folgen des Keimdrüsenausfalles auf die Geschlechtsmerkmale durch die Transplantation zu verhindern, fehlgeschlagen waren, glückte 1910 STEINACH[2] als erstem die Autotransplantation bei Ratten. Wie inzwischen von Nachuntersuchern[3] bestätigt wurde, bleibt bei der Hodenüberpflanzung in Meerschweinchen oder Ratten und andere Säugetiere die Atrophie der Geschlechtsorgane aus: Penis, Prostata, Samenblasen erreichen ihre volle Ausbildung, das Haarkleid behält seinen männlichen Typus, die Geschlechtsinstinkte bleiben erhalten, und die Tiere werden von den Weibchen nicht mehr wie normale Kastraten zurückgewiesen.

Die nach der Kastration bei männlichen Tieren eintretende Stoffwechselsenkung gleicht sich nach der Hodentransplantation wieder aus[4]. Die kastrierten Ratten erlangen wieder ihren alten Bewegungstrieb[5].

Die Hodentransplantate können sich jahrelang ohne wesentliche Abnahme ihrer Masse erhalten. Daß nach der Überpflanzung nur eines Hodenfragmentes nicht regelmäßig eine Hypertrophie folgt, wurde erwähnt. Am besten erhalten bleiben die Zwischenzellen. Die Angabe STEINACHs, daß die Menge der Zwischenzellen nach der Überpflanzung regelmäßig zunehme, wird von einigen der Nachuntersucher bestritten. Die spermatozoenbildenden Zellen zeigen eine weitgehende Degeneration, die dann am geringsten ist, wenn der körpereigene Testikel in den Scrotalsack re-implantiert wird (siehe S. 60). Nur ausnahmsweise bleibt die Bildung von Spermatozoen erhalten[6].

Der Wert einer arteigenen oder artfremden Hodentransplantation bei der Hodeninsuffizienz des Menschen wird sehr verschieden beurteilt. Die erste Hodentransplantation beim Menschen wurde 1913 von LESPINASSE[7] vorgenommen. Einem Patienten, der beide Hoden verloren hatte, wurde ein Stück aus dem Hoden eines erwachsenen Mannes implantiert. Der Erfolg hielt jahrelang an. Seither ist dieser Eingriff beim Menschen so oft mit Erfolg ausgeführt worden, daß an der Möglichkeit,

---

[1] Lit. bei SAND, KN.: Handb. norm. path. Physiol. 14, I, 255 (1926).
[2] STEINACH, E.: Zbl. Physiol. 24, 551 (1910).
[3] SAND, KN.: a. a. O. u. J. Physiol. et Path. gén. 19, 305 (1921). — STIGLER, K.: Pflügers Arch. 206, 506 (1924).
[4] TSUBURA, S.: Biochem. Z. 143, 248, 291 (1923).
[5] RICHTER, C. P., u. G. B. WISLOCKI: Amer. J. Physiol. 86, 651 (1928).
[6] Siehe bei ROMEIS, B.: a. a. O. 733. — SAND. — STEINACH, E.: Arch. Entw.mechan. 42, 307 (1917). — OSLUND, R.: Amer. J. Physiol. 69, 589 (1924). — STIGLER.
[7] LESPINASSE, V. D.: J. amer. med. Assoc. 59, 1869 (1913). — LYDSTON, G. F.: Ebenda 66, 1540 (1916). — MÜHSAM, R.: Arch. Frauenkde u. Konstit.-forschg 12, 181 (1926). — LICHTENSTERN, R.: Münch. med. Wschr. 63, 673 (1916). — WORONOFF, S.: Verhütung des Alterns durch künstl. Verjüngung, Berlin 1926.

auch beim Menschen auf diesem Wege eine wirksame Substitutionstherapie zu treiben, nicht mehr gezweifelt werden kann. Doch sollten die angeblichen Erfolge der Transplantation besonders auf das psychische Sexualverhalten kritischer bewertet werden, als dies in vielen der Arbeiten geschieht: die Ära der BROWN SÉQUARDschen Injektionstherapie liefert genügend warnende Beispiele kritikloser Bewertung.

Meist ist der Erfolg der Transplantation, sofern überhaupt vorhanden, nur ein flüchtiger, da das eingepflanzte Gewebe meist innerhalb kurzer Zeit der Resorption anheimfällt.

h) Experimentelle „Verjüngung" durch Förderung der Hodensekretion.

Der Versuch, Erscheinungen des Alterns, wie sie zur Zeit des physiologischen Schwindens der geschlechtlichen Leistungsfähigkeit in der Regel vorhanden zu sein pflegen, durch Zufuhr von Hodenhormon rückgängig zu machen, ist eines der ersten innersekretorischen Experimente. Denn schon 1889 veröffentlichte, wie schon oben erwähnt wurde, BROWN SÉQUARD[1] seine so viel zitierten Versuche, die er mit dem Safte zerquetschter Hoden an sich und an Tieren vorgenommen hatte. Nach BROWN SÉQUARD konnte nicht nur die sexuelle Leistungsfähigkeit belebt werden, es gingen nach ihm auch sonstige körperliche und psychische Alterserscheinungen zurück. Die Nachprüfungen ließen nicht viel von diesen Erfolgen BROWN SÉQUARDS übrig: er war das Opfer der Autosuggestion gewesen.

Das Problem wurde erneut von STEINACH, SAND, HARMS u. a.[2] in Angriff genommen. Zum Teil wurden Hoden geschlechtsreifer Tiere in altersimpotente Tiere implantiert. In vielen Fällen hoben sich die Geschlechtsfunktionen und der Allgemeinzustand, so daß das Aussehen und das Verhalten der Tiere einen Rückschlag ins Jugendliche erkennen ließen. Das Gewicht nahm zu, die Tiere wurden lebhafter, die Behaarung wurde reicher, die Brunst kehrte wieder. Daß der Eingriff wirklich eine lebensverlängernde Wirkung habe, ist unbewiesen. Da nichts davon bekannt ist, daß Kastraten eine kürzere Lebensdauer haben, ist dies unwahrscheinlich.

Einen anderen Weg der „Verjüngung" schlug STEINACH ein; er unterband bei alten, impotenten Ratten die Samenstränge in der Erwartung, daß die nach seiner Auffassung nun einsetzende Hypertrophie der LEYDIGschen Zellen zu einer vermehrten Abgabe des Hodenhormones

---

[1] BROWN SÉQUARD, M.: Arch. intern. Physiol. 1, 651, 739 (1889); 2, 204 (1889).
[2] STEINACH, E.: Arch. Entw.mechan. 46, 12 (1920). — Lit. bei SAND, KN.: Handb. norm. path. Physiol. 14, I, 344 (1926). — HARMS, J. W.: Körper u. Keimzellen (1926).

führen würde. Daß STEINACHS Annahme einer besonderen innersekretorischen Bedeutung der LEYDIGschen Zwischenzellen von vielen abgelehnt wird und daß auch die Hypertrophie der LEYDIGschen Zellen nach der Vasoligatur nicht von allen Nachuntersuchern beobachtet wurde, ist oben erwähnt.

Bei einem erheblichen Teile der Versuche[1], in denen bei gealterten Säugetieren die Vasoligatur ausgeführt wurde, hat man tatsächlich eine meist aber nur wenige Wochen anhaltende, auffallende Besserung der Alterserscheinungen mit manchmal unverkennbarer Belebung der psychischen Funktionen, besonders auch des Geschlechtstriebes feststellen können.

Doch scheint es recht unwahrscheinlich, daß die Vasoligatur eine lang anhaltende Förderung der Hodensekretion zur Folge hat. Mit mehr Wahrscheinlichkeit darf angenommen werden, daß aus dem nach der Vasoligatur zugrunde gehenden Keimgewebe während der Zeit der Degeneration viel Hodenhormon in den Kreislauf aufgenommen wird. Längere Zeit nach einer Samenstrangunterbindung nimmt nämlich die Hormonsekretion offenbar stark ab, denn nun wird eine Atrophie der Samenblasen und der Prostata beobachtet[2].

Bei alten Hähnen ist die Vasoligatur wirkungslos[3].

Die Vasoligatur wurde in den letzten Jahren wiederholt auch beim gealterten Menschen[4] ausgeführt. Über die „verjüngende" Wirkung gehen die Ansichten auseinander; sehr überzeugend sind die Angaben über positive Erfolge im allgemeinen nicht, doch scheint auch beim Menschen eine vorübergehende Förderung der Potenz und des Geschlechtstriebes eintreten zu können — nur fehlt der sichere Beweis, daß er nicht auf suggestivem Wege zustande kam.

i) Wirkungen der verfütterten Hodensubstanz und der Injektionen von Hodenauszügen.

Die Versuche mit Verfütterung von Hodengewebe oder Injektion von Hodenauszügen haben sehr viel weniger eindeutige Ergebnisse gebracht als die entsprechenden Experimente mit Ovarium oder Placenta.

---

[1] Siehe bei TIEDJE, H.: Die Unterbindung, Jena 1921. — SAND, KN.: Z. Sex.wiss. **8**, 377 (1922). — SIMPSON, S.: Anat. Rec. **27**, 218 (1924). — ROSSI, C.: Z. urol. Chir. **19**, 127 (1926). — FUJITA, S.: Nach Ber. Physiol. **37**, 764 (1926). — HARMS. — WORONOFF.

[2] FUJITA.

[3] CREW: Proc. roy. Soc. Edinb. **44**, 494 (1921).

[4] Siehe bei SCHMIDT, P.: Die STEINACHsche Operation, Wien 1922. — LICHTENSTERN, R.: Überpflanzung der männl. Keimdrüse, Berlin 1924. — STETTINER, H.: Dtsch. med. Wschr. **53**, 1908 (1927).

Hormonale Wirkungen der Hodenzufuhr.

Von mehreren Untersuchern[1] wurde bei Amphibien, auch nach zuvor ausgeführter Kastration, das Auftreten des Brunst-Umklammerungsreflexes beobachtet, wenn den Tieren Hodenbrei oder Hodenauszug eingespritzt wurde. Diese Wirkung hält nach einer einmaligen Zufuhr einige Tage lang an. Viel unsicherer ist die Wirkung auf die Kastrationsatrophie der Daumenschwielen der Amphibien. HARMS hält sie z. B. für nicht sicher erreichbar.

Nach TAKAHASHI[2] kann durch Zufuhr von Hodensubstanz oder Auszügen bei der Kröte die Kastrationsatrophie nicht beseitigt werden.

Nicht nur Wasser, sondern auch Äther und Aceton zieht nach BIEDL[3] die den Umklammerungsreflex auslösende Substanz aus dem Hoden aus. Vom ätherischen Auszug genügte die Menge, die 0,3 g frischer Substanz entspricht, um den Reflex bei Fröschen auszulösen.

Auf Wachstum und Entwicklung der Kaulquappen[4] hat die Verfütterung von Hodensubstanz keinen sehr eindeutigen Einfluß. Bei einem Teil der Tiere wird das Wachstum gefördert und die Metamorphose beschleunigt.

Ganz unsicher scheint die Kastrationsatrophie der Geschlechtsorgane bei Warmblütern durch Hodenextraktbehandlung verhindert zu werden. Positive Ergebnisse geben u. a. WALKER[5] sowie NUKARIYA[6] an.

Diesen mehr oder weniger eindeutig positiven Ergebnissen stehen die Erfahrungen anderer Untersucher[7] entgegen. BIEDL[8] erzielte bei männlichen Säugetierkastraten nach den Subcutaneinspritzungen von Hodenauszügen verschiedener Darstellungsart keine Anzeichen von Brunsterregung. In meinem Institut unterzog KRAYER[9] kastrierte männliche Ratten einer länger anhaltenden Injektionsbehandlung; weder mit Hodenemulsionen noch mit Hodenauszügen ließ sich die Kastrationsatrophie sicher aufhalten. In keinem Falle war ein sicherer Einfluß auf die Atrophie der Geschlechtsorgane nachzuweisen.

Nach einer kurzen Angabe von LOEWY[10] soll die Verfütterung von Hodengewebe bei kastrierten Hähnen das Wachstum von Kamm und Bartlappen fördern und die Ausbildung der für die Kapaunen typischen Eigenarten des Knochenskelettes verhindern. PÉZARD[11] gibt an, daß die

---

[1] NUSSBAUM, M.: Pflügers Arch. 126, 519 (1908). — HARMS, W.: Ebenda 133, 27 (1910). — STEINACH, E.: Zbl. Physiol. 24, 551 (1910). — KOPPANYI, TH., u. FR. PEARCY: Amer. J. Physiol. 71, 34 (1925).
[2] TAKAHASHI, N.: Endocrin. 7, 302 (1923).
[3] BIEDL, A.: Handb. norm. path. Physiol. 14, I, 373 (1926).
[4] ABDERHALDEN, E.: Pflügers Arch. 176, 236 (1919). — Ders. u. W. BRAMMERTZ: Ebenda 186, 263 (1921). — GROEBBELS, FR., u. E. KUHN: Z. Biol. 78, 1, (1923).
[5] WALKER, C. E.: Bull. Hopkins Hosp. 11 (1900).
[6] NUKARIYA, S.: Pflügers Arch. 214, 697 (1926).
[7] STEINACH, E.: Zbl. Physiol. 24, 551 (1910).
[8] BIEDL. — S. auch KORENCHEVSKY, V.: Biochemic. J. 22, 482, 491 (1922).
[9] KRAYER, O.: Nicht veröffentl. Vers.
[10] LOEWY, A.: Erg. Physiol. 2, I, 130 (1903). — GLEICHMANN, F.: Biochem. Z. 191, 293 (1927).
[11] PÉZARD, A.: C. r. Acad. Sci. 153, 1027 (1911). — Erg. Physiol. 27, 252 (1928).

Einspritzungen von Auszügen aus Hoden kryptorcher Schweine bei kastrierten Hähnen die Kastrationsatrophie verhindern. Bei Kaninchen soll die Verfütterung von Hoden den Eiweißumsatz begünstigen. Smith und Mitarbeiter[1] berichten ebenfalls über positive Ergebnisse nach der Injektion von wässerigen Hodenauszügen, und nach Ssentjurin[2] soll die das Wachstum von Kamm und Bartlappen fördernde Substanz sogar in die durch herausgeschnittene Hoden geleitete Ringersche Salzlösung übergehen.

Man muß also feststellen, daß die Versuche, durch Zufuhr von Hodengewebe oder Hodenauszügen auch an Warmblütern den Hormongehalt der männlichen Keimdrüse nachzuweisen, noch nicht die erwünschte Eindeutigkeit der Ergebnisse gezeitigt haben. (Loewes Angabe, daß er ein wirksames Hodenhormon gefunden habe, ist nicht nachzuprüfen, da er die Methode der Prüfung verschweigt[3].)

Nicht viel überzeugender ist der Ausfall der Versuche am Menschen[4]. Meist wird von Mißerfolgen berichtet, weder die somatischen noch die psychischen Ausfallserscheinungen eunuchoider Menschen änderten sich nach der Einnahme von Hodensubstanz. Einige positive Ergebnisse sind nicht voll beweisend, da sie an Menschen, die keinen völligen Hodenmangel zeigten, erhalten wurden. Jedenfalls ist ein Erfolg nur nach Verfütterung sehr großer Hodenmengen zu erwarten.

Noch offen ist die Frage nach der Wirkung der Hodenstoffe auf die Größe und den Aufbau des Hodens selbst. Quick[5] fand bei Ratten, denen Hodenverreibungen eingespritzt wurden, keinen Einfluß. Nach Iscovesco[6] wird der Hoden von Kaninchen, denen einige Wochen lang Hodenlipoide eingespritzt wurden, größer, während Fellner[7] nach der Injektion von Hodenlipoiden bei Kaninchen und Kauders nach der Verfütterung von Hodensubstanz bei Ratten einen Untergang des Keimgewebes und der Sertolischen Zellen bei gleichzeitiger Vermehrung des Zwischengewebes beobachtete. Diese Wirkung ist aber keine spezifische Eigenschaft der Hodenlipoide, auch die Lipoide anderer Organe haben gleichen Einfluß.

Die Versuche über sonstige pharmakologische Wirkungen der Hodensubstanzen können in aller Kürze erwähnt werden, denn es ist noch ganz ungewiß, ob die Wirkungen, von denen berichtet wird, auf die Hoden-

---

[1] Smith, C., u. Mitarb.: N. Y. State J. Med. **98**, Nr 1—3 (1913).
[2] Ssentjurin, B. J.: Z. exper. Med. **48**, 712 (1926).
[3] Loewe, S.: Dtsch. med. Wschr. **54**, 184 (1928).
[4] Z. B. Biedl, A.: Handb. norm. path. Physiol. **14**, I, 374 (1926). — Kauders, O.: Wien. klin. Wschr. **38**, 877 (1925).
[5] Quick, W. J.: Amer. J. Physiol. **77**, 51 (1926).
[6] Iscovesco, H.: C. r. Soc. Biol. **75**, 445 (1913).
[7] Fellner, O.: Pflügers Arch. **189**, 199 (1921).

hormone zurückzuführen sind, oder ob sie nicht vielmehr unspezifischer Art sind.

Entgegen älteren Angaben zeigen die Auszüge aus der männlichen Keimdrüse nach BIEDL[1] keine besonders ausgesprochene Allgemeingiftigkeit.

Zahlreich sind die Versuche über die Herz- und Kreislaufwirkung der Hodenauszüge. In Übereinstimmung mit einigen früheren Untersuchern stellte kürzlich HAHN[2] fest, daß die ätherlöslichen Lipoide das isolierte Warmblüterherz fördern, während die alkohollöslichen Stoffe des Hodens das ausgeschnittene Herz hemmen und den Blutdruck senken. Ob diese kreislaufwirksamen Stoffe des Hodens ins Blut abgegeben werden, ist jedoch ganz unbekannt.

Da man auf Grund der obenerwähnten Stoffwechselversuche an kastrierten männlichen Tieren einen stoffwechselfördernden Einfluß des Hormones der männlichen Keimdrüsen annehmen zu dürfen glaubte, ist der Einfluß der Verfütterung der Hodensubstanz sowie der Einspritzung von Auszügen auf den Gaswechsel normaler und kastrierter Tiere und normaler Menschen wiederholt untersucht worden. Auch hierbei ergaben sich keine recht übereinstimmenden Resultate. Während z. B. LOEWY und RICHTER[3] am kastrierten männlichen Hunde nach der Verfütterung von Testikelsubstanz eine gelegentlich recht erhebliche Steigerung des durch jenen Eingriff herabgesetzten Sauerstoffverbrauches fanden, verliefen Versuche BIEDLS[4] an normalen Menschen negativ. Mit Testikelauszügen erhielt WEIL[5] bei jugendlichen männlichen Ratten, nicht dagegen bei erwachsenen männlichen Ratten, eine kurze Senkung, dann eine rasch vorübergehende, die Normalwerte übersteigende CO_2-Zunahme. DE VEER[6] vermißte dagegen bei Ratten, BIEDL bei Mäusen jede typische Stoffwechselwirkung. Nach KORENTSCHEWSKY[7] ist das Verhalten der N-Bilanz nach Extrakteinspritzungen bei Hunden und Kaninchen ein verschiedenes. Erstere geben mehr N, letztere weniger ab. Es bleibt offen, ob diese Wirkung spezifischer Natur ist.

Die optimistische Färbung, die BROWN SÉQUARD seiner Darstellung über die Geist und Körper belebende Wirkung einer längere Zeit hindurch fortgesetzten subcutanen Zufuhr von Hodenauszügen gab, macht es verständlich, daß man sich für seine Methode der Neubelebung von Körper- und Geisteskraft lebhaft interessierte und viele Versuche an Menschen

---

[1] BIEDL, A.: a. a. O. 366.
[2] HAHN, C.: Skand. Arch. Physiol. 46, 143 (1925) (Lit.). — Siehe auch ABDERHALDEN, E., u. E. GELLHORN: Pflügers Arch. 193, 47 (1921). — LIKHATSCHEFF, A. A., u. M. P. NIKOLAEFF: Z. exper. Med. 52, 418 (1926). — SCHKAWERA, G. L., u. B. S. SSENTJURIN: Ebenda 44, 748 (1925). — DANILEWSKY, B., u. Mitarb.: Ebenda 670.
[3] LOEWY, A., u. P. F. RICHTER: Arch. f. Physiol. 1899, Supl. 174. — LOEWY, A.: Erg. Physiol. 2, I, 130 (1903).
[4] BIEDL, A.: Handb. norm. path. Physiol. 14, I, 367 (1926).
[5] WEIL, A.: Pflügers Arch. 185, 33 (1920).
[6] VEER, A. DE: Z. exper. Med. 44, 240 (1925).
[7] KORENTSCHEWSKY, W. G.: Z. exper. Path. u. Ther. 16, 68 (1914). — Ders. u. M. CARR: Biochemic. J. 19, 773 (1925). — Ders.: Ebenda 22, 491 (1928).

durchführte. Schon 7 Jahre nach BROWN SÉQUARDS erster Veröffentlichung konnte eine Publikation auf über 2000 Untersuchungen und Beobachtungen hinweisen, deren Zahl und Inhalt aber eigentlich nur ein betrübliches Zeichen für die Kritiklosigkeit ist, mit der neue therapeutische Verfahren aufgenommen zu werden pflegen.

Der einzige einwandfreie Versuch, die Steigerung der körperlichen Leistungsfähigkeit durch Injektion von Hodenauszügen am Menschen objektiv darzustellen, stammt von ZOTH und PREGL[1]. Diese verfolgten in Hantelstemmversuchen und mit ergographischer Methode die Leistung der Armmuskeln vor und während der Zufuhr der Auszüge. Eine fördernde Wirkung hatten die Injektionen nur dann, wenn während der Vor- und der Versuchsperiode die Muskeln dauernd geübt wurden; dann war während der Injektionen die Besserung der Leistungsfähigkeit, die die Übung zur Folge hatte, eine weit ausgesprochenere. Ein Beweis, daß diese Wirkung der Hodenextrakte auf ihren Gehalt an spezifischem Hormon zurückzuführen ist, steht noch aus.

(Am ausgeschnittenen Froschmuskel[2] vermißte man eine Verbesserung der Arbeitsleistung bei Einwirken von Hodenauszug.)

k) Chemie der Hodensubstanzen.

Daß die auf die Geschlechtsmerkmale wirksame Substanz des Hodens noch nicht isoliert worden ist, daß sogar noch keine sicheren Anhaltspunkte über die allgemeine Natur der wirksamen Substanz, ihre Löslichkeitsverhältnisse und Haltbarkeit gewonnen werden konnten, ist darauf zurückzuführen, daß es bisher nicht gelungen ist, die Wirksamkeit der Hodenauszüge im Tierversuch einwandfrei darzutun.

Auf die Arbeiten, die das gesteckte Ziel nicht erreichen konnten, näher einzugehen, erübrigt sich daher.

Sicher ist entgegen früheren Annahmen das zuerst aus dem Sperma dargestellte *Spermin* nicht das auf die Ausbildung der Geschlechtsmerkmale wirksame Hodenhormon. Die Substanz, deren Konstitution neuerdings ermittelt worden ist[3] [$NH^2 . (CH^2)_3 . NH . (CH^2)_4 . NH . (CH^2)_3 . NH^2$], ist von sehr geringer pharmakologischer Wirksamkeit. Spermin ist übrigens keineswegs nur in den männlichen Keimdrüsen oder im Sperma enthalten sondern in vielen Organen, und zwar bei männlichen Tieren in nicht größerer Menge als bei weiblichen Tieren.

l) Wechselbeziehungen zwischen männlicher Keimdrüse und anderen innersekretorischen Organen.

1. Schilddrüse. Die innere Sekretion der Schilddrüse ist einer der wichtigsten Faktoren für die Ausbildung und damit für die Hormon-

---

[1] ZOTH, O.: Pflügers Arch. **62**, 335 (1896); **69**, 386 (1898). — PREGL, F.: Ebenda **62**, 379 (1896).

[2] EDDY, N. D.: Amer. J. Physiol. **69**, 432 (1924). — Siehe auch YOSHIMOTO: Quart. J. exper. Physiol. **13**, 5 (1922).

[3] ROSENHEIM, C., u.. Mitarb.: Biochemic. J. **18**, 1253, 1263 (1924); **19**, 1034 (1925); **20**, 1082 (1926). — WREDE, F.: Z. physiol. Chem. **138**, 119 (1924); **153**, 291 (1926). — Ders. u. Mitarb.: Ebenda **131**, 29, 38 (1923).

abgabe des Hodens. Wie beim Manne[1] eine schwere Schilddrüseninsuffizienz zu einer Unterentwicklung des Hodens und zu einer Verspätung oder dem Unterbleiben der Spermatogenese führt, gelegentlich auch eine Unterentwicklung der Geschlechtsmerkmale zur Folge hat, so bewirkt auch beim männlichen Säugetier[2] die Thyreoidektomie häufig eine Hemmung der Hodenentwicklung mit Herabsetzung der Samenbildung, ein Verkümmertbleiben der Geschlechtsmerkmale und Verminderung oder Fehlen des Geschlechtstriebes.

Bei Kaulquappen hat dagegen die Thyreoidektomie nur unbedeutenden Einfluß auf die Hodenentwicklung; trotz ausbleibender Metamorphose kann der Hoden reif werden[3].

Während die Verfütterung von Schilddrüse bei Kaulquappen[4], die bekanntlich die Metamorphose zum Frosch vorzeitig herbeiführt, ohne Wirkung auf die Hodengröße ist, werden die sekundären Geschlechtsmerkmale der mit Schilddrüse gefütterten Hähnchen verfrüht entwickelt, zweifellos als Folge einer Förderung der Hodenfunktion, denn diese Wirkung fehlt nach der Kastration[5].

Merkwürdigerweise ergänzen sich beim Hahn nach der Schilddrüsenzufuhr entfernte Federn in weiblicher Form[6]; die Schilddrüse scheint diese Wirkung auf dem Umweg über den Hoden, der kleiner wird, auszuüben, denn dieser Einfluß auf das Gefieder fehlt bei kastrierten Hähnen. Andererseits nimmt das Gefieder hennenfiedriger Hähne nach der Thyreoidektomie die normale Form an[7].

Bei Säugetieren ist die Schilddrüsenverfütterung ohne Wirkung auf den Aufbau des Hodens[8]. Die Hodenentfernung scheint bei Säugetieren eine Verkleinerung der Schilddrüse zur Folge zu haben. So soll die Schilddrüse kastrierter Stiere und Hengste nur einhalb bis ein Drittel so schwer sein wie die nicht kastrierten Tiere. Ebenso ist bei menschlichen Kastraten die Schilddrüse abnorm klein.

---

[1] Lit. bei WEGELIN, C.: Handb. path. Anat. Hist. **8**, 390 (1926).
[2] HOFMEISTER, FR.: Beitr. klin. Chir. **11**, 441 (1894). — EISELSBERG, A. v.: Arch. klin. Chir. **49**, 207 (1895). — LANZ: Ebenda **74**, 882 (1904). — TATUM, A T.: J. of exper. Med. **17**, 636 (1913). — HAMETT, FR. S.: Amer. J. Physiol. **77**, 527 (1926) u. a.
[3] ALLEN, B. M.: J. of exper. Zool. **24**, 499 (1917). — HOSKINS, E. R., u. M. M.: Ebenda **29**, 1 (1919).
[4] SPEIDEL, C. C.: Anat. Rec. **31**, 65 (1925). — SWINGLE, W. W.: J. of exper. Zool. **24**, 521 (1927).
[5] TORREY, H. B., u. B. HORNING: Proc. Soc. exper. Biol. a. Med. **19**, 275 (1921).
[6] COLE u. REID: Nach SHARPEY SCHAFER: Endocrin. Organs **2**, 412. — ZAWADOWSKY, B.: Endocrin. **10**, 732 (1926). — NEVALONNGI, A.: C. r. Soc. Biol. **97**, 1745 (1927).
[7] CREW, F.: Nach Ber. Physiol. **45**, 94 (1928).
[8] COURRIER, R.: C. r. Soc. Biol. **85**, 484 (1921).

Die naheliegende Annahme, daß die Stoffwechselsenkung, die nach der Entfernung der männlichen Keimdrüsen zwar nicht regelmäßig, aber häufig beobachtet wurde, auf dem Umweg über eine Schilddrüsenfunktionshemmung zustande kommt, ist experimentell nicht sicher gestützt. Nach KORENTSCHEWSKY[1] soll die Kastration bei thyreoidektomierten Tieren die N-Bilanz nicht mehr vermindern.

2. **Nebenschilddrüse.** Über wechselseitige Beeinflussung der Hoden- und der Nebenschilddrüsensekretion liegen keine der näheren Erwähnung werte klinische oder experimentelle Beobachtungen vor.

3. **Hypophysenvorderlappen**[2]. Viele klinische und experimentelle Beobachtungen weisen darauf hin, daß die Ausbildung der männlichen Keimdrüsen durch das Hormon des Hypophysenvorderlappens mächtig gefördert wird: nach Hypophysenentfernung — ausschlaggebend ist der Ausfall des Vorderlappens — bleibt die Hodenentwicklung und die Ausbildung der sekundären Geschlechtsmerkmale zurück, nach Überpflanzung von Vorderlappengewebe oder Einspritzung geeignet bereiteter Vorderlappenauszüge wird die Entwicklung noch unreifer Hoden gefördert.

Das Hormon des Hodens hemmt dagegen die Ausbildung und Funktion des Vorderlappens. Nach der Hodenentfernung ist der Vorderlappen häufig vergrößert; vermutlich ist die bei manchen Säugetierarten zu beobachtende Vermehrung des Wachstums nach Kastration auf eine Steigerung der Vorderlappensekretion zurückzuführen.

4. **Hypophysenhinterlappen.** Über Wechselbeziehungen zwischen männlicher Keimdrüse und Hinterlappen der Hypophyse ist nichts bekannt.

5. **Nebenniere.** Zur Brunstzeit ist die Nebenniere männlicher Kaninchen und Amphibien vergrößert[3]; ob diese Vergrößerung mit einer funktionellen Mehrleistung verbunden ist, kann zur Zeit nicht entschieden werden.

Wie beim weiblichen Geschlecht, so kann auch beim männlichen Geschlecht die Kastration zu einer Vergrößerung der Nebennieren führen[4]. Vorwiegend hypertrophiert das Rindengewebe. Übrigens hielt sich in den meisten Versuchen die Gewichtszunahme in bescheidenen Grenzen; so fand LIVINGSTON bei kastrierten männlichen Kaninchen

---

[1] KORENTSCHEWSKY, W. G.: Z. exper. Path. u. Ther. **16**, 68 (1914).
[2] Nähere Angaben zu diesem Abschnitt finden sich im Kapital Vorderlappen und Hinterlappen der Hypophyse, S. 112.
[3] WATSON, A.: J. of Physiol. **58**, 240 (1924).
[4] SCHENK, F.: Beitr. klin. Chir. **67**, 316 (1910). — HATAI, S.: J. of exper. Zool. **18**, 1 (1915). — LIVINGSTON, A. E.: Amer. J. Physiol. **40**, 155 (1916). — TSUBURA, S.: Biochem. Z. **143**, 248 (1923). — ALTENBERGER, H.: Pflügers Arch. **202**, 668 (1924). — MASUI, K., u. Y. TAMURA: Brit. J. exper. Biol. **3**, 207 (1926) u. a.

eine Zunahme des Gewichtes um nur ein Fünftel. MOORE stellte bei männlichen Meerschweinchen sogar eine Verminderung des Nebennierengewichtes nach der Kastration fest.

Die nach der Kastration hypertrophierte Nebennierenrinde ist viel lipoidreicher. Die Deutung der Hypertrophie und Lipoidspeicherung steht noch aus.

Das Mark der Nebennieren ist an der Kastrationshypertrophie nicht oder nur wenig beteiligt.

Bei der durch den Ausfall der Nebennieren ausgelösten ADDISONschen Krankheit wird nicht selten eine Atrophie der männlichen Keimdrüsen beobachtet.

Auch nach der operativen Entfernung der Nebennieren bei Säugetieren tritt in manchen Versuchen, aber nicht ausnahmslos, eine Hemmung der Spermatogenese, zum Teil auch der Ausbildung der sekundären Geschlechtsmerkmale auf[1]. Gleichzeitige Entfernung der Nebennieren und der Hoden bei Ratten führt zu einer weniger starken Kastrationsatrophie als die Hodenentfernung allein. Aus diesen Beobachtungen wird geschlossen[2], daß die Rinde der Nebenniere die sekundären Geschlechtsmerkmale für die Hodenstoffe empfindlicher macht.

Wie bei Mädchen, so kann auch bei Knaben ein Hypernephrom mit einer stark verfrühten Geschlechtsreife verbunden sein; die Geschlechtsorgane können schon im frühen Kindesalter den sonst erst nach der Pubertät erreichten Reifegrad erlangen[3]. Gelegentlich sind bei dieser Pubertas praecox die sekundären Geschlechtsmerkmale nach der weiblichen Richtung umgestimmt.

Das Wesen dieser Störung bei Hypernephrom ist noch ungeklärt[4]. Der sichere Beweis, daß die Rindensubstanz der Nebennieren einen die Ausbildung der Geschlechtsorgane begünstigenden Stoff direkt oder auf dem Umweg über eine Förderung der Hodenfunktion abgibt, steht noch aus. Für die Wahrscheinlichkeit einer humoralen Wirkung des Rindengewebes spricht die Beobachtung von LESPINASSE[5], daß nach der Transplantation von zwei Nebennieren in den Brustmuskel eines Hähnchens eine sexuelle Frühreife zu erzielen war. Auch sollen die Hoden von Ratten, die einige Wochen lang mit Nebennieren gefüttert werden, hypertrophieren[6].

---

[1] NOVAK, J.: Arch. Gynäk. 101, 36 (1914). — LEUPOLD, E.: Arch. Gynäk. 119, 352 (1923). — JAFFÉ, H. L., u. D. MARINE: J. of exper. Med. 38, 93 (1923).
[2] KISHIKAWA, W.: Biochem. Z., 163, 176, (1925).
[3] Siehe bei DIETRICH, A., u. H. SIEGMUND: Handb. path. Anat. Hist. 8, 851 (1926). — THOMAS, E.: Inn. Sekr. in der ersten Lebenszeit, Jena 1926.
[4] Siehe bei THOMAS.
[5] LESPINASSE, V. D.: Endocrin. a. Metab. 2, 511 (1924).
[6] HOSKINS, R. G., u. A. D.: Arch. int. Med. 17, 584 (1916).

6. Epiphyse. In manchen Fällen von geschlechtlicher Frühreife wurden bei der Sektion Neubildungen der Epiphyse oder Hypoplasie derselben aufgefunden. Alle diese Fälle betrafen Knaben; meist hatten sich Teratome der Epiphyse ausgebildet, so daß das Zirbelparenchym zerstört war.

Bei dieser Pubertas praecox sind die Keimdrüsen und die sekundären Geschlechtsorgane manchmal schon im frühen Kindesalter fast voll entwickelt, es tritt die Schambehaarung und Achselbehaarung in früher Jugend auf, der Stimmwechsel erfolgt vorzeitig, Samenergüsse stellen sich schon im Alter von wenigen Jahren ein[1].

Somit hat es den Anschein, als ob der Fortfall des Epiphysengewebes die Ausbildung der männlichen Keimdrüsen und Geschlechtsmerkmale fördere.

An Versuchen, durch Epiphysenentfernung bei jungen männlichen Tieren eine Beschleunigung der sexuellen Reifung zu erzielen, hat es nicht gefehlt[2]. Aber nur ein Teil der Untersucher berichtet von Beobachtungen, die jene Annahme von der hemmenden Funktion der Epiphyse stützen könnten.

Bei männlichen Hunden, Kaninchen und Meerschweinchen trat in den Versuchen von SARTESCHI und HORRAX eine vorzeitige Entwicklung der Hoden ein. IZAWA entfernte bei Männchen eines reinen Rattenstammes die Epiphysen am 20. Lebenstage; zwei Monate später war das Durchschnittsgewicht der Hoden 20% größer, und die inneren sekundären Geschlechtsorgane waren ebenfalls größer als bei den Kontrolltieren. Auch DEMEL beobachtete eine gewisse Förderung der Hodenentwickelung bei epiphysektomierten jungen Widdern. Negativ verliefen dagegen die Experimente von DANDY an Hunden und anderen Säugetieren, von KOLMER und von HOFMANN an Ratten.

Bei jungen Hähnen erzielte FOÀ durch die Epiphysenentfernung eine sehr ausgesprochene Förderung des Hodenwachstums und der Ausbildung des Kammes. Ein Teil der Nachuntersucher vermißte diesen Einfluß der Operation (z. B. BADERTSCHER), aber andere, so besonders

---

[1] KRABBE, W.: Endocrin. **7**, 379 (1923). — BERBLINGER, W.: Handb. path. Anat. Hist. **8**, 681 (1926).
[2] SARTESCHI: Pathol. 1913. — FOÀ, C.: Arch. ital. de Biol. **57**, 233 (1912); **61**, 79 (1914). — Arch. di Sci. biol. **12**, 306 (1928). — DANDY, W. E.: J. of exper. Med. **22**, 237 (1915). — HORRAX, G.: Arch. int. Med. **17**, 607 (1916). — MCCORD, C. P.: Surg. etc. **25**, 250 (1917). — KOLMER, W., u. R. LOEWY: Pflügers Arch. **196**, 1 (1922). — IZAWA, Y.: Trans. jap. path. Soc. 1922, 1923. — Amer. J. med. Sci. **166**, 185 (1923). — Amer. J. Physiol. **77**, 126 (1926) (Lit.). — BADERTSCHER, J. A.: Anat. Rec. **28**, 117 (1924). — HOFMANN, E.: Pflügers Arch. **209**, 685 (1925) (Lit.). — YOKOH, A.: Z. exper. Med. **55**, 349 (1927). — DEMEL, R.: Mitt. Grenzgeb. Med. u. Chir. **40**, 302 (1927). — Arb. neur. Inst. Wien **30**, 13 (1927).

neuerdings IZAWA sowie YOKOH, hatten das gleiche Ergebnis. IZAWA und YOKOH operierten junge Küken und fanden bei den Tieren, die genügend lange überlebten, daß im Alter von etwas über 200 Tagen das Hodengewicht der operierten Tiere das Vielfache (bis über 20fache) des Gewichtes der Kontrolltiere zeigte. Das Kammwachstum wurde beschleunigt.

Angesichts der vielen negativen Befunde nach sicher totaler Epiphysektomie müssen weitere Versuche abgewartet werden, ehe man ein endgültiges Urteil über die Berechtigung der Theorie, die der Epiphyse ein die Ausbildung der männlichen Geschlechtsorgane hemmendes Hormon zuspricht, abgeben kann.

Die Versuche mit Epiphysenfütterung zeigten keinen eindeutigen Einfluß auf die Geschlechtsreifung männlicher Tiere[1].

Die Angaben über den Einfluß der Hodenentfernung auf die Epiphysenstruktur gehen ebenfalls auseinander. Nach BIACH und HULLES[2] und einigen anderen soll dieser Eingriff atrophische Prozesse auslösen, KOLMER und LOEWY vermißten dagegen jede gesetzmäßige Änderung an der Epiphyse.

7. **Thymus.** Die Ausbildung, vermutlich also auch die Funktion des Thymus steht in Abhängigkeit von den männlichen Keimdrüsen. Sowohl an menschlichen männlichen Kastraten[3] wie nach der Entfernung der Hoden bei Säugetieren und Vögeln ist wiederholt ein abnorm langes Persistieren des Thymus beobachtet worden[4].

Bei Pubertas praecox des Menschen findet man dagegen häufig eine ungewöhnlich kleine Thymusdrüse; bei Amphibien[5] bildet diese sich im Herbst, also zur Zeit der beginnenden Ausbildung der sekundären Geschlechtsmerkmale, zurück.

Die Angaben über die Rückwirkung der Thymektomie auf die Größe der Hoden und die Ausbildung der sekundären Geschlechtsmerkmale gehen auseinander[6]. Ein Teil der Untersucher fand eine fördernde Wirkung des Eingriffes, andere geben an, Degenerationen erhalten zu haben; nach PARK und McCLURE[7] hat die Thymektomie keinen Einfluß auf die Hodenentwicklung des Hundes.

---

[1] Siehe bei McCORD, C. P.: Endocrin. a. Metab. 2, 7 (1924).
[2] BIACH, P., u. E. HULLES: Wien. klin. Wschr. 25, 373 (1912). — Siehe auch BERBLINGER. — KRABBE.
[3] TANDLER, J.: Wien. klin. Wschr. 23, 459 (1910).
[4] HENDERSON, J.: J. of Physiol. 31, 222 (1904). — GOODALL, A.: Ebenda 32, 191 (1905). — SOLI, O.: Arch. ital. de Biol. 47, 115 (1907). — GELLIN, O.: Z. exper. Path. u. Ther. 8, 71 (1911) (Lit.) u. a.
[5] SKLOWER nach HARMS, J. W.: Körper u. Keimzellen (1926).
[6] Lit. bei HARMS.
[7] PARK, E. A., u. R. D. McCLURE: Amer. J. Dis. Childr. 18, 317 (1919).

m) Exogene Schädigungen der Hodenfunktion.

1. **Ernährungsfehler.** Sowohl bei ungenügender Zufuhr einer an sich suffizienten Nahrung, besonders ausgesprochen natürlich bei völliger Nahrungsentziehung, wie auch bei den verschiedensten Formen partieller Nahrungsinsuffizienz leidet frühzeitig das Gewebe des Hodens.

Hungernde Kaulquappen wie Frösche haben unterentwickelte Hoden und sekundäre Merkmale[1]. Bei der Maus[2] leidet nach starkem Hungern das Zwischenzellgewebe zunächst mehr als das Keimgewebe, während bei chronischem Nahrungsmangel das letztere zunächst mehr geschädigt ist.

Bei Vitaminmangel verschiedener Art tritt häufig eine Sterilität der männlichen Ratten oder Vögel ein, auch wenn der Vitaminmangel keine Abnahme des Körpergewichtes oder sonstige erkennbare Veränderungen im Befinden der Tiere zur Folge hat. Der Hoden kann bis auf $1/6$ oder $1/10$ der normalen Größe zurückgehen. Vorwiegend degeneriert wieder das Keimgewebe. Der Hodenrest genügt jedoch zur Ausbildung der Geschlechtsreife und der sekundären Merkmale.

Man nimmt wie für das Ovarium so auch für den Hoden an, daß nicht nur der Mangel an den bekannten Vitaminen A—D zur normalen Ausbildung notwendig ist, sondern daß die Nahrung noch ein weiteres, die Sterilität verhinderndes Vitamin E enthalten muß. Doch wird die Existenz dieses Vitamins E noch nicht von allen Untersuchern für bewiesen gehalten[3].

Auch durch Überernährung lassen sich bei der Maus und besonders deutlich bei der Gans atrophische Veränderungen des Hodens, und zwar vorwiegend am Keimgewebe desselben erzeugen[2]. Die vor der Brunstzeit bei Gänsen durchgeführte Mästung unterdrückt die Bildung der Samenfäden vollkommen; obwohl diese Tiere dann ein gut ausgebildetes Zwischenzellgewebe besitzen, sind die sekundären Geschlechtsorgane verkümmert.

2. **Gifte.** Alkoholzufuhr[4] vermindert bei Mäusen die Hodengröße auf unter $1/3$ des Normalwertes. Zunächst atrophiert vorwiegend das Keimgewebe, später auch das Zwischengewebe. Nach genügenden Mengen

---

[1] SWINGLE, W. W.: J. of exper. Zool. **24**, 545 (1917). — NUSSBAUM, M.: Pflügers Arch. **126**, 519 (1908). — ARON, M.: Arch. de Biol. **36**, 3 (1926).

[2] STIEVE, H.: Arch. mikrosk. Anat. u. Entw.mechan. **52**, 313 (1922). — Pflügers Arch. **200**, 492 (1923). — Naturwiss. **15**, 951 (1927).

[3] Lit. siehe S. 57[1] u.: KENEDY, W. P.: Physiologic. Rev. **6**, 485 (1926). — MATTILL, H. A.: Amer. J. Physiol. **79**, 305 (1927). — GRIJNS, G., u. R. DE HAAN: Nach Ber. Physiol. **37**, 811 (1926). — MASON, K. E.: J. of exper. Zool. **45**, 159 (1926). — SIMNITZKY, W. S.: Virchows Arch. **261**, 265 (1926).

[4] STIEVE, H.: Arch. Entw.mechan. **99**, 458, 594 (1923). — Klin. Wschr. **3**, 1153 (1924). — KOSTICH, A.: C. r. Soc. Biol. **84**, 674 (1921). — WEICHSELBAUM, A., u. J. KYRLE: Sitzungsber. ksl. Akad. Wiss., Math.-nat. Kl. **121**, Abt. III, 51 (1912).

Exogene Schädigungen der Hodenfunktion. 87

bilden sich die Geschlechtsmerkmale zurück; alle Veränderungen schwinden nach Beendigung der Zufuhr rasch.

Von sonstigen das Keimgewebe des Hodens so stark schädigenden Giften, daß Sterilität eintritt, seien erwähnt: Jod und jodabspaltende Verbindungen[1], Nicotin[2], Phenylhydrazin[3], das bei Hähnen den Hoden zu so weitgehender Atrophie bringt, daß sie sich zu Kapaunen umwandeln. Gallensaure Salze hemmen die Hodenentwicklung junger Tiere[4].

Die lokale Injektion von Cholinbase in die Hoden von Ratten soll nach WERNER[5], sowie EXNER und ZDAREK[6] Degenerationen hervorrufen. Diese Untersucher schlossen, daß Cholin der Träger der biologischen Strahlenwirkung sei. Doch ist diese Theorie zur Zeit stark erschüttert; die Alkalescenz der Lösungen allein könnte solche Veränderungen wohl auch bewirken.

Man gewinnt den Eindruck, daß das Hodenkeimgewebe eine hohe Giftempfindlichkeit besitzt; vermutlich würde sich die Reihe der schädigenden Gifte sehr verlängern lassen.

3. **Fieber. Außentemperatur. Verletzungen.** Die große Empfindlichkeit des Warmblüterhodens der nicht dauernd kryptorchen Tiere gegen Wärme wurde oben (S. 60) erwähnt. Diese Wärmeempfindlichkeit des Hodens äußert sich auch darin, daß nach fieberhaften Erkrankungen weitgehende Keimgewebsdegenerationen zu finden sind.

Der Aufenthalt von Mäusen in erhöhter Außentemperatur führt zu ähnlichen Veränderungen[7]; da sie nicht fehlen, wenn dabei die Körpertemperatur nicht erhöht wird, so muß es sich um eine indirekte, ihrem Wesen nach ungeklärte Wirkung der hohen Umgebungswärme handeln. Kälte schädigt nicht.

Nach verschiedenen Formen von Verstümmelungen, nach Verbrennungen sowie nach Gehirn- oder Rückenmarkverletzungen, Sympathicusdurchtrennung kann weitgehende Keimzellenatrophie am Hoden auftreten[8].

---

[1] GRUMME: Arch. f. exper. Path. **79**, 412 (1916) (Lit.). — ADLER, L.: Ebenda **75**, 362 (1914).
[2] HOFSTÄTTER, R.: Virchows Arch. **244**, 183 (1923).
[3] BIELCHEN, E. O.: Zool. Anz. **55**, 167 (1922).
[4] GSELL-BUSSE, M. A.: Pflügers Arch **219**, 626 (1928).
[5] WERNER, R.: Strahlenther. **1**, 442 (1912). — Dtsch. med. Wschr. **1905**, 691. — Münch. med. Wschr. **1910**, 1947. — Med. Klin. **8**, 1160 (1912).
[6] EXNER, A., u. ZDAREK, E.: Wien. klin. Wschr. **1905**, 925.
[7] STIEVE, H.: Z. mikrosk.-anat. Forschg **1**, 191 (1924). — Klin. Wschr. **3**, 1153 (1924). — Naturwiss. **15**, 951 (1927). — HART, C.: Pflügers Arch. **196**, 151 (1922).
[8] Lit. bei HARMS, J. W.: Körper u. Keimzellen, 1926. — MARCONI, P.: C. r. Soc. Biol. **88**, 356 (1923).

IV. Wirkung der weiblichen und der männlichen Geschlechtshormone auf die Keimdrüsen und Geschlechtsmerkmale des anderen Geschlechtes; gleichzeitige Einwirkung beider Geschlechtshormone auf den männlichen und weiblichen Körper.

a) Geschlechtlich noch nicht differenzierte, embyonale Tiere.

Nach den Ergebnissen von Versuchen an Embryonen kaltblütiger Wirbeltiere hat es den Anschein, als ob sich die geschlechtlich noch nicht differenzierten Keimdrüsen unter der Einwirkung von Hodenhormon zu Hoden, unter der Einwirkung von Ovarhormon aber zu Eierstöcken entwickeln. BURNS[1] vereinigte geschlechtlich noch nicht differenzierte Larven von Amblystoma punctatum parabiotisch. Alle 80 Paare, die überlebten, waren gleichgeschlechtliche Paare, entweder männlich oder weiblich, und Zwischenformen, die theoretisch bei 40 Paaren zu erwarten gewesen wären, traten nicht auf.

Bei ähnlichen Versuchen an Froschembryonen kam WITSCHI[2] ebenfalls zu der Feststellung, daß die Keimdrüsen des einen Partners die Geschlechtsdifferenzierung der Keimdrüsen des zweiten, parabiotisch vereinten Partners beeinflussen können.

Bei Hühnerembryonen übt dagegen die Transplantation von geschlechtlich schon differenzierten embryonalen Keimdrüsen auf die Entwicklungsrichtung der noch nicht differenzierten Keimdrüsen des Wirtes keinen bestimmenden Einfluß aus[3].

Die Leitungswege der Geschlechtsorgane, die die gereiften Keimzellen und den aus ihnen entstandenen neuen Organismus nach außen zu leiten bestimmt sind, zeigen in einem frühen Embryonalstadium bei beiden Geschlechtern den gleichen Aufbau. Die Frage, ob die Differenzierung während des späteren Embryonallebens und des extrauterinen Lebens in die beiden differenten Formen, die männliche und die weibliche, lediglich die Folge der Abgabe der spezifischen Keimdrüsenhormone des betreffenden Individuums ist, ist durch das Experiment noch nicht eindeutig entschieden worden.

Es gibt aber ein Naturexperiment[4], das darauf hinweist, daß das Hormon des Hodens im Embryo die Ausbildung der Leitungswege bestimmt oder doch mitbestimmt. Beim Rinde beobachtet man nicht selten, daß die Ausbildung der Geschlechtsorgane eines weiblichen Zwillingstieres gestört ist, wenn der andere Zwilling männlichen Geschlechtes ist. Bei diesen weiblichen „Zwicken" soll nach Ansicht der meisten Untersucher die Mißbildung dadurch verursacht sein, daß durch Anastomosen zwischen den Nabelgefäßen der beiden Embryonen der Austausch der beiden verschiedengeschlechtlichen Hormone zwischen den Embryonen von früher Embryonalzeit, etwa vom Beginn der Geschlechtsdifferenzierung an stattfindet. Während die Ausbildung des männlichen Zwillings keine Störung aufweist, haben die inne-

---

[1] BURNS, R. JR.: J. of exper. Zool. **42**, 31 (1925).
[2] WITSCHI, E.: Biol. Bull. **52**, 137 (1927).
[3] WILLIER, H. B.: Proc. Soc. exper. Biol. a. Med. **23** (1925).
[4] Siehe bei WHEELON, H.: Endocrin. a. Metab. **2**, 450 (1924). — HARMS, J. W.: Körper u. Keimzellen, 1926. — THOMAS, E.: Inn. Sekretion in der ersten Lebenszeit, 1926.

ren Geschlechtsorgane der weiblichen Zwicke männlichen und weiblichen Charakter. Die MÜLLERschen Gänge fehlen, oder sie sind schwach ausgebildet, die WOLFFschen Gänge sind oft zu Samenkanälen entwickelt. Die äußeren Geschlechtsorgane zeigen weibliche Ausprägung. Der Körper eines erwachsenen Tieres gleicht im allgemeinen dem eines Ochsen. Die Keimdrüsen haben hodenähnlichen Aufbau. Übrigens halten nicht alle Forscher die Annahme, daß die Hormonwirkung des männlichen Zwillingsembryos diese Umbildung verursacht, für berechtigt. Manche sehen in den Zwicken verkümmerte Männchen.

b) **Geschlechtlich differenzierte Tiere.**

Die ausgedehnten Versuchsreihen der letzten $1^1/_2$ Jahrzehnte zur Klärung der Frage, ob die geschlechtlich differenzierten Organe der Wirbeltiere durch die Hormone der andersgeschlechtlichen Keimdrüsen beeinflußt werden können, haben eindeutig gezeigt, daß dies der Fall ist.

Dagegen hat das Experiment an geschlechtlich stark differenzierten Insekten gezeigt, daß die Einpflanzung von arteigenem Eierstockgewebe in ein kastriertes Männchen die Merkmalausbildung nicht oder nicht eindeutig in weiblicher Richtung abändert; auch die Hodenimplantation in kastrierte Weibchen ändert die Form und Farbe höchstens ganz unbedeutend nach der männlichen Richtung hin[1].

Bei den Versuchen, die Geschlechtsmerkmale eines nichtkastrierten weiblichen Wirbeltieres durch die Überpflanzung einer männlichen Keimdrüse in männlicher Richtung umzustimmen, machte man die Beobachtung, daß das *Hodengewebe die Funktion der Eierstöcke* hemmt. Noch deutlicher tritt diese die Funktion des Eierstockes hemmende Wirkung in Erscheinung, wenn man das histologische Schicksal eines in ein kastriertes männliches Tier überpflanzten Eierstockes und seine hormonale Auswirkung vergleicht mit Schicksal und Auswirkung des Transplantates am nicht oder nur partiell kastrierten männlichen Tiere. Wenn viel Hodensubstanz im Körper zurückgelassen wird, dann bleiben beim männlichen Meerschweinchen die weiblichen Hormonwirkungen des Transplantates oft ganz aus, oder sie treten erst nach einer Latenz von über 5—10 Wochen auf. Bleibt ein Hoden erhalten, so erscheinen sie nach einer Latenz von 5—7 Wochen, während nach fast totaler Kastration die ersten Ovarhormonwirkungen schon nach etwa zwei Wochen zu sehen sind[2].

Daß diese Verzögerung des Zustandekommens einer Hormonwirkung durch das eingepflanzte Ovar auf einer Hemmung vom Hoden aus be-

---

[1] KOPEC: Nach HARMS, J. W.: Körper u. Keimzellen, 1926.
[2] Zahlr. Arb. v. LIPSCHÜTZ, A., u. Mitarb.: Z. B. J. of Physiol. **58**, 461 (1924). — Pflügers Arch. **207**, 548 (1925); **208**, 272 (1925); **211**, 266 (1926). — SAND, KN.: Ebenda **173**, 1 (1919). — J. Physiol. et Path. gén. **20**, 472 (1922) u. a.

ruht, zeigt klar der „Entriegelungsversuch"[1]: die Fortnahme des Hodengewebes einige Zeit nach der Eierstocküberpflanzung bewirkt beim Meerschweinchen das Erscheinen der ersten Wirkungen des weiblichen Hormons innerhalb weniger Tage.

Der Hoden scheint auf zweierlei Weise die hormonale Wirkung des Eierstockes zurückzudrängen.

Einmal ist festzustellen, daß die Anwesenheit des Hodens auf die Eireifung im Eierstock hemmend wirkt. Die Zahl der reifen Follikel im Transplantat ist meist eine geringere als nach der Transplantation in kastrierte männliche Tiere. Doch können gelegentlich Follikel sich bis zur völligen Reife entwickeln, auch wenn beide Hoden im Körper belassen wurden[2].

Diese Hemmung der Follikelreifung durch das Hodenhormon ist auch bei Parabioseversuchen zu beobachten[3]. Wird ein Rattenbock mit einem Rattenweibchen vereinigt, so hören die Brunstzyklen des Weibchens auf. Die Follikel werden vorzeitig zurückgebildet, oder sie zeigen cystische Degeneration, die Zwischenzellen wuchern. Infolge der vorzeitigen Follikelatresie bleibt die Bildung von gelben Körpern aus.

Schließlich findet man auch nach Injektionen von Hodenemulsionen in weibliche Ratten eine Hemmung der Follikelreifung, die Follikel werden vorzeitig atretisch. Die Emulsionen anderer Organe haben diese Wirkung nicht[4]. Vermutlich wirkt auf gleiche Weise die Einspritzung von Sperma bei weiblichen Ratten und bei Hühnern sterilisierend[5].

Der hemmende Einfluß des Hodengewebes auf die Wirkung eines überpflanzten Eierstockes scheint vom Keimgewebe auszugehen. Denn dieser Einfluß ist viel geringer, wenn man durch Verlagerung des Hodens in die Bauchhöhle oder durch Samenstrangunterbindung das Keimgewebe zur Degeneration gebracht hat[6].

Ob die im Körper kreisenden Hodenhormone die Empfindlichkeit der sekundären Geschlechtsorgane gegen die weiblichen Hormone ändern, ist noch nicht endgültig entschieden, da ein Vergleich der Wirkungen von Ovarhormoninjektionen auf den normalen bzw. den kastrierten männlichen Körper noch nicht durchgeführt ist. LIPSCHÜTZ nimmt an, daß die Hodenhormone auf die Brustdrüsen derart einwirken, daß

---

[1] LIPSCHÜTZ, A., u. Mitarb.: Pflügers Arch. **208**, 272, 293 (1925).
[2] Z. B. STEINACH, E.: Arch. Entw.mechan. **42**, 307 (1917). — LIPSCHÜTZ. — Voss, H. E. V.: Virchows Arch. **261**, 425 (1926). — FISHER, N. F.: Amer. J. Physiol. **64**, 244 (1923). — MOORE, C. R.: J. of exper. Zool. **33**, 129 (1923).
[3] PFEIFFER, H., u. H. ZACHERL: Klin. Wschr. **5**, 1522 (1926). — GOTO, N.: Arch. Gynäk. **123**, 387 (1925). — MATSUYAMA, R.: Frankf. Z. Path. **25**, 436 (1921). — YATSU, N.: Anat. Rec. **21**, 217 (1921).
[4] MABUCHI, K.: Trans. jap. path. Soc. **14**, 71 (1924).
[5] MCCARTNEY, J. L.: Amer. J. Physiol. **63**, 207 (1922); **66**, 404 (1923). — LIPSCHÜTZ, A.: Pflügers Arch. **211**, 305 (1926) (Lit.).
[6] LIPSCHÜTZ, A., u. Mitarb.: Pflügers Arch. **211**, 279 (1926).

Wirkung der weiblichen und der männlichen Geschlechtshormone. 91

sie gegen die Ovarhormone relativ refraktär werden. Andererseits sollen nach LIPSCHÜTZ[1] bei der Degeneration des Hodenkeimgewebes Stoffe frei werden, die die Gewebe für die ovarielle Hormonwirkung sensibilisieren.

Der *Einfluß der weiblichen Geschlechtshormone auf den Aufbau der männlichen Keimdrüse* ist ebenfalls hemmender Art. Bei parabiotischer Vereinigung von zwei Ratten verschiedenen Geschlechtes tritt allmählich eine Verkleinerung des Hodens mit Degeneration des Keimepithels ein[2]. Nach Einspritzungen[3] von Auszügen der Lipoide aus gelbem Körper oder Placenta findet man eine Hemmung der Ausbildung von Samenblasen und Penis und später ein Aufhören der Spermatogenese. (SCHRÖDER und GOERBIG fanden die Placentalipoide unwirksam.) Mit weitgehend gereinigten Follikelauszügen erhielt neuerdings LAQUEUR bei jungen männlichen Tieren eine starke Verzögerung der Hodenentwicklung.

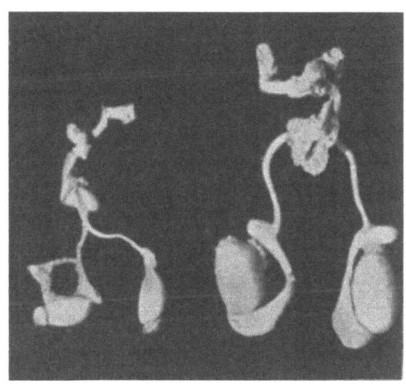

Abb. 10. Geschlechtsorgane zweier männlicher Ratten des gleichen Wurfes.
a nach Menformoninjektion.
b unbehandelt. (Nach Laqueur).

Die Umstimmbarkeit der Entwicklung der Geschlechtsorgane in andersgeschlechtlicher Richtung im nachembryonalen Leben ist durch sehr viele Beobachtungen sichergestellt.

Bei männlichen *Kröten*[4] kann man z. B. das einem rudimentären Ovar gleichende BIDDERsche Organ in ein reife Follikel bildendes echtes Ovar umwandeln, wenn man nach der Hodenentfernung die Tiere mit lipoidreicher Nahrung füttert. Im Laufe einiger Jahre bildet sich bei diesen ursprünglich männlichen Kröten ein Eileiter und Uterus aus, und Körperform und psychisches Verhalten werden weiblich; die Daumenschwielen, der Umklammerungsreflex und der männliche Brunstlaut schwinden. (Nach HARMS soll dagegen die Einspritzung von Ovarextrakt bei kastrierten männlichen Fröschen den Umklammerungsreflex auslösen.)

---

[1] Dieselben: Ebenda 305.
[2] MATSUYAMA. — GOTO. — Siehe dagegen YATSU.
[3] FELLNER, O.: Pflügers Arch. **189**, 199 (1921). — SCHRÖDER, R., u. F. GOERBIG: Z. Geburtsh. **83**, 764 (1921). — LAQUEUR, E.: Klin. Wschr. **6**, 390 (1927). — Ders. u. J. E. DE JONGH: Ebenda **7**, 1851 (1928). — STEINACH, E., u. H. KUN: Nach Ber. Physiol. **43**, 469 (1928). — HERRMANN, E., u. M. STEIN: Wien. klin. Wschr. **29**, 778 (1916).
[4] HARMS. — PONSE, K., nach HARMS.

Ebenso entwickeln sich bei der kastrierten männlichen Kröte nach der Ovartransplantation die rudimentären MÜLLERschen Gänge zu einem echten Ovidukt[1].

Umgekehrt konnte PONSE[2] bei weiblichen Kröten, deren Eierstockgewebe samt BIDDERschem Organ entfernt worden und denen Hoden implantiert worden war, die für die männlichen Kröten typische Daumenschwielenhypertrophie erzeugen.

Bei *Vögeln* (Leghornhähnen) gelang es PÉZARD und Mitarbeitern[3], den sekundären Merkmalen des kastrierten männlichen Tieres durch Überpflanzung eines Eierstockes die weibliche Form aufzuzwingen. Der Kamm und die Bartlappen entwickelten sich bis zu der für die Henne typischen Größe, das Gefieder des Kapaunes, das, wie früher erwähnt, dem des Hahnes gleicht, verwandelte sich zum Hennengefieder.

Kastrierte Hühner zeigen einige Zeit nach gelungener Hodentransplantation die Ausbildung von Kamm, Bartlappen und Sporen wie beim Hahne — das Gefieder wird schon durch die Eierstockentfernung allein vermännlicht —, und die Tiere bekommen männliches Geschlechtsempfinden und -verhalten. Sie sind dann von normalen Hähnen nicht zu unterscheiden. Diese Umstimmung gelingt auch noch bei ausgewachsenen Hühnern[4].

Die Überpflanzung von *Eierstockgewebe in kastrierte männliche Säugetiere* gelang zum ersten Male STEINACH[5] im Jahre 1912 und ist seither häufig mit Erfolg wiederholt worden[6].

Der überpflanzte Eierstock kann in dem Kastraten — meist werden junge Ratten oder Meerschweinchen verwandt — jahrelang überleben. Die Follikel reifen im kastrierten Meerschweinchenmännchen meist nicht ganz aus, so daß keine gelben Körper gebildet werden, während dies nach der Überpflanzung in kastrierte Weibchen, und auch bei kastrierten männlichen Ratten, der Fall ist.

Die von dem Eierstock abgegebenen Hormone haben keine fördernde

---

[1] WELTI, E.: C. r. Soc. Biol. **93**, 1490 (1925).
[2] PONSE, H.: Nach HARMS.
[3] PÉZARD, A., KN. SAND u. F. CARIDROIT: C. r. Soc. Biol. **89**, 947, 1271 (1923); **91**, 1075 (1924). — C. r. Acad. Sci. **176**, 615 (1925). — PÉZARD, A.: Erg. Physiol. **27**, 552 (1928) (Lit.).
[4] PÉZARD u. Mitarb. — GOODALE, H. D.: Anat. Rec. **11**, 512 (1918).
[5] STEINACH, E.: Pflügers Arch. **144**, 71 (1912). — Zbl. Physiol. **27**, 717 (1913).
[6] ATHIAS, M.: C. r. Soc. Biol. **78**, 410 (1915); **79**, 553, 557 (1916). — STEINACH, E., u. G. HOLZKNECHT: Arch. Entw.mechan. **42**, 490 (1917). — STEINACH, E.: Arch. Entw.mechan. **42**, 307 (1917); **46**, 12 (1920). — MOORE, C.: J. of exper. Zool. **33**, 365 (1923). — LIPSCHÜTZ, A., u. Mitarb.: Pflügers Arch. **207**, 563 (1925); **211**, 697, 722 (1926). — C. r. Soc. Biol. **93**, 1066 (1926). — HARMS, J. W.: Körper u. Keimzellen, 1926.

Wirkung auf die Leitungswege der männlichen Geschlechtsdrüsen. Die Prostata und die Samenblasen bleiben klein wie beim Normalkastraten, das männliche Glied soll sogar zu einem klitorisartigen Gebilde reduziert werden, doch leugnen andere diese Rückbildung.

Gefördert wird dagegen das Wachstum der männlichen Brustdrüse, so daß sie die gleiche Größe und Durchblutung wie beim geschlechtsreifen weiblichen Tiere zeigt. Beim männlichen kastrierten Meerschweinchen geht die Entwicklung sogar noch weiter, so daß die Drüsen und Warzen dem eines schwangeren Weibchens gleichen. Sie können Milch produzieren; diese lactierenden Männchen-Kastraten lassen dann Junge säugen.

LIPSCHÜTZ vermutet, daß diese „Hyperfeminierung" der männlichen Brustdrüsen dadurch bedingt ist, daß die Follikel im Transplantat nicht vollkommen reifen; doch scheint diese Erklärung wenig plausibel.

Die gleichen Veränderungen an den Leitungswegen der männlichen Geschlechtsdrüsen und den männlichen Brustdrüsen erhält man auch nach der Injektion von Auszügen aus Ovarien oder Placenten in junge männliche Säugetiere[1]. Das Wachstum des Gliedes, der Prostata, der Samenblasen ist verzögert, die Ausbildung der Mammae wird gefördert. Milchsekretion kann auftreten.

Die geschlechtliche Umstimmung greift auch auf die Psyche über. Das kastrierte männliche Meerschweinchen hat nach der Eierstocküberpflanzung weder den männlich-aktiven Geschlechtstrieb, noch die Indifferenz des Kastraten, sondern diese Tiere zeigen weibliches Verhalten. Sie lassen zum Unterschied gegen weibliche und männliche Normalkastraten die Begattungsversuche der Männchen zu und verhalten sich bei diesen nach weiblicher Art. Auf normale Männchen wirken diese feminierten Männchen-Kastraten geschlechtserregend wie brünstige Weibchen.

Die geschlechtsumstimmende Wirkung geht auch von sehr jungen transplantierten Ovarien aus, während alte Eierstöcke nur schwach wirksam sind[2].

Analog durchgeführte Versuche der *Hodenimplantation in weibliche Säugetierkastraten* zeigen, daß auch im weiblichen Körper die sekundären Geschlechtsorgane zum Teil empfindlich gegen das Hodenhormon sind[3].

---

[1] HERRMANN u. STEIN: Nach HARMS. — LAQUEUR, E.: Klin. Wschr. 6, 390 (1927). — Siehe dagegen FELLNER, O. O.: Pflügers Arch. 189, 199 (1921).
[2] LIPSCHÜTZ, A.: Pflügers Arch. 211, 745 (1925). — Ders. u. E. H. Voss: Ebenda 207, 583 (1925).
[3] STEINACH, E.: Zbl. Physiol. 27, 717 (1913). — Arch. Entw.mechan. 46, 12 (1920). — SAND, KN.: Pflügers Arch. 173, 1 (1919). — LIPSCHÜTZ, A.: ebenda 176, 461 (1919). — Ders. u. Mitarb.: J. of Physiol. 58, 461 (1924) (Lit.). — MOORE, C. R.: J. of exper. Zool. 33, 365 (1923).

Nach diesem Eingriff wandelt sich die Klitoris in ein penisartiges Organ um. Die Sexualinstinkte des Kastraten werden wieder lebendig, haben aber den männlichen Einschlag. Die ehemals weiblichen Tiere verfolgen nun brünstige Weibchen, die sie zu begatten versuchen, während sie von normalen Männchen gemieden werden.

Ob Hodenextraktinjektionen bzw. Hodenimplantationen bei weiblichen Kastraten die für die normale Brunst des Weibchens typischen Veränderungen des Scheidenepithels auslösen, wird verschieden beantwortet[1]. Nach FRANK und Mitarbeiter sowie ZONDEK und Mitarbeiter sind die Hodenhormone unwirksam. Dagegen sollen Auszüge aus dem Blut und Harn von Männern wirksam sein[2].

Die in diesem Kapitel referierten Versuche haben somit das wichtige Ergebnis gebracht, daß die im frühesten Embryonalstadium noch nicht differenzierten Geschlechtsorgane des Wirbeltieres während des extrauterinen Lebens durch Ausschaltung der eigengeschlechtlichen Keimdrüse und Zufuhr des fremdgeschlechtlichen Hormons in heterosexueller Richtung weitgehend verändert werden können. Gleiches gilt zweifellos auch für das psychische Sexualverhalten.

Offen bleibt einstweilen die Frage, ob alle geschlechtlichen Differenzierungen lediglich Folgen der Hormoneinwirkungen sind. Die oben referierten Erfahrungen an niederen Tieren (Insekten) mahnen zu vorsichtiger Bewertung der Hormoneinflüsse, denn bei ihnen erfolgt ja die somatische und psychische Sexualdifferenzierung unabhängig von etwaiger Hormonbildung der Keimdrüsen.

Den Übergang zwischen diesen Umstimmungen der geschlechtlichen Merkmale durch Ausschaltung des geschlechtseigenen und Einschaltung der geschlechtsfremden Keimdrüsenhormone sowie den echten Zwitterbildungen, bei denen beide Hormone gleichzeitig auf den Organismus einwirken, bilden jene spontan zustande gekommenen oder experimentell erzeugten Umstimmungen, bei denen *die Keimdrüsen zunächst das für das eine Geschlecht, später das für das andere Geschlecht spezifische Hormon bilden.*

In frühem Entwicklungsstadium sind die Keimdrüsen beider Geschlechter gleich angelegt. Nicht immer geht die Weiterentwicklung derart vor sich, daß die Differenzierung in Eierstockgewebe bzw. Hodengewebe vollständig durchgeführt wird, sondern es können in oder

---

[1] FRANK, R. T., u. Mitarb.: Endocrin. **10**, 260 (1926). — ZONDEK, B., u. S. ASCHHEIM: Arch. Gynäk. **130**, 1 (1927). — Siehe dagegen DOHRN, M.: Klin. Wschr. **6**, 359 (1927). — GLIMM, E., u. F. WADEHN: Biochem. Z. **179**, 3 (1926). — LAQUEUR, E., u. Mitarb.: Klin. Wschr. **6**, 1859 (1927).

[2] HIRSCH, H.: Klin. Wschr. **7**, 313 (1928). — LOEWE, S., u. Mitarb.: Ebenda 1376. — LAQUEUR u. Mitarb.

Wirkung der weiblichen und der männlichen Geschlechtshormone. 95

neben einer mehr oder weniger vollständig weiblich oder männlich entwickelten Keimdrüse Einlagerungen der fremdgeschlechtlichen Keimdrüse erhalten bleiben.

Bei verschiedenen Eingriffen oder scheinbar spontan kann nun im Laufe der Entwicklung eines Tieres aus jenen Einlagerungen ein so viel Hormon bildendes Gewebe entstehen, daß die Geschlechtsmerkmale umgestimmt werden[1].

So kann man männliche Exemplare von Triton alpestris nach CHAMPY dadurch zu Weibchen, die Ovare und weibliche Merkmale bekommen, umgestalten, daß man die Männchen nach intensivem Hungern überfüttert. Daß aus Amphibienhoden nach der Transplantation sich Ovare entwickeln, ist wiederholt beobachtet worden; dabei nehmen die Tiere weibliches Aussehen an.

Umgekehrt beobachtete man bei Fröschen nicht selten einen spontanen Übergang aus dem weiblichen in das männliche Geschlecht dadurch, daß das Ovar sich zurückbildete, aber Einlagerungen von Hodengewebe heranwuchsen.

Recht häufig werden Hennen im Alter zu Hähnen[2]. Auch bei ihnen findet man dann z.T. eine Atrophie des Ovars und eine Hodenbildung aus Ovarresten. Nicht selten werden bei Geflügel-Hermaphroditen Keimdrüsen mit weiblichen und männlichen Geschlechtszellen angetroffen[3].

Eine gleiche Vermännlichung von Hühnern kann nach der Ovarektomie eintreten; aus dem rudimentären rechten Ovar — das wohl richtiger als rudimentärer Hoden zu bezeichnen ist — soll sich nach Ansicht mancher Untersucher in diesen Fällen Hodengewebe entwickelt haben[4].

Auch aus diesen Beobachtungen, die sich leicht vermehren ließen, ergibt sich, daß die Ausbildung der sekundären Geschlechtsmerkmale bei Wirbeltieren von der Art der einwirkenden Hormone sicher sehr weitgehend abhängig ist.

Die Ausdehnung der experimentellen Forschung auf die Untersuchung der *gleichzeitigen Einwirkung sowohl der männlichen wie der weiblichen Hormone auf den Wirbeltierkörper* entsprang dem Wunsche, über das Wesen des bei Vögeln, Säugetieren, Menschen so oft beobach-

---

[1] Näheres bei HARMS, J. W.: Körper u. Keimzellen, Berlin 1926.
[2] Siehe bei HARMS. — BORING, A. M., u. R. PEARL: Amer. J. Physiol. 25, 1 (1918). — PARKES, A. S., u. F. W. R. BRAMBELL: J. Genet. 17, 69 (1926) (Lit.)
[3] HARTMAN, C. G., u. W. F. HAMILTON: J. of exper. Zool. 36, 185 (1922). — PÉZARD, A., u. F. CARIDROIT: C. r. Acad. Sci. 177, 76 (1923) u. a.
[4] Siehe bei HARMS. — BENOIT, J.: C. r. Soc. Biol. 89, 1326 (1923). — C. r. Acad. Sci. 177, 1074, 1243 (1923); 178, 1640 (1924). — PÉZARD, A., u. Mitarb.: C. r. Soc. Biol. 91, 1146 (1924). — PÉZARD, A.: Erg. Physiol. 27, 552 (1928). — RIDDLE, O.: Anat. Rec. 30, 365 (1925).

teten somatischen und psychischen Zwittertums näheren Aufschluß zu erhalten.

Ein näheres Eingehen auf die einzelnen Formen von Hermaphroditismus liegt außerhalb des Rahmens dieser Darstellung. Hier soll nur die Frage behandelt werden, ob man jene Formen von Hermaphroditismus, bei denen die Obduktion die Anwesenheit einer zwittrigen Keimdrüse, eines Ovotestis, aufdeckte, als auf rein hormonaler Grundlage entstanden sich erklären kann.

Diese Frage ist zu bejahen.

Bis 1911 nahm man an, daß die Überpflanzung einer Keimdrüse in ein andersgeschlechtliches Tier nur dann gelinge, wenn dies zuvor kastriert wurde. Man überschätzte den hemmenden Einfluß der Keimdrüse des Versuchstieres auf die überpflanzte geschlechtsfremde Keimdrüse. Es gelang dann unabhängig voneinander STEINACH und SAND, die Keimdrüsen beider Geschlechter bei kastrierten Tieren zur Einheilung zu bringen oder durch Einpflanzen der fremdgeschlechtlichen Keimdrüse in die körpereigene Keimdrüse künstlich einen ,,Ovotestis" zu erzeugen[1].

Solche Tiere zeigten nun häufig typische Zwittereigenschaften. Bei Meerschweinchenmännchen, die derart unter den Einfluß auch der ovariellen Hormone gebracht worden waren, entwickelte sich der männliche Geschlechtsapparat annähernd in rein männlicher Form, oft jedoch mangelhaft, z. B. blieb die Entwicklung der Stachelorgane des Gliedes aus. Die Brustdrüsen nahmen dagegen die für säugende Weibchen typische Beschaffenheit an, und aus dem gewucherten Drüsengewebe ließ sich gelegentlich Milch entleeren.

Das psychische Verhalten war, oft in raschem zeitlichem Wechsel sich ändernd, bisexuell, so daß die ursprünglich männlichen Tiere neben männlicher Geschlechtsaktivität auch das Geschlechtsverhalten brünstiger Weibchen oder die Instinkte des für die Neugeborenen sorgenden Muttertieres zeigen konnten. Schließlich überwiegt in der Regel der männliche Einschlag über den weiblichen.

Diese künstliche Zwitterbildung ist nicht nur bei jungen Tieren, sondern auch nach Eintritt der Geschlechtsreife zu erhalten, als weiterer Beweis für die obenerwähnte Tatsache, daß die Geschlechtsmerkmale auch nach erfolgter Geschlechtsreife noch umstimmbar sind.

Die Aufpfropfung von Hodengewebe in ein weibliches Meerschweinchen gibt im Prinzip die gleichen Ergebnisse. Besonders auffallend ist

---

[1] STEINACH, E.: Zbl. Physiol. **25**, 723 (1911); **27**, 717 (1913). — Pflügers Arch. **144**, 71 (1912). — SAND, KN.: ebenda **173**, 1 (1919). — J. Physiol. et Path. gén. **19**, 305 (1921); **20**, 472 (1922). — Handb. norm. path. Physiol. **14**, I, 306 (1926). — LIPSCHÜTZ, A., u. Mitarb.: J. of Physiol. **58**, 461 (1924). — Pflügers Arch. **207**, 563 (1925). — Voss, H. E. V.: Virchows Arch. **261**, 425 (1926). — MOORE, C. R.: J. of exper. Zool. **28**, 137 (1919).

Wirkung der weiblichen und der männlichen Geschlechtshormone. 97

das Auswachsen der Klitoris zu einem penisartigen, leicht erigierbaren Organ und das Auftreten typisch männlicher psychischer Züge.

Auch bei Vögeln gelingt die Zwitterbildung[1]. Wenn in den Hoden der Hähne Eierstockgewebe eingepflanzt wird, wachsen z. B. ausgerupfte Federn in der hennenfiedrigen Form.

---

[1] PÉZARD, A., KN. SAND u. F. CARIDROIT: C. r. Soc. Biol. 89, 947 (1923); 90, 1459 (1924); 91, 1075, 1146, 1459 (1924). — PÉZARD, A.: Erg. Physiol. 27, 552 (1928). — FINLEY, F. L.: Brit. J. exper. Biol. 2, 60 (1922).

Zweites Kapitel.

Hypophyse.

I. Geschichtliche Bemerkungen über die Erforschung der Hypophysenwirkungen.

Die älteren Theorien über die Bedeutung der Hypophyse für den Körper stützen sich meist auf die eigenartigen örtlichen Beziehungen der Hypophyse zum Gehirn; da diese älteren Theorien für unsere heutigen Ansichten ohne Bedeutung sind, können sie hier übergangen werden.

Die ersten sicheren Aufschlüsse über die Bedeutung der Hypophyse verdanken wir der Aufklärung des pathologisch-anatomischen Befundes bei der im Jahre 1886 von P. MARIE unter dem Namen Akromegalie beschriebenen Wachstumsstörung. Schon ein Jahr nach der Beschreibung dieses Krankheitsbildes brachte MINKOWSKI diese Erkrankung mit der bei ihr fast ausnahmslos zu beobachtenden Vergrößerung der Hypophyse in Beziehung. Der pathologische Befund spricht für die ursächliche Bedeutung einer gesteigerten Leistung des Vorderlappens.

Die Richtigkeit der Auffassung, daß der Vorderlappen einen wachstumsfördernden Einfluß hat, ergab sich aus physiologischen Versuchen. Schon 1886 führte HORSLEY[1] den ersten Versuch der Hypophysenentfernung aus, aber erst 1905 beobachtete FICHERA bei hypophysektomierten jungen Hühnern eine starke Wachstumshemmung, wie sie seither nach dieser Operation häufig, so besonders von ASCHNER, auch an Säugetieren erhalten worden ist.

Den Einwand, daß Mitverletzungen des Gehirns die Wachstumsstörung verursacht haben könnten und daß die Exstirpationsversuche den Beweis der innersekretorischen Leistungen des Hypophysenvorderlappens nicht liefern können, machen die erst vor wenigen Jahren geglückten Versuche hinfällig, in denen es gelang, durch Zufuhr von Vorderlappenauszügen bei kalt- und warmblütigen Wirbeltieren das Wachstum eindeutig zu fördern (UHLENHUTH, LONG und EVANS, 1920).

Aus jenen Exstirpationsversuchen und den letzterwähnten Injektionsversuchen ergab sich weiter eine sichere Wirkung der Vorderlappensekretion auf die Keimdrüsen, im besonderen auf die Eierstöcke, deren Follikelreifung durch das Vorderlappenhormon vorzeitig in Gang ge-

---

[1] HORSLEY, V.: Lancet 1886 I, 5.

setzt wird, so daß in noch jugendlichen Ovarien viele reifende Follikel zu finden sind (SMITH, ZONDEK, 1926—27). Doch wird die völlige Ausreifung der Follikel dadurch verhindert, daß eine vorzeitige Umwandlung in gelbe Körper einsetzt (EVANS und LONG, 1921).

Eine für unsere Auffassungen über die Hypophysenfunktion nicht minder wichtige klinische Beobachtung machte man bei der unter dem Namen Diabetes insipidus schon längst beschriebenen Störung des Wasserhaushaltes. Die Sektionen deckten in der Mehrzahl der unter diesen Erscheinungen einer starken Polyurie erkrankt gewesenen Menschen Zerstörungen der Hypophyse und der benachbarten Teile der Gehirnbasis auf; FRANK erörterte 1910 als erster die Frage, ob der Diabetes insipidus wohl mit einer Störung der Hinterlappenfunktion zusammenhänge. Diese Störung in einem Ausfall der Hinterlappensekretion zu suchen, lag nahe, als 3 Jahre später VON DEN VELDEN die antidiuretische Wirkung der Hinterlappenauszüge beim normalen Menschen und bei Menschen, die an Diabetes insipidus litten, entdeckte. Das Auftreten einer Harnflut nach experimenteller Entfernung der Hypophyse war schon 1882 von VASSALE und SACCHI beobachtet worden.

Die Annahme, daß der Hypophysenhinterlappen den Wasserhaushalt des Körpers innersekretorisch reguliert, wird noch nicht allgemein als berechtigt anerkannt. Doch sprechen die neuesten experimentellen Ergebnisse für ihre Richtigkeit.

Ungeklärt ist dagegen noch immer der Anteil der Hypophysensekretion an den bei der Dystrophia adiposogenitalis (FRÖHLICH 1901) und bei der hypophysären Kachexie (SIMMONDS 1911) sich einstellenden Symptomen.

Wertvolle Bereicherungen der Therapie brachten die pharmakologischen Versuche mit Hinterlappenauszügen. SCHÄFER und OLIVER kommt das Verdienst zu, die starke Wirkung intravenös gegebener Hypophysenauszüge auf den Kreislauf entdeckt zu haben (1894); man erkannte bald danach, daß die kreislaufwirksame Substanz nur im Hinterlappen enthalten ist. Als weitere wichtige Wirkungen der Hinterlappenauszüge fanden OTT und SCOTT, DALE 1906 sowie VON FRANKL-HOCHWART und FRÖHLICH 1908—09 die uuteruserregende Wirkung, die bald danach therapeutisch ausgenutzt wurde; weiter wird die Milchsekretion gefördert (OTT und SCOTT 1910) und je nach den Bedingungen des Experimentes die Harnabgabe vermehrt (MAGNUS und SCHÄFER) oder gehemmt (VON DEN VELDEN).

Vor kurzem konnte schließlich noch nachgewiesen werden, daß der Mittel- und Hinterlappen auf den Farbwechsel der Amphibien von bestimmendem Einfluß ist. Die Dunkeladaptation erfolgt über dem Umweg einer Steigerung des Mittel-Hinterlappen-Sekretes (SWINGLE 1921; HOGBEN und WINTON 1922).

Die zahlreichen mühevollen Versuche, die wirksamen Stoffe der Hypophyse chemisch rein darzustellen, haben noch nicht zum Ziele geführt. Die hohe Empfindlichkeit dieser Stoffe erschwert die Isolierungsversuche. Auch die Frage nach der Zahl der in Vorder-, Mittel- und Hinterlappen gebildeten Hormone ist noch unentschieden. Sicher sind mehr als 4, vermutlich 5 Hormone vorhanden, das wachstumfördernde Hormon des Vorderlappens, das keimdrüsenfördernde Hormon des Vorderlappens, das auf die Pigmentzellen der Froschhaut wirksame Hormon des Mittel- und Hinterlappens, das auf den Uterus wirksame Hormon sowie das den Blutdruck steigernde Hormon des Hinter- und Mittellappens.

II. Anatomie und Histologie der Hypophyse[1].

Die typisch ausgebildete Warmblüterhypophyse hängt am Hirnboden, mit diesem dicht vor dem Tuber cinereum durch den Stiel verbunden. Sie besteht aus vier Teilen: der Pars anterior, der Pars intermedia, der Pars neuralis und der Pars tuberalis.

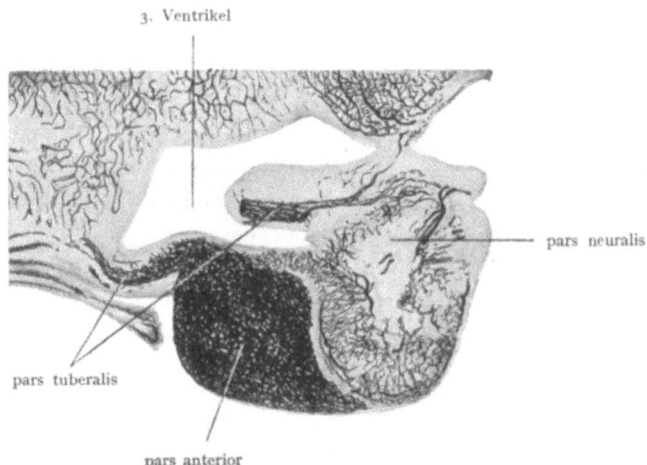

Abb. 11. Sagıtalschnitt durch die Hypophyse einer Katze nach Injektion der Blutgefäße. (Nach Herring.)

Beim Menschen beträgt das Gewicht[2] etwa $1/_2$ g, die Hypophyse der Frauen ist etwas schwerer als die der Männer. Multipare Frauen zeigen ein höheres Gewicht als nullipare.

Bei den Säugetieren ist der *Vorderlappen* meist durch einen Spalt oder durch Cysten getrennt von den drei anderen Teilen; im Spalt be-

---

[1] Siehe DE BEER, G. R.: Comparative Anatomy, Histology and developement of the pituitary body 1926. — KRAUS, E. J.: Handb. norm. path. Anat. 8, 810 (1926). — COWDRY, E. V.: Endocrin. a. Metab. 1, 705 (1924). — BERBLINGER, W.: Klin. Woch. 7, 9 (1928).

[2] Lit. bei RASMUSSEN, A. T.: Endocrin. 8, 509 (1924).

findet sich oft eine Flüssigkeit oder — so besonders oft beim Rinde — eine gelbe Kolloidmasse.

Der Vorderlappen entsteht aus einer Vorwölbung des Mundhöhlendaches, die sich zur RATHKEschen Tasche umbildet und dem Boden des Gehirnes zuwandert. Längere Zeit hindurch ist beim Embryo die Vorderlappenanlage mit der Mundhöhle durch einen Gang verbunden. Dieser schwindet später bis auf Reste, welche die beim Menschen regelmäßig zu findende Hypophysis Pharyngei bilden, ein etwa 5 mm langes Gebilde unter der Schleimhaut des Pharynxdaches.

Durch Seitenwucherung entsteht die *Pars tuberalis* aus der Pars anterior sie umschließt den Hypophysenstiel und wächst bis unter das Tuber cinereum vor.

Die hirnwärts liegende schmale Wand der RATHKEschen Tasche legt sich an die aus dem Gehirn vorwachsende Pars neuralis an; aus der schmalen Wand entsteht das Gewebe der Pars intermedia, das in engste örtliche Beziehungen zur Pars neuralis tritt.

Die *Pars neuralis* entstammt also dem neuralen Ektoderm, der Hohlraum der sackförmigen Ausstülpung schließt sich bei den meisten Warmblütern, bei der Katze bleibt er erhalten.

Die *Pars intermedia* ist nach manchen Untersuchern beim Menschen nicht sicher nachweisbar, bei Vögeln fehlt sie, bei Amphibien und Reptilien ist sie sehr stark ausgebildet, während bei manchen von den letzteren die Pars tuberalis fehlt.

Unter den Fischen fehlt zum Teil eine eigentliche Pars neuralis (so bei Cyclostomen), während die Pars intermedia verhanden ist.

Die relative Masse der vier Teile ist bei den verschiedenen Warmblütern sehr verschieden stark ausgebildet. Beim Menschen entfällt etwa $7/10$ des Gesamtgewichtes auf den Vorderlappen, etwa 20% entfallen auf den Hinterlappen, wenige Prozent auf die Pars tuberalis, der Rest auf das Kapselgewebe.

Das Gewebe des *Vorderlappens* ist sehr reich durchblutet. In Strängen und Haufen angeordnete Epithelzellen liegen zwischen dem spärlichen Bindegewebe. Unter den Epithelzellen überwiegen die eosino- (oder acido-)philen Zellen. Wie diese sind gut färbbar auch die basophilen Zellen. Geringer an Zahl sind die schlecht färbbaren und plasmaarmen Hauptzellen. Vielleicht sind diese drei Zellen nur funktionell verschiedene Formen einer Zellart, doch sind Zwischenstufen nicht stets mit Sicherheit nachzuweisen. Alle diese Zellen haben granuläre Struktur, viele von ihnen enthalten Lipoidtropfen, und zwischen ihnen sammelt sich oft Kolloid an.

Während der Schwangerschaft vergrößert sich der Hypophysenvorderlappen (siehe S. 180); es sind besonders die Hauptzellen, die sich vermehren und vergrößern. Vergrößerungen der Hypophyse sind weiter oft, doch keineswegs regelmäßig, nach Keimdrüsenentfernung bei Vögeln und Säugetieren beobachtet worden. Es bilden sich bei dieser Hypertrophie Zellgruppen mit eosinophilen Zellen, die den Schwangerschaftszellen ähneln.

Bei winterschlafenden Tieren wurde eine starke Verkleinerung der Hypophyse mit Atrophie der Vorderlappenzellen beobachtet[1].

Die *Pars intermedia* ist bei den Säugetieren mit der Pars neuralis verschmolzen. Sie ist nur schwach durchblutet. Das epitheliale Gewebe der Pars intermedia besteht aus nur einer Zellart, die basophil ist. Im Intermediagewebe können große Mengen von Kolloidtröpfchen oder Kolloidcysten angetroffen werden. Weiter sind hyaline Schollen beschrieben worden, die in die Neuralis einwandern und bis in den Liquor cerebrospinalis gelangen können (S. 103).

Die *Pars neuralis* besteht aus neurogenem Gewebe nicht nervöser Art. Die Hauptmasse wird von Zellen gebildet, die den Neurogliazellen ähneln. Aus diesen Zellen entspringen zahlreiche Fasern; ähnliche Fasern entstammen auch den Ependymzellen des Infundibulums. Entgegen älteren Annahmen sind aber nach neueren Feststellungen die meisten der Hinterlappenfibrillen keine Gliafasern, sondern Nervenfasern, die aus Kernen des Tuber cinereum stammen[2]. Abgesehen von einigen eingewanderten Intermediazellen ist die Pars neuralis frei von Epithelzellen. Histologisch weist nichts auf eine sekretorische Funktion der Neuraliszellen hin. Die Pars neuralis ist ebenfalls sehr schlecht mit Blutgefäßen versorgt.

Die Zellen der *Pars tuberalis*, die sehr viel Blutgefäße enthält, gleichen meist den basophilen Vorderlappenzellen. Sie umschließen häufig Kolloidmassen.

III. Innervation und Sekretabgabe.

Mit den Blutgefäßen ziehen sympathische Nervenfasern aus dem Karotidengeflecht in den Vorder- und Hinterlappen der Hypophyse. Ob diese Fasern einen Einfluß auf die innere Sekretion ausüben können, ist unbekannt. Bei der elektrischen Reizung des Halssympathikus konnte keine Förderung der Mittel- und Hinterlappensekretion nachgewiesen werden; bei Fröschen wird die melanophorenausbreitende Substanz nicht ausgeschüttet[3], und bei Warmblütern läßt sich kein vermehrter Übertritt der uteruserregenden Substanz in den Liquor nachweisen[4].

---

[1] GEMELLI, A.: Arch. ital. Biol. **47**, 185 (1907). — CUSHING, H., u. E. GOETSCH: J. of exper. Med. **22**, 25 (1915). — S. dagegen auch: RASMUSSEN, A. T.: Endocrinol. **5**, 33 (1921).

[2] Siehe ZADEK, E.: Z. klin. Med. **105**, 602 (1927). — CROLL, M. M.: J. of Physiol. **66**, 316 (1928).

[3] HOUSSAY, B. A., u. E. J. UNGAR: Rev. Asoc. méd. argent. **37**, 173 (1924).

[4] DIXON, W. E.: J. of Physiol. **57**, 129 (1923).

Nach älteren Versuchen von CUSHING und Mitarbeitern wurde aus dem Auftreten einer Glykosurie, die nach elektrischer Reizung des obersten Halsganglions eintrat, auf eine Mehrsekretion von Hinterlappenhormon geschlossen; doch diese Versuche halten einer kritischen Nachprüfung nicht stand[1].

Der Gehalt des Hinterlappens an uteruswirksamer Substanz läßt sich durch Halssympathikusreizungen nicht vermindern[2].

Neuerdings sind nun Nervenfasern nachgewiesen worden, die vom „Ganglion parahypophyseos" des Tuber cinereum und vom Nucleus supraopticus durch das Tuber cinereum zur Hypophyse ziehen, und die nach Hinterlappenverletzung retrograd degenerieren[3]. Vom Nucleus paraventricularis, der an den Seitenwänden des dritten Ventrikels liegt, laufen Nervenfasern zum Nucleus supraopticus und an diesem vorbei durch den Stiel zum Hypophysenneurallappen. Vermutlich sind sie von Einfluß auf die Hypophysenfunktion. Sicher ist bisher nur, daß beim Frosche sekretorische Nerven vom Mittelhirne durch den Stiel zum Hypophysenmittellappen ziehen. Denn SCHÜRMEYER[4] fand, daß die Reizung des Bodens des dritten Ventrikels auch dann zu einer Ausschüttung der melanophorenausbreitenden Substanz des Mittellappens führt, wenn das Rückenmark oberhalb des Abganges des Halssympathikus durchtrennt worden war.

Vagusdurchtrennung soll zu einer Hypertrophie des Vorder-, Mittel- und Hinterlappens führen[5].

Aus seinen histologischen Beobachtungen schloß HERRING[6], daß ein in der Pars intermedia gebildetes Sekret durch die Pars neuralis und den Stiel in den Inhalt des dritten Ventrikels übergehe. Die Mehrzahl der Nachuntersucher[7] schloß sich der Ansicht HERRINGS an; auch nach ihnen sollen Granula und Kolloidschollen aus dem Mittellappen durch den Stiel zum Tuber cinereum und weiter in den Liquor gelangen. Diese Abgabe des Sekretes in den Liquor scheint nicht unwahrscheinlich, da ja der

---

[1] Siehe bei RABENS, J., u. J. LIFSCHITZ: Amer. J. Physiol. 36, 47 (1915).
[2] PAK, Ch.: Arch. exper. Path. 114, 354 (1926).
[3] GEMELLI, A.: Arch. ital. de Biol. 47, 185 (1907). — CUSHING, H.: Cameron prize lect. 2 (1926). — GREVING, R.: Z. Neur. 104, 466 (1926). — Klin. Wschr. 7, 735 (1928). — STENGEL, E.: Arb. neur. Inst. Wien 28, 25 (1926). — KAREY, Cl.: Virchows Arch. 152, 734 (1924). — RAMIREZ-CORRIA, C. M.: C. r. Soc. Biol. 97, 593 (1927).
[4] SCHÜRMEYER, A.: Klin. Wschr. 5, Nr 49, (1926).
[5] EAVES, E. C., u. G. A. CLARK: J. of Physiol. 62, 1 (1926).
[6] HERRING, P. T.: Quart. J. exper. Physiol. 1, 121 (1908).
[7] HALLIBURTON, W. D., u. Mitarb.: Ebenda 2, 229 (1909). — ATWELL, W. J., u. C. J. MARINUS: Amer. J. Physiol. 47, 76 (1918). — MAURER, S., u. D. LEWIS: J. of exper. Med. 36, 141 (1922). — DA COSTA, A. C.: C. r. Soc. Biol. 88, 833 (1923). — COLLIN, R.: Ebenda 91, 1334 (1924). — Rev. franç. Endocrin. 4, 241 (1926). — POOS, F.: Z. exper. Med. 54, 709 (1927) u. a.

Hinterlappen außerordentlich arm an Blutgefäßen ist. Der Vorderlappen ist dagegen sehr gefäßreich, so daß der Übertritt des Sekrets direkt in die Blutbahn die wahrscheinlichste Form der Sekretion ist. Aber einige Histologen nehmen auch für das Vorderlappensekret eine Wanderung durch Mittel- und Hinterlappen bis in den Liquor an. Diese Wanderung von Kolloidschollen in der Richtung zum Hinterlappen würde das so oft zu beobachtende Auftreten von Kolloid im Hypophysenspalt verständlich machen.

Die HERRINGsche Theorie der Hinterlappensekretion in den Liquor regte viele Versuche an, die wirksamen Stoffe des Mittel-Hinterlappens im Liquor cerebrospinalis nachzuweisen. Die älteren Versuche brachten keine eindeutigen Ergebnisse, da die Methoden des Nachweises der wirksamen Stoffe nicht empfindlich genug waren. Durch neuere Arbeiten ist sichergestellt, daß der Gehalt des Liquors an Hinterlappenstoffen bestenfalls ein ungemein niedriger ist. Im Gegensatz zu DIXON[1], nach dem der durch Suboccipitalstich gewonnene Liquor cerebrospinalis relativ viel von der blutgefäßverengernden, der uteruserregenden und der milchsekretionsfördernden Substanz des Hinterlappens enthalten soll, fanden TRENDELENBURG und MIURA[2] sowie mehrere Nachuntersucher, daß der Suboccipitalliquor bestenfalls nur außerordentlich wenig uteruserregende Hinterlappensubstanz enthält. Im Durchschnitt entsprach die uteruserregende Wirksamkeit von 1 ccm Liquor der uteruserregenden Wirksamkeit von nur 0,0004 mg frischer Hinterlappensubstanz.

Ein sicherer Beweis dafür, daß die uteruserregende Wirkung des Liquors auf die Abgabe eines derart wirkenden Stoffes aus der Hypophyse zu beziehen ist, fehlt noch. Nach der Hypophysenentfernung[3] pflegt zwar der Liquor schwächer wirksam zu sein, aber längere Zeit nach der Entfernung kehrt die Wirksamkeit wieder (Abb. 12). Dieses Wiederauftreten ist aber kein Gegenbeweis für die Identität des uteruswirksamen Stoffes im Liquor mit dem uteruswirksamen Stoff in der Hypophyse. Denn kürzlich wiesen TRENDELENBURG und SATO[4] nach, daß auch das Tuber cinereum jenen Stoff, und zwar nach der Hypophysenentfernung in stark vermehrter Menge, enthält (Abb. 13).

Zwei Tatsachen sprechen für den Übergang des Hinterlappensekretes

---

[1] DIXON, W. E.: J. of Physiol. **57**, 129, (1923).
[2] TRENDELENBURG, P.: Klin. Wschr. **3**, 777 (1924). — MIURA, Y.: Pflügers Arch. **207**, 76 (1925) (Lit.). — BLAU, N. F., u. K. G. HANCHER: Amer. J. Physiol. **77**, 8 (1926). — SATO, G.: Arch. f. exper. Path. **131**, 45 (1927). — DYKE, H. B. VAN, u. A. KRAFT: Amer. J. Physiol. **82**, 84 (1927). — BOER, S. DE, N. B. DREYER u. A. J. CLARK: Arch. internat. Pharmaco-Dynamie **30**, 141 (1925). — MESTREZAT, W., und VAN CAULAERT: Arch. internat. Physiol. **28**, 1 (1927). — MCLEAN, A. J.: Endocrinol. **12**, 467 (1928).
[3] DIXON. — TRENDELENBURG. — MIURA. — SATO. — MCLEAN.
[4] TRENDELENBURG, P.: Klin. Wschr. **7**, Nr 36 (1928).

in den Liquor. Dieser hat nämlich auch die melanophorenausbreitende Wirkung[1], die dem Mittellappen eigen ist. In vielen Fällen wird die Haut heller Frösche dunkel, wenn man den Suboccipitalliquor den Fröschen intravenös einspritzt, oder wenn man ausgeschnittene Haut-

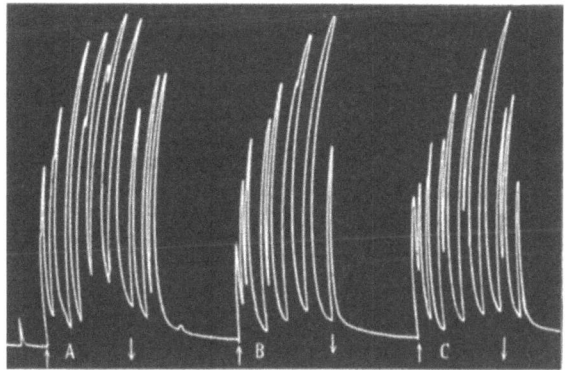

Abb. 12. A und B Wirkung des Liquor cerebrospinalis eines vor 28 bzw. 57 Tagen hypophysektomierten Hundes (5,7 Kilo bzw. 4,5 Kilo Gewicht), sowie C eines normalen Hundes auf den ausgeschnittenen Rattenuterus. (Nach Sato und Trendelenburg.)

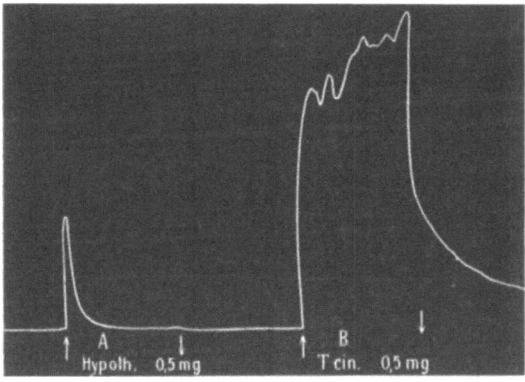

Abb. 13. Wirkung von 0,5 mg Hypothalamus (A) und von 0,5 mg Tuber cinereum (B) auf den ausgeschnittenen Rattenuterus. Das Gewebe des Hypothalamus und des Tuber cinereum stammte von einem vor 126 Tagen hypophysektomierten Hund, 5 Kilo (Sato und Trendelenburg.)

stückchen in den Liquor einlegt, während Auszüge aus anderen Organen oder Blut diese Wirkung nicht haben. Weiter hat man nachgewiesen,

---

[1] HOUSSAY, B. A., u. E. J. UNGAR: Bol. Soc. Biol. Argent. **1924**. — C. r. Soc. Biol. **91**, 318 (1924). — SATO. — TRENDELENBURG, P.: Arch. f. exper. Path. **114**, 255 (1926). — KROGH, A.: J. of Pharmacol. **29**, 177 (1926). — DE BOER u. Mitarb.

daß der gleichzeitig mit dem Suboccipitalliquor entnommene Lumballiquor auf den Uterus viel schwächer einwirkt; so hat es den Anschein, als ob das Hinterlappensekret beim Tiefertreten des Liquors in die Blutbahn fortresorbiert wird[1].

Im ganzen ist also die Annahme einer Sekretion der wirksamen Hinterlappenstoffe in den Liquor gut gestützt, endgültig bewiesen ist sie noch nicht.

Nach KROGH[2] und MCLEAN[3] läßt sich die melanophorenexpandierende und die uteruserregende Substanz der Hypophyse im Blut bzw. im Blutdialysat nachweisen; das Jugularisserum zeigt meist einen erheblich höheren Gehalt an diesen Substanzen als das gleichzeitig entnommene Saphenaserum und als der Liquor cerebrospinalis. Aus dieser Differenz wird geschlossen, daß der Hinterlappen seine Hormone zunächst in das Blut abgibt.

Der einzige Nachweis, daß die Hypophyse auf die Harnabgabe wirksame Sekretmengen abgeben kann, stammt von VERNEY[4]. Dieser baute das STARLINGsche Herz-Lungen-Nierenpräparat derart aus, daß die Nieren sowohl von einem normalen Herz-Lungenpräparat aus mit Blut versorgt werden konnten, als auch von einem Herz-Lungen-Kopfpräparat. Solange das die Nieren versorgende Blut nur Herz und Lungen durchströmte, war die Harnbildung eine reichliche, sobald das Blut auch durch den Kopf geleitet wurde, sank die Harnmenge ab; dies war nicht mehr der Fall, wenn die Hypophyse entfernt wurde.

IV. Erkrankungen des Menschen mit Veränderungen an der Hypophyse.

a) Akromegalie, Gigantismus, Zwergwuchs.

Klinisch ist die Akromegalie — nur deren wichtigere Symptome sollen hier erwähnt werden — charakterisiert durch eine „eigenartige, nicht kongenitale Hypertrophie der oberen, unteren und Kopfextremitäten" (P. MARIE). Sie ist bei Männern und Frauen ungefähr gleich oft zu finden, meist beginnt die Wachstumsstörung zwischen dem 20. und 30. Jahre.

Das Gesicht verbreitert und verlängert sich, die Nase wird größer, die Lippen und die Zunge werden dicker. Der Ausdruck des Gesichtes bekommt einen tierischen Einschlag. Der Unterkiefer ist vergrößert, das Kinn springt stark vor, die Orbitaränder wölben sich vor. Hände und Füße sind abnorm groß, die Form wird plump. Es bildet sich ein

---

[1] MIURA. — JANOSSY, J., u. B. HORVATH: Klin. Wschr. 4, 2397 (1925). — MESTREZAT u. VAN CAULAERT.
[2] KROGH.
[3] MCLEAN, A. J.: a. a. O.; J. of Pharmacol. 33, 301 (1928).
[4] VERNEY, E. B.: Proc. roy. Soc. B. 99, 487 (1926).

Mißverhältnis zwischen der Größe der Finger und der Kleinheit der Nägel aus.

Wenn die Erkrankung erst nach der Verknöcherung der Epiphysenknorpel beginnt, ist die Körperlänge nicht vermehrt. Dagegen findet sich oft eine enorme Vergrößerung innerer Organe, wie des Herzens, der Leber, der Milz, des Pankreas.

Die Haut verdickt sich und gleicht der des Myxödematösen. Das Haar ist im Gesicht, in der Axillar- und Schamgegend sowie sonst am Körper stark vermehrt, bei der Frau nimmt die Form der Behaarung den männlichen Typus an.

Die äußeren Geschlechtsorgane sind bei beiden Geschlechtern stark ausgebildet. Mit dem Fortschreiten der Erkrankung schwinden in der Regel später Potenz und Menstruation. DAVIDOFF[1] fand in 73% seiner Fälle Amenorrhöe.

Im Gegensatz zum äußeren Habitus steht im Spätstadium eine starke Muskelschwäche.

Bei einem großen Teil der Akromegalen tritt eine Glykosurie auf. Die Kohlenhydrattoleranz ist nun meist vermindert. Nicht selten schwindet später die Glykosurie, die Toleranz kann dann vermehrt sein.

Der Grundumsatz der Akromegalen neigt zu einer mäßigen, doch nicht sicher auftretenden Steigerung. Polyurie und Fettsucht sind häufig.

Die Sektion deckt in der ganz überwiegenden Mehrzahl der Fälle ein Vorderlappenadenom auf. Fast stets sind vorwiegend die eosinophilen Zellen vermehrt[2].

Je früher die ersten Zeichen der Akromegalie sich einstellen, um so ausgesprochener ist sie in der Regel mit einer Förderung des Längenwachstums verbunden. Wie weit die Fälle von Gigantismus hypophysären Ursprungs sind, ist schwer zu entscheiden, da die Zahl der Sektionen zu gering ist. Bei einigen Sektionen fand man ebenfalls ein Vorderlappenadenom[3].

Sicher steht, daß eine frühzeitige Zerstörung des Hypophysenvorderlappens zum Zwergwuchs führt. Bei dieser Nanosomia pituitaria hört das Wachstum im kindlichen Alter mehr oder weniger vollständig auf Die Epiphysen verknöchern nicht, die Bart- und Schambehaarung bleibt aus und die Geschlechtswerkzeuge bleiben auf infantiler Stufe stehen. Der Grundumsatz ist meist normal. Bei der Sektion fand man mehrfach Zerstörungen des Vorderlappens, oft durch Hypophysengangtumoren herbeigeführt[3].

---

[1] DAVIDOFF, L. M.: Endocrinology 10, 461 (1926).
[2] KRAUS, E. J.: Handb. path. Anat. Hist. 8, 890 (1926). — BASSOE, P.: Endocr. a. Metabol. 1, 805 (1924).
[3] KRAUS, E. J.: Handb. path. Anat. Hist. 8, 904 (1926).

b) Hypophysäre Kachexie.

Die hypophysäre Kachexie von SIMMONDS (1911) tritt vorwiegend bei Frauen nach einer Geburt auf. Die Erkrankten verfallen einer chronischen Kachexie, ihr Aussehen wird greisenhaft, die Haut wird trocken, die Achsel- und Schamhaare sowie die Zähne fallen aus, die Geschlechtsorgane atrophieren, die Menstruationen schwinden. Die inneren Organe werden abnorm klein. Die Erkrankten sind apathisch. Der Grundumsatz ist fast stets vermindert.

Bei der Sektion findet man eine Zerstörung oder einen Schwund des Vorderlappens, während der Hinterlappen erhalten sein kann. In der Mehrzahl der Fälle ist eine Embolie oder Thrombose die Ursache der Vorderlappenzerstörung[1].

c) Dystrophia adiposogenitalis.

Für den klinischen Befund dieser 1901 von FRÖHLICH beschriebenen Erkrankung sind typisch: starke Fettansammlung und Atrophie der Geschlechtsdrüsen und Hypoplasie der sekundären Geschlechtsmerkmale.

Die Verteilung des Fettes gleicht der nach Kastration oft vorkommenden, die Fettmassen lagern sich vorwiegend über den Hüften, um den Schultergürtel und um Oberarm und Oberschenkel ab.

Die Potenz des Mannes, die Menstruation der Frau pflegen aufzuhören. Sehr häufig tritt ein Verlust der Behaarung ein, oder die Schambehaarung des Mannes nimmt die weibliche Form an.

Der Grundumsatz ist nicht regelmäßig verändert, die Zuckertoleranz ist oft erhöht. Die Temperatur ist oft ein wenig gesenkt. Häufig wird eine Polyurie beobachtet.

Die pathologisch-anatomischen Untersuchungen[2] haben das Wesen der Dystrophia adiposogenitalis noch nicht befriedigend aufklären können. Das einzige Gemeinsame der Sektionsbefunde ist die allgemeine Lokalisation der Schädigungen in der Hypophyse oder in der Gegend der dem Hypophysenstiel benachbarten Teile der Hirnbasis.

Am häufigsten fand man Hypophysentumoren, die sehr viel öfter im Vorderlappen als im Hinterlappen lagen, manchmal beide Teile, sehr selten nur den Hinterlappen allein befallen hatten. Meist handelte es sich um Adenome oder Hypophysenganggeschwülste. Seltener waren nur Läsionen verschiedenster Art am Boden des 3. Ventrikels zu finden.

---

[1] KRAUS, E. J.: Handb. path. Anat. Hist. **8**, 904 (1926).
[2] KRAUS 908. — BECK, H. G.: Endocrin. a. Metabol. **1**, 859 (1924). — MARAÑON, G.: Dtsch. Arch. klin. Med. **151**, 129 (1926).

d) Diabetes insipidus.

Der Diabetes insipidus, eine im ganzen sehr seltene Erkrankung, ist durch eine Störung des Wasserhaushaltes charakterisiert, bei der die Erkrankten ohne Zufuhr und Ausscheidung sehr großer Wassermengen nicht existieren können. Es wird ein sehr dünner Harn entleert. Das Vermögen zur Abgabe eines konzentrierten Harnes ist mehr oder weniger vollkommen verloren gegangen.

Bei den Sektionen findet man wieder Veränderungen an der Hypophyse oder den dem Stiel benachbarten Teilen der Hirnbasis. Es sind Fälle beschrieben, bei denen *nur* der Hinterlappen zerstört war, in anderen Fällen hatten die zerstörenden Prozesse vom Hinterlappen auf die Hirnbasis, besonders auf das Tuber cinereum übergegriffen. Schließlich sind auch Fälle beschrieben worden, bei denen der Hinterlappen nicht befallen war und die Veränderungen nur an der Hirnbasis zu finden waren.

Die wichtigsten Veränderungen sind: metastatische Carcinome besonders der Mamma, tuberkulöse oder syphilitische Veränderungen im Hinterlappen und Stiel, luetische Basalmeningitis und Encephalitis[1].

Der Vergleich des klinischen Krankheitsbildes mit der Art und Lokalisation der Zerstörungen hat die Frage nicht entscheiden können, ob der Diabetes insipidus auf einen Ausfall der Hinterlappenfunktion oder auf Veränderungen in den nervösen, in der Hirnbasis gelegenen Zentren zurückzuführen ist. (Über die Ergebnisse der physiologischen Versuche zur Entscheidung der Frage, ob der Hypophysenhinterlappen den Wasserhaushalt innersekretorisch reguliert, wird S. 115 u. 117 berichtet.)

V. Folgen der Hypophysenentfernung.

a) Amphibien.

Wenn bei Kaulquappen die Hypophyse entfernt wird[2], bleibt die Metamorphose zum Frosch aus, und das Wachstum wird stark gehemmt. Die Kaulquappen sind dauernd ganz hell gefärbt, da die Melanophoren sich nicht mehr expandieren können, sondern dauernd geballt bleiben, während die Xantholeukophoren sich ausbreiten. Der Eingriff wird dauernd überstanden. Die Entwicklung des Gehirns und besonders

---

[1] KRAUS, E. J.: Handb. path. Anat. Hist. 8, 918 (1926). — FRANK, E.: Klin. Wschr. 3, 847, 895 (1924). — ZADEK, E.: Z. klin. Med. 105, 602 (1927).
[2] HOGBEN, L. T.: Quart. J. exper. Physiol. 13, 177 (1913). — ADLER, L.: Arch. Entw.mechan. 39, 21 (1914). — SMITH, P. E.: Anat. Rec. 11, 57 (1916).— Proc. Soc. exper. Biol. a. Med. 16, 78 (1919). — Univ. California Publ. Physiol. 5, 11 (1918). — ALLEN, B. M.: Anat. Rec. 20, 192 (1920—21). — SMITH, P. E. u. I. P. SMITH: J. med. Res. 13, 267 (1922). — Anat. Rec. 23, 38 (1922). — Endocrinology 7, 579 (1923). — ALLEN, B. M.: Endocrinology 8, 639 (1924).

einiger innersekretorischer Organe ist gestört; die Schilddrüse bleibt klein und kolloidarm, das Nebennierenrindengewebe ist unterentwickelt. Das Fettorgan der Kaulquappen wird dagegen ungewöhnlich groß. Nach der Entfernung der Anlage der Pars glandularis in einem sehr frühen Entwicklungsstadium der Kaulquappen unterbleibt die Ausbildung einer Pars posterior; diese ist offenbar abhängig von dem Vorwandern der Pars glandularis.

Die Hemmung von Metamorphose und Wachstum ist auch bei isolierter Entfernung der dem Vorderlappen der Säugetiere entsprechenden Pars glandularis zu erhalten, die Aufhellung dagegen durch Herausnahme der Pars intermedia.

Auch bei erwachsenen Amphibien[1] läßt sich die Hypophyse von der Mundhöhle aus leicht ohne Verletzung der Hirnbasis entfernen. Nach der Entfernung, die das Leben nicht beendet, wird die Haut der Frösche und Kröten wieder ganz hell. Die Melanophoren sind zu Kugeln geballt, die Xantholeukophoren maximal ausgebreitet. Hypophysenlose Frösche haben die Fähigkeit verloren, die Hautfarbe den Änderungen der Belichtung, der Feuchtigkeit, der Temperatur anzupassen. Der ausschlaggebende Teil der Hypophyse ist wieder die Pars intermedia.

Das Wachstum der nicht ausgewachsenen Frösche ist nach der Exstirpation der Hypophyse oder ihrer Pars glandularis gehemmt.

Die hypophysenlosen Tiere neigen zu Wasserretention und Ödembildung; die Harnmengen nehmen zu. Diese Wasserretention im Körper ist die Folge des Ausfalls der Pars neuralis und intermedia; sie ist extrarenal bedingt, denn sie fehlt nicht an zuvor entnierten Fröschen; sie ist auf einen Fortfall der inneren Sekretion der Hypophyse zu beziehen und nicht etwa auf Mitverletzungen von nervösen Zentren der Gehirnbasis[2], da die Hypophysenentfernung auch nach vorher durchgeführter hoher Rückenmarkdurchtrennung wasserretinierend wirkt[3]. Vermutlich hängt die Ödembildung beim hypophysenlosen Frosche mit einer Abnahme der Capillarwandspannung zusammen, die KROGH[4] zuerst beschrieben hat.

---

[1] FICHERA und weitere Lit. siehe bei BIEDL, A.: Innere Sekretion III. Aufl. 2, 111 (1916). — GEMELLI, A.: Arch. ital. de Biol. 50, 157 (1908). — HOUSSAY B. A.: J. Physiol. et Path. gén. 17, 120 (1917). — ALLEN, B. M.: Anat. Rec. 14, 86 (1918); 15, 352 (1919). — POHLE, E.: Pflügers Arch. 182, 215 (1920). — HOUSSAY, B. A., u. E. J. UNGAR: Bol. Soc. Biol. Buenos Aires 1924. — C. r. Soc. Biol. 91, 317 (1924). — JUNGMANN, P., u. H. BERNHARDT: Z. klin. Med. 99, 84 (1924). — HOGBEN, L. T.: Pigment. effector system. 1924. — J. of exper. Biol. 1, 249 (1924). — Ders. u. FR. R. WINTON: Proc. roy. Soc. B. 95, 15 (1923). — TSCHERNIKOFF, A.: Pflügers Arch. 212, 186 (1926).

[2] JUNGMANN u. BERNHARDT.

[3] SCHÜRMEYER, A., nicht publizierte Versuche.

[4] KROGH, A.: Anat. and Physiol. of Capill. New-Haven 1922. — J. of Pharmacol. 29, 177 (1926).

Über den Einfluß der Hypophysenentfernung auf den Grundumsatz der Frösche gehen die Angaben auseinander; nach PUTNAM und Mitarbeitern fehlt die Erniedrigung, die WINTON und HOGBEN gefunden hatten[1]. Vielleicht hat die Hypophyse der Amphibien auch eine regulierende Wirkung auf den Kohlenhydratstoffwechsel, denn nach der Entfernung sinkt der Blutzucker ab, und Insulin hat nun eine unverhältnismäßig starke Wirkung[2].

Bei Kröten[2] wird die Haut nach der Hypophysektomie zunächst hell: die Melanophoren sind geballt, die Guanophoren erweitert; später verdickt sich die Haut unter Dunkelfärbung. Es kommt zu einer oft gewaltigen Polyurie und zu Wasserretention. Außerdem tritt eine Hodenatrophie und eine geringe Hypoglykämie auf.

b) Reptilien.

Nach SWINGLE[3] wird die Metamorphose bei dem Kolorado-Axolotl durch Hypophysenentfernung nicht gestört. Dagegen werden die Tiere wie die Amphibien blaß; offenbar ist also die Hypophysensekretion auch bei ihnen an der Farbadaptation beteiligt.

c) Vögel.

Die Versuche, bei Hühnervögeln die Folgen eines Hypophysenausfalls zu untersuchen, stammen aus der Zeit, in der die Methodik noch unvollkommen entwickelt war. Aus einigen wenigen gut geglückten Versuchen FICHERAS[4] ergibt sich, daß die totale Entfernung auch bei Vögeln eine Hemmung des Wachstums zur Folge hat. Der Einfluß auf die Geschlechtsreifung bleibt noch zu untersuchen.

d) Säugetiere.

Die Ergebnisse der älteren Hypophysektomien waren sehr widerspruchsvoll, da die Technik der Entfernung unvollkommen entwickelt war. Neuerdings ist es aber gelungen, Methoden auszuarbeiten, mit denen die Hypophyse bis zum Stiele sicher vollständig entfernt werden kann, ohne daß irgendwelche Läsionen der benachbarten Hirnbasis eintreten.

Ein Teil der Operateure bevorzugt den Zugang vom Dach der Mundhöhle her[5]. Ebenso befriedigende Ergebnisse liefert auch die temporale Methode[6], bei der beide Schläfenbeine unter Schonung des Periostes

---

[1] WINTON, FR. R., u. L. T. HOGBEN: Quart. J. exper. Physiol. 13, 307 (1923).
— S. dagegen: PUTNAM, FR. J., u. Mitarb.: Amer. J. Physiol. 84, 157 (1927).
[2] GIUSTI, L., u. B. A. HOUSSAY: Bol. Soc. Biol. Buenos Aires 1924.
— HOUSSAY, B. A., u. Mitarb.: Rev. Soc. argent. Biol. 37, 137 (1924). —
C. r. Soc. Biol. 91, 313 (1924); 93, 967, 969 (1925). — PUENTE, J. J.: Rev. Soc. argent. Biol. 3, 321 (1927). — C. r. Soc. Biol. 97, 602 (1927).
[3] SWINGLE, W. W.: Anat. Rec. 27, 220 (1924).
[4] FICHERA nach BIEDL, a. a. o.
[5] MARINESCO, M. G.: C. r. Soc. Biol. 44, 509 (1892). — GEMELLI, A.: Arch. ital. de Biol. 50, 157 (1908). — ASCHNER, B.: Pflügers Arch. 146, 1 (1912).
— McLEAN, A. J.: Annals of Surg. 1928, 985.
[6] PAULESCO, N. C.: J. Physiol. et Path. gén. 9, 441 (1907). — KARPLUS, I., u. A. KREIDL: Z. exper. Techn. Meth. 2, 14 (1910).

entfernt werden, wenn man vor der Entfernung der Hypophyse durch Einspritzen von hypertonischer Kochsalzlösung das Gehirn zu vorübergehendem Schrumpfen bringt. Eine dritte Methode, die bisher wenig angewandt wurde, besteht in der Punktion der Sella turcica durch die Augenhöhle mit anschließender Zerstörung der Hypophyse durch Elektrolyse[1].

Bei allen diesen Methoden wird nicht das gesamte hypophysäre Gewebe zerstört. Erhalten bleibt die Rachendachhypophyse (sofern diese auch beim Säugetier regelmäßig vorhanden sein sollte) und der schmale Epithelsaum der Pars tuberalis, der sich unter das Tuber cinereum vorschiebt.

1. **Ist die Hypophyse lebensnotwendig?** Die älteren Experimentatoren[2] bejahten diese Frage, da ihre Versuchstiere nach der völligen Entfernung der Hypophyse innerhalb weniger Tage zugrunde gingen. Als Symptome dieses sogenannten Apituitarismus werden erwähnt: zunehmende Apathie, Nahrungsverweigerung, Abflachung der Atmung, Schwäche und Verlangsamung des Pulses, fibrilläre Zuckungen in den Muskeln, Schwäche der Muskeln, Temperatursenkung, Koma.

Ähnliche Bilder einer „Kachexia hypophyseopriva" beschreiben auch einige der Untersucher der späteren Zeit[3], die sich der Annahme von der Lebensnotwendigkeit der Hypophyse zum Teil anschlossen, da auch bei ihnen der Tod der Versuchstiere ausnahmslos eintrat: BELLS Hunde waren z. B. alle in 36 Stunden tot. Kaninchen überleben nach HASHIMOTO nur 1—5 Tage.

Zweifel an der Lebensnotwendigkeit der Hypophyse mußten aber auftauchen, als GEMELLI, CUSHING und Mitarbeiter u. a. bei total hypophysektomierten jungen Katzen und Hunden keine Kachexia hypophyseopriva auftreten sahen; die Tiere überlebten vielmehr zum Teil wochenlang, ohne schwere Störungen ihrer Gesundheit zu zeigen. Inzwischen wurde durch ASCHNER sowie CAMUS und ROUSSY und viele weitere Nachuntersucher[4] immer wieder nachgewiesen, daß ein großer

---

[1] DOTT, N. M.: Quart. J. exper. Physiol. **13**, 241 (1923).
[2] VASSALE, G., u. E. SACCHI: Arch. ital. de Biol. **18**, 385 (1893). — PAULESCO. — BIEDL, A.: Inn. Sekr. III. Aufl., **2**, 116 (1916). — CROWE, S. J., H. CUSHING u. J. HOMANS: Quart. J. exper. Physiol. **2**, 389 (1909).
[3] BELL, W. BLAIR: Quart. J. exper. Physiol. **11**, 77 (1917). — HASHIMOTO, M.: Arch. f. exper. Path. **101**, 218 (1924).
[4] CROWE, CUSHING u. HOMANS. — GOETSCH, E., H. CUSHING u. C. JACOBSON: Bull. Hopkins Hosp. **22**, 165 (1911). — LIVON, CH.: C. r. Soc. Biol. **71**, 47 (1911). — CAMUS, J., u. G. ROUSSY: C. r. Soc. Biol. **76**, 299, 1386 (1913); **86**, 1010 (1922). — J. Physiol. et Path. gén. **20**, 509 (1922). — ASCHNER, B.: Pflügers Arch. **146**, 1 (1912). — HOUSSAY, B. A., u. E. HUG: C. r. Soc. Biol. **85**, 315 (1921). — BROWN, C. G.: Proc. Soc. exper. Biol. a. Med. **20**, 275 (1922). — DANDY, W. E., u. F. L. REICHERT: Bull. Hopkins Hosp. **37**, 1 (1925) (Lit.). — SATO, G.: Arch. f. exper. Path. **131**, 45 (1927) — Siehe auch

Teil der ihrer Hypophyse vollkommen beraubten Hunde dauernd gesund bleiben kann. SATO führte z. B. im Institut des Verfassers diese Operation an über 40 Hunden aus und fand, daß die Tiere niemals das Bild einer Kachexie zeigten, sondern abgesehen von unten zu erwähnenden Wachstumsstörungen und Störungen des Wasserhaushaltes sich nur etwas apathischer benahmen.

Es ist also zu schließen, daß beim Säugetier — untersucht sind Hunde, Katzen und Affen — die Entfernung des in der eigentlichen Hypophyse gelegenen hypophysären Gewebes keine tödlichen Folgen hat. Wie die Folgen einer wirklich vollständigen Herausnahme allen hypophysären Gewebes, also auch der Reste der Pars tuberalis unter dem Tuber cinereum und der Rachendachhypophysis aussehen würden, ist nicht zu entscheiden, da diese Operation technisch nicht ausführbar sein dürfte.

Daß die Pars tuberalis und Reste von Hypophysenganggewebe nach der Hypophysektomie wirklich funktionelle Mehrleistungen ausführen, darf aus der Tatsache geschlossen werden, daß sie, wie RAMIREZ-CORRIA[1] kurz erwähnt und KOSTER[2] näher belegt, nach der Hypophysenentfernung beim Hunde stark hypertrophieren, und daß der Gehalt des Tuber cinereum an uteruserregender und harnhemmender Substanz dabei stark zunimmt (siehe S. 104).

2. **Wachstumshemmung.** Das Zurückbleiben des Wachstums bei jungen Hunden als Folge der Hypophysenentfernung beobachteten zuerst CASELLI[3] sowie CUSHING und Mitarbeiter. Nach ASCHNER[4] ist die Wachstumshemmung um so ausgesprochener, in je früherer Lebenszeit die Entfernung ausgeführt wird. Bei jungen Hunden, die im Alter von 6—8 Wochen operiert werden, bleibt das Wachstum fast vollkommen stehen. Nach einigen Monaten haben die Tiere nur $1/3$—$1/4$ des Gewichts der Kontrolltiere des gleichen Wurfes. Die Haut der Tiere bleibt zart, die Lanugohaare werden nicht durch die straffen Haare des erwachsenen Hundes ersetzt. Das Skelett zeigt keine Störungen der Proportionen. Das Milchgebiß persistiert zeitlebens, gelegentlich brechen hinter den Milchzähnen dauernde Zähne durch, so daß sich zwei Zahnreihen ausbilden. Die Epiphysenfugen der Röhrenknochen bleiben dauernd offen, der Aufbau der Knochensubstanz ist dagegen nicht

---

SCHAFER, SH.: Endocrin. Organs 2, 277 (1926). — ASCHNER, B.: Handb. inn. Sekr. 2, 277 (1927).

[1] RAMIREZ-CORRIA, C. M.: Rev. Soc. argent. Biol. 3, 227 (1927).
[2] KOSTER, S.: Z. exper. Med. 60, 135 (1928); 63, 799 (1928).
[3] CASELLI, nach GEMELLI, A.: Arch. ital. de Biol. 50, 157 (1908).
[4] ASCHNER, B.: Pflügers Arch. 146, 1 (1912); Med. Klin. 20, 1681 (1924); Handb. inn. Sekr. 2, 277 (1927). — Siehe auch ASCOLI, G., u. T. LEGNANI: Münch. med. Wschr. 59, 518 (1912). — LIVON, CH.: C. r. Soc. Biol. 71, 47 (1911). — BELL. — DOTT. — HOUSSAY, A.: C. r. Soc. Biol. 89, 51 (1923).

gestört. Auch bei jugendlichen Ratten[1] (siehe Abb. 17) hat die Hypophysenentfernung einen fast völligen Stillstand des Wachstums zur Folge.

In mehreren der erwähnten Arbeiten[2] finden sich Angaben über die Wirkung einer teilweisen Entfernung der Hypophyse auf das Wachstum. Besonders klar ergibt sich aus den Versuchen ASCHNERS, daß die Teilexstirpation dann zum Wachstumsstillstand oder zur Wachstumsstörung führt, wenn das Gewebe des Vorderlappens ganz oder nahezu vollkommen entfernt wurde, während die Entfernung des Hinterlappengewebes das Wachstum nicht hemmt[3].

Diese Ergebnisse der Exstirpationsversuche an jugendlichen Säugetieren lassen keinen anderen Schluß zu als den, daß das Wachstum vom Vorderlappen aus außerordentlich wirksame fördernde Impulse empfängt.

Eine deutliche Wachstumshemmung ist auch am Haarkleid hypophysektomierter Tiere zu erkennen[4].

3. Verfettung. Die ersten Angaben über eine ungewöhnliche starke Ansammlung von Fett machten CUSHING sowie ASCHNER 1909 und LIVON 1911; unter der Haut hypophysenloser Hunde kann sich eine mehrere Zentimeter dicke Fettschicht ausbilden, und alle inneren Organe sind von einem Fettpolster umhüllt. Bei Ratten kann die Fettsucht enorme Grade erreichen: SMITH und GRAESER[5] geben an, daß sie nach der Zerstörung der Hypophyse durch Injektion von Chromtrioxyd trotz erheblicher Hemmung des Größenwachstums das Gewicht, das beim Kontrolltier des gleichen Wurfes 380 g betrug, auf 445 g ansteigen sahen.

Neben manchen weiteren positiven Angaben über Fettsucht nach Hypophysenentfernungen[6] wurde diese in anderen Versuchen vermißt[7].

Die Verfettung ist besonders stark ausgesprochen, wenn die Hypophyse im jugendlichen Alter der Tiere entfernt wurde. ASCOLI und LEGNANI geben an, daß bei einem in der Jugend hypophysektomierten Hunde ein Drittel des Körpergewichtes auf das Fett entfiel. Die Teilexstirpationen lehren, daß der Ausfall des Vorderlappens für die Verfettung bestimmend ist[8].

4. Genitale Atrophie. CUSHING beobachtete 1908 als erster, daß die Hypophysenentfernung bei Hunden neben der Fettsucht eine Atrophie

---

[1] SMITH, PH. E.: Amer. J. Physiol. **80**, 114 (1927); **81**, 20 (1927) u. a.
[2] So bei ASCOLI u. LEGNANI. — LIVON. — ASCHNER. — DOTT.
[3] Z. B. FOSTER, G. L., u. P. E. SMITH: J. of biol. Chem. **67**, XXIX (1926).
— SMITH, P. E.: Anat. Rec. **32**, 221 (1926).
[4] PUTNAM, FR. J., u. Mitarb.: Amer. J. Physiol. **84**, 157 (1927).
[5] SMITH, PH. E., u. J. B. GRAESER: Amer. J. Physiol. **68**, 127 (1924).
[6] BIEDL. — DOTT. — BROWN. — BELL. — CAMUS u. ROUSSY u. a.
[7] Z. B. CURTIS, G. M.: Arch. int. Med. **34**, 801 (1924).
[8] CUSHING. — ASCHNER. — SMITH u. GRAESER.

der Hoden und Ovarien zur Folge haben kann. Diese Unterentwicklung der Keimdrüsen und der sekundären Geschlechtsmerkmale ist später wiederholt beschrieben worden[1]. Nach ASCHNER[2] wird nach der Hypophysenexstirpation beim Hunde der Eierstock kleiner, die Follikel reifen nicht vollkommen aus, der Uterus atrophiert, die weiblichen Tiere werden nicht schwanger, sie haben einen geringen Geschlechtstrieb. Beim männlichen Hunde bleiben die Hoden klein, die Spermatogenese erscheint verspätet und ist spärlich, der Geschlechtstrieb bleibt schwach. Die sekundären Geschlechtsmerkmale sind unterentwickelt.

Bei hypophysenlosen Ratten tritt die Pubertät verspätet ein, die Geschlechtsorgane sind ebenfalls unterentwickelt[3], die Ovare haben nur gegen ein Viertel des normalen Gewichts.

Diese Störungen der Genitalentwicklung bleiben nach der Entfernung des Hinterlappens aus[4], während sie nach isolierter Vorderlappenexstirpation sich ebenfalls einstellen. Sie sind bei jungen Tieren viel stärker ausgeprägt als bei erwachsenen. Bei letzteren dürften die leichten degenerativen Veränderungen im Hoden und Eierstock nach Hypophysektomie nicht schwerer sein als nach Läsionen der Basis des Gehirnes ohne Verletzung der Hypophyse (ASCHNER). (CAMUS und ROUSSY nehmen an, daß die Genitalatrophie nach Hypophysenentfernung nur dann eintritt, wenn die Basis des Gehirnes mitverletzt wird.)

5. **Polyurie.** Schon bei einigen der älteren Hypophysenexstirpationsversuchen (so bei den Versuchen von VASSALE und SACCHI[5] im Jahre 1892) war das Auftreten einer Polyurie beobachtet worden. Nach CROWE, CUSHING und HOMANS kann diese auch nach isolierter Entfernung des Hinterlappens einsetzen.

Die Mehrzahl der hypophysektomierten Hunde zeigt diese oft sehr starke Polyurie. Oft geht sie bald spontan vorüber, manchmal hält sie aber dauernd an[6].

Neuerdings mehren sich aber die Angaben, daß eine Polyurie trotz völliger Hypophysenentfernung ausbleiben kann[7]. So berichtet HA-

---

[1] ASCOLI, G., u. T. LEGNANI: Münch. med. Wschr. **59**, 518 (1916). — BELL. — CAMUS u. ROUSSY. — BROWN. — SMITH u. GRAESER. — RUBIO.
[2] ASCHNER, B.: Pflügers Arch. **146**, 1 (1912); Arch. Gynäk. **97**, 200 (1912); Med. Klin. **20**, 1681 (1924); Handb. inn. Sekr. **2**, 277 (1927).
[3] SMITH, PH. E.: Amer. J. Physiol. **80**, 114 (1927).
[4] FOSTER, G. L., u. PH. E. SMITH: J. of biol. Chem. **67**, XXIX (1926) u. a.
[5] VASSALE, G., u. E. SACCHI: Arch. ital. de Biol. **18**, 385 (1893).
[6] HOUSSAY, B. A., u. H. RUBIO: C. r. Soc. Biol. **88**, 315, 358 (1923). — CAMUS, J., u. G. ROUSSY: Ebenda **75**, 483 (1913); **76**, 299 (1914); J. Physiol. et Path. gén. **20**, 509 (1912) u. a.
[7] HASHIMOTO. — DOTT. — DANDY, W. E.: Bull. Hopkins Hosp. **37**, 1 (1925). — KARLIK, L. N.: Z. exper. Med. **61**, 5 (1928). — BOURQUIN, H.: Amer. J.

SHIMOTO, daß er bei 56 hypophysenlosen Kaninchen nur 5 mal eine Harnflut beobachtet habe. DOTT vermißte die Polyurie bei Katzen, BOURQUIN sowie CAMUS und ROUSSY bei jungen und erwachsenen Hunden.

Somit lassen also die Exstirpationsversuche nur den Schluß zu, daß der Ausfall der Hypophyse und zwar des Hinterlappens derselben häufig, doch nicht ausnahmslos, eine Vermehrung der Wasserabgabe des Körpers zur Folge hat.

Die Polyurie nach Hypophysenentfernung tritt auch nach Entnervung der Nieren auf[1].

6. Stoffwechsel. Temperatur. Sehr oft wird nach der Hypophysenentfernung eine meist bald vorübergehende Glykosurie beobachtet. Sie scheint eine einfache Operationsglykosurie zu sein und nichts mit dem Ausfall der Hypophyse zu tun zu haben. Denn HASHIMOTO sah die Glykosurie bei Kaninchen nach der Hypophysenexstirpation nicht öfter auftreten als nach Schädeleröffnungen ohne Hypophysenberührung. Auch KEETON und BECHT[2] schließen, daß die kurzanhaltende Hyperglykämie nach Hypophysenentfernung nicht auf einen Ausfall von Hypophysenhormonen zurückzuführen ist, sondern auf eine reflektorische Erregung der Zentren des Nebennierenmarkes.

Nach CUSHING und Mitarbeitern[3] sollte die Hypophysenentfernung die Zuckertoleranz des Körpers steigern. Nachuntersucher[4] vermißten dagegen jeden sicheren Einfluß des Hypophysenmangels auf die Kohlenhydrattoleranz. Der Leberglykogengehalt ist einige Zeit nach der Entfernung von normaler Größe; der Blutzucker hypophysektomierter Hunde ist nicht oder nur ein wenig erniedrigt[5]. (Über die erhöhte Insulinempfindlichkeit hypophysenloser Tiere wird S. 178 berichtet.)

Der Grundumsatz[6] hypophysektomierter Hunde erweist sich beim Vergleich mit dem Grundumsatz der gleichen Tiere vor der Hypophysenentfernung als stark vermindert. Die Senkung beträgt 20—30 bis gegen

---

Physiol. **79**, 362 (1927). — CAMUS, J., u. G. ROUSSY: C. r. Soc. Biol. **76**, 877 (1914) u. a.

[1] HOUSSAY, B. A., u. H. RUBIO: C. r. Soc. Biol. **88**, 385 (1923).
[2] KEETON, R. W., u. F. C. BECHT: Amer. J. Physiol. **49**, 248 (1919).
[3] GOETSCH, E., H. CUSHING u. C. JACOBSON: Bull. Hopkins Hosp. **22**, 165 (1911).
[4] CAMUS, J., u. G. ROUSSY: C. r. Soc. Biol. **76**, 314 (1914); J. Physiol. et Path. gén. **20**, 509 (1922). — GEILING, E. M. K., u. Mitarb.: J. of Pharmacol. **31**, 247 (1927). — HOUSSAY, B. A., u. M. A. MAGENTA: Rev. Soc. argent. Biol. **3**, 217 (1927).
[5] HOUSSAY, B. A., u. Mitarb.: C. r. Soc. Biol. **86**, 1115 (1922); — Siehe auch CURTIS, G. M.: Arch. int. Med. **34**, 801 (1924).
[6] ASCHNER, B., u. O. PORGES: Biochem. Z. **39**, 200 (1914). — BENEDICT, F. G., u. J. HOMANS: J. med. Res. **25**, 409 (1912).

50%. Ebenso findet man eine sehr starke Abnahme der N-Abgabe nach diesem Eingriff[1]. Die spezifisch-dynamische Wirkung des Eiweiß ist unverändert[2].

In zahlreichen Fällen fand man nach der Hypophysenentfernung eine geringe Senkung der Körpertemperatur[3], meist um 1—1$^1/_2$°C.

Auf die Plasmasalze des Hundes ist die Hypophysenentfernung ohne Einfluß. Ebenso bleibt der Reststickstoff, der Harnstoff, das Kreatinin des Blutes unverändert[4].

Nach dem Ausfall dieser Versuche mit Hypophysenentfernung könnte es den Anschein haben, als ob die Frage nach der Bedeutung dieses Organs für den Körper befriedigend geklärt wäre: der Ausfall macht ja stets eine Hemmung des Wachstums des noch jugendlichen Körpers, sehr häufig eine starke Fettansammlung, oft verbunden mit einer Atrophie der Keimdrüsen und der sekundären Geschlechtsorgane und schließlich in vielen Fällen eine zur Polyurie führende Störung des Wasserhaushaltes.

Aber neuere Versuche, in denen bei intakt gelassener Hypophyse die dem Stiel der Hypophyse benachbart gelegenen Teile der Gehirnbasis verletzt wurden, haben Zweifel aufkommen lassen, ob wirklich der Ausfall der innersekretorischen Leistungen der Hypophyse jene Störungen herbeiführt, oder ob sie nicht vielmehr die Folge einer Störung der Funktionen des Zentralnervensystems sind.

Über diese Versuche soll im folgenden Kapitel berichtet werden.

VI. Anteil des Zwischenhirnes an den nach Hypophysenentfernung auftretenden Erscheinungen.

Eine sehr regelmäßige Folge von Verletzungen am Boden des 3. Ventrikels vom Tuber cinereum bis zum Corpus mammillare ist, wie besonders CAMUS und ROUSSY in zahlreichen Versuchen nachwiesen, eine oft monatelang anhaltende Harnflut[5]. Sie kommt unabhängig von der Hypophyse zustande, denn man fand nicht nur das Gewebe derselben nach dem wirksamen Hypothalamusstich histologisch unverändert, son-

---

[1] ASCHNER u. a.
[2] GAEBLER, O. H.: J. of biol. Chem. 81, 41 (1928).
[3] MAZZOCCO, P.: C. r. Soc. Biol. 97, 594 (1927).
[4] CUSHING u. Mitarb. — ASCHNER. — HASHIMOTO.
[5] CAMUS, J., u. G. ROUSSY: C. r. Soc. Biol. 75, 628 (1913); 76, 773, 887 (1914); J. Physiol. et Path. gén. 20, 509 (1922). — RUBIO, H. H.: Rev. Soc. argent. Biol. 3, 179 (1927). — LESCHKE, E.: Z. klin. Med. 87, 201 (1919). — ASCHNER. — ALPERN, D.: Z. exper. Med. 34, 324 (1923). KARLIK, L. N.: Ebenda 61, 5 (1928) u. a. — Über die Lokalisation des Stiches: CAMUS, J., u. G. ROUSSY: J. Physiol. et Path. gén. 20, 535 (1922). — RAMIREZ-CORRIA, C. M.: Rev. Soc. argent. Biol. 3, 227 (1927).

dern mehrfach war der Hypothalamusstich auch nach der mehrere Tage zuvor ausgeführten Hypophysenentfernung noch wirksam[1].

Die Wirksamkeit des Stiches nach der Hypophysenentfernung beweist, daß die Hypothalamuspolyurie nicht die Folge einer Zerstörung der die Hypophysensekretion in Gang haltenden nervösen Zentren (deren Existenz im Zwischenhirn ja sehr wahrscheinlich ist) sein kann. Entweder liegen also im Zwischenhirn Zentren, die auf nervösen Bahnen den Wasserwechsel des Körpers beeinflussen, oder es wird nach der Verletzung der Hirnbasis eine diuretisch wirksame Substanz gebildet bzw. eine von der Hirnbasis normalerweise gelieferte antidiuretische Substanz nicht mehr in den Körper abgegeben.

Sicher ist die Stichpolyurie nicht der Ausdruck einer durch das Nervensystem vermittelten Änderung der Harnabgabe durch unmittelbare Einwirkung auf die Nierentätigkeit. Denn die Stichpolyurie fehlt nicht nach der völligen Entnervung der Nieren[2]. Gegen die Annahme, daß die Polyurie die sekundäre Folge einer Änderung des Wasserbindungsvermögens durch Störung der Gewebsinnervation sei, spricht der Ausfall von Versuchen, in denen der Einfluß der Rückenmarkausschaltung und der Vagusnerven auf die Stichpolyurie untersucht wurde[3]: die Verbrennung der Hirnbasis wirkt auch dann noch harnvermehrend, wenn das Rückenmark zuvor im oberen Thorakalmark durchtrennt worden war, und eine bestehende Hypothalamuspolyurie schwindet nicht, wenn das Mark in der Höhe der unteren Halswirbel oder der oberen Brustwirbel durchschnitten wird.

Hiernach kann die Stichpolyurie keine reine Angelegenheit des Nervensystems sein, sondern es müssen unter dem Einfluß der Verletzung entweder Stoffe an das Blut abgegeben worden sein, die diuresefördernd wirken, oder es muß durch jenen Eingriff die Abgabe eines in der Hirnbasis gebildeten antidiuretischen Stoffes verhindert worden sein.

BOURQUIN nimmt die Bildung einer diuretischen Substanz an, denn bei Kreuzung des Kreislaufes eines normalen Hundes mit dem Kreislauf eines stich-polyurischen Hundes trat beim normalen Hunde eine übrigens nur wenige Minuten lang anhaltende Polyurie auf.

Diese diuretische Substanz soll vom Boden des 3. Ventrikels in das Blut abgegeben werden, denn Auszüge aus den Corpora mammillaria fördern bei Hunden nach intravenöser Einverleibung die Harnabgabe

---

[1] CAMUS u. ROUSSY. — CURTIS, G. M.: Arch. int. Med. **34**, 801 (1924). — BOURQUIN, H.: Amer. J. Physiol. **79**, 362 (1927).
[2] CAMUS, J., u. J. J. GOURNAY: C. r. Soc. Biol. **88**, 694 (1923). — HOUSSAY, B. A., u. CARULLA: Ebenda **83**, 1252 (1920). — BAILEY, P., u. F. BREMER: Arch. int. Med. **28**, 773 (1921).   [3] BOURQUIN.

Anteil d. Zwischenhirnes a. d. Erschein. nach Hypophysenentfernung. 119

besonders stark dann, wenn einige Zeit vor der Herausnahme der Basis des 3. Ventrikels die Hypophyse entfernt worden war[1].

TRENDELENBURG und SATO[2] stellten dagegen kürzlich fest, daß

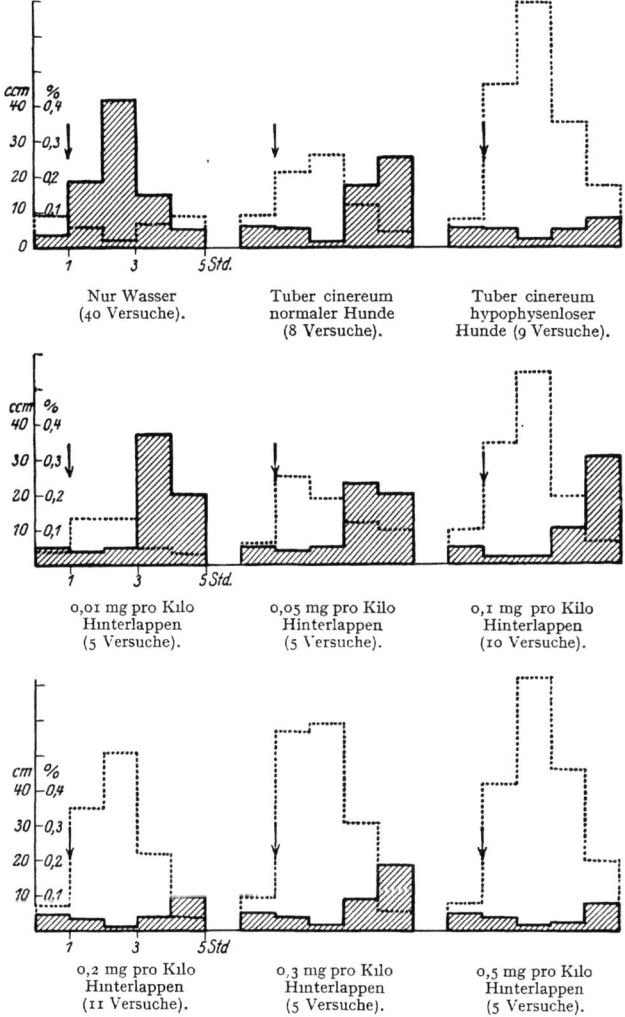

Abb. 14. Abgabe von Wasser und Cl nach Wasser per os, Kaninchen (Mittel aus mehreren Versuchen): 1. Wasser allein, 2. Wasser + 3 mg Tuber ciner. (pro Kilo) normaler Hunde, subc., 3. Wasser + 3 mg Tuber ciner. (pro Kilo) hypophysektomierter Hunde, subcutan, 4.—9. Wasser + 0,01—0,5 mg Hinterlappen (pro Kilo) subcutan. Wasser = dunkles Feld; Cl = Feld innerhalb der punktierten Linien. (Sato u. Trendelenburg.)

---

[1] BOURQUIN, H.: Amer. J. Physiol. **83**, 125 (1927) — Siehe auch ATWELL, W. I.: Proc. Soc. exper. Biol. a. Med. **24**, 864 (1927).
[2] TRENDELENBURG, P.: Klin. Wschr. **7**, Nr. 36 (1928). — SATO, G.: Arch. f. exper. Path. **131**, 45 (1927).

nach der Hypophysenentfernung beim Hunde im Tuber cinereum, manchmal auch in den Corpora mammillaria eine (bei nicht narkotisierten Tieren nach subcutaner Einverleibung) antidiuretisch wirksame Substanz gebildet wird, die dort bei nicht hypophysektomierten Tieren in nur viel geringerer Menge zu finden ist. (Abb. 14.) Sie folgern aus dieser Feststellung, daß das Tuber cinereum nach der Hypophysektomie die Bildung und Abgabe einer antidiuretischen Substanz übernimmt, und daß die Zerstörung des Tuber cinereum durch Unterbindung dieser Hormonabgabe diuresefördernd wirkt.

Vermutlich wird die harnhemmende Substanz nach der Hypophysektomie in Resten der Pars tuberalis gebildet, die nach der Hypophysenentfernung, wie erwähnt, hypertrophieren.

Es erscheint beim derzeitigen Stand unserer Kenntnisse also sehr wohl möglich, daß der Wasserhaushalt des Körpers unter dauerndem innersekretorischen Einfluß steht; die Hormonbildung findet aber nicht nur in der Hypophyse statt, sondern bei deren Ausfall auch in der Basis des Gehirns oder in dem dieser aufgelagerten Teil der Pars tuberalis.

Auch die Fettsucht sowie die Genitalatrophie wurde von einigen nach dem Hypothalamusstich beobachtet[1]. Es wäre denkbar, daß der Stich nervöse Zentren getroffen und dadurch die Hormonabgabe gestört haben könnte. Zugunsten dieser Annahme kann die Tatsache angeführt werden, daß auch die Durchtrennung des Hypophysenstiels, die entgegen älteren Angaben keine tödlichen Folgen hat, zur Fettsucht und Genitalatrophie führen kann[2].

Auf das Wachstum ist der Hypothalamusstich nach Houssay und Hug[3] ohne Wirkung.

VII. Chemie der wirksamen Substanzen des Vorderlappens.

Die wirksamen Substanzen des Vorderlappens sind noch nicht dargestellt, ihre chemischen Eigenschaften sind noch fast ganz unbekannt. Die Ursache für diese Lücken unserer Kenntnisse ist wohl hauptsächlich der Umstand, daß es bis vor kurzem noch nicht möglich war, das Tierexperiment als Wegweiser der chemischen Arbeiten zu benutzen.

---

[1] Camus, J., u. Mitarb.: C. r. Soc. Biol. **86**, 1070 (1922). — J. Physiol. et Path. gén. **20**, 509 (1922). — Bailey, P., u. F. Bremer: Arch. int. Med. **28**, 773 (1921). — Aschner. — Rubio. — Smith, Ph. E.: Anat. Rec. **32**, 221 (1926). — Siehe dagegen Curtis.

[2] Crowe, S. J., H. Cushing u. J. Homans: Quart. J. exper. Physiol. **2**, 389 (1909). — Bell. — Cushing u. Maddock. — Dott: nach Schafer, Sh.: Endocr. **2**, (1926).

[3] Houssay, B. A., u. E. Hug: C. r. Soc. Biol. **89**, 51 (1923).

Vor längeren Jahren gab ROBERTSON[1] ein Verfahren an, mit dem es gelingen sollte, die das Wachstum fördernde Substanz des Vorderlappens in reinem Zustande darzustellen. Er zog die Drüsen mit absolutem Alkohol aus, engte das Filtrat bis zur ersten Auskrystallisation ein und versetzte es mit Äther, worauf ein weißer Niederschlag, das *Tethelin* ausfiel. Sicher ist aber dies Pulver keine einheitliche Substanz, sondern vermutlich ist es ein Gemisch von Lipoiden[2].

ROBERTSON hat angegeben, daß die Injektionen kleiner Gaben von Tethelin bei Mäusen im frühen Alter das Wachstum hemmen, in etwas späterem Alter aber fördern. Diese Behauptung ist von DRUMMOND und CANNAN kritisiert worden; die Wachstumskurven der behandelten Tiere weichen nicht eindeutig und ausgesprochen von den Wachstumskurven normaler Tiere ab.

Die Herstellung von Vorderlappenauszügen mit sicherer wachstumsfördernder Wirkung ist erst 1920 LONG und EVANS[3] gelungen.

Rindervorderlappen werden zur Keimabtötung 10 Minuten lang in 40%igem Alkohol umgerührt. Mit sterilem Sand werden sie zu einer Paste verrieben. Zur Paste wird ein Drittel sterile physiologische NaCl-Lösung zugesetzt (33 ccm auf 100 Paste). Das Zentrifugat wird eingespritzt.

Neben der wachstumsfördernden Substanz ist eine auf die Ovarfunktion einwirkende zweite Substanz[4] im Vorderlappen vorhanden. Diese zweite Substanz ist ebenfalls hitzeunbeständig; schon die Temperatur von 60° wirkt schädigend. Sie ist wasserlöslich und dialysabel und ist weniger empfindlich gegen Alkohol. Die wachstumsfördernde Substanz soll in den basophilen Zellen, eine die Metamorphose der Kaulquappen fördernde Substanz dagegen in dem eosinophilen Teil des Vorderlappens enthalten sein.

Einstündiges Durchleiten von Sauerstoff durch die Auszüge zerstört die wirksamen Stoffe nicht; nach Zusatz von 8% Alkohol halten sich die Auszüge eine Woche lang ohne Wirksamkeitsverlust. Der Zusatz von 50% Alkohol entfernt mit dem Niederschlag die wachstumsfördernde Substanz, aber nicht den auf das Ovar wirksamen Stoff. Die Darstellung eiweißfreier wirksamer Auszüge ist bislang nicht gelungen. Eine teilweise Enteiweißung ohne Vernichtung der wirksamen Stoffe gelingt durch Zusatz von Essigsäure bis zum pH 3—4; das Filtrat ist wirksam.

---

[1] ROBERTSON, T. B.: J. of biol. Chem. **24**, 397, 409 (1916); Ders. u. A. RAY: Ebenda **37**, 393, 427 (1919); Ders. u. M. DELPRAT: Ebenda **31**, 567 (1917).
[2] DRUMMOND, J. C., u. R. K. CANNAN: Biochemic. J. **16**, 53 (1922).
[3] LONG, H. M., u. H. M. EVANS: Anat. Rec. **21**, 62 (1921). — EVANS, H. M.: Harv. Lect. **19**, 212 (1924). — FLOWER, C. F., u. Mitarb.: Anat. Rec. **25**, 107 (1923). — PUTNAM, FR. I., u. Mitarb.: Amer. J. Physiol. **84**, 157 (1927).
[4] EVANS. — ZONDECK, B., u. S. ASCHHEIM: Klin. Wschr. **7**, 831 (1928).

VIII. Wirkungen der Vorderlappenzufuhr.

a) Wirbellose Tiere.

An Wirbellosen hat nur WULZEN[1] experimentiert. Der Wurm Planaria maculata wurde mit Hypophyse beziehungsweise mit Leber gefüttert. Die Hypophysentiere wuchsen schneller und teilten sich rascher. In einer Versuchsreihe nahm z. B. die Länge der mit Hypophyse gefütterten Tiere von durchschnittlich 116 auf 514 mm zu, die Länge der mit Leber gefütterten Tiere dagegen nur von 141 auf 351 mm. Der wachstumsfördernde Stoff war hauptsächlich im Vorderlappen vorhanden.

b) Amphibien, Reptilien.

Die Anwesenheit eines das Wachstum des Wirbeltierkörpers fördernden Stoffes im Vorderlappen der Hypophyse ist durch den Ausfall der Versuche an Kaulquappen[2] endgültig bewiesen. Schon durch Verfütterung von Vorderlappengewebe wird das Wachstum der Kaulquappen gefördert, viel eindeutiger ist aber die Wachstumsförderung zu erhalten, wenn Vorderlappengewebe transplantiert wird oder wenn Vorderlappenauszüge injiziert werden. Zumal bei hypophysenlosen Kaulquappen gelingt es durch die parenterale Zufuhr das Wachstum über das normale Maß zu fördern, so daß ein Gigantismus künstlich erzeugt werden kann.

E. SMITH und J. P. SMITH fanden an Kaulquappen, die längere Zeit zuvor hypophysektomiert und längere Zeit hindurch mit Vorderlappen behandelt worden waren, eine Körperlänge von 47—59 mm. Die hypophysektomierten und die normalen Kontrolltiere maßen nur 31—41 bzw. 38—45 mm.

Eine weitere sicher nachgewiesene Wirkung der parenteralen Einverleibung von Vorderlappengewebe oder von Vorderlappenauszügen ist eine Förderung der Metamorphose der Kaulquappen. Während z. B. die Larven von Rana catesbiana normalerweise erst im zweiten Jahre metamorphosieren, brechen die Beine nach einer Transplantation der Pars glandularis vom Frosch schon am 40. Tage durch, und in der Folgezeit vollendet sich die Umwandlung zum Landtier.

Daß nach Ansicht mancher Untersucher diese metamorphosefördernde Wirkung des Vorderlappens auf dem Umweg einer Förderung der Schild-

---

[1] WULZEN, R.: J. of biol. Chem. **25**, 625 (1916).
[2] ALLEN, B. M.: Anat. Rec. **20**, 192 (1920) — HOSKINS, E. R. u. M. M.: Endocrinology **4**, 1 (1920). — SWINGLE, W. W.: J. of exper. Zool. **34**, 119 (1921). — SMITH, PH. E., u. G. CHENEY: Endocrinology **5**, 448 (1921). — SMITH, PH. E. u. J. P.: Anat. Rec. **23**, 38 (1922); Endocrinology **7**, 579 (1923), — EVANS, H. M.: Harvey Lect. **19**, 212 (1924). — SPAUL, E. A.: Brit. J. exper. Biol. **1**, 313 (1923—24). — INGRAM, W. R.: Proc. Soc. exper. Biol. a. Med. **25**, 730 (1928).

drüsensekretion zustande kommt, wird weiter unten näher ausgeführt werden (S.173).

Weiterhin bewirkt die Vorderlappenzufuhr bei hypophysenlosen Kaulquappen, daß die für diese Tiere typische Hypoplasie vieler innersekretorischer Drüsen, wie der Nebennieren, der Schild- und Nebenschilddrüse, wieder ausgeglichen wird. Dagegen bleibt die helle Hautfarbe bestehen.

Auch bei Axolotln fördert die Vorderlappenverfütterung das Wachstum; nach UHLENHUTH[1] fehlt diese Förderung bei Tieren, die noch nicht metamorphosierten, doch hat der Verfasser auch bei Axolotllarven durch langanhaltende Verfütterung von Vorderlappengewebe starke Wachstumsanregungen erzielt. Nach UHLENHUTH kann durch Vorderlappenzufuhr nach der Metamorphose echter Gigantismus erzeugt werden; die Axolotl erreichen eine Größe, die normalerweise nicht vorkommt (Abb. 15).

Umstritten ist der Einfluß auf die Metamorphose der Axolotllarven. Nach einigen Angaben[2] soll die Metamorphose durch die Einspritzungen von Vorderlappenauszügen gefördert werden, SMITH[3] beobachtete dagegen nach Injektionen von EVANSschen Vorderlappenauszügen eine Hemmung sowohl der Spontanmetamorphose, wie der durch Thyreoideazufuhr künstlich beschleunigten Metamorphose.

Abb. 15. Wirkung der Vorderlappenverfütterung auf das Wachstum der Axolotl (links und rechts; in der Mitte Kontrolltier). (Nach Uhlenhuth.)

Denkbar wäre, daß die Vorderlappenzufuhr bei Axolotln deshalb die bei Kaulquappen einwandfrei nachgewiesene Metamorphosebeschleunigung nicht herbeiführt, weil bei jenen Tieren die Schilddrüse zu mangelhaft entwickelt ist.

c) Warmblüter.

In vielen Versuchsreihen wurde der Einfluß der Verfütterung von Vorderlappen auf das *Wachstum* der Vögel und der Säugetiere untersucht[4]. Fast alle Versuche verliefen vollkommen negativ, oder wenn

---

[1] UHLENHUTH, E.: Proc. Soc. exper. Biol. a. Med. 18, 11 (1920); Endocr. and Metab. 1, 189 (1924).
[2] HOGBEN, L. T.: Proc. roy. Soc. B. 94, 204 (1923). — SPAUL, E. A.: Brit. J. exper. Biol. 1, 313 (1924); 2, 33 (1924).
[3] SMITH, PH. E.: Brit. J. exper. Biol. 3, 239 (1926).
[4] ALDRICH, T. B.: Amer. J. Physiol. 30, 352 (1912); 31, 94 (1912). — SCHÄFER, E. A.: Quart. J. exper. Physiol. 5, 203 (1912). — LEWIS, D.,

eine Förderung erhalten wurde, war sie zu gering, um die Anwesenheit eines wachstumsfördernden Hormones eindeutig zu beweisen. So betrug der Gewichtsunterschied zwischen Ratten, die 3 Monate lang mit Vorderlappensubstanz gefüttert worden waren und den nicht mit Vorderlappen gefütterten Kontrolltieren in SCHÄFERS Versuchen nur + 19 g.

Die Ursache der unsicheren Wirkung peroral zugeführter Vorderlappensubstanz ist die schlechte Resorbierbarkeit oder die Zersetzung der wirksamen Stoffe im Magen-Darmkanal. Denn EVANS und LONG[1]

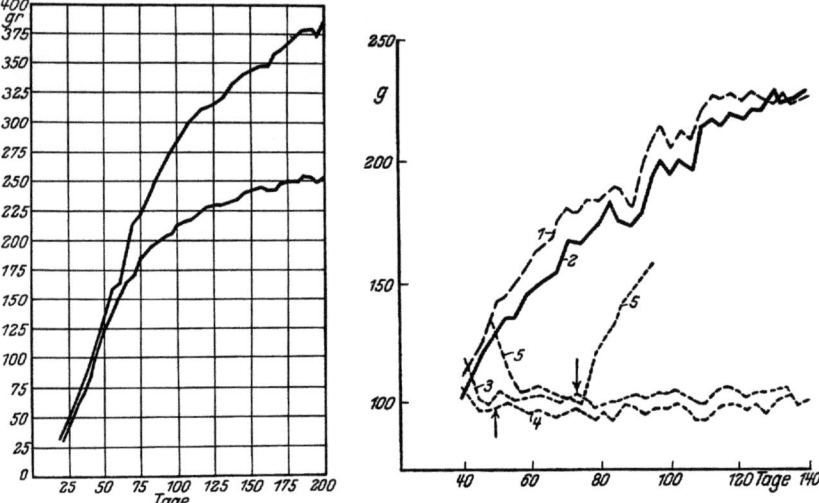

Abb. 16. Einfluß der Einspritzung von Vorderlappenauszug auf das Wachstum von Ratten. Untere Kurve: Durchschnitt von 38 Kontrolltieren. Obere Kurve: Durchschnitt von 38 behandelten Geschwistertieren. (Nach Evans.)

Abb. 17. Wachstumskurven von Ratten. 1,2: normale Kontrolltiere; 3,4 hypophysektomierte Tiere; bei ↑ : Beginn der Vorderlappen-Verfütterung; 5: hypophysektomierte Ratte, bei ↓ . Beginn der täglichen Vorderlappen-Transplantationen. (Nach Ph. E. Smith.)

erzielten bei intraperitonealen Injektionen frischer Vorderlappenauszüge neuerdings eine sehr starke Förderung des Körperwachstums, bei genügend lang anhaltender Zufuhr sogar Riesenwuchs (Abb. 16). Je 38 Rat-

---

u. MILLER: Arch. int. Med. **12**, 239 (1913). — GOETSCH, E.: Bull. Hopkins Hosp. **27**, 29 (1916). — ROBERTSON, T. B.: J. of biol. Chem. **24**, 385 (1916). — SISSON, W. R., u. E. N. BROYLES: Bull. Hopkins Hosp. **32**, 22 (1921). — DOTT, N. M.: Quart. J. exper. Physiol. **13**, 241 (1923) — SMITH, C. S.: Amer. J. Physiol. **65**, 277 (1923). — SMITH, PH. E.: Amer. J. Physiol. **81**, 20 (1927) u. a.

[1] EVANS, H. M., u. J. A. LONG: Anat. Rec. **21**, 62 (1921); **23**, 19 (1922); ders. u. M. E. SIMPSON: Ebenda **32**, 206 (1926). — Siehe auch SMITH, PH. E.: Anat. Rec. **32**, 221 (1926).

ten, die im Alter von 14 Tagen durchschnittlich 20 g wogen, erhielten bis zum 75. Tage Vorderlappenauszüge. Am 35. Tage betrug ihr Durchschnittsgewicht 81 g, während das Durchschnittsgewicht der 38 Kontrolltiere 71 g betrug. Am 60. Tage waren die Durchschnittsgewichte 197 gegen 166 g und am 75. Tage 228 gegen 184 g. Schließlich betrug die Differenz 100—250 g zugunsten der behandelten Tiere. Der größte beobachtete Unterschied war 596 gegen 248 g des Kontrolltieres.

Auch die Transplantation von arteigenem Vorderlappengewebe in Ratten, deren Wachstum durch Entfernung der Hypophyse zum Stillstand gebracht worden war, fördert sofort das Wachstum, während die Verfütterung auch bei hypophysenlosen Ratten unwirksam ist[1] (Abb. 17).

Auch bei jugendlichen Hunden[2], sowohl normalen wie hypophysektomierten, förderten die Einspritzungen von EVANSschem Vorderlappenauszug das Wachstum: nach achtmonatlicher Zufuhr wog der behandelte Hund 26 kg, das unbehandelte Kontrolltier nur 18 kg. (Bei Kaninchen gelang der Nachweis der Wachstumsförderung dagegen nicht.)

Die älteren Angaben über den Einfluß der Vorderlappenverfütterung auf die Geschlechtsdrüsen und den Eintritt der Pubertät können hier fortgelassen werden, da sie keine klaren Ergebnisse gebracht haben.

Schon seit langem vermutete man auf Grund klinischer Beobachtungen eine *Wechselbeziehung zwischen Vorderlappen und Ovarium.* Bei der Akromegalie der Frau, also bei einer Mehrproduktion an Vorderlappensekret, tritt, wie erwähnt, oft eine Amenorrhöe auf, und im Ovar sind Degenerationen zu sehen. Die Amenorrhöe ist zweifellos die Folge einer ovulationshemmenden Wirkung des Vorderlappensekretes. So beobachtet man z. B., daß Hühner[3] nach der intraperitonealen Injektion von frischen Vorderlappenauszügen (sowie nach der Transplantation von Vorderlappengewebe) nur noch die wenigen Eier legen, die im Ovidukt sind, dann aber hört das Eierlegen für lange Dauer vollkommen auf; die größeren Follikel atresieren vorzeitig und werden durch Luteingewebe ersetzt. Diese Hemmung schwindet nach Beendigung der Zufuhr von Vorderlappensubstanz.

Des weiteren haben EVANS und LONG[4] vor einigen Jahren nach-

---

[1] SMITH, PH. E.: Amer. J. Physiol. 81, 20 (1927).
[2] PUTNAM, FR. J., u. Mitarb.: Amer. J. Physiol. 84, 157 (1927).
[3] WALKER, A. T.: Amer. J. Physiol. 74, 249 (1925). — NOETHER, P.: Arch. f. exper. Path. 138, 164 (1928).
[4] EVANS, H. M., u. J. A. LONG: Anat. Rec. 21, 62 (1921); 23, 19 (1922). — EVANS, E. M.: Harvey Lect. 19, 212 (1924). — SMITH, PH. E.: Proc. Soc. exper. Biol. a. Med. 24, 131 (1926); Amer. J. Physiol. 80, 114 (1927). — TEEL, H. M.: Amer. J. Physiol. 79, 170, 184 (1926). — PUTNAM, FR. J., u. Mitarb.: Ebenda 84, 157 (1927). — ZONDEK, B., u. S. ASCHHEIM: Klin. Wschr. 6, 248 (1927); 7, 831 (1928); Arch. Gynäk. 130, 1 (1927). — ENGLE, E. T.: Proc. Soc. exper. Biol. a. Med. 25, 85 (1927).

gewiesen, daß die Injektion von Vorderlappensubstanz oder -auszug in die Bauchhöhle junger Ratten die Ovulation und die Brunstzyklen hemmt. In den nicht zur Reife gelangenden Follikeln treten, obwohl der Sprung ausbleibt, Luteinzellen auf (Abb. 18), und nach längerer Behandlung werden die Eierstöcke durch die Entstehung massenhafter derartiger vorzeitig gebildeter gelber Körper, die das Ei umschließen, viel größer; reife Follikel sind in ihnen nicht mehr zu finden.

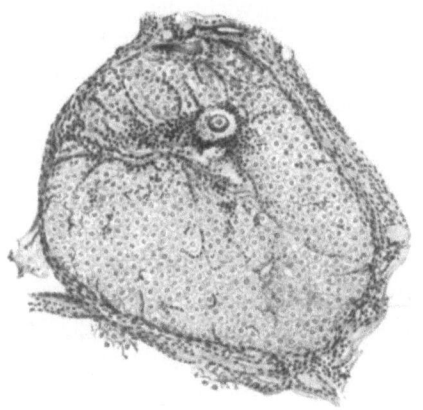

Abb. 18. Bildung des Corpus luteum innerhalb eines nicht rupturierten Follikels nach Einspritzen von Vorderlappenauszug; inmitten des Corpus luteum liegt das Ei. (Nach Evans.)

Bei nichtschwangeren Tieren lösen die Injektionen auf dem Umwege über die vermehrte Bildung gelber Körper eine abnorme Neigung der Uterusschleimhaut, auf mechanische Reize mit der Bildung eines Deziduagewebes zu antworten, aus[1].

Neben dieser Wirkung, die das Reifwerden der Follikel hemmt und ihre Umwandlung in Luteingewebe herbeiführt, hat das Vorderlappen-

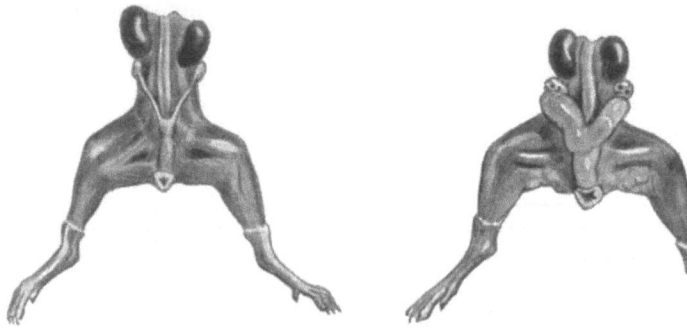

Abb. 19.

Genitalien einer infantilen 8 g schweren Maus. (Kontrolltier) (Nach Zondek und Aschheim).

Genitalien einer 8 g schweren Maus, 100 Stunden nach Implantation eines Stückchens Hypophysenvorderlappens.

hormon in der Zeit vor der Geschlechtsreife einen den Anfang der Follikelentwicklung begünstigenden Einfluß. Dies wurde zuerst von GOETSCH[2] an jungen Ratten beobachtet: nach monatelanger Fütterung

---

[1] TEEL, H. M.: Amer. J. Physiol. **79**, 170 (1926). — BROUHA, L.: C. r. Soc. Biol. **99**, 43, 759 (1928). — WEICHERT, K. CH.: Proc. Soc. exper. Biol. a. Med. **25**, 490 (1928).

[2] GOETSCH, E.: Bull. Hopkins Hosp. **27**, 29 (1916).

mit Vorderlappenauszug trat bei den jungen Tieren eine frühzeitige Reifung der Follikel ein; in den Ovaren fanden sich viele gelbe Körper.

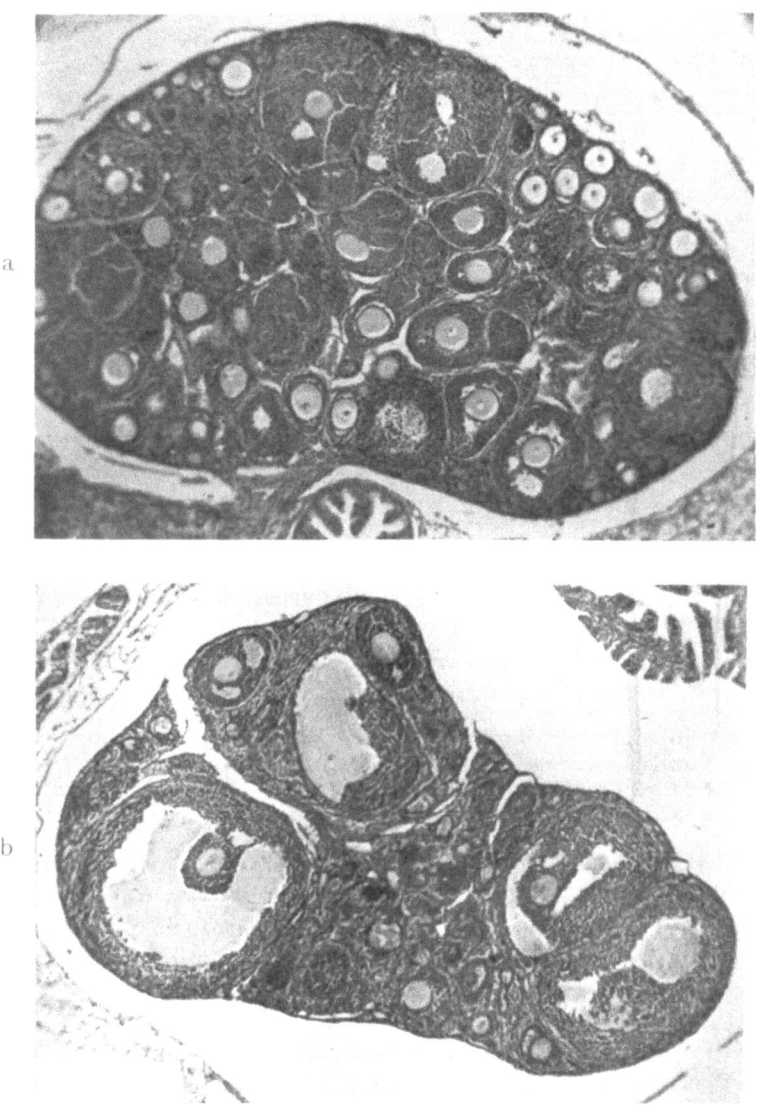

Abb. 20. a Ovarium einer infantilen Maus (Kontrolle). b Wirkung des Hypophysenvorderlappenhormons 60 Stunden nach der Implantation. Große, fast reife Follikel. (Nach Zondek u. Aschheim)

Wenn man ganz jungen Mäusen oder Ratten Vorderlappengewebe implantiert (ZONDEK und ASCHHEIM), so bildet sich sehr rasch eine Pubertas praecox aus: die Tiere werden brünstig, der Scheidenschlauch bildet sich um, der vergrößerte Uterus enthält viel Sekret, im Scheidensekret treten Epithelschollen auf (Abb. 19). Die Eierstöcke vergrößern sich nach längerer Zufuhr bis auf das 10—15fache und enthalten bis an 100 große Follikel und gelbe Körper (Abb. 20). Diese ganz jungen Tiere werden in wenigen Tagen unter dem Einfluß der gesteigerten Ovarhormonbildung geschlechtsreif, und sie lassen die Begattungsversuche von Männchen zu.

Diese Wirkungen fehlen nach der Ovarentfernung, sie sind also die Folge einer Anregung der innersekretorischen Leistungen der Eierstöcke. Hiernach ist es also möglich, daß der physiologische Eintritt der Pubertät von der Vorderlappensekretion reguliert wird, und daß die Hemmung der Ovulation während der Anwesenheit des Corpus luteum graviditatis oder lactationis von einer Steigerung der Vorderlappenfunktion abhängig ist. Die obenerwähnten Befunde, die am Ovar nach experimenteller Vorderlappenentfernung erhoben wurden, stützen diese Annahme einer Regulation der Ovartätigkeit durch den Vorderlappen.

Nach SMITH[1] wird jedoch die Genitalatrophie und die Fettsucht hypophysenloser Ratten durch die Transplantation von arteigenen Vorderlappen und die Einspritzung von Vorderlappenauszügen nicht beseitigt.

Dagegen wird bei alten Mäusen, deren Ovarfunktion längst soweit erloschen ist, daß keine Brunsterscheinungen mehr auftreten, die Follikelreifung und die Bildung von gelben Körpern durch die Vorderlappentransplantation von neuem in Gang gebracht, so daß die Tiere wieder Brunstzyklen zeigen (ZONDEK und ASCHHEIM) (Abb. 21).

Bei schwangeren Ratten tritt nach fortgesetzten Überpflanzungen arteigener Vorderlappen oder nach Einspritzung von EVANSschen Auszügen eine Resorption der Föten oder später eine Ausstoßung der Früchte ein; am Ende der Schwangerschaft bleibt der Abort meist aus[2].

Bei Säugetieren scheint für das Zustandekommen der hypophyseopriven Hodenatrophie die Entfernung des Vorderlappens maßgebend zu sein. Denn diese Keimdrüsenatrophie konnte bei hypophysenlosen Ratten durch die Einspritzung lege artis bereiteter Vorderlappenauszüge manchmal behoben werden. Bald nach einer homoplastischen Vorderlappentransplantation tritt auch bei jungen männlichen Ratten, die noch nicht geschlechtsreif sind, eine prämature *Reifung des Hodens* ein[3]. Ebenso wirken artfremde Transplantate und Extrakteinspritzun-

---

[1] SMITH, PH. E.: Anat. Rec. **32**, 221 (1926); Amer. J. Physiol. **81**, 20 (1927) — Siehe auch EVANS, H. M.: Harvey lect. **19**, 212 (1924).
[2] EVANS. — ENGLE, E. T., u. C. MERMOD: Amer. J. Physiol. **85**, 518 (1928).
[3] SMITH, PH. E.: Proc. Soc. exper. Biol. a. Med. **24**, Nr 4 (1927). — Ders. u. ENGLE, E. TH.: Ebenda Nr. 6. — Siehe auch EVANS, H. M., u. M. E. SIMPSON: Anat. Rec. **32**, 206 (1926).

gen[1]: das Epithel der Samenkanälchen wird mehrschichtig, reife Spermatozoen erscheinen, die sekundären Geschlechtsmerkmale werden gefördert. Diese letzte Wirkung fehlt bei kastrierten Männchen.

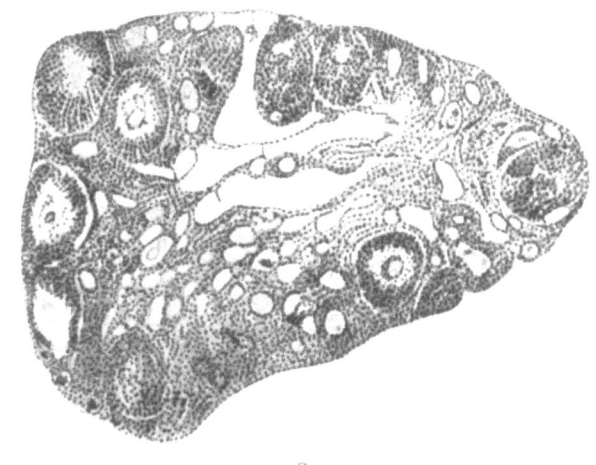

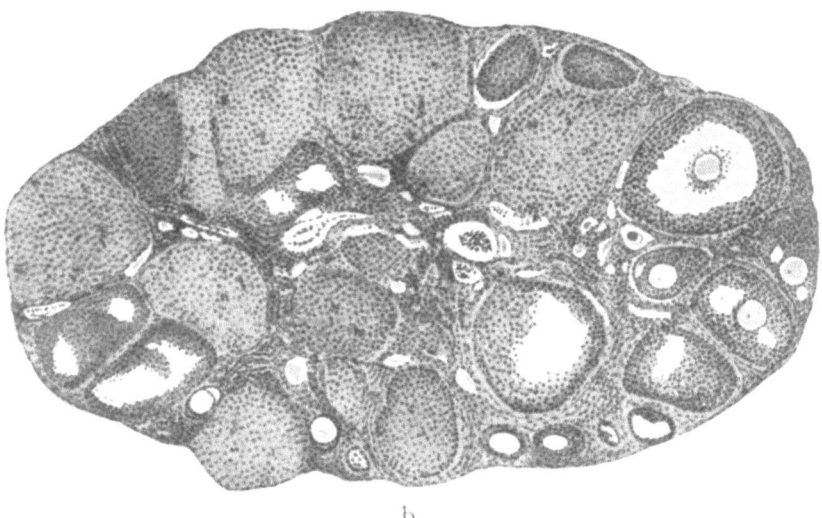

Abb. 21. Wirkung einer Vorderlappenimplantation auf den Eierstock einer alten Maus. a rechtes Ovar vorher. b linkes Ovar nachher (nach B. Zondeck und Aschheim).

---

[1] ZONDEK, B., u. S. ASCHHEIM: Klin. Wschr. 7, 831 (1928). — VOSS, H. E., u. S. LOEWE: Pflügers Archiv 218, 605 (1928).

IX. Zahl der wirksamen Stoffe im Hinterlappen und Gehalt der einzelnen Teile des Hinterlappens an ihnen.

Die Frage, auf wie viele verschiedene Stoffe des Hinterlappens sich die pharmakologischen Wirkungen, im besonderen die Blutdruckwirkung, die Uteruserregung, die Harnförderung bzw. -hemmung, die Förderung der Milchabgabe und die Ausbreitung der Melanophoren der Amphibienhaut, verteilen, ist seit langem umstritten. Es erübrigt sich, auf zahlreiche der Versuche, die diese Frage aufzuklären versuchten, einzugehen, da sie durch neuere Arbeiten überholt sind. Sicherzustehen scheint nunmehr, daß mindestens drei verschiedene Stoffe anzunehmen sind.

Daß die den Blutdruck erhöhende Substanz mit der den Uterus erregenden Substanz nicht identisch ist, ist nach dem Ergebnis von Versuchen, in denen Hinterlappenauszüge mit Butylalkohol ausgezogen wurden, zu erwarten; die uteruswirksame Substanz ist verhältnismäßig viel besser löslich in Butylalkohol[1]. Auch soll sie im Warmblüterkörper schwerer zerstörbar sein als die blutdrucksteigernde Substanz[2].

Während ABEL bei seinen weiter unten zu schildernden Isolierungsversuchen zu einem Tartrat gelangte, das nicht nur eine sehr starke Wirkung auf den Uterus, sondern auch auf den Blutdruck besaß, und ihm also eine klare Trennung von zwei Stoffen mit verschiedenen Wirkungen nicht gelungen war, haben kürzlich KAMM und Mitarbeiter[3] den einwandfreien Nachweis erbracht, daß man mit bestimmten chemischen Methoden (siehe unten) aus dem Hinterlappen zwei verschiedene Produkte erhalten kann, von denen das eine sehr stark wirksam auf den Blutdruck und kaum wirksam auf den Uterus, das andere dagegen sehr wirksam auf den Uterus, aber nur schwach wirksam auf den Blutdruck ist.

Die blutdrucksteigernde Substanz entfaltet auch eine starke harnfördernde und -hemmende Wirkung, diese fehlt dagegen ganz oder fast ganz der anderen Substanz. Weiter hat die blutdrucksteigernde Substanz eine stärkere Wirkung auf den Darm, während die uteruserregende eine stärkere Blutdrucksenkung beim Vogel verursacht und eine stärkere melanophorenausbreitende Wirkung hat[4].

Daß die melanophorenausbreitende Substanz aber nicht identisch

---

[1] DUDLEY, H. W.: J. of Pharmacol. **14**, 295 (1914); **21**, 103 (1923). — SCHLAPP, W.: Quart. J. exper. Physiol. **15**, 327 (1925). — DRAPER, W. B.: Amer. J. Physiol. **80**, 90 (1927).
[2] KNAUS, H. H.: J. of Pharmacol. **26**, 337 (1925).
[3] KAMM, O., T. B. ALDRICH, I. W. GROTE, L. W. ROWE u. E. P. BUGBEE: J. amer. chem. Soc. **50**, 573 (1928).
[4] BUGBEE, E. P., u. A. E. SIMOND: Amer. J. Physiol. **85**, 357 (1928); **86**, 171 (1928). — GADDUM, J. H.: J. of Physiol. **65**, 434 (1928).

mit der uterus- (oder blutdruck-)erregenden Substanz sein kann, folgt aus der Verteilung der drei Stoffe im Hinterlappen.

Vergleicht man die Wirksamkeit von Auszügen der abgetrennten Pars intermedia mit der Wirksamkeit von Auszügen aus gleichen Gewichtsmengen Pars neuralis, so findet man, daß die Intermedia eine viel stärkere melanophorenausbreitende Wirksamkeit entfaltet als die Neuralis, während letztere umgekehrt stärker auf Uterus und Blutdruck einwirkt[1] (Abb. 22 u. 23). Die Gewichtseinheit Neuralisgewebe kann bis 30 mal mehr der uteruserregenden Substanz enthalten als die Gewichtseinheit Intermediagewebe, an melanophorenausbreitender Substanz enthält sie dagegen bis über 50 mal weniger. Die Hypophyse von Rochen, die zwar Intermediagewebe aber kein Neuralisgewebe besitzt, hat wohl eine starke melanophorenausbreitende, aber keine blutdrucksteigernde Wirkung[2]. Schließlich zeigt die die Melanophoren ausbreitende Substanz auch andere Löslichkeitsverhältnisse, z. B. ist sie in Butylalkohol schwerer löslich, auch diffundiert sie schwerer[3] und ist säureempfindlicher[4]. (Ob diese Substanz irgendwelche Wirkungen im Warmblüterorganismus ausübt, ist noch unbekannt.)

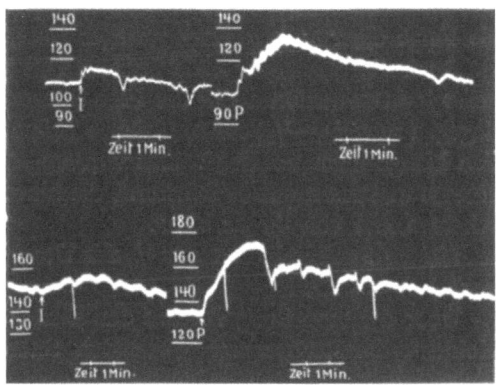

Abb. 22. Blutdrucksteigernde Wirkung der gleichen Menge von Pars intermedia (*I*) und Pars neuralis (*P*). *A* = am Kaninchen (1 mg). *B* = an der Katze (1,5 mg). Zeit zwischen beiden Injektionen 25 Minuten. (Nach van Dyke und Trendelenburg.)

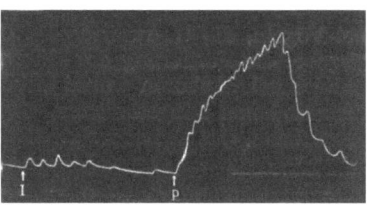

Abb. 23. Wirkung von Pars intermedia und Pars neuralis auf den isolierten Meerschweinchenuterus. *I* = Hinzufügen von 0,035 mg Pars intermedia. *P* = gleiche Menge von Pars neuralis. (Nach van Dyke und Trendelenburg.)

---

[1] HOGBEN, L. T., u. FR. R. WINTON: Biochemic. J. **16**, 619 (1922). — DYKE, H. B. VAN: Arch. f. exper. Path. **114**, 262 (1926). — HOUSSAY, B. A., u. E. J. UNGAR: C. r. Soc. Biol. **91**, 318 (1924).
[2] HERRING, P. T.: Quart. J. exper. Physiol. **6**, 73 (1913). — HOGBEN, L. T., u. G. R. de BEER: Ebenda **15**, 163 (1925). — HOUSSAY u. UNGAR.
[3] DREYER, N. R., u. A. J. CLARK: J. of Physiol. **58**, XVIII (1924). — FENN, W. O.: Ebenda **59**, 395 (1924). — Siehe auch KNAUS, H. H., u. Mitarb.: Ebenda **60**, 18 (1925).
[4] KROGH, A.: J. of Pharmacol. **29**, 177 (1926).

Die blutdrucksteigernde Substanz ist auch noch im Stiel der Hypophyse und dem dem Stielansatz benachbarten Abschnitt des Hypothalamus nachzuweisen, dagegen fehlt sie im hinteren Hypothalamusgewebe[1].
Die Pars tuberalis steigert den Blutdruck nur sehr wenig, vielleicht nur als Folge einer Beimengung geringer Reste von Neuralisgewebe[2].

Auch die uteruserregende Substanz ist in der Pars neuralis in stärkerer Konzentration als in der Pars intermedia enthalten. Im Stiel ist dagegen nur $1/30 - 1/50$ der in gleichen Teilen der Pars neuralis zu findenden Menge nachzuweisen[3]. Das vordere Hypothalamusgewebe ist sehr arm an uteruserregender Substanz, die hinteren Teile des Hypothalamus scheinen frei von ihr zu sein[4].

Die Pars tuberalis hat nur $1/6$ der Uteruswirksamkeit des Stielgewebes[5].

Über die Verteilung der auf den Darm[6] wirkenden und der auf den Kohlenhydratstoffwechsel wirkenden Substanz[7] besteht noch keine Sicherheit.

Soweit die bisher vorliegenden Versuche zu urteilen erlauben, hat es den Anschein, daß die Hinterlappen der verschiedenen Säugetiere und des Menschen annähernd den gleichen Gehalt an uteruserregender Substanz besitzen und daß dieser Gehalt keine jahreszeitlichen Schwankungen durchmacht und vom Geschlecht unabhängig ist[8].

Die verschiedenen Wirkungen des Auszuges aus dem Hinterlappen, im besonderen die Blutdrucksteigerung bei Säugetieren, die Blutdrucksenkung bei Vögeln, die Uteruserregung, die Förderung bzw. Hemmung der Harnabgabe, die Förderung der Milchsekretion sowie die Ausbreitung der Amphibienmelanophoren wurde mit Auszügen aus Hypophysen nicht nur der verschiedenen Säugetierarten, sondern auch der Vögel, der Reptilien, der Amphibien, der Teleostier erhalten[9].

---

[1] HOGBEN, L. T., u. G. R. de BEER: Quart. J. exper. Physiol. **15**, 163 (1925). — VAN DYKE. — ATWELL, W. T., u. C. J. MARINUS, Amer. J. Physiol. **47**, 76 (1918). — ABEL, J. J.: Bull. Hopkins Hosp. **35**, 305 (1924).
[2] ATWELL u. MARINUS.
[3] ATWELL u. MARINUS. — HOGBEN u. DE BEER. — VAN DYKE.
[4] TRENDELENBURG, P.: Klin. Wschr. **7**, Nr. 36 (1928). — SATO, G.: Arch. f. exper. Path. **131**, 45 (1928).
[5] ATWELL u. MARINUS.
[6] KAUFMANN, M.: Arch. f. exper. Path. **120**, 322 (1927).
[7] VELHAGEN: noch nicht veröff. Versuche.
[8] ROTH, G. R.: Bul. 109, Hyg. Lab. Washington 1916. — TRENDELENBURG, P., u. E. BORGMANN: Biochem. Z. **106**, 239 (1920). — FENGER, F.: J. of biol. Chem. **21**, 283 (1915); **25**, 417 (1916). — SMITH, M. T., u. W. T. MC CLOSKY: Bul. 138, Hyg. Lab. Washington 1924. — LAMPE, W.: Arch. f. exper. Path. **115**, 277 (1926).
[9] HERRING, P. T.: Quart. J. exper. Physiol. **1**, 187, 261 (1908); **6**, 73 (1913). — HOGBEN, L. T.: Quart. J. exper. Physiol. **15**, 155 (1925). — Ders. u. G. R. DE BEER: Ebenda 163.

Daß bei den Elasmobranchiern der Hinterlappen keine blutdrucksteigernde Wirkung entfaltet, wurde erwähnt; die anderen Wirkungen sind bis auf die antidiuretische Wirkung vorhanden; doch ist die Uteruswirkung gering[1].

Beim Säugetier tritt die Wirksamkeit der Hypophyse auf Warmblüterblutdruck, Uterus und Amphibienmelanophoren schon früh im embryonalen Leben auf und zwar gleichzeitig mit der Fähigkeit der Intermedia, Granula zu bilden[2].

X. Chemische und physikalische Eigenschaften der wirksamen Stoffe des Hinterlappens.

Die Reindarstellung der wirksamen Stoffe der Pars intermedia, neuralis, und tuberalis der Hypophyse ist trotz intensiver Arbeit noch nicht gelungen. Mehrfach glaubte man sie in reiner krystallinischer Form gewonnen zu haben[3], aber es handelte sich bei diesen Substanzen sicher nur um unwirksame Niederschläge, die die wirksamen Substanzen adsorbiert festhielten. Dies gilt nach ABEL und PINCOFFS[4] auch für die vor längeren Jahren von den HÖCHSTER Farbwerken[5] dargestellten Basen, die vermutlich Peptone oder Albumosen mit adsorbierten wirksamen Substanzen sind. Da jene älteren Versuche zur Reindarstellung nur mehr historisches Interesse haben, können sie hier übergangen werden.

Eine Zeitlang glaubte man im Histamin einen wichtigen wirksamen Hypophysenstoff sehen zu dürfen. Aus dem Hinterlappengewebe läßt sich diese Substanz in reichlicher Menge gewinnen[6]. Aber die pharmakologischen Wirkungen der Hinterlappenauszüge weichen in sehr vielen Punkten von denen des Histamins ab; so wird z. B. der Rattenuterus durch erstere erregt, durch letzteres gehemmt und der Blutdruck der Katze durch reine Hinterlappenauszüge gesteigert, durch Histamin gesenkt. Neuerdings ist einwandfrei nachgewiesen worden, daß das frische Hinterlappengewebe ganz frei von Histamin ist, doch kann dieses beim Stehen[7] und unzweckmäßigen Verarbeiten der Hinterlappen leicht entstehen.

---

[1] HERRING. — HOGBEN; ders. u. DE BEER. — HOUSSAY u. UNGAR nach GEILING, E. M. K.: Physiol. Rev. 6, 62 (1926).

[2] SCHLIMPERT, H.: Mschr. Geburtsh. 38, 8 (1913). — MC CORD, C. P.: J. of biol. Chem. 23, 435 (1915). — MAURER, S., u. D. LEWIS: J. of exper. Med. 36, 141 (1922). — HOGBEN, L. T., u. F. A. E. CREW: Brit. J. exper. Biol. 1, 1 (1923).

[3] Näheres GUGGENHEIM, M.: Handb. inn. Sekr. 2, 36 (1927).

[4] ABEL, J. J., u. M. C. PINCOFFS: Proc. nat. Acad. Sci. U. S. A. 3, 507 (1917).

[5] Siehe bei FÜHNER, H.: Z. exper. Med. 1, 397 (1913).

[6] ABEL, J. J., u. S. KUBOTA: J. of Pharmacol. 13, 243 (1919).

[7] HANKE, M. T., u. K. K. KOESSLER: J. of biol. Chem. 43, 557 (1920). — DUDLEY, H. W.: J. of Pharmacol. 14, 295 (1919).

Der Reindarstellung wirksamer Stoffe waren nahe gekommen DUDLEY[1], der ein Pikrat darstellte, das eine etwa 20 mal so starke uteruserregende Wirksamkeit entfaltet, wie Histaminphosphat, und ABEL mit seinen Mitarbeitern[2], die den wirksamen Stoff durch wiederholtes Adsorbieren und Eluieren mehr und mehr anreicherten und schließlich ein Tartrat erhielten, das eine außerordentlich starke Wirksamkeit entfaltete. Auf den Uterus soll es z. B. etwa 1000 mal so wirksam sein wie Histaminphosphat. Doch ist auch das ABELsche Tartrat noch kein reiner Stoff.

Bei Benetzen mit Natronlauge gibt die Verbindung Ammoniak und Alkylamine ab; vielleicht handelt es sich also um ein Amin. Andere vermuten im Hinblick auf die Trypsinempfindlichkeit und die Biuretreaktion, daß es sich um eine polypeptidartige Verbindung handelt.

Während sich die wirksamen Stoffe aus den wässerigen Hinterlappenauszügen durch viele Eiweißfallungsmittel wie Sublimat, Tannin, Pikrinsäure der Lösung entziehen lassen[3], gibt das ABELsche Tartrat mit jenen Fällungsmitteln keine Niederschläge mehr. Es ist gut löslich in Wasser, 96 prozentigem Alkohol und Pyridin, unlöslich in Äther, Aceton, Chloroform und absolutem Alkohol.

Während das ABELsche Tartrat, wie erwähnt, sowohl auf den Blutdruck als auch auf den Uterus sehr starke Wirkungen entfaltet, konnten vor kurzem (1928) KAMM und Mitarbeiter[4] aus dem Hinterlappen zwei Stoffe darstellen, von denen der eine vorwiegend auf den Uterus, der andere vorwiegend auf den Blutdruck einwirkt.

Die wichtigsten Punkte ihrer Isolierungsmethode sind folgende: Das Drüsentrockenpulver wird mit $^1/_4$ proz. Essigsäure ausgezogen, das eingeengte Filtrat wird mit Ammoniumsulfat bis zur Sättigung versetzt, der ausgesalzte Niederschlag, der die beiden Stoffe noch im ursprünglichen Mischungsverhältnis enthält, wird mit 99 proz. Essigsäure versetzt. Die Eisessiglösung enthält die wirksamen Stoffe. Sie wird mit dem $2^1/_2$ fachen Volumen Äther resp. dem fünffachen Volumen Petroläther versetzt. Der Niederschlag ist $4^1/_2$—9 mal stärker wirksam als das VOEGTLINsche Standardpulver (siehe unten). Dieser Niederschlag wird wiederholt in Eisessig gelöst und mit Äther gefällt. Der Hauptanteil der uteruswirksamen Substanz bleibt in der Lösung und kann aus ihr mit Petroläther ausgefällt werden, der Rest der uteruswirksamen Substanz und fast die ganze blutdrucksteigernde Substanz findet sich im Ätherniederschlag, der weiter fraktioniert werden kann.

KAMM und Mitarbeiter gelangten zu einem Niederschlag, der 80 mal stärker auf den Blutdruck einwirkt als das VOEGTLIN-Pulver. Auch die

---

[1] DUDLEY, H. W.: J. of Pharmacol. **21**, 103 (1923).
[2] ABEL, J. J., u. Mitarb.: J. of Pharmacol. **22**, 289 (1924).
[3] Z. B. FÜHNER, H.: Berl. klin. Wschr. **1914**, Nr 6. — GUGGENHEIM, M.: Med. Klin. **9**, 755 (1913). — ABEL u. Mitarb.
[4] KAMM, O., T. B. ALDRICH, I. W. GROTE, L. W. ROWE u. E. P. BUGBEE: J. amer. chem. Soc. **50**, 573 (1928). — GADDUM, J. H.: J. of Physiol. **65**, 434 (1928).

reinsten Präparate dieses Niederschlags haben immer noch eine gewisse, jedoch sehr schwache uteruserregende Wirkung. Die reinsten Präparate der Uterussubstanz wirken sogar 150—200 mal stärker als das VOEGTLIN-Pulver auf den Uterus, sie besitzen keine blutdrucksteigernde, sondern eine sehr schwache blutdrucksenkende Wirkung bei der Katze und besonders bei dem Vogel.

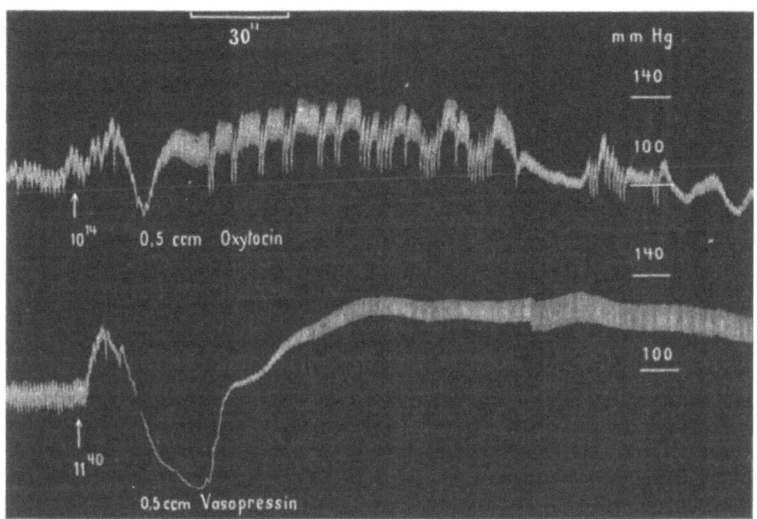

Abb 24 Wirkung von 0,5 ccm Oxytocin (10^{14}) und 0,5 ccm Vasopressin (11^{10}) auf den Blutdruck eines Kaninchens. (Trendelenburg)

Die uteruserregende Substanz wird *a-Hypophamin* oder *Oxytocin*, die blutdrucksteigernde *β-Hypophamin* oder *Vasopressin* genannt. Über die Stärke der uteruserregenden Substanz gibt folgende Betrachtung ein Bild: ein Teil VOEGTLIN-Pulver auf 50 Millionen Teile Spülflüssigkeit äußert an empfindlichen Uteruspräparaten noch eine erregende Wirkung. Mithin liegt die Schwelle für das reinste Oxytocinpräparat unter 1:10 Milliarden. (Abb. 24 u. 25.)

Die wirksamen Stoffe werden durch Talkum, PbS und Kohle leicht adsorbiert, weniger stark durch kolloidales Eisenhydroxyd[1]. Sie besitzen weiter alle eine sehr große Alkaliempfindlichkeit, so daß die Wirksamkeit in normaler Natronlauge in wenigen Stunden verloren geht[2]. Die Adsorbierbarkeit und Alkaliempfindlichkeit erschweren die Versuche zur Reindarstellung.

---

[1] GUGGENHEIM. — DUDLEY. — HOUSSAY, B. A., u. E. J. UNGAR: Bol. Soc. Biol. argent. **1924**.

[2] GUGGENHEIM. — BURN, J. H.: J. of Physiol. **57**, 318 (1923). — ABEL u. Mitarb. — STASIAK, A.: J. of Pharmacol. **28**, 1 (1926) u. a.

Haltbar sind die Auszüge bei pH 4—5, so daß sie bei schwach saurer Reaktion ohne Verlust sterilisiert und jahrelang aufbewahrt werden können[1]. Stärkere Mineralsäuren, wie z. B. $^1/_2$%ige HCl wirken wieder zerstörend[2].

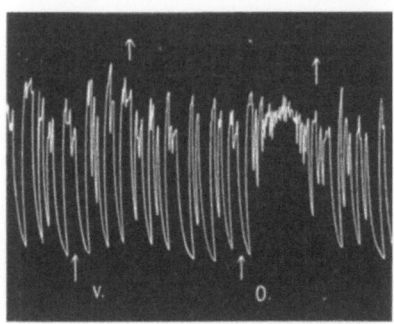

Abb. 25. Wirkung von 0,001 ccm Vasopressin ($= V$) und von 0,001 ccm Oxytocin ($= O$) auf den ausgeschnittenen Schafuterus. (Trendelenburg.)

Für die rasche Abnahme der wirksamen Stoffe beim Lagern der Hinterlappen[3] macht man die Wirksamkeit von proteolytischen Fermenten verantwortlich, da rasches Erhitzen auf 100° die Abnahme verhindert. Daß Trypsin die Wirksamkeit der Auszüge vernichtet, wurde schon erwähnt. Pepsin ist dagegen in saurer Lösung wirkungslos[4].

Auch beim langsamen Trocknen der Hinterlappen sinkt der Gehalt an wirksamen Stoffen stark ab[5].

Wenn wir bei der Besprechung der pharmakologischen Versuche mit Hinterlappenauszügen so manchen Widerspruch feststellen müssen, so liegt dies hauptsächlich daran, daß die verwandten Auszüge oft Zersetzungsprodukte, besonders das Histamin enthielten, daß manche der Auszüge sehr arm an wirksamen Stoffen waren und daß den Auszügen Konservierungsmittel, wie Chloreton, zugesetzt worden waren, die starke Giftwirkungen äußern.

Die Hinterlappenauszüge des Handels waren bis vor kurzem oft von ganz minderwertiger Beschaffenheit[6]. Neuerdings werten die meisten Firmen ihre Auszüge nach einem weiter unten zu schildernden Verfahren auf einen bestimmten Gehalt an uteruswirksamer Substanz ein. Der Titer wird nach Einheiten bezeichnet. Eine Einheit ist die Menge uteruswirksamer Substanz, die in $^1/_2$ mg des Voegtlinschen Hinterlappen-Aceton-Trockenpulvers (s. unten) enthalten ist. Diese Menge hat die Uteruswirksamkeit von 3,5 mg ganz frischer Hinterlappensubstanz.

---

[1] Smith, M. J., u. W. T. Mc Closky: J. of Pharmacol. **24**, 371 (1925). — Stasiak u. a.

[2] Abel, J. J., u. T. Nagayama: J. of Pharmacol. **15**, 347 (1920). — Dale, H. H., u. H. W. Dudley: Ebenda **18**, 27 (1921). — Stasiak u. a.

[3] Dale u. Dudley.

[4] Dale, H. H.: Biochemic. J. **4**, 427 (1909). — Dale u. Dudley. — Abel u. Nagayama. — Thorpe, W. V.: Biochemic. J. **20**, 374 (1926).

[5] Burn u. Dale. — Fenger, F.: J. of biol. Chem. **21**, 283 (1925).

[6] Burn u. Dale. — Trendelenburg, P.: Klin. Wschr. **4**, Nr 10 (1925). — Ders. u. E. Borgmann: Biochem. Z. **106**, 239 (1920). — Schüller, J. u. P. Trendelenburg: Dtsch. med. Wschr. **1928**, Nr 46.

Es macht keine Schwierigkeiten, Auszüge von einwandfreier Beschaffenheit zu bereiten, sofern man Hypophysen, die unmittelbar nach dem Töten der Schlachttiere entnommen wurden und die sofort gefroren wurden, verwendet. Die zerkleinerten und verriebenen Hinterlappen werden in $^1/_4\%$ige Essigsäure gebracht, der Kolbeninhalt wird zu raschem Sieden gebracht. Nach mehrstündigem Stehen wird filtriert; das Filtrat hält sich in alkalifreien Ampullen eingeschmolzen und sterilisiert dauernd.

Sehr geeignet ist auch die Bereitung des VOEGTLINschen Trockenpulvers[1]. Die ganz frischen Hinterlappen werden zerkleinert und in reichlich wasserfreies Aceton gebracht. Nach dem Trocknen im Exsiccator wird das Material gepulvert, wiederum mit Aceton (im Soxlethapparat) extrahiert und nochmals getrocknet. 1 g dieses Pulvers entspricht 6,4 g frischer Hinterlappensubstanz und hat die Uteruswirksamkeit von 7 g frischer Hinterlappensubstanz. Die Auszüge bereitet man sich ebenfalls mit $^1/_4\%$iger Essigsäure.

Nach einer internationalen Vereinbarung[2] wird dieses Acetontrockenpulver zur pharmakologischen Auswertung von Hinterlappenpräparaten verwandt. 1 Einheit bezeichnet die Wirksamkeit, die 0,5 mg Trockenpulver entfaltet. Über die Methode der Auswertung am ausgeschnittenen Uterus finden sich S. 155 nähere Angaben.

XI. Allgemeine Pharmakologie der Hinterlappenauszüge.

Die Hinterlappenauszüge beeinflussen vornehmlich die autonom innervierten Organe. Die Art der Beeinflussung ist unabhängig von der Natur der autonomen Innervation. Die Hinterlappenwirkungen decken sich weder mit den Wirkungen der sympathischen Nerven noch mit den Wirkungen der parasympathischen Nerven. Oberflächlich betrachtet ähneln manche der Hinterlappenwirkungen den Adrenalinwirkungen. Daß aber die Hinterlappensubstanzen die Funktionen der Zellen nicht in adrenalinartiger Weise verändern, folgt aus der Tatsache, daß Ergotoxin und Ergotamin die erregenden Wirkungen der Hinterlappenauszüge nicht zu hemmen vermögen[3].

Atropin hemmt dagegen manche der Hinterlappenwirkungen, so die auf den Uterus[4], nicht aber die Wirkung auf die Blutgefäße[5]. Da aber

---

[1] SMITH, M. J., u. W. T. MC CLOSKY: Bull. 138; Hyg. Lab. Washington 1924. — Ref. bei TRENDELENBURG, P.: Erg. Physiol. **25**, 384 (1926).
[2] Siehe bei KNAFFL-LENZ, E.: Arch. f. exper. Path. **135**, 259 (1928).
[3] DALE, H. H.: J. of Physiol. **34**, 163 (1906); Biochemic. J. **4**, 427 (1909) u. a.
[4] SUGIMOTO, T.: Arch. f. exper. Path. **74**, 27 (1913). — RICHET FILS, CH.: J. Physiol. et Path. gén. **22**, 303 (1924) u. a.
[5] REGNIERS, P.: Arch. internat. Pharmaco-Dynamie **30**, 429 (1925).

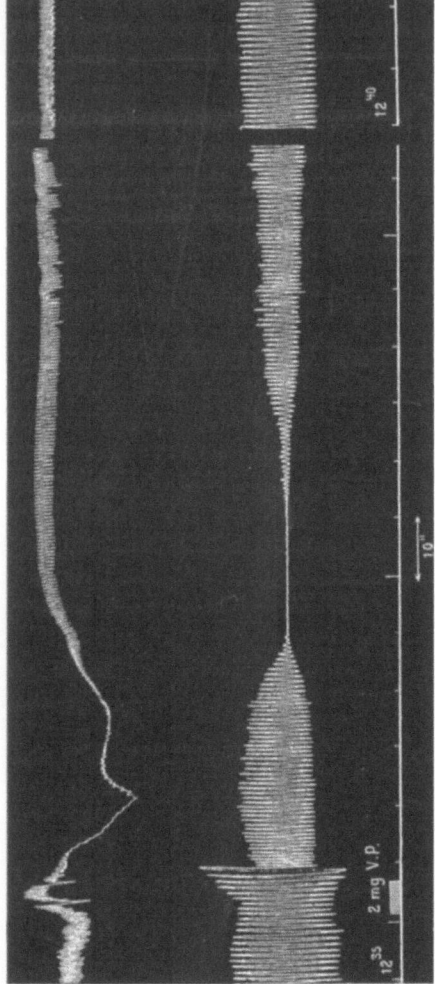

Abb. 26. Arterieller Blutdruck und Atmung des Kaninchens. 12^{35}: intravenös 2 mg Voegtlin-Pulver (= 14 mg frische Hinterlappensubstanz) (Trendelenburg). 12^{45}: gleiche Einspritzung.

Atropin keinen streng spezifischen, alleinigen Angriff am parasympathischen Nervensystem hat, kann aus der atropinantagonistischen Wirkung nicht auf einen parasympathischen Angriff der Hinterlappenstoffe geschlossen werden.

Sicher ist, daß die Hinterlappensubstanzen auf jene Zellelemente einwirken, die nach der Nervendurchtrennung ihre Erregbarkeit nicht verlieren.

Die interessanteste, noch ganz ungeklärte allgemeinpharmakologische Eigenschaft der Hinterlappenauszüge ist die „Immunisierung" vieler Organe, die eine erste Einwirkung herbeiführt und die zur Folge hat, daß eine bald darauf stattfindende zweite Einwirkung einen stark abgeschwächten oder gar keinen Effekt mehr äußert (Abb. 26). Diese „Immunität" ist sehr flüchtig und schwindet selbst nach großen Gaben schon nach Stunden. Sie wurde am Kreislauf entdeckt[1] und ist, wenn auch weniger deutlich, auch an der Atmung, an dem Uterus, an den Nieren zu beobachten.

Das Phänomen des Immunwerdens ist auch an

---

[1] HOWELL, W. H.: J. of exper. Med. 3, 245 (1898).

isolierten Organen zu beobachten. Es beruht nicht auf der Bildung von Antikörpern[1].

Eigenartig ist weiter die starke Beeinflußbarkeit der Hinterlappenwirkungen durch die Narkose. Nicht nur die Stärke der Wirkungen steht in ausgesprochener Abhängigkeit von ihr, die Narkose kann sogar eine völlige Umkehr der Wirkungsweise herbeiführen: so können die am nicht narkotisierten Tiere harnhemmenden Gaben in der Narkose harnfördernd wirken.

Die Untersuchungen über die Beziehungen der Hinterlappenwirkungen zu dem Kationengehalt und zu der Reaktion der die Organe umspülenden Flüssigkeit haben keine der näheren Erwähnung werte Ergebnisse gebracht. (Über den Einfluß der Kationen und der Reaktion auf die Uteruswirksamkeit der Auszüge siehe VAN DYKE und HASTINGS[2].)

XII. Resorption und Schicksal der Hinterlappensubstanzen.

Die wirksamen Stoffe des Hinterlappens scheinen im Dünndarm zerstört zu werden, oder sie passieren die Leber nicht unzersetzt: wie häufig festgestellt wurde, ist die orale Zufuhr der Auszüge ohne jeden Einfluß auf den Blutdruck und die Diurese und von sehr geringer Wirksamkeit auf den Uterus[3].

Vergleicht man die blutdrucksteigernde Wirksamkeit einer subcutan oder intramuskulär gegebenen Hinterlappenextraktinjektion mit der Wirksamkeit der gleichen Gabe nach intravenöser Einspritzung, so fällt der starke Unterschied der Wirkungsstärken auf. Intravenös den Blutdruck sehr stark steigernde Dosen sind nach subcutaner oder intramuskulärer Einspritzung von ganz unbedeutender Wirkung. Daran mag das Refraktärwerden der Blutgefäße bei langsamem Zufluß schuld sein. Eine starke Wirkung auf die Diurese übt auch die intralumbale Einspritzung aus[4].

Das Schicksal der Hinterlappensubstanzen im Körper ist wenig bekannt. Die melanophorenerregende Substanz schwindet sehr bald aus dem Blute; sie tritt ebenso wie die uteruserregende Substanz anscheinend in den Liquor cerebrospinalis über[5]. KNAUS[6] nimmt an, daß die blutdrucksteigernde und uteruserregende Substanz beim Durchtritt

---
[1] DALE.
[2] DYKE, H. B. VAN, u. A. B. HASTINGS: Amer. J. Physiol. 83, 563 (1927).
[3] KNAUS, H. H.: Brit. med. J. 1926, Febr. u. a.
[4] LEIMDÖRFER, A.: Arch. f. exper. Path. 188, 253 (1926). — MOLITOR, H., u. E. P. PICK: Ebenda 101, 169 (1926). — JANSSEN, S.: Ebenda 135, 1 (1928). — JANOSSY, J.: Z. klin. Med. 103, 715 (1926).
[5] DIXON, W. E.: J. of Physiol. 57, 129 (1923). — FENN, W. O.: J. of Physiol. 59, 395 (1924). — HOUSSAY, B. A., u. J. UNGAR: C. r. Soc. Biol. 91, 318 (1924). — TRENDELENBURG, P.: Arch. f. exper. Path. 114, 255 (1926).
[6] KNAUS, H. H.: J. of Pharmacol. 26, 337 (1925).

durch die Kapillaren abgebaut werden und zwar erstere leichter als letztere. Ein Teil der blutdrucksteigernden Substanz geht in den Harn über[1]. Auch die melanophorenausbreitende Substanz ist nach der Injektion im Harn wiederzufinden[2].

Für einen Abbau der blutdruckwirksamen Substanz in der Leber spricht die Tatsache, daß die Blutdruckwirkung an einem Tier, dessen Hohlvenenblut durch eine Anastomose in das Pfortadersystem übergeleitet wurde, viel schwächer ist[3].

XIII. Vergiftungsbild, Toxicität.

Die spärlichen Versuche an Wirbellosen haben keine bemerkenswerten Erscheinungen aufgedeckt.

Bei Amphibien nimmt die Haut nach der Injektion von Hinterlappenauszügen durch Ausbreitung der Melanophoren eine sehr dunkle Farbe an, die auch bei intensiver Belichtung viele Stunden lang bestehen bleibt[4]. Schon $1/2$ Tausendstel mg frischer Hinterlappensubstanz kann wirksam sein. Der die Dunkelfärbung herbeiführende Stoff muß also von einer außerordentlichen Wirksamkeit sein. Die Giftwirkungen sind gering; 50 mg frische Hinterlappensubstanz machen keine sonstigen Erscheinungen. Durch große Gaben werden Frösche gelähmt.

Nicht bei allen Fischen werden die Melanophoren erregt. Auch beim Chamäleon fehlt die Dunkelfärbung[5].

Bei Vögeln (Tauben) beobachtet man nach der intraperitonealen Einspritzung von Hinterlappenauszügen Hyperpnoe, Polyurie, Muskelschwäche mit Herabsinken der Flügel[6].

Bei Säugetieren sind nach der subcutanen Zufuhr hauptsächlich folgende Erscheinungen zu beobachten: die Atmung wird gestört, der Puls wird beschleunigt oder irregulär, die sichtbaren Schleimhäute werden blaß, es treten Darm- und Blasenentleerungen auf, die Harnmengen nehmen ab, so daß nach großen Gaben langanhaltende Anurien folgen, die Muskeln werden schwächer und unter aufsteigender Lähmung gehen die Tiere nach starkem Temperaturabfall zugrunde. Gelegentlich ist auch ein Lungenödem die Ursache des Todes. Nach intravenöser Injektion stehen die Atemstörungen im Vordergrund der Erscheinungen, sie bewirkt nicht selten das Auftreten von Krämpfen.

---

[1] DALE, H. H.: Biochemic. J. **4**, 427 (1909).
[2] HOUSSAY u. UNGAR.
[3] HAYNAL, E. v.: Z. exper. Med. **62**, 229 (1928).
[4] HOGBEN, L. T., u. F. R. WINTON: Proc. roy. Soc. B. **93**, 318 (1922) u. a.
[5] SPAETH, R. A.: J. of Pharmacol. **11**, 209 (1918). — HOGBEN. — ABOLIN L.: Arch. Entw.mechan. **104**, 667 (1925).
[6] ROGERS, Fr. T.: Amer. J. Physiol. **76**, 284 (1926). — Siehe dagegen HEWER, R. H.: Brit. J. exper. Biol. **3**, 123 (1926).

Über die Giftigkeit der Hinterlappenauszüge für Warmblüter[1] liegen nur wenige Angaben vor. Das oben erwähnte VOEGTLINsche Trockenpulver ist in der Menge von 10 mg pro Kilo (entsprechend 64 mg frische Hinterlappensubstanz pro Kilo) für die Maus bei subcutaner Injektion immer tötlich, $^1/_4$ dieser Menge tötet in 50% der Fälle. Die Ratte ist resistenter, sie verträgt meist 40 mg VOEGTLIN-Pulver pro Kilo subcutan (= 256 mg frische Hinterlappensubstanz), erst die doppelte Menge ist fast stets tötlich.

Beim Kaninchen machen 200 mg pro Kilo keine schweren Erscheinungen. Intravenös werden von der Katze enorme Mengen von Hinterlappensubstanz vertragen, wenn diese auf verschiedene Teildosen verteilt eingespritzt werden. So machten 0,168 g VOEGTLIN-Pulver = ca. 1 g frische Hinterlappensubstanz, innerhalb 35 Minuten in die Vene gegeben, keine dauernde Kreislauf- oder Atemschädigung[2]. Dies ist natürlich die Folge der oben erwähnten, bald eintretenden Immunität der Organe.

XIV. Spezielle Pharmakologie der Hinterlappensubstanzen.

a) Kreislauf.

1. **Kaltblütige Wirbeltiere.** Am ausgeschnittenen wie auch an dem im Tiere gelassenen Froschherzen[3] beobachtet man nach Zufuhr von Hinterlappenauszügen als Hauptwirkung eine Abnahme der Kontraktionsstärken und der Frequenz; nach großen Gaben kann der diastolische Stillstand eintreten (Abb. 27). Atropin ist nicht imstande, diese hemmende Wirkung, die am isolierten Froschherzen durch die Konzentration 1 Teil frischer Hinterlappensubstanz auf 10000 Teile RINGER-Lösung in der Regel zu erzielen ist, völlig zu beseitigen. Am erschöpften, schlecht schlagenden Herzen können die Auszüge auch eine gewisse fördernde Wirkung auf die Kontraktionshöhen äußern.

Am Schildkrötenherzen werden die für die Vorhoftätigkeit typischen Tonuswellen durch Hinterlappenauszüge gefördert[4].

Die Angaben über die Beeinflussung der Weite der Froschgefäße[5] gehen auseinander; es wurde z. T. eine Verengerung, z. T. aber auch eine Erweiterung der Gefäße der Froschbeine oder der Bauchorgane des Frosches

---

[1] VOEGTLIN, C., u. H. A. DYER: J. of Pharmacol. **24**, 101 (1925). — DYKE, H. B. VAN: Arch. f. exper. Path. **114**, 262 (1926). — EHRHARDT, K., u. W. SIMUNICH: Klin. Wschr. **6**, 1699 (1927).
[2] GEILING, E. M. K., u. D. CAMPBELL: J. of Pharmacol. **29**, 449 (1926).
[3] EINIS, W.: Biochem. Z. **52**, 96 (1913). — WERSCHININ, N.: Pflügers Arch. **155**, 1 (1914). — HOGBEN, L. T., u. W. SCHLAPP: Quart. J. exper. Physiol. **14**, 229 (1924).
[4] GRUBER, CH. M.: J. of Pharmacol. **31**, 333 (1927).
[5] FRÖHLICH, A., u. E. P. PICK: Arch. f. exper. Path. **74**, 107 (1913). — BAUER, J. u. A. FRÖHLICH: Ebenda **84**, 33 (1919). — AMSLER, C., u. E. P. PICK: Ebenda **85**, 61 (1920). — ADLER, L.: Ebenda **91**, 81 (1921). — NOGAKI, S.: Ebenda **103**, 147 (1924). — ROTHLIN, E.: Biochem. Z. **111**, 299 (1920).

beobachtet. Vielleicht ist die Erweiterung Folge eines Gehaltes der Handelsauszüge an Histamin oder Chloreton. Die Lösung des VOEGTLINschen Pulvers hat auf die durchströmten Froschbeine eine sehr geringe gefäßverengernde Wirkung. Die Gefäße der Froschleber sind unempfindlich gegen die Hinterlappensubstanzen[1]; bei der Durchströmung der Froschnieren[2] erweitern schwache Konzentrationen, während starke verengern.

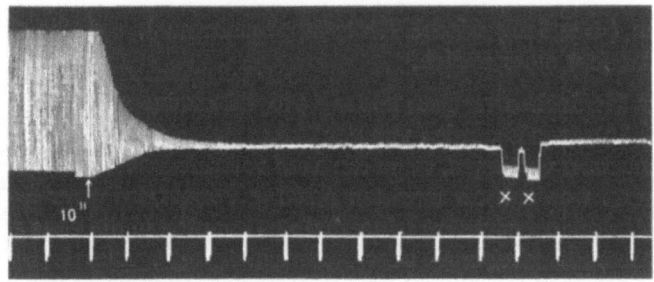

Abb. 27. Isol. Froschherz. 1 Teil frische Hinterlappensubstanz auf 20000 Teile Ringerlosung Bei $x=$frische Ringerlosung. (Trendelenburg)

Bei mikroskopischer Betrachtung der Froschblutgefäße[3] erkennt man, daß die Hinterlappenauszüge in starken Lösungen alle Abschnitte der Gefäße verengern. Besonders stark ist die Kontraktion an den Übergangsstellen der Arteriolen in die Kapillaren. Aber auch die Wandung der Kapillaren kontrahiert sich aktiv unter Hypophyseneinfluß.

Ob die Hinterlappenauszüge die Spannung der Kapillaren vermehren und dadurch abdichtend auf die Kapillarwandung wirken können, ist noch ungewiß. Nach KROGH und FREY[4] soll der Zusatz von Hinterlappenauszug zu der die Froschbeine durchströmenden Salzlösung die Ödembildung hintanhalten, aber neuerdings vermißte DRINKER[5] (bei KROGH) eine derartige Ödemhemmung.

2. **Warmblütige Wirbeltiere.** Merkwürdigerweise ist die Hinterlappenwirkung auf den *Blutdruck* des Vogels von der Wirkung auf den Blutdruck des Säugetieres völlig verschieden. Beim Vogel folgt der intravenösen Einspritzung eine starke und langanhaltende Senkung, die nichts mit einem etwaigen Gehalt der verwandten Auszüge an histaminartigen Stoffen zu tun hat, denn Alkohol entzieht dem Hinterlappen diese blutdrucksenkende Substanz nicht[6]. Die Blutdrucksenkung, die durch

---

[1] ADLER. — ROTHLIN. — MORITA, S.: Arch f. exper. Path. **78**, 232 (1915).

[2] BRUNN, F.: Z. exper. Med. **25**, 170 (1921). — HARTWICH: Verh. Ges. inn. Med. **37**, 404 (1925). — RICHARDS, A. N., u. C. F. SCHMIDT: Amer. J. Physiol. **71**, 178 (1924).

[3] KROGH, A.: Anat. Physiol. Capill. New Haven **1922**. — Ders. u. P. B. REHBERG: C. r. Soc. Biol. **87**, 461 (1922). — KILLIAN, H.: Arch. f. exper. Path. **108**, 255 (1925). — ASHER, L.: Biochem. Z. **173**, 111 (1926).

[4] FREY, E.: Arch. f. exper. Path. **110**, 329 (1926).

[5] DRINKER, C. K.: J. of Physiol. **63**, 249 (1927).

[6] PATON, D. N., u. A. WATSON: J. of Physiol. **44**, 413 (1912). — HOGBEN, L. T., u. W. SCHLAPP: Quart. J. exper. Physiol. **14**, 229 (1924).

Vagotomie oder Atropin nicht verhindert wird, dürfte die Folge einer Gefäßerweiterung sein.

Die Hauptwirkung einer intravenösen Einspritzung bei der Katze[1] ist eine Blutdrucksteigerung. Sie verläuft ohne jede initiale Senkung, wenn Auszüge aus ganz frischen Hinterlappen bei einer Katze, deren Rückenmark durchtrennt wurde, injiziert werden. In Auszügen aus nicht ganz frischen Hinterlappen ist meist eine histaminartig wirkende Substanz enthalten, die den Blutdruck vor der Steigerung zunächst stark senkt. Alkohol entfernt diese histaminartig wirkende Substanz.

Große Mengen können den Blutdruck auf über 200 mm Hg erhöhen, die Steigerung hält bis $1/4$—$1/2$ Stunde lang an. Die Pulsfrequenz sinkt mit der Blutdruckerhöhung meist nur wenig ab. Eine bald nach dem Abklingen der Drucksteigerung ausgeführte Wiederholung der Injektion macht eine viel geringere Drucksteigerung, bei späteren Injektionen bleibt diese schließlich ganz aus, oder es stellt sich nun eine Drucksenkung ein; letztere kann auch bei Extrakten, die frei von der histaminartig wirkenden Substanz sind, in Erscheinung treten.

Sehr ähnlich verläuft die Blutdrucksteigerung beim Hunde[2]. Der Puls pflegt auf der Höhe der Drucksteigerung langsamer und durch Überleitungsstörungen unregelmäßig zu werden. Wiederholungen der Einspritzungen machen den Blutdruck refraktär oder es kehrt sich die Wirkung ebenfalls in eine Senkung um.

Am arteriellen Blutdruck des Kaninchens[3] (Abb. 24, 26, 28) beobachtet man nach der intravenösen Einspritzung zunächst einen wenige Sekunden lang anhaltenden Anstieg, es folgt eine tiefe Senkung, während der die Pulse schwinden, und dann unter Wiederauftreten der Pulsationen eine langanhaltende Druckzunahme bis um 30—40 mm Hg. Die Pulse sind nun sehr verlangsamt und unregelmäßig. Gelegentlich wird die Verlangsamung durch Phasen mit Pulsbeschleunigung durchbrochen. Die Überleitungszeit ist bis auf das Dreifache verlängert.

---

[1] SCHÄFER, E. A., u. Mitarb.: J. of Physiol. **18**, 277 (1895); **25**, 87 (1899); Trans. roy. Soc. B. **199**, 1 (1908). — FÜHNER, H.: Z. exper. Med. **1**, 397 (1913). — DALE, H. H., u. P. P. LAIDLAW: J. of Pharmacol. **4**, 75 (1912). — HOGBEN u. SCHLAPP. — GEILING, E. M. K., u. D. CAMPBELL: J. of Pharmacol. **29**, 449 (1926).

[2] SCHÄFER, E. A., u. P. T. HERRING: Trans. roy. Soc. B. **199**, 1 (1908). — HOWELL, W. H.: J. of exper. Med. **3**, 245 (1898). — Mc CORD, C. P.: Arch. int. Med. **8**, 609 (1911). — ABEL, J. J., u. Mitarb.: J. of Pharmacol. **15**, 347 (1920); **20**, 65 (1923); **22**, 289 (1924). — GEILING, E. M. K., u. Mitarb.: Ebenda **24**, 67 (1924); J. clin. Invest. **1**, 217, 239 (1925); J. of Pharmacol. **29**, 449 (1926).

[3] CYON, E. v.: Pflügers Arch. **71**, 431 (1898); **73**, 339 (1898). — McCORD. — FÜHNER. — PANKOW, O.: Pflügers Arch. **147**, 89 (1912). — HECHT, A. F., u. V. NADEL: Wien. klin. Wschr. **26**, 1927 (1913). — CLAUDE, H., u. Mitarb.: C. r. Soc. Biol. **76**, 996 (1913) u. a.

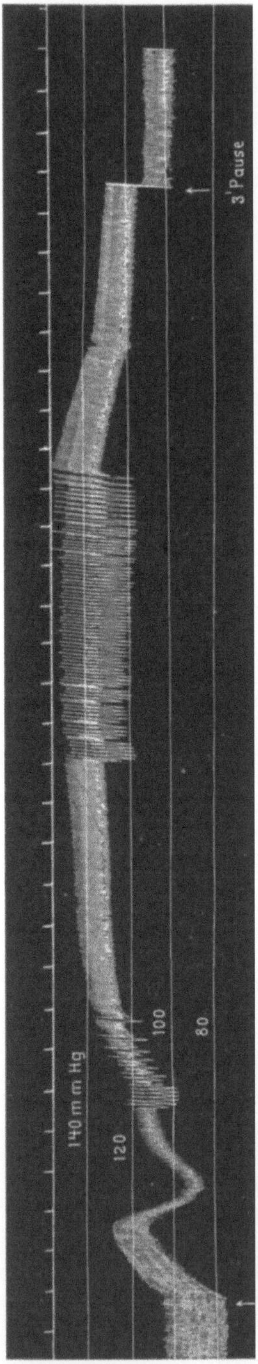

Hypophyse.

Bei Wiederholungen der Injektionen wird die tiefe Senkung ebenso wie die Drucksteigerung immer geringer.

Die nähere *Analyse dieser Kreislaufwirkungen* ergab, daß die Drucksteigerung hauptsächlich durch peripher ausgelöste Gefäßverengerung zustande kommt. Denn die Steigerung ist nach Ausschaltung des Gehirnes und des verlängerten Markes nicht nur nicht geringer, sondern verstärkt und verlängert[1]. Weiter bleibt die Hinterlappen-Blutdrucksteigerung nach der Lähmung der vasomotorischen Ganglienzellen durch Nikotin erhalten[2]. Aus der Tatsache, daß die intralumbale Einspritzung der Hinterlappenauszüge blutdrucksteigernd wirkt, schloß LEIMDÖRFER[3] auf einen zentralen Angriff, doch haben PILCHER und SOLLMANN[4] bei Hunden, deren Milz isoliert vom Kreislauf mit Salzlösung durchströmt wurde, nach der Einspritzung von Hinterlappenauszug in den allgemeinen Kreislauf höchstens eine ganz unbedeutende Vasokonstriktion der Milzgefäße beobachtet, und INABA[5] vermißte nach der Einspritzung in den Lumbalsack und in den Seitenventrikel die Blutdrucksteigerung.

Der im Histaminschock stark gesenkte Blutdruck wird durch die intravenöse Einspritzung stark erhöht, dabei wird die abgesunkene zirkulierende Blutmenge wieder vermehrt[6].

Abb. 28. Wirkung von 4 mg frischer Hinterlappensubstanz auf den arteriellen Blutdruck des urethannarkotisierten Kaninchens (2½ Kilo) nach Atropin. Zeit: 10″.

---
[1] SCHÄFER, E. A., u. G. OLIVER: J. of Physiol. 16, 277 (1898). — HOWELL. — DALE u. LAIDLAW. — MUMMERY, P. L., u. W. L. SYMES: J. of Physiol. 37, 56 (1908). — HOGBEN, L. T., u. Mitarb.: Quart. J. exper. Physiol. 14, 229, 301 (1924) u. a.
[2] AIRILA, Y.: Skand. Arch. Physiol. 31, 381 (1914).
[3] LEIMDÖRFER, A.: Arch. f. exper. Path. 188, 253 (1926).
[4] PILCHER, J. D., u. T. SOLLMANN: J. of Pharmacol. 6, 405 (1914).
[5] INABA, CH.: Z. exper. Med. 63, 523 (1928).
[6] EPPINGER, H., u. H. SCHÜRMEYER:

An der die Blutdrucksteigerung begleitenden Pulsverlangsamung ist das Vaguszentrum beteiligt. Denn nach der Durchtrennung der Vagusnerven ist die Bradykardie weniger stark[1] und ebenso wirkt Atropin abschwächend[2]. Doch bleibt eine erhebliche Pulsverlangsamung nach Atropin übrig, wie auch die initiale Drucksenkung beim Kaninchen und die Verlängerung der Überleitungszeit.

Äthernarkose schwächt die blutdrucksteigernde Wirksamkeit der Hinterlappenauszüge stark ab[3].

Das *Minutenschlagvolumen des Herzens* sinkt nach der Hinterlappeneinspritzung beim Kaninchen sehr stark ab[4]. Diese Kreislaufverlangsamung ist die Folge einer Schwächung der Herzkraft. Beide Kammern zeigen eine starke diastolische Blähung. Auch beim Hunde wird der Blutumlauf nach der intravenösen Injektion erheblich verlangsamt[5]. Auf das Katzenherz äußern die Hinterlappenauszüge keine hemmende Wirkung, vielmehr kann das Minutenschlagvolumen erhöht werden[6].

In älteren Versuchen am überlebend erhaltenen Säugetierherzen[7] fand man vorwiegend ein Absinken der Pulszahl und der Kontraktionsstärke und z. T. als Nachwirkung eine Förderung der Kontraktionen. Die Ergebnisse bedürfen der Nachprüfung mit Auszügen aus ganz frischen Hinterlappen, die frei sind von histaminartig wirkenden Stoffen.

Nach der intravenösen Einspritzung sehr großer Mengen von Hinterlappensubstanz stellt sich eine mächtige Blutüberfüllung der *Lungengefäße* ein, so daß sich ein tötliches Lungenödem ausbilden kann. Das Verhalten des Lungenarteriendruckes ist nicht einheitlich[8]. Bei der Katze tritt häufig eine Steigerung ein, beim Hund und Kaninchen dagegen als Folge der bei ihnen so ausgesprochenen Herzschädigung meist eine

---

Klin. Wschr. 7, 777 (1928). — SMITH, M. I.: J. of Pharmacol. 34, 239 (1928).

[1] HOWELL. — v. CYON. — WIGGERS, C. J.: Amer. J. med. Sci. 141, 502 (1911) u. a.

[2] HOWELL. — v. CYON. — PANKOW. — GEILING u. Mitarb. u. a.

[3] HOWELL. — ABEL u. Mitarb. — KOLLS, A. C., u. E. M. K. GEILING: J. of Pharmacol. 24, 67 (1924).

[4] TIGERSTEDT, C., u. Y. AIRILA: Skand. Arch. Physiol. 30, 302 (1913). — BÖRNER, H.: Arch. f. exper. Path. 79, 218 (1916) — MÜLLER, H.: Ebenda 81, 219 (1917). — WOLFER, P.: Ebenda 93, 1 (1922).

[5] KOLLS u. GEILING. — IWAI, S., u. H. SCHWARZ: Wien. klin. Wschr. 1924, Nr 24.

[6] BIEDL, A.: Inn. Sekr. 3. Aufl. 2, 138 (1916). — BÖRNER. — McCORD.

[7] CLEGHORN, A.: Amer. J. Physiol. 2, 273 (1899). — DALE, H. H: Biochemic. J. 4, 427 (1909). — McCORD. — EINIS, W.: Biochem. Z. 52, 96 (1913). — S. auch GUNN, J. A.: J. of Pharmacol. 29, 325 (1926).

[8] HALLION, L.: C. r. Soc. Biol. 76, 581 (1914). — WOLFER, P.: Arch. f. exper. Path. 93, 1 (1922). — SCHAFER, E. SHARPEY u. A. D. MACDONALD: Quart. J. exper. Physiol. 16, 251 (1926).

starke Senkung, der Lungenvenendruck geht in die Höhe, zweifellos als Folge der Widerstandsvermehrung in dem arteriellen Teil des großen Kreislaufes.

Auf ausgeschnittene Streifen aus Lungengefäßen wirken die Auszüge schwach kontrahierend. Die Durchflußmenge der durch isolierte Lungen geleiteten RINGER-Lösung wird herabgesetzt[1]. Ob die von manchen Untersuchern beobachtete erweiternde Wirkung auf der Beimengung von histaminartig wirkenden Stoffen beruht, bedarf der Nachprüfung mit frischen Auszügen. Hinterlappenauszug begünstigt das Auftreten rhythmischer Kontraktionen der isolierten Lungengefäße.

Das *Lebervolumen* sinkt nach der intravenösen Injektion von Hinterlappenauszug ab[2], z. T. als Folge des verminderten Blutzuflusses aus den Splanchnikusgefäßen, z. T. auch als Folge einer Verengerung der Lebervenen. Der Pfortaderdruck sinkt ab. Auf die Pfortadergefäße der ausgeschnittenen Leber wirken die Auszüge nur wenig verengernd[3].

Da also die Leber das aus dem arteriellen Teil des großen Kreislaufes verdrängte Blut offenbar nicht aufnimmt, wäre eine Erhöhung des Druckes in den Venen des großen Kreislaufes zu erwarten, wie nach Adrenalin. Aber meist fand man[4] keine Drucksteigerung, sondern oft langanhaltende Senkungen, auch wenn der Karotisdruck stark in die Höhe ging. Dies Verhalten des *Venendruckes* ist zur Zeit nicht zu erklären.

Bei unmittelbarer Einwirkung der Auszüge auf ausgeschnittene Venen beobachtet man eine Verengerung derselben[5].

Ein genaues Bild über den Grad der *Beteiligung der einzelnen Gefäßgebiete* an der Widerstandsvermehrung im großen Kreislauf läßt sich aus den vorliegenden Angaben nicht gewinnen. Das Beinvolumen sinkt während der arteriellen Drucksteigerung ab[6], der Ausfluß aus der Koronarbahn vermindert sich[7], das Darmvolumen wird kleiner[8], die Milz

---

[1] McCord. — Dale. — Cow, D.: J. of Physiol. 42, 125 (1911). — Macht, D. J.: J. of Pharmacol. 6, 13 (1914). — Rothlin, E.: Biochem. Z. 111, 299 (1920). — Mc Dowell, R. J.: J. of Physiol. 55, 1 (1921).
[2] Mautner, H., u. E. P. Pick: Arch. f. exper. Path. 97, 306, (1923). — Miura, Y.: Ebenda 107, 1 (1925). — Lampe, W., u. J. Mehes: Ebenda 119, 66 (1927). — Haynal, E. v.: Z. exper. Med. 62, 229 (1928).
[3] McCord. — Campbell, J. A.: Quart. J. exper. Physiol. 4, 1 (1911). — McLaughlin, A. R.: J. of Pharmacol. 34, 147 (1928).
[4] Mautner u. Pick. — Miura. — Yokota, M.: Tohoku J. exper. Med. 4, 423 (1923). — Smith, M. J.: J. of Pharmacol. 32, 465 (1928).
[5] Bonis, V. de, u. V. Susanna: Zbl. Physiol. 23, 169 (1909). —Franklin. K. J.: J. of Pharmacol. 26, 215 (1925).
[6] Magnus, R., u. E. A. Schäfer: J. of Physiol. 27, IX (1901).
[7] Morawitz, P., u. A. Zahn: Dtsch. Arch. klin. Med. 116, 364 (1914). — Anrep, G. v., u. R. S. Stacey: J. of Physiol. 64, 187 (1927).
[8] Magnus u. Schäfer. — Schäfer, E. A., u. S. Vincent: J. of Physiol. 25, 87 (1899).

schrumpft[1], der Widerstand wird auch im Gebiet der Hirngefäße größer[2].

Mit Rücksicht auf die so ausgesprochenen Wirkungen der Hinterlappenauszüge auf die Wasser- und Chloridabgabe durch die Nieren wurde das Verhalten der Nierengefäße unter dem Einfluß der Hinterlappenauszüge wiederholt untersucht.

An narkotisierten Katzen tritt eine der Diureseförderung nicht streng parallel gehende Zunahme des Nierenvolumens auf, der manchmal eine kurze Volumverminderung voraufgeht[3]. Während der Diureseförderung ist bei narkotisierten Katzen die Nierendurchblutung erheblich vermehrt[4]. Das Nierenvenenblut kann nach der Einspritzung von Hinterlappenauszug infolge der Verbesserung der Durchströmung mit arterieller Farbe abfließen. Nach kleinen Gaben kann der Blutabfluß trotz einer Vergrößerung des Nierenvolumens abnehmen, da die Vasa efferentia besonders stark verengt werden[5].

Bei narkotisierten Kaninchen[6] beobachtet man meist ein Absinken des Blutdurchflusses durch die Nieren, das dann besonders stark ist, wenn man durch Einschalten eines Kompensators die Blutdrucksteigerung ausschaltet. Diese Verschlechterung der Durchblutung bleibt nach der Splanchnikusdurchtrennung erhalten.

An nicht narkotisierten dezerebrierten Hunden[7] wird durch 0,05 bis 0,1 mg frische Hinterlappensubstanz die Harnmenge ohne gleichzeitige Verminderung der Nierendurchblutung gehemmt.

In den sehr zahlreichen Versuchen[8] an isolierten Organen, an durchströmten Beinen, Kaninchenohren, Herzen, Nieren, Gehirnen wurde bei der Einwirkung von Hinterlappenauszügen meist eine Gefäßverengerung, selten eine Erweiterung gesehen. Auffallend ist die verhältnismäßig geringe Wirksamkeit der intravenös gegeben so stark gefäßverengernden Auszüge auf die Gefäßweite künstlich mit Ringerlösung durch-

---

[1] MAGNUS u. SCHÄFER. — DALE — BOER, S. DE, u. D. C. CAROLL: J. of Physiol. 59, 381 (1924).
[2] FRÄNKEL, L.: Z. exper. Med. 16, 176 (1914). — ROBERTS, F.: J. of Physiol. 57, 405 (1923). — MIWA, M., u. Mitarb.: Arch. f. exper. Path. 128, 211 (1928).
[3] MAGNUS u. SCHÄFER. — KING, C. E., u. O. O. STOLAND: Amer. J. Physiol. 32, 405 (1913). — HERRING, P. T.: Quart. J. exper. Physiol. 8, 245 (1915).
[4] KNOWLTON, F. P., u. A. C. SILVERMAN: Amer. J. Physiol. 47, 1 (1918). — CUSHNY, A. R., u. LAMBIE: J. of Physiol. 56, 276 (1921).
[5] RICHARDS, A. N., u. O. H. PLANT: Amer. J. Physiol. 59, 191 (1922). — LIVINGSTON, A. E.: J. of Pharmacol. 32, 181 (1928).
[6] OZAKI, M.: Arch. f. exper. Path. 123, 305 (1927).
[7] JANSSEN, S., u. H. REIN: Arch. f. exper. Path. 128, 107 (1928).
[8] Lit. bei TRENDELENBURG, P.: Erg. Physiol. 25, 402 (1926). — Siehe auch SSENTJURIN, B. S.: Arch. f. exper. Path. 63, 28 (1928). — SOLNTZEW, W. J.: Ebenda 38.

strömter Organe oder ausgeschnittener Gefäßringe. Vielleicht hängt dies damit zusammen, daß die Hinterlappensubstanz vorwiegend an den Übergangsstellen der Arteriolen in die Kapillaren angreift, deren Spannung bei mangelhafter Versorgung mit Sauerstoff, also bei Durchströmung mit RINGER-Lösung absinkt.

Ob die Arteriolen und Kapillaren der Säugetierblutgefäße durch die Hinterlappenauszüge abgedichtet werden, so daß die Neigung zu Wasserverlusten aus der Blutbahn in die Gewebe abnimmt, wird verschieden beantwortet. Teils fand man eine antagonistische Wirkung gegenüber der durch Senföl, Paraphenylendiamin, Histamin bewirkten Ödembildung, teils wurde diese vermißt[1]. Das spontan sich ausbildende Ödem der überlebend durchströmten Säugetierbeine scheint nicht gehemmt zu werden[2].

Vermutlich ist der verzögernde Einfluß[3], den die Einspritzung von Hinterlappenauszug auf die Resorption oral dargereichter Substanzen (Morphin, Strychnin, Glukose, Jodid) hat, auf die Verlangsamung der Blutströmung und die Gefäßverengerung zurückzuführen.

Die Angaben über den Einfluß der Hinterlappenauszüge auf die speichernde Fähigkeit der retikuloendothelialen Zellen gehen auseinander[4].

Beim *Menschen* wird nach der intravenösen Einspritzung kleiner Mengen von Hinterlappenauszug eine fast sofort einsetzende Leichenblässe der Haut beobachtet. Sie ist wohl sicher die Folge einer Verengerung der Hautkapillaren, wie sie auch nach intrakutaner Einspritzung bei mikroskopischer Betrachtung in Erscheinung tritt[5]. Etwas größere Mengen lösen eine sehr flüchtige Blutdrucksteigerung aus, die bei einer bald danach ausgeführten zweiten Einspritzung viel kleiner ist oder ganz ausfällt. Manchmal geht der Drucksteigerung eine kurze Senkung voraus[6]. Nach größeren Gaben ist die Drucksteigerung von einer starken Pulsverlangsamung oder von Sinusarrhythmien begleitet[7]. Nach der subcutanen Einspritzung ist das Verhalten des Blutdruckes

---

[1] POULSSON, L. T.: Arch. f. exper. Path. **120**, 120 (1927). — TAINTER, M. L.: J. of Pharmacol. **33**, 129 (1928). — KROGH, A., bei H. H. DALE: Lect. on Biochem. Univ. London Press. 1926. — SMITH, M. J.: J. of Pharmacol. **32**, 465 (1928).
[2] SATO, CH.: Tohoku J. exper. Med. **11**, 468 (1928).
[3] THIENES, C. H., u. A. J. HOCKETT: J. of Pharmacol. **33**, 273 (1928).
[4] Siehe bei JAFFÉ, R. H.: Z. exper. Med. **62**, 538 (1928).
[5] SOLLMANN, T., u. J. P. PILCHER: J. of Pharmacol. **9**, 309 (1917). — GRÖER, F. v.: Z. exper. Med. **7**, 237 (1919). — ASCOLI, M., u. A. FAGIUOLI: Atti Accad. naz. Lincei **29**, 210 (1920). — CARRIER, F. B.: Amer. J. Physiol. **61**, 528 (1922).
[6] CSÉPAI, K., u. ST. WEISS: Z. exper. Med. **50**, 745 (1926). — Ders. u. S. v. PINTÉR-KOVATS: Arch. f. exper. Path. **122**, 90 (1927). — HERZUM, A., u. J. POGÁNY: Z. exper. Med. **55**, 244 (1927).
[7] LESCHKE, E.: Biochem. Z. **96**, 50 (1919).

des Menschen ein wechselndes. Meist wird er nur wenig gesteigert. Gelegentlich werden auch Senkungen beobachtet, so nach der Injektion von 10 mg VOEGTLIN-Pulver (= 64 mg frische Hinterlappensubstanz)[1]. Der Einfluß der Hinterlappenauszüge auf das Minutenschlagvolumen des Menschen scheint noch nicht untersucht worden zu sein.

Infolge der Verengerung der Hautgefäße wird subcutan eingespritztes Fluorescin langsamer fortresorbiert[2].

b) Atmung, Bronchialmuskeln.

Ob die Hinterlappenstoffe die Erregbarkeit des Atemzentrums unmittelbar verändern, ist unbekannt. Vermutlich sind die starken Atemstörungen, die einer intravenösen Einspritzung folgen, durch Veränderungen der Gehirndurchblutung, Verengerungen der Luftwege und durch Erregung zentripetaler Vagusbahnen[3] verursacht.

Beim Kaninchen[4] steht die Atmung während der ersten Blutdrucksenkung für kurze Zeit still, dann erscheint sie mit dem Druckanstieg wieder und hat auf der Höhe der Blutdrucksteigerung periodischen Charakter. Als Nachwirkung kann die Atmung während mehrerer Tage verlangsamt bleiben. Diese Atemschädigungen sind bei einer bald nach der ersten Einspritzung wiederholten Injektion viel weniger ausgeprägt. (Abb. 26 u. 31.)

Der erste Atemstillstand dürfte die Folge eines zentral ausgelösten Bronchialmuskelkrampfes sein, denn er fehlt oder ist abgeschwächt nach Vagusdurchtrennung oder Atropin, während die spätere Periodizität der Atmung hierdurch nicht verändert wird. Diese Periodizität wird auch nach anderen gefäßverengernden Mitteln erhalten, dürfte also der Ausdruck einer Gehirnanämie sein.

Beim Hunde[5], zumal beim nicht narkotisierten Hunde, macht die intravenöse Injektion die Atmung ebenfalls periodisch.

Auf die Atmung des Menschen[6] haben die üblichen therapeutischen

---

[1] VELDEN, R. VON DEN: Berl. klin. Wschr. 50, 1156 (1913). — BEHRENROTH, E.: Dtsch. Arch. klin. Med. 113, 393 (1914). — AITKEN, R. S., u. J. G. PRIESTLEY: J. of Physiol. 60, XLIV (1925). — SMITH, M. J., u. W. T. MCCLOSKY: J. of Pharmacol. 24, 371 (1924) u. a.
[2] DONATH, F., u. B. TANNE: Arch. f. exper. Path. 119, 222 (1926).
[3] HEYMANS, J. F. u. C.: Arch. internat. Pharmaco-Dynamie 32, 9 (1926).
[4] FÜHNER, H.: Z. exper. Med. 1, 397 (1913). — PANKOW, O.: Pflügers Arch. 147, 89 (1912). — HOUSSAY, B. A.: J. Physiol. et Path. gén. 18, 436 (1917—18). — NICE, L. B., u. Mitarb.: Amer. J. Physiol. 35, 194 (1918). — SCHOEN, R.: Arch. f. exper. Path. 138, 339 (1928).
[5] ABEL, J. J., u. Mitarb.: J. of Pharmacol. 22, 289 (1924); 24, 67 (1924).
[7] AITKEN, R. S., u. J. G. PRIESTLEY: J. of Physiol. 60, XLIV (1925). — BEHRENROTH, E.: Dtsch. Arch. klin. Med. 113, 204 (1914). — LESCHKE, E.: Biochem. Z. 96, 50 (1919) u. a.

Mengen, subcutan gegeben, keinen gesetzmäßigen Einfluß. Nach intravenöser Injektion können große Mengen die Atmung periodisch machen. Der Einfluß der Hinterlappenauszüge auf die Bronchialmuskeln bedarf der Nachprüfung mit sicher histaminfreien Auszügen. Die Bronchialmuskeln mancher Säugetiere sind bekanntlich außerordentlich empfindlich gegen Histamin. Es wäre denkbar, daß der Bronchiospasmus, der nach der intravenösen Einspritzung bei Meerschweinchen[1] einsetzt und der das Leben beenden kann, ein Histamineffekt ist. Atropin hemmt diesen Bronchialmuskelkrampf.

Auf die Bronchialmuskeln des Hundes[2] war das ABELsche Tartrat wirkungslos. Ebenso hatte der Zusatz von Hinterlappenauszug zu der RINGER-Lösung, in der Streifen aus dem Bronchialmuskel des Rindes[3] ausgespannt waren, keinen Einfluß auf die Länge dieser Muskeln.

c) Irismuskel.

Auf die Irismuskulatur ist der Hinterlappenauszug von ganz untergeordneter Wirksamkeit: auf die Iris des isolierten Froschauges ist ein Auszug von 0,25 frische Hinterlappensubstanz: 100RINGER-Lösung noch wirkungslos[4], starke Auszüge machen eine allmählich zunehmende Pupillenerweiterung[5].

Die Pupillenverengerung, die am Auge des Säugetieres nach intravenöser Einspritzung von Hinterlappenauszug zu beobachten ist, dürfte durch einen zentralen Einfluß auf das Pupillenzentrum zustande kommen. Die örtliche Einwirkung auf das Säugetierauge führt meist zu einer geringen Pupillenerweiterung[6].

d) Muskeln des Verdauungsrohres und der Gallenblase.

Die hierher fallenden pharmakologischen Versuche sind voller Widersprüche. Schuld daran ist die Tatsache, daß fast alle Untersuchungen mit Handelsauszügen oder mangelhaft bereiteten eigenen Auszügen ausgeführt wurden. Daß ein Gehalt der Handelsauszüge an dem Konservierungsmittel Chloreton an dem Ösophagus und Magen des Frosches eine hemmende Wirkung der Hinterlappensubstanzen vortäuschen kann, während chloretonfreie Auszüge erregend wirken, wurde von HOUSSAY u. Mitarb. nachgewiesen[7].

---

[1] PICK, P., u. Mitarb.: Arch f. exper. Path. **74**, 92, 141 (1913).
[2] KOLLS, A. C., u. E. M. K. GEILING: J. of Pharmacol. **24**, 67 (1924).
[3] TRENDELENBURG, P., bei H. FÜHNER a. a. O.
[4] TRENDELENBURG, P., nicht publ.
[5] CRAMER, W.: Quart. J. exper. Physiol. **1**, 189 (1908). — FRANCHINI, B.: Berl. klin. Wschr. **47**, 613, 670, 719 (1910). — MELTZER, S. J.: Ebenda **50**, 103 (1913).
[6] FRANKL-HOCHWART, L. v., u. A. FRÖHLICH: Arch f. exper. Path. **63**, 347 (1910). — POLLOCK, W. B. J.: Brit. J. Ophthalm. **4**, 106 (1920). — KATO, T., u. M. WATANABE: Tohoku J. exper. Med. **1**, 73 (1920).
[7] HOUSSAY, B.: Accion fisiol. d. l. extr. hipofis. Buenos Aires **1922**.

Ein Teil der erregenden Wirkung, die die Auszüge aus nicht ganz frisch verarbeiteten Hinterlappen auf den ausgeschnittenen Dünndarm des Kaninchens[1] ausüben, ist auf die Beimengung histaminartig wirkender Substanzen zurückzuführen. Denn MACDONALD konnte dem Hinterlappen einen Teil der erregenden Substanz mit Alkohol, der die histaminartig wirkenden Stoffe aufnimmt, entziehen. Aber auch histaminfreie Auszüge fördern die Pendelbewegungen und den Tonus des ausgeschnittenen Kaninchen- und Katzendünndarmes und zwar besonders der unteren Abschnitte derselben[2] (Abb. 29). Diese erregende Substanz scheint mit dem Vasopressin identisch zu sein; sie wird durch Behandeln mit NaOH zerstört. Der isolierte Rattendarm wird ebenso wie der Meerschweinchendarm durch die Hinterlappenauszüge gehemmt[3].

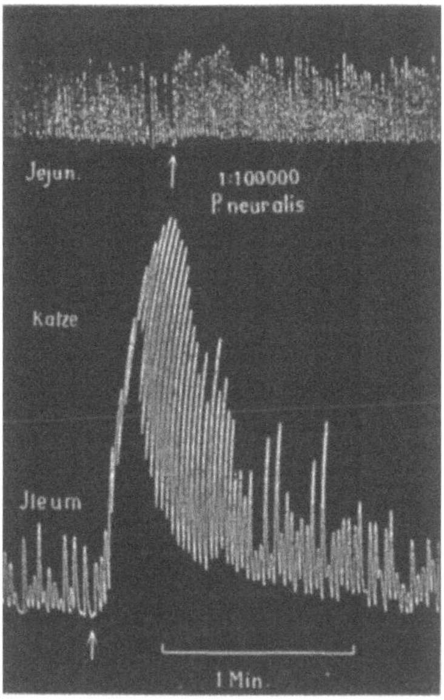

Auf den isolierten Kaninchendickdarm[4] (Abb. 30) sind die Auszüge viel wirksamer als auf den Dünndarm und außerdem geht hier der Er-

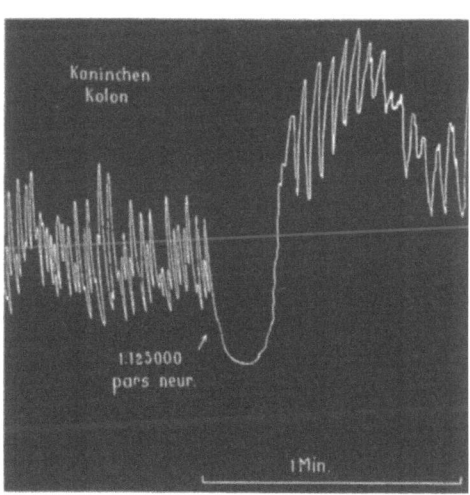

Abb. 29. Wirkung eines Auszuges aus 1 Teil Neuralisgewebe auf 100 000 Teile Tyrode-Lösung auf den ausgeschnittenen Dünndarm des Kaninchens. Oben: Darmstück aus dem Jejunum, unten: aus dem Ileum.
(Nach Kaufmann und Trendelenburg.)

Abb. 30. Kaninchenkolon. 1 Teil frische Neuralissubstanz auf 125 000 Tyrode-Lösung.
(Nach Kaufmann und Trendelenburg.)

---

[1] FÜHNER, H.: Münch. med. Wschr. 1912, Nr 16. — HOUSSAY, u. a.
[2] MACDONALD, A. D.: Quart. J. exper. Physiol. 15, 191 (1925). — KAUFMANN, M.: Arch. f. exper. Path. 120, 322 (1927). — GRUBER, CH. M.: J. of Pharmacol. 30, 73 (1926). — GADDUM, J. H.: J. of Physiol. 65, 434 (1928).
[3] VOEGTLIN, C., u. H. A. DYER: J. of Pharmacol. 24, 101 (1925). — GARRY, R. C.: Arch. f. exper. Path. 120, 348 (1927).
[4] KAUFMANN. — GADDUM.

regung eine Hemmung voraus; starke Konzentrationen (z. B. ein Teil frische Hinterlappensubstanz auf 10000 Flüssigkeit) sind von rein hemmender Wirkung. Diese hemmende Substanz wird durch Alkali zerstört. Der ausgeschnittene Katzendickdarm wird ebenfalls gehemmt.

Auch an dem in situ beobachteten Darme[1] findet man nach intravenöser Injektion teils Erregung, teils Hemmung.

Während man an der leeren isolierten Gallenblase[2] des Tieres nach dem Zusatz von Hinterlappenauszug keine Förderung, sondern eine Hemmung der rhythmischen Bewegungen sieht[3], kontrahiert sich die gefüllte Gallenblase. Beim Menschen tritt etwa $^1/_2$ Stunde nach der subcutanen Einspritzung eine Entleerung der Gallenblase auf. Der dadurch bewirkten Zunahme der aus dem Choledochus abfließenden Gallenmengen geht eine Abnahme voraus. Man fand z. B. bei einem Menschen mit Gallenfistel folgende Gallenmengen (in je 5 Minuten): vorher 2, 2, 3 ccm, nach 2 ccm Hypophysin: 1, 1, 1, 1, 2, 5, 20, 15, 3, 3, 1, 1 ccm. Auf der Höhe der Abflußvermehrung ist die Galle dunkler und bilirubinreicher: die Vermehrung rührt nicht von gesteigerter Produktion, sondern von einer Auspressung der Gallenblase her. Atropin hemmt diese Entleerung durch Hinterlappenauszug.

Der Tonus des Oddischen Sphinkter des Gallenganges wird beim Hunde nach intravenöser Einspritzung anscheinend erhöht[4].

Am Kropfmuskel der Taube sind die Hinterlappenauszüge fast wirkungslos; der Taubendarm wird erregt[5].

e) Muskeln der Urogenitalorgane.

Nach intravenöser Injektion von Hinterlappenauszug entleert sich häufig die Harnblase des Versuchstieres als Folge einer unmittelbaren Erregung der Harnblasenmuskulatur, die auch am ausgeschnittenen Organ auf Zusatz von Hinterlappenauszug erhalten wird[6].

Am isolierten Ureter beobachtet man dagegen meist eine nur kurz anhaltende Erregung, der eine langdauernde Hemmung der Bewegungen folgt[7].

---

[1] Franchini. — Katsch, G.: Z. exper. Path. u. Ther. 12, 253 (1913). — Zondek, B.: Pflügers Arch. 180, 68 (1920).
[2] Erbsen, H., u. E. Damm: Z. exper. Med. 55, 748 (1927). — Erbsen, H.: Ebenda 61, 316 (1928).
[3] Adlersberg, D., u. Mitarb.: Arch f. exper. Path. 134, 88 (1928). — Kalk, H., u. W. Schóndube: Z. exper. Med. 53, 461 (1926).
[4] Cole, W. H.: Amer. J. Physiol. 72, 39 (1925).
[5] Hanzlic, P. J., u. E. M. Butt: J. of Pharmacol. 33, 387 (1928).
[6] Dale, H. H.: J. of Physiol. 34, 163 (1909); Biochemic. J. 4, 427 (1909). — v. Frankl-Hochwart u. Fröhlich. — Franchini. — Macht, D. J.: J. of Pharmacol. 27, 389 (1926) u. a.
[7] Rothmann, H.: Z. exper. Med. 55, 776 (1927). — Gruber, Ch. M.: J. of Pharmacol. 34, 203 (1928).

Auch beim Menschen begünstigt die Injektion von Hinterlappenauszug die Blasenentleerung[1].

Das Verhalten der glatten Muskel der männlichen Geschlechtsorgane auf Einwirkung von Hinterlappenauszügen ist wenig untersucht. Der Retractor Penis des Hundes[2] wird ebenso wie der Uterus masculinus des Kaninchens erregt[3], während am Vas deferens[4] keine Wirkung beobachtet wird.

Daß die Hinterlappenauszüge die Bewegungen und den Tonus der Gebärmutter stark fördern, stellten unabhängig von einander OTT und SCOTT, DALE sowie v. FRANKL-HOCHWART und FRÖHLICH fest[5] (Abb. 31.) Diese Erregung ist bei allen Säugetieren zu beobachten, auch bei solchen, deren Gebärmutter auf Histamin abnorm, nämlich mit einer Erschlaffung, reagiert (Ratte, Maus)[6]. Weiter steht die Wirkungsart nicht, wie es für das Adrenalin festgestellt wurde, in Abhängigkeit vom funktionellen Zustand des Uterus: auch der nicht gravide Uterus der Katze wird erregt (DALE).

Der Angriff liegt in der Peripherie, am Organe selbst, denn ausgeschnittene Uterushörner sind außerordentlich empfindlich gegen die Hinterlappenauszüge. Der überlebende Meerschweinchen- oder Rattenuterus wird durch den Zusatz von einem Teil frischer Hinterlappensubstanz auf mehrere Millionen Teile Flüssigkeit noch kräftig erregt und nach ABEL u. Mitarb.[7] soll der wirksame Schwellenwert ihres Tartrates aus Hinterlappen bei 1:20 Milliarden liegen, — kein anderer Stoff ist auch nur annähernd so stark wirksam auf die Gebärmutter.

Ob die wirksamen Stoffe auf die Muskelfasern selbst oder auf Nervenelemente einwirken ist noch nicht sicher zu entscheiden. Bekannt ist nur, daß auch der längere Zeit zuvor entnervte Uterus zur Kontraktion gebracht wird[8].

Die Erregung des ausgeschnittenen Uterus kann unter sehr verschiedenen Formen verlaufen, die von der Tierart, vom Alter, vom funktionellen Zustand abhängen. Der ausgeschnittene Uterus des jugendlichen Meerschweinchens zeigt eine sehr allmählich zunehmende Verkürzung bei geringer Förderung seiner sehr schwachen Spontankontraktionen, bei älteren Tieren ist die Stärke der Kontraktionsförderung

---

[1] HOFBAUER, P.: Wien. klin. Wschr. **24**, 1766 (1911).   [2] DALE.
[2] WADELL, J. A.: J. of Pharmacol. **9**, 171 (1917).
[3] WADELL, J. A.: J. of Pharmacol. **8**, 551 (1916).
[4] OTT, J., u. J. C. SCOTT: J. of exper. Med. **11**, 326 (1908). — DALE. — v. FRANKL-HOCHWART u. FRÖHLICH.
[6] GUGGENHEIM, M.: Biochem. Z. **65**, 189 (1914). — ADLER, L.: Arch. f. exper. Path. **83**, 238 (1918) u. a.
[7] ABEL, J. J., u. Mitarb.: J. of Pharmacol. **22**, 289 (1924).
[8] OGATA, S.: J. of Pharmacol. **18**, 185 (1921).

154   Hypophyse.

viel ausgesprochener, zum Teil hat sie tonischen Charakter, zum Teil treten rhythmische Wehen auf. Am isolierten hochschwangeren Uterus

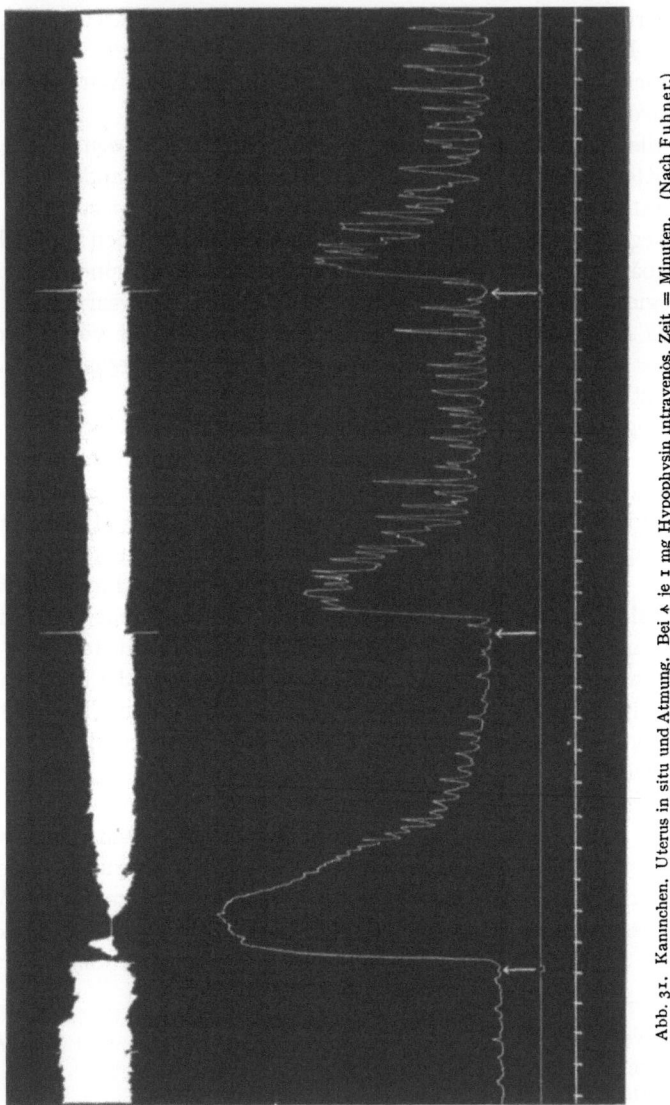

Abb. 31. Kaninchen. Uterus in situ und Atmung. Bei ↟ je 1 mg Hypophysin intravenös. Zeit = Minuten. (Nach Fuhner.)

werden die Wehen ausgiebiger und vollbringen eine höhere Druckleistung[1]. Am Rattenuterus werden die Spontankontraktionen an Zahl

---

[1] Kürzel, L.: Arch. f. exper. Path. **127**, 335 (1928).

vermehrt unter leichter Steigerung des Muskeltonus, oder die schon erloschenen Kontraktionen werden zum Wiedererscheinen gebracht (Abb. 32). Durch Zufuhr von Placentaextrakten hypertrophisch gemachte Kaninchenuteri sind viel empfindlicher gegen die Hinterlappensubstanzen als die dünnen Uteri der unbehandelten Kontrolltiere[1] (Abb. 8).

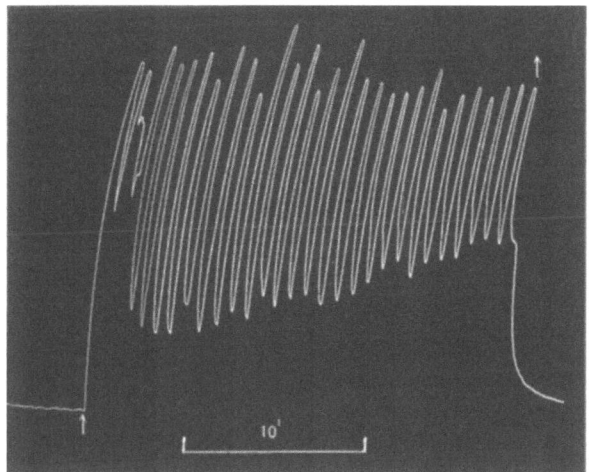

Abb. 32. Wirkung von Hinterlappenauszug auf den ausgeschnittenen Rattenuterus. 1 Teil frische Hinterlappensubstanz auf eine Million Teile Tyrode-Lösung. (Trendelenburg).

Die Hinterlappenwirkung läßt sich am ausgeschnittenen Uterus durch Auswaschen aufheben. Sie ist am gleichen Präparat wiederholt zu erhalten. Deshalb eignet sich der ausgeschnittene Uterus zur Auswertung des Gehaltes der Hinterlappenauszüge an uteruserregender Substanz. Besonders geeignet sind die Uterushörner virgineller, junger Meerschweinchen, die nicht brünstig sind, die Uterushörner ausgewachsener Ratten und die Uterushörner junger Schafe. Bei einwandfreier Methodik[2] kann man den Gehalt der Auszüge bis auf 20% Genauigkeit bestimmen.

Eine analoge Uteruserregung tritt bei Kaninchen und Katzen auch nach der intravenösen Einspritzung auf[3]. Die den Uterus erregenden

---

[1] MIURA, Y.: Arch. f. exper. Path. **114**, 348 (1926).
[2] Siehe BURN, J. H., u. H. H. DALE: Reports on biol. standard. I. London Med. Res. Counc. **1922**. — TRENDELENBURG, P.: Handb. biol. Arb.meth. Abt. V, Teil 3 B, 339.
[3] FÜHNER. — v. FRANKL-HOCHWART u. FRÖHLICH. — KNAUS, H. H.: J. of Pharmacol. **26**, 337 (1925). — WIJSENBECK, J. A.: Z. exper. Med. **41**, 493 (1924). — SCHÜBEL, K., u. W. TESCHENDORF: Arch. f. exp. Path. **128**, 82 (1928).

Schwellenmengen — bei der Katze ist schon 0,004 mg frische Hinterlappensubstanz uteruswirksam — liegen unter den blutdruckwirksamen Schwellenmengen. Große Gaben erregen den Uterus zu wehenartigen oder tonischen Kontraktionen für die Dauer von über $1/4$ Stunde. Eine bald nach der ersten Injektion ausgeführte zweite Injektion ist weit schwächer wirksam (Abb. 31). SCHÜBEL[1] empfiehlt die Auswertung von Hinterlappenauszügen an der postpuerperalen Katze; er sucht die Menge Auszug auf, die nach intramuskulärer Einspritzung den Uterus, dessen Bewegungen durch einen eingeführten Ballon registriert werden, zu wehenförmigen Kontraktionen erregt. Die Schwellenmenge liegt bei 0,05 mg VOEGTLIN-Pulver.

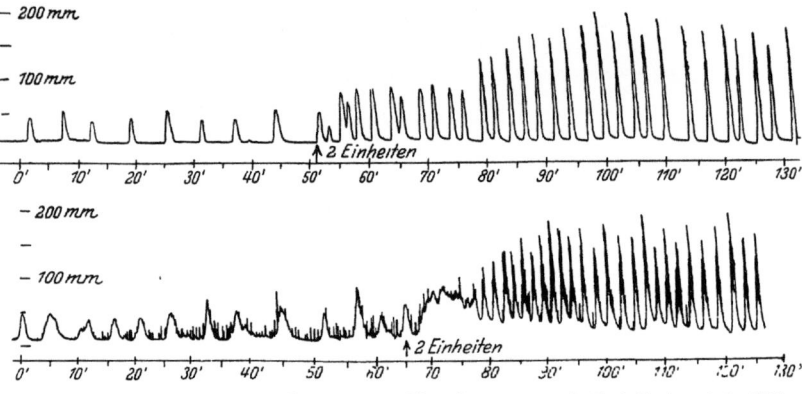

Abb 33. Wirkung der subcutanen Injektion von Hinterlappenauszug (2 Einheiten) auf die Wehen der gebarenden Frau. (Nach Bourne und Burn.)

Bei schwangeren Tieren kann in der Regel in der ersten Hälfte der Schwangerschaft kein Abort ausgelöst werden, während in der zweiten Schwangerschaftshälfte die mehrfach wiederholte intravenöse Einspritzung (2 mg frische Hinterlappensubstanz stündlich bei Kaninchen) mit Sicherheit zur Fruchtausstoßung führt. Nach KNAUS[2] ist die Gebärmutter in der ersten Schwangerschaftshälfte sehr viel weniger empfindlich gegen die Hinterlappensubstanz als in der späteren Gravidität oder im nicht graviden Zustand. Tägliche Einspritzungen kleiner Mengen von Hinterlappenauszug bewirken auch bei Ratten im ersten Schwangerschaftsstadium keinen Abort. Die Geburt tritt lediglich um wenige Tage verfrüht ein[3].

Atropin schwächt die Hinterlappenwirkung auf den ausgeschnittenen Uterus ab[4]. Chinin wirkt sensibilisierend[5].

---

[1] SCHÜBEL, K., u. W. GEHLEN: Arch. f. exper. Path. **132**, 145 (1928).
[2] KNAUS, H. H.: J. of Physiol. **59**, 383 (1926); Arch. f. exper. Path. **124**, 152 (1927). — OKAZAKI, Y., nach Ber. Physiol. **43**, 731 (1928).
[3] EHRHARDT, K., u. W. A. SIMUNICH: Klin. Wschr. **6**, 1699 (1927).
[4] SUGIMOTO, T.: Arch f. exper. Path. **74**, 27 (1913).
[5] SCHÜBEL, K.: Arch. f. exper. Path. **138**, 146 (1928).

Die Stärke der Wirkung von Hinterlappenauszügen auf die Wehentätigkeit der gebärenden Frau wurde von BOURNE und BURN[1] derart gemessen, daß der Druck auf einen in die Gebärmutter eingeführten Ball aufgezeichnet wurde. Sie fanden, daß $1^1/_2$—2 Einheiten = 0,75 bis 1,00 mg VOEGTLIN-Pulver = etwa 5—7 mg frische Hinterlappensubstanz die Frequenz der Wehen gelegentlich unter Tonusanstieg für 10—30 Minuten vermehrten (Abb. 33).

f) Glatte Muskeln der Haare.

Die durch Adrenalin bekanntlich zur Kontraktion zu bringenden Pilomotoren werden bei Tier und Mensch durch Hinterlappenauszüge nicht erregt[2].

g) Quergestreifter Muskel, motorischer Nerv.

Am Nervmuskelpräparat haben Hinterlappenauszüge eine ganz unbedeutende Wirkung. Die Muskelkontraktionen nehmen an Höhe etwas ab, die Nervenerregbarkeit wird etwas vermindert, die Reizleitung ist unbehindert[3]. Nach der intravenösen Injektion großer Dosen (10 VOEGTLIN-Einheiten) wird die Tätigkeit der rhythmisch gereizten Muskeln der Katze gehemmt, offenbar durch Verschlechterung der Blutversorgung. Kleine Dosen sind wirkungslos[4].

h) Pigmentzellen.

Auf bestimmte Pigmentzellen mancher Kaltblüter haben die Hinterlappenauszüge eine sehr starke Wirkung. Normale oder hypophysenlose Kaulquappen[5] nehmen nach der Implantation von Hinterlappengewebe oder nach dem Einsetzen in Hinterlappenauszüge eine dunkle Farbe an, nicht nur die Hautmelanophoren, sondern auch die tief in den Geweben liegenden Melanophoren breiten sich aus. Durch Belichten aufgehellte Frösche[6] werden wenige Minuten nach der Einspritzung von Hinterlappenauszügen in den Lymphsack sehr dunkel. Die zuvor kugelrunden Melanophoren nehmen Sternform an und verbinden sich zu einem

---

[1] BOURNE, A., u. J. H. BURN: J. Obstetr. 34, 249 (1927). — LANCET 1928, 694.
[2] DALE, H. H.: Biochemic. J. 4, 427 (1909).
[3] EDDY, N. B.: Amer. J. Physiol. 69, 432 (1924). — YOSHIMOTO, M.: Quart. J. exper. Physiol. 13, 5 (1923).
[4] WASTL, H.: Pflügers Arch. 219, 337 (1928).
[5] SWINGLE, W. W.: J. of exper. Zool. 34, 119 (1921). — ALLEN, B. M.: Anat. Rec. 20, 192 (1920—21). — MC LEAN, A. J.: J. of Pharmacol. 33, 301 (1928).
[6] HOGBEN, L. T.: Brit. J. exper. Biol. 1, 249 (1924); The pigmentory effector system, London 1924; Ders. u. FR. WINTON: Biochemic. J. 16, 619 (1922); Proc. roy. Soc. B. 93, 318 (1922); 94, 151 (1922); 95, 15 (1923). — HOUSSAY, B. A., u. J. UNGAR: Rev. Asoc. méd. argent. 37, 174 (1924). — C. r. Soc. Biol. 91, 318 (1924). — UYENO, K.: J. of Physiol. 56, 348 (1922).

dichten schwarzen Netzwerk. $5 \cdot 10^{-5}$ g frische Hinterlappensubstanz ist schon wirksam; eine Froschhypophyse kann 20—40 Frösche dunkel machen. Der Angriff liegt in der Peripherie, denn die gleiche Dunkelfärbung erhält man auch bei der Durchströmung abgeschnittener Froschbeine mit einer Salzlösung, die Hinterlappenauszug enthält oder auch — weniger stark — nach dem Einlegen ausgeschnittener Hautstückchen in Hinterlappenauszug[1]. Auch die Pigmentzellen der Iris des Froschauges[2] breiten sich nach dem Einlegen der Augen in Hinterlappenauszüge aus. Das Pigment der Krötennetzhaut wandert unter dem Einfluß von Hinterlappenauszug nach der Basis der Stäbchen und Zapfen hin[3].

Die Haut der Reptilien Caiman scelerops und Xenodon merremi wird nach Hinterlappeninjektion nicht dunkel[4], bei Axolotln tritt dagegen eine vorübergehende Ausbreitung der Melanophoren ein[5].

Über den Einfluß der Hinterlappenauszüge auf die Pigmentzellen der Fische gehen die Angaben auseinander[6]. Die Haut von Fundulus heteroclitus und von Forellen wird durch eine Ballung der Melanophoren blaß, an anderen Fischen fand man eine Ausbreitung nicht nur der Melanophoren, sondern auch der Xantho- und Erythrophoren.

Die Melanophoren von Kephalopoden breiten sich infolge einer Kontraktion der Chromatophorenmuskeln nach der Einspritzung von Hinterlappenauszug aus[7].

i) Drüsensekretionen.

Auf die Sekretion der meisten Drüsen hat die intravenöse oder subcutane Injektion von Hinterlappenauszug eine geringe Wirkung und zwar meist eine hemmende. Der Speichelfluß nimmt ab[8], der Abfluß von Galle aus der Leber bleibt unverändert oder wird vermindert[9], die Pankreassaftsekretion wird gehemmt[10]. Über den Einfluß auf die Magensaftsekretion[11] gehen die

---

[1] TRENDELENBURG, P.: Arch. f. exper. Path. 114, 255 (1926). — HOGBEN. — FENN, W. O.: J. of Physiol. 59, 395 (1924). — KROGH, A.: J. of Pharmacol. 29, 177 (1926). — MC LEAN.
[2] TRENDELENBURG, P., nicht publ.
[3] CHEN, T. Y., u. B. K. L. LIM nach Ber. Physiol. 41, 839 (1927).
[4] HOUSSAY, B. A.: Biol. Soc. argent. Buenos-Aires 1924.
[5] HOGBEN, L. T.: Brit. J. exper. Biol. 1, 249 (1923—24). — BELEHRADEK, J., u. J. S. HUXLEY: Brit. J. exper. Biol. 5, 89 (1927).
[6] SPAETH, R. A.: J. of Pharmacol. 11, 209 (1918). — GIANFERRARI, L.: Arch. di Sci. biol. 3, 39 (1922). — ABOLIN, L.: Arch. Entw.mechan. 104, 667 (1925). — HEWER, H. R.: Brit. J. exper. Biol. 3, 321 (1926).
[7] NADLER, J. E.: J. of Pharmacol. 30, 489 (1927).
[8] GORKE, H., u. E. DÉLOCH: Arch.Verdgskrkh. 29, 149 (1922). — LOMMEN, G. O., u. P. A. LOMMEN: Amer. J. Physiol. 38, 339 (1918) u. a.
[9] ALPERN, D.: Biochem. Z. 135, 507 (1923). — ERBSEN, H., u. E. DAMM: Z. exper. Med. 55, 748 (1927). — ADLERSBERG, D., u. Mitarb.: Arch. f. exper. Path. 134, 88 (1928).
[10] SCHÄFER, E. A., u. P. T. HERRING: Phil. Trans. roy. Soc. London B. 199, 1 (1908).
[11] Lit. bei TRENDELENBURG, P.: Erg. Physiol. 25, 419 (1926). — SCHOENDUBE, W., u. H. KALK: Arch. Verdgskrkh. 36, 227 (1926).

Angaben auseinander; die von einigen beobachtete Förderung derselben ist vielleicht auf einen Gehalt der verwandten Auszüge an Histamin zurückzuführen.

Viel intensiver ist der Einfluß auf die Milchsekretion[1]. Der oft sehr starken Vermehrung der aus einer in den Hauptmilchgang eingelegten Kanüle abtropfenden Milchmenge folgt eine länger anhaltende Hemmung der Abgabe, so daß das Tagesquantum nicht vermehrt ist. Nach MAXWELL und ROTHERA liefert die durch Melken entleerte Milchdrüse nach der Injektion neue Milchmengen, somit scheint also die wirksame Hinterlappensubstanz das sezernierende Epithel zu erneuter Milchproduktion anzuregen. SCHAEFER u. a. nehmen dagegen an, daß die galaktagoge Wirkung nur ein Ausdruck einer durch die Hinterlappensubstanz herbeigeführten Kontraktion der glatten Muskeln der Milchdrüsen sei.

k) Blutzellen, Blutgerinnung.

Als Folge der Änderung des Wasserhaushaltes treten Änderungen der Erythrocytemengen und des Hämoglobins auf (siehe weiter unten). ALPERN[2] fand bei Kaninchen eine Eosinophilie, die Leukocyten nahmen zuerst ab, dann zu.

Ob die Hinterlappenauszüge einen spezifischen Einfluß auf die Blutgerinnung haben, ist noch ungewiß[3].

l) Wasser- und Salzhaushalt, Harnabgabe.

Beim kaltblütigen Wirbeltiere — Frosch — hat die Injektion von Hinterlappenauszügen keine sichere Wirkung auf die Harnmenge[4], während die Auszüge an ausgeschnittenen Nieren des Frosches teils fördernd, teils hemmend auf die Durchströmung und die Harnbereitung wirken[5].

Sicher steht dagegen, daß der Wasserhaushalt der Amphibien durch einen extrarenalen Angriff der Hinterlappensubstanzen beeinflußt werden kann. Denn nach der Einspritzung in den Lymphsack steigt

---

[1] OTT, J., u. J. C. SCOTT: Proc. Soc. exper. Biol. a. Med. 7 (1910) — SCHÄFER, E. A., u. K. MACKENZIE: Proc. roy. Soc. B. 84, 16 (1912). — MACKENZIE, K.: Quart. J. exper. Physiol. 4, 305 (1911). — SIMPSON, S., u. R. L. HILL: Amer. J. Physiol. 36, 347 (1915). — GAVIN, W.: Quart. J. exper. Physiol. 6, 13 (1913). — SCHÄFER, E. A.: Ebenda 6, 6, 17 (1913). — HAMMOND, J.: Ebenda 6, 311 (1913). — MAXWELL, A. L. J., u. A. C. H. ROTHERA: J. of Physiol. 49, 483 (1915).
[2] ALPERN, D.: Z. exper. Med. 35, 139 (1923).
[3] Lit. bei TRENDELENBURG, P.: Erg. Physiol. 25, 424 (1926).
[4] OEHME, C.: Z. exper. Med. 9, 251 (1919). — BRUNN, F.: Ebenda 25, 170 (1921). — FROMHERZ, K.: Arch. f. exper. Path. 100, 1 (1923).
[5] HARTWICH: Verhandl. Kongr. inn. Med. 37, 404 (1925). — NOGUCHI, J.: Arch. f. exper. Path. 103, 147 (1924). — TANGL, H., u. L. HAZAY: Biochem. Z. 191, 337 (1927).

das Gewicht an, auch nach zuvor ausgeführter Entfernung der Nieren[1]. Im Muskel und Unterhautzellgewebe treten Ödeme auf. Diese Gewichtszunahme muß wohl die Folge einer Hemmung der Wasserabgabe durch die Haut sein, denn bei der Durchströmung der Froschbeine mit einer RINGER-Lösung, die Hinterlappenauszug enthält, ist die Ödembildung infolge der oben erwähnten kapillartonuserhöhenden Wirkung vermindert[2]. Bei Kaulquappen wurde nach der Transplantation von Hinterlappengewebe des Frosches sogar ein Schrumpfen der Gewebe beobachtet[3].

Im Gegensatz zu den Säugetieren wird bei Fröschen nach der Injektion von Auszügen des Hinterlappens die Cl-Abgabe in den Harn nicht vermehrt[4]. Amblystomalarven (Axolotl)[5] retinieren nach der Einspritzung von Hinterlappenauszug zunächst Wasser, dann folgt eine überschießende Mehrabgabe; durch wiederholte Einspritzungen kann ein sehr starker Gewichtsverlust erzwungen werden.

Je nach den Bedingungen des Versuches kann man bei Säugetieren durch Hinterlappenzufuhr die Harnmenge stark steigern oder bis zum völligen Versiegen hemmen. Die diuretische Wirkung wurde zunächst für die allein typische Hinterlappenwirkung gehalten. Man hatte stets nur an narkotisierten Tieren experimentiert, bei diesen wird aber nach einer sehr kurz anhaltenden Abnahme der Harnmengen eine mächtige Zunahme beobachtet[6]. Den Einfluß der einzelnen Narkotika auf die Harnwirkung der Hinterlappenauszüge ist ein verschiedener[7]; einige derselben kehren die Hemmung nicht in eine Förderung um.

Weiter ist die Art der Beeinflussung der Harnsekretion abhängig von der Geschwindigkeit, mit der ein bestimmtes Auszugsquantum in den Kreislauf eingeführt wird. Ein nach intravenöser Injektion nur kurz hemmend, dann stark fördernd wirkendes Quantum kann bei subcutaner Einspritzung die Harnbildung des gleichen Tieres stundenlang hemmen[8].

Schließlich bestimmt der Wasser- und Salzgehalt eines Tieres den

---

[1] BRUNN. — FROMHERZ. — JUNGMANN, P., u. H. BERNHARD: Z. klin. Med. 99, 84 (1924). — BIAROTTI, A.: C. r. Soc. Biol. 88, 361 (1923).
[2] KROGH, A., u. P. B. REHBERG: C. r. Soc. Biol. 87, 461 (1922.)— FREY, E: Arch. f. exper. Path. 110, 329 (1926).
[3] SWINGLE, W. W.: J. of exper. Zool. 34, 119 (1921).
[4] FROMHERZ. — NOGUCHI.
[5] BELEHRADEK, J., u. J. S. HUXLEY: Brit. J. exper. Biol. 5, 89 (1927).
[6] MAGNUS, R., u. E. A. SCHÄFER: J. of Physiol. 27, IX (1901). — SCHÄFER E. A., u. P. T. HERRING: Phil. Trans. roy. Soc. Lond. B. 199, 1 (1908). — KING, C. E., u. O. O. STOLAND: Amer. J. Physiol. 32, 405 (1913). — KNOWLTON, F. P., u. A. C. SILVERMAN: Amer. J. Physiol. 47, 1 (1918). — MACKERSIE, W. G.: J. of Pharmacol. 24, 83 (1925).
[7] BUSCHKE, F.: Arch. f. exper. Path. 136, 43 (1928).
[8] OEHME, C. u. M.: Dtsch. Arch. klin. Med. 127, 261 (1918). — CRAIG, N. C.: Quart. J. exper. Physiol. 15, 119 (1925). — FROMHERZ.

Spezielle Pharmakologie der Hinterlappensubstanzen. 161

Ausfall der Hinterlappenwirkung auf die Harnbereitung. Die Menge Hinterlappensubstanz, die beim normalen Tier diuresefördernd wirkt, hemmt, wenn dem Tier reichlich Wasser zugeführt worden ist[1]. Der Zusatz von Kochsalz zum Wasser schwächt dagegen diese Diuresehemmung ab[2].

Die Diureseförderung fällt bei rascher Wiederholung der Einspritzungen geringer aus, aber das Immunwerden ist viel weniger ausgesprochen als am Blutdruck, so daß die Harnwirkung am narkotisierten Tiere mehrmals in annähernd gleicher Stärke auftreten kann[3].

Die Ursache der Diureseförderung am narkotisierten Tier ist noch nicht endgültig sichergestellt. Daß das Volumen der Nieren zuzunehmen pflegt, wurde oben erwähnt, ebenso, daß diese Volumzunahme der Diureseförderung nicht streng parallel verläuft sowie auch, daß bei narkotisierten Katzen der Blutausfluß aus der Niere stark gesteigert wird und zwar unabhängig von der Diureseförderung. Die in der Zeiteinheit abfließende Blutmenge kann auf mehr als das Doppelte der vor der Injektion abfließenden Menge ansteigen, die Farbe des Venenblutes kann dabei arteriell werden (KNOWLTON u. SILVERMANN). Auch MIURAS[4] Versuche sprechen für einen

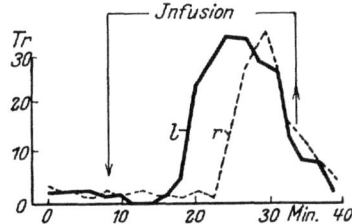

Abb. 34. Harnabgabe aus der l. und der r. Niere eines Kaninchens bei Infusion von Hinterlappenauszug in den Blutzufluß der linken Niere. (Nach Miura und Trendelenburg.)

renalen Angriff der Hinterlappensubstanzen, denn wenn man die Auszüge zunächst in die Arterie der einen Niere einleitet, so tritt die Harnvermehrung an dieser Niere um einige Minuten früher auf als an der anderen Niere (Abb. 34).

Das Zentralnervensystem ist an der Diureseförderung durch Hinterlappenauszüge unbeteiligt, denn sie fehlt nicht bei narkotisierten Katzen und Kaninchen nach zuvor ausgeführter Nierenentnervung[5].

Die Frage, ob der Angriff der Hinterlappensubstanz, die unter den genannten Bedingungen diuresefördernd wirkt, an den Nierenblut-

---

[1] FROMHERZ. — STEHLE, R. L., u. W. BOURNE: J. of Physiol. 60, 229 (1925). — BIJLSMA, U. G.: Klin. Wschr. 5, 1352 (1926).
[2] BRUNN, F.: Z. exper. Med. 25, 170 (1921). — MOLITOR, H., u. E. P. PICK: Arch. f. exper. Path. 101, 169 (1924). — PENTIMALLI, F.: Sperimentale 75, 145 (1921). — BIJLSMA.
[3] DALE. — ABEL, J. J., u. Mitarb.: J. of Pharmacol. 22, 289 (1924). — HOSKINS, R. G., u. J. M. MEANS: Ebenda 4, 435 (1913). — SCHÄFER u. HERRING u. a.
[4] MIURA, Y.: Arch. f. exper. Path. 107, 1 (1925).
[5] OEHME. — HOUSSAY, B.: Accion fisol. d. l. extr. hipofis. Buenos Aires 1922. — Siehe auch MOTZFELDT, K.: J. of exper. Med. 25, 153 (1917).

gefäßen oder dem Nierenepithel zu suchen ist, wie SCHÄFER und HERRING sowie OEHME und OEHME vermuten, ist zur Zeit nicht zu entscheiden.

Die Verminderung der Harnmenge am nicht narkotisierten Individuum entdeckten VON DEN VELDEN und FARINI am Menschen[1]; VON DEN VELDEN fand weiter, daß die Abgabe aufgenommenen Wassers beim Menschen unterdrückt wird. Nachuntersucher bestätigten in vielen Versuchen diese Angaben[2]; wie beim normalen Menschen wird auch bei dem an Diabetes insipidus Leidenden, beim normalen nicht narkotisierten Säugetier[3] und bei dem künstlich polyurisch gemachten Säugetier[4] die Diurese gehemmt.

Je nach der Menge der subcutan zugeführten Hinterlappensubstanz wird die Harnbildung für verschieden lange Zeit vermindert oder ganz unterdrückt. Der Harnhemmung, die nach großen Mengen Hinterlappenauszug über 24 Stunden lang anhalten kann, folgt eine sekundäre Mehrausscheidung, so daß die Gesamtmenge des abgegebenen Wassers nicht vermindert wird.

Auch das dem Tiere bald nach der Injektion zugeführte Wasser wird nur verzögert abgegeben. Der eine solche Verzögerung herbeiführende Schwellenwert liegt beim Hunde bei nur 0,003 mg VOEGTLIN-Pulver = 0,02 mg frische Hinterlappensubstanz[5]; eine etwa ebenso hohe Empfindlichkeit zeigt auch das Kaninchen (Abb. 14, S. 119).

Durch quantitative Bestimmung der Verzögerung der Abgabe zugeführten Wassers läßt sich der Gehalt eines Auszuges an antidiuretisch wirksamer Substanz mit befriedigender Genauigkeit ermitteln. Die Wirkung des zu untersuchenden Auszuges wird mit der Wirkung eines Auszuges aus bekannten Mengen VOEGTLIN-Pulver verglichen[6].

Beim gesunden Menschen erweist sich die subcutane Zufuhr eines Auszuges aus 1 mg VOEGTLIN-Pulver = 6,4 mg frische Hinterlappensubstanz als unwirksam, das Zehnfache dieser Menge hat erhebliche hemmende Wirkung[7].

Das Maß der Hemmung wird durch Zusatz harnfähiger Stoffe verändert. Beim Zusatz von Kochsalz zum Wasser fällt die Diuresehemmung durch

---

[1] VON DEN VELDEN, R.: Berl. klin. Wschr. **50**, 1156 (1913). — FARINI, F.: Gazz. Osp. **34**, 879 (1913).
[2] Lit. bei TRENDELENBURG, P.: Erg. Physiol. **25**, 412 (1926).
[3] RÖMER, C.: Dtsch. med. Wschr. **40**, 108 (1914). — Weitere Lit. bei TRENDELENBURG.
[4] BAILEY, P., u. F. BREMER: Arch. int. Med. **28**, 773 (1921). — CURTIS, G. M.: Ebenda **34**, 801 (1924). — SOLARI, L. A.: C. r. Soc. Biol. **88**, 359 (1923).
[5] BIJLSMA, U. G.: Klin. Wschr. **5**, 1351 (1926). — Siehe auch MOLITOR, H.: Biochem. Z. **172**, 379 (1926).
[6] KESTRANEK, W., H. MOLITOR, u.E. P. PICK: Biochem. Z. **164**, 34 (1925). — MOLITOR. — BIJLSMA u. a.
[7] SMITH, M. J., u. W. T. MC CLOSKY: J. of Pharmacol. **24**, 371 (1925).

die Hinterlappenauszüge viel geringer aus, während der Zusatz von KCl und Harnstoff bis zur Isotonie kaum vermindernd wirkt[1]; nach der Eingabe stark hypertonischer KCl- oder Harnstofflösung fehlt dagegen die Hemmung. Auch auf die Purinkörper- und Novasuroldiurese wirken die Hinterlappenauszüge antagonistisch[2], und umgekehrt kann die Hemmung durch Purinkörper und Harnstofflösung, weniger gut auch durch Traubenzucker und NaCl-Lösung, nicht dagegen durch reines Wasser teilweise oder vollständig verhindert werden[3].

Läßt man einen Menschen nach der Injektion des Auszuges viel Wasser trinken oder führt man einem Tiere nun mit der Sonde viel Wasser zu, so kann das Gleichgewicht zwischen Wasser und gelöster Substanz im Körper so stark gestört werden, daß eine schwere „Wasservergiftung" eintreten kann. Die Tiere können unter schweren tonisch-klonischen Krämpfen zugrunde gehen[4].

Die Anschauungen über das Wesen dieser harnhemmenden Hinterlappenwirkung gehen zur Zeit noch auseinander. Folgende drei Theorien werden erörtert. Nach einer hauptsächlich von MOLITOR u. PICK[5] vertretenen Ansicht liegt der Angriff der Hinterlappenstoffe an einem im Gehirn gelegenen Zentrum, das den Wasserhaushalt reguliert. Sie stützen diese Theorie auf die Beobachtung, daß die diuresehemmende Wirkung einer intralumbalen Injektion von Hinterlappenauszug der einer subcutanen Einspritzung überlegen sei, und daß die Hemmung des subcutan injizierten Auszuges bei großhirnlosen Kaninchen meist vermindert ist, wie sie annehmen als Folge des Fortfalles eines vom Großhirn ausgehenden, jenes Wasserzentrum hemmenden Einflusses. Die Umkehr der Harnhemmung in Harnförderung durch viele Narkotika beziehen sie auf eine Änderung der Erregbarkeit jenes Wasserzentrums durch die narkotischen Mittel.

Versuche, die JANSSEN[6] ausführte, sprechen gegen die Richtigkeit dieser Theorie. Bei Kaninchen behielten Hinterlappenauszüge ihre volle antidiuretische Wirksamkeit, wenn das untere Halsmark oder das obere Brustmark durchtrennt wurde, auch dann, wenn dieser Eingriff mit

---

[1] BRUNN. — BIJLSMA. — MOLITOR, H., u. E. P. PICK: Arch. f. exper. Path. 101, 169 (1924). — CRAIG, N. C.: Quart. J. exper. Physiol. 15, 119 (1925). — ADOLPH, E. F., u. G. ERICSON: Amer. J. Physiol. 79, 377 (1927). — McFARLANE, A.: J. of Pharmacol. 28, 177 (1926).
[2] FRANK, E.: Klin. Wschr. 3, 847, 895 (1924).
[3] MOLITOR u. PICK. — MACKERSIE, W. G.: J. of Pharmacol. 24, 83 (1925).
[4] ROWNTREE, L. G.: J. of Pharmacol. 29, 135 (1926). — Derselbe u. Mitarbeiter: Arch. int. Med. 29, 306 (1922). — FROMHERZ.
[5] MOLITOR, H., u. E. PICK: Arch. f. exper. Path. 107, 180, 185 (1925); 112, 113 (1926). — Siehe auch MEHES, J., u. H. MOLITOR: Ebenda 127, 319 (1927). — HOFF, H., u. P. WERMER: Ebenda 125, 140 (1927). — BUSCHKE, F.: Ebenda 136, 43 (1928).
[6] JANSSEN, S.: Arch. f. exper. Path. 135, 1 (1928).

doppelseitiger Vagotomie verbunden wurde, der Körper des Tieres also jeder nervösen Verbindung mit dem Zentralnervensystem beraubt war (Abb. 35). Weiter wirkt die intralumbale Injektion auch dann noch harnhemmend, wenn das Rückenmark oberhalb der Injektionsstelle einige Zeit zuvor durchtrennt worden war und damit das (an sich schon recht unwahrscheinliche) direkte Vordringen der wirksamen Stoffe bis zum Mittelhirn unmöglich gemacht worden war.

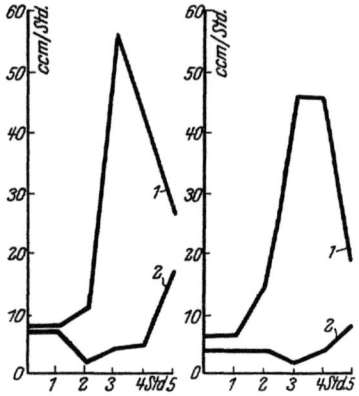

Abb. 35. Diurese nach 150 ccm Wasser per os allein (= 1) und von 150 ccm Wasser per os + 0,2 mg frische Hinterlappensubstanz pro Kilo subcutan (= 2) auf die Harnmenge (Durchschnitt aus je 3 Versuchen). Links: Im normalen Zustand. Rechts: nach Halsmarkdurchtrennung C5—C6 und Durchtrennung der Vagi. (Nach S. Janßen.)

Hiernach liegt der Angriff der antidiuretischen Substanz irgendwo in der Peripherie des Körpers. Sicher scheint mir, daß mindestens ein Teil dieser Wirkung auf eine unmittelbare Beeinflussung der Nierentätigkeit zurückzuführen ist.

Die Theorie des renalen Angriffes wird besonders durch neuere Versuche von STARLING und VERNEY[1] gestützt. Die Nieren eines Herz-Lungen-Nierenpräparates sezernieren einen sehr dünnen Harn, wie bei Diabetes insipidus. Nach dem Zusatz von sehr geringen Mengen Hinterlappenauszug zum zirkulierenden Blut nimmt nun der Harn an Menge ab und er wird viel konzentrierter. Da die Masse der Gewebe bei diesem Präparat sehr klein ist, kann man diese Harnwirkung wohl kaum auf extrarenale Faktoren beziehen. In diesen Versuchen war auch bei starker Diuresehemmung die Verlangsamung des Blutdurchflusses durch die Nieren wenig ausgesprochen oder sie fehlte ganz; somit scheint der Angriff an den Nierenepithelien zu liegen. Der Sauerstoffverbrauch der Nieren ist während der Diuresehemmung vermindert[2]. Weiter fand JANSSEN[3], daß bei der Zuleitung von Hinterlappenauszug in die eine Nierenarterie eines rückenmarkdurchtrennten, nicht narkotisierten Hundes die Harnhemmung bei dieser Niere früher eintrat als bei der anderen, während bei rein extrarenalem Angriff die Harnhemmung auf beiden Seiten gleichzeitig hätte einsetzen müssen.

In sehr zahlreichen Versuchen[4] an gesunden Menschen und solchen,

---

[1] STARLING, E. H., u. E. B. VERNEY: Proc. roy. Soc. B. **97**, 321 (1925). — GREMELS, H.: Arch. f. exper. Path. **130**, 61 (1928). — FEE, A. R., u. A. HEMINGWAY: J. of Physiol. **65**, 100 (1928).
[2] FEE u. HEMINGWAY. — JANSSEN, S.: Arch. f. exper. Path. **135**, 1 (1928).
[3] JANSSEN, S.: Arch. f. exper. Path. **135**, 1 (1928).
[4] Lit. bei TRENDELENBURG, P.: Erg. Physiol. **25**, 416 (1926). — Siehe

die an Diabetes insipidus erkrankt waren, sowie an narkotisierten und nicht narkotisierten Tieren hat man den Einfluß der Zufuhr von Hinterlappenauszug auf den Wassergehalt des Blutes oder den Verlauf der nach Wasserzufuhr auftretenden Hydrämie verfolgt. Die Ergebnisse waren sehr wechselnd, so daß manche der Untersucher auf eine Änderung der Wasserbindung in den Geweben schlossen, andere eine solche aber ablehnten. Der vielen Widersprüche wegen lohnt es nicht, auf diese mühsamen Untersuchungen einzugehen, sicher könnten sie allein einen extrarenalen Angriff nicht beweisen.

Wichtiger sind derartige Versuche an nierenlosen Tieren, bei denen die sekundären Rückwirkungen der veränderten Nierentätigkeit auf den Wassergehalt des Blutes ausgeschaltet sind. Nach MIURA[1] tritt bei nicht narkotisierten Kaninchen nach der Hinterlappeninjektion gelegentlich eine Senkung des Hämoglobingehaltes ein, die für einen Übertritt von Wasser aus den Geweben ins Blut sprechen würde (siehe Abb. 36).

Die stärkste Stütze der Annahme, daß die Hinterlappensubstanzen den Wasseraustausch zwischen Blut und Geweben unmittelbar beeinflussen, scheinen mir einige Beobachtungen über das Verhalten des Lymphflusses nach der Hinterlappeninjektion zu bringen. Besonders wichtig sind die Versuche von PETERSEN und HUGHES[2] am nicht narkotisierten Hunde. Sie erhielten einen kurzen Stillstand des Lymphabflusses aus einer Ductus-Thoracicus-Fistel mit anschließender, lang anhaltender Hemmung der Strömung; während dieser Hemmung des Lymphflusses ist der Übertritt von Farbstoffen in die Lymphe erschwert[3].

Es hat demnach den Anschein, als ob die Hinterlappenzufuhr dadurch antidiuretisch wirkt, daß der Flüssigkeitsaustausch zwischen Blut, Geweben und Lymphbahnen gestört wird und daß außerdem die Wasserabgabe durch die Nieren auch unmittelbar gehemmt wird. Auf welchen der beiden Faktoren der entscheidende Anteil fällt, ist zur Zeit nicht zu sagen.

Als Ausdruck extrarenaler Einwirkung deuten KOREF und MAUTNER die Tatsache, daß in den Magen gegebenes Wasser viel langsamer aus dem Magen und Darme resorbiert wird, wenn gleichzeitig Hinterlappen-

---

auch CRAIG, N. C.: Quart. J. exper. Physiol. **15**, 119 (1925). — YAMAGUCHI, P.: Tohoku J. exper. Med. **9**, 551 (1927). — GOLLWITZER-MEIER, KL., u. W. BRÖCKER: Z. exper. Med. **62**, 97 (1928).

[1] MIURA, Y.: Arch. f. exper. Path. **107**, 1 (1925). — BUSCHKE, F.: Ebenda **136**, 43 (1928).
[2] PETERSEN, W. F., u. T. P. HUGHES: J. of biol. Chem. **66**, 223 (1925). — Siehe auch MEYER, E., u. R. MEYER-BISCH: Dtsch. Arch. klin. Med. **137**, 225 (1921).
[3] SMITH, M. J.: J. of Pharmacol. **32**, 465 (1928).

auszug injiziert wird[1]. Bei nicht narkotisierten Hunden verschwindet das Wasser einer intravenös gegebenen Ringerlösung bei Zusatz von Hinterlappenauszug langsamer — ebenso der Zucker einer Zuckerlösung[2] —, dagegen ist der Einfluß des Hinterlappenauszuges auf die nach Histamineinspritzungen oder traumatischem Schock auftretende Abwanderung von Blutwasser in die Gewebe, die zur Bluteindickung führt, ein unsicherer[3].

Der nach Hinterlappeninjektion verminderte Harn hat eine höhere molare Konzentration als der zuvor gelassene Harn. Diese Konzentrierung fehlt nicht beim Diabetes insipidus. Besonders der Cl-Gehalt des Harnes[4] steigt an, oft so stark, daß in der Zeiteinheit mehr Cl abgegeben wird. Diese Cl-Ausschüttung ist größer, wenn reichlich Wasser zugeführt wurde; auch das Cl-arm ernährte Tier wird durch die Hinterlappenauszüge zu einer Cl-Ausschüttung veranlaßt. Bei solchen Tieren kann der Prozentgehalt des Harnes an Cl bis auf das 160fache gesteigert werden. Dagegen gelingt es nicht, den nach reichlicher NaCl-Zufuhr hoch getriebenen Cl-Gehalt des Harnes noch weiter zu steigern, die Konzentration sinkt vielmehr nunmehr nach der Injektion ab. Die Cl-Ausschüttung ist auch nach diuretisch wirkenden intravenösen Injektionen zu beobachten.

Daß außer der Cl-Abgabe auch die Abgabe des Na, K, Mg, Ca, P des Harnes sehr stark ansteigt, zeigte Stehle[5] am nicht narkotisierten Hunde. Er erhielt z. B. in der 23. bis 35. Minute nach der intravenösen Injektion von Pituitrin folgende Werte für die Ausscheidung pro Minute: 12,6 mg Cl statt 0,099 mg zuvor, 0,23 mg Mg statt 0,0 mg zuvor 0,40 mg Ca statt 0,011 mg zuvor und 1,32 mg P statt 0,028 mg zuvor. Die K-Abgabe stieg in einem anderen Versuche z. B. von 0,064 mg pro Minute auf 1,65 mg.

Auch für die Cl-ausschüttende Wirkung der Hinterlappensubstanz steht noch nicht fest, wie weit extrarenale bzw. renale Faktoren im Spiele sind. Für eine unmittelbare Mitbeteiligung der Nieren spricht das Er-

---

[1] Rees, M. H.: Amer. J. Physiol. **53**, 43 (1920); **63**, 146, (1922). — Dixon, W. E.: J. of Physiol. **57**, 129 (1923). — Craig, N. C.: Quart. J. exper. Physiol. **15**, 119 (1925). — Koref, O., u. H. Mautner: Arch. f. exper. Path. **113**, 151 (1926).
[2] Hines, H. M., u. Mitarb.: Amer. J. Physiol. **83**, 27 (1927). — Siehe dagegen: Glass, A.: Arch. f. exper. Path. **136**, 72 (1928).
[3] Smith, M. J.: J. of Pharmacol. **32**, 465 (1928).
[4] Frey, W., u. K. Kumpiess: Z. exper. Med. **2**, 380 (1914). — Veil, W.: Biochem. Z. **91**, 317 (1918). — Lichtwitz, L., u. F. Stromeyer: Dtsch. Arch. klin. Med. **116**, 127 (1914). — Frank, E.: Klin. Wschr. **3**, 847, 895 (1924). — Fromherz. — Miura. — Bijlsma. — Haldane, J. B. S.: J. of Physiol. **66**, X (1928).
[5] Stehle, R. L.: Amer. J. Physiol. **79**, 289 (1927). — Derselbe u. W. Bourne: J. of Physiol. **60**, 229 (1925).

Spezielle Pharmakologie der Hinterlappensubstanzen. 167

gebnis am Herz-Lungen-Nierenpräparat[1]: die Zugabe von sehr wenig Hinterlappenauszug führt an diesem Präparat zu einer sehr erheblichen Vermehrung des bei ihm abnorm niedrigen Chloridgehaltes des Harnes; dieser Anstieg ist stärker als dem Abfall der Harnmenge entspricht, so daß die in der Zeiteinheit abgegebenen Cl-Werte in die Höhe gehen.

Die Angaben über den Einfluß der Hinterlappenzufuhr bei normalen Menschen, bei an Diabetes insipidus Leidenden und bei Tieren auf die Cl-Werte des Serums gehen so auseinander[2], daß sie m. E. keinen Schluß auf einen Angriff in den Geweben erlauben. FROMHERZ beobachtete bei Kaninchen ein Absinken der Blut-Cl-Werte, das er als Folge einer vermehrten Ausschüttung durch die Nieren deutet.

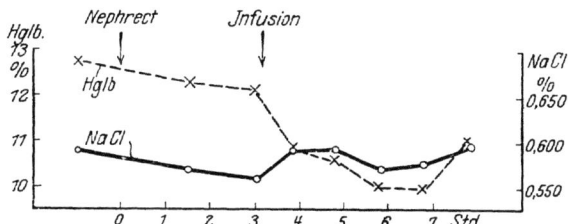

Abb. 36. Einfluß einer Infusion von Hypophysenauszug auf den Hämoglobingehalt des Blutes und den Cl-Gehalt des Serums eines nephrektomierten Kaninchens. (Nach Miura u. Trendelenburg.)

Aber bei nierenlosen Tieren fand MIURA[3] ein Ansteigen der Cl-Werte des Serums; dies Ansteigen kann nun nur auf eine Änderung der Cl-Bindung in den Geweben zurückgeführt werden (Abb. 36).

Auch die Bestimmungen von Cl und Na in der Lymphe von Hunden brachten Andeutungen einer extrarenal bedingten Störung der Salzbindung in den Geweben[4].

Somit scheint auch die Änderung der Cl-Abgabe nach Hinterlappeneinwirkung komplexer Natur zu sein; neben einer Störung der Nierentätigkeit scheint ein Einfluß auf das Salzbindungsvermögen der Gewebe im Spiele zu sein.

---

[1] STARLING u. VERNEY. — VERNEY, E. B.: Proc. roy. Soc. B. **99**, 487 (1926). — BRULL, L., u. F. EICHHOLTZ: Ebenda 57. — GREMELS, H.: Arch. f. exper. Path. **130**, 61 (1928). — FEE u. HEMINGWAY.
[2] Lit. bei TRENDELENBURG, P.: Erg. Physiol. **25**, 418 (1926). — Siehe auch FROMHERZ, K.: Arch. f. exper. Path. **100**, 1 (1923). — YAMAGUCHI, P.: Tohoku J. exper. Med. **9**, 551 (1927). — GOLLWITZER-MEIER, KL., u. W. BRÖCKER: Z. exper. Med. **62**, 97 (1928).
[3] MIURA, Y.: Arch. f. exper. Path. **107**, 1 (1925). — Siehe auch OEHME, C.: Z. exper. Med. **9**, 251 (1919). — BUSCHKE, F.: Arch. f. exper. Path. **136**, 63 (1928).
[4] MEYER u. MEYER-BISCH. — PETERSEN u. HUGHES. — MOMOSE, M.: Jap. J. Med. Sci. Trans. Pharm. **1**, 31 (1926).

168   Hypophyse.

Im Gegensatz zu den anorganischen Harnbestandteilen bleibt die Abgabe der organischen N-haltigen Harnsubstanzen nach der Hinterlappenwirkung bei Mensch und Tier fast unverändert. In zahlreichen Arbeiten[1] ergab sich keine gesetzmäßige Änderung der Harnstoffabgabe; die Kreatininausscheidung soll etwas vermehrt werden.

Auch die Ausscheidung eingespritzter Farbstoffe erfährt keine Verzögerung[2].

Die Gesamtazidität im Harne nimmt ab[3]; das Blut von Kaninchen, die Hinterlappenpräparate erhielten, enthält dagegen mehr Säuren[4]. Der anorganische P des Blutes steigt an, gleichzeitig wird mehr P in den Harn ausgeschieden[5]. Der Na- und Ca-Gehalt des Blutes sinkt wenig ab[5].

m) Stoffwechsel.

Auf den *Grundumsatz* haben die Hinterlappenauszüge keine oder eine nur geringe Wirkung.

Der Sauerstoffverbrauch von Amblystomalarven (Axolotl) bleibt unverändert[6].

Die Versuche mit intravenöser Einspritzung der Auszüge können die Frage der Oxydationsbeeinflussung nicht beantworten, da die Änderung der O_2-Aufnahme und der CO_2-Abgabe von der starken Kreislauf- und Atemwirkung abhängig sein muß. In manchen der Versuche an Kaninchen und Hunden fand man eine starke Senkung der Sauerstoffaufnahme[7].

Nach der Subcutaneinspritzung ändert sich der Grundumsatz der Tiere nicht oder nur wenig; von mehreren der Untersucher wird eine unbedeutende Senkung angegeben[8].

Widerspruchsvoll sind auch die Befunde am Menschen. Einige fanden die Subcutaninjektion wirkungslos, andere von schwach hemmender oder schwach fördernder Wirkung auf die Verbrennungen[9].

---

[1] Siehe bei TRENDELENBURG, P.: Erg. Physiol. **25**, 412 (1926).
[2] MOLITOR, H., u. E. P. PICK: Arch. f. exper. Path. **101**, 169 (1924).
[3] LARSON, E. E., u. Mitarb.: J. of Pharmacol. **17**, 333 (1921). — VOLLMER, H.: Arch. f. exper. Path. **96**, 352 (1923).
[4] GOLLWITZER-MEIER, KL.: Z. exper. Med. **51**, 466 (1926).
[5] GOLLWITZER-MEIER. — LESCHKE, E.: Biochem. Z. **96**, 50 (1919).
[6] BELEHRADEK, J., u. J. S. HUXLEY: Brit. J. exper. Biol. **5**, 89 (1927).
[7] Siehe ODAIRA, T.: Tohoku J. exper. Med. **66**, 325 (1925). — KOLLS, A. C., u. E. M. K. GEILING: J. of Pharmacol. **24**, 67 (1924). — IWAI, S., u. H. SCHWARZ: Wien. klin. Wschr. **1924**, Nr 24.
[8] LESCHKE, E.: Z. klin. Med. **87**, 201 (1919).— HIRSCH, R., u. E. BLUMENFELD: Z. f. exper. Path. **19**, 494 (1918). — WEISS, R., u. M. REISS: Z. exper. Med. **38**, 428 (1923). — CAMMIDGE, P. J., u. H. A. H. HOWARD: J. metabol. Res. **6**, 189 (1924).
[9] BOOTHBY, W. M., u. L. G. ROWNTREE: J. of Pharmacol. **22**, 99 (1923). — ARNOLDI, W., u. E. LESCHKE: Z. klin. Med. **92**, 364 (1921). — MC KINLAY, C. A.: Arch. int. Med. **28**, 703 (1921). — BERNSTEIN, S.: Z. f. exper. Path. u. Ther. **15**, 86 (1914); Dtsch. Arch. klin. Med. **127**, 1 (1918). — AITKEN, R. S., u. J. G. PRIESTLEY: J. of Physiol. **60**, XLIV (1925). — BOWMANN, E. M., u. G. P. GRABFIELD: Endocr. **10**, 201 (1924).

Demnach ist es also sehr fraglich, ob die Hinterlappenstoffe überhaupt einen unmittelbaren Einfluß auf die Oxydationen der Säugetiere und des Menschen haben. Auch bei winterschlafenden Igeln, die auf Adrenalin- oder Schilddrüsenzufuhr bekanntlich mit einer starken Stoffwechselsteigerung reagieren, sind die Hinterlappenauszüge ohne oxydationsfördernden Einfluß[1].

Daß die Hinterlappeneinspritzungen die N-Abgabe des Körpers, also auch den *Eiweißstoffwechsel* nicht in gesetzmäßiger Weise beeinflussen, wurde oben erwähnt. Die Tagesmenge des im Harn ausgeschiedenen Stickstoffes bleibt unverändert[2].

Sehr im Dunkeln liegen noch unsere Kenntnisse über den Einfluß der Hinterlappensubstanzen auf den *Kohlenhydratstoffwechsel*. Wenn sehr große Mengen intravenös eingespritzt werden, kann unter starker Erhöhung des Blutzuckers eine Glykosurie auftreten[3]. Meist ist aber die Hyperglykämie eine mäßig starke und sie klingt, ohne zur Glykosurie zu führen, rasch ab. Bei Kaninchen sind 0,7—7 mg frischer Hinterlappensubstanz intravenös von blutzuckervermehrender Wirkung. Die subcutane Einspritzung[4] wirkt bei Kaninchen individuell sehr wechselnd. Meist bleibt selbst nach sehr großen Mengen (100 mg und mehr) eine Glykosurie aus.

Der Hyperglykämie folgt oft eine mäßig starke, mehrere Stunden lang anhaltende Hypoglykämie, die manchmal auch als einzige Blutzuckerveränderung zu beobachten ist.

Der Blutzucker des Menschen steigt nach subcutaner Zufuhr in einer halben Stunde deutlich an; nach 2 Stunden ist jedoch diese Wirkung abgeklungen[5].

Es ist noch unbekannt, wie die Vermehrung des Blutzuckers zustande kommt. Nach FRITZ[6] fehlt die blutzuckererhöhende Wirkung der Hinterlappenauszüge nach der Entfernung der Nebennieren bei Ratten,

---

[1] SCHENK, P.: Pflügers Arch. **197**, 66 (1922).
[2] Z. B. FALTA u. Mitarb.: Verhandl. Kongr. inn. Med. **29**, 536 1912). — GRABFIELD, G. P., u. A. M. PRENTIES: Endocr. **9**, 144 (1925).
[3] BORCHARDT, L.: Z. klin. Med. **66**, 332 (1908). — DRESEL, K.: Z. exper. Path. u. Ther. **16**, 365 (1914). — STENSTRÖM, TH.: Biochem. Z. **58**, 472 (1914). — FRANCHINI, G.: Berl. Klin.Wschr. **47**, 613, 670, 719 (1910). — BURN, J. H.: J. of Physiol. **57**, 318 (1923). — ZLOCZOWER, A.: Z. exper. Med. **37**, 68 (1923). — MYHRMANN, G.: Ebenda **48**, 166 (1925). — VOEGTLIN, C., u. Mitarb.: J. of Pharmacol. **25**, 137 (1925). — OHARA, T.: Tohoku J. exper. Med. **6**, 213 (1925). — LINDLAU, M.: Z. exper. Med. **58**, 507 (1927). — VELHAGEN: Noch nicht. public. Vers. — FRITZ, G.: Pflügers Arch. **220**, 101 (1928).
[4] VELHAGEN: Noch nicht public. Vers.
[5] IMRIE, C. G.: J. of Physiol. **62**, 2 (1926). — LAWRENCE u. HEWLETT: Brit. med. J. **1925**, 998. — LINDLAU u. a.
[6] FRITZ, G.: Pflügers Arch. **220**, 101 (1928).

Kaninchen, Meerschweinchen. Aber gegen die Annahme, daß eine Adrenalinmehrsekretion im Spiele ist, sprechen die Ergebnisse der Ver-

Kaninchen	Blutzucker nach Stunden					
	0	$1/2$	1	$1 1/2$	2	$2 1/2$
1. Insulin	0,108 %	0,084	0,059	0,067	0,074	0,081
2. Hinterlappenextr.	0,103	0,101	0,141	0,113	0,109	0,103
3. Insulin + Hinterlappenextr.	0,112	0,137	0,106	0,107	0,105	0,101

(eine Stunde zuvor jedesmal 3 mg Ergotamin). (Nach CLARK.)

suche von CLARK[1]. Nach ihm hebt Ergotamin die Hinterlappenhyperglykämie im Gegensatz zur Adrenalinhyperglykämie sowie auch die weiter unten zu erwähnende insulinantagonistische Wirkung nicht auf. Ausschlaggebend für das Zustandekommen der Hinterlappenhyperglykämie ist nach CLARK das Vorhandensein von Leberglykogen: an eviszerierten Tieren tritt nie eine Hyperglykämie sondern stets eine Hypoglykämie geringen Grades auf, und bei Glykogenverarmung der Leber fehlt an normalen Tieren die Zuckererhöhung.

Über den Einfluß länger anhaltender Hinterlappenzufuhr auf den Glykogengehalt der Leber gehen die Angaben auseinander: FUKUI[2] vermißte eine Änderung, nach NITRESCU und Mitarbeitern[3] steigt der Leberglykogenbestand an. Das Muskelglykogen wird dagegen mobilisiert, so daß das Femoralvenenblut mehr Zucker enthält als das Femoralarterienblut.

Auch das Wesen der sekundären Hypoglykämie ist noch nicht sicher erkannt. Es wäre denkbar, daß sie auf eine Hemmung der Glykogenolyse in der Leber zurückzuführen ist. Denn die Hinterlappenauszüge können die Adrenalinglykogenolyse hemmen, so daß die Blutzuckersteigerung nach Adrenalin und Hinterlappenauszug beim Kaninchen viel weniger ausgesprochen ist als nach Adrenalin allein[4]. Auch die Äther- und Koffeinhyperglykämie wird antagonistisch beeinflußt.

Vielleicht bewirken die Hinterlappenauszüge eine vermehrte Insulinabgabe, die jene Hypoglykämie am normalen Tier und die Abschwächung der Adrenalinwirkung auf den Kohlehydratstoffwechsel ganz oder zum Teil bedingen könnte. Dies nehmen BLOTNER und FITZ[5] an, die beob-

---

[1] CLARK, G. A.: J. of Physiol. **62**, VIII (1926). — Siehe auch NITZESCU, J. J.: C. r. Soc. Biol. **98**, 1479 (1928).
[2] FUKUI, T.: Pflügers Arch. **210**, 427 (1925).
[3] NITZESCU, J. J., u. Mitarb.: C. r. Soc. Biol. **97**, 1105 (1927); **98**, 58 (1928).
[4] BOE, G.: Biochem. Z. **64**, 450 (1914). — STENSTRÖM, TH.: Ebenda **58**, 472 (1914). — LAURIN, E.: Ebenda **82**, 87 (1917). — BURN, J. H.: J. of Physiol. **57**, 318 (1923). — DRESEL. — GIGON, A.: Biochem. Z. **174**, 257 (1926) u. a.
[5] BLOTNER, H., u. R. FITZ: J. clin. Invest. **5**, 51 (1927).

achteten, daß die intravenöse Injektion von Blut, das $1^1/_2$ Stunden nach einer Hinterlappeneinspritzung einem Tier entnommen wird, in ein zweites normales Tier, im Gegensatz zu normalem Blut eine Hypoglykämie erzeugt.

Vielleicht tritt die Hypoglykämie so unsicher auf, weil größere Hinterlappenmengen die Insulinwirkung hemmen.

Die Hinterlappenauszüge bewirken beim insulin-hypoglykämischen Tier, in größeren Mengen intravenös injiziert, häufig, doch nicht ausnahmslos, eine fast sofortige starke Erhöhung des Blutzuckers. Mit der Blutzuckererhöhung schwinden meistens etwa vorhandene hypoglykämische Vergiftungserscheinungen. Die antagonistische Wirkung auf die Insulinhypoglykämie ist an das Vorhandensein von Leberglykogen gebunden[1]. Einstweilen ist die Tatsache der antagonistischen Wirkung der Hinterlappenauszüge sowohl gegen Adrenalin als gegen Insulin nicht verständlich.

Unverständlich ist auch, warum größere Gaben von Hinterlappenauszug, auf lange Zeit verteilt eingespritzt, die doch die physiologische Wirkung des Insulins ausschalten müssten, nicht zu einem Pankreasdiabetes führen (VELHAGEN).

Diese Hemmung der normalen Insulinwirkung müßte weiter zu einer Verlangsamung der Zuckerverbrennung, d. h. zu einer Abnahme der Zuckertoleranz führen. Eine solche wurde denn auch von einigen Untersuchern behauptet[2], andere dagegen vermißten sie[3]. Nach neueren Versuchen[4] ist die Verminderung der Zuckertoleranz bei Hunden nur gering; bei einer Zuckerinfusion ohne Hinterlappenzusatz steigt der Blutzucker etwas weniger an, und die Glykosurie ist geringer als bei einer gleichen Infusion mit Zusatz von Hinterlappenauszug.

Auch auf den *Fettstoffwechsel* scheinen die Hinterlappenauszüge einzuwirken. Nach RAAB[5] sinkt beim Hunde der Fettgehalt des Blutes nach der subcutanen Injektion von größeren Mengen Hinterlappenauszug vorübergehend etwas ab. Ebenso vermindert sich die Menge der

---

[1] BURN. — VOEGTLIN, C., u. Mitarb.: J. of Pharmacol. 25, 137 (1925). — MOEHLIG, R. C., u. H. B. AINSLEE: J. amer. med. Assoc. 84, 1389 (1925). — JOACHIMOGLU, G., u. A. METZ: Arch. f. exper. Path. 105, XVII (1925). — GIGON. — MAGENTA, M. A., u. A. BIOSOTTI: C. r. Soc. Biol. 89, 1125 (1923). — SAMMARTINO, U., u. D. LIOTTA: Arch. Farmacol. sper. 37, 133 (1924). — WINTER, L. B., u. W. SMITH: J. of Physiol. 58, 327 (1924). — CLARK.
[2] ACHARD, CH., u. G. DESBOUIS: C. r. Soc. Biol. 74, 467 (1913); 82, 788 (1919). — CLAUDE, H., u. A. BAUDOUIN: C. r. Soc. Biol. 72, 855 (1912).
[3] BERNSTEIN, S.: Z. exper. Path. u. Ther. 15, 86 (1914). — MOCCHI, A.: Atti Accad. Fisiocritici Siena 218, 835; 219, 21. — CAMUS, J., u. G. ROUSSY: J. Physiol. et Path. gén. 20, 509 (1922).
[4] HINES, H. M., u. Mitarb.: Amer. J. Physiol. 81, 27 (1927).
[5] RAAB, W.: Z. exper. Med. 49, 179 (1926); 53, 317 (1926); 62, 366 (1928).

Ketosubstanzen. Diese Wirkung auf den Fetthaushalt soll durch Angriff an den Zentren, die im Boden des dritten Ventrikels liegen, zustande kommen. Insulin und Adrenalin hemmen diese Vermehrung der Fettverbrennung.

Die Angaben von COOPE und CHAMBERLAIN[1], nach denen der Gehalt der Leber an Fettsäuren nach der subcutanen Einspritzung von Auszug bei Kaninchen stark in die Höhe gehen soll, konnte in Nachuntersuchungen von VAN DYKE[2] nicht bestätigt werden.

Die Vergrößerung des Fettorganes der Kaulquappen, die nach der Hypophysenentfernung auftritt, wird durch Injektionen von Neuralisauszügen beseitigt[3].

Der Einfluß von Hinterlappenauszügen auf die durch Hypophysenläsionen erzeugte Fettsucht der Säugetiere scheint noch nicht näher untersucht zu sein.

Über den Einfluß der Hinterlappenauszüge auf den Lipoidgehalt des Blutes liegt die Angabe vor[4], daß bei Kaninchen nach mehrtägigen Injektionen von Hinterlappenauszügen der Cholesteringehalt des Blutes gelegentlich bis auf über das Doppelte des Normalwertes ansteigt.

Die Blutgerinnung in vitro wird durch Zugabe von Hinterlappenauszug nicht beeinflußt[5].

n) Temperatur.

Die Temperatur[6] sinkt bei den verschiedenen Säugetieren nach der intravenösen Einspritzung meist ab, doch selten um mehr als 1°. Da die Wärmeabgabe infolge der Verengerung der Hautgefäße vermindert sein dürfte, ist die Senkung wohl die Folge einer Oxydationshemmung, die aber keineswegs regelmäßig in den oben erwähnten Stoffwechselversuchen gefunden wurde.

Wenn man Tauben durch die Zerstörung des Thalamus opticus poikilotherm gemacht hat und die Tiere in einen Thermostaten von 30° setzt, dann geht die Körpertemperatur bis auf über 44° in die Höhe, vermutlich als Folge der Verengerung der Hautgefäße[7].

Nach HASHIMOTO kann man bei hypophysenlosen Kaninchen mit Untertemperatur die Körperwärme durch Injektionen von Hinterlappenauszug steigern — auch hierbei dürfte eine Verengerung der Hautgefäße beteiligt sein.

Die Injektion von Auszügen in den Seitenventrikel, wodurch eine unmittelbare Einwirkung derselben auf die temperaturregulierenden Zentren

---

[1] COOPE, R., u. E. N. CHAMBERLAIN: J. of Physiol. 60, 699 (1925).
[2] DYKE, H. B. VAN: Arch. f. exper. Path. 114, 261 (1926).
[3] SMITH, PH. E. u. J. P.: Endocr. 7, 579 (1923).
[4] MOEHLIG, R. C., u. H. B. AINSLEE: Amer. J. Physiol. 80, 649 (1927). — Siehe auch RAAB.
[5] LA BARRE, J.: C. r. Soc. Biol. 91, 601 (1924).
[6] FRANCHINI. — DÖBLIN, A., u. P. FLEISCHMANN: Z. klin. Med. 78, 275 (1913). — HASHIMOTO, M.: Arch. f. exper. Path. 101, 218 (1924). — VOEGTLIN, C., u. Mitarb.: J. of Pharmacol. 25, 137 (1925). — ODAIRA, T.: Tohoku J. exper. Med. 6, 325 (1925).
[7] ROGERS, FR. T.: Proc. Soc. exper. Biol. a. Med. 19, 125 (1921). — Amer. J. Physiol. 76, 284 (1926).

Beziehungen der Hypophyse zu anderen innersekretorischen Organen. 173

erreicht wird, führt zu starkem Wärmesturz, dessen Wesen nicht näher untersucht worden ist[1].

o) Wachstum, Metamorphose.

Den Hinterlappenauszügen fehlt die wachstums- und metamorphosefördernde Wirkung der nach EVANS bereiteten Vorderlappenauszüge. Die Implantation von Hinterlappengewebe in Kaulquappen[2] hat eher eine geringe wachstumshemmende Wirkung, die Metamorphose tritt zur nornormalen Zeit ein. Auch beim Axolotl[3] wird die Metamorphose durch Verfütterung von Hinterlappensubstanz eher gehemmt.

Bei Warmblütern muß die Wirkung auf das Wachstum noch genauer untersucht werden. Die älteren Fütterungsversuche[4] mit Hinterlappengewebe haben wenig Wert, da die Hinterlappensubstanzen ja kaum resorbiert werden. Die Injektionsversuche an Ratten und Hunden wurden aber an kleinem Tiermaterial durchgeführt; sie ergaben keine eindeutige Hemmung oder Förderung[5].

XV. Wechselbeziehungen zwischen Hypophyse und anderen innersekretorischen Organen.

a) Schilddrüse.

Die anatomischen und histologischen Befunde an der Schilddrüse bei Erkrankungen hypophysären Ursprunges oder bei operativen Eingriffen einerseits und an der Hypophyse bei thyreogenen Erkrankungen oder bei experimentellen Störungen der Schilddrüsenfunktion andererseits haben zwar viele Anhaltspunkte dafür gebracht, daß innige Wechselbeziehungen zwischen diesen beiden innersekretorischen Organen bestehen. Aber da die anatomischen und histologischen Feststellungen nur sehr unsichere Deutungen über den Grad der funktionellen Leistung der beiden hier in Betracht kommenden Organe zulassen, sind die aus ihnen gezogenen Schlußfolgerungen nur mit großer Vorsicht zu gebrauchen.

Sehr eindeutig treten diese Wechselbeziehungen bei den *Amphibienlarven* in Erscheinung.

Wenn man bei Kaulquappen die Hypophyse entfernt, so bleibt die Schilddrüse stets abnorm klein[6]. Es kann kaum zweifelhaft sein, daß

---

[1] JACOBJ, C., u. C. RÖMER: Arch. f. exper. Path. 70, 149 (1912). — STERN, L., u. Mitarb.: C. r. Soc. Biol. 86, 753 (1922).
[2] ALLEN, B. M.: Anat. Rec. 20, 192 (1920). — SWINGLE, W. W.: J. of exper. Zool. 34, 119 (1921). — KRIZENECKY, J.: Arch. mikrosk. Anat. 101, 621 (1924).
[3] UHLENHUTH, E.: Proc. Soc. exper. Biol. a. Med. 18, 11 (1920).
[4] SCHÄFER, E. A.: Quart. J. exper. Physiol. 5, 203 (1912). — GOETSCH, E.: Bull. Hopkins Hosp. 27, 29 (1916). — SMITH, C. S.: Amer. J. Physiol. 65, 277 (1923) u. a.
[5] BEHRENROTH, E.: Dtsch. Arch. klin. Med. 113, 393 (1914). — KLINGER, R.: Pflügers Arch. 177, 232 (1919).
[6] ADLER, L.: Arch. Entw.mechan. 39, 21 (1914). — ALLEN, B. M.: Anat. Rec. 20, 192 (1920). — SMITH, PH. E., u. J. P. SMITH: Anat. Rec. 23, 38 (1922); Endocrin. 7, 579 (1923) u. a.

diese atrophischen Schilddrüsen funktionsuntüchtig sind. Somit ist es durchaus möglich, daß ein funktioneller Schilddrüsenausfall dafür verantwortlich zu machen ist, daß bei hypophysenlosen Froschlarven die Metamorphose ausbleibt, um so mehr als die Verfütterung von Schilddrüse bei hypophysenlosen Kaulquappen die Metamorphose, die allerdings keinen ganz normalen Verlauf zeigt, in Gang setzt[1].

Es ist der Ausfall der pars glandularis der Kaulquappenhypophyse, der jene Schilddrüsenatrophie bewirkt. Denn die Injektion von minimalen Mengen des EVANSschen Vorderlappenauszuges oder die Implantation der pars glandularis des Frosches bewirkt ein normales oder sogar übernormales Wachstum der Thyreoidea. Es tritt Metamorphose ein[2].

Die Vorderlappenzufuhr wirkt jedoch bei Kaulquappen nicht nur auf dem Umweg über die Schilddrüse metamorphosefördernd. Denn sie ist auch noch nach Thyreoidentfernung wirksam[3].

Während, wie erwähnt, die Transplantation des Hinterlappengewebes die Metamorphose hypophysenloser Kaulquappen nicht in Gang setzt, soll die Zufuhr von Hinterlappenauszug die bei normalen Kaulquappen durch Schilddrüsenzufuhr bewirkte Beschleunigung der Metamorphose begünstigen[4].

Während also bei Amphibienlarven die Vorderlappen eine die Schilddrüsenfunktion fördernde Wirkung entfalten, scheint diese bei *Axolotln* zu fehlen. Denn bei ihnen wird die Metamorphose durch die Behandlung mit EVANSschen Vorderlappenauszügen nicht gefördert, vielmehr haben die Injektionen einen hemmenden Einfluß sowohl auf die spontan eintretende wie auf die durch Schilddrüsensubstanzen künstlich beschleunigte Metamorphose[5].

Die Schilddrüse beeinflußt ihrerseits die Ausbildung der Kaulquappenhypophyse. Nach der Thyreoidektomie ist die Hypophyse größer[6], nach Thyreoideafütterung kleiner[7].

Die Zahl der Arbeiten, die sich mit der Rückwirkung einer Schilddrüsenentfernung auf Größe und Aufbau der Hypophyse der *Warmblüter* befaßten, steht in argem Mißverhältnis zur Klarheit der gezogenen Schlußfolgerungen. Von nahezu allen Untersuchern wird berichtet[8], daß

---

[1] Nach EVANS, H. M.: Harvey lect. **19**, 212 (1923—24). — Siehe auch SMITH, PH. E., u. G. CHENEY: Endocrin. **5**, 448 (1921).
[2] ALLEN. — EVANS. — SMITH u. SMITH.
[3] HOSKINS, E. R., u. M. M.: Endocrin. **4**, 1 (1920).
[4] ROHRER bei GESSNER, W.: Z. Biol. **86**, 67 (1927).
[5] SMITH, PH. S.: Brit. J. exper. Biol. **3**, 239 (1926).
[6] HOSKINS, E., u. M.:. J. of exper. Zool. **29**, 1 (1919).
[7] KAHN, R. H.: Pflügers Arch. **163**, 384 (1926).
[8] Lit. bei WEGELIN, C.: Handb. path. Anat. Hist. **8**, 56, 354 (1926). — KRAUS, E. J.: Ebenda 925. — KOJIMA, M.: Quart. J. exper. Physiol. **11**, 319 (1917). — POOS, FR.: Z. exper. Med. **54**, 709 (1927).

die Hypophyse nach der Schilddrüsenentfernung sich vergrößert und daß die wichtigsten Veränderungen im Vorderlappen zu finden sind, in dem besonders die Hauptzellen vermehrt und vergrößert sind. Auch die Intermediazellen hypertrophieren, in ihnen staut sich Kolloid an, die Hypophysenhöhle enthält mehr Flüssigkeit, das ganze Organ ist ödematös. Die histologischen Veränderungen werden von Poos als Zeichen einer Leistungssteigerung, der später eine Funktionsverminderung folgt, gedeutet.

Eine Folge der Thyreoidentfernung ist bekanntlich ein starkes Zurückbleiben des Wachstums. Es wäre denkbar, daß an dieser Wachstumshemmung eine durch das Fehlen der Schilddrüse bedingte Minderleistung des Vorderlappens beteiligt wäre. Diese Annahme wird durch die Beobachtung gestützt, daß die Zufuhr von Schilddrüsengewebe am hypophysenlosen Tiere keine wachstumsfördernde Wirkung mehr hat[1]. Es fehlt noch die Untersuchung der wachstumsfördernden Wirkung von Vorderlappenauszügen bei Tieren, deren Wachstum nach Thyreoidektomie vermindert ist. So läßt sich einstweilen nur sagen, daß die Frage nach der Rückwirkung der Schilddrüsenentfernung auf die Vorderlappensekretion und ihrer etwaigen Bedeutung für das Wachstum noch offen ist. Gleiches gilt für die Abgabe des die Keimdrüsen beeinflussenden Vorderlappenhormones: vielleicht ist auch die der Thyreoidentfernung folgende Keimdrüsenunterentwicklung, besonders die Ovarunterentwicklung die Folge einer Vorderlappenminderfunktion.

Die Schilddrüsenentfernung ist, trotz der starken histologischen Veränderungen auch im Mittel- und Neuralislappen, ohne jeden Einfluß auf den Gehalt des Hinterlappens von Katzen und Ratten an uteruserregender Substanz[2].

Die Schilddrüsenverfütterung scheint die Struktur der Hypophyse nicht erheblich zu verändern (KOJIMA, POOS). Der Gehalt des Hinterlappens an uteruserregender Substanz sinkt bei Ratten nach der Schilddrüsenverfütterung ab[2].

Über den Einfluß der Hypophysenentfernung auf die Schilddrüse liegt die Angabe vor, daß die Schilddrüse viel kleiner wird[3]; nach SMITH wiegt sie bei Ratten, die in der Jugend operiert worden waren, nur 6—7 mg gegen 39 mg beim Kontrolltier.

Mit dieser Größenabnahme kann aber keine entsprechende Senkung der funktionellen Leistung einhergehen, denn der Grundumsatz sinkt

---

[1] SMITH, PH. E., u. J. B. GRAESER: Amer. J. Physiol 68, 127 (1924). — FLOWER u. EVANS, nach EVANS, H. M.: Harvey lect. 19, 212 (1923—24).

[2] HERRING, P. T.: Proc. roy. Soc. B. 92, 102 (1921). — PAK, CH.: Arch. f. exper. Path. 114, 354 (1926).

[3] SMITH, PH. E.: Amer. J. Physiol. 81, 21 (1927). — SMITH u. GRAESER. — ASCOLI u. LEGNANI.

nach der Hypophysektomie, wie oben erwähnt wurde, keineswegs regelmäßig oder tief ab.

Auch beim *Menschen*[1] findet man bei Hypothyreose oder Athyreose häufig, aber nicht regelmäßig, eine Vergrößerung der Hypophyse; besonders die Hauptzellen des Vorderlappens sind betroffen. Nicht ganz selten beobachtet man, daß sich bei einem Myxödem akromegale Erscheinungen entwickeln.

Bei Menschen, die an Basedow litten, findet man keine gesetzmäßigen Hypophysenveränderungen.

Akromegale haben in der Regel eine große Schilddrüse, bei hypophysärem Zwergwuchs pflegt die Schilddrüse verkleinert oder atrophisch zu sein.

b) Nebenschilddrüse.

Irgendwelche sicheren Wechselbeziehungen zwischen Hypophysen- und Nebenschilddrüsenfunktion sind nicht bekannt. Nach Kojima und Poos macht die Entfernung der Nebenschilddrüsen bei Ratten ähnliche Veränderungen der Hypophysenstruktur wie die Schilddrüsenentfernung.

Ob die der Parathyreoidentfernung bei Ratten folgende Wachstumshemmung Ausdruck einer verminderten Vorderlappenfunktion ist, steht dahin.

Bei hypophysektomierten Kaulquappen bleiben die Nebenschilddrüsen unterentwickelt[2].

c) Nebenniere.

Die Fortnahme der Hypophyse — ausschlaggebend ist der Ausfall der pars glandularis — läßt bei Kaulquappen neben der Schilddrüse auch die *Nebennierenrinde* abnorm klein bleiben; die Unterentwicklung wird durch Transplantation der pars glandularis der Froschhypophyse ausgeglichen[2].

Ebenso stellten Ascoli und Legnani[3] an Hunden sowie Smith und Graeser an Ratten, die nach Hypophysenzerstörung die Symptome einer Dystrophia adiposogenitalis entwickelt hatten, eine weitgehende Atrophie der Nebennierenrinde fest — sie kann bis auf $1/5$ der normalen Größe zurückgehen. Dagegen führt die Behandlung der Ratten mit Vorderlappenextrakt nach Evans gelegentlich zu einer Rindenhypertrophie. Hiernach bestimmt also die Funktion des Vorderlappens die Ausbildung der Rinde[4]. Ob auch die innersekretorische Leistung der Rinde vom Vorderlappen beeinflußt wird, bleibt eine offene Frage.

Diesen Befunden an Kalt- und Warmblütern entsprechen die Sek-

---

[1] Lit. Wegelin a. a. O. 354, 388, 421, 459. — Kraus a. a. O. 898, 927.
[2] Smith, Ph. E. u. J. P.: Anat. Rec. 23, 38 (1922); Endocrin. 7, 579 (1923).
[3] Ascoli, G., u. T. Legnani: Münch. med. Wschr. 59, 518 (1912).
[4] Moehlig, R. C.: Amer. J. med. Sci. 168, 553 (1924).

tionsbefunde am Menschen[1]. Bei Akromegalie ist die Nebennierenrinde meist hypertrophiert, bei der SIMMONDSschen hypophysären Kachexie ist sie meist klein und bei Anencephalie ist, vielleicht als Folge des Fehlens der Hypophyse, die Nebennierenrinde atrophisch.

Die Ausbildung des *Nebennierenmarkes* scheint nach den wenigen vorliegenden Angaben nicht in der gleichen Abhängigkeit von der Vorderlappenfunktion zu stehen wie die Ausbildung der Rinde.

Vor Jahren stellte KEPINOW[2] unter GOTTLIEB die Theorie auf, daß die Hinterlappenstoffe die adrenalinempfindlichen Organe gegen das Hormon des Nebennierenmarkes sensibilisieren. Denn nach KEPINOW und seinen Nachuntersuchern[3] wirkt eine intravenöse Adrenalininjektion nach einer ebenfalls intravenös ausgeführten Injektion von Hinterlappenauszug beim Kaninchen weit stärker blutdrucksteigernd als zuvor. Durch BÖRNER konnte TRENDELENBURG aber nachweisen lassen, daß die Erscheinung anders zu deuten ist. Wie oben ausgeführt wurde, wird der Kreislauf des Kaninchens durch die Einspritzung von Hinterlappenauszug stark verlangsamt, so daß das in die Vene gegebene Adrenalin in weniger Blut aufgenommen wird als in der Vorperiode bei normalen Kreislaufverhältnissen. Es gelangt also eine stärkere Adrenalinkonzentration in die Arteriolen, die sich entsprechend stärker verengern müssen.

Da der Hinterlappenauszug den Kreislauf der Katze nicht verlangsamt, fehlt bei diesem Tier auch das Phänomen der ,,Kreislaufsensibilisierung'' gegen Adrenalin[4].

Der einwandfreie Nachweis, daß die Hinterlappenauszüge die Gefäße eines isolierten, mit Salzlösung durchströmten Organes gegen Adrenalin stärker sensibilisieren als die Auszüge aus anderen Organen, ist noch nicht erbracht[5].

Nach Cow[6] kann die hemmende Wirkung, die Adrenalin auf die ausgeschnittene Gebärmutter mancher Säugetiere besitzt, durch eine Vorbehandlung mit Hinterlappenauszug in eine erregende Wirkung umgekehrt werden.

Der Gehalt des Liquor cerebrospinalis an uteruserregender Substanz steigt nach Adrenalineinspritzungen nicht an; die Hinterlappensekretion scheint also durch dies Mittel nicht gefördert zu werden[7].

---

[1] Siehe DIETRICH, A., u. H. SIEGMUND: Handb. path. Anat. Hist. 8, 1015 (1926). — KRAUS, E. J.: Ebenda 890, 906.
[2] KEPINOW: Arch f. exper. Path. 67, 247 (1912).
[3] AIRILA, Y.: Skand. Arch. Physiol. 31, 381 (1914). — BÖRNER, H.: Arch. f. exper. Path. 79, 218 (1916).   [4] BÖRNER.
[5] RISCHBIETER, W.: Z. exper. Med. 1, 355 (1913). — FRÖHLICH, A., u. E. P. PICK: Arch. f. exper. Path. 74, 107 (1913). — STEPPUHN, O., u. K. SERGIN: Ebenda 112, 1 (1926).
[6] Cow, D.: J. of Physiol. 52, 301 (1919).
[7] DIXON, W. E.: J. of Physiol. 57, 129 (1923).

Dagegen scheint die Einspritzung von Hinterlappenauszug bei Ratten eine Mehrabgabe von Adrenalin zu bewirken, so daß der Blutzucker erhöht wird[1].

d) Inselzellen des Pankreas.

Daß die Insulinwirkungen auf den Blutzucker durch die Injektion von Hinterlappenauszügen auf eine noch unerklärte Weise antagonistisch beeinflußt werden, wurde oben (S. 171) näher ausgeführt. Noch sicherer als die Insulin-Blutzuckersenkung werden die Insulinkrämpfe beseitigt[2]. Ebenso wurde oben (S. 170) erwähnt, daß Hinterlappeninjektionen eine Insulinmehrsekretion herbeiführen sollen. LA BARRE[2] wies diese Mehrsekretion dadurch nach, daß er das Pankreasvenenblut eines Hundes in einen zweiten Hund leitete; nach Hinterlappeneinspritzung in das Blut des Spenders sank der Blutzucker des zweiten Tieres ab.

Die normalerweise in den Körper abgegebenen Mengen des insulinantagonistischen Hinterlappenstoffes sind nicht groß genug, um die physiologischen Insulinwirkungen sicher erkennbar zu hemmen. Wäre dies der Fall, so müßte nach der Hypophysenentfernung der Blutzucker stark absinken. Man fand aber bei hypophysektomierten Tieren keine oder eine nur unbedeutende Blutzuckererniedrigung (bei HOUSSAY und MAGENTA[3], z. B. bei vier hypophysektomierten Hunden i. D. 0,084% gegen 0,094% bei normalen Tieren).

Nach der Hypophysenentfernung werden Amphibien[4] und Hunde[5] insulinempfindlicher. Bei Hunden ist diese Zunahme der Insulinempfindlichkeit zunächst wenig ausgesprochen. Nach Monaten wird sie so stark, daß wenige Einheiten bei einem ausgewachsenen Tier tiefe Hypoglykämie und schwere Krämpfe auslösen. So fanden GEILING und Mitarbeiter an einer hypophysektomierten Hündin am Tage vor der Operation auf 30 klinische Einheiten Insulin ein Absinken des Blutzuckers von 0,097% in 3 Stunden auf 0,06%, in 5 Stunden auf 0,072%, ohne daß Krämpfe auftraten, während nicht ganz 3 Monate nach der Entfernung 10 Einheiten den Blutzucker in den gleichen Zeiten von 0,085% auf 0,060% und 0,048% senkten und Krämpfe auslösten.

Nach GEILING und Mitarbeitern ist der Fortfall des Hinterlappens ausschlaggebend; ebenso wirkt auch die Durchtrennung oder Quetschung des Hypophysenstieles empfindlichkeitssteigernd. Nach DIXON[6] soll die Insulininjektion bei narkotisierten Tieren die Menge des Hinter-

---

[1] FRITZ, G.: Pflügers Arch. **220**, 101 (1928).
[2] LA BARRE, J.: C. r. Soc. Biol. **98**, 330 (1928).
[3] HOUSSAY, B. A., u. M. A. MAGENTA: Rev. Soc. argent. Biol. **1927**, 217; C. r. Soc. Biol. **97**, 596 (1927). — GEILING u. Mitarb.
[4] HOUSSAY, B. A., u. Mitarb.: Rev. Soc. argent. Biol. **37**, Nr 3 (1925).
[5] GEILING, E. M. K., u. Mitarb.: J. of Pharmacol. **31**, 247 (1927).
[6] DIXON bei GEILING u. Mitarb.

lappensekretes im Liquor cerebrospinalis vermehren. So liegt es nahe, die erhöhte Insulinempfindlichkeit nach Hypophysenentfernung auf den Fortfall jener Mehrsekretion zu beziehen. Doch ist dagegen zu bemerken, daß die Empfindlichkeitszunahme nur allmählich auftritt, und daß zur Aufhebung der Insulinwirkungen verhältnismäßig sehr große Mengen von Hypophysenauszug notwendig sind. Berechtigter scheint die Annahme, daß die dem Hypophysenausfall folgenden allgemeinen Stoffwechseleinwirkungen (Fettsucht) die Tiere immer insulinempfindlicher werden lassen.

JOACHIMOGLU und METZ[1] fanden, daß ein Zusatz von Insulin zu Hinterlappenauszug dessen uteruserregende Wirksamkeit vermindert. Doch konnte VELHAGEN[2] bei einer Nachprüfung diese Abschwächung nicht beobachten. Die gleichzeitige Einspritzung von Insulin hat keinen eindeutigen Einfluß auf die diuresehemmende Wirkung der Hinterlappenauszüge[3].

Bei hypophysären Erkrankungen des Menschen treten bekanntlich häufig Hyperglykämien auf. Es ist unwahrscheinlich, daß sie die Folge einer Mehrsekretion des Hinterlappens (Hemmung der Insulinwirkung) sind. Denn erst durch sehr hohe Gaben von Hinterlappenauszügen gelingt es, den Blutzucker der Tiere oder des Menschen erheblich in die Höhe zu treiben.

Nicht zu halten ist auch die Hypothese, daß die bei Katzen nach der Dezerebrierung auftretende lang anhaltende Hyperglykämie mit dem Hypophysenausfall zusammenhänge[4].

Wiederholte Insulineinspritzungen sollen beim Kaninchen nach EAVES[5] eine Vergrößerung der Hypophyse mit histologischen Veränderungen in der pars anterior und der pars intermedia herbeiführen.

e) Keimdrüsen.

Der Einfluß der Vorderlappenfunktion auf die Leistungen des Eierstockes und Hodens ist auf S. 114 und S. 125 näher abgehandelt; es ergab sich dort, daß der Vorderlappen zweifellos ein mächtiger Förderer der innersekretorischen Leistungen der Keimdrüsen ist.

---

[1] JOACHIMOGLU, G., u. A. METZ: Dtsch. med. Wschr. 50, 1787 (1924), — NISHIKIMI, K.: Jap. J. med. Sci. Trans. IV. Pharmac. 1, Nr 3 (1927).
[2] VELHAGEN: Noch nicht veröffentl. Vers.
[3] KOREF, O., u. H. MAUTNER: Arch. f. exper. Path. 113, 124 (1926). — Siehe dagegen: COLLAZO, J. A., u. M. HAENDEL: Dtsch. med. Wschr. 1923, 1546.
[4] OLMSTED, J. M. D., u. H. D. LOGAN: Amer. J. Physiol. 66, 437 (1923). — BULATAO, E., u. W. B. CANNON: Ebenda 72, 295 (1925). — BAZETT u. Mitarb.: Proc. Soc. exper. Biol. a. Med. 22, 39 (1924).
[5] EAVES, E. C.: J. of Physiol. 62, VII (1926).

Auch umgekehrt scheinen die Hormone des Eierstockes auf die Vorderlappenfunktion von Einfluß zu sein. Nach manchen Angaben tritt bei Frauen und Säugetieren während der Gravidität[1] eine recht erhebliche Vergrößerung des Vorderlappens mit bestimmten histologischen Veränderungen (Schwangerschaftszellen) auf. Da bei graviden Frauen häufig akromegale Erscheinungen leichteren Grades zu beobachten sind, darf auf eine Mehrsekretion des Vorderlappens in der Gravidität geschlossen werden. Nach BERBLINGER[2] nimmt der Vorderlappen der Kaninchen nach Injektion von Plazentaauszügen den Charakter der Schwangerschaftshypophyse an. Vielleicht ist diese Mehrsekretion von Bedeutung dafür, daß das Corpus luteum graviditatis mächtiger ausgebildet ist als das Corpus luteum menstruationis.

Nach ASCHHEIM und ZONDEK[3] läßt sich vom 2. Schwangerschaftsmonat an fast ausnahmslos im Harne der Frau ein wie das Vorderlappenhormon wirkender Stoff nachweisen: mit dem Harn behandelte junge Mäuse zeigen die für das Hormon typische Pubertas praecox. Diese Wirkung schwindet sehr bald nach der Geburt. Ob dieser Stoff aus dem Vorderlappen stammt oder aus der Placenta, ist ungewiß; auch die Plazenta ist reich an einem Stoff, der wie das Vorderlappenhormon auf die Reifung infantiler Ovare wirkt oder mit jenem Hormon identisch ist (siehe S. 38).

KNIPPING[4] nimmt an, daß eine Vorderlappenmehrsekretion die Änderung der spezifisch-dynamischen Wirkung des Eiweißes in der Gravidität bedinge.

Auch nach der Kastration von Frauen oder weiblichen Tieren[5] hat man nicht selten, aber keineswegs regelmäßig, eine Vergrößerung des Vorderlappens (Auftreten der Kastrationszellen) gesehen. So dürfte eines der Ovarhormone auf die Vorderlappensekretion dämpfend einwirken; damit stimmt überein, daß bei Kastration nicht ganz selten akromegale Symptome auftreten. Nach der Transplantation von Eier-

---

[1] Lit. bei KRAUS, E. I.: Handb. path. Anat. Hist. 8, 810 (1926). — ERDHEIM, J., u. E. STUMME: Beitr. path. Anat. 46, 1 (1909). — HATAI, J.: J. exper. Zool. 18, 1 (1915). — LIVINGSTON, A. E.: Amer. J. Physiol. 40, 153 (1916). — MATSUYAMA, R.: Frankf. Z. Path. 25, 436 (1921). — LEHMANN, J.: Virchows Arch. 268, 346 (1928).
[2] BERBLINGER, W.: Klin. Wschr. 7, 9 (1928).
[3] ASCHHEIM u. ZONDEK. — MURATA, M., u. K. ADACHI: Z. Geburtsh. 92, 45 (1927). — ASCHHEIM, S., u. B. ZONDEK: Klin. Wschr. 6, 1322 (1927); 7, 381, 1453 (1928).
[4] KNIPPING, N. W.: Arch. Gynäk. 116, 520 (1923).
[5] Siehe bei KRAUS, E. J.: Handb. path. Anat. Hist. 8, 866 (1926) (Lit.). — FICHERA, G.: Arch. ital. de Biol. 43, 405 (1905). — HATAI, S.: J. of exper. Zool. 18, 1 (1915). — LIVINGSTON, A. E.: Amer. J. Physiol. 40, 153 (1916). — MATSUYAMA, R.: Frankf. Z. Path. 25, 436 (1921). — LEHMANN, J.: Pflügers Arch. 216, 724 (1927). — VAN WEGENEN, G.: Amer. J. Physiol. 84, 461 (1928).

stöcken in kastrierte Ratten bleibt die Vorderlappenhypertrophie aus[1].

Wie das Hormon des Eierstockes scheint auch das Hormon des Hodens die Ausbildung und Funktion des Vorderlappens zu hemmen. Denn nach der Hodenentfernung findet man bei Menschen und Tieren zwar nicht ausnahmslos aber doch sehr häufig eine Vergrößerung der Hypophyse, und zwar des glandulären Vorderlappengewebes[2]. So fand FICHERA beim Hahn ein Hypophysendurchschnittsgewicht von 13 mg, während es beim Kapaun 27 mg beträgt; beim Stier wiegt die Hypophyse durchschnittlich 2,4 g, beim Ochsen 4,5 g; beim Büffel 1,8 g, beim kastrierten Büffel 3,5 g. Bei manchen Säugetieren ist die Hypophysenvergrößerung nach Hodenentfernung dagegen sehr gering, so beim Kaninchen.

Die Kastrationshypertrophie der Vorderlappen bleibt aus nach Hodentransplantation in die Bauchhöhle kastrierter Ratten — ebenso sollen Injektionen von wässrigen Hodenextrakten antagonistisch wirken[3].

Mit Recht darf wohl die Förderung des Wachstums, die beim Menschen und manchen Säugetierarten nach der Kastration im jugendlichen Alter häufig zu sehen ist, auf eine Steigerung der Vorderlappenfunktion bezogen werden.

Eine sichere Wirkung des Hypophysenhinterlappens auf die Funktionen des Eierstockes ist nicht erwiesen. Die Injektion von wässrigen Hinterlappenauszügen oder die Einpflanzung von Hinterlappengewebe löst bei kastrierten Tieren keine Brunstvorgänge und bei nicht kastrierten Tieren keine sexuelle Frühreife aus[4]. Die Injektion von Auszügen ist ohne Einfluß auf die Größe des Uterus[5]. (Nach BROUHA und SIMMONET sollen dagegen die Hinterlappenlipoide brunstauslösend wirksam sein.) Auch hat die operative Entfernung des Hinterlappens keine Störung der Eierstockfunktionen zur Folge (ASCHNER).

Ein Anteil des Hypophysenhinterlappens am Eintreten der Wehen zur Zeit des Schwangerschaftsendes ist nicht bewiesen. Nach DIXON und MARSHALL[6] wird der Gehalt des Liquor cerebrospinalis der Katze nach Einspritzungen von Eierstockauszügen dann vermehrt, wenn die Eierstöcke kurz vor oder nach dem Werfen der Jungen entnommen worden waren. Diese Forscher schlossen aus ihren Beobachtungen, daß

---

[1] LEHMANN, J.: Pflügers Arch. 216, 724 (1927); Virchows Arch. 268, 346 (1928). [2] Siehe Fußnote [5] S. 180. [3] LEHMANN.
[4] ZONDEK, B., u. S. ASCHHEIM: Klin. Wschr. 5, 979 (1926); Arch. Gynäk. 130, 1 (1927). — LAQUEUR, E., u. Mitarb.: Dtsch. med. Wschr. 1925, Nr 41. — BROUHA, L., u. H. SIMMONET: C. r. Soc. Biol. 96, 1275 (1927).
[5] SCHRÖDER, R., u. F. GOERBIG: Z. Geburtsh. 83, 764 (1921).
[6] DIXON, W. E., u. F. H. A. MARSHALL: J. of Physiol. 59, 276 (1924). — Siehe auch BLAU, N. F., u. K. G. HANCHER: Amer. J. Physiol. 77, 8 (1926).

sich im Eierstock mit der Rückbildung des Corpus luteum graviditatis ein Stoff bilde, der die Sekretion des uteruswirksamen Stoffes in der Hypophyse anregt.

Der Annahme, daß diese angenommene Mehrsekretion für den Geburtseintritt bestimmend ist, widerspricht jedoch die Tatsache, daß die Entfernung der Eierstöcke in der zweiten Hälfte der Schwangerschaft die Dauer der Schwangerschaft nicht beeinflußt. Gleiches gilt für die Laktation, die wie früher erwähnt wurde, ebenfalls durch die Hinterlappenauszüge gefördert wird.

Auch vermißte man[1] im Liquor gebärender Frauen eine sichere Zunahme der uteruserregenden Substanz; dagegen soll sich im Serum gebärender Frauen mehr uteruserregende[2] und melanophorenausbreitende[3] Substanz nachweisen lassen.

Nach KNAUS[4] wird der Uterus der Säugetiere mit fortschreitender Schwangerschaft immer empfindlicher gegen die Hinterlappenauszüge; er nimmt an, daß der Fortfall eines vom gelben Körper ausgehenden hemmenden Einflusses diese Empfindlichkeitszunahme bewirkt. So könnte der Geburtseintritt dadurch bestimmt sein, daß die Schwelle der Uterusempfindlichkeit gegen das im Blute kreisende Hinterlappensekret überschritten wird. Hierzu ist zu bemerken, daß nach DOTT auch hypophysenlose Tiere einen glatten Geburtsverlauf zeigen.

Der Gehalt des Hinterlappens an uteruserregender Substanz wird durch die Entfernung der Eierstöcke nicht verändert[5].

XVI. Einfluß von Giften usw. auf die innere Sekretion der Hypophyse.

Über den Einfluß der Gifte und Heilmittel auf die innere Sekretion der Hypophyse ist wenig bekannt. Ob die Vorderlappensekretion unter dem Einfluß von Giften verändert werden kann, ist noch unbekannt.

Die Abgabe der die Froschmelanophoren ausbreitenden Substanz der pars intermedia (siehe S. 157) wird bei Amphibien durch zahlreiche Gifte (z. B. durch Morphin, Narkotika, Strychnin, Koffein, Kohlensäure) vermehrt[6]. Diese Gifte haben bei hypophysenlosen Amphibien keine hautschwärzende Wirkung mehr.

Die uteruserregende Substanz des Hinterlappens der Säugetierhypophyse wird nach Kohlensäureeinatmung oder nach der Injektion von

---

[1] SIEGERT, F.: Klin. Wschr. 6, 1558 (1927). — DYKE, H. B. VAN u. A. KRAFT: Amer. J. Physiol. 82, 84 (1927).
[2] BRDICZKA, G.: Arch f. exper. Path. 103, 188 (1924).
[3] KÜSTNER, H., u. H. BIEHLE: Nach Ber. Physiol. 45, 135 (1928).
[4] KNAUS, H. H.: Arch. f. exper. Path. 124, 152 (1927); 134, 225 (1928).
[5] SIEGERT.
[6] HOUSSAY, B. A., u. J. UNGAR: C. r. Soc. Biol. 93, 253, 258 (1925). — TSUKAMOTO, R.: Nach Ber. Physiol. 35, 555 (1926).

Giften wie Alkohol, Chloroform, Koffein, Histamin, Adrenalin nicht in vermehrter Menge in den Liquor cerebrospinalis ausgeschieden[1].

Nach der Zufuhr diuretischer Mittel — Euphyllin, Novasurol, Harnstoff — steigt nach HOFF und WERMER[2] der Gehalt des Liquor cerebrospinalis an uteruserregender und melanophorenausbreitender Substanz an. Somit ist es nicht unwahrscheinlich, daß nach der Eingabe harnfördernder Mittel auch die antidiuretische Hinterlappensubstanz vermehrt abgegeben wird. Ob eine solche Ausschüttung der antidiuretischen Substanz stark genug ist, um den diuretischen Effekt jener Stoffe abzuschwächen, müßte noch an hypophysenlosen Hunden untersucht werden.

DIXONS Angabe, daß die Injektion von Hinterlappenauszug die Sekretion des Hinterlappenstoffes in den Liquor vermehre, konnte von DE BOER und Mitarbeitern[3] nicht bestätigt werden.

Eine sehr ausgesprochene Vermehrung der auf den Uterus und auf die Melanophoren wirkenden Stoffe des Liquor cerebrospinalis soll nach HOFF und WERMER bei Hunden nach psychischer Erregung eintreten (Vorzeigen einer Katze), und UNO[4] fand bei Ratten eine Verminderung des Gehaltes der Hypophysenhinterlappen an darmwirksamer Substanz nach mehrstündigem Kampfe. Vielleicht ist die bei derartigen psychischen Erregungen zu beobachtende Harnhemmung die Folge einer Mehrabgabe von Hinterlappensekret.

Nach Cow[5] soll die Sekretion des auf die Wasserabgabe wirkenden Hinterlappenstoffes bei der Resorption von Wasser aus dem Magendarmkanal vermehrt werden. Das resorbierte Wasser soll aus der Duodenalschleimhaut einen die Wasserabgabe fördernden Stoff in die Blutbahn ausschwemmen, und zwar soll dieser Stoff die Wasserabgabe durch eine Vermehrung der Hinterlappensekretion fördern. Nach der Injektion von Auszügen aus der Duodenalschleimhaut trat eine Diurese auf, solange die Hypophyse im Körper vorhanden war. Gleichzeitig stieg der Gehalt des Liquor cerebrospinalis an Stoffen, die das für den Hinterlappen typischen Wirkungen haben, stark an, und der Liquor wirkte bei der Katze diuretisch. Cows Versuche bedürfen der Nachprüfung; denn nach neueren pharmakologischen Feststellungen wirkt die Zufuhr kleiner Mengen Hinterlappensubstanz beim nicht narkotisierten Tier nicht diuresefördernd, sondern -hemmend. Auch fand SATO[6] die Ausscheidung in den Magen eingeführten Wassers beim Hunde nach der Hypophysektomie nicht sicher verändert gegenüber dem Vorversuch vor der Entfernung.

Nach Sublimat- und Bakterientoxinvergiftung sinkt der Gehalt des

---

[1] DIXON, W. E.: J. of Physiol. **57**, 129 (1923).
[2] HOFF, H., u. P. WERMER: Arch. f. exper. Path. **133**, 84 (1928).
[3] BOER, S., DE u. Mitarb.: Arch. internat. Pharmaco-Dynamie **30**, 141 (1925).
[4] UNO, T.: Amer. J. Physiol. **61**, 203 (1922).
[5] Cow, D.: J. of Physiol. **49**, 367 (1915). — Siehe auch DIXON.
[6] SATO, G.: Arch. f. exper. Path. **131**, 45 (1927).

Hinterlappens an uteruserregender und blutdrucksteigernder Substanz stark ab; die Zellen des Mittellappens degenerieren. Vermutlich ist die Sekretabgabe aus solchen, histologisch stark veränderten Hypophysenhinterlappen vermindert. Dagegen ist die Arsenikvergiftung, die CO-Vergiftung und die Röntgenbestrahlung ohne sicheren Einfluß auf den Gehalt an inneren Sekreten[1].

---

[1] HESSE, E.: Arch. f. exper. Path. **107**, 43 (1925). — PAK, CH.: Ebenda **114**, 354 (1926). — GRANZOW, J.: Z. exper. Med. **49**, 487 (1926). — MOTTRAM, J. C., u. W. CRAMER: Quart. J. exper. Physiol. **13**, 209 (1913).

Drittes Kapitel.
Nebennieren und sonstiges chromaffines Gewebe.

Die vergleichend anatomischen Untersuchungen zeigen, daß das Gewebe, welches die Nebennierenrinde der Säugetiere aufbaut, bei den niederen Wirbeltieren keine örtlichen Beziehungen zu dem chromaffinen Gewebe aufweist. Diese Tatsache spricht schon klar gegen die Berechtigung der Theorien, welche auf Grund topographischer Verhältnisse, die sich nur bei den höheren Wirbeltieren finden, nahe funktionelle Beziehungen zwischen dem Rinden- und Markanteil der Nebennieren annehmen. Daß die Funktion der Rindenzellen bei den höheren Wirbeltieren in irgendeiner Abhängigkeit von der Funktion der Markzellen steht, ist nicht bewiesen. Vielmehr scheint es, als ob die Aneinanderlagerung und Ineinanderlagerung der beiden Gewebsarten bei den höheren Wirbeltieren für ihre funktionellen Leistungen ebenso belanglos ist, wie die nahen örtlichen Beziehungen des Vorderlappens der Hypophyse zum Hinterlappen, der Epithelkörperchen zur Schilddrüse, der LANGERHANS-Inseln zu den den Bauchspeichel bildenden Pankreaszellen für die Funktion jener innersekretorischen Organe bedeutungslos sind.

Deshalb wird die Wirkung der beiden in der Nebenniere der höheren Wirbeltiere vereinten Zellsysteme, der die Lipoide bildenden oder speichernden „Rinden"zellen und der das Adrenalin bildenden „Mark"-zellen oder chromaffinen Zellen getrennt abgehandelt.

I. Geschichtliche Bemerkungen über die Erforschung der Funktion der Nebennierenrinde.

Die älteren Arbeiten vor der Mitte des letzten Jahrhunderts haben nur noch historisches Interesse[1]. Man blieb über die Funktion der Nebennieren völlig im Dunkeln, bis der Londoner Kliniker THOMAS ADDISON[2] im Jahre 1855 seine vorzüglichen Beobachtungen über eine durch bestimmte, von ihm genau beschriebene Symptome ausgezeichnete, in der Regel tödlich endende Krankheit und die bei den an dieser Krankheit Verstorbenen zu findenden Veränderungen der Nebennieren veröffentlichte. ADDISON stellte bekanntlich fest, daß bei der in der

---
[1] Siehe bei BIEDL, A.: Inn. Sekr. 3. Aufl. 1, 406 (1916).
[2] ADDISON, THOMAS: On the constitutional and local effects of disease of the suprarenal capsules. London 1855.

Folgezeit nach ihm benannten Krankheit die Nebennieren meist durch tuberkulöse Prozesse zerstört waren.

Unmittelbar danach setzten die Versuche der Physiologen ein, durch Herausnahme der Nebennieren bei Säugetieren eine gleich verlaufende Erkrankung zu erzeugen. In den ersten dieser Arbeiten kam BROWN SÉQUARD[1] 1856 und 1857 zu der Schlußfolgerung, daß die Entfernung beider Nebennieren bei Kaninchen, Meerschweinchen, Katzen und Hunden ausnahmslos in höchstens $1^{1}/_{2}$ Tagen den Tod herbeiführe. Diese Versuche BROWN SÉQUARDS (aus der vorantiseptischen Zeit) können heute nicht mehr als beweisend gelten. Denn nach ihm sollte auch die Herausnahme nur einer Nebenniere fast ausnahmslos tödlich wirken, während inzwischen in sehr vielen Versuchen gezeigt worden ist, daß der Körper des Säugetieres und des Menschen eine Nebenniere ohne schwere Krankheitsfolgen entbehren kann. Auch fanden viele Nachuntersucher, daß bei manchen Säugetierarten die Fortnahme beider Nebennieren dauernd überstanden wird. Es ist das Verdienst STILLINGS, darauf hingewiesen zu haben, daß manche Säugetierarten auch außerhalb der Nebenniere Rindengewebe besitzen, welches nach der Entfernung der Nebennieren kompensatorisch hypertrophiert, so daß das Überleben dieser Säugetiere möglicherweise der Funktion des akzessorischen Rindengewebes zuzuschreiben ist. Die Richtigkeit dieser Annahme ist in neueren Versuchen bewiesen worden: fehlt akzessorisches Rindengewebe, so sterben die Tiere ausnahmslos.

II. Anatomie, Histologie, Entwicklungsgeschichte, vergleichende Anatomie der Nebennierenrinde[2].

Die Zellen der Nebennierenrinde und des sonstigen Interrenalgewebes entstehen im Embryo aus dem Mesoderm am Kopfende der Urniere, d. h. aus andrer Anlage als die chromaffinen Zellen (siehe S. 211). Bei den höheren Wirbeltieren wandern in späterer Embryonalzeit chromaffine Zellen in die sich zusammenhäufenden Zellen der Nebennierenrinde ein und bilden das bei den Säugetieren zentral liegende Mark, das von der in drei Schichten gegliederten Rinde umgeben ist. In einer frühen Phase der Entwicklung steht die Anlage der Nebennierenrinde in nahen örtlichen Beziehungen zu den sich bildenden Keimdrüsen.

Zur Zeit der Geburt ist das Gewebe der Nebennierenrinde verhältnismäßig mächtig entwickelt. Die Nebennieren des neugeborenen Menschen wiegen gegen 4 g, während ihr Durchschnittsgewicht bei Erwachsenen gegen 10 g beträgt. Auf die beim Menschen bald nach der Geburt beginnenden degenerativen Veränderungen bestimmter Schichten der

---

[1] BROWN SÉQUARD: C. r. Acad. Sci. **43**, 422, 542 (1856); **45**, 1036 (1857).
[2] Siehe BIEDL, A.: Inn. Sekr., 3. Aufl., T. I (1916). — DIETRICH, A., u. H. SIEGMUND: Handb. spez. path. Anat. Hist. **8**, 951 (1926).

Rinde und die später sich anschließenden Wiederaufbauprozesse braucht hier nicht näher eingegangen zu werden, da diese Vorgänge sich nur beim Menschen, nicht aber bei anderen Säugern abspielen.

Die Rinde der Nebennieren baut sich aus polygonalen Epithelzellen auf, die vorwiegend in Form solider Zylinder angeordnet sind. Anordnung, Größe und Inhalt der Zellen ist in den äußeren, den mittleren und den inneren Teilen der Rinde ein wenig verschieden, so daß man histologisch zwischen einer Zona glomerulosa mit schlingenförmig angeordneten Zellsträngen, einer Zona fasciculata mit radiär gerichteten Balken und einer dem Mark benachbart liegenden Zona reticularis mit netzförmiger Struktur unterscheidet.

Charakteristisch ist für die Zellen der Nebennierenrinde der Gehalt an Lipoidtröpfchen und an gelbem Pigment.

Die Lipoide sind als feine, stark glänzende und zum Teil doppelt brechende Körnchen in den verschiedenen Schichten der Rinde in verschiedener Menge enthalten; die äußere Zona glomerulosa ist viel ärmer an Lipoiden als die inneren Schichten. Histologische Beobachtungen sprechen dafür, daß die Lipoidtröpfchen in die Kapillaren übertreten können[1].

Beim Menschen und bei vielen Säugetieren kommen außerhalb der Nebennieren liegende akzessorische Rinden(Interrenal-)gewebe vor. Meist bestehen sie nur aus Zellen vom Typus der Rindenzellen und enthalten keine Beimengungen von chromaffinen Zellen. Diese akzessorischen Interrenalkörper liegen teils in der Nähe der Nieren und Nebennieren, teils hinter dem Peritoneum bis in das kleine Netz hinunter, besonders häufig im Ligamentum rotundum und Samenstrang oder zwischen Hoden und Nebenhoden.

Über die Häufigkeit des Vorkommens akzessorischen Rindengewebes bei den einzelnen Säugetieren wird S. 192 näher berichtet.

Von den beiden in die Nebenniere des Säugetieres eintretenden Arterien versorgt die eine, die kaudal eintritt, nur die Rinde, während die kraniale Arterie zum Mark zieht. Die Rindenzellen sind von einem reichen Capillarnetz umgeben, das Blut fließt aus diesem hauptsächlich in die Zentralvene ab. Ein geringer Anteil des Blutes fließt durch Kapselvenen ab, die z. T. in die Pfortader einmünden.

Daß die in die Nebennieren ziehenden sympathischen Nervenfasern in Beziehung zu den Rindenzellen stehen, scheint histologisch nicht bewiesen zu sein. Aber da man nach Vergiftungen gewisse Veränderungen der Rindenzellen nicht mehr erhält, wenn zuvor die Splanchnicusnerven durchtrennt worden sind, ist es nicht unwahrscheinlich, daß diese Nerven die Funktion der Rindenzellen beeinflussen können. Für eine

---

[1] ALSTERBERG, G.: Bau u. Funktion d. Nebennierenrinde, Lund (1928).

Beeinflußbarkeit der Rindenfunktion vom Vagus aus spricht nur die Beobachtung, daß die Rindenzellen nach der Durchtrennung des rechten Vagus lipoidreicher werden sollen[1].

Das dem Nebennierenrindengewebe des Säugetieres entsprechende Interrenalgewebe des Vogels ist mit dem chromaffinen Gewebe innig verflochten. Die gleiche Durchmischung beider Gewebsarten findet sich bei manchen Reptilien, während bei Fischen die Interrenalorgane z. T. örtlich vollkommen getrennt vom chromaffinen Gewebe angeordnet sind.

Bei Wirbellosen ist kein dem Gewebe der Nebennierenrinde gleichendes Gewebe nachgewiesen worden.

III. Erkrankungen des Menschen durch Störungen der Nebennierenrindenfunktion.

In seiner Abhandlung über Gesundheitsstörungen nach Nebennierenzerstörung beschrieb ADDISON 1855 die wichtigsten Erscheinungen, die nach einem Ausfall der Nebennieren eintreten. Je nach der Geschwindigkeit des Nebennierenausfalles verläuft die Erkrankung langsamer oder schneller.

Bei subakutem Verlauf treten zunächst Zeichen einer ungewöhnlich starken Ermüdbarkeit der Skelettmuskeln und Abnahme der geistigen Funktionen auf. Der Appetit liegt darnieder, Obstipation und oft sehr heftige Diarrhöen stellen sich ein. Die Kranken magern sehr stark ab, doch ist der Grundumsatz nicht regelmäßig verändert. In den späten Stadien der Erkrankung findet man in der Regel tiefe Blutzuckerwerte und erniedrigten Blutdruck.

Über die bei der ADDISONschen Krankheit auftretenden Pigmentationen wird S. 214 berichtet. Sie beginnen vorwiegend an den dem Lichte oder der Druckeinwirkung ausgesetzten Stellen der Haut, doch kann schließlich der ganze Körper die typische Bronzefarbe zeigen.

Bei akutem Ausfall der Nebennierenfunktion, z. B. durch Venenthrombose, kann der Tod schon nach zwei Tagen eintreten.

Bei der Sektion fand man fast ausnahmslos Prozesse, die zu einer mehr oder weniger vollkommenen Ausschaltung der Nebennieren geführt hatten. Auf die Frage, ob der Ausfall der Rinde oder des Markes zur ADDISONschen Erkrankung führt, haben die Sektionsbefunde keine ganz eindeutige Antwort geben können. In der ganz überwiegenden Mehrzahl der Fälle betreffen die Läsionen beide Gewebsarten der Nebennieren.

Der französische Kliniker APERT beschrieb 1910 einen Symptomenkomplex, der bei Adenomen der Nebennierenrinde vorkommt: bei Erkrankung im jugendlichen Alter tritt die Geschlechtsentwicklung ver-

---

[1] BAGINSKI, S.: Nach Ber. Physiol. **38**, 440 (1927).

früht ein, bei Erwachsenen fällt ein starker Fettansatz und eine stärkere Behaarung (Hirsutismus) auf.

Die prämature Geschlechtsreife wird vorwiegend bei Mädchen, selten auch bei Knaben beobachtet. Bei Mädchen und Frauen nimmt die Behaarung und Körperausbildung oft den männlichen Typus an, die Clitoris hypertrophiert. Die Menstruationen hören auf.

Dafür, daß die genannten Erscheinungen die Folge einer Rindenhyperfunktion sind, spricht der Rückgang derselben, den man einige Male nach operativer Entfernung des Rindenadenomes beobachtet hat.

IV. Folgen der Nebennierenrindenentfernung.

A. Niedere Wirbeltiere.

Unter den Versuchen an niederen Wirbeltieren haben die an Selachiern vorgenommenen ein besonderes Interesse, da bei diesen die aus Rindengewebe bestehenden Interrenalkörper ohne Mitentfernung des Adrenalsystemes aus dem Körper herausgenommen werden können. Bei derartigen Exstirpationsversuchen[1], die am besten bei Torpedo gelingen, beobachtet man eine Ballung der Hautmelanophoren, eine allmählich zunehmende Muskelschwäche, so daß die Tiere sich nicht mehr umdrehen können, fast stets Muskelkrämpfe und Opisthotonus, Abnahme der Atemfrequenz und Tod an Atemstillstand nach meist 3 Tagen, spätestens nach 7 Tagen. Aus diesen Versuchen ergibt sich also einwandfrei, daß das Rindengewebe bei Selachiern von lebensnotwendiger Bedeutung ist.

Daß man bei Aalen[2] nach der Entfernung der Interrenalkörper dauerndes Überleben beobachtet hat, ist kein Gegenargument, da bei diesen akzessorisches Rindengewebe zu finden ist.

Bei Fröschen ist die Nebennierenentfernung oder -zerstörung häufig ausgeführt worden[3]. Sommertiere pflegen nach 1—2—3 Tagen, Wintertiere später zugrunde zu gehen. Nach dem Ausfall der Nebennieren tritt eine Muskeladynamie ein, die Tiere werden — wohl infolge Mitverletzung der Nieren — ödematös.

---

[1] BIEDL, A.: Inn. Sekr., 3. Aufl., I, 474 (1916). — KISCH, B.: Pflügers Arch. **219**, 426 (1928).
[2] VINCENT, S.: Proc. roy. Soc. **61**, 64 (1897); **62**, 176 (1898).
[3] ABELOUS, J. E., u. P. LANGLOIS: C. r. Soc. Biol. **43**, 292, 885 (1891). — ALBANESE, M.: Arch. ital. de Biol. **18**, 49 (1893). — GOURFEIN, D.: C. r. Acad. Sci. **125**, 188 (1897). — STREHL, H., u. O. WEISS: Pflügers Arch. **86**, 107 (1901). — LOEWI, O., u. W. GETTWERT: Ebenda **158**, 29 (1914). — RADWANSKA, W.: Nach BIEDL. — HIRASE, K.: Pflügers Arch. **212**, 582 (1926).

B. Säugetiere.
a) Lebensnotwendigkeit des Rindengewebes.

Brown Séquard[1] hatte aus den Ergebnissen seiner ersten Nebennierenexstirpationsversuche geschlossen, daß die Entfernung dem Leben ein Ende setze. Die Richtigkeit seiner Annahme, daß die Nebennieren lebensnotwendige Organe seien, wurde von vielen Nachuntersuchern bestritten, die zeigten, daß manche Säugetierklassen dauernd überleben können. Auf die Kontroversen über die Frage der Lebenswichtigkeit der Nebennieren braucht hier nicht eingegangen zu werden[2], denn es steht nun fest, daß Brown Séquards Ansicht zu Recht besteht, sofern außerhalb der Nebennieren kein akzessorisches Rindengewebe zu finden ist.

Übereinstimmend wird von sehr vielen Untersuchern berichtet, daß die Entfernung der Nebennieren in einer Operation den Tod der Versuchstiere viel rascher herbeiführt, als wenn die beiden Nebennieren mit einem längeren Intervall entfernt werden und daß die Lebensdauer mit der Größe dieses Intervalles zunimmt[3]. Bei Hunden[4] tritt bei einzeitiger Entfernung der Tod meist nach 7—12 Stunden ein, bei zweizeitiger Operation überleben die Tiere oft viele (bis 15) Tage und in einer großen Versuchsreihe fand man als durchschnittliche Überlebensdauer die Zeit von $6^2/_3$ Tagen. Katzen[5] überleben die einzeitige Entfernung im Durchschnitt 68 Stunden, nach zweizeitiger Operation verlängert sich die Überlebenszeit auf durchschnittlich etwa 5 Tage. Bei diesen Fleischfressern ist die Nebennierenentfernung nahezu immer tödlich — in den seltenen Fällen dauernden Überlebens fand man akzessorisches Rindengewebe. Unter den Nagetieren ist bei den Meerschweinchen[6] die Nebennieren-

---

[1] Brown Séquard: C. r. Acad. Sci. **43**, 422, 542 (1856); **45**, 1036 (1857).
[2] Lit. bei Biedl, A.: Inn. Sekr., 3. Aufl., I 469 (1916).
[3] Langlois, P.: C. r. Soc. Biol. **50**, 444 (1893). — Arch. internat. Physiol. 488 (1893). — Hultgren, E. O., u. O. A. Andersson: Skand. Arch. Physiol. **9**, 74 (1899). — Strehl, u. Weiss u. a.
[4] Langlois, P., a. a. O.; Arch. internat. Physiol. **30**, 125 (1897). — Biedl. — Gradinescu, A.: Pflügers Arch. **152**, 187 (1913). — Strehl u. Weiss. — Bornstein, A., u. K. Holm: Z. exper. Med. **37**, 1 (1923). — Biochem. Z. **132**, 139 (1922). — Houssay, B. A., u. J. T. Lewis: Amer. J. Physiol. **70**, 512 (1923). — Stewart, G. N.: J. of Pharmacol. **29**, 373 (1926). — Ders. u. J. M. Rogoff: Amer. J. Physiol. **78**, 683 (1926). — Banting, F. G., u. S. Gairns: Ebenda **77**, 100 (1926). — Viale, G.: Nach Ber. Physiol. **41**, 778 (1927); **47**, 467 (1928). — Yonkman, Fr. F.: Amer. J. Physiol. **86**, 471 (1928).
[5] Hultgren u. Andersson. — Biedl. — Gradinescu. — Strehl u.Weiss. — Elliott, T. R.: J. of Physiol. **49**, 38 (1914). — Marshall, E. K., u. D. M. Davis: J. of Pharmacol. **8**, 525 (1916). — Corey, E. L.: Amer. J. Physiol. **79**, 633 (1927). — Marine, D., u. E. J. Baumann: Ebenda **81**, 86 (1927).
[6] Abelous, J. E., u. P. Langlois: C. r. Soc. Biol. **44**, 388 (1892). —

entfernung ausnahmslos tödlich; bei einzeitiger Entfernung tritt der Tod nach meist 6—12, höchstens nach 20—48 Stunden ein.

Auch Kaninchen[1] sterben in der überwiegenden Mehrzahl nach der einzeitigen Entfernung im Laufe des ersten Tages oder der ersten 5 Tage. Wird dagegen die zweite Nebenniere erst geraume Zeit nach der ersten entfernt, dann überleben sehr viele Tiere dauernd.

Bei den Ratten[2] und Mäusen[3] wirkt auch die einzeitig durchgeführte Nebennierenentfernung in der Regel nicht tödlich. Die wenigen Tiere, die sterben, gehen in den ersten 2—4 Tagen zugrunde. Über die Prozentzahl der Überlebenden gehen die Angaben auseinander. In manchen Versuchsreihen starben weniger als 10% der Tiere.

Die Ursache für das längere Überleben zweizeitig operierter Tiere ist wohl sicher in dem während des Intervalles eingetretenen Hypertrophieren des zurückgebliebenen Rindengewebes zu suchen. Diese Hypertrophie zeigt sich sehr deutlich an der Größe der zunächst zurückgelassenen Nebenniere. So fand z. B. STILLING[4], daß normale Kaninchen von 1 Kilo im ganzen 0,1 g Nebennierengewebe enthielten, die lange Zeit nach der in der Jugend vorgenommenen Entfernung der einen Nebenniere entnommene zweite Nebenniere wog dagegen 0,17—0,43 g. Bei Ratten ist die 40 Tage nach der ersten Nebenniere entnommene zweite Nebenniere im Durchschnitt um 60% schwerer[5].

Aber wenn nur das Rindengewebe der Nebenniere hypertrophieren würde, so wäre die längere Lebensdauer der zweizeitig operierten Tiere noch nicht zu verstehen. Dazu kommt vielmehr, daß auch das akzessorische, außerhalb der Nebennieren gelegene Rindengewebe stark hypertrophiert[6]. Diese Hypertrophie ist so ausgesprochen, daß in den der einen Nebenniere beraubten Meerschweinchen stets akzessorisches Gewebe zu finden ist, während ohne Nebennierenentfernung akzessorische Nebennieren bei diesen Tieren nur sehr selten zu sehen sind[7]. So ist es zu verstehen, daß die hypertrophierten akzessorischen Rindenzellen die Folgen der Entfernung der zweiten Nebenniere eine Zeit lang oder dauernd aufhalten

---

DONETTI, E.: C. r. Soc. Biol. 49, 535 (1897). — STREHL u. WEISS. — KÜHL, G.: Pflügers Arch. 215, 277 (1925).

[1] LANGLOIS. — GRADINESCU. — STREHL u. WEISS. — HULTGREN u. ANDERSSON. — MAUERHOFER, E.: Z. Biol. 74, 147 (1922) u. viele andere.

[2] BOINET, E.: C. r. Soc. Biol. 46, 162 (1894); 47, 325, 646 (1895). — ABELOUS, J. E., u. P. LANGLOIS: C. r. Soc. Biol. 47, 334 (1895). — PHILIPEAUX: C. r. Acad. Sci. 43, 904 (1856). — SCOTT, W. J. M.: J. of exper. Med. 38, 543 (1923). — ARTUNDO, A.: Tesis. Buenos Aires 1927 u. a.

[3] CORI, C. F. u. G. T.: J. of biol. Chem. 74, 473 (1928).

[4] STILLING, H.: Virchows Arch. 118, 569 (1889). — Siehe auch KISCH, B.: Klin. Wschr. 3, 1661 (1924) u. a.

[5] MAC KAY, E. M. u. L. L.: J. of exper. Med. 43, 395 (1926).

[6] WIESEL, J.: Zbl. Physiol. 12, 780 (1899) u. a.

[7] VELICH, A.: Nach BIEDL: Innere Sekretion.

können. (Man hat jedoch auch bei sorgfältiger Untersuchung von Tieren, die die zweizeitige Herausnahme lange Zeit hindurch überlebt hatten, keineswegs regelmäßig solches akzessorisches Rindengewebe gefunden; es wäre zur sicheren Entscheidung eine mikroskopische Untersuchung der ganzen Bauchhöhle notwendig.)

Die Häufigkeit, mit der akzessorisches Rindengewebe bei den einzelnen Säugetierklassen angetroffen wird, ist sehr verschieden[1]. Es ist sehr selten bei Katzen und wie erwähnt bei (normalen) Meerschweinchen zu sehen. Selten kommt es bei Hunden vor. Dagegen ist es häufig bei Kaninchen (nach BAUMANN und KURLAND in 90%) und sehr häufig bei Ratten anzutreffen. Demnach haben die Säugetierklassen, die häufig akzessorisches Rindengewebe besitzen, die guten Aussichten zu überleben, während bei seltenem Vorkommen dieses Gewebes die Mortalität nach der Nebennierenentfernung eine hohe ist.

Bei Tieren, die bald nach der Nebennierenentfernung zu sterben pflegen, genügt die Zurücklassung recht kleiner Rindenreste, um das Leben zu erhalten. Nach LANGLOIS kann $1/6$—$1/11$, nach BIEDL etwa $1/8$, nach WISLOCKI und CROWE[2] etwa $1/5$, nach BORNSTEIN und GREMELS[3] etwa $1/4$ der gesamten Rindenmasse der Nebennieren das Leben dauernd erhalten.

Alle Tiere vertragen die Entfernung einer Nebenniere, ohne irgendwelche schwereren akuten Krankheitserscheinungen zu zeigen. Nur bei Meerschweinchen[4] soll schon das Fehlen einer Nebenniere bald den Tod herbeiführen können.

Bei Hunden treten längere Zeit nach der einseitigen Nebennierenentfernung Abmagerung, Haarausfall, Hauterkrankungen und Brunstausfall auf[5].

b) Symptome des Nebennierenausfalles.

Am besten lassen sich die Symptome des akuten Nebennierenausfalles bei zweizeitig operierten Fleischfressern beobachten. In den ersten Stunden oder Tagen sind keine Ausfallserscheinungen vorhanden. Dann fällt eine zunehmende Apathie der Tiere auf, ihre Bewegungen werden träge, steif und unsicher, schließlich stellt sich eine mehr und mehr zunehmende Muskelschwäche ein, die Tiere sind an den Hinter-

---

[1] ABELOUS u. LANGLOIS. — WIESEL. — VELICH. — STILLING. — STREHL u. WEISS. — KISCH. — HULTGREN u. ANDERSSON. — BANTING u. GAIRNS. — SCOTT. — SUNDBERG, A.: Akad. Abh. Stockholm 1925. — MARTI, H.: Z. Biol. 77, 181 (1922). — ZWEMER, R. L.: Amer. J. Physiol. 79, 641 (1927). — BAUMANN, E. J., u. S. KURLAND: J. of biol. Chem. 71, 281 (1927).
[2] WISLOCKI, G. B., u. S. J. CROWE: Bull. Hopkins Hosp. 35, 187 (1924).
[3] BORNSTEIN, A., u. H. GREMELS: Virchows Arch. 254, 409 (1925).
[4] STREHL u. WEISS.
[5] VIALE, G.: Riv. Biol. 10, 99 (1928).

beinen gelähmt, der Kopf hängt herab, sie liegen später mit ausgestreckten Extremitäten platt auf dem Boden. Die Atmung ist im Frühstadium dieser Erscheinungen oft stark vermehrt, später sehr verlangsamt, der Tod tritt im Koma an Atemlähmung bei erhaltener Herztätigkeit ein. Die Muskelschwäche ist von einer Senkung der Körpertemperatur begleitet, die zur Zeit des Todes sehr ausgesprochen sein kann. Die Haut ist kühl, die Schleimhäute sind blaß. Frühzeitig verweigern die Tiere die Nahrungsaufnahme, sehr oft treten starke Durchfälle und Erbrechen auf. Im terminalen Stadium können Muskelzuckungen und Krämpfe auftreten. In der letzten Zeit vor dem Tode ist die Harnbildung sehr vermindert. Die Tiere magern sehr stark ab. Bei chronischem Verlauf fallen oft die Haare stellenweise aus.

Zu diesen Folgen des Nebennierenausfalles wäre des näheren folgendes zu bemerken.

1. **Muskelschwäche.** Die geringe Leistungsfähigkeit der Muskeln ist nicht nur bei den nach Nebennierenausfall akut zugrunde gehenden Tieren festzustellen, sondern sie besteht auch bei Ratten und Kaninchen, die die Entfernung beider Nebennieren dauernd überleben, mindestens eine erhebliche Zeitlang nach der Operation. Der am Tag zurückgelegte Weg ist bei nebennierenlosen Ratten kleiner[1], die Ermüdung im Laufrad tritt viel rascher ein[2]. Bei der Reizung des Nervus ischiadicus narkotisierter, vor 1—11 Tagen operierter Ratten ermüdet der Gastrocnemius viel früher als bei normalen Kontrolltieren (unter den Bedingungen des Versuches in 10—60 Minuten statt in 8—26 Stunden)[3].

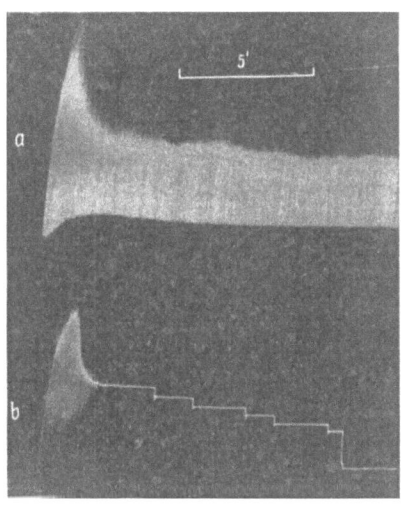

Abb. 37. Obere Kurve. Muskelermüdung eines normalen Meerschweinchens. Untere Kurve: Muskelermüdung 4 Stunden nach Nebennierenentfernung (Nach Kuhl)

Sehr eindeutig ergibt sich die leichtere Muskelermüdbarkeit auch aus KÜHLs Versuchen[4] an Meerschweinchen. Bei seiner Versuchsanordnung (Abb. 37) trat bei elektrischer Reizung des Gastrocnemius

---

[1] DURRANT, E. P.: Amer. J. Physiol. **70**, 344 (1924).
[2] MAUERHOFER, E.: Z. Biol. **74**, 147 (1922). — SUNDBERG.
[3] GANS, H. M., u. H. M. MILEY: Amer. J. Physiol. **82**, 1 (1927). — Siehe auch MIRA, F. DE, u. J. FONTÉS; C. r. Soc. Biol. **98**, 987 (1928).
[4] KÜHL, G.: Pflügers Arch. **215**, 277 (1927).

selbst nach 7—9 Stunden keine Ermüdung des Muskels ein, wenn die Nebennieren im Tiere belassen waren, während wenige Stunden nach der Nebennierenentfernung die Ermüdung oft schon in wenigen Minuten eine vollkommene war. Im tetanisierten Muskel nebennierenloser Ratten ist abnorm viel Milchsäure enthalten[1]. Eine alte Behauptung, nach der die vermehrte Muskelermüdbarkeit kurareartiger Natur sei, ist längst widerlegt. Auch bei direkter Muskelreizung tritt sie in Erscheinung. Ihr Wesen ist ungeklärt.

2. **Atmung.** Die Hyperpnoe auf der Höhe der Ausfallserscheinungen wurde von vielen Untersuchern beobachtet; besondere Bedeutung am Zustandekommen dieser Ausfallserscheinungen mißt ihr BORNSTEIN[2] bei, denn ähnliche Symptome wie sie nach der Nebennierenexstirpation zu sehen sind, beobachtet man auch bei künstlicher Überventilation[3]. Zweifellos kann, zumal bei einzeitig operierten Hunden die Lungenventilation sehr stark, bis auf das Mehrfache des Normalwertes vermehrt sein. Nach der Theorie BORNSTEINS ist zu erwarten, daß das Einbringen der nebennierenlosen Hunde in kolensäurereiche (5%) Luft, wodurch die Akapnie verhindert wird, die Symptome der Nebennierenexstirpation verhindert. Dies ist aber nach TRENDELENBURG und EHRISMANN[4] nicht der Fall.

Bei Meerschweinchen treten auf der Höhe der Ausfallserscheinungen periodische Atemabflachungen auf, die von einigen ganz tiefen schnappenden Atemzügen abgelöst werden[5].

3. **Kreislauf.** Es wird auf S.217 näher ausgeführt, daß der Blutdruck nach der Herausnahme der Nebennieren auch bei Fleischfressern zunächst während der ersten 6—12 Stunden oder länger auf normaler Höhe bleibt, um dann allmählich tiefer und tiefer abzusinken.

Erregungen der sympathischen Innervation[6] haben zunächst eine unverminderte Wirkung am Gefäßsystem; später sinkt die Erregbarkeit ab. Auch Adrenalin wirkt zunächst unverändert.

4. **Harnbildung.** Auf der Höhe der Ausfallserscheinungen nimmt die Menge des Harnes ab, gegen Ende tritt oft völliges Versiegen der Harnbildung ein. In diesen Spätstadien wird Harnstoff und Kreatinin verzögert ausgeschieden. Während von normalen Katzen von einer bestimmten intravenös gegebenen Harnstoffmenge im Durchschnitt 72%

---

[1] MAZZOCCO, P.: Rev. Soc. argent. Biol. **4**, 1 (1928).
[2] BORNSTEIN, A., u. K. HOLM: Z. exper. Med. **37**, 1 (1923). — Siehe dagegen ROGOFF, J. M., u. G. N. STEWART: Amer. J. Physiol. **78**, 683 (1926).
[3] VÖLKER, H.: Z. exper. Med. **37**, 17 (1923).
[4] TRENDELENBURG, P., u. O. EHRISMANN, noch nicht publizierte Vers.
[5] KÜHL.
[6] ELLIOTT, T. R.: J. of Physiol. **31**, XXI (1904). — GAUTRELET, J., u. L. THOMAS: C. r. Soc. Biol. **67**, 233, 389 (1909). — HOSKINS, R. G.: Amer. J. Physiol. **36**, 423 (1915). — Ders. u. H. WHEELON: Ebenda **34**, 172 (1914).

(in $2^1/_2$ Stunden) ausgeschieden wurden, betrug der in der gleichen Zeit abgegebene Anteil nach der Nebennierenentfernung im Durchschnitt nur 29%; für Kreatinin sank die Ausscheidungsziffer von 88% im Durchschnitt auf 45% im Durchschnitt[1]. Die NaCl-Ausscheidung ist dagegen nicht wesentlich verändert.

Vermutlich ist die Schädigung der Nierenfunktion an der im terminalen Stadium mehrfach festgestellten Acidose (siehe unten) beteiligt.

5. **Wachstum.** Der Einfluß der Nebenniereninsuffizienz auf das Wachstum läßt sich natürlich nur an Tieren, die die Nebenniereninsuffizienz längere Zeit überleben, untersuchen. Angeblich soll die Entfernung einer Nebenniere, bei jungen Katzen und Hunden ausgeführt, das Wachstum der Tiere verlangsamen. Aber auf der anderen Seite wird berichtet, daß das Wachstum nebennierenloser Ratten ungestört verläuft[2].

6. **Stoffwechsel.** Die Entfernung der Nebennieren hat bei Fleischfressern ein langsam zunehmendes Absinken des *Grundumsatzes* zur Folge, so daß kurz vor dem Tode eine Erniedrigung bis auf unter die Hälfte des Normalwertes eintreten kann[3]. Bei Kaninchen und Ratten[4] kann die Senkung vorübergehen oder einer Steigerung Platz machen. (Letztere soll nach Schilddrüsenentfernung ausbleiben.) Daß die Grundumsatzerniedrigung, wie angenommen worden ist, auf den Ausfall der sekretorischen Tätigkeit des Markes zu beziehen ist, muß abgelehnt werden, da die Menge des in der Ruhe abgegebenen Adrenalins sicher nicht genügt, um den Stoffwechsel meßbar zu erhöhen und da die Senkung nicht sofort nach der Nebennierenentfernung eintritt.

Die terminale starke Erniedrigung des *Blutzuckers* ist bisher nicht sicher zu erklären (s. S. 199 u. 217). Es ist noch fraglich, ob sie der Glykogenverarmung der Leber vorangeht oder folgt. Die Abnahme des Leberglykogens ist fast stets sehr ausgesprochen bei Hunden und Katzen, d. h. jenen Säugetieren, die nach der Nebennierenentfernung akut zu grunde gehen[5]. Bei Kaninchen und Ratten kann sie dagegen, wenn diese Tiere nach der Nebennierenentfernung länger überleben, vorübergehen[6].

---

[1] MARSHALL, E. K., u. D. M. DAVIS: J. of Pharmacol. **8**, 525 (1916). Siehe auch LUCAS, C. H. W.: Amer. J. Physiol. **77**, 114 (1926).

[2] LEWIS, J. T.: Amer. J. Physiol. **70**, 503 (1923) u. a.

[3] ATHANASIU, J., u. A. GRADINESCO; C. r. Acad. Sci. **149**, 413 (1909). — GRADINESCU, A. V.: Pflügers Arch. **152**, 187 (1913). — AUB, J. C., u. Mitarb.: Amer. J. Physiol. **55**, 293 (1920); **61**, 327, 349 (1922). — BORNSTEIN, A., u. H. GREMELS: Virchows Arch. **254**, 409 (1925). — BARLOW, O. W.: Amer. J. Physiol. **70**, 453 (1924).

[4] MARINE, D., u. E. J. BAUMANN: Amer. J. Physiol. **57**, 135 (1921); **59**, 353 (1922). — MASSEY, C. D.: C. r. Soc. Biol. **97**, 405 (1927). — ARTUNDO.

[5] PORGES, O.: Z. klin. Med. **69**, 341 (1910). — BORNSTEIN, A., u. Mitarb.: Biochem. Z. **132**, 139 (1922). — Z. exper. Med. **37**, 24 (1923).

[6] SCHWARZ, O.: Pflügers Arch. **134**, 259 (1910). — KAHN, R. H.: Ebenda **144**, 251, 396 (1912). — CATAN, M. A., u. Mitarb.: C. r. Soc. Biol.

Das Glykogen der quergestreiften Muskeln[1] wurde ebenfalls öfters in abnorm geringer Menge angetroffen, der Laktazidogengehalt[2] kann bei Fleischfressern bis auf $^1/_2$ des Normalwertes absinken, bei Ratten ist er vorübergehend vermindert, bei Kaninchen bleibt er normal. Der Glutathiongehalt der Muskeln nebennierenloser Ratten ist vorübergehend erhöht[3].

Der Tod nach Nebennierenentfernung ist nicht allein die Folge der Zuckerverarmung des Blutes. Wenn man die Nebennieren bei Hunden entfernt, die nach Pankreasexstirpation hyperglykämisch geworden waren, dann ist der Blutzucker zur Zeit des Todes noch hoch[4]. Durch Traubenzuckerdarreichung kann der letale Ausgang nicht verhindert, sondern nur um einige Zeit hinausgeschoben werden[5].

Sichere Anzeichen für eine Störung der *Kohlenhydratverbrennung* nach der Nebennierenentfernung fehlen noch. Die Änderung des respiratorischen Quotienten ist nicht zu verwerten, da sie sicher hauptsächlich durch die Überventilation der Lungen und durch die Acidose bedingt ist. Der Verlauf der Blutzuckerzunahme nach Zuckerdarreichung ist bei nebennierenlosen Kaninchen nicht immer ein anderer als bei normalen Tieren; bei subakutem Verlauf der Schädigung scheint der Zucker manchmal abnorm lange im Kreislauf zu bleiben. Bei Hunden soll die alimentäre Glykämie dagegen nach der Entfernung der beiden Nebennieren viel geringer sein als normaliter[6].

Nach PUTSCHKOW und KRASSNOW[7] wird durch die Entfernung der Nebennieren die *Harnstoffsynthese* gehemmt; sie glauben diese Hemmung auch an der überlebenden Leber nachweisen zu können.

Über den Einfluß des Nebennierenausfalles auf den *Fett- und Lipoidstoffwechsel* ist nicht viel Sicheres bekannt. Daß die Lipoidanalysen des Blutes keine eindeutigen Ergebnisse brachten, wird weiter unten erwähnt werden. Der Cholesteringehalt des Muskels nebennierenloser Kaninchen scheint regelmäßig abzusinken; auch in der Leber wird

---

84, 164 (1921). — ARTUNDO, A.: Ebenda 97, 411 (1927). — KISCH, B.: Klin. Wschr. 3, 1661 (1924).

[1] ARTUNDO. — HANDOVSKY, H., u. H. TAMMANN: Arch. f. exper. Path. 134, 203 (1928). — BORNSTEIN u. Mitarb. — NEUSCHLOSZ, S. M., u. Mitarb.: C. r. Soc. Biol. 97, 266 (1927).

[2] NEUSCHLOSZ u. Mitarb. — VIALE. — KISCH, B.: Klin. Wschr. 3, 1661 (1924). — HOUSSAY, B. A., u. P. MAZZOCCO: Rev. Soc. argent.Biol. 3, 491 (1927).

[3] HOUSSAY, B. A., u. P. MAZZOCCO: C. r. Soc. Biol. 97, 417, 1252 (1927).

[4] BORNSTEIN u. HOLM.

[5] BANTING, F. G., u. S. GAIRNS: Amer. J. Physiol. 77, 100 (1926). — STEWART, G. N., u. J. M. ROGOFF: Proc. Soc. exper. Biol. a. Med. 22, 394 (1925). — COREY, E. L.: Amer. J. Physiol. 79, 633 (1927). — ZWEMER, R. L.: Ebenda 658. — MARINE, D., u. E. J. BAUMANN: Ebenda 81, 86 (1927).

[6] LOEWENBERG, R. D.: Z. exper. Med. 56, 147 (1927).

[7] PUTSCHKOW, N. W., u. W. W. KRASSNOW: Pflügers Arch. 220, 44 (1927).

meist weniger Cholesterin und weniger Fett als normalerweise gefunden[1].

7. Körpertemperatur und Wärmeregulation. Übereinstimmend wird berichtet, daß bei den Säugetieren, bei denen nach der Nebennierenentfernung akute Krankheitserscheinungen auftreten, stets die Körpertemperatur stark absinkt, so daß sie einige Stunden vor dem Tode um 4—5° C unter dem Normalwert liegt. Dauernd überlebende Tiere zeigen dagegen einige Zeit nach der Entfernung wieder normale Temperaturen.

Ihrer Nebennieren beraubte Tiere zeigen eine schlechte Wärmeregulation. Daher kühlen die operierten Fleischfresser bei kühler Außentemperatur viel rascher ab, als bei normaler Zimmerwärme. Sogar bei Ratten, die die Entfernung der Nebennieren längere Zeit zuvor durchgemacht haben, ist die Neigung zu Erniedrigung der Körpertemperatur bei Unterkühlung deutlich nachweisbar[2] — so sank bei normalen Tieren die Temperatur im Durchschnitt um 2,5°, bei nebennierenlosen Tieren um 5,9°, wenn sie für eine Stunde in eine Außentemperatur von 10° gebracht wurden — und es ist die der Abkühlung sonst folgende Stoffwechselsteigerung vermindert[3].

8. Blutmenge, -konzentration und -gerinnung. In fast allen Versuchen[4], in denen man den Hämoglobingehalt des Blutes, die Zahl der roten Blutkörperchen, den Trockenrückstand, den Gesamteiweißgehalt oder die Plasmamenge bestimmte, fand man die Anzeichen einer starken Bluteindickung, die besonders bei Fleischfressern sehr hohe Grade erreichen kann. Bei nebennierenlosen Katzen macht die Plasmamenge nur 57% des Blutes aus, statt 65% bei normalen Tieren und die Trockensubstanz des Blutes steigt um 15% an.

Die Ursache dieser starken Bluteindickung ist unklar; sie scheint auch dann vorzukommen, wenn kein abnorm großer Wasserverlust durch Darm oder Nieren eintritt. Das in den Gefäßen fehlende Wasser scheint nicht in die Gewebe übergetreten zu sein, denn bei der Sektion findet man keine Anzeichen von Gewebsödem, und Bestimmungen des Wasser-

---

[1] HANDOVSKY, H., u. H. TAMMANN: Arch. f exper. Path. 134, 203 (1928).
[2] DE MARVAL, L.: Rev. Soc. argent. Biol. 2, 226 (1926). — C. r. Soc. Biol. 95, 1087 (1926).
[3] GIAJA, J., u. X. CHAHOVITCH: C. r. Acad. Sci. 181, 885 (1925). — ARTUNDO, A.: C. r. Soc. Biol. 97, 411 (1927).
[4] ATHANASIU u. GRADINESCU. — GRADINESCU, A. V.: Pflügers Arch.

gehaltes der Muskeln ergaben bei nebennierenlosen Fröschen und Hunden normale Werte[1].

BORNSTEIN nimmt an, daß die Hyperventilation die Hauptursache der Bluteindickung sei.

Im terminalen Stadium zeigt sich bei nebennierenlosen Katzen eine starke Beschleunigung der Blutgerinnung[2].

9. **Zusammensetzung des Blutes.** In zahlreichen Analysen, die von amerikanischen Untersuchern vorgenommen wurden, fand man, wie erwähnt wurde, oft als Ausdruck einer Bluteindickung eine Zunahme des Eiweißgehaltes des Blutserums. Viel stärker, als dieser Zunahme entspricht, ist häufig der Anstieg des Gesamt-N, des Rest-N und des Harnstoffes[3]. Vor dem Tode hat man bei Katzen Harnstoffwerte von über 150—200 mg% gefunden. Bei zweizeitiger Entfernung schließt sich der Anstieg erst an die 2. Operation an, die hohen Werte sind lange erreicht, ehe die Tiere einen schwer kranken Eindruck machen. Daß die Ausscheidung intravenös gegebenen Harnstoffes sehr verschlechtert ist[4], wurde oben erwähnt. Die Ursache der Retention ist die Verschlechterung der Nierenfunktion. Trotz der starken Vermehrung der Rest-N-Substanzen des Blutes kann diese Vermehrung nicht die Ursache des Todes sein. Bei Urämie ist die Vermehrung noch viel ausgesprochener. Auch die Harnsäure und das Kreatinin des Blutes[5] nehmen zu, doch weniger stark.

Es scheinen bei Katzen und Hunden nach der Nebennierenentfernung einige nahezu regelmäßige Änderungen des Kationen- und Anionengehaltes einzutreten[6]. Nach allen vorliegenden Angaben sinkt die Cl-Menge ab. Auch die Na-Mengen scheinen oft herunterzugehen, während man den K-Gehalt im Durchschnitt um 23% erhöht fand. Keine sichere Veränderung erleidet der Mg-Gehalt, während der Gehalt an Ca und anorganischem P häufig etwas ansteigt. Bei Kaninchen[7] fand man keine erhebliche Störung im Gehalt an Ca und an anorganischem P.

Der Bikarbonatgehalt des Blutes sinkt bei Katzen und Hunden

---

[1] GRADINESCU. — HARTMAN u. Mitarb.
[2] BARLOW, O. W., u. M. M. ELLIS: Amer. J. Physiol. **70**, 59 (1924).
[3] MARSHALL, E. K., u. D. M. DAVIS: J. of Pharmacol. **8**, 111, 525 (1916). — BANTING, E. G., u. S. GAIRNS: Amer. J. Physiol. **77**, 100 (1926). — LUCAS, C. H. W.: Ebenda 114. — ROGOFF, J. M., u. G. N. STEWART: Ebenda **78**, 683 (1926). — SWINGLE, W. W.: Ebenda **79**, 666, 679 (1927). — HARTMAN, F. A., u. Mitarb.: Ebenda **81**, 244 (1927).
[4] MARSHALL u. DAVIS.
[5] MARSHALL u. DAVIS. — HARTMAN u. Mitarb. — LUCAS.
[6] BANTING u. GAIRNS. — LUCAS. — SWINGLE. — HARTMAN u. Mitarb. — BAUMANN, E. J., u. S. KURLAND: J. of biol. Chem. **71**, 281 (1927). — KEITEL, K.: Biochem. Z. **175**, 86 (1926). — ROGOFF, J. M., u. G. N. STEWART: Amer. J. Physiol. **86**, 20 (1928).
[7] KISCH, B.: Klin. Wschr. **3**, 1661 (1924).

nach der Entfernung der zweiten Nebenniere stark ab[1], bei Katzen findet man statt des normalen Millimolgehaltes von 15,5—21,6 nur noch 9,7—11,7. Auch die freie Kohlensäure des Blutes sinkt ab, doch nicht in gleichem Umfang, so daß die Wasserstoffionenkonzentration etwas ansteigt. Anteil an der Senkung der freien Kohlensäure hat natürlich die oben erwähnte Atemvertiefung. Außerdem finden sich mehr Phosphate und Sulfate im Blute.

Die Acidose kann nicht nur die Folge der erwähnten Niereninsuffizienz sein, denn die Nierenentfernung macht bei Hunden eine geringere Acidose als die Nebennierenherausnahme[2].

Der erstmals von BIERRY und MALLOISEL[3] erhobene Befund, daß die Nebennierenentfernung zu einer Blutzuckerabnahme führt, ist häufig bestätigt worden. Wie wiederholt nachgewiesen wurde, tritt dieses Absinken nicht unmittelbar nach der Herausnahme der Nebennieren ein[4]. Bei der Katze beginnt der Abfall z. B. erst 10 Stunden nach der Entfernung, zu einer Zeit, in der die Muskelschwäche schon ausgesprochen vorhanden ist. Kurz vor dem Tode findet man Werte, die 50—60% unter dem Normalwert liegen.

Wegen des Lipoidreichtums der Nebennieren hat man den Einfluß der Nebennierenentfernung auf den Cholesterin- und Cholesterinestergehalt des Blutes besonders sorgfältig untersucht[5]. Die Antworten lauten im einzelnen etwas verschieden; aber der Überblick über die analytischen Ergebnisse der Arbeiten zeigt einmal, daß nach der Nebennierenentfernung weder stets eine Vermehrung noch stets eine Verminderung der Cholesterine eintritt und weiter, daß die Änderungen der Menge nie sehr ausgesprochene sind. Auf die Befunde im einzelnen einzugehen, erübrigt sich, da sie, wie gesagt, widerspruchsvoll sind.

Der Lecithingehalt soll im Blute nebennierenloser Hunde erhöht sein[6].

---

[1] BORNSTEIN, A., u. K. HOLM: Z. exper. Med. 37, 1 (1923). — SWINGLE, W. W., u. A. J. EISENMANN: Amer. J. Physiol. 79, 679 (1927). — VIALE, G.: nach Ber. Physiol. 41, 778 (1927). — SWINGLE, W. W.: Amer. J. Physiol. 86, 450 (1928). — YONKMAN, FR. T.: Ebenda 471.

[2] SWINGLE, W. W., u. Mitarb.: Proc. Soc. exper. Biol. a. Med. 25, 472 (1928).

[3] BIERRY, H., u. J. MALLOISEL: C. r. Soc. Biol. 65, 232 (1908).

[4] BARLOW, O. W.: Amer. J. Physiol. 70, 453 (1924). — SWINGLE, W. W.: Ebenda 79, 666 (1927). — STEWART, G. N.: J. of Pharmacol. 29, 373 (1926). — BANTING u. GAIRNS. — HARTMAN u. Mitarb.

[5] BAUMANN, E. J., u. O. M. HOLLY: J. of biol. Chem. 55, 457 (1923). — LUCAS, C. H. W.: Amer. J. Physiol. 77, 114 (1926). — BANTING, F. G., u. S. GAIRNS: Ebenda 100. — PALACIO: nach A. ARTUNDO: Tesis. Buenos Aires 1927. — ROGOFF. J. M., u. G. N. STEWART,: Amer. J. Physiol. 86, 25 (1928).

[6] VIALE.

Im Hinblick auf die angebliche Anwesenheit eines die parasympathischen Endapparate des Herzens erregenden Stoffes im Blute nebennierenloser Tiere ist die Feststellung von Interesse, daß der Cholingehalt des Blutes solcher Tiere nicht regelmäßig vermehrt ist[1].

10. Sektionsbefund. Ein typisches Sektionsbild findet man nur nach dem akuten oder subakuten Verlauf der Ausfallserscheinungen, die bei Fleischfressern der einzeitig oder zweizeitig ausgeführten Nebennierenexstirpation folgen.

Die wichtigeren Veränderungen, die beschrieben werden[2], sind folgende. Die Zellen der Leber sind atrophisch. Die Leber ist wie die Milz, die Niere, die Bauchspeicheldrüse, der Thymus, die Hypophyse hyperämisch. Die Nieren enthalten in der Rinde mehr Lipoide, die Epithelien zeigen degenerative Veränderungen. Im Thymus findet man Blutungen. Die Lymphdrüsen sind vergrößert. Die Magendarmschleimhaut ist sehr blutreich, oft zeigen sich in der Schleimhaut des Magens[3], aber auch des Darmes, tiefe Geschwüre. Im Zentralnervensystem hat man Zelldegenerationen der verschiedensten Art nachweisen können.

V. Nebennierentransplantationen.

Die Versuche, durch Transplantation von Nebennierengewebe die Folgen der Nebennierenentfernung zu beseitigen oder zu mildern, haben wenig Erfolg gehabt. Nach der Transplantation von Nebennieren gehen in der Regel nicht nur die Zellen des Markes, sondern auch die der Rinde bald zugrunde. Wenn wir von den Versuchen, in denen die gestielte Nebenniere nur verlagert wurde[4], absehen, so bleiben wenig Beobachtungen übrig, die für die Möglichkeit eines längeren Überlebens transplantierter arteigener Rindenzellen sprechen. Bei der Ratte wurde Nebennierengewebe unter die Rückenhaut transplantiert. Ein Teil der Rindenzellen entging der Degeneration und blieb über viele Wochen erhalten[5]. Auch bei Kaninchen können Teile des in den Hoden transplantierten Rindengewebes erhalten bleiben ($1^1/_2$—3 Jahre lang)[6]. Aber in nahezu allen

---

[1] GAUTRELET, J.: C. r. Soc. Biol. **66**, 1040 (1909). — HUNT, REID: J. of Pharmacol. **7**, 301 (1915). — PUSCHKOW, N. W., u. A. W. KIBJAKOW: Pflügers Arch. **218**, 83 (1927). — ONO, S.: nach Ber. Physiol. **46**, 247 (1928). — VIALE, G.: nach Ber. Physiol. **45**, 237 (1928).
[2] ROGOFF, J. M., u. G. N. STEWART: Amer. J. Physiol. **78**, 683 (1926). — BANTING, F. G., u. S. GAIRNS: Ebenda **77**, 100 (1926). — HARTMAN, F. A., u. Mitarb.: Ebenda **81**, 244 (1927). — VIALE, G.: nach Ber. Physiol. **41**, 778 (1927); **47**, 467 (1928).
[3] Siehe auch CIOFFI; GIBELLI; PENDE; FINZI; nach BIEDL: Innere Sekr.
[4] v. HABERER u. STOERK: Z. exper. Med. **6**, 1 (1918).
[5] POLL, H.: Arch. mikrosk. Anat. u. Entw.mechan. **54**, 440 (1899).
[6] STILLING, H.: Beitr. path. Anat. **37**, 480 (1905). — CHRISTIANI, H. u. A.: J. Physiol. et Path. gén. **4**, 837, 982 (1902).

anderen Versuchen waren die Rindenzellen der transplantierten Nebenniere schon spätestens nach wenigen Wochen völlig degeneriert[1]. Daher überlebten Hunde und Katzen, bei denen zunächst die eine Nebenniere transplantiert wurde, dann nach einem Intervall von 15—20 Tagen die andere in situ liegende Nebenniere entfernt wurde, diesen zweiten Eingriff nur 2—3 Wochen lang, immerhin länger als die zweizeitige Entfernung beider Nebennieren[2]. Bei Meerschweinchen blieben die Zellen kleiner Teile der Nebennierenrinde, unter die Bauchhaut transplantiert, viel länger funktionstüchtig; in einigen Fällen erhielten solche Transplantate das Leben über Monate nach der Entfernung der Nebennieren[3].

VI. Theorien über die Funktion der Nebennierenrinde.

Zur Zeit werden hauptsächlich noch zwei Theorien über die Funktion des Rindengewebes diskutiert: die erste Theorie weist der Rinde eine wichtige Rolle bei der Entgiftung schädlicher Stoffwechselprodukte zu; sie läßt es unentschieden, ob diese Entgiftung sich in den Nebennieren selbst oder in den Körperflüssigkeiten unter dem Einfluß eines aus dem Rindengewebe stammenden Stoffes vollzieht. Die zweite Theorie nimmt die Abgabe eines Hormones an, dessen Mangel die erwähnten, in ihrem Wesen ja noch recht wenig geklärten Funktionsstörungen zustande kommen läßt.

A. Entgiftungstheorie.

Die Entgiftungstheorie stützt sich auf der einen Seite auf Versuche, in denen man eine vermehrte Giftigkeit der Blutflüssigkeit nebennierenloser Tiere nachgewiesen zu haben glaubt, und auf der anderen Seite auf die Tatsache, daß nebennierenlose Tiere gegen viele Gifte abnorm empfindlich sind.

Nach LANGLOIS[4] soll die Einspritzung von Serum der nach Nebennierenentfernung gestorbenen Hunde in die Blutbahn nebennierenloser Hunde verkürzend auf die Überlebenszeit wirken. ERNI[5] nimmt an, daß die arbeitenden Muskeln bei Fehlen der Nebennieren giftige Stoffwechselprodukte bilden; nach ihm hat der Preßsaft der Muskeln ermüdeter nebennierenloser Ratten eine hohe Giftigkeit für

---

[1] HULTGREN u. ANDERSSON. — STREHL u. WEISS. — BUSCH, F. C., u. C. VAN BERGEN: Amer. J. Physiol. 15, 444 (1906). — BIEDL, A.: Wien. klin. Wschr. 1907, 615. — SHIOTA, H.: Pflügers Arch. 128, 431 (1909). — SUNDBERG. — BLODINGER, J., u. Mitarb.: Amer. J. Physiol. 76, 151 (1926). — ZWEMER, R. L.: Amer. J. Physiol. 79, 641 (1927) u. a.
[2] PENDE; nach BIEDL: Innere Sekretion. — Siehe auch BLODINGER u. Mitarb. — ZWEMER.
[3] JAFFE, H. L.: J. of exper. Med. 45, 587 (1927).
[4] LANGLOIS, P.: C. r. Soc. Biol. 50, 444 (1893).
[5] ERNI, M.: Z. Biol. 78, 315 (1923).

nebennierenlose — nicht für normale — Ratten. LOEWI und GETTWERT[1] wiesen nach, daß im Blute der nebennierenlosen Frösche ein die Herzfrequenz verringernder Stoff vorhanden ist, dessen Wirksamkeit durch Atropin aufgehoben wird. Die Natur dieses Stoffes ist unbekannt.

Eine Zeitlang glaubte man im Cholin das die Nebenniereninsuffizienz herbeiführende Gift sehen zu dürfen, und stützte sich bei dieser Annahme auf die Tatsache, daß in den Nebennieren reichlich Cholin enthalten ist[2].

Aber die Entfernung der Nebennieren bewirkt keinen sicheren oder gar erheblichen Anstieg des Cholins im Blute (siehe S. 200); wurde eine Zunahme gefunden, so genügte sie nicht, um die schweren Symptome zu erklären.

Die Frage, ob nach der Nebennierenentfernung giftige Stoffe im Blute auftreten, wie neuerdings wieder VIALE[3] behauptet, bedarf weiterer Bearbeitung. TRENDELENBURG und EHRISMANN[4] vermißten eine toxische Wirkung des Blutserums, das Hunden auf der Höhe der Ausfallserscheinungen entnommen worden war, in Versuchen am isolierten Froschherz und am isolierten Kaninchendarm.

Zum Nachweis der Giftüberempfindlichkeit, die nach der Nebennierenentfernung eintritt, dienten fast ausnahmslos Ratten als Versuchstiere, die die Entfernung der Nebennieren seit einiger Zeit überstanden hatten. Obwohl bei solchen Tieren wohl sicher noch akzessorisches Rindengewebe im Körper vorhanden ist, zeigen sie eine, zumal anfangs sehr ausgesprochene Überempfindlichkeit gegen viele Gifte.

BOINET[5] wies sie für Neurin und Strophanthin nach, LOEWI u. GETTWERT[6] für Cholin. Nicotin wird in der Menge von 17 mg pro Kilo gegen 27 mg pro Kilo bei normalen Tieren nicht mehr überstanden. Für Acetonitril[7] liegen die tödlichen Gaben bei 0,05 mg pro Gramm gegen 5 mg. Sehr erheblich wird auch die Empfindlichkeit gegen Histamin[8] erhöht; beim nebennierenlosen Hunde sollen 30 mal kleinere Mengen tödlich wirken. Morphin[9] ist nach SCOTT 10 mal, nach LEWIS sogar 400—500 mal giftiger. (Über weitere Gifte siehe bei LEWIS.)

---

[1] LOEWI, O., u. W. GETTWERT: Pflügers Arch. **158**, 29 (1914) (Lit).
[2] LOHMANN, A.: Pflügers Arch. **118**, 115 (1907); **128**, 142 (1909). — Z. Biol. **56**, 1 (1911).
[3] VIALE, G.: C. r. Soc. Biol. **98**, 178 (1928); Riv. Biol. **10**, 99 (1926).
[4] Noch nicht public. Versuche.
[5] BOINET, E.: C. r. Soc. Biol. **48**, 364 (1896). — Siehe auch ALBANESE, M.: Arch. ital. de Biol. **18**, 49 (1893).
[6] LOEWI, O., u. W. GETTWERT: Pflügers Arch. **158**, 29 (1914).
[7] CRIVELLARI, A.: Rev. Soc. argent. Biol. **2**, 448 (1926).
[8] CRIVELLARI. — DALE, H. H.: Brit. J. exper. Path. **1**, 103 (1920). — BURN, J. H., u. H. H. DALE: J. of Physiol. **61**, 185 (1926). — KELLAWAY, C. H., u. S. J. COWELL: Ebenda **57**, 82 (1923). — BANTING, F. G., u. S. GAIRNS: Amer. J. Physiol. **77**, 100 (1926). — SCOTT, W. J. M.: J. of exper. Med. **47**, 185 (1928).
[9] SCOTT, W. J. M.: J. of exper. Med. **38**, 543 (1923). — LEWIS, J. T.: Amer. J. Physiol. **70**, 506 (1923).

Dagegen hat die Nebennierenentfernung bei Ratten keinen Einfluß auf die schädlichen Wirkungen des Sauerstoffmangels[1]. Verminderte Resistenz nebennierenloser Ratten wurde auch gegen Bakterien oder Bakterientoxine[2] und gegen vitaminarme Ernährung[3] nachgewiesen.

Diese von so vielen Untersuchern nachgewiesene Steigerung der Empfindlichkeit nebennierenloser Tiere gegen Gifte wird von manchen mit den Lipoiden der Nebennierenrinde in Beziehung gebracht.

Die Lipoide sind als feine Granula in den Rindenzellen abgelagert. Die Granula bestehen nicht aus Neutralfetten sondern vorwiegend aus Phosphatiden, Cholesterin und Cholesterinestern. Die Gesamtlipoide machen bis 40% des Nebennierentrockengewichtes aus. Die normale menschliche Nebenniere enthält 0,1—0,15 g Cholesterinester und 0,4 g freies Cholesterin[4]. Bei Schwangerschaft und manchen Erkrankungen geht der Gehalt an diesen Stoffen sehr in die Höhe, bei anderen Erkrankungen nimmt er sehr stark ab. Cholesterindarreichung bewirkt eine Speicherung des Cholesterins in den Nebennieren.

Ob wirklich der Nebennierenrinde ein ausschlaggebender Einfluß auf den Cholesterinstoffwechsel zukommt, bleibt noch offen. Denn, wie oben erwähnt, zeigt der Cholesteringehalt des Blutes nach der Nebennierenentfernung keine gesetzmäßigen Änderungen.

Im ganzen ist also festzustellen, daß die Engiftungstheorie unsicher fundiert ist.

B. Theorie der Hormonbildung in den Rindenzellen.

a) Wirkung der Zufuhr von Nebennierenrinde auf die Ausfallserscheinungen.

Die Verfütterung von Nebennieren oder Nebennierenrinde hat keinen sicheren Einfluß auf die Lebensdauer und die Krankheitserscheinungen nebennierenloser Tiere. Das Wachstum mit Rindengewebe gefütterter Ratten soll etwas gefördert werden, die Hoden sollen hypertrophieren[5]. Etwas günstiger lauten die Berichte über den Einfluß der parenteralen Zufuhr von Rindenauszügen. Die Mehrzahl der Untersucher gibt an, daß die Nebennierenauszüge die Überlebensdauer nebennierenloser Fleischfresser mehr oder weniger deutlich vergrößert[6]. Adrenalin soll nach GRADINESCU ebenfalls günstig wirken, nach HARTMAN[7] dagegen nicht.

---

[1] MARTI, H.: Z. Biol. **77**, 181 (1922).
[2] MARIE, A., u. V. MORAX: C. r. Soc. Biol. **77**, 699 (1914). — BELDING, D. L., u. F. C. WYMAN: Amer. J. Physiol. **78**, 50 (1926). — GOTTESMAN, J. u. J.: Proc. Soc. exper. Biol. a. Med. **24**, 45 (1926). — LEWIS u. a.
[3] ESTRADA, O. P.: Rev. Soc. argent. Biol. **3**, 347 (1927).
[4] WACKER, L., u. W. HUECK: Arch. f. exper. Path. **71**, 373 (1913); **74**, 416, 450 (1913).
[5] MCKINLEY, E. B., u. N. F. FISHER: Amer. J. Physiol. **76**, 268 (1926).
[6] HULTGREN u. ANDERSSON. — STREHL u. WEISS. — BIEDL. — GRADINESCU u. a.
[7] HARTMAN, F. A.: Proc. Soc. exper. Biol. a. Med. **23**, 467 (1926).

Bei derartigen Versuchen mit parenteraler Zufuhr von Rindenauszügen ist zu beachten, daß das injizierte Flüssigkeitsquantum klein gehalten wird. Denn größere Mengen von Kochsalzlösung oder Ringerlösung wirken sowohl nach subcutaner wie oraler Zufuhr lebensverlängernd[1], offenbar durch Anregung der Nierentätigkeit.

In neueren, auf großen Versuchsreihen aufgebauten Untersuchungen[2] ergab sich eine recht eindeutige Verlängerung der Überlebenszeit bei wiederholten Injektionen von Rindenauszügen. MARINE und BAUMANN erhielten bei derartigen Einspritzungen eine Überlebenszeit von durchschnittlich 11,9 Tagen gegen 5,3 Tage bei den Kontrolltieren, und HARTMAN u. Mitarbeiter konnten die Überlebenszeit von Katzen durch fortgesetzte Einspritzungen gereinigter Auszüge (siehe unten) bei 12 Tieren auf 11—60 Tage,

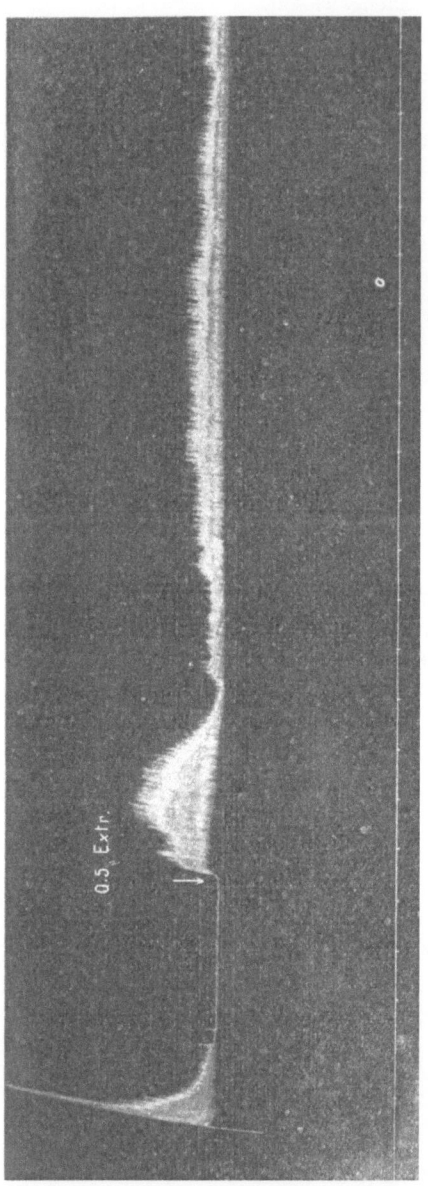

Abb. 38. Ermüdungskurve des Gastrocnemius eines Meerschweinchens 7 Stunden nach Nebennierenentfernung. Injektion von 0,5 ccm mit n/10 HCl bereiteten Auszuges aus Nebennerenrinde. (Nach Kuhl.)

[1] BANTING, F. G., u. S. GAIRNS: Amer. J. Physiol. **77**, 100 (1926). — COREY, E. L.: Ebenda **79**, 633 (1927). — MARINE, D., u. E. J. BAUMANN: Ebenda **81**, 86 (1927). — ROGOFF, J. M., u. G. N. STEWART: Ebenda **84**, 649 (1928).

[2] BANTING u. GAIRNS.— MARINE u. BAUMANN.— ROGOFF, J. M., u. G. N. STEWART: Amer. J. Physiol. **84**, 649 (1928). — HARTMAN, F. A., u. Mitarb.: Amer. J. Physiol. **86**, 353, 360 (1928). — GOLDZIEHER, M.: Klin. Wschr. **7**, 1124 (1928).

im Durchschnitt auf $25^{1}/_{2}$ Tage steigern. Die Insuffizienzerscheinungen kamen viel allmählicher als bei den unbehandelten Tieren, aber ein dauerndes Überleben wurde nie beobachtet.

An nebennierenlosen Meerschweinchen zeigte KÜHL[1], daß die intravenöse Einspritzung von Rindenauszügen die Tätigkeit des bei direkten Reizungen ermüdeten Skelettmuskels für einige Zeit wiederbringen kann (Abb. 38), gleichzeitig schwindet für längere Zeit die Hyperpnoe.

Auch bei nebennierenlosen Fröschen[2] und Selachiern[3] soll die Muskeltätigkeit nach der Einspritzung von Rindenauszügen verbessert werden.

Hiernach scheint also die Nebennierenrinde ein die Muskelleistungsfähigkeit aufrecht erhaltendes Hormon zu enthalten.

Rindenauszüge sollen auch die früher erwähnte Hemmung der Harnstoffsynthese bei nebennierenlosen Hunden beseitigen können[4] und bei Beri-Beri-kranken Tauben die Hypertrophie der Nebennieren und die Vermehrung des Blutcholesterins verhindern können[5]. Nach ISCOVESCO[6] bewirkt die Einspritzung der Rindenlipoide bei Kaninchen eine starke Hypertrophie der Nebennieren; das Wachstum des Haarkleides wird begünstigt.

b) **Wirkung der Nebennierenrinde bei niederen Organismen.**

Die Verfütterung von Nebennierenrinde hemmt das Wachstum von Kaulquappen[7]. Dagegen beobachtete ADLER[8] nach der Verfütterung von Rindenadenomgewebe bei männlichen Kaulquappen eine Metamorphosebeschleunigung und hochgradige Wachstumsförderung sowie eine Förderung der Hodenentwicklung. Das Wachstum der Raupen wurde durch Rindenfütterung gehemmt[9], während an Daphnien, Wasserschnecken, Hefe und Bacillus subtilis eine starke Wachstumsförderung beobachtet wurde.

c) **Versuche zur Isolierung eines Rindenhormones.**

Nach HARTMAN und nach KÜHL haben die alkoholischen Auszüge aus der Nebennierenrinde eine unsichere oder gar keine Wirkung auf die Überlebenszeit bzw. die Muskelermüdung nebennierenloser Tiere. Wirksam sind nach ihnen und anderen dagegen wäßrige oder mit HCl bereitete Auszüge.

HARTMAN und Mitarbeiter[10] suchten den Auszug zu reinigen. Sie

---

[1] KÜHL, G.: Pflügers Arch. **215**, 277 (1927).
[2] MIRA, F. DE: C. r. Soc. Biol. **94**, 911 (1926).
[3] KISCH, B.: Pflügers Arch. **219**, 426 (1928).
[4] PUTSCHKOW, N. W., u. W. W. KRASSNOW: Pflügers Arch. **220**, 44 (1927).
[5] SCHMITZ, E., u. M. REISS: Biochem. Z. **183**, 328 (1927).
[6] ISCOVESCO, H.: C. r. Soc. Biol. **75**, 510 (1913).
[7] ABDERHALDEN, E.: Pflügers Arch. **176**, 236 (1919). — Siehe auch GUDERNATSCH, J. F.: Arch. Entw.mechan. **35**, 457 (1913).
[8] ADLER, L.: Verh. dtsch. Ges. inn. Med. **34**, 405 (1922).
[9] HERWERDEN, M. A. VAN: Arch. Entw.mechan. **109**, 449 (1927). — REINHARD, A. W.: Pflügers Arch. **204**, 760 (1924).
[10] HARTMAN, F. A., u. Mitarb.: Amer. J. Physiol. **86**, 353, 360 (1928).

bereiteten ihn mit essigsaurem oder salzsaurem Wasser, zerstörten das Adrenalin durch Oxydation oder entfernten es durch Adsorption bzw. Dialyse und fällten mit Kochsalz aus. Der Kochsalzniederschlag bewirkte eine, wie es scheint, einwandfreie Verlängerung des Lebens nebennierenloser Katzen, wenn zweimal täglich eine Einspritzung der wässrigen Lösung des Niederschlages (einer bis 10 g Rinde entsprechenden Menge) gemacht wurde. Sie schlagen für ihr aussalzbares Hormon den Namen Cortin vor.

GOLDZIEHERS Versuche der Darstellung[1] der wirksamen Substanz lehnen sich an die Insulindarstellung an: Extraktion mit verdünnter Salzsäure, Ausfällung mit Kochsalz. Der Niederschlag wird in 70% Alkohol gelöst, mit Amylalkohol gefällt. Der Niederschlag wird erneut mit 80% Alkohol gelöst.

Die Belege über die Wirksamkeit des GOLDZIEHERschen Präparates, dem er den Namen Interrenin gibt, sind etwas dürftig: er gibt an, das Leben nebennierenloser Ratten verlängert zu haben, aber Ratten sind, wie erwähnt, keine geeigneten Versuchstiere, da sie die Nebennierenentfernung auch ohne Injektionen sehr oft dauernd überleben.

Die Rinde ist nach vielen Feststellungen frei von Adrenalin, wenn sie sofort nach dem Tode vom Marke abgetrennt wird. Ist Mark und Rinde im Zusammenhang belassen, so diffundiert sehr bald Adrenalin in die Rinde hinein.

VII. Wechselbeziehungen zwischen Nebennierenrinde und anderen innersekretorischen Organen.

a) Keimdrüsen.

Wie auf S. 52 und S. 82 näher ausgeführt wurde, hypertrophiert die Nebennierenrinde häufig, aber nicht regelmäßig nach der Entfernung der Keimdrüsen und bei der Schwangerschaft; die Ausbildung der Rinde zeigt mit den Zyklen der geschlechtlichen Tätigkeit parallel gehende Änderungen. Die Masse des Rindengewebes ist bei weiblichen Ratten größer als bei männlichen. Eine Deutung dieser Befunde ist zur Zeit noch nicht möglich.

Die Nebennierenentfernung wird, wie ebenfalls oben erwähnt wurde, von schwangeren Hündinnen relativ lang überstanden, sei es, daß das Rindengewebe der Föten aushelfend eintreten kann, sei es, daß das Corpus luteum oder die Placenta die Funktionen der Rinde zum Teil übernehmen kann. Hierüber ist nichts Sicheres bekannt. Brunstzyklen und Schwangerschaft sind nach der Nebennierenentfernung häufig, aber nicht stets gestört.

---

[1] GOLDZIEHER, M.: Klin. Wschr. 7, 1124 (1928).

b) Hypophyse.

Nähere Angaben über die Beziehungen der Nebenniere zur Hypophyse und von der Hypophyse zu der Nebenniere finden sich S. 176. Hier sei nur kurz das Wichtigste zusammengefaßt. Bei Froschlarven bleibt nach Vorderlappenentfernung die Nebennierenrinde unterentwickelt. Die Zufuhr geeignet bereiteter Vorderlappenextrakte kann diese Störung im Aufbau ausgleichen.

c) Inselzellen des Pankreas.

Die abnorme Empfindlichkeit nebennierenloser Tiere gegen Insulin wird weiter unten abgehandelt (S. 339) und es wird zu zeigen sein, daß diese Überempfindlichkeit mindestens zum Teil auf den Fortfall des Markes zu beziehen ist. Beim normalen Tier bewirkt Insulin eine starke Adrenalinausschüttung; Adrenalin ist ein wirksamer Antagonist des Insulins.

Zweifellos hat auch die Nebennierenrinde Beziehungen zum Insulin. Denn nach der Insulinvergiftung findet man auch in den Zellen der Rinde Veränderungen; die Zellen sind viel lipoidärmer oder lipoidfrei[1]. Dieser Lipoidschwund fehlt, wenn vor der Insulineinspritzung die Nervi Splanchnici durchtrennt worden sind. Bald nach der Insulinvergiftung sind die Rindenzellen wieder lipoidhaltig.

Das Fehlen der Nebennieren verhindert bei Hunden nicht das Einsetzen eines Diabetes nach Pankreasentfernung[2].

d) Schilddrüse.

Die Verfütterung von Schilddrüsenpulver begünstigt bei Ratten[3], Meerschweinchen[4] und Kaninchen[5] die Ausbildung der Nebennieren. Das Gewicht wurde z. B. in einer Serie von Ratten durch Schilddrüsenfütterung vom Durchschnittswert 15,1 mg auf den Durchschnittswert 26,9 mg erhöht. Die Hypertrophie betrifft weniger das Mark als die Rinde.

Über den Einfluß der Thyreoidektomie auf die Nebennierengröße und auf die Ausbildung der Rinde gehen die Angaben auseinander[6]; es scheint vorwiegend zu degenerativen Veränderungen zu kommen.

---

[1] POLL, H.: Med. Klin. **21**, 1717 (1925). — HOFMANN, E.: Krkh.forschg **2** 295 (1926). — KAHN, R. H., u. F. T. MÜNZER: Pflügers Arch. **217**, 521 (1927).
[2] HOUSSAY, B. A., u. J. T. LEWIS: Amer. J. Physiol. **70**, 512 (1923).
[3] HERRING, P. T.: Quart. J. exper. Physiol. **11**, 47, 231 (1917). — Siehe auch PIGHINI, G.: nach Ber. Physiol. **38**, 719 (1927). — HOSKINS, E. R.: J. of exper. Zool. **21**, 295 (1916).
[4] HOSKINS, R. G.: J. amer. med. Assoc. **55**, 1724 (1910).
[5] SQUIER, T. L., u. G. P. GRABFIELD: Endocrin. **6**, 85 (1922).
[6] HERRING, P. T.: Quart. J. exper. Physiol. **9**, 391 (1916). — CARLSON: J. amer. med. Assoc. **67**, 1484 (1916). — GLEY, A.: Arch. internat. Physiol. **14**, 175 (1914).

Zuvor ausgeführte Schilddrüsenentfernung ist auf die Überlebenszeit der ihrer Nebennieren beraubten Fleischfresser ohne Einfluß[1]. Sie verhindert nicht die der Nebennierenentfernung folgende Stoffwechselsenkung bei Ratten[2]. Thyreoideafütterung scheint die Nebennierenausfallserscheinungen zu verstärken[3].

e) Nebennierenmark.

Die nahen örtlichen Beziehungen des Rindengewebes zu der Hauptmasse der chromaffinen Zellen, dem Nebennierenmark, haben immer wieder zur Aufstellung neuer Hypothesen über angebliche Wechselbeziehungen zwischen Rinde und Mark geführt. Alle diese Hypothesen sind so schlecht durch experimentelle oder klinische Beobachtungen gestützt, daß ihnen keine Bedeutung zugemessen werden kann. Besonders ist zu betonen, daß kein Anhalt dafür vorliegt, daß die Zellen der Rinde irgendeinen Anteil an der Bildung des Adrenalins oder der unbekannten Vorstufen desselben haben. Derartige Wechselbeziehungen sind schon deshalb sehr unwahrscheinlich, weil nur bei den höheren Wirbeltieren Mark und Rinde zu einem einheitlich erscheinenden Organ verbunden sind. (Welche Bedeutung diese Verbindung hat, ist vollkommen unbekannt.) Auch ist nicht im mindesten bewiesen, daß das antagonistische Verhalten der Rindenauszüge und des Markhormones auf den Blutdruck — dieser wird durch die Rindenauszüge wie durch die Auszüge so vieler Gewebe gesenkt —, irgendeine physiologische Bedeutung hat. Denn es ist nicht bewiesen oder auch nur wahrscheinlich, daß die Zellen der Rinde einen blutdrucksenkenden Stoff in die Blutbahn abgeben, z. B. Cholin.

Daß die Entfernung der Nebennieren die Adrenalinempfindlichkeit der sympathischen Endapparate des Kreislaufes nicht verändert, also die Adrenalinblutdruckwirkung unbeeinflußt läßt, wurde oben (S. 194) erwähnt. Auch die blutzuckererhöhende Adrenalinwirkung ist nach der Nebennierenentfernung bei Kaninchen unvermindert erhalten[4].

f) Thymus.

Die Nebennierenentfernung verzögert bei Kaninchen die Thymusinvolution[5].

VIII. Exogene Schädigungen der Rindenzellen.

Nach wiederholten Beobachtungen findet sich bei Vögeln und Säugetieren, die eine an Vitamin B arme Nahrung erhielten, eine Hypertrophie

---

[1] MARINE, D., u. E. D. BAUMANN: Amer. J. Physiol. **81**, 86 (1927). — Siehe dagegen ZWEMER, R. L.: Ebenda **79**, 658 (1927).
[2] MASSEY, C. D.: C. r. Soc. Biol. **97**, 405 (1927).   [3] ZWEMER.
[4] POLL, H.: Med. Klin. **21**, 1717 (1925). — HOFMANN, E.: Krkh.forschg **2**, 295 (1926).
[5] MARINE, D.: Arch. of Path. **1**, 175 (1926).

der Nebennieren auf das 2—3fache Gewicht[1]. An dieser Hypertrophie ist in erster Linie die Rinde beteiligt. Diese Hypertrophie und die mit ihr einhergehende Vermehrung der Blutcholesterinwerte soll, wie erwähnt, durch Einspritzung von Auszügen aus der gesamten Nebenniere zu verhindern sein, während Adrenalineinspritzungen diese Wirkung nicht haben. Ob diese Hypertrophie der Rinde mit einer Änderung ihrer innersekretorischen Leistung einhergeht, ist unbekannt.

Schwere degenerative Veränderungen der Rindenstruktur finden sich nach zahlreichen Vergiftungen[2], so nach Hg und As und nach vielen Infektionskrankheiten[3]. Wiederum ist unbekannt, ob diese Veränderungen die innere Sekretion der Rindenzellen hemmen.

Während einer Urämie nimmt das Feucht- und Trockengewicht der Nebennieren der Ratten stark zu; besonders die Rinde hypertrophiert. Ihre Zellen sind lipoidarm[4].

IX. Geschichtliche Bemerkungen über die Erforschung der Wirkungen des Nebennierenmarkes und sonstigen adrenalinbildenden Gewebes.

Schon lange bevor die pharmakologischen Wirkungen der Nebennierenauszüge entdeckt worden waren, hatte man beobachtet, daß das Nebennierenmark einen Stoff von hoher chemischer Reaktionsfähigkeit enthält. VULPIAN[5] beschrieb 1856 die Grünfärbung des Nebennierenmarkes bei Benetzen mit verdünnter Eisenchloridlösung und HENLE[6] entdeckte 9 Jahre danach, daß die Zellen des Nebennierenmarkes in Lösungen von Kaliumbichromat eine dunkelbraune Farbe annehmen. Diese Bichromatreaktion wird, wie besonders KOHN[7] nachwies, auch mit einigen anderen Geweben, z. B. dem Ganglion paraorticum oder der Carotisdrüse erhalten; deshalb faßte KOHN alle Zellen, die diese Reaktion geben, unter dem Sammelbegriff chromaffines System zusammen.

Daß die Auszüge des Nebennierenmarkes von hoher pharmakologischer Wirksamkeit sind, wiesen unabhängig voneinander OLIVER und

---

[1] Siehe bei SOUBA, A. J.: Amer. J. Physiol. 70, 181 (1923). — VERZÁR, F., u. Mitarb.: Pflügers Arch. 206, 659, 666 (1924). — SCHMITZ, E., u. Mitarb.: Biochem. Z. 183, 328 (1927); 195, 428 (1928).
[2] Lit. bei GRANZOW, J.: Z. exper. Med. 49, 487 (1926).
[3] Lit. bei BAYER, O.: Handb. inn. Sekr. 2, 488 (1927).
[4] PFEIFFER, H.: Z. exper. Med. 10, 1 (1919). — MAC KAY, E. M. u. L. L.: J. exper. Med. 46, 429 (1927).
[5] VULPIAN, A.: C. r. Acad. Sci. 43, 663 (1856).
[6] HENLE, J.: Z. rat. Med., III. Reihe, 24, 143 (1865).
[7] KOHN, A.: Arch. mikrosk. Anat. 56, 81 (1900).

Schäfer[1] 1894 sowie Cybulski und Szymonowicz[2] 1896 nach, als sie zum ersten Male intravenöse Einspritzungen dieser Auszüge vornahmen. Bald danach erkannten Lewandowsky[3] und Langley[4], daß der wirksame Stoff des Nebennierenmarkes gleiche Funktionsänderungen herbeiführt wie die Reizung der sympathischen Nervenfasern. Diese Identität von Adrenalin- und Sympathikuswirkung fand in der Folgezeit immer wieder ihre Bestätigung; nur sehr wenige und meist noch umstrittene Abweichungen sind nachgewiesen worden.

Die Darstellung des wirksamen Stoffes des Nebennierenmarkes wurde durch die leichte Nachweisbarkeit mit Hilfe der Eisenchloridreaktion sehr erleichtert. Nachdem schon Abel[5] der Reindarstellung sehr nahe gekommen war — sein Epinephrin war der Benzoylester des Adrenalins — gelangten 1901 Aldrich[6] und Takamine[7] unabhängig voneinander ans Ziel. Sie isolierten die mit Eisenchlorid sich grünfärbende, die pharmakologischen Wirkungen entfaltende Substanz, das Adrenalin, in krystallinischer Form.

Schon 5 Jahre später wurde die Konstitution durch Friedmann[8] endgültig sicher gestellt, nachdem ein Jahr zuvor die Synthese von Stolz[9] und von Dakin[10] durchgeführt worden war.

Das Adrenalin ist der Träger aller wichtigen Wirkungen des Nebennierenmarkes. Seine Pharmakologie ist im wesentlichen abgeschlossen. Gleiches wird vermutlich bald auch für die Frage gelten, welche Bedeutung der Adrenalinabgabe in das Blut zukommt.

Schon vor der Entdeckung der pharmakologischen Wirkungen der Nebennierenauszüge wies man im Nebennierenvenenblute Körnchen nach, die die erwähnten Farbreaktionen des Nebennierenmarkes gaben. Der einwandfreie Nachweis der Adrenalinabgabe in das aus den Nebennieren abströmende Blut glückte zuerst Cybulski. Inzwischen hat man mit den verschiedensten Methoden den Beweis für einen Übertritt von Adrenalin in das Blut erbracht und die verschiedenen Bedingungen, unter denen die Sekretion vermehrt oder vermindert wird, so vollkommen untersucht, daß wir uns nunmehr nach manchen Schwankungen der

---

[1] Oliver, G., u. E. A. Schäfer: J. of Physiol. 16, I (1894); 17, IX (1895); 18, 230 (1895).
[2] Cybulski bei L. Szymonowicz: Pflügers Arch. 64, 97 (1896).
[3] Lewandowsky, M.: Zbl. Physiol. 12, 599 (1898); 14, 433 (1901); Arch. f. Physiol. 1899, 360.
[4] Langley, J. N.: J. of Physiol. 27, 237 (1901—02).
[5] Lit. bei Abel, J. J., u. D. J. Macht: J. of Pharmacol. 3, 319 (1911—12).
[6] Aldrich, T. B.: Amer. J. Physiol. 5, 457 (1901); 7, 359 (1902).
[7] Takamine, J.: J. of Physiol. 27, XXIX (1901—02).
[8] Friedmann, E.: Beitr. chem. Phys. Path. 8, 95 (1906).
[9] Stolz, F.: Ber. dtsch. chem. Ges. 37, 4149 (1905).
[10] Dakin, H. D.: J. of Physiol. 32, XXXIV (1905).

Ansichten ein von der Wahrheit kaum allzuweit entferntes Bild über die hormonale Bedeutung des chromaffinen Gewebes zu machen in der Lage sind.

X. Anatomie und Histologie des chromaffinen Gewebes, Entwicklungsgeschichte, vergleichende Anatomie[1].

Das chromaffine Gewebe bildet sich beim Embryo aus den sympathischen Bildungszellen; ein Teil der letzteren entwickelt sich zu sympathischen Ganglienzellen, andere sympathische Bildungszellen wandeln sich während der Embryonalzeit in chromaffine Zellen um. Zunächst reicht beim Säugetier das chromaffine Gewebe von der Hals- bis zur Kreuzbeingegend; es liegt neben den sympathischen Geflechten längs der Aorta. Kurz vor der Geburt lagert es sich zu umschriebenen Haufen zusammen; die Hauptmenge liegt nun im ZUCKERKANDLschen Organ (= Paraganglion aorticum), während das Nebennierenmark noch verhältnismäßig arm an chromaffiner Substanz ist. Später verschiebt sich das Verhältnis der im ZUCKERKANDLschen Organ bzw. im Mark der Nebenniere eingeschlossenen chromaffinen Substanz zugunsten des Markes.

DANISCH[2] wies mit chemischer Farbreaktion im ZUCKERKANDLschen Organ des 8 Monate alten Fötus doppelt soviel Adrenalin nach als in beiden Nebennieren und nach ELLIOTT[3] enthält beim neugeborenen Menschen das Paraganglion aorticum sogar 24 mal mehr Adrenalin als das etwa 25 mal schwerere Gewebe der beiden Nebennieren, während das sich zurückbildende Paraganglion aorticum des Erwachsenen frei von Adrenalin ist. Bei manchen Säugetieren behält das Paraganglion aorticum auch im postembryonalen Leben einen gewissen Adrenalinvorrat; beim Hunde enthält es nach KAHN[4] $^1/_{12}$—$^1/_{30}$ des im Mark beider Nebennieren vorhandenen Adrenalinvorrats.

Die adrenalinhaltigen Zellen des Nebennierenmarkes sind von polygonaler Gestalt und zwischen Fasern des Bindegewebes zu unregelmäßigen Balken angeordnet. Sie berühren die zahlreichen Venensinus, in denen sich das aus den Arterien einströmende Blut sammelt, um in der von einer kräftigen Ringmuskelschicht umgebenen Zentralvene abzufließen.

Die Nebennieren sind reichlich durchblutet; HOUSSAY und MOLINELLI[5] erhielten bei 5 Hunden von 14,5—32 kg aus der Zentralvene einer Nebenniere 4,5—10,4 ccm Blut in der Minute, oder durchschnitt-

---

[1] Näheres siehe bei KOHN, A., in WAGNER und JAUREGG: Lehrb. Organother. 1914; BIEDL, A.: Inn. Sekr., III. Aufl., I (1916).
[2] DANISCH: Zbl. Path. 37, Erg. H. S. 222 (1926).
[3] ELLIOTT, T. R.: J. of Physiol. 46, XV (1913).
[4] KAHN, R. H.: Pflügers Arch. 147, 445 (1912).
[5] HOUSSAY, B. A., u. A. E. MOLINELLI: Rev. Soc. argent. Biol. 2, 116 (1926).

lich 0,35 ccm pro Minute und Kilo. Nach NEUMANN[1] fließen 6—7 ccm pro Gramm Nebenniere in der Minute, d. h. mehr als durch irgendein anderes Gewebe. Zahlreiche Nachuntersucher[2] fanden meist etwas geringere Durchblutungswerte.

Drei Arterien treten durch die Kapsel in die Nebenniere ein, von denen die eine vorwiegend das Mark versorgt. Einige feine Arterien durchziehen die Rinde, ohne in diese Äste abzugeben; ihre Kapillaren münden in die Venensinus des Markes. Die Zentralvene der rechten Nebenniere tritt meist unmittelbar in die untere Hohlvene ein, auf der linken Seite zieht sie meist zur linken Nierenvene.

Unter bestimmten Bedingungen scheint das Nebennierenvenenblut durch die Rindenkapillaren in das Pfortadersystem gelangen zu können[3]. Nach COW[4] soll bei der Katze ein Teil des das Mark durchströmenden Blutes durch feine Gefäße in die Nieren eintreten. Beim Hunde kommen derartige venöse Verbindungen zwischen Nebennierenmark und Nieren nur sehr selten vor[5].

Geringe Mengen chromaffiner Substanz kommen auch in manchen sympathischen Ganglienzellen der Säugetiere vor[6], so in dem Ganglion cervicale uteri. Die Frage, ob Auszüge aus den sympathischen Ganglienzellen bei der pharmakologischen Prüfung adrenalinartige Wirkungen zeigen, wird verschieden beantwortet. Neuerdings erhielt GUTOWSKI[7] im Gegensatz zu einigen früheren Untersuchern[8] positive Ergebnisse.

Aus dem Sympathikus entwickelt sich des weiteren die zwischen der äußeren und inneren Carotis dicht oberhalb der Teilungsstelle gelagerte Carotisdrüse. Ihre Zellen können ebenfalls chromaffine Einschlüsse, vermutlich also Adrenalin enthalten, doch ist die Reaktion meist nur schwach, nicht selten fehlt sie sogar ganz auch in solchen Fällen, in denen das Nebennierenmark und andere Paraganglien eine positive Reaktion zeigen[9].

Bei den Vögeln und den Monotremen sind die Zellen des Markes nicht

---

[1] NEUMANN, K. O.: J. of Physiol. 45, 188 (1912).
[2] Z. B. BURTON-OPITZ, R., u. D. J. EDWARDS: Amer. J. Physiol. 43, 408 (1917). — STEWART, G. N., u. J. M. ROGOFF: zahlr. Arb. in J. of Pharmacol. 8 (1916)ff.
[3] KUTSCHERA-AICHBERGEN, H.: Frankf. Z. Path. 27, 21 (1922). — GLEY, E., u. A. QUINQUAUD: J. Physiol. et Path. gén. 19, 504 (1921).
[4] Cow, W.: J. of Physiol. 48, 443 (1914).
[5] GLEY, E., u. A. QUINQUAUD: J. Physiol. et Path. gén. 19, 504 (1921).
[6] KOHN, A.: Arch. mikrosk. Anat. 56, 81 (1900). — VINCENT, S.: Proc. roy. Soc. Lond. B. 82, 502 (1910). — BLOTEVOGEL, M., M. DOHRN u. H. POLL: Med. Klin. 1926, Nr 35.
[7] GUTOWSKI, R.: C. r. Soc. Biol. 90, 1469 (1924).
[8] FALTA, M. E., u. J. J. R. MACLEOD: Amer. J. Physiol. 40, 21 (1916).
[9] MÖNCKEBERG, J. G.: Beitr. path. Anat. 38, 1 (1905).—LANZILLOTTA, R.: Arch. di Fisiol. 11, 447 (1913). — FRUGONI, C.: Arch. ital. de Biol. 59, 208 (1913); u. a.

wie bei den höheren Säugetieren von den Zellen des Rindengewebes umschlossen, sondern beide Zellarten sind ineinander verflochten. Die gleiche Anordnung findet sich bei einigen Reptilien (z. B. bei der Schildkröte), während bei andern Reptilien (z. B. bei den Schlangen und Eidechsen) das Markgewebe der dorsalen Fläche des Rindengewebes aufgelagert ist und in das Rindengewebe kaum hineinwuchert.

Bei den Amphibien liegen mit Chromaten sich bräunende Zellen nicht nur den Zellen des Rindengewebes angelagert, sondern sie sind auch sonst längs der sympathischen Nerven nachweisbar und die sympathischen Zellen enthalten viele chromaffine Einlagerungen. Zweifellos ist die in den Nebennieren der Frösche enthaltene chromaffine Substanz mit Adrenalin identisch[1].

Aus den Hautschleimdrüsen einer exotischen Kröte (Bufo agua) konnten ABEL und MACHT[2] etwa 5% l-Adrenalin darstellen. Auch das giftige Hautsekret chinesischer Kröten scheint Adrenalin zu enthalten[3]. Das trockene Sekret von Bufo mauritanus enthält etwa 10% Adrenalin[4]. Das Sekret einheimischer Kröten ist dagegen adrenalinfrei.

Auszüge aus dem chromaffinen Zellsystem der Fische, das in zahlreiche kleine chromaffine Körperchen verteilt ist, die bei den Elasmobranchiern jeweils dicht neben den sympathischen Ganglien und von der Rinde vollkommen getrennt liegen, zeigen die typischen pharmakologischen Wirkungen des Adrenalins[5]; ein Petromyzon fluviatilis enthält etwa 0,01 mg Adrenalin.

Unter den Wirbeltieren ist nur der Amphioxus frei von chromaffinem Gewebe.

Im Gegensatz zu den anderen Produkten der inneren Sekretion wird das Adrenalin auch von wirbellosen Tieren[6] gebildet. In reinem Zustande ist es zwar bisher nur aus dem Nebennierenmark der Säugetiere und dem Drüsensekret von Bufo agua gewonnen worden, aber histologische Befunde und pharmakologische Versuchsergebnisse machen das Vorkommen von Adrenalin bei vielen Anneliden, und zwar bei denen, die eine muskelhaltige Gefäßwand besitzen, z. B. bei den Hirudineen sehr wahrscheinlich. Im Ganglion des Zentralnervensystems liegen je 6 chromaffine Zellen.

---

[1] BIEDL, A.: Wien. klin. Wschr. 1896, 157. — VELICH, A.: Wien. allg. med. Z. 1897, 301. — LANGLOIS, P.: C. r. Soc. Biol. 49, 184 (1897).

[2] ABEL, J. J., u. C. J. MACHT: J. of Pharmacol. 3, 319 (1911—12). — Siehe auch NOVARO, C. r. Soc. Biol 87, 824 (1922); 88, 371 (1923).

[3] SHIMIDZU, S.: J. of Pharmacol. 8, 347 (1916).

[4] GESSNER, O.: Habil. Schr. Marburg 1926.

[5] VINCENT, S.: J. of Physiol. 21, XXI (1898). — Proc. roy. Soc. Lond. 61, 64 (1897); 62, 176 (1898). — BIEDL, A., u. J. WIESEL: Pflügers Arch. 91, 434 (1902). — GASKELL, J. F.: J. of Physiol. 44, 59 (1912). — J. gen. Physiol. 1, 74 (1920). — LUTZ, B. R., u. L. C. WYMAN: J. of exper. Zool. 47, 295 (1927).

[6] POLL, H.: Berl. klin. Wschr. 46, 648, 1886, 1973 (1909). — Sitzgsber. preuß. Akad. Wiss., Physik.-math. Kl. 33, 889 (1909). — Ders. u. A. SOMMER: Arch. f. Physiol. 1903, 549. — GASKELL, J. F.: Phil. Trans. roy. Soc. Lond. B. 205, 153 (1914). — J. gen. Physiol. 1, 74 (1920). — BIEDL, A.: Inn. Sekr., 3. Aufl., II, 319.

Schließlich hat man auch bei einigen Mollusken (so im Mantel von Purpura lapillus), in der Purpurdrüse von Murexarten chromaffines Gewebe nachgewiesen; pharmakologische Versuchsergebnisse weisen darauf hin, daß es vielleicht Adrenalin enthält[1].

XI. Innervation des Nebennierenmarkes.

Von den vielen sympathischen Nervenfasern, die von den Nervisplanchnici majores durch den Plexus suprarenalis in die Nebennieren der Säugetiere eintreten, gelangen Fasern auch an die Zellen des Nebennierenmarkes. Diese Fasern degenerieren nach der Splanchnicusdurchtrennung bis zu ihren Enden an den Markzellen. Es sind also die die Zellen des Markes innervierenden Fasern *prä*ganglionäre Fasern. Postganglionäre sympathische Fasern scheinen im Marke zu fehlen, da die Markzellen Homologa der sympathischen Ganglienzellen sind[2]. Im Mark sind viele Ganglienzellen vorhanden, doch treten sie nicht in Beziehung zu den Markzellen. Die Fasern des Nervus splanchnicus einer Seite innervieren stets nur die gleichseitige Nebenniere[3].

Über die Wirkung einer Reizung der in die Nebennieren einziehenden sympathischen Nerven auf die Adrenalinabgabe und über die Zentren dieser Nerven wird weiter unten (S. 314) Näheres berichtet werden.

XII. Erkrankungen des Menschen mit Veränderungen am chromaffinen System.

Wie oben ausgeführt wurde (S. 190) tritt der Tod bei der zum Morbus ADDISON führenden Zerstörung der Nebennieren sicher als Folge des Ausfalles der Nebennieren*rinde* ein. Mit einiger Wahrscheinlichkeit kann jedoch eine der diagnostisch wichtigen, für das Leben aber unwesentlichen Störungen, die im Verlaufe einer ADDISONschen Krankheit auftreten, auf den Ausfall des Markes bezogen werden, nämlich die Pigmentvermehrung in der Haut und in den Schleimhäuten. Das Pigment ist beim Morbus ADDISON an den Stätten der normalen Pigmentablagerung angehäuft, in den Basalzellen der Haut. BLOCH[4] wies nach, daß man eine der ADDISON-Pigmentation gleichende Pigmentvermehrung an ausgeschnittenen Hautstücken erzeugen kann, indem man die Hautstücke in eine Auflösung der Aminosäure Dioxyphenylalanin (die von ihm Dopa

---

[1] ROAF, H. R.: Quart. J. exper. Physiol. **4**, 89 (1911). — Ders. u. M. NIERENSTEIN: C. r. Soc. Biol. **63**, 773 (1907). — J. of Physiol. **36**, V (1907). — DUBOIS, M. CH.: C. r. Soc. Biol. **63**, 636 (1907).
[2] ELLIOTT, T. R.: J. of Physiol. **46**, 285 (1913).
[3] TOURNADE, A., u. Mitarb.: C. r. Soc. Biol. **93**, 1442 (1925) u. a.
[4] BLOCH, BR.: Arch. f. Dermat. **124**, 129 (1917); Z. physiol. Chem. **98**, 226 (1917). — Ders. u. W. LÖFFLER: Dtsch. Arch. klin. Med. **121**, 262 (1917). — Ders. u. P. RYHINER: Z. exper. Med. **5**, 179 (1917). — Siehe auch KUTSCHERA-AICHBERGEN, H.: Frankf. Z. Path. **28**, 262 (1922).

genannt wurde) einlegt. Diese Aminosäure hat, wie weiter unten (S. 225) näher auszuführen ist, nahe chemische Beziehungen zum Adrenalin, das keine derartige Pigmentvermehrung der ausgeschnittenen Haut macht. BLOCH nimmt an, und diese Annahme scheint nicht ganz unberechtigt, daß das Dioxyphenylalanin eine Vorstufe des Adrenalins sei, die nach der Zerstörung des Markes infolge unvollkommener Umbildung in Adrenalin vermehrt im Blute kreise und dadurch zur vermehrten Pigmentablagerung Anlaß gebe. Solange der Nachweis des vermehrten Gehaltes an Dioxyphenylalanin im Blute nicht geglückt ist, läßt sich nicht entscheiden, ob die Annahme BLOCHs, daß die vermehrte Pigmentbildung die Folge des Markausfalles sei, zu Recht besteht. BITTORF[1] lehnt diese Annahme ab, und vermutet, daß die Haut des ADDISON-Kranken mehr farbstoffbildende Oxydase enthält.

Im Endzustand der ADDISONschen Erkrankung findet man häufig eine Erniedrigung des Blutdruckes und ein Absinken des Blutzuckers. Da die Einspritzung von Adrenalin den Blutdruck und den Blutzucker des gesunden Menschen erhöht, hat man jene Blutdruck- und Blutzuckersenkung auf einen Ausfall der Adrenalinsekretion beziehen wollen, aber mit Unrecht, denn die Fortnahme der Nebennieren macht, wie S. 217 und 218 näher ausgeführt wird, keine auf Adrenalinmangel zurückzuführende Erniedrigung des Blutdruckes und des Blutzuckers.

Sehr viel seltener als die eine ADDISONsche Krankheit auslösenden Zerstörungen der Nebennierenrinde und des Markes kommen beim Menschen Geschwülste, die aus chromaffinen Zellen entstehen, vor. Diese Paragangliome[2] machen keine Metastasen. Daß sie Adrenalin enthalten, ist nicht zu bezweifeln. Trotz der starken Vermehrung des Adrenalinvorrates im Körper wurde bei den Paragangliomatösen während des Lebens meist keine Krankheitserscheinung beobachtet, die auf eine Giftwirkung ausgeschütteten Adrenalins hätte bezogen werden können. Nur vereinzelt war eine Hypertonie beobachtet und bei der Sektion eine Gefäßsklerose festgestellt worden.

Bei einer ganzen Reihe von Erkrankungen des Menschen hat man eine Hyperfunktion des chromaffinen Systemes angenommen. Auf alle diese Theorien braucht hier nicht näher eingegangen zu werden. Keine derselben ist experimentell einwandfrei gestützt, bei keiner Erkrankung konnte eine Adrenalinvermehrung im Blute des Menschen bisher nachgewiesen werden. Besonders fehlt jeder Beweis, daß die Blutdrucksteigerung von Hypertonikern Folge einer vermehrten Adrenalinabgabe ist. Es erscheint dies sogar ganz unwahrscheinlich, denn bei jeder durch Adrenalin bedingten, auch nur leichten Blutdrucksteigerung tritt eine erhebliche Pulsfrequenzvermehrung

---

[1] BITTORF, A.: Arch. f. exper. Path. 75, 143 (1914). — Dtsch. Arch. klin. Med. 136, 314 (1921).

[2] Siehe bei DIETRICH, A., u. H. SIEGMUND: Handb. spez. path. Anat. Hist. 8, 1047 (1926).

auf und eine so starke Hyperglykämie, daß der Zucker bald in den Harn überfließt. Weder die Pulsbeschleunigung noch die Hyperglykämie gehören aber zum Bilde der Hypertonie.

HÜLSE[1] nimmt neuerdings an, daß die Hypertonie mit einer Sensibilisierung des Gefäßsystems gegen Adrenalin durch vermehrt im Blute kreisende Peptone zusammenhängt. Es muß abgewartet werden, ob seine Angabe, daß die Peptone die Gefäßwirkung des Adrenalins so stark vermehren, daß eine starke Blutdrucksteigerung dadurch zustande kommen kann und daß die Peptone im Blute der Hypertoniker vermehrt sind, von Nachuntersuchern bestätigt wird.

XIII. Folgen der Entfernung oder Zerstörung des chromaffinen Gewebes.

Ob der Körper, der kein Adrenalin mehr bilden kann, dauernd weiter leben kann, ist nicht zu entscheiden, denn es besteht natürlich keine Möglichkeit, alle adrenalinbildenden sympathischen Zellen zu entfernen. Sicher ist nur, daß die Fortnahme oder Zerstörung der Hauptbildungsstätte des Adrenalins, des Nebennierenmarkes, symptomlos vertragen wird. Dies folgt z. B. aus der Tatsache, daß manche Nagetiere die beiderseitige Nebennierenentfernung dauernd überleben können, so die Kaninchen, sofern die Herausnahme der Nebennieren zweizeitig ausgeführt wird, und die Ratten. In solchen nebennierenlosen Tieren wurde keine Hypertrophie des chromaffinen Restgewebes beobachtet[2].

Aber auch die Tiere, die nach der doppelseitigen Nebennierenentfernung stets sterben, können das gesamte Markgewebe entbehren. BIEDL[3] entfernte bei Hunden eine Nebenniere vollständig und von der zweiten ließ er nur einen Teil der Rinde zurück: die Tiere blieben am Leben. WHEELER und VINCENT[4] nahmen bei Katzen, Hunden und Kaninchen eine Nebenniere und die zweite halb heraus, kauterisierten die Markreste der zweiten Nebenniere und diese Tiere überlebten ebenfalls. Gleiches Ergebnis hatten mit gleicher Methode auch HOUSSAY und LEWIS[5] sowie ZWEMER[6] bei Hunden bzw. bei Katzen. WISLOCKI und CROWE[7] kombinierten die Teilentfernung der Nebennieren mit Radiumeinlagerung in den Rest, wodurch das Mark und das sonstige chromaffine Gewebe der Bauchhöhle zerstört wurde: die Hunde überlebten, wenn genügend Rindengewebe zurückgelassen worden war.

Umgekehrt kann die tödliche Wirkung der Rindenentfernung bei

---

[1] HÜLSE, W., u. H. STRAUSS: Z. exper. Med. **39**, 426 (1924).
[2] KAHN, R. H.: Pflügers Arch. **169**, 326 (1917).
[3] BIEDL, A.: Inn. Sekr., 3. Aufl., I, 469 (1916).
[4] WHEELER u. VINCENT: Trans. roy. Soc. Canada **11**, 125 (1917). — ZWEMER, R. L.: Amer. J. Physiol. **79**, 641 (1927).
[5] HOUSSAY, B. A., u. J. T. LEWIS: Amer. J. Physiol. **70**, 512 (1923).
[6] ZWEMER, R. L.: Amer. J. Physiol. **79**, 641 (1927).
[7] WISLOCKI, G. B., u. S. J. CROWE: Bull. Hopkins Hosp. **35**, 187 (1924).

Folgen der Entfernung oder Zerstörung des chromaffinen Gewebes. 217

Katzen nicht dadurch aufgehoben werden, daß man das Nebennierenmark möglichst im Körper beläßt[1].

Nach der nur einseitigen Nebennierenentfernung bildet sich nach den Angaben der meisten Untersucher[2] keine kompensatorische Hypertrophie des Markgewebes aus und der Adrenalingehalt der zurückgelassenen Nebenniere nimmt nicht sicher zu; STEWART und ROGOFF[3] fanden dagegen eine Zunahme des Adrenalingehaltes in der zurückgelassenen Nebenniere des Kaninchens bis auf das Doppelte. Irgendwelche Störungen der Gesundheit, die auf Adrenalinmangel bezogen werden könnten, sind bei den der einen Nebenniere beraubten Tieren nicht beschrieben worden.

Bei nebennierenlosen Tieren findet man in den späteren Stadien der sich ausbildenden Erkrankung stets eine starke Verminderung des Zuckergehaltes im Blute und eine starke Erniedrigung des Blutdruckes. Da Adrenalineinspritzungen den Blutzucker und den Blutdruck erhöhen, liegt es nahe, jenes Absinken beim nebennierenlosen Tier auf den Ausfall der Adrenalinsekretion des Markes zu beziehen. Die Theorie, nach der die Blutdruckhöhe und der Blutzuckerspiegel des normalen Tieres durch die sekretorische Tätigkeit des Nebennierenmarkes aufrecht erhalten wird, ist aber nicht mehr zu halten. Die Wirkungen des Adrenalins auf Blutdruck und Blutzucker sind sehr flüchtig. Es müßte also der Ausfall der Adrenalinsekretion schon sehr bald nach ihrer Unterdrückung sich am Blutdruck und Blutzucker bemerkbar machen. Dies ist nicht der Fall.

Der Einfluß der Nebennierenentfernung oder der Ausschaltung des Adrenalinübertrittes in das Blut durch Abbinden der Nebennierenvenen ist sehr häufig untersucht worden. An narkotisierten Tieren, deren Adrenalinabgabe, wie weiter unten gezeigt werden wird, abnorm hoch ist, hatten STREHL und WEISS[4] sowie HOSKINS und McPEEK[5] unmittelbar im Anschluß an die Ausschaltung der Adrenalinabgabe eine geringe Blutdrucksenkung beobachtet, aber die Mehrzahl der Nachuntersucher[6] erhielt ganz negative Ergebnisse. Nach BAZETT[7] sinkt bei narkoti-

---
[1] ELMAN, R., u. PH. ROTHMAN: Bull. Hopkins Hosp. 35, 54 (1924). — BORNSTEIN, A., u. H. GREMELS: Virchows Arch. 254, 409 (1925).
[2] ELLIOTT, T. R., u. J. TUCKETT: J. of Physiol. 34, 332 (1906). — BATTELLI, F., u. S. ORNSTEIN: C. r. Soc. Biol. 61, 677 (1906). — BORBERG, N. C.: Skand. Arch. Physiol. 28, 91 (1913). — KURIYAMA, S.: J. of biol. Chem. 34, 299 (1918).
[3] STEWART, G. N., u. J. M. ROGOFF: J. of exper. Med. 23, 757 (1916).
[4] STREHL, H., u. O. WEISS: Pflügers Arch. 86, 107 (1901).
[5] HOSKINS, R. G., u. CL. McPEEK: J. amer. med. Assoc. 60, 1777 (1913).
[6] LEWANDOWSKY, M.: Z. klin. Med. 37, 535 (1899). — ASHER, L.: Z. Biol. 58, 274 (1912). — KAHN, R. H.: Pflügers Arch. 140, 209 (1911). — McGUIGAN, H., u. M. T. MOSTROM: J. of Pharmacol. 4, 277 (1912—13).
[7] BAZETT, H. C.: J. of Physiol. 53, 320 (1920).

sierten oder decerebrierten Katzen der Blutdruck frühestens 2—3 Stunden nach der Nebennierenausschaltung ab.

Noch beweisender sind die Versuche[1], bei denen der Blutdruck von Katzen und Hunden mit unblutiger Methode vor und nach der Nebennierenentfernung bestimmt wurde. Die Herausnahme der Nebennieren hatte keine gesetzmäßige Einwirkung auf den Blutdruck; es wurden z. B. bei Katzen von W. TRENDELENBURG folgende Druckwerte festgestellt.

	vor	nach der Entfernung beider Nebennieren
Versuch 5	100 mm Hg	100 mm Hg
Versuch 6	105—110	115—120
Versuch 7	100—105	100—103
Versuch 8	102—108	100—110

Auch der Blutzucker nebennierenloser Tiere[2], der infolge des operativen Eingriffes zunächst erhöht ist, bleibt dann viele Stunden auf der normalen Höhe. Bei Kaninchen oder Ratten, die nach der zweizeitig ausgeführten Entfernung dauernd überleben, bleibt der Blutzucker durch Monate hindurch dauernd auf normaler Höhe. So erhielt KURIYAMA bei Ratten nach der Entfernung 0,08—0,12% gegen die Normalwerte 0,10—0,13%; STEWART und ROGOFF fanden bei nebennierenlosen Kaninchen im Durchschnitt 0,107% gegen 0,106% bei normalen Tieren.

Das terminale Absinken des Blutzuckers nach Nebennierenentfernung erfolgt also offenbar außer Zusammenhang mit der Adrenalinsekretion. Hierfür spricht auch die Tatsache, daß die Durchtrennung der Nervi splanchnici, die die Adrenalinabgabe auf einen ungemein niedrigen Wert herunterdrückt, den Blutzucker unbeeinflußt läßt[3].

Daß der Ausfall der Rinde den Blutzuckerabsturz des an Nebenniereninsuffizienz zugrunde gehenden Tieres verursacht, ergibt sich klar

---

[1] TRENDELENBURG, W.: Z. Biol. 63, 155 (1914). — ROGOFF, J. M., u. R. DOMINGUEZ: Amer. J. Physiol. 83, 84 (1927). — Siehe auch BIASOTTI, A.: Tesis. Buenos Aires 1927. — C. r. Soc. Biol. 97, 548 (1927).
[2] Z. B. NISHI, M.: Arch. f. exper. Path. 61, 186 (1909). — FRANK, E., u. S. ISAAK: Z. exper. Path. u. Ther. 7, 326 (1910). — KAHN, R. H., u. E. STARKENSTEIN: Pflügers Arch. 139, 181 (1911). — FREUND, H., u. F. MARCHAND: Arch. f. exper. Path. 72, 56 (1913). — KURIYAMA, S.: J. of biol. Chem. 33, 207 (1918). — CATAN, HOUSSAY u. MAZZOCCO: C. r. Soc. Biol. 84, 164 (1922). — STEWART, G. N., u. J. M. ROGOFF: Amer. J. Physiol. 62, 93 (1922); 78, 711 (1926). — SWINGLE, W. W.: Ebenda 79, 666 (1927). — ARTUNDO, A.: C. r. Soc. Biol. 97, 411 (1927). — BORNSTEIN, A., u. Mitarb.: Virchows Arch. 254, 409 (1925). — Z. exper. Med. 37, 1 (1923).
[3] NISHI. — FUJI, J.: Tohoku J. exper. Med. 2, 9, 169 (1921). — TATUM, A. L.: J. of Pharmacol. 20, 385 (1922). — Ders. u. A. J. ATKINSON: J. of biol. Chem. 56, 331 (1922).

aus den Versuchen von BOGGILD[1]. Bei Hunden und Ratten wurde das Nebennierenmark der eröffneten Nebennieren mit dem Paquelin zerstört: der Blutzucker blieb auf normaler Höhe, während die Zerstörung auch der Rinde den späteren Absturz herbeiführte. Während der Nebennierenausfall beim Menschen mit großer Regelmäßigkeit zu einer Zunahme der Hautpigmentation führt, sind bei Tieren nur sehr selten solche Hyperpigmentationen beobachtet worden, auch wenn die Nebennierenentfernung lange Zeit überstanden wurde[2]. KELLAWAY und COWELL[3] sahen eine Pigmentvermehrung bei zwei Katzen, bei denen nur das Nebennierenmark zerstört worden war.

XIV. Chemische und physikalische Eigenschaften des Adrenalins[4].

Mit sehr einfachem Verfahren kann das Adrenalin aus dem Nebennierenmark gewonnen werden[5]. Man zieht das zerkleinerte Gewebe in der Siedehitze mit verdünnter Essigsäure aus, versetzt das eingeengte eiweißarme Filtrat mit Alkohol, engt das Filtrat wiederum ein und setzt unter Sauerstoffabschluß Ammoniak zu, worauf die Base auskrystallisiert. Aus 118 Kilo Nebennieren wurden so 125 g durch Umkrystallisieren gereinigtes Adrenalin gewonnen.

Die Adrenalinbase ist in Wasser nur 1:10000 löslich, in organischen Lösungsmitteln ist sie unlöslich. Bei Zusatz von Säuren bilden sich gut wasserlösliche Salze.

Als Brenzkatechinabkömmling hat das Adrenalin starke reduzierende Wirkungen und ist in wässrigen Lösungen leicht oxydierbar[5], sofern die Reaktion der Lösung nicht eine schwach saure ist, oder sofern nicht sauerstoffbindende Stoffe zugesetzt werden. Nach MAIWEG[6] ist die Lösung stabil, wenn pH kleiner als 5 ist. Auch bei schwach alkalischer Reaktion der Lösung ist das Adrenalin recht beständig, wenn den Lösungen etwas Blut oder Blutserum zugesetzt wird[7]. Ultraviolette Lichtstrahlen begünstigen die Oxydation mehr als die sichtbaren Strahlen[8]. Dieser Schutz der Eiweißkörper beruht wohl auf der Eigenschaft, Adrenalin zu binden. Wenn man Adrenalin zu Serum gibt und nun mit Kaolin schüttelt, so wird das Adrenalin aus dem Serum entfernt. Da Adrenalin in

---

[1] BOGGILD, D. H.: Acta path. scand. (Københ.) **2**, 69 (1925).
[2] Lit. bei A. BIEDL: Inn. Sekr., 3. Aufl. I, 486 (1916). — HOUSSAY, B. A., u. J. T. LEWIS: Amer. J. Physiol. **70**, 512 (1923).
[3] KELLAWAY, C. H., u. S. J. COWELL: J. of Physiol. **57**, 82 (1922).
[4] Synonyme: Epinephrin, Suprarenin.
[5] BERTRAND, G.: C. r. Acad. Sci. **139**, 502 (1904). — PAULY, H.: Ber. dtsch. chem. Ges. **37**, 1388 (1904) u. a.
[6] Lit. bei TRENDELENBURG, P.: Handb. exper. Pharmakol. II 2, 1131 (1924).
[7] MAIWEG, H.: Biochem. Z. **134**, 292 (1922).
[8] NEUBERG, C.: Biochem. Z. **13**, 305 (1908). — VACEK, T.: Biochemic. J. **21**, 457 (1927).

220   Nebennieren und sonstiges chromaffines Gewebe.

eiweißfreier wäßriger Lösung von Kaolin nicht adsorbiert wird und da man mit Kaolin das Adrenalin nicht mehr aus Serum entfernen kann, wenn man das Serum schon vor dem Adrenalinzusatz mit Kaolin geschüttelt hatte, muß auf eine adsorptive Bindung des Adrenalins an Stoffe, die ihrerseits von Kaolin adsorbiert werden, vermutlich an Eiweißkörper, geschlossen werden[1]. Diese adsorptive Bindung an Serumbestandteile kann nur eine lockere sein. Denn der Zusatz von Serum macht das Adrenalin nicht adialysabel[2].

Die auf Grund der Eisenchloridreaktion schon lange vor der Entdeckung des Adrenalins vermutete Verwandtschaft des durch Eisenchlorid sich grün verfärbenden Stoffes des Nebennierenmarkes mit Brenzkatechin bestätigte sich bei der Ermittlung der Konstitution des Adrenalins[3] durch von Fürth, Abel und Friedmann. Adrenalin ist l-Methylamino-aethanol-brenzkatechin. Das dem natürlichen bis auf das optische Verhalten gleichende künstliche Adrenalin stellten Stolz[4] sowie Dakin[5] dar. Durch Einwirken von Methylamin auf Chloracetobrenzkatechin entsteht die Adrenalon genannte Ketobase, deren pharmakologische Wirkungen denen des Adrenalins schon sehr nahe stehen, und dieser Stoff kann durch Reduzieren in den zugehörenden Alkohol, das Adrenalin, übergeführt werden. Dies Adrenalin ist im Gegensatz zum natürlichen optisch inaktiv. Die beiden optischen Isomeren darzustellen, gelang Flächer[6]; die weinsauren Salze des l- und des d-Adrenalins sind in Methylalkohol verschieden löslich.

Das salzsaure synthetische l-Adrenalin ist unter dem Namen Suprareninum hydrochloricum offizinell. Es ist als Lösung 1:1000 im Handel, die Lösung ist durch einen Überschuß von Salzsäure haltbar gemacht.

Manche der zahlreichen sonstigen Handelspräparate, die meist aus Nebennieren dargestellt werden, sind nicht einwandfrei[7], z. B. kommen Adrenalinpräparate vor, die aus einem Gemisch der beiden optischen Isomeren bestehen.

Bei pharmakologischen Versuchen muß beachtet werden, daß die

---

[1] Ponder, E.: Quart. J. exper. Physiol. **13**, 323 (1923).
[2] Pak, Ch.: Arch. f. exper. Path. **111**, 42 (1926).
[3] von Fürth, O.: Z. physiol. Chem. **24**, 142 (1898); **26**, 15 (1898); **29**, 105 (1900). — Beitr. chem. physiol. Path. **1**, 242 (1901). — Mschr. Chem. **24**, 261 (1903). — Abel, J. J., u. D. J. Macht: J. of Pharmacol. **3**, 319, (1911—12.) — Friedmann, E.: Beitr. chem. physiol. Path. **8**, 95 (1906).
[4] Stolz, F.: Ber. dtsch. chem. Ges. **37**, 4149 (1905).
[5] Dakin, H. D.: J. of Physiol. **32**, XXXIV (1905).
[6] Flächer, F.: Z. physiol. Chem. **58**, 189 (1908—09).
[7] Schultz, W. H.: Bull. 61, Hyg. Lab. Washington (1910). — Johannessohn, F.: Biochem. Z. **76**, 377 (1916). — Tiffeneau, M.: J. Pharmacie **23**, 313 (1921).

Handelspräparate nicht nur stark salzsauer zu sein pflegen (die Reaktion liegt meist bei pH 2—5), sondern daß sie auch häufig als Konservierungsmittel das pharmakologisch sehr wirksame Chloreton enthalten.

Die beiden optischen Isomeren des Adrenalins haben qualitativ ganz die gleichen Wirkungen, aber auf alle adrenalinempfindlichen Organe wirkt die linksdrehende Form wesentlich stärker ein[1], so auf den Blutdruck, die Iris und die Pigmentzellen der Amphibien, auf die Glykogenolyse in der Leber usw. Der Vergleich der Wirksamkeit läßt sich am genauesten im Blutdruckversuch durchführen. Er ergab, daß das l-Adrenalin 12—15 mal blutdruckwirksamer ist als das d-Adrenalin. Ähnlich ist der Unterschied in der Wirksamkeit auch auf andere Organe.

Bei der Oxydation des Adrenalins nimmt die gefäßverengernde Wirksamkeit desselben ohne anfängliche Steigerung mehr und mehr ab[2]. Novokainzusatz zu Adrenalinlösungen vernichtet deren Blutdruckwirkung[3].

Bei der Oxydation des Adrenalins bildet sich schließlich ein braunschwarzes, wasserunlösliches Pigment, das sich chemisch wie das Melanin verhält.

Gewisse Fermente können diese Melaninbildung sehr rasch herbeiführen. Derartige aus Adrenalin, z. T. auch aus Tyrosin und Brenzkatechin Melanin bildende Fermente wurden nachgewiesen in Pilzen[4], Kartoffeln[5], in Krebsblut[6], in Tintenfischen[7], in Melanomen[8], im Harn melanosarkomatöser Menschen[9], und in Leukocyten[10].

XV. Nachweis und Auswertung des Adrenalins mit chemischen Methoden.

Adrenalin gibt mit einer großen Reihe chemischer Substanzen empfindliche Farbreaktionen, die aber nicht für dies Molekül spezifisch sind, sondern auch mit anderen Brenzkatechinderivaten oder sogar

---

[1] CUSHNY, A. R.: J. of Physiol. 37, 130 (1908); 38, 259 (1909). — BARGER, G., u. H. H. DALE: Ebenda 41, 19 (1910). — SCHULTZ, W. H.: J. of Pharmacol. 1, 291 (1909—10). — ABDERHALDEN, E., u. Mitarb.: Z. physiol. Chem. 58, 185 (1908—09); 59, 22, 129 (1909); 61, 119 (1909); 62, 404 (1909) —: Pflügers Arch. 196, 608 (1922); 210, 462 (1926); 212, 523 (1926). — TIFFENEAU, M.: C. r. Acad. Sci. 161, 36 (1915). — BIERRY, H., u. Mitarb.: C. r. Soc. Biol. 88, 3 (1923).
[2] Siehe bei MAIWEG, K.: Biochem. Z. 134, 292 (1922).
[3] LANGECKER, H.: Dtsch. med. Wschr. 53, 1895 (1927).
[4] ABDERHALDEN, E., u. M. GUGGENHEIM: Z. physiol. Chem. 57, 329 (1908).
[5] RANSOM: N. Y. State J. Med. 8, 407 (1912).
[6] LANGLOIS, P.: C. r. Soc. Biol. 49, 524 (1897).
[7] NEUBERG, C.: Biochem. Z. 8, 383 (1908). — Virchows Arch. 192, 514 (1908).
[8] NEUBERG. — JAEGER, C.: Virchows Arch. 198, 62 (1909).
[9] CSAKI, L.: Z. exper. Med. 29, 273 (1922).
[10] KREIBICH, C.: Wien. klin. Wschr. 23, 701 (1910).

mit Stoffen, die gar keine Brenzkatechinderivate sind, erhalten werden. Es sollten Rückschlüsse über den Adrenalingehalt der Gewebe aus dem Ausfall dieser Reaktionen mit größerer Vorsicht als bisher gezogen werden. Es ist nämlich nicht unwahrscheinlich, daß pharmakologisch unwirksame Vorstufen des Adrenalins ebenfalls diese Farbreaktionen geben. Sicher ist weiter, daß bei der Oxydation des Adrenalins die pharmakologische Wirksamkeit viel stärker abnimmt, als der Intensität der Farbreaktion nach zu erwarten wäre. Daher gibt die pharmakologische Auswertung der Nebennierenauszüge oft einen weit geringeren Adrenalingehalt als die kolorimetrische Wertbestimmung[1].

Verwandt werden vorwiegend folgende kolorimetrische Methoden des Adrenalinnachweises:

1. *Eisenchloridreaktion* (VULPIAN[2]). Adrenalin gibt wie Brenzkatechin und andere Brenzkatechinabkömmlinge in annähernd neutraler Lösung mit Eisenchlorid eine dunkelgrüne Farbe. Saure Reaktion hemmt die Farbbildung, bei alkalischer Reaktion wird die Lösung rot bis rotviolett. Die recht unempfindliche Reaktion — die Grenze liegt bei 1:30000—1:100000 Adrenalin — wird durch Zugabe von Sulfanilsäure (BAYER[3]) wesentlich empfindlicher.

2. *Bichromatreaktion* (HENLE[4]). Kaliumbichromat wird durch Adrenalin zu dem dunkelbraunen CrO_2 reduziert. Auch pharmakologisch fast unwirksame Verwandte des Adrenalins, so das Dioxyphenylalanin geben diese Reaktion, sie ist also auch nicht spezifisch für Adrenalin. Zum Nachweis in den Geweben werden diese in eine Mischung von 90 Teilen 3,5proz. Kaliumbichromatlösung mit 10 Teilen Formol gelegt[5].

3. *Ammoniakalische Silberlösung*[6] kann in ähnlicher Weise zum Adrenalinnachweis in den Geweben benutzt werden.

4. *Phosphorwolframsäurereaktion* (FOLIN[7]). Diese viel verwandte Probe ist wiederum unspezifisch, denn nicht nur andere Brenzkatechine sondern auch Harnsäure können die Phosphorwolframsäure ebenfalls zu blauen Verbindungen reduzieren. Der Adrenalingehalt der Nebennieren wird mit dieser Reaktion viel zu hoch angegeben; auch die adrenalinfreie Rinde gibt eine positive Reaktion[8]. Adrenalin 1:200000 gibt noch eine intensive blaue Farbe. 10 g wolframsaures Natrium löst man in 8 ccm 85proz. Phos-

---

[1] FROWEIN, B.: Biochem. Z. **134**, 559 (1922). — SUGAWARA, T.: Tohoku J. exper. Med. **11**, 410 (1928).
[2] VULPIAN, A.: C. r. Acad. Sci. **43**, 663 (1856).
[3] BAYER, G.: Biochem. Z. **20**, 178 (1909).
[4] HENLE, J.: Z. rat. Med., 3. Reihe, **24**, 143 (1865).
[5] KOHN, A.: Arch. mikrosk. Anat. **53**, 281, (1899). — BORBERG, N. C.: Skand. Arch. Physiol. **27**, 341 (1912). — LOPEZ, J. N. y, u. E. TH. v. BRÜCKE: Z. biol. Techn. Meth. **3**, 311 (1914).
[6] KUTSCHERA-AICHBERGEN, H.: Frankf. Z. Path. **28**, 262 (1922).
[7] FOLIN, O., u. Mitarb.: J. of biol. Chem. **13**, 477 (1912/13). — LEWIS, J. H.: Ebenda **24**, 249 (1916). — AUTENRIETH, W., u. H. QUANTMEYER: Münchn. med. Wschr. **68**, 1007 (1921). — FROWEIN, B.: Biochem. Z. **134**, 561 (1921).
[8] SUGAWARA, T.: Tohoku J. of exper. Med. **11**, 410 (1928). — WATANABÉ, M., u. H. SATO: Ebenda **433**, 449.

phorsäure durch 1—2 Stunden langes Kochen am Rückflußkühler. Zu 5 ccm der zu prüfenden Flüssigkeit fügt man 1 ccm dieser Lösung und 10 ccm gesättigter Sodalösung.

5. *Jodreaktion* (VULPIAN [1]). Jod beschleunigt die Oxydation des Adrenalins, das dabei in eine rote Substanz übergeht. Man gibt zur Lösung $n/10$ Jodlösung, entfernt den Überschuß mit Natriumthiosulfat und vergleicht die Stärke der Rotfärbung mit der in Kontrollösungen erhaltenen. Adrenalin 1:2 Millionen ist nachweisbar.

6. *Jodsäurereaktion* [2] (KRAUSS, FRÄNKEL und ALLERS). Es handelt sich um eine modifizierte Jodreaktion. Aus farblosem Kaliumbijodat wird durch Phosphorsäure Jod abgespalten, durch Zugabe von Sulfanilsäure wird die Empfindlichkeit so gesteigert, daß Adrenalin 1 : 5 Millionen nachweisbar wird.

7. *Sublimatreaktion* [3] (COMESSATTI). $HgCl_2$ bewirkt zumal in der Wärme eine rasche Oxydation des Adrenalins, das hierbei rot wird. Man gibt zu 1 ccm der zu prüfenden Lösung 1 ccm 1%iger Natriumacetatlösung und 5 Tropfen einer gesättigten Sublimatlösung. Die Empfindlichkeitsgrenze liegt bei 1:1 Million. Sie wird durch Kombination der Sublimatreaktion mit der Sulfanilsäure-Jodsäureprobe auf 1:50 Millionen gebracht [4].

8. Weitere weniger verwandte Oxydationsreaktionen sind die *Goldchloridprobe* [5], die *Mangansuperoxydprobe* [6], die *Persulfatprobe* [7] und die *Ferricyankaliumprobe* [8], die alle rote Oxydationsprodukte liefern.

Adrenalin zeigt in alkoholischer Lösung eine typische *Absorption im ultravioletten Teil des Spektrums*, die den quantitativen Nachweis ermöglicht [9].

Die wichtigeren der pharmakologischen Auswertungsmethoden, die im allgemeinen den kolorimetrischen Methoden vorzuziehen sind, werden bei der Besprechung der einzelnen pharmakologischen Wirkungen abgehandelt. Nähere Angaben finden sich: Nachweis am Blutdruck S. 263, an ausgeschnittenen Gefäßstreifen S. 268, am Frosch- und Ohrdurchströmungspräparat S. 257 und 268, an der Iris des Froschauges S. 281, an der Iris des Warmblüterauges S. 281, am ausgeschnittenen Darm S. 284, am ausgeschnittenen Uterus S. 288.

---

[1] VULPIAN. — ABELOUS, J. E., u. Mitarb.: C. r. Soc. Biol. **58**, 301 (1905). — EWINS, A. J.: J. of Physiol. **40**, 317 (1910).

[2] KRAUSS, L.: Apoth. Z. **1908**, 701; — Biochem. Z. **22**, 131 (1909). — FRÄNKEL, S., u. R. ALLERS: Ebenda **18**, 40 (1909). — BAYER. — EWINS. — STENVERS VAN DER LAAN, M. C. A.: Arch. néerl. Physiol. **10**, 458 (1925).

[3] COMESSATTI, G.: Dtsch. med. Wschr. **1909**, 13. — Arch. f. exper. Path. **62**, 190 (1910). — BORBERG. — EWINS.

[4] RUSSMANN: Klin. Wschr. **1**, 654 (1922). — STUBER, B., u. Mitarb.: Z. exper. Med. **32**, 448 (1923).

[5] GAUTIER, CL.: C. r. Soc. Biol. **72**, 79 (1912); **73**, 564 (1912).

[6] ZANFROGNINI, A.: Dtsch. med. Wschr. **35**, 1752 (1909).

[7] EWINS.

[8] CEVIDALLI, A.: Arch. ital. de Biol. **52**, 59 (1909).

[9] HANDOVSKY u. REUSS: Arch. f. exper. Path. **138**, 143 (1928). — GRAUBNER, W.: Z. exper. Med. **63**, 527 (1928).

XVI. Adrenalingehalt der Nebennieren.

Die Angaben über die in den Nebennieren enthaltenen Adrenalinmengen gehen zum Teil weit auseinander. Dies liegt daran, daß die meist verwandten kolorimetrischen Methoden nicht sehr zuverlässig sind, daß oft erst längere Zeit nach dem Tode untersucht wurde, zu einer Zeit, in der schon postmortale Adrenalinverluste[1] eingetreten waren, oder daß die Nebennieren von Individuen stammten, die eine längere Agone durchgemacht hatten.

Aus den zahlreichen Angaben der Literatur[2] seien einige, vermutlich verhältnismäßig genaue Werte angeführt.

Mensch, plötzlicher Tod[3] in beiden Nebennieren	7,3—9 mg
Kuh[4] ,, ,, ,,	*84* mg
Pferd[5] ,, ,, ,,	28—32 mg
Rind[6] ,, ,, ,,	44—70 mg
Schwein[7] ,, ,, ,,	8,4—9,4 mg
Schaf[8] ,, ,, ,,	*4,4—12,4* mg
Hund[9] ,, ,, ,,	*1,4—2,6* mg
Katze[10] ,, ,, ,,	i. D. *0,44* mg
Kaninchen[11] ,, ,, ,,	i. D. *0,21* bzw. *0,12*
Meerschweinchen[12] ,, ,, ,,	0,1—0,2 mg [mg
Ratte[13] ,, ,, ,,	i. D. 0,16 mg.

(Die schräg gedruckten Werte sind mit pharmakologischen Methoden erhalten.)

In den *embryonalen Nebennieren*[14] ist mit chemischen und pharmakologischen Methoden sehr bald nach dem Eindringen der späteren Markzellen

---

[1] ELLIOTT, T. R.: J. of Physiol. **44**, 374 (1912). — KURIYAMA, S.: J. of biol. Chem. **34**, 299 (1918).

[2] Siehe bei TRENDELENBURG, P.: Handb. exper. Pharmak. **II** 2, 1142 (1924).

[3] LUCKSCH, F.: Virchows Arch. **223**, 290 (1913). — ELLIOTT, T. R.: J. of Physiol. **46**, XV (1913). — SYDENSTRICKER, V. P. W., u. Mitarb.: J. of exper. Med. **19**, 536 (1914).

[4] HANDOVSKY u. REUSS.

[5] BATTELLI, F.: C. r. Soc. Biol. **54**, 928 (1902).

[6] BATTELLI. — FOLIN, O., u. Mitarb.: J. of biol. Chem. **13**, 477 (1912/13).

[7] BATTELLI.   [8] FOLIN u. Mitarb.   [9] ELLIOTT.   [10] ELLIOTT.

[11] BIBERFELD, J.: Arch. f. exper. Path. **84**, 360 (1919). — SMITH, M. J., u. S. RAVITZ: J. of exper. Med. **32**, 595 (1920). — WATANABÉ, M., u. H. SATO: Tohoku J. of exper. Med. **11**, 433 (1928).   [12] SMITH u. RAVITZ.

[13] KURIYAMA, S.: J. of biol. Chem. **33**, 207 (1918).

[14] FENGER, F.: J. of biol. Chem. **11**, 489 (1912); **12**, 55 (1912). — MC CORD, L. P.: Ebenda **23**, 435 (1915). — WEYMANN, M. F.: Anat. Rec. **24**, 299 (1922). — MILLER, E. H.: Amer. J. Physiol. **75**, 267 (1926). — BIEDL, A.: Inn. Sekretion, 2. Aufl., **1**, 470 (1913). — HOGBEN, L. T., u. T. A. E. CREW: Brit. J. exper. Biol. **1**, 1 (1923). — LUTZ, B. R., u. M. A. CASE: Amer. J. Physiol. **73**, 670 (1925).

in die Rinde Adrenalin nachweisbar. Beim Hühnerembryo tritt Adrenalin am 7.—10. Tage auf, beim Mäuseembryo am 14.—15. Tage, beim Schweineembryo am 17.—18. Tage.

Die beiden Nebennieren des Menschen und der Säugetiere haben stets fast den gleichen Adrenalingehalt. Bei der Katze beträgt die Differenz z. B. nur rund 10%[1].

Ob nach Entfernung der einen Nebenniere die andere eine kompensatorische Steigerung des Adrenalingehaltes zeigt, wird verschieden beantwortet[2]. Nach STEWART und ROGOFF soll der Gehalt bis auf das Zweifache in die Höhe gehen.

XVII. Aufbau des Adrenalins.

Es ist noch völlig unbekannt, wie der Körper das Adrenalin aufbaut. Schon seit zwei Jahrzehnten bemüht man sich, eine Synthese aus dem Tyrosin nachzuweisen. Vier Reaktionen sind notwendig, um aus dem Tyrosin Adrenalin zu bilden: in den Benzolring muß eine zweite OH-Gruppe gefügt werden, der H am ersten C-Atom der Seitenkette muß durch die alkoholische OH-Gruppe substituiert werden, der Stickstoff muß methyliert werden und die COOH-Gruppe muß abgespalten werden; alle diese Reaktionen liegen durchaus im Bereiche der Möglichkeit[3]. Die Versuche aber, durch Zugabe von Tyrosin zu Nebennierenbrei zu Adrenalin zu gelangen, sind fehlgeschlagen[4]; Nebennierenbrei bildet nicht einmal aus Dioxyphenyläthylmethylamin das Adrenalin, d. h. die Zellen des zerkleinerten Organes können nicht einmal die alkoholische OH-Gruppe in die Seitenkette einfügen.

Oben wurden Beobachtungen erwähnt (S. 215), die darauf hinweisen, daß das Dioxyphenylalanin eine Vorstufe des Adrenalins ist. Diese Substanz ist aber bisher nur aus Pflanzen (Vicia faba)[5] und aus niederen Tieren (Maikäferflügel)[6] erhalten worden. Sie wird bei der Einwirkung von Tyrosinase auf Tyrosin gebildet[5]. Nebennierenbrei erwies sich aber als nicht befähigt, aus Dioxyphenylalanin Adrenalin zu bilden[8]. Ob

---

[1] TSCHEBOKSAROFF, M.: Pflügers Arch. 137, 59 (1910). — KAHN, R. H.: Ebenda 140, 209 (1911). — ELLIOTT, T. R.: J. of Physiol. 44, 374 (1912). — PFEIFFER, H.: Z. exper. Med. 10, 1 (1919) u. a.

[2] ELLIOTT, T. R., u. J. TUCKETT: J. of Physiol. 34, 332 (1906). — BATTELLI, M. J., u. S. ORNSTEIN: C. r. Soc. Biol. 61, 677 (1906). — BORBERG, N. C.: Skand. Arch. Physiol. 28, 91 (1913). — STEWART, G. N., u. J. M. ROGOFF: J. of exper. Med. 23, 757 (1916). — KURIYAMA, S.: J. of biol. Chem. 34, 299 (1918).

[3] KNOOP, F.: Ber. dtsch. chem. Ges. 52, 2266 (1919); 53, 716 (1920).

[4] Siehe EWINS, A. J., u. P. P. LAIDLAW: J. of Physiol. 40, 275 (1910).

[5] GUGGENHEIM, M.: Z. physiol. Chem. 88, 276 (1913). — MILLER, E. R.: J. of biol. Chem. 44, 481 (1920).

[6] SCHMALFUSS, H.: Naturwiss. 15, 453 (1927).

[7] RAPER, H. ST.: Biochemic. J. 20, 735 (1926).

[8] FUNK, C.: J. of Physiol. 43, IV (1911/12).

die intakt gelassene, künstlich durchströmte Nebenniere aus Dioxyphenylalanin Adrenalin bildet, ist noch zu untersuchen; aus Tyrosin bildet sie anscheinend kein Adrenalin[1].

Die im Körper belassene Nebenniere kann das abgegebene Adrenalin offenbar sehr schnell wieder ersetzen. Man kann nämlich durch wiederholte Splanchnicusreizungen aus den Nebennieren Adrenalinmengen auswerfen, die den ursprünglichen Vorrat sicher übertreffen, und nach Splanchnicusreizen findet man keine Abnahme des Adrenalingehaltes der Nebennieren[2]. Ebenso kann man durch chemische Reizungen der Nebennieren diesen viel Adrenalin entziehen, ohne daß eine Erschöpfung eintritt[3]. Sogar die überlebend durchströmte Nebenniere kann anscheinend aus einer unbekannten Vorstufe Adrenalin bilden[4].

XVIII. Allgemeine pharmakologische Wirkungen des Adrenalins.

A. Beziehungen zum autonomen Nervensystem.

Die pharmakologischen Wirkungen des Adrenalins sind im ganzen besser durchforscht als die irgendeines anderen inneren Sekretes, ja besser als die der allermeisten sonstigen, z. T. viel länger bekannten Heilmittel. So bestehen über die pharmakologischen Eigenschaften dieser Substanz erfreulich wenig Widersprüche und ihre Zahl würde noch geringer sein, wenn die Untersucher den Vorteil, diese Substanz stets in chemisch reiner Form anwenden zu können, stets wahrgenommen hätten.

Bei manchen der Versuche ist das Ergebnis dadurch beeinträchtigt, daß stark saure oder chloretonhaltige Handelspräparate angewandt wurden. Chloreton ist aber ein starkes Gift für die glatten Muskeln. Auch fehlen oft bei Experimenten, in denen hohe Adrenalinkonzentrationen zur Anwendung kamen, Kontrollversuche mit äquimolekularen Brenzkatechinlösungen.

Die für Adrenalin charakteristische Eigenschaft ist die Beziehung seiner Wirkungen zum sympathischen Nervensystem. LEWANDOWSKY[5] erkannte diese als erster in Versuchen am Auge: die Pupille erweitert sich, die Lidspalte öffnet sich, die Nickhaut zieht sich zurück, der Augapfel tritt vor, alles wie bei einer Reizung des Halssympathicus. Diese

---

[1] NIKOLAEFF, M. P.: Z. exper. Med. **42**, 213 (1924).
[2] STEWART, G. N., u. Mitarb.: J. of Pharmacol. **8**, 205 (1916). — BORBERG, N. C.: Skand. Arch. Physiol. **28**, 91 (1913). — ELLIOTT, T. R.: J. of Physiol. **44**, 374 (1912); **46**, 285 (1913). — KAHN, R. H.: Pflügers Arch. **140**, 209 (1911).
[3] COW, D. V., u. W. E. DIXON: J. of Physiol. **56**, 42 (1922).
[4] KUSNETZOW, A. J.: Z. exper. Med. **56**, 92 (1927).
[5] LEWANDOWSKY, M.: Zbl. Physiol. **12**, 599 (1898); **14**, 433 (1901); Arch. f. Physiol. **1899**, 360.

sympathicusartige Wirkung wurde später wohl an allen sympathisch innervierten Organen festgestellt. Besonders klar ist sie an solchen Organen zu erkennen, die je nach der Tierart, der sie entstammen, oder je nach dem funktionellen Zustand auf die Reizung der innervierenden sympathischen Nerven verschieden reagieren, das eine Mal mit Hemmung, das andere Mal mit Erregung. Immer deckt sich die Art der Funktionsänderung, die Adrenalin bewirkt, mit der nach Reizung des Sympathicus beobachteten. So erschlafft der Uterus der nichtgraviden und nichtpuerperalen Katze nach beiden Eingriffen, während der gravide und puerperale Katzenuterus erregt wird.

Statt hier die zahlreichen Parallelismen zwischen Adrenalin- und Sympathicusreizwirkung näher aufzuzählen, seien die Fragen erörtert, ob es sympathisch innervierte Organe gibt, die adrenalinunempfindlich sind, ob andererseits Adrenalin auf nicht vom Sympathicus versorgte Organe wirksam sein kann, ob schließlich auch parasympathicusartige Wirkungen zu beobachten sind.

Daß Adrenalin auf vom Sympathicus abhängige Organe unwirksam wäre, ist nicht beobachtet worden. Besonders bei den verschiedenen glatten Muskeln deckt sich die Adrenalinwirkung mit der Sympathicuswirkung. So werden die einzigen gegen Adrenalin anscheinend refraktären Gefäße, die Placentagefäße, nicht vom Sympathicus versorgt.

Eine Zeitlang sah man in der Tatsache, daß Adrenalin die zweifellos sympathisch innervierten Schweißdrüsen mancher Säugetiere, z. B. der Katzen, nicht erregt, eine wichtige Ausnahme der Regel, daß Adrenalin so wirkt wie ein Sympathicusreiz. Aber es handelt sich hierbei nicht um eine generelle Ausnahme, denn bei manchen Säugetierspezies, z. B. den Pferden, beobachtet man nach Adrenalininjektionen heftige Schweißausbrüche[1].

So handelt es sich bei dem scheinbaren Refraktärsein der Schweißdrüsen der Katze wohl nur um eine verhältnismäßig sehr geringe Empfindlichkeit. Es sind auch andere, vom Sympathicus leicht zu beeinflussende Organe, wie die Tunica dartos der Katze und die Arrectores pilorum, durch Adrenalin nur schwer zu beeinflussen.

Gegen die Berechtigung der Annahme, daß das Adrenalin nur auf sympathisch innervierte Organe einwirkt, scheint der Ausfall einiger Versuche an embryonalen, noch nicht von Sympathicusfasern versorgten Herzen und Blutgefäßen zu sprechen. Nach v. TSCHERMAK[2] beschleunigt Adrenalin bei Fischembryonen die Schlagfolge des noch nervenfreien Herzens und fördert ihre Zusammenziehung, doch vermißte SCOTT-MACFIE[3] bei 48—72 Stunden alten Hühnerembryonen und BIEDL[4] sowie FUJII[5] bei den gleichen Objekten vor dem 4.—7. Lebenstage, d. h. vor dem Einwachsen der Nerven, jede Adre-

---

[1] MUTO, K.: Mitt. med. Fak. Tokyo, **15**, 365 (1915). — FRÖHNER, E.: Mh. prakt. Tierheilk. **26**, 10 (1915). — HABERSANG: Ebenda **32**, 127 (1921).
[2] v. TSCHERMAK, A.: Sitzgsber. ksl. Akad. Wiss. Abt. III, **118**, 17 (1909).
[3] SCOTT-MACFIE, J. W.: J. of Physiol. **30**, 264 (1904).
[4] BIEDL, A.: Inn. Sekr., 2. Aufl., **1**, 470 (1913).
[5] FUJII, M.: Jap. J. med. Sci. Trans. IV, Pharmac., **1**, No 3 (1927).

nalinwirkung. Die Gefäße des Hühnerembryos sollen nach KÖNIGSTEIN[1] durch Auftropfen von Nebennierenauszug zur Verengerung gebracht werden, ehe Nervenfasern nachweisbar sind. LANGLEY[2] gibt schließlich an, daß das nervenfreie Amnion des Hühnchens in seiner Rhythmik durch Adrenalin gehemmt werde.

Dieser kurze Überblick zeigt also, daß die Frage nach der Wirkung des Adrenalins auf nicht sympathisch innervierte periphere Organe noch nicht zu beantworten ist. Im ganzen ist der Parallelismus der Adrenalin- und der Sympathicuswirkung gewahrt und die Zahl der z. T. noch näher zu untersuchenden Ausnahmen zweifellos gering.

Am Kaltblüter kann Adrenalin auch eine gewisse parasympathicusartige Erregung äußern. Nach LUCKHARDT und CARLSON[3] hat Adrenalin auf die Lungengefäße des Frosches und der Schildkröte einen verengernden Einfluß, obwohl diese Gefäße nach ihnen keine sympathischen, sondern parasympathische Konstriktoren erhalten.

Beim Fleischfresser wirken kleine Adrenalinmengen in der Narkose blutdrucksenkend. Da parasympathisch wirkende Gifte wie Acetylcholin ebenfalls blutdruckherabsetzend wirken, könnte auf einen Angriff des Adrenalins an parasympathischen (hypothetischen) Gefäßerweiterern geschlossen werden. Aber während Atropin die Acetylcholinblutdrucksenkung aufhebt, ist dies mit der Adrenalinblutdrucksenkung nicht der Fall[4].

Die parasympathicusartige Erregung nach Adrenalin wird am isolierten Froschherzen nach PICK und Mitarb.[5] dadurch vermehrt, daß man entweder die Erregbarkeit in den parasympathischen Bahnen steigert (etwa durch unterschwellige Gaben von Acetylcholin, Neurin, durch Ca-Mangel), oder daß man den Sympathicus durch Ergotoxin oder Nikotin lähmt. In diesen Fällen hat Adrenalin eine vagusartig hemmende Wirkung, die durch Atropin leicht beseitigt werden kann.

Eine ähnliche Verschiebung des Adrenalinangriffes von dem Sympathicus zum Parasympathicus scheint auch an den Blutgefäßen des Frosches möglich zu sein (doch ist deren parasympathische Innervation noch nicht bewiesen) und am isolierten Warmblüterdarm zu gelingen. Nach Erregung der Vagusenden am isolierten Darme durch Acetylcholin soll Adrenalin vagusartig erregen[5].

---

[1] KÖNIGSTEIN, L.: nach BIEDL, S. 458.
[2] LANGLEY, J. N.: J. of Physiol. **33**, 406 (1905). — Siehe auch BAUR, M.: Arch. f. exper. Path. **134**, 49 (1928).
[3] LUCKHARDT, A. B., u. A. J. CARLSON: Amer. J. Physiol. **56**, 72 (1921).
[4] HUNT, REID: Amer. J. Physiol. **45**, 197, 231 (1918).
[5] KOLM, R., u. E. P. PICK: Pflügers Arch. **184**, 79 (1920); **189**, 137 (1921). — AMSLER, C.: Ebenda **185**, 86 (1920). — CORI, K.: Arch. f. exper. Path. **91**, 130 (1921). — Siehe auch MACHIELA, J.: Z. exper. Med. **14**, 287 (1921). — BARLOW, O. W.: J. of Pharmacol. **32**, 93 (1928).

Allgemeine pharmakologische Wirkungen des Adrenalins. 229

Während Adrenalin allein den ausgeschnittenen Kaninchendarm nur hemmt und Physostigmin ihn kurz erregt und dann hemmt, wirkt ein Gemisch von Adrenalin und Physostigmin sehr stark spastisch erregend und nicht mehr hemmend[1]. Ebenso wirken kleinste Adrenalinmengen, einem Hunde in die Vene gespritzt, nach Physostigmin viel häufiger und stärker erregend auf den Dünndarm als ohne diese Vorbehandlung mit Physostigmin[2]. Ebenso kann man am narkotisierten Hunde nach Vorbehandlung mit Physostigmin durch Adrenalin eine durch Vagotomie nicht aufhebbare Pulsverlangsamung erzielen[3] und kleine intravenöse Adrenalinmengen verlieren nach einer Physostigmingabe ihre die Magenperistaltik des Hundes schwächende Wirkung, sie fördern nun die Peristaltik[4]. Leider fehlen in diesen letztgenannten Arbeiten antagonistische Versuche mit Atropin; aber auch ohne diese scheint es wahrscheinlich, daß unter den genannten Bedingungen das Adrenalin auf den Parasympathicus erregend wirkt.

Durch Lähmung der sympathischen Endigungen im Herzen mit Ergotoxin gelingt es dagegen nicht, eine parasympathische Adrenalinwirkung auf die Pulsfrequenz auszulösen[5].

In vielen Arbeiten finden sich Angaben, daß nach der intravenösen Einspritzung von Adrenalin oder Nebennierenauszügen die parasympathische Peripherie gelähmt werde. Der Vagusreiz und Depressorreiz machen auf der Höhe der Blutdrucksteigerung keine Herzhemmung mehr[6], die Reizung der Nervi erigentes ist ohne Einwirkung auf die Geschlechtsorgane[7] usw. Aber eine echte Lähmung liegt nicht vor, sondern die starke Erregung der Endigungen des an den betreffenden Organen dem Parasympathicus entgegenwirkenden Sympathicus durch das Adrenalin schwächt den Effekt der Parasympathicusreizung bis zur Wirkungslosigkeit ab. Denn an Organen, bei denen der Antagonismus Sympathicus: Parasympathicus fehlt, wie an der Speicheldrüse, ist keine Lähmung des Parasympathicus durch Adrenalin zu erhalten[8].

Die Ganglienzellen des Sympathicus enthalten, wie oben erwähnt wurde, oft Einschlüsse von Adrenalin. Dafür, daß dies Adrenalin auf die Ganglienzellen einwirkt, besteht kein sicherer Anhaltspunkt. Denn nach ELLIOTT[9] und CHEN und MEEK[10] ist das Auftropfen von Adrenalin-

---

[1] ANITSCHKOW, S. W., u. W. W. ORNATSKI: Z. exper. Med. 44, 622 (1925).
[2] HEINEKAMP, W. J. R.: J. Labor. a. clin. Med. 11, No 11 (1926).
[3] Ders.: J. of Pharmacol. 26, 385 (1925).
[4] Ders.: J. Labor. a. clin. Med. 11, 1062 (1926).
[5] DALE, H. H.: J. of Physiol. 34, 163 (1906). — GOURFEIN, D.: C. r. Acad. Sci. 121, 311 (1895).
[6] OLIVER, G., u. E. A. SCHÄFER: J. of Physiol. 17, IX (1895). — Y. CYON, E.: Pflügers Arch. 74, 97 (1899). — OSWALD, A.: Pflügers Arch. 164, 506 (1916). — KURODA, M., u. Y. KUNO: J. of Physiol. 50, 154 (1915). — LANGECKER, H.: Arch. f. exper. Path. 106, 1 (1925) u. a.
[7] ELLIOTT, T. R.: J. of Physiol. 32, 401 (1905).
[8] LANGLEY, J. N.: J. of Physiol. 27, 237 (1901/02).
[9] ELLIOTT, T. R.: J. of Physiol. 32, 401 (1905).
[10] CHEN, K. K., u. W. J. MEEK: J. of Pharmacol. 28, 59 (1926).

lösungen (1:1000) auf das oberste Halsganglion oder auf das Ganglion stellatum ohne Wirkung auf die Pupillenweite bzw. den Herzschlag. So besteht wenig Wahrscheinlichkeit, daß die Annahme HARTMANS[1], die Gefäßwirkung des Adrenalins sei zum wesentlichen Teil durch einen Angriff an den Ganglien der sympathischen Vasomotoren bedingt, zu Recht besteht.

Die Erregbarkeit des sympathischen Nerven scheint durch Adrenalin nicht erhöht zu werden. Einige Untersucher fanden hingegen eine Herabsetzung der Erregbarkeit des Accelerans beim Hunde[2]. Ein Nachlassen der Erregbarkeit der sympathischen Nervenenden nehmen auch BAUER und FRÖHLICH[3] auf Grund von Versuchen am Froschgefäßpräparat an.

B. Beziehungen zum Zentralnervensystem.

Man hat eine große Arbeit darauf verwandt, zu entscheiden, ob die zentralnervösen Symptome, die nach intravenösen Adrenalineinspritzungen zu beobachten sind, wie die Änderung der Atemtiefe, die Verlangsamung des Pulses durch zentrale Erregung des Vaguskernes, auf eine unmittelbare Adrenalinwirkung oder auf eine mittelbare Beeinflussung durch Veränderung der Blutversorgung zurückzuführen sind.

Diese Frage ist experimentell sehr schwer zu entscheiden. Eine Reihe von Beobachtungen spricht zugunsten der Annahme, daß das Vaguszentrum, unabhängig von der Änderung der Hirndurchblutung, durch Adrenalin direkt erregt wird. So konnte HEINEKAMP[4] zeigen, daß der isoliert vom übrigen Körper durchströmte Kopf einer Schildkröte bei Adrenalinzusatz zur Durchströmungsflüssigkeit durch die Vagi, welche als einzige Verbindung zwischen dem Kopf und dem Herzen des Tieres noch vorhanden sind, pulsverlangsamende Erregungen sendet. Zu der gleichen Schlußfolgerung, daß Adrenalin das Vaguszentrum unmittelbar erregt, kamen auch BROWN[5] sowie ANREP und SEGALL[6], welch letztere Adrenalin auf ein Herz-Lungen-Kopfpräparat einwirken ließen.

---

[1] HARTMAN, FR. A., u. Mitarb.: Amer. J. Physiol. **46**, 168, 502, 521 (1918); J. of Pharmacol. **13**, 417 (1919).

[2] ELLIOTT. — HOSKINS, R. G., u. D. N. ROWLEY: Amer. J. Physiol. **37**, 471 (1915). — v. FRANKL-HOCHWART, L., u. A. FRÖHLICH: Arch. f. exper. Path. **63**, 347 (1910). — HUNT, R.: Amer. J. Physiol. **2**, 395 (1899). — BESEMERTNY, CH.: Z. Biol. **47**, 400 (1906). — SOLLMANN, T., u. O. W. BARLOW: J. of Pharmacol. **29**, 233 (1926).

[3] BAUER, S., u. A. FRÖHLICH: Arch. f. exper. Path. **84**, 33 (1919).

[4] HEINEKAMP, W. J. R.: J. of Pharmacol. **14**, 17, 327 (1920); **19**, 131 (1922). — Siehe dagegen BUSCH, A. D.: Ebenda **15**, 297 (1920).

[5] BROWN, E. D.: J. of Pharmacol. **8**, 195 (1916). — Siehe auch HEYMANS, J. F., u. C. HEYMANS: Arch. internat. Pharmaco-Dynamie **32**, 9 (1926). — HEYMANS, C., u. A. LADON: Ebenda **30**, 415 (1925).

[6] ANREP, V., u. SEGALL: J. of Physiol. **61**, 215 (1926).

HEYMANS[1] bewies jedoch neuerdings, daß die Erregung des Vaguszentrums reflektorisch von dem durch die Hypertension gedehnten Sinus caroticus aus erfolgt.

Die Frage, ob Adrenalin auch dann eine Wirkung auf die Gefäßzentren ausübt, wenn die Blutdrucksteigerung durch geeignete Versuchsanordnungen ausgeschaltet worden war, wird verschieden beantwortet. Nach FoÀ u. a.[2] bestehen keine sicheren Anzeichen dafür, daß das Adrenalin auf die Vasomotorenzentren unmittelbar einwirkt.

Ob Adrenalin das Atemzentrum unmittelbar beeinflußt, ist nicht zu entscheiden. Die Atmungshemmung ist kein reiner Effekt der Blutdruckerhöhung, denn nach ROBERTS[3] fehlt sie nicht, wenn man die Blutdruckerhöhung durch eine Kompensationsvorrichtung ausgeglichen hat. Die Injektion von Adrenalin in den 4. Ventrikel lähmt die Atmung nicht[4]. So scheint Adrenalin durch eine Abdrosselung der Blutzufuhr zum Atemzentrum lähmend zu wirken.

C. Beziehungen zu den sensiblen und motorischen Nerven.

Auf den sensiblen und motorischen Nervenstamm ist Adrenalin wirkungslos[5]; auf die motorischen Endapparate in der quergestreiften Muskulatur scheinen schwache Lösungen ein wenig erregbarkeitssteigernd, starke Lösungen kurarinartig zu wirken (siehe S. 243).

D. Lage des Angriffs des Adrenalins.

Es ist bisher nicht möglich gewesen, sicher zu entscheiden, ob Adrenalin an Nervenelementen oder an der innervierten Zelle selbst angreift. Trotz vieler Arbeit stehen unsere Kenntnisse auch heute noch bei den alten Feststellungen von LEWANDOWSKY, ELLIOTT und anderen[6], die nachwiesen, daß der Angriff des Adrenalins peripher von den Elementen liegt, die nach der Degeneration der Nerven zugrunde gehen. Auf die Blutgefäße, die Iris, den Uterus usw. wirkt Adrenalin noch Wochen oder Monate nach der Durchtrennung der zugehörenden, postganglio-

---

[1] HEYMANS, C. u. L. REMOUCHAMPS: Mém. Ac. roy. Méd. Belg. **32** (1927). — HEYMANS, C., Arch. internat. Pharmaco-Dynamie **35**, 269 (1929).
[2] SALVIOLI, J.: Arch. ital. de Biol. **37**, 383 (1902). — PILCHER, J. D., u. T. SOLLMANN: J. of Pharmacol. **6**, 339 (1914/15). — KOLM, R., u. E. P. PICK, Arch. f. exper. Path. **87**, 135 (1920). — FoÀ, C.: Arch. internat. Physiol. **17**, 229 (1922). — ANREP, V., u. E. H. STARLING: Proc. roy. Soc. B. **97**, 463 (1925).
[3] ROBERTS, R.: J. of Physiol. **55**, 346 (1921); **56**, 101 (1922). — Siehe auch HEYMANS u. HEYMANS. — BOUCKART, J.: Arch. néerl. Physiol. **7**, 285 (1922).
[4] PENTIMALLI, F.: Arch. Sci. med. **37**, 83 (1913).
[5] SOLLMANN, T.: J. of Pharmacol. **10**, 379 (1917/18); **11**, 1, 9, 17, 69 (1918).
[6] LEWANDOWSKY, M.: Arch. f. Physiol. **1899**, 360. — ELLIOTT, T. R.: J. of Physiol. **32**, 401 (1905). — MELTZER, S. J. u. CL.: Amer. J. Physiol. **9**, 147 (1903). — LANGLEY, J. N., u. R. MAGNUS: J. of Physiol. **32**, 34 (1905/06). — OGATA, S.: J. of Pharmacol. **18**, 185 (1921) u. a.

nären, sympathischen Nervenfasern. Auf die vielen Beobachtungen, die zur Stützung eines nervösen und auf der anderen Seite eines muskulären Angriffes herangezogen wurden, näher einzugehen, erübrigt sich, zumal da aus dem antagonistischen Verhalten anderer Gifte keine bindenden Schlüsse über den Angriffsort gezogen werden können[1]. Nur eine Beobachtung ist von größerer Wichtigkeit. DALE[2] fand, daß das Ergotoxin des Mutterkornes, wie die fördernden Wirkungen einer Sympathicusreizung auch die fördernden Adrenalinwirkungen aufheben kann. Also kann mit ihm gefolgert werden, daß das Adrenalin an den Elementen angreift, die nach der Sympathicusdegeneration lebensfähig bleiben, aber durch Ergotoxin ausgeschaltet werden. Daß diese Elemente sich morphologisch von der Muskelzelle trennen lassen („Myoneural junction" von BRODIE und DIXON), ist eine unbewiesene Hypothese.

E. Wesen der Adrenalinwirkung.

Adrenalin wirkt, wie wir sahen, auf die sympathisch innervierten Organe so wie eine elektrische Reizung der die Organe innervierenden Sympathicusfasern. Diese Übereinstimmung soll nach ZONDEK[3] darauf zurückzuführen sein, daß beide Eingriffe die gleiche Störung des Kationengleichgewichtes in der Zelle verursachen, und zwar sollen sie die gleichen Änderungen der Funktionen herbeiführen wie eine Verschiebung des Ca-K-Gleichgewichtes zugunsten des Ca.

Aber es bestehen so viele Ausnahmen[4] jener angeblichen Gesetzmäßigkeit, nach der Adrenalin und Calziumüberschuß gleiche Wirkungen äußern, daß die ZONDEKsche Theorie als zu weitgehend abgelehnt werden muß.

Die Wirkung des Adrenalins auf sympathisch innervierte Organe ist durch drei Tatsachen charakterisiert.

Erstens tritt die Wirkung fast ohne meßbare Latenzzeit ein; schon die erste Pendelbewegung eines ausgeschnittenen Darmstückes fällt nach dem Zusatz des Mittels kleiner aus.

Zweitens ist die Stärke der Wirkung abhängig von der Konzentration. Sorgt man dafür, daß die Adrenalinkonzentration im arteriellen Blut eine konstante ist, so bekommt man lange Zeit hindurch eine konstante Blutdruckerhöhung.

Drittens geht die Wirkung glatt und rasch vorüber, sobald das Mittel fortgewaschen wird.

---

[1] Siehe hierzu MAGNUS, R.: Pflügers Arch. **123**, 99 (1908).
[2] DALE, H. H.: J. of Physiol. **34**, 163 (1906).
[3] ZONDEK, S. G.: Dtsch. med. Wschr. **1921**, Nr 10. — Klin. Wschr. **2**, 382 (1923). — Siehe auch BURRIDGE, W.: J. of Physiol. **48**, I, XXXIX, LX, LXI (1914).
[4] Siehe bei JENDRASSIK, L., u. A. CZIKE: Biochem. Z. **193**, 208 (1928). — EHRISMANN, O.: Arch. f. exper. Path. **134**, 247 (1928).

Hiernach scheint Adrenalin ein reines Konzentrationsgift zu sein. Die Abhängigkeit der Wirkungsstärke von der einwirkenden Konzentration wurde von WILKIE[1] näher untersucht. Er fand das Maß der an glatten Muskeln entwickelten Spannung bzw. Verkürzung bestimmt durch die Formel:

$$K \cdot x = \frac{y}{a-y}$$

wobei x die Konzentration, a das mögliche Maximum der Wirkung und y die erreichte Wirkung bezeichnet; K ist eine für die einzelnen Organe, an denen die Versuche angestellt wurden, verschieden große Konstante.

Einige Beobachtungen scheinen aber zu beweisen, daß Adrenalin als „Potentialgift" wirkt, d. h., daß es nur solange wirkt, als es in die Zelle eindringt, und daß nach erfolgtem Ausgleich des Adrenalingefälles zwischen Zellumgebung und Zellinnerem die Wirkung aufhört. So läßt am Ohrgefäßpräparat die verengende Wirkung bei dauernder Adrenalindurchströmung allmählich nach[2], und am isolierten Kaninchendarm geht bei dauernder Adrenalineinwirkung die Unterdrückung der Pendelbewegungen bald teilweise vorüber[3].

Wäre Adrenalin tatsächlich ein Potentialgift, so müßte nach länger anhaltender Einwirkung der nun geschwundene Adrenalineffekt beim Fortwaschen der Adrenalinlösung wieder eintreten. Dies ist aber entgegen einigen früheren Angaben[4] am Kaninchendünndarm, der das geeignetste Organ zum Studium dieser Frage ist, nicht der Fall[5].

Wahrscheinlich wirkt Adrenalin an einigen Organen deshalb nur vorübergehend hemmend, weil die Hemmung durch irgendwelche unbekannte Vorgänge sekundäre Erregungen auslöst. Der mit Adrenalin behandelte Kaninchendarm kann z. B. starke Erregungserscheinungen sowohl vor wie nach dem Auswaschen des Adrenalins zeigen[6]. Vielleicht werden umgekehrt bei solchen glatten Muskeln, die durch Adrenalin gefördert werden, allmählich hemmende Einflüsse mobil gemacht.

Daß Adrenalin im lebenden Organismus sich nicht wie ein Potentialgift verhält, folgt aus der erwähnten Tatsache, daß man bei Dauerinfusionen in die Vene, die wie weiter unten zu zeigen ist, zu einer dauernd gleichmäßig bleibenden Konzentration im Blut und in den Geweben

---

[1] WILKIE, D.: J. of Pharmakol. **34**, 1 (1928).
[2] KUDRJAWZEW, N. N.: Z. exper. Med. **41**, 114 (1924). — Siehe auch BAUER, J., u. A. FRÖHLICH: Arch. f. exper. Path. **84**, 33 (1919).
[3] JENDRASSIK, L., u. E. MOSER: Biochem. Z. **151**, 94 (1924).
[4] KUYSER, A., u. J. A. WIJSENBEEK: Pflügers Arch. **154**, 16 (1913). — JENDRASSIK u. MOSER. — SCHKAWERA, G. J., u. B. S. SENTJURIN: Z. exper. Med. **44**, 692 (1925). — STUBER, B., u. E. A. PROEBSTING: Ebenda **40**, 263 (1924).
[5] FRITZ, G.: Pflügers Arch. **220**, 495 (1928).
[6] JENDRASSIK u. MOSER. — FRITZ.

führen muß, eine dauernde Einstellung des Blutdrucks auf ein gleichbleibendes Niveau erhält[1].

Beim intakten Tier klingt die Adrenalinwirkung an den einzelnen Organen verschieden rasch ab: Z. B. hält die Wirkung auf Uterus, Milz und besonders Iris wesentlich länger an als auf den Blutdruck. Die Erregbarkeit der Organe kehrt auf den Ausgangswert zurück, so daß man bei wiederholten Einspritzungen immer wieder annähernd die gleichen Wirkungen erzielt.

An ausgeschnittenen Organen scheint unter Umständen eine „Ermüdung" vorkommen zu können, es wurde schon auf die hierher gehörenden Beobachtungen an künstlich durchströmten Gefäßpräparaten hingewiesen.

XIX. Allgemeine Bedingungen der Adrenalinwirkung.

a) Abhängigkeit vom Tonus.

Durch sehr viele Eingriffe läßt sich die erregende Wirkung, die Adrenalin auf ein Organ äußert, in eine Hemmung umkehren. Bei einigen dieser Eingriffe ist diese Umkehr offenbar von der durch den Eingriff bewirkten Erhöhung des Tonus der betreffenden glatten Muskeln abhängig.

So ist die Stärke der Blutdrucksenkung, die bei narkotisierten Fleischfressern nach kleinen Adrenalingaben eintritt, vom Gefäßmuskeltonus abhängig; je höher der Tonus, um so deutlicher die Blutdrucksenkung[2]. Je nach der Höhe des Tonus kann weiter Adrenalin auf den Schildkrötenvorhof[3] tonussenkend oder fördernd wirken, gleiches wurde am Magen der Fleischfresser[4] beobachtet, sowie an der Blase des Kaninchens[5], an den Blutgefäßen des Frosches[6], am Warmblüterherzen[7], an den Warmblüterblutgefäßen[8] und am Kropfmuskel der Taube[9].

Adrenalin scheint also häufig die Länge der vom Sympathicus sowohl mit fördernden wie mit hemmenden Fasern versorgten glatten Muskeln in der Richtung zu verändern, die der gerade bestehenden Längenausdehnung entgegengesetzt ist.

---

[1] STRAUB, W.: Sitzgsber. physik.-med. Ges. Würzburg, **1907**. — KRETSCHMER, W.: Arch. f. exper. Path. **57**, 423 (1907).
[2] CANNON, W. B., u. H. LYMAN: Amer. J. Physiol. **31**, 376 (1912—13).
[3] SNYDER, CH. D., u. E. C. ANDRUS: J. of Pharmacol. **14**, 1 (1920).
[4] BROWN, G. L., u. B. A. McSWINEY: Amer. J. Physiol. **61**, 261 (1926).
[5] STREULI, H.: Biochem. Z. **66**, 167 (1915).
[6] STUBER, B., u. E. A. PROEBSTING: Z. exper. Med. **40**, 263 (1924). — SCHILF, A., u. Mitarb.: Biochem. Z. **156**, 206 (1925). — Pflügers Arch. **210**, 697 (1925).
[7] GRUBER, CH. M., u. S. J. ROBERTS: Amer. J. Physiol. **76**, 508 (1925).
[8] VINCENT, S., u. J. H. THOMPSON: J. of Physiol. **65**, 449 (1928).
[9] HANZLIC, P. J., u. E. M. BUTT: J. of Pharmacol. **33**, 387, 483 (1928).

b) Abhängigkeit von der Erregbarkeit der sympathisch innervierten Organe.

Die sehr merkwürdige Tatsache, daß die Wirkung des Adrenalins auf sympathisch innervierte Organe nach der Durchtrennung der postganglionären sympathischen Bahn oder nach der Entfernung des zugehörenden sympathischen Ganglions stark zunimmt, beobachteten zuerst AUER und MELTZER[1] sowie ELLIOTT[2] an der Säugetieriris. Diese Empfindlichkeitssteigerung tritt nicht sofort nach jenen Eingriffen sondern erst nach 1—2 Tagen ein.

Bei der Katze dauert es z. B. nach der Durchschneidung des Nervus ciliaris longus oder der Herausnahme des obersten Halsganglions rund 24 Stunden, bis die Iris auf Adrenalin abnorm stark anspricht. Viel längere Zeit noch nimmt das Zustandekommen der Überempfindlichkeit in Anspruch, wenn die präganglionären Fasern im Halssympathicus oder in den Rami communicantes zwischen C1 bis C8 durchtrennt werden, nämlich 5—7 bzw. 12—17 Tage[3].

Die einmal eingetretene Empfindlichkeitssteigerung hält dauernd an, doch soll sie mit der Zeit wieder etwas geringer werden. Sie ist besonders ausgesprochen an der Iris, deren Empfindlichkeit eine so große wird, daß am entnervten Auge 16—40 mal kleinere Mengen pupillenerweiternd wirksam sind[4]. Weniger ausgesprochen ist die Empfindlichkeitszunahme am Darm (Abb. 39) und an den Blutgefäßen des Warm-

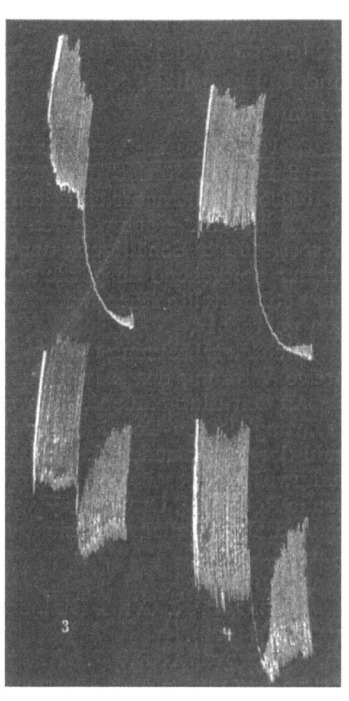

Abb. 39. Wirkung von Adrenalin 1:12,5 Millionen (links) und 1:6 Millionen (rechts) auf den überlebenden Kaninchendarm. Oben: 30 Stunden zuvor entnervtes Darmstuck. Unten: Normales Darmstuck. (Nach Shimidzu und Trendelenburg.)

---

[1] MELTZER, S. J., u. CL. MELTZER-AUER: Amer. J. Physiol. **11**, 28, 37, 40 (1904). — Zbl. Physiol. **17**, 651, 652 (1904).

[2] ELLIOTT, T. R.: J. of Physiol. **31**, XXI (1904). — Siehe auch JOSEPH, DON R.: J. of exper. Med. **15**, 644 (1912). — MATTIROLO, G., u. C. GAMNA: Arch. ital. de Biol. **59**, 193 (1913).

[3] BYRNE, J.: Amer. J. Physiol. **56**, 113, (1921); **59**, 369 (1922); **61**, 93 (1922); **77**, 509 (1926).

[4] GITHENS, T. S.: J. of exper. Med. **25**, 323 (1917). — KELLAWAY, C. H., u. S. J. COWELL: J. of Physiol. **57**, 82 (1922). — SHIMIDZU, K.: Arch. f. exper. Path. **104**, 254 (1924).

blüters[1]. Nachgewiesen wurde sie weiter an den Froschgefäßen[2], am glatten Muskel des Penis und des Haarschaftes[3], am Uterus[4] sowie an der Nickhaut und dem Lidmuskel[5].

c) **Abhängigkeit vom Kationen- und Anionengehalt der die Zellen umgebenden Flüssigkeit.**

Eine kaum mehr zu übersehende Reihe von Arbeiten beschäftigte sich mit dem Einfluß der Salze und der Reaktion auf die Stärke und Dauer der Adrenalinwirkung. Hier seien nur die wichtigeren der Feststellungen wiedergegeben; sie bringen eine Menge von Widersprüchen und Unklarheiten, so daß sich einstweilen kaum eine Gesetzmäßigkeit erkennen läßt.

Calcium. Eine Vermehrung des Ca-Gehaltes der ein Froschherz speisenden Salzlösung fördert die systolische Wirkung des Adrenalins, es kann eine systolische Contractur eintreten[6]. Hiernach scheint Adrenalin ein Synergist des Ca zu sein. Nach anderen Feststellungen kann die durch Ca-Überschuß herbeigeführte Schädigung der Tätigkeit des Froschherzens durch Adrenalin wieder weitgehend ausgeglichen werden[7]. Doch wird das durch Ca-Mangel ganz stillgestellte Herz durch Adrenalin in der Regel nicht wieder zum Schlagen gebracht[8].

Eine Herabsetzung des Ca-Gehaltes begünstigt die obenerwähnte vagusartige Wirkung des Adrenalins auf das Froschherz[9].

An den Blutgefäßen des Frosches und des Warmblüters wurde nach Vermehrung des Ca-Gehaltes der durchströmenden Flüssigkeit von der Mehrzahl der Untersucher eine Abschwächung oder auch Umkehrung der Adrenalinwirkung gesehen[10], andere weisen der Ca-Vermehrung eine sensibilisierende Rolle zu[11], OKUYAMA[12] vermißte jeden eindeutigen Einfluß: man sieht, es sind alle möglichen Ansichten vertreten.

---

[1] SHIMIDZU.
[2] PEARCE, R. G.: Z. Biol. **62**, 243 (1913). — OKUYAMA, Y.: Biochem. Z. **175**, 18 (1926).
[3] ELLIOTT, T. R.: J. of Physiol. **32**, 401 (1905).
[4] OGATA, S.: J. of Pharmacol. **18**, 185 (1921).
[5] MELTZER, S. J.: Amer. J. Physiol. **11**, 37 (1904).
[6] LIBBRECHT, W.: Arch. internat. Physiol. **15**, 352 (1920). — KOLM, R., u. E. P. PICK: Pflügers Arch. **189**, 137 (1921). — TEN CATE, J.: Arch. néerl. Physiol. **6**, 269 (1921).
[7] LIBBRECHT. — TEN CATE.
[8] KONSCHEGG, A. VON: Arch. f. exper. Path. **71**, 251 (1913). — LIBBRECHT. — TEN CATE.
[9] BURRIGGE. — LIBBRECHT. — TEN CATE. — KOLM u. PICK. — SALANT, W., u. Mitarb.: J. of Pharmacol. **25**, 75 (1925).
[10] Z. B. SCHMIDT, A. K. E.: Arch. f. exper. Path. **89**, 144 (1921). — HÜLSE, W.: Z. exper. Med. **30**, 240 (1922). — MEDICI, G.: Biochem. Z. **151**, 133 (1924). — WEHLAND, N.: Skand. Arch. Physiol. **45**, 211 (1924).
[11] Z. B. ALDAY-REDONNET, T.: Biochem. Z. **110**, 306 (1920). — LEITES, S.: Z. exper. Med. **44**, 319 (1925).
[12] GRUBER, CH. M., u. S. J. ROBERTS: Amer. J. Physiol. **76**, 508 (1925). — OKUYAMA, Y.: Biochem. Z. **175**, 18 (1926).

Widersprechend sind auch die Angaben über den Einfluß einer intravenösen Calciumsalzinjektion auf den gefäßverengernden Effekt danach gegebenen Adrenalins: KYLIN und NYSTRÖM[1] schlossen aus ihren Versuchen am Menschen auf eine Begünstigung, NOYONS gibt an, daß die Ca-Vorbehandlung beim Kaninchen antagonistisch wirke.

Calciummangel in der durchfließenden Lösung hebt die Adrenalinempfindlichkeit der Gefäße nicht auf, er scheint aber andererseits auch keine sichere sensibilisierende Wirkung zu haben[2].

Daher können mit citrathaltiger Ringerlösung durchströmte Froschpräparate eine sehr hohe Adrenalinempfindlichkeit zeigen[3].

Nicht erfreulicher ist ein Überblick über die Ergebnisse der Versuche, an anderen Organen den Einfluß von Calciumvermehrung und -verminderung auf die Adrenalinempfindlichkeit aufzuklären. An der Iris[4] scheint eine Calciumvermehrung die Adrenalinwirkung zu hemmen und eine Calciumentziehung durch Oxalat sensibilisierend zu wirken. Die Adrenalinhemmung am Darm[5] wird dagegen durch Vermehrung der Calciumionen gefördert, gleiches wird auch vom Kaninchenuterus[6] berichtet. An letzterem kehrt ein Ca-Überschuß eine zuvor vorhanden gewesene hemmende Wirkung des Adrenalins in Erregung um[7].

Noch nicht zu entscheiden ist schließlich auch die Frage, ob die Änderung des Ca-Gehaltes im Blute einen typischen Einfluß auf die glykogenolytische Adrenalinwirkung[8] hat. Denn nach dem einen fördert die Ca-Anreicherung, nach anderen hemmt sie diese Wirkung, und ebenso widersprechen sich die Angaben über den Einfluß einer Ca-Entziehung durch Oxalat oder Phosphat auf die blutzuckersteigernde Wirkung des Adrenalins.

Kalium. Auch völliger Kaliummangel hemmt die Adrenalinwirkung am isolierten Froschherzen, eine geringe Vermehrung des Kaliums fördert sie[9]; das durch großen Kaliumüberschuß stillgelegte Herz kann durch Adrenalin zur Wiederaufnahme der Kontraktionen angeregt werden, und umgekehrt

---

[1] KYLIN, E., u. G. NYSTRÖM: Z. exper. Med. 45, 208 (1925).
[2] Cow, D.: J. of Physiol. 42, 125 (1911). — SCHMIDT. — OKUYAMA. — Siehe auch BERGENGREN, K. H.: C. r. Soc. Biol. 92, 635 (1925).
[3] O'CONNOR, J. M.: Arch. f. exper. Path. 67, 195 (1912).
[4] AUER, J., u. S. J. MELTZER: Amer. J. Physiol. 25, 43 (1909—10). — SCHRANK, FR.: Z. klin. Med. 67, 230 (1909). — CHIARI, R., u. A. FRÖHLICH: Arch. f. exper. Path. 64, 214 (1911).
[5] TEZNER, O., u. M. TUROLT: Z. exper. Med. 24, 1 (1921). — ROSENMANN, M.: Ebenda 29, 334 (1922). — THIENES, C. H.: Arch. internat. Pharmaco-Dynamie 31, 447 (1926). — JENDRASSIK, L., u. A. CZIKE: Biochem. Z. 193, 285 (1928).
[6] GADDUM, J. H.: J. of Physiol. 61, 141 (1926). — THIENES. — JENDRASSIK u. CZIKE.
[7] TATE, G., u. A. J. CLARK: Arch. internat. Pharmaco-Dynamie 26, 103 (1921). — TUROLT, M.: Arch. Gynäk. 115, 600 (1922).
[8] FRÖHLICH, A., u. L. POLLAK: Arch. f. exper. Path. 77, 265 (1914). — UNDERHILL, FR. P.: J. of biol. Chem. 25, 463 (1916). — GYÖRGY, P., u. E. WILKES: Z. exper. Med. 43, 454 (1924). — STERKIN, E.: Biochem. Z. 174, 1 (1926). — HASENÖHRL u. F. HÖGLER: Klin. Wschr. 6, 399 (1927). — KYLIN, E.: Z. exper. Med. 58, 230 (1928).
[9] SALANT, W., u. Mitarb.: J. of Pharmacol. 25, 75 (1925). — POPOVICIU, G.: C. r. Soc. Biol. 93, 1321 (1925). — LIBBRECHT.

wirkt Kalium auf das durch Adrenalin gelähmte Herz stillstandaufhebend[1]. Doch finden sich auch in den Angaben über die Wechselbeziehung zwischen Kalium und Adrenalin am Froschherzen Widersprüche. Eine Verschiebung des Calcium-Kaliumgleichgewichtes durch K-Vermehrung begünstigt die vagotrope, durch Atropin aufzuhebende Herzwirkung des Adrenalins[2].

Vermehrung wie Verminderung des Kaliumgehaltes der die Blutgefäße durchströmenden Lösung scheint im allgemeinen von recht geringem Einfluß auf die Adrenalinempfindlichkeit zu sein. Viel Kaliumsalz schwächt ab[3]. Am Darme hemmt ein Kaliumüberschuß die tonussenkende Wirkung des Adrenalins, jedoch nicht regelmäßig[4].

Am isolierten Uterus soll ein Kaliumüberschuß eine erregende Wirkung des Adrenalins zur Hemmung, eine hemmende Wirkung zur Erregung umkehren können[5].

Die Adrenalinglykogenolyse wird in der überlebenden Schildkrötenleber durch Vermehrung des Kaliums nur wenig gehemmt[6]. Beim Menschen wirkt Adrenalin nach KCl-Einspritzung auf den Blutzucker in normaler Weise[7].

Natrium. Eine stärkere Herabsetzung der Natriumionenkonzentration hebt auch bei Ausgleich des osmotischen Druckes der Lösung die Adrenalinwirkungen auf die Blutgefäße auf[8].

Magnesium. Die Gefäßwirkung, die Darm- und Uteruswirkung[9] und die Glykogenolyse[10] nach Adrenalin werden durch Zugabe von Magnesiumsalzen abgeschwächt.

Barium. Zusatz von Bariumsalz begünstigt die fördernden Adrenalinwirkungen, z. B. die Herzwirkung[11], und nach Adrenalin wirkt Bariumsalz stärker als zuvor auf die Blutgefäße[12]. Adrenalinhemmungen werden dagegen durch Ba antagonistisch beeinflußt, z. B. am Darm, an den Bronchien, am Uterus[13]. Durch Barium erregte glatte Muskeln erschlaffen umgekehrt auf Adrenalin[14].

Metalle. Durch Zusatz von gewissen Metallsalzen, am besten von Kupfersalzen, läßt sich die hemmende Wirkung des Adrenalins am ausgeschnittenen Darm in eine erregende Wirkung umkehren[15]. Durch Bleisalze werden die Organe empfindlicher gegen Adrenalin[16].

---

[1] LIBBRECHT.   [2] KOLM u. PICK.
[3] SCHMIDT. — LEITES. — ALDAY-REDONNET. — HÜLSE. — OKUYAMA. — GRUBER u. ROBERTS.
[4] ROSENMAN. — TEZNER u. TUROLT. — THIENES.
[5] TATE, G., u. A. J. CLARK: Arch. internat. Pharmaco-Dynamie 26, 103 (1921). — TUROLT, M.: Arch. Gynäk. 115, 600 (1922).
[6] FRÖHLICH u. POLLAK.   [7] KYLIN.   [8] HÜLSE.
[9] SCHMIDT. — LEITES. — THIENES.
[10] FRÖHLICH u. POLLAK. — AIRILA, Y., u. H. BARDY: Skand. Arch. Physiol. 32, 246 (1915).
[11] ROTHBERGER, C. J., u. H. WINTERBERG: Pflügers Arch. 142, 461 (1922).
[12] FELDBERG, W., u. Mitarb.: Pflügers Arch. 210, 697 (1925).
[13] MAGNUS, R.: Pflügers Arch. 108, 1 (1905). — BAEHR, G., u. E. P. PICK: Arch. f. exper. Path. 74, 41 (1913). — SUGIMOTO, T.: Ebenda 27.
[14] STUBER, B., u. E. A. PROEBSTING: Z. exper. Med. 40, 263 (1924).
[15] HAZAMA, F.: Arch. f. exper. Path. 106, 223 (1925).
[16] WOLPE, G.: Arch. f. exper. Path. 117, 306 (1926).

Allgemeine Bedingungen der Adrenalinwirkung. 239

H- und OH-Ionen. Bei alkalischer Reaktion wirkt Adrenalin auf ausgeschnittene Organe und auf das durchströmte Gefäßpräparat stärker ein als bei neutraler Reaktion, während die Adrenalinwirkungen bei saurer und stark alkalischer Reaktion schwach sind oder fehlen[1]. Wahrscheinlich beruht diese Abhängigkeit der Adrenalinwirkung von der Reaktion zum Teil darauf, daß bei erhöhter Alkalescenz ein größerer Teil des gelösten Adrenalins als freie Base vorliegt, welche vermutlich allein wirken kann. — Aber wahrscheinlich steigert die Alkalieinwirkung auch unmittelbar die Erregbarkeit der Gefäßwand nicht nur gegen Adrenalin, sondern auch gegen andere verengende Stoffe. Auch hat man angenommen, daß die erhöhte Wirksamkeit auf der durch Alkali begünstigten Bildung eines stärker als Adrenalin wirksamen Oxydationsproduktes beruhe[2]. Aber der sichere Nachweis, daß Adrenalin durch Oxydation wirksamer wird, fehlt[3].

Bei der Verschiebung der Reaktion aus dem alkalischen Gebiet ins saure kann eine Umkehr der Adrenalinwirkung in Erscheinung treten, so daß z. B. gewisse Adrenalinmengen die Gefäße dann nicht mehr verengern, sondern erweitern[4]. Am intakten Tier machte die Mehrzahl der Untersucher die gleiche Beobachtung: Zufuhr von Alkalien in die Vene steigert den blutdruckerhöhenden Effekt einer intravenösen Adrenalineinspritzung, Zufuhr von Säure vermindert ihn[5]. Doch liegen auch widersprechende Angaben vor[6]. Die Säurezufuhr begünstigt beim Hunde die Adrenalinhyperglykämie[7]. Erhöhung der CO_2-Spannung im Blute schwächt die Blutdruckwirkung ab, vermehrte Ventilation mit Akapnie verstärkt die Blutdruckwirkung[8]. Die Blutzuckererhöhung durch Adrenalin soll nach Hyperventilation eine geringere[9], nach saurer Kost eine verstärkte sein[10].

d) Antagonisten und Synergisten des Adrenalins[11].

Ergotoxin, Ergotamin. Die reinste antagonistische Wirkung gegen Adrenalin zeigen die Mutterkornalkaloide. Sie heben am ganzen Tiere und an ausgeschnittenen Organen schon in solchen Mengen, die noch keine schwereren Funktionsänderungen machen, alle fördernden Adrenalinwirkungen auf. Nach der Ergotoxin und Ergotaminvorbe-

---

[1] ALDAY-REDONNET. — SCHMIDT. — HÜLSE. — OKUYAMA. — MEDICI. — SNYDER, C. D., u. Mitarb.: Amer. J. Physiol. 51, 199 (1920); 62, 442 (1922). — THIENES. — ALPERN, D.: Pflügers Arch. 205, 578 (1924).
[2] GRÖER, FR. v., u. J. MATULA: Biochem. Z. 102, 13 (1920). — STUBER, B., u. Mitarb.: Z. exper. Med. 32, 397 (1923); 40, 263 (1924).
[3] MAIWEG, H.: Biochem. Z. 134, 229 (1922). — Siehe auch GARRY, R. C.: J. of Physiol. 66, 235 (1928).
[4] SNYDER u. Mitarb. — HEYMANN, P.: Arch. f. exper. Path. 90, 442 (1921).
[5] COLLIP, J. B.: Amer. J. Physiol. 55, 450 (1921).
[6] KRETSCHMER, W.: Arch. f. exper. Path. 57, 423 (1907). — DE WAELE, H.: Arch. internat. Physiol. 26, 428 (1926).
[7] BERTRAM, F.: Z. exper. Med. 43, 421 (1924).
[8] BURGET, G. E., u. M. B. VISCHER: Amer. J. Physiol. 81, 113 (1927).
[9] BREHME, TH., u. Mitarb.: Z. exper. Med. 52, 579 (1926); 58, 232 (1928).
[10] ABDERHALDEN, E., u. E. GELLHORN: Pflügers Arch. 205, 559 (1924); 206, 451 (1924).
[11] Siehe auch: BACKMAN, L.: Erg. Physiol. 25, 664 (1926).

handlung[1] ist Adrenalin unwirksam auf die Vasokonstriktoren und das Herz, so daß der Blutdruck und die Pulsfrequenz nicht mehr gesteigert werden. Gleiches gilt für die Abschnitte des Magendarmkanals, die durch Adrenalin erregt werden. Es fehlen auch die Erregungen an der Blase, am Uterus, am Ureter, an der Speicheldrüse, an den Pigmentzellen des Fisches. Der Dilatator pupillae nimmt eine Ausnahmestellung ein: nach Ergotamin bleibt die mydriatische Adrenalinwirkung am isolierten Froschauge bestehen[2]. Umstritten ist der Einfluß des Ergotamins auf die kohlenhydratmobilisierende Wirkung des Adrenalins. Nach ROTHLIN[3] u. a. wirkt Ergotamin antagonistisch, nach FARRAR und DUFF[4] u. a. dagegen nicht.

Über die Stärke der antagonistischen Wirkung des Ergotamins sind nähere Bestimmungen am isolierten Uterus ausgeführt[5]. Ein Mol Ergotamin schwächt die durch 40 Mole Adrenalin bewirkte Erregung auf etwa 50% der Normalkontraktionsstärke ab.

Es gelingt viel leichter, durch die Mutterkornalkaloide die fördernden Adrenalinwirkungen aufzuheben, als die Förderungen zu beseitigen, die eine elektrische Reizung sympathischer Nerven auslöst. (Hieraus ergibt sich, daß das Wesen der Sympathicuserregung nicht auf der Bildung von Adrenalin in den Erfolgsorganen beruhen kann[6].)

Alle hemmenden Adrenalinwirkungen werden durch die Mutterkornalkaloide viel schwerer als die fördernden Wirkungen vermindert oder aufgehoben. Daher beobachtet man an allen Organen, die neben den sympathischen fördernden Fasern auch hemmende Fasern oder die solche allein empfangen, daß das Adrenalin nach Ergotoxin-Ergotamin rein hemmend wirkt. Fast alle Blutgefäße[7] erschlaffen nun, so daß der Blutdruck nicht mehr ansteigt, oder sogar absinkt (Abb. 40). Der gravide Uterus erschlafft usw. Diese „Umkehr" der Adrenalinwirkung ist nicht die Folge einer tonuserhöhenden Wirkung der Mutterkornalkaloide; sie fehlt auch dann nicht, wenn Ergotoxin den Tonus unbeeinflußt läßt[8].

Sehr hohe Ergotaminkonzentrationen heben aber auch die hemmenden Adrenalinwirkungen auf, wie zuerst am isolierten Darmpräparat nachgewiesen wurde[9].

---

[1] Lit. bei TRENDELENBURG, P.: Handb. exper. Pharm. **II** 2, 1163 (1924). — MENDEZ, R.: J. of Pharmacol. **32**, 451 (1928).
[2] DOMINGUEZ, E., u. A. S. SOLOMJAN: Rev. Soc. argent. Biol. **1926**, 207.
[3] ROTHLIN, E.: Rev. Pharm. Thér. exper. **1**, 103 (1928).
[4] FARRAR, G. E., u. A. M. DUFF: J. of Pharmacol. **34**, 197 (1928).
[5] MENDEZ.   [6] DALE.
[7] CRUICKSHANK, E. W. H., u. A. S. RAU: J. of Physiol. **64**, 65 (1927).
[8] DALE, H. H.: J. of Physiol. **34**, 163 (1906); **46**, 291 (1913). — Ders. u. A. N. RICHARDS: Ebenda **52**, 110 (1918). — McSWINEY, B. A., u. G. L. BROWN: Ebenda **62**, 52 (1926).
[9] PLANELLES, J.: Arch. f. exper. Path. **105**, 42 (1925). — MENDEZ, R.: J. of Pharmacol. **32**, 451 (1928).

Yohimbin, Hydrastinin, Chinin. Im Prinzip wirkt Yohimbin gleich den Mutterkornalkaloiden[1]; nach größeren Yohimbinmengen wird beim Fleischfresser durch Adrenalin der Blutdruck gesenkt, die Blutgefäße des Frosches werden erweitert, die fördernden Adrenalinwirkungen auf Uterus, quergestreiften Muskel usw. werden aufgehoben, die hemmende Wirkung auf den isolierten Darm wird dagegen nur abgeschwächt. Nach Hydrastinin[2] fehlt die blutdrucksteigernde Wirkung des Adrenalins, am Uterus beobachtet man statt Erregung Hemmung. Auch Chinin und verwandte Alkaloide[3] wirken der gefäßverengernden Adrenalinwirkung entgegen, während die erweiternde Wirkung unbeeinflußt bleibt.

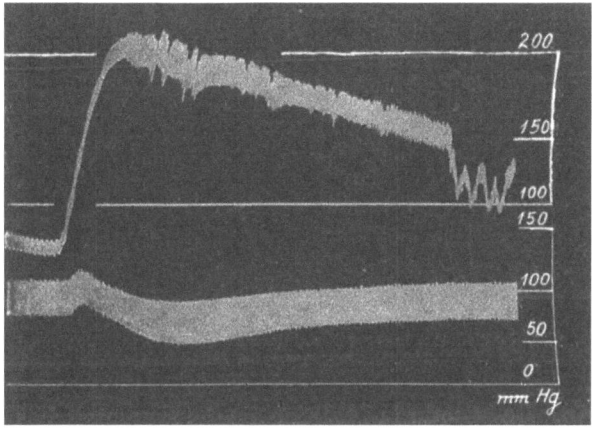

Abb. 40. Wirkung von 0,1 mg Adrenalin intravenös auf den Blutdruck des Hundes vor und nach Ergotamin. (Trendelenburg.)

Atropin. Durch Ausschaltung der tonischen Einflüsse der parasympathischen Zentren kann Atropin die Adrenalinwirkung da begünstigen, wo der Parasympathicus der Antagonist des Sympathicus ist. Daher fördert wenig Atropin z. B. die pulsbeschleunigende und die blutdrucksteigernde Adrenalinwirkung[4] (Abb. 43 u. 44). Anderseits wer-

---

[1] RAYMOND-HAMET, M.: C. r. Acad. Sci. **180**, 2074 (1925). — WEGER, P.: C. r. Soc. Biol. **96**, 795, 797 (1927). — Rev. Pharm. Thér. exper. **1**, 136 (1928). — LANGECKER, H.: Arch. f. exper. Path. **118**, 49 (1926). — DOMINGUEZ, E., u. A. S. SOLOMJAN: Rev. Soc. argent. Biol. **1926**, 207. — NITZESCU, J. J.: C. r. Soc. Biol. **98**, 1482 (1928).
[2] LUNDBERG, H.: C. r. Soc. Biol. **92**, 644, 647, 650 (1925). — RAYMOND-HAMET, M.: C. r. Acad. Sci. **184**, 774 (1927).
[3] STAKE, T.: C. r. Soc. Biol. **95**, 1078 (1926). — LANGECKER. — RAYMOND-HAMET, M.: Rev. Pharm. Thér. exper. **1**, 74 (1927). — NELSON, E. E.: Arch. internat. Pharmaco-Dynamie **33**, 197 (1927).
[4] CORI, K.: Arch. f. exper. Path. **91**, 130 (1921).

242   Nebennieren und sonstiges chromaffines Gewebe.

den manche Adrenalinwirkungen durch viel Atropin erheblich abgeschwächt[1], so die gefäßverengernde, die uteruserregende und die speichelsekretionsfördernde Wirkung. Am Froschgefäßpräparat wirkt Adrenalin nach viel Atropin erweiternd, am isolierten Darm weniger stark hemmend.

Wie die glykogenolytische Wirkung des Adrenalins durch Atropin beeinflußt wird, findet verschiedene Beantwortung. Eine sichere Hemmung scheint nicht einzutreten[2].

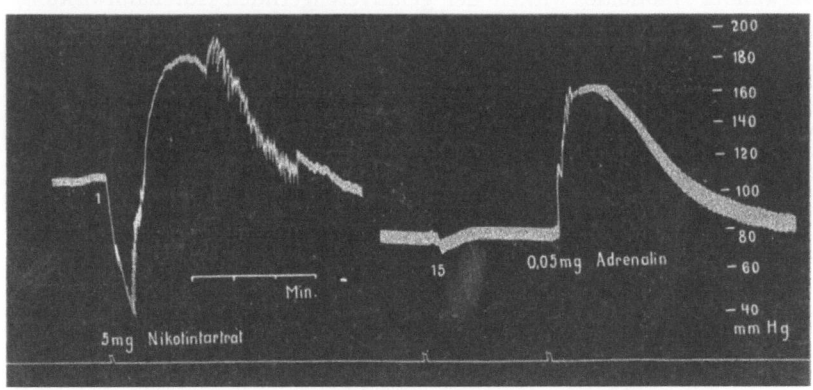

Abb. 41. Katze, 3 kg, Carotisdruck. 1=5 mg Nicotintartrat. 15=15 te Injektion von je 5 mg Nicotintartrat (Lähmung der Ganglienzellen). Danach 0,05 mg Adrenalin (normale Blutdruckwirkung).

Nicotin. Da Nicotin in Mengen, die die sympathischen Ganglienzellen lähmen, die Adrenalinblutdrucksteigerung (Abb. 41) und die Adrenalinglykogenolyse nicht aufhebt[3], kann die Annahme von HARTMAN u. Mitarb.[4] nicht stimmen, nach denen Adrenalin durch ganglionären Angriff gefäßverengernd wirken soll.

Die Steigerung der Blutdruckwirkung des Adrenalins durch vorher ausgeführte Nicotineinspritzung dürfte die Folge einer durch Nicotin bewirkten

---

[1] LANGLEY, J. N.: J. of Physiol. 27, 237 (1901—02). — MEYER, O. B.: Z. Biol. 48, 352 (1906); 52, 93 (1909). — GÜNTHER, G.: Ebenda 66, 280 (1916). — SUGIMOTO, P.: Arch. f. exper. Path. 74, 27 (1913). — GOHARA, A.: Acta Scholae med. Kioto 3, 363 (1920). — HILDEBRANDT, FR.: Arch. f. exper. Path. 86, 225 (1920). — BACKMAN, E. L., u. H. LUNDBERG: C. r. Soc. Biol. 87, 475, 479, 481 (1922). — WEHLAND, N.: Skand. Arch. Physiol. 45, 211 (1924). — WARMOES, FR.: Arch. internat. Pharmaco-Dynamie 30, 171 (1925). — REGNIER, P.: Ebenda 429.

[2] VOGEL, R., u. A. BORNSTEIN: Biochem. Z. 126, 56 (1921) u. a.

[3] LANGLEY, J. N.: J. of Physiol. 27, 237 (1901—02). — CUSHNY, A. R.: Ebenda 35, 1 (1906). — STARKENSTEIN, E.: Z. exper. Path. u. Ther. 10, 78 (1912) u. a.

[4] HARTMAN, F. A., u. Mitarb.: Amer. J. Physiol. 46, 168, 502, 521 (1918).

Allgemeine Bedingungen der Adrenalinwirkung. 243

Kreislaufverlangsamung sein: der verlangsamte Blutstrom bringt das Adrenalin in stärkerer Konzentration zu den Gefäßen[1]. Erst sehr starke Nicotinkonzentrationen hemmen die erregende Wirkung des Adrenalins auf glatte und quergestreifte Muskeln[2].

Apokodein, Curarin. Apokodein hemmt bis zu einem gewissen Grade die fördernden und hemmenden Adrenalinwirkungen[3], Curarin schwächt die gefäßverengernde Wirkung ab[4].

Histamin. Da Histamin manche glatte Muskeln, die durch Adrenalin erregt werden, zur Erschlaffung bringt, kann es ein sehr wirksamer Antagonist des Adrenalins sein. So schwächt es die blutdrucksteigernde Wirksamkeit des Adrenalins ab und vermindert die Verengerung der Beingefäße des Frosches und der Hautgefäße des Menschen durch Adrenalin[5]. Andererseits wirkt Adrenalin der kapillarschädigenden Wirkung des Histamins, die zu vermehrtem Austritt von Blutflüssigkeit aus den Gefäßen führt, entgegen[6].

Pilocarpin, Physostigmin, Cholin usw. An den Organen, die durch sympathische und parasympathische Fasern antagonistisch innerviert sind, wirkt Adrenalin den parasympathischen Erregungsmitteln entgegen[7].

So beschleunigt es den durch Muscarin und Pilocarpin verlangsamten Schlag des Herzens. (Daß die Vorbehandlung des Herzens mit Stoffen dieser Gruppe das Adrenalin zum vagusartig wirkenden Mittel machen kann, wurde oben erwähnt.) Der durch Muscarin, Pilocarpin oder Physostigmin herbeigeführte Bronchialmuskelkrampf wird durch kleine Gaben von Adrenalin gelöst[8], ebenso der Pilocarpinspasmus der Muskeln des Magens und des Darmes[9]. Durch Zusatz von Adrenalin zu Physostigmin wird die Wirkung

---

[1] BÖRNER, H.: Arch. f. exper. Path. 79, 218 (1916).
[2] MACHT, D. J.: J. of Pharmacol. 6, 13 (1914); 8, 155 (1916). — RYDIN, H.: Arch. internat. Pharmaco-Dynamie 34, 391 (1928). — DOMINGUEZ, E., u. A. S. SOLOMJAN: Rev. Soc. argent. Biol. 1926, 207.
[3] DIXON, W. E.: J. of Physiol. 30, 97 (1904). — BRODIE, T. G., u. W. E. DIXON: Ebenda 476. — STEWART, H. N., u. S. C. HARVEY: J. of exper. Med. 16, 103 (1912).
[4] BIEDL, A., u. J. WIESEL: Pflügers Arch. 91, 434 (1902). — BRODIE u. DIXON u. a.
[5] DALE, H. H., u. P. P. LAIDLAW: J. of Physiol. 43, 182 (1911 12). — HANDOVSKY, H., u. E. P. PICK: Arch. f. exper. Path. 71, 89 (1913). — SCHENK, P.: Ebenda 89, 332 (1921); 92, 34 (1922). — BURN, J. H., u. H. H. DALE: J. of Physiol. 61, 185 (1926). — CRUICKSHANK, E. W. H., u. A. S. RAU: Ebenda 64, 65 (1927).
[6] SOLLMANN, T., u. J. D. PILCHER: J. of Pharmacol. 9, 309 (1917). — KELLAWAY, C. H., u. S. J. COWELL: J. of Physiol. 57, 82 (1922). — SCHENK.
[7] GOTTLIEB, R.: Arch. f. exper. Path. 38, 99 (1897). — GRANBERG, KN.: Arch. internat. Pharmaco-Dynamie 32, 400 (1926). — BARLOW, O. W.: J. of Pharmacol. 32, 93 (1928).
[8] JANUSCHKE, H., u. L. POLLAK: Arch. f. exper. Path. 66, 205 (1911). — BAEHR, G., u. E. P. PICK: Ebenda 74, 41 (1913). — TRENDELENBURG, P.: Ebenda 69, 79 (1912) u. a.
[9] MAGNUS, R.: Pflügers Arch. 108, 1 (1905). — BROWN, G. L., u. B. A.

des letzteren auf den ausgeschnittenen Katzendünndarm in eigenartiger Weise verändert: statt der normalen Physostigminwirkung, die in einer kurzen Erregung und nachfolgender Lähmung besteht, tritt eine starke spastische, nicht in Lähmung übergehende Wirkung auf[1].

Am Froschgefäßpräparat sowie am ausgeschnittenen Uterus kann man nach Physostigmin eine Umkehr der erregenden in eine hemmende Wirkung beobachten[2]. Am Darme des Hundes soll Physostigmin die erregende Wirkung kleinster Adrenalingaben verstärken[3]. Unklar ist der Einfluß vaguserregender Mittel auf die Adrenalinglykogenolyse[4]. Nach VOGEL und BORNSTEIN sollen die vaguserregenden Mittel z.T. antagonistisch wirken, doch vermißten andere eine Abschwächung der Adrenalinglykogenolyse. Cholin kann durch Hemmung der Herzleistung die gefäßverengernde Wirkung des Adrenalins derart kompensieren, daß die intravenöse Einspritzung eines geeignet gewählten Gemisches beider Stoffe keine Blutdrucksteigerung mehr zur Folge hat[5]. Dagegen wird die Adrenalinglykosurie wiederum nicht sicher gehemmt[6].

Die durch Acetylcholin usw. am entnervten Skelettmuskel des Warmblüters ausgelöste Contractur wird durch Adrenalin gelöst[7].

Cocain, Novocain. Cocain steigert die Empfindlichkeit mancher Organe gegen Adrenalin sehr stark. So wirkt Adrenalin auch nach intravenöser Einspritzung viel stärker auf den Dilatator pupillae, wenn zuvor Cocain einwirkte. Wahrscheinlich wirkt Cocain auf die Iris dadurch empfindlichkeitssteigernd, daß es die vom obersten Halsganglion ausgehenden, erregbarkeitsdämpfenden Einflüsse beseitigt[8], denn die Sensibilisierung der Iris durch Cocain gegen Adrenalin fehlt, wenn das Ganglion einige Tage zuvor entfernt worden war.

Auch die blutdrucksteigernde Wirkung des Adrenalins ist nach zuvor ausgeführter Einspritzung von Cocain und anderen lokalanästhetischen Mitteln verstärkt[9]. Zum Teil dürfte diese Verstärkung darauf zurück-

---

McSWINEY: J. of Physiol. **61**, 261 (1926). — WARMOES, FR.: Arch. internat. Pharmaco-Dynamie **30**, 171 (1925).
[1] ANITSCHKOW, S. W., u. W. W. ORNATZKI: Z. exper. Med. **44**, 622 (1925).
[2] GRANBERG.
[3] HEINEKAMP, W. J. R.: J. Labor. a. clin. Med. **11**, Nr 11 (1926).
[4] EPPINGER, H., u. Mitarb.: Z. klin. Med. **66**, 1 (1908). — FRANK, E., u. S. ISAAK: Z. exper. Path. u. Ther. **7**, 326 (1910). — VOGEL, R., u. A. BORNSTEIN: Biochem. Z. **126**, 56 (1921). — BERTRAM, F., u. A. BORNSTEIN: Z. exper. Med. **37**, 133 (1923).
[5] ABDERHALDEN, E., u. F. Müller: Z. physiol. Chem. **65**, 420 (1910). — BENELLI, A.: Arch. Farmacol. sper. **17**, 193 (1914).
[6] LOHMANN, A.: Pflügers Arch. **122**, 203 (1908). — FRANK u. ISAAK.
[7] FRANK, E., u. Mitarb.: Pflügers Arch. **197**, 270 (1922).
[8] FRÖHLICH, A., u. O. LOEWI: Arch. f. exper. Path. **62**, 159 (1910). — MATTIROLO, G., u. C. GAMNA: Arch. ital. de Biol. **59**, 193 (1913). — MILLS, C. A.: J. of Pharmacol. **14**, 355 (1920). — ANITSCHKOW, S. V., u. A. SABURIN: Arch. f. exper. Path. **131**, 376 (1928).
[9] FRÖHLICH u. LOEWI. — FISCHEL, R.: Z. exper. Med. **4**, 362 (1915). — SANTESSON, C. G.: Skand. Arch. Physiol. **37**, 185 (1919). — HATCHER, R. A., u. C. EGGLESTON: J. of Pharmacol. **8**, 385 (1916); **13**, 433 (1919). — DE EDS, F.: Proc. Soc. exper. Biol. a. Med. **24**, 551 (1927).

Allgemeine Bedingungen der Adrenalinwirkung. 245

zuführen sein, daß jene Mittel den Blutumlauf verlangsamen, so daß das Adrenalin in konzentrierterer Lösung in die Arteriolen gelangt. Aber einige Untersucher fanden auch an ausgeschnittenen Organen eine Verstärkung der gefäßverengernden Adrenalinwirkung durch Cocain[1]. Andere vermißten diese und fanden nur die antagonistische Wirkung starker Cocainkonzentrationen[2]. Dieser Antagonismus ist besonders ausgesprochen bei Eucain, Stovain, Tropacocain und Alypin[3].

Eine sensibilisierende Wirkung des Cocains ist auch am ausgeschnittenen Uterus und Darm nachzuweisen[4]. Die tonuserhöhende bzw. -senkende Adrenalinwirkung ist nach einer Cocainvorbehandlung verstärkt. Die leitungsunterbrechende Wirkung des Cocains wird durch Adrenalin an sich nicht vermehrt[5]. Doch wird die Dauer der Lokalanästhesie nach Zusatz von Adrenalin zu dem lokalanästhesierenden Mittel vergrößert[6], da die Resorption verlangsamt wird.

Coffein. Durch Coffein werden die fördernden Adrenalinwirkungen auf die Blutgefäße, auf das Herz und den Uterus gehemmt. Leitet man ein Gemisch von Adrenalin und Coffein in die Blutgefäße des Kaninchenohres ein, so folgt der Verengerung sehr bald eine starke Erweiterung der Gefäße[7]. Hemmende Adrenalinwirkungen sowie die Adrenalinglykogenolyse scheinen durch Coffein nicht beeinflußt zu werden.

Ephedrin. Nach der Injektion von Ephedrin wirkt Adrenalin viel stärker blutdrucksteigernd, auch wenn die Ephedrineinspritzung den Blutdruck unbeeinflußt ließ. Unter den sympathisch innervierten Geweben ist diese Sensibilisierung auch am Uterus nachzuweisen[8].

l-Adrenalin soll das Gefäßsystem für d-Adrenalin sensibilisieren und umgekehrt[9].

---

[1] FISCHEL. — LANGECKER, H.: Arch. f. exper. Path. 118, 49 (1926). — HANZLIC, P. J., u. E. M. BUTT: J. of Pharmacol. 33, 387 (1928). — SCHAUMANN, O.: Arch. f. exper. Path. 138, 208 (1928).
[2] TRENDELENBURG u. YAGI bei BÖRNER, H.: Arch. f. exper. Path. 79, 218 (1916). — AMSLER, C., u. E. P. PICK: Ebenda 85, 61 (1920). — STUBER, B., u. Mitarb.: Z. exper. Med. 32, 397 (1923).
[3] LAEWEN, A.: Arch. f. exper. Path. 51, 415 (1904). — GÜNTHER, G.: Z. Biol. 66, 280 (1916).
[4] LINDBLOM, C. O.: C. r. Soc. Biol. 95, 1076 (1926). — THIENES, C. H., u. A. J. HOCKETT: Proc. Soc. exp. Biol. Med. 25, 793 (1928).
[5] SOLLMANN, T.: J. of Pharmacol. 10, 379 (1917—18); 11, 1, 9, 17, 69 (1918).
[6] BRAUN, H.: Arch. klin. Chir. 69, 541 (1903). — HEINEKE, H., u. A. LAEWEN: Dtsch. Z. Chir. 80, 180 (1905). — SOLLMANN.
[7] SAHLSTRÖM, N.: Skand. Arch. Physiol. 45, 169 (1924). — JUNGMANN, K., u. W. STROSS: Arch. f. exper. Path. 114, 228 (1926). — LANGECKER, H.: Ebenda 118, 49 (1926). — EHRISMANN, O., u. G. MALOFF: Ebenda 136, 172 (1928).
[8] LAUNOY, L., u. P. NICOLLE: C. r. Soc. Biol. 99, 198 (1928). — SCHAUMANN, O.: Arch. f. exper. Path. 138, 208 (1928).
[9] MACHT, D. J.: Proc. nat. Acad. Sci. U. S. A. 15, 63 (1928).

Chloralose. Die Adrenalinblutdrucksteigerung ist nach einer Chloraloseeinspritzung bei der Katze sehr verstärkt und verlängert[1], vermutlich infolge einer Hemmung der Adrenalinzerstörung.

Strophanthin. Am isolierten Katzenherzen wirkt Strophanthin bei Anwesenheit von Adrenalin wesentlich stärker[2].

Eiweiß. Eiweiß und Eiweißspaltprodukte können die Empfindlichkeit der Organe gegen Adrenalin gelegentlich stark erhöhen. So fanden STORM VAN LEEUWEN und V. D. MADE an der dekapitierten Katze bei Zusatz von wenig Menschenserum eine mächtige Förderung der Adrenalinblutdrucksteigerung[3], und nach ABDERHALDEN u. GELLHORN[4] verstärken Aminosäuren die Adrenalinwirkung auf das ausgeschnittene Froschherz. Andererseits vermißte OKUYAMA[5] am Froschgefäßpräparat eine sensibilisierende Wirkung zugesetzten Serums. Dagegen scheinen die Peptone das Gefäßsystem für Adrenalin empfindlicher zu machen[6], gleiches wird von Kreatin und z. T. auch von Kreatinin behauptet[7]. (Ob unter pathologischen Bedingungen derartigen sensibilisierenden Stoffwechselprodukten eine Bedeutung zukommt, wie ABDERHALDEN und GELLHORN sowie HÜLSE annehmen, bleibt noch näher zu untersuchen.) Einige Aminosäuren verstärken auch die glykogenolytische Wirkung des Adrenalins[8].

Wie Serumzusatz kann auch der Zusatz von Auszügen aus verschiedenen Organen eine Sensibilisierung gegen Adrenalin bewirken[9]. Es ist unbekannt, welche Substanzen der Auszüge hieran beteiligt sind.

Lipoide. Die Angaben über den Einfluß der Lipoide auf die Adrenalinempfindlichkeit gehen auseinander[10]. OKUYAMA fand am Froschgefäßpräparat nach Serumlipoiden, Cholesterin und Lecithin eine Hemmung. Nach DRESEL u. STERNHEIMER schwächt dagegen nur Lecithin die Gefäßwirkung des Adrenalins ab, während Cholesterin sie erhöht. Auch am Herzen wirkt nach ihnen Cholesterin fördernd, während Lecithin die erregende Adrenalinwirkung in eine hemmende Wirkung umkehrt. Am Uterus und Darm sind die Lipoide ohne sicheren Einfluß auf den Adrenalineffekt.

---

[1] VINCENT, S., u. J. H. THOMPSON: J. Physiol. 65, 449 (1928).
[2] POPOW, P.: Arch. f. exper. Path. 117, 279 (1926).
[3] STORM VAN LEEUWEN, W., u. M. V. D. MADE: Arch. f. exper. Path. 88, 318 (1920).
[4] ABDERHALDEN, E., u. E. GELLHORN: Pflügers Arch. 204, 42 (1924); 206, 151 (1924).
[5] OKUYAMA, Y.: Biochem. Z. 175, 18 (1926).
[6] STORM VAN LEEUWEN u. V. D. MADE. — ABDERHALDEN u. GELLHORN. — HÜLSE, W., u. H. STRAUSS: Z. exper. Med. 39, 426 (1924). — Siehe auch: FREUND, W., u. R. GOTTLIEB: Arch. f. exper. Path. 93, 92 (1922). — BERGENGREN, N.: C. r. Soc. Biol. 93, 197, 201 (1925).
[7] ARNOLD, R., u. E. GLEY: C. r. Soc. Biol. 92, 1415 (1925). — BRODD, C. A.: Skand. Arch. Physiol. 50, 97 (1925). — THIENES.
[8] CHIKANO, M.: Biochem. Z. 205, 154 (1928).
[9] Z. B. STEPPUHN, O., u. K. SERGIN: Arch. f. exper. Path. 112, 1 (1926).
[10] OKUYAMA. — THIENES, C. H.: Arch. internat. Pharmaco-Dynamie 31, 447 (1926). — WESTPHAL, K.: Verh. Kongr. inn. Med. 1924, 230. — SCHMIDTMANN, M., u. M. HÜTTIG: Virchows Arch. 267, 601 (1928). — DRESEL, K., u. R. STERNHEIMER: Z. klin. Med. 107, 759, 785 (1928).

XX. Resorption und Schicksal des Adrenalins.

Nach der Eingabe in den Magen geht bei Menschen und Säugetieren so wenig unzersetztes Adrenalin in den Kreislauf über, daß auch nach unverhältnismäßig großen Gaben, die nach parenteraler Zufuhr toxisch wirken würden, keine Vergiftungserscheinungen auftreten. So wurden bei einem Hunde 200 g Nebennieren, bei einem Kaninchen 45 mg Adrenalin gegeben, ohne daß Krankheitserscheinungen aufgetreten wären[1]. Daß Spuren zur Resorption gelangen, zeigt das Verhalten der Iris, die durch Herausnahme des obersten Halsganglions überempfindlich gemacht worden war; bei der Katze trat nach 6 mg per os eine geringe Pupillenerweiterung auf[2]. Nach extrem hohen Adrenalingaben per os soll etwas unverändertes Adrenalin im Harne nachweisbar sein (FALTA u. IVCOVIC).

Wahrscheinlich hat die geringe Wirksamkeit oral zugeführten Adrenalins weniger ihren Grund in einer Zerstörung im Magendarmkanal als in einem Abbau in der Leber, in die es nach der Resorption mit dem Pfortaderblutstrom zunächst gelangt. Dafür spricht die Tatsache, daß die orale Zufuhr bei Tier und Mensch eine gewisse glykogenmobilisierende Wirkung in der Leber entfaltet, so daß z. B. nach 4 mg beim Menschen stets eine Hyperglykämie zu beobachten ist[3]. Weiter ist festzustellen, daß rectal zugeführtes Adrenalin weit wirksamer ist als oral zugeführtes[4], offenbar, weil in diesem Falle das resorbierte Adrenalin zunächst in den großen Kreislauf und nicht in die Leber gelangt. Der Resorptionsstrom scheint etwa ebenso groß zu sein wie nach subcutaner Einspritzung.

Aus der Bauchhöhle wird Adrenalin besser aufgenommen als aus dem Unterhautzellgewebe; nach intraperitonealer Einspritzung erzeugt Adrenalin bei Tieren früher Vergiftungserscheinungen und diese sind stärker als nach subcutaner Einspritzung[5]. Ebenso ist die Resorption aus dem Pleuraraum und von der Luftröhrenschleimhaut[6] sowie aus

---

[1] VINCENT, SW.: J. of Physiol. 22, LVII (1897—98). — LOEWE, S., u. M. SIMON: Z. exper. Med. 6, 39 (1918). — FALTA, W., u. L. IVCOVIC: Wien. klin. Wschr. 22, 1780 (1909).
[2] MELTZER, S. J.; Amer. J. Physiol. 11, 37 (1904).
[3] Siehe HERTER, C. A., u. A. J. WAKEMAN: Virchows Arch. 169, 479 (1902). — DORLENCOURT, H., u. Mitarb.: C. r. Soc. Biol. 86, 1129 (1922). — LUNDSBERG, M.: Ebenda 89, 1342 (1923). — BREMS, A.: Acta med. scand. (Stockh.) 63, 431 (1926).
[4] LESNÉ, E., u. L. DREYFUS: C. r. Soc. Biol. 73, 407 (1912). — HOSKINS, R. G.: J. of Pharmacol. 18, 207 (1921) u. a.
[5] VINCENT, SW.; J. of Physiol. 22, 111 (1897—98). — GOTTLIEB, R.: Arch. f. exper. Path. 38, 99 (1897) u. a.
[6] VINCENT. — KÜLBS: Arch. f. exper. Path. 53, 140 (1906).— AUER, J., u. F. L. GATES: J. of Pharmacol. 9, 361 (1917). — J. of exper. Med. 26, 201 (1917). — BIBERFELD, J.: Dtsch. med. Wschr. 32, 549 (1907). — DIXON, W. E., u. W. D. HALLIBURTON: J. of Physiol. 44, IV (1912). — AUER, J., u. S. J. MELTZER: Amer. J. Physiol. 47, 286 (1918). — GUNN, J. A., u. P. A.

dem Liquor cerebrospinalis und dem Herzbeutel eine verhältnismäßig gute.

Daß die Adrenalinaufnahme aus dem Unterhautzellgewebe der Versuchstiere eine verhältnismäßig schlechte ist, ergibt sich aus der Tatsache, daß die Menge von 1 mg pro Kilo Tier in der Regel den Blutdruck nicht steigert, während bei der intravenösen Dauerinfusion schon die Menge von 0,0005 mg pro Kilo und Minute blutdruckwirksam ist. Also wird weniger als 0,03 mg pro Kilo in der Stunde, d. h. weniger als 3 % der injizierten Menge stündlich ins Blut aufgenommen. Aus dem Duralsack wird Adrenalin schlecht resorbiert[1].

Beim Menschen wird das subcutan eingespritzte Adrenalin anscheinend besser aufgenommen. Denn die Menge von 0,005—0,02 mg pro Kilo genügt meist zur Erzielung einer Blutdrucksteigerung[2].

Von der Muskulatur aus wird das Adrenalin etwas besser aufgenommen als von dem Unterhautzellgewebe aus.

Die Unterlegenheit der Wirkung einer subcutan gegebenen Adrenalinmenge gegenüber der Wirkung der gleichen Menge nach der Injektion in das Blut beruht nicht auf einer raschen Zerstörung im Gewebe. An der Stelle der Injektion bleibt die örtliche Wirkung auf die Blutgefäße, auf die Haarmuskeln und die Schweißdrüsen bei Mensch und Tier sehr viele Stunden lang bestehen[3] und der Muskel, in den bis zu 2 Stunden vorher Adrenalin eingespritzt worden war, liefert noch blutdrucksteigernde Auszüge[4], oder nach dem Lösen einer um ein Bein gelegten Binde treten die pharmakologischen Allgemeinwirkungen des mehrere Stunden vorher in das abgebundene Bein eingespritzten Adrenalins noch in Erscheinung[5].

Die Geschwindigkeit der Aufnahme aus dem Unterhautzellgewebe hängt von der Hautwärme ab, was bei pharmakologischen Prüfungen der Sympathikotonie viel zu wenig berücksichtigt wird; Kälte verlangsamt, Wärme beschleunigt die Resorption[6].

Aus dem Unterhautgewebe fließt das Adrenalin langsam mit der Lymphe ab; nach der Einspritzung von Adrenalinlösung in den distalen Teil der oberen Extremität wird sehr bald ein weißes Netz von Lymph-

---

MARTIN: J. of Pharmacol. **7**, 31 (1915). — Siehe auch WEISS, ST., u. v. MAGASSY: Z. exper. Med. **58**, 608 (1927).

[1] LEIMDÖRFER, A.: Arch. f. exper. Path. **118**, 253 (1926).
[2] FORNET, B.: Arch. f. exper. Path. **92**, 165 (1922). — CSÉPAI, K.: Dtsch. med. Wschr. **1921**, Nr 33 u. a.
[3] AUER, J., u. S. J. MELTZER: J. of Pharmacol. **9**, 358 (1917); **17**, 177 (1921). — BRAUN, H.: Arch. klin. Chir. **69**, 541 (1903). — HABERSANG: Mschr. prakt. Tierheilk. **32**, 127 (1921) u. a.
[4] PATTA, A.: Arch. ital. de Biol. **46**, 463 (1906).
[5] MELTZER, S. J. u. CL.: Amer. J. Physiol. **9**, 252 (1903); **11**, 28 (1904). — TATUM, A. L.: J. of Pharmacol. **18**, 121 (1921) u. a.   [6] FORNET.

bahnen sichtbar, da die den Bahnen benachbarten Gefäße verengert werden[1].

LICHTWITZ hat auf Grund von Versuchen an Fröschen, die nicht von allen Nachuntersuchern bestätigt wurden, die Vermutung geäußert, daß das Adrenalin in den Nerven fortbefördert werde und daß diesem Resorptionsweg eine besondere physiologische Bedeutung zukäme. Es ist aber sehr unwahrscheinlich, daß diese Annahme zu Recht besteht[2].

In den Harn geht nach intravenösen Einspritzungen von Nebennierenauszug oder Adrenalin offenbar nur sehr wenig Adrenalin über[3]; denn die meisten Untersucher fanden mit chemischen Methoden danach kein Adrenalin im Harn, während man mit pharmakologischer Methode ein positives Ergebnis erhielt. Nach der oralen Einnahme von viel Adrenalin gibt der Harn die für Brenzkatechinkörper typischen chemischen Reaktionen.

Ob der Harn normalerweise Adrenalin enthält, ist nicht zu entscheiden, da die von manchen Untersuchern[4] angegebenen positiven Befunde mit chemischen Methoden erhalten wurden, die auch mit sonstigen Brenzkatechinkörpern adrenalinartige Reaktionen geben können.

Bei nur wenigen anderen Substanzen ist die Wirkung nach intravenöser Injektion so flüchtig wie bei dem Adrenalin; selbst nach einer fast tödlichen Gabe ist die enorme Blutdrucksteigerung schon nach wenigen Minuten abgeklungen. Die Ursache dieser Flüchtigkeit ist in der raschen Zerstörung des Adrenalins zu suchen.

Wenn man mit geeigneten pharmakologischen Methoden den Gehalt des arteriellen Blutes an Adrenalin während einer Adrenalinblutdrucksteigerung, beim Abklingen derselben und nach ihrem Ende untersucht, so findet man einen annähernd parallelen Verlauf der Blutdruckkurve und des Adrenalingehaltes des arteriellen Blutes[5] (Abb. 42). Nur nach sehr großen Adrenalingaben sinkt der Blutdruck trotz noch hoher Adrenalinkonzentration im Blut ab, wohl sicher, weil das Herz den zu hohen Widerstand nicht mehr überwinden kann, so daß der Druck trotz fortbestehender Gefäßverengerung infolge Herzversagens heruntergeht.

---

[1] BRAUN. — ELLIOTT, T. R.: J. of Physiol. 32, 401 (1905). — RIEDER, K.: Arch. f. exper. Path. 60, 408 (1909). — LÉVAI, M.: Med. Klin. 22, 1075 (1926).

[2] LICHTWITZ, L.: Arch. f. exper. Path. 58, 221 (1908); 65, 214 (1911). — MELTZER, S. J.: Ebenda 59, 458 (1909). — ROSENBACH, H.: Dtsch. med. Wschr. 1908, 1251. — LÉPINE, R.: C. r. Soc. Biol. 65, 565 (1908). — REBELLO, S., u. B. PEREIRA: Ebenda 85, 1163, 1166 (1921).

[3] EMBDEN, G., u. O. v. FÜRTH: Beitr. chem. Physiol. Path. 4, 421 (1914). — NEUJEAN, V.: Arch. internat. Pharmaco-Dynamie 13, 45 (1904). — CYBULSKI bei SZYMONOWICZ, L.: Pflügers Arch. 64, 97 (1896). — FALTA, W., u. L. IVCOVIC: Wien. klin. Wschr. 22, 1780 (1909).

[4] Z. B. FRIEND, H.: J. of biol. Chem. 57, 497 (1923).

[5] DE VOS, J., u. M. KOCHMANN: Arch. internat. Pharmaco-Dynamie 14, 81 (1905). — JACKSON, D. E.: Amer. J. Physiol. 23, 226 (1908—09). — TRENDELENBURG, P.: Arch. f. exper. Path. 79, 154 (1916).

Der Ort der Adrenalinzerstörung ist nicht das Blut selbst. Denn Zusatz von Blut oder Serum zu Adrenalinlösungen beschleunigt nicht deren Oxydation, sondern übt sogar einen starken Schutz aus[1]. Nach TATUM[2] soll die Arterienwand Stoffe enthalten, die adrenalinzerstörend wirken. Doch konnte SUNDBERG[3] bei Nachuntersuchungen diese Angabe nicht bestätigen. Adrenalin wird beim Durchtritt durch die Kapillaren offenbar nicht zerstört.

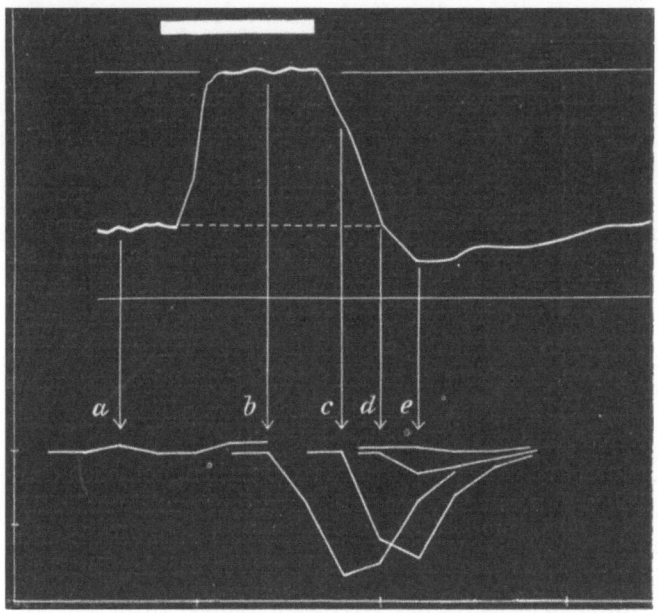

Abb. 42. Geschwindigkeit der Adrenalinzerstörung nach intravenoser Infusion. Gefaßverengernde Wirkung von Carotisblut 1:5 auf das Froschpraparat. a vor der Infusion, b wahrend der Infusion (= weißer Strich) von 0,006 mg Adrenalin pro Minute und pro Kilo, c—e nach Abstellen der Infusion; b—c wurde bei bzw. nach verschiedenen Infusionen, die zeitlich mehrere Minuten auseinander lagen, erhalten. (Trendelenburg.)

Beim Durchfließen der Lungen[4] tritt kein oder kein erheblicher Adrenalinverlust ein; die Injektion in die Jugularvene wirkt nicht schwächer blutdrucksteigernd als die Injektion in die Lungenvene. Ebenso findet nach neueren Feststellungen[5] beim Durchströmen der

---

[1] OLIVER, G., u. E. A. SCHÄFER: J. of Physiol. **17**, IX (1895). — ELLIOTT, T. R.: Ebenda **32**, 401 (1905). — TRENDELENBURG, P.: Arch. f. exper. Path. **63**, 161 (1910). — MAIWEG, H.: Biochem. Z. **134**, 292 (1922) u. a.
[2] TATUM, A. L.: J. of Pharmacol. **18**, 121 (1921).
[3] SUNDBERG, C. G.: Upsala Läk.för. Förh. **33**, 301 (1927).
[4] ELLIOTT. — TRENDELENBURG. — ANREP, G. V., u. J. DE BURGH DALY: Proc. roy. Soc. B. **97**, 450 (1924). — Siehe auch: HÜLSE, W.: Z. exper. Med. **30**, 240 (1922).— SCHLOSSMANN, H.: Arch. f. exper. Path. **121**, 160 (1927).
[5] PAK, CH.: Arch. f. exper. Path. **111**, 43 (1926). — SUNDBERG.

Beine des Kalt- und des Warmblüters eine höchstens geringe Adrenalinzerstörung statt: sobald sich die Gewebe mit dem Adrenalingehalt der zufließenden Lösung ins Gleichgewicht gesetzt haben, ist die Adrenalinkonzentration in der abfließenden Lösung die gleiche, wie in der zufließenden.

Das für den Adrenalinabbau wichtigste Organ ist zweifellos die Leber. Dies zeigten schon vor langer Zeit ATHANASIU und LANGLOIS[1]. Wird das Pfortaderblut eines Tieres nicht durch die Leber, sondern durch eine Anastomose in die Hohlvene geleitet, so dauert die Blutdrucksteigerung nach einer intravenösen Einspritzung von Nebennierenauszug länger als bei normaler Blutzirkulation. Weiter hat eine Infusion in die Pfortader beim Säugetier eine viel geringere Blutdruckwirkung als die gleiche Infusion in die Jugularvene[2] und nach Anlegen einer Anastomose, die das Blut der Hohlvene in die Pfortader einleitet, ist die Adrenalinwirkung eine viel geringere[3]. PAK[4] fand schließlich, daß bei dauernder Durchströmung der Leber von der Pfortader aus mit adrenalinhaltigem Blut das abfließende Blut dauernd viel adrenalinärmer ist als das zufließende.

Der Abbau des Adrenalins wird durch Abkühlen des Tieres sehr verzögert, so daß am abgekühlten Warmblüter (35°) die Blutdruckwirkung viel länger anhält[5].

Aus den oben erwähnten Versuchen von PAK folgt des weiteren, daß das Adrenalin aus der Blutflüssigkeit sehr rasch in die Gewebe übertritt; die Kapillaren lassen den Stoff so leicht durchtreten, daß die durch ein Froschgefäßpräparat durchgeleitete Adrenalinlösung zunächst sehr arm an Adrenalin abfließt.

Die Höhe der Adrenalinkonzentration im arteriellen Blute, die sich bei der mit konstanter Geschwindigkeit ausgeführten intravenösen Infusion einer Adrenalinlösung einstellt, ist durch die in der Lösung enthaltene Adrenalinmenge, die Blutumlaufgeschwindigkeit und durch den während eines Kreislaufes eintretenden Adrenalinverlust bestimmt. Beträgt letzterer z. B. 50% der in die Gewebe eintretenden Menge, so ist die endgültige Erhöhung der Adrenalinkonzentration im arteriellen Blut erreicht, sobald die während einer Kreislaufdauer in die Kapillaren eintretende Adrenalinmenge auf den zweifachen Wert der in der gleichen Zeit infundierten Adrenalinmenge angestiegen ist. Dann bleibt die

---

[1] ATHANASIU u. LANGLOIS: C. r. Soc. Biol. 49, 575 (1897). — LANGLOIS, P.: Arch. de Physiol. 10, 124 (1898). — SUNDBERG.
[2] Z. B. ELLIOTT. — TRENDELENBURG. — HUNT, R.: Amer. J. Physiol. 45, 197 (1918). — SUNDBERG.
[3] HAYNAL, E. v.: Z. exper. Med. 62, 229 (1928).
[4] PAK, CH.: Arch. f. exper. Pathol. 111, 43 (1926).
[5] LEWANDOWSKY, M.: Arch. f. Physiol. 1899, 360.

Konzentration im arteriellen Blute trotz fortdauernder Infusion dauernd die gleiche, mithin auch die Höhe der Blutdrucksteigerung.

Daß die dauernde gleichmäßige Adrenalininfusion tatsächlich bald eine konstant bleibende Blutdruckerhöhung herbeiführt, wurde häufig nachgewiesen[1].

Eine einfache Überlegung[2] zeigt, daß die endgültige Steigerung der Adrenalinkonzentration im Arterienblute schon nach wenigen Kreisläufen erreicht wäre, wenn das Adrenalin während eines Blutumlaufes zwar zur Hälfte zerstört würde, aber nicht in die Gewebe treten würde.

Annahme: Es werden 10 γ pro Kreislaufdauer infundiert. Es kehren 5 γ mit dem Venenblut zurück. Zu diesen 5 γ kommen 10 γ während des zweiten Blutumlaufes hinzu, also gelangen in das während des zweiten Umlaufes das Herz passierende Blut 15 γ; davon die Hälfte abgebaut = 7,5 γ. Der Gehalt in dem während des dritten Blutumlaufes vorbeiströmenden Blutes ist 17,5 γ, während des folgenden 5.—10. Umlaufes 18,75 γ, 19,375 γ, 19,688 γ, 19,844 γ, 19,922 γ, 19,961 γ usw.

Da das Adrenalin rasch in die Gewebe übertritt, wird die endgültige Menge von 20 γ in der während eines Blutumlaufes das Herz passierenden Blutmenge nicht schon nach annähernd 10 Blutumläufen erreicht sein, sondern erheblich später.

Diese Betrachtungen sind von Wichtigkeit bei der Beurteilung der Sympathicuserregbarkeit durch Adrenalin. Wegen der unsicheren Resorptionsgeschwindigkeit aus dem Unterhautzellgewebe wird das Adrenalin bei solchen Prüfungen am besten intravenös injiziert oder infundiert. Die Stärke der Reaktion des Blutdruckes usw. darf auch dann nicht ohne weiteres auf die Erregbarkeit des Sympathicus bezogen werden, sie ist ebenso bedingt durch die Blutumlaufgeschwindigkeit wie durch das Ausmaß der Adrenalinzerstörung. Diese Tatsache fand bei den klinischen „Sympathicotonus"-Prüfungen keine Berücksichtigung; die aus ihren Ergebnissen gezogenen Schlüsse sind also von sehr problematischem Werte.

XXI. Allgemeines Vergiftungsbild.

Die Wirkung des Adrenalins auf wirbellose Tiere ist nur sehr unvollkommen untersucht worden. Die Beweglichkeit von Paramäcien und Leukocyten wird durch die Lösung 1:100000 gehemmt[3].

Seidenraupen entwickeln sich nach Adrenalineinspritzungen rascher[4].

Die Spontanmetamorphose von Kaulquappen wird nicht beeinflußt[5];

---

[1] OLIVER, G., u. E. A. SCHÄFER: J. of Physiol. **17**, IX, (1895). — BORUTTAU, H.: Pflügers Arch. **78**, 97 (1899). — STRAUB, W.: Sitzgsber. physik.-med. Ges. Würzburg **1907**. — KRETSCHMER, W.: Arch. f. exper. Path. **57**, 423 (1907) u. a.

[2] SUNDBERG, C. G.: Upsala Läk.för. Förh. **33**, 301 (1927).

[3] BAUER, V.: Zool. Anz. Supl. **2**, 172 (1926).

[4] FARKAS, G., u. H. TANGL: Biochem. Z. **172**, 350 (1926).

[5] KRIZENECKY, J.: Arch. Entw.mechan. **109**, 54 (1927).

die durch Thyreoideaeinwirkung bewirkte Metamorphosebeschleunigung soll durch Adrenalin begünstigt werden[1].

Amphibien[2] zeigen nach Adrenalineinspritzungen eine Abnahme der Reflexerregbarkeit und der Beweglichkeit, die in eine tiefe Lähmung übergeht. Die blasse Haut ist mit Sekret bedeckt. Die Pupillen sind weit. Gelegentlich durchbrechen klonische Krämpfe die Lähmung.

Nach der Einspritzung einer tödlichen Adrenalinmenge unmittelbar in die Blutbahn des Warmblüters[3] setzt zunächst meist die Atmung aus, der Apnoe folgt Dyspnoe. Bald liegen die Tiere wie ermüdet in Seitenlage, dabei sind die Hinterbeine stärker gelähmt als die Vorderbeine. Vor oder während der Lähmung treten motorische Erregungserscheinungen auf wie Kaubewegungen, klonische Zuckungen, opisthotonische Anfälle: Meist folgt der Tod innerhalb weniger Minuten an Atemstillstand, Herzüberdehnung oder akutem Lungenödem. Von Sympathicus-Reizwirkungen sind Erweiterung der Pupille, Vortreten des Augapfels, Kontraktion der Nickhaut, eventuell Pulsbeschleunigung und Speichelfluß zu beobachten.

Ähnlich — nur langsamer im Ablauf — sind die Vergiftungserscheinungen nach der Subcutaneinspritzung. Wiederholte Einspritzungen nicht tödlicher Gaben scheinen oft eine erhebliche Giftfestigkeit, deren Natur unbekannt ist (Herzhypertrophie?), herbeizuführen[4]. Doch tritt diese Resistenzsteigerung keineswegs regelmäßig auf. Bei der Sektion[5] der nach akuter Adrenalinvergiftung zugrunde gegangenen Tiere findet man meist eine starke Blutüberfüllung der Lungen oder Lungenödem und Blutungen in den serösen Häuten oder Blutergüsse in den serösen Höhlen. Auch in den Nieren sind Hämorrhagien zu sehen.

Nach längere Zeit hindurch fortgesetzten Adrenalineinspritzungen zeigen die Arterienwandungen des Kaninchens schwere degenerative Veränderungen[6] und zwar hauptsächlich in der Media der größeren Ar-

---

[1] ROHRER nach GESSNER, W.: Z. Biol. **86**, 67 (1927).
[2] OLIVER, G., u. E. A. SCHÄFER: J. of Physiol. **18**, 230 (1895). — VINCENT, Sw.; Ebenda **22**, III (1897—98). — CYBULSKI bei SZYMONOWICZ, L.: Pflügers Arch. **64**, 97 (1896). — KAHN, R. H.: Ebenda **192**, 93 (1921). — MOSTROEM, H. T., u. H. McGUIGAN: J. of Pharmacol. **3**, 521 (1911—12) u. a.
[3] Lit. bei BIEDL, A.: Innere Sekretion, 3. Aufl. 1. T., 523 (1916).
[4] Z. B. VINCENT, S.: J. of Physiol. **22**, 111 (1897—98). — PATON, D. N.: Ebenda **27**, 286 (1903). — POLLAK, L.: Arch. f. exper. Path. **61**, 157 (1909). — KÜLBS: Ebenda **53**, 140 (1906). — ABDERHALDEN, E., u. Mitarb.: Z. physiol. Chem. **59**, 129 (1909); **61**, 119 (1909).
[5] SZYMONOWICZ, L.: Pflügers Arch. **64**, 97 (1896). — SCHIROKOGOROFF, J. J.: Virchows Arch. **191**, 482 (1908). — KÜLBS: Arch. f. exper. Path. **53**, 140 (1906). — ERB, W.: Ebenda 173. — DRUMMOND, W. E.: J. of Physiol. **31**, 81 (1904). — FLEISHER, M. S., u. Mitarb.: Arch. int. Med. **3**, 78 (1909). — J. of Pharmacol. **2**, 55 (1910—11) u. a.
[6] JOSUÉ, O.: C. r. Soc. Biol. **53**, 1374 (1903); **59**, 319 (1905). — CITRON, J.: Z. exper. Path. u. Ther. **1**, 649 (1905). — WATERMAN, N.: Virchows Arch.

terien. Ob diese Veränderungen die Folge der wiederholten starken Drucksteigerungen sind oder, was weniger wahrscheinlich erscheint, Ausdruck einer spezifischen Adrenalinwirkung, ist unentschieden. Sie sind von den bei der Sklerose des Menschen zu beobachtenden Veränderungen verschieden. Bei derartig behandelten Tieren ist das Herz oft hypertrophisch, in der Leber sind Degenerationen und Fettinfiltrationen, in den Nieren Degenerationen der Kanälchen zu sehen.

Die Empfindlichkeit der Säugetiere gegen Adrenalin zeigt sehr starke individuelle Unterschiede. Daher gehen die Angaben über die Höhe der tödlich wirkenden Gaben weit auseinander[1]. Intravenös ist für das Kaninchen 0,05—0,4 mg pro Kilo letal, etwa die gleiche Empfindlichkeit besitzen Meerschweinchen. Hund und Katze vertragen wesentlich höhere Mengen, erst 0,2—0,5—0,8 mg pro Kilo töten.

Nach der Subcutaneinspritzung werden von den meisten Laboratoriumstieren einige mg pro Kilo vertragen; 10 bis 20 mg pro Kilo pflegen tödlich zu sein.

Beim Menschen[2] hat man schon nach 0,3 mg, also nach etwa 0,005 mg pro Kilo intravenös sehr bedrohliche Kreislaufstörungen gesehen. Ein Milligramm intravenös wirkte mehrfach tödlich, wurde aber auch oft überstanden. Nach subcutanen Injektionen haben 4, 8, 10 mg schon tödlich gewirkt.

XXII. Kreislauf.

a) Wirbellose Tiere.

Zweifellos kann Adrenalin auch bei wirbellosen Tieren herzfördernd und gefäßverengernd wirken. Die Pulsationen der Blutegelgefäße, an die Ausläufer chromaffiner Zellen herantreten, werden durch Adrenalin gefördert[3], ebenso das ganglionhaltige Limulusherz (in geringerem Maße auch das ganglionfreie[4]), die Herzen von Maja, Pecten und Aplysia[5], von Salpen und Daphnien[6], während die Frequenz des Krebsherzens[7] und des nervenfreien Schneckenherzens[8] nicht vermehrt wird. Ob die Herzhemmungen, die nach

---

191, 202 (1908). — ZIEGLER, K.: Beitr. path. Anat. 38, 229 (1905). — FALK, F.: Z. exper. Path. u. Ther. 4, 360 (1907). — HORNOWSKI, J., u. W. NOWICKI: Virchows Arch. 192, 338 (1908). — KÜLBS. — ERB. — SCHIROKOGOROFF. — STEINITZ, H.: Z. exper. Med. 44, 757 (1924) u. a.
[1] Lit. bei P. TRENDELENBURG, Handb. exp. Pharm. 2 II, 1274 (1924).
[2] Lit. bei GERSTER, J.: Z. Halskr. 8, 205 (1924). — ULRICH, H. L., u. H. RYPINS: J. of Pharmacol. 19, 215 (1922).
[3] GASKELL, J. F.: J. gen. Physiol. 1, 74 (1920).
[4] CARLSON, A. J.: Amer. J. Physiol. 17, 177 (1906—07). — GARREY: J. gen. Physiol. 3, 41 (1921).
[5] HOGBEN, L. T. u. A. D.: Brit. J. exper. Biol. 1, 487 (1924). — HEYMANS, C.: nach Ber. Physiol. 32, 605 (1926).
[6] HYKES, O. V.: C. r. Soc. Biol. 95, 58 (1926).
[7] ELLIOTT, T. R.: J. of Physiol. 32, 401 (1905).
[8] BOYER, P.: C. r. Soc. Biol. 95, 1244 (1926).

hohen Adrenalinkonzentrationen beobachtet wurden (Hummer, Limulus, Schnecke), spezifische Adrenalinwirkungen sind, ist nicht näher untersucht worden.

b) Kaltblütige Wirbeltiere.

Auf den Kreislauf sämtlicher untersuchter kaltblütiger Wirbeltiere hat Adrenalin prinzipiell die gleichen Wirkungen wie bei den Warmblütern: Förderung der Herztätigkeit und Veränderung — meist Verengerung — der Gefäßweite. An Fischherzen[1] (Torpedo, Hecht, Hundshai) ist die Förderung der Frequenz und der Kontraktionen z. T. schon bei sehr schwachen Adrenalinkonzentrationen (1:10 bis 25 Millionen) zu beobachten. Daß auch das embryonale Fischherz erregt wird, wurde oben erwähnt. Über den Einfluß des Adrenalins auf die Blutgefäße der Fische liegt nur die Angabe vor, daß die Kiemengefäße schon durch 1:1 Million stark erweitert werden[2].

Am Schildkrötenherzen[3] äußert sich die Adrenalinwirkung vorwiegend am Vorhof, dessen Amplituden und Frequenz vermehrt werden, während die Tonuswellen wie durch Sympathicusreiz unterdrückt werden (schon $1 \times 10^{-3}-1 \times 10^{-5}$ ist wirksam). Schwächste Lösungen fördern die Tonuswellen. Die Tätigkeit der Kammer wird nicht oder nur wenig gefördert. Der Blutdruck der Schildkröte wird nach Adrenalineinspritzungen stark und lange erhöht[4].

Beim Frosch wird der Blutdruck nach intravenöser Zufuhr selbst großer Adrenalinmengen nur wenig gesteigert[5], z. B. nach 0,1 mg pro Kilo und mehr nur um 20—50% des Ausgangswertes. Die Drucksteigerung fehlt nicht nach der Zerstörung des Gehirnes und Rückenmarks, sie entsteht also durch peripheren Angriff.

Trotz der großen Zahl der Arbeiten, die sich mit der Wirkung des Adrenalins auf das Froschherz befassen, läßt sich aus ihnen noch kein recht klares Bild gewinnen.

---

[1] Biedl, A.: Inn. Sekr. 3. Aufl. 1, 587 (1916). — Beresin, W. J.: Pflügers Arch. 150, 549 (1913). — Macdonald, A. D.: Quart. J. exper. Physiol. 15, 69 (1925).
[2] Krawkow, N. P.: Pflügers Arch. 151, 583 (1913).
[3] Bottazzi, F.: Z. allg. Physiol. 6, 470 (1907). — Gruber, Ch. M.: J. of Pharmacol. 15, 23, 271 (1920); 31, 733 (1927). — Snyder, Ch. D., u. E. C. Andrus: Ebenda 14, 1 (1920). — Gatin-Gruzewska u. Maciag: J. Physiol. et Path. gén. 11, 28 (1909). — Elliott. — Sollmann, T., u. T. N. Rossides: J. of Pharmacol. 32, 7, 19 (1928).
[4] Langlois: C. r. Soc. Biol. 49, 524 (1897). — Edwards, D. J.: Amer. J. Physiol. 13, 229 (1914).
[5] Holzbach, E.: Arch. f. exper. Path. 70, 183 (1912). — Kuno, Y.: Pflügers Arch. 158, 1 (1914). — Burkett, I. R.: Kansas Univ. Sci. Bull. 7, 219 (1913).

An dem in situ bei normalem Kreislauf beobachteten Herzen[1] tritt nach Adrenalinwirkung teils eine Förderung der Frequenz und der Amplituden, teils aber auch eine Abnahme der Schlagzahl oder Stillstand ein.

Am isolierten Froschherzen[2] ist, solange dies gut arbeitet, auf Adrenalineinwirkung meist keine sehr erhebliche Förderung der Schlagzahl und des Pulsvolumens zu sehen. Die Empfindlichkeit der einzelnen Herzen schwankt dabei ungemein stark. Nach REED und SMITH liegt die erregende Grenzkonzentration für das Herz von Fröschen bei 1:300000, nach SOLLMANN und BARLOW sowie nach GROSS bei 1×10^{-7}. Auch das isoliert arbeitende Herz wird durch stärkere Adrenalinkonzentrationen oft gehemmt, nach SOLLMANN und BARLOW schon durch 1×10^{-6} und stärkere Lösungen; diese Hemmung schwindet nicht auf Atropin. Hohe Konzentrationen (1:10000) können zum diastolischen Stillstand führen.

Sehr viel deutlicher äußert sich die kontraktionsfördernde Wirkung am geschädigten Herzen[3] (Muscarin, Strychnin, Chloroform, Atropin, Aconitin, O_2-Mangel, Cyankali, Milchsäure, Überdehnung). An ihm kann 1×10^{-10} Adrenalin noch stark fördernd wirken (GROSS, SCHLOSSMANN).

Am ausgeschnittenen Kammermuskelstreifen ist die Förderung der Automatie und der Kontraktionen ebenfalls zu erzielen; stillstehende Streifen beginnen nach Adrenalinzusatz oft sich mit ausgiebigen Kontraktionen zusammenzuziehen[4]. An dem durch die erste STANNIUSsche Ligatur, durch Erwärmen oder durch Muscarin zum Stillstand gebrachten Herzen setzen die Kontraktionen nach Adrenalinzusatz ebenfalls wieder ein[5].

Die Erregbarkeit der Kammer für Extrareize scheint etwas erhöht zu werden[6], entsprechend können die bei künstlichen Erschwerungen der Reizleitung aufgetretenen Rhythmusstörungen wieder schwinden. Die Dehnbarkeit der Kammer ist besonders bei Anwendung hoher Überdrucke verringert[7].

---

[1] OLIVER, G., u. E. A. SCHÄFER: J. of Physiol. **18**, 230 (1895). — BORUTTAU, A.: Pflügers Arch. **78**, 97 (1899). — ELLIOTT, T. R.: J. of Physiol. **32**, 401 (1905). — GATIN-GRUZEWSKA u. MACIAG: J. Physiol. et Path. gén. **11**, 28 (1910). — BURRIDGE, W.: Quart. J. exper. Physiol. **5**, 347 (1912). — HOLZBACH, E.: Arch. f. exper. Path. **70**, 183 (1912) u. a.

[2] Z. B. JUNKMANN, K.: Arch. f. exper. Path. **108**, 150 (1925). — REED, C. J., u. E. SMITH: Amer. J. Physiol. **63**, 566 (1923). — SOLLMANN, T., u. O. W. BARLOW: J. of Pharmacol. **29**, 233 (1926). — BARLOW, O. W.: Ebenda **32**, 93 (1928). — GROSS, E: Arch. f. exper. Path. **111**, 70 (1925). — HARRIES, Fr.: Z. exper. Med. **6**, 301 (1918). — MACHIELA, J.: Ebenda **14**, 287 (1921).

[3] GOTTLIEB, R.: Arch. f. exper. Path. **38**, 99 (1897). — FALTA, W., u. L. IVCOVIC: Berl. klin. Wschr. **46**, 1929 (1909). — RANSOM, FR.: J. of Pharmacol. **14**, 367 (1920). — GROSS. — SCHLOSSMANN, H.: Arch. f. exper. Path. **121**, 160 (1927). — SOMMERKAMP, H.: Arch. f. exper. Path. **124**, 248 (1927). — FREUND, H., u. W. KÖNIG: Ebenda **125**, 192 (1927). — ROSENCRANTZ, H., u. Mitarb.: Z. exper. Med. **49**, 430 (1926); **56**, 779 (1927).

[4] LOEWE, S.: Z. exper. Med. **6**, 289 (1918). — HARRIES. — MACHIELA. — ABDERHALDEN, E., u. E. GELLHORN: Pflügers Arch. **183**, 303 (1920); **196**, 608 (1922). — AMSLER, C., u. E. P. PICK: Ebenda **184**, 62 (1920).

[5] GOTTLIEB. — AMSLER, C., u. E. P. PICK: Arch. f. exper. Path. **84**, 52 (1919).   [6] JUNKMANN.

[7] EISMAYER, G., u. QUINKE, H.: Arch. f. exper. Pathol. **137**, 362 (1928).

Wirkung des Adrenalins auf den Kreislauf. 257

Wenn kontrakturerzeugende Mittel in unterschwelligen Konzentrationen auf das Froschherz einwirken, dann führt ein Zusatz von Adrenalin eine starke systolische Kontraktion herbei[1].

Die starke Verengerung der Gefäße der isoliert durchströmten Froschbeine auf Einspritzen von Adrenalin in die zufließende Lösung wiesen schon OLIVER und SCHÄFER bei ihren ersten Analysen des Angriffs nach. Später wurde das Froschbeinpräparat vielfach für die Auswertung von Adrenalinlösungen herangezogen[2]. Das Präparat wird nach längerer Durchspülung mit RINGER-Lösung meist sehr adrenalinempfindlich, nicht selten gibt $1/2$ ccm einer Lösung 1:100 Millionen, manchmal sogar der 10 oder 100 mal dünneren Lösung noch eine vorübergehende Abnahme der Ausflußmenge.

Bei der Auswertung des Adrenalingehaltes von Blutproben muß ungeronnenes Blut verwandt werden und die Gerinnung im Präparate durch Durchleiten einer gerinnungshemmenden Citrat-RINGER-Lösung verhindert werden, da bei der Gerinnung des Blutes gefäßverengernde Stoffe nicht adrenalinartiger Natur auftreten[3].

Auch bei der Einwirkung auf die künstlich durchströmten Splanchnicusgefäße[4] des Frosches macht Adrenalin eine Verengerung.

Schwächste Adrenalinkonzentrationen scheinen auf die Arterien der Froschbeine keine erweiternde Wirkung zu haben[5].

An der Froschniere[6] werden nur die die Glomeruli versorgenden Gefäße durch Adrenalin zur Verengerung gebracht; diese Verengerung ist an den Vasa efferentia besonders ausgesprochen, so daß die Glomeruli anschwellen. Die zu den Kanälchen ziehenden Gefäße des Pfortadersystems sind dagegen adrenalinrefraktär. Erweitert werden durch Adrenalin die Gefäße der Froschnebenniere[7] und der Froschleber[8].

Die Lungengefäße des Frosches und der Kröten[9] haben bestenfalls

---

[1] KOLM, R., u. E. P. PICK: Pflügers Arch. 189, 137 (1921).
[2] Z. B. LAEWEN, A.: Arch. f. exper. Path. 51, 415 (1904). — TRENDELENBURG, P.: Ebenda 79, 151 (1916). — O'CONNOR, J. M.: Ebenda 67, 195 (1912).
[3] O'CONNOR. — TRENDELENBURG. — SAKAI, SH., u. T. HIRAMATSU: Mitt. med. Fak. Tokyo 15, 397 (1915). — HÜLSE, W.: Z. exper. Med. 30, 240 (1922) u. a.
[4] AMSLER, C., u. E. P. PICK: Arch. f. exper. Path. 85, 61 (1920).
[5] PEARCE, R. G.: Z. Biol. 62, 243 (1913).
[6] ZUCKERSTEIN, S.: Z. Biol. 67, 293 (1917). — WERTHEIMER, E.: Pflügers Arch. 196, 412 (1922). — RICHARDS, A. N., u. Mitarb.: Amer. J. Physiol. 79, 410 (1927). — EHRISMANN, O., u. G. MALOFF: Arch. f. exper. Path. 136, 172 (1928). [7] WERTHEIMER.
[8] MORITA, S.: Arch. f. exper. Path. 78, 232 (1915), — MALOFF, G. A.: Pflügers Arch. 205, 205 (1924). — Siehe dagegen: WERTHEIMER.
[9] ADLER, L.: Arch. f. exper. Path. 91, 81 (1921). — ROTHLIN, E.: Biochem. Z. 111, 257 (1920). — LUCKHARDT, A. B., u. A. J. CARLSON: Amer. J. Physiol. 56, 72 (1921). — MASHIMA-NAY, T.: nach Ber. Physiol. 11, 91 (1922).

eine sehr geringe Adrenalinempfindlichkeit; nach WERTHEIMER macht Adrenalin überhaupt keine Verengerung. Bei hohem Gefäßtonus können schwache Konzentrationen erweiternd wirken. Zwar sieht man an den Kapillaren der Schwimmhaut, des Mesenteriums, der Nickhaut usw. des Frosches[1] unter Adrenalineinwirkung Verengerung, doch ist nicht bewiesen, daß es sich um aktive Kontraktionen und nicht um ein Leerlaufen durch Sperrung des arteriellen Zuflusses handelt. Sehr starke Adrenalinlösungen sollen die Kapillaren einiger Gefäßgebiete, z. B. der Zunge, erweitern[2].

c) Warmblütige Wirbeltiere.

Das nach LANGENDORFF isolierte oder das in einen künstlichen Kreislauf eingeschaltete Säugetierherz[3] zeigt auf Adrenalineinwirkung eine sehr ausgesprochene Frequenzsteigerung und Pulsvolumvermehrung; oft ist die eine, oft die andere dieser beiden Teilwirkungen stärker ausgeprägt. Diese Förderungen sind bei erschöpften oder absichtlich geschädigten Herzen (KCl, Chloroform, Atropin, KCN usw.) besonders eindrucksvoll. Bei schweren Schädigungen der Herzleistung durch Chloralhydrat verliert Adrenalin seine fördernde Wirkung. Das unter Adrenalineinfluß stehende Herz ist durch elektrische Reize leichter zu erregen.

Streifen aus den Kammern des Säugetierherzens oder die nach Durchschneidung des HISschen Bündels automatisch tätige Kammer schlagen nach Adrenalin ebenfalls häufiger und ausgiebiger[4], während die Wirkung am Vogelherzen auf den Vorhof beschränkt zu sein scheint[5]. Die Kammermuskelfasern des Säugetierherzens scheinen eine etwas geringere Adrenalinempfindlichkeit zu haben als die Muskelfasern der verschiedenen Vorhofabschnitte[6]. Unter letzteren sollen nach DEMOOR und RYLAND nur die an

---

[1] BUKOFZER: Arch. f. Laryng. **13**, 341 (1903). — BAUM, J.: Berl. klin. Wschr. **42**, 86 (1905). — KUKULKA, J.: Z. exper. Path. u. Ther. **21**, 332 (1920). — WERTHEIMER. — KLEMENSIEWICZ, R.: Handb. biol. Arb. Meth. V. **4**, H. 1 (1921). — HEINEN, W.: Z. exper. Med. **32**, 455 (1923). — ASHER, L.: Biochem. Z. **173**, 111 (1926) u. a.

[2] KROGH, A.: J. of Physiol. **55**, 412 (1921). — HAGEN, W.: Z. exper. Med. **26**, 80 (1922). — BERGENGREN, K. H.: C. r. Soc. Biol. **92**, 635 (1925).

[3] HEDBOM, K.: Skand. Arch. Physiol. **8**, 147, 169 (1898). — CLEGHORN, A.: Amer. J. Physiol. **2**, 273 (1898). — CLAES, E.: Arch. internat. Physiol. **22**, 322 (1923). — RYDIN, H.: C. r. Soc. Biol. **96**, 812 (1927). — GOTTLIEB, R.: Arch. f. exper. Path. **43**, 286 (1900). — LANGENDORFF, O.: Zbl. Physiol. **21**, 551 (1908). — Pflügers Arch. **112**, 522 (1906). — ROHDE, E., u. S. OGAWA: Arch. f. exper. Path. **69**, 200 (1912). — GUNN, J. A.: Quart. J. exper. Physiol. **7**, 75 (1914).

[4] LEETHAM, C.: J. of Physiol. **46**, 151 (1913). — MOORHOUSE, V. H. K.: Amer. J. Physiol. **31**, 421 (1913). — ELLIOTT, T. R.: J. of Physiol. **32**, 401 (1905). [5] ELLIOTT.

[6] MOORHOUSE. — Siehe auch: DEMOOR, J., u. R. RYLANT: C. r. Soc. Biol. **88**, 1206 (1923).

der Einmündung der Hohlvenen liegenden Fasern durch Adrenalin gefördert werden.

An ausgeschnittenen PURKINJEschen Fasern (falschen Sehnenfäden) nimmt die Frequenz und Stärke der Kontraktionen nach Adrenalin zu; ihre Automatie wird begünstigt[1].

Die Reizleitung isolierter Warmblüterherzen fand man nach Adrenalin z. T. etwas verbessert[2].

Nach intravenöser Einspritzung größerer Mengen von Adrenalin wird der Puls der Säugetiere zunächst beschleunigt. Mit steigendem Blutdruck folgt dann oft eine starke Verlangsamung und nicht selten wird der Puls sehr unregelmäßig.

Die Pulsverlangsamung ist die Folge einer reflektorischen Erregung des Vaguszentrums (s. S. 231). Sie fehlt in der Regel nach Vagusdurchschneidung oder Atropin. Doch soll in der Chloroformnarkose das Adrenalin auch noch nach Vagusdurchtrennung verlangsamend wirken können[3], und zwar durch Erregung der Vagusendigungen.

Die zentrale Vaguserregung ist auch für einen Teil der auf der Höhe der Blutdrucksteigerung einsetzenden Rhythmusstörungen[4] verantwortlich zu machen. Denn nach der Vagusdurchtrennung sind sie geringer. Die zentrale Vagusreizung hemmt die Reizerzeugung im Sinusknoten, so daß der TAWARAsche Knoten führt, und sie verschlechtert die Reizleitung, so daß Herzblock auftreten kann. Auch nach der Vagusdurchtrennung führt die Überdehnung des Herzens, das den zu hoch werdenden Widerstand nicht mehr überwinden kann, zu Überleitungsstörungen.

Außerdem begünstigt das Adrenalin die Kammererregbarkeit derart, daß gehäufte Extrasystolen auch nach Ausschaltung des Vaguszentrums einsetzen können. Dieses Auftreten von Extrasystolen wird durch *leichte* Chloroformnarkose[5] begünstigt, es kann nun ganz plötzlich tödliches Kammerflimmern einsetzen. Auch Ba und Strophan-

---

[1] NOMURA, S.: nach Ber. Physiol. 32, 107 (1925). — ISHARA, N., u. E. P. PICK: J. of Pharmacol. 29, 355 (1926).
[2] VAN EGMOND, A. A. J.: Pflügers Arch. 180, 148 (1920). — PATTERSON, S. W.: Proc. roy. Soc. B. 88, 371 (1914).
[3] HEINEKAMP, W. J. R.: J. of Pharmacol. 16, 247 (1920); 26, 385 (1925).
[4] KAHN, R. H.: Pflügers Arch. 129, 379 (1909). — ROTHBERGER, C. J., u. H. WINTERBERG: Ebenda 132, 233 (1910); 142, 461 (1911). — NOBEL, E., u. E. J. ROTHBERGER: Z. exper. Med. 3, 151 (1914). — LEVY, A. G.: Heart 3, 99 (1912); 4, 319 (1913). — AUER, S., u. J. L. GATES: J. of Pharmacol. 6, 608 (1915). — LOVE, G. R.: J. Labor. a. clin. Med. 11, 2 (1925). — SCHLIEPHAKE, E.: Arch. f. exper. Path. 132, 349 (1928).
[5] LEVY. — NOBEL u. ROTHBERGER. — BARDIER, E., u. A. STILLMUNKES: C. r. Soc. Biol. 94, 1063 (1926). — Dies. u. C. SOULA: Ebenda 98, 191 (1928). — BARDIER, E.: Ebenda 1408.

thin[1] sensibilisieren das Herz für diese automatiefördernde Adrenalinwirkung.

Nach Vagotomie kürzt Adrenalin meistens die Überleitungszeit ab[2].

Das durch Vagotomie und Durchtrennung der sympathischen Bahnen völlig entnervte Herz kann nach CANNON[3] u. Mitarb. zum pharmakologischen Nachweis des Adrenalins benutzt werden: an der Stärke und

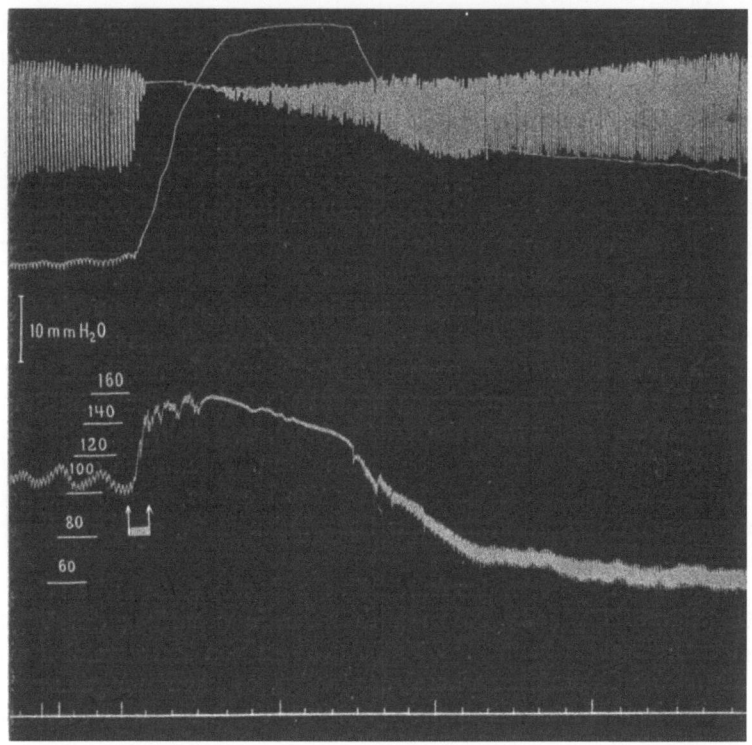

Abb. 43. Atmung, Hohlvenen- und Carotisdruck eines Kaninchens, $1/_{20}$ mg Adrenalin intravenös. (Trendelenburg.)

Dauer der Pulsbeschleunigung wird die unbekannte Lösung mit bekannten Adrenalinlösungen, die in die Vene eingespritzt werden, verglichen.

Der Blutdruck in den Hauptarterien des großen Kreislaufes von Hunden, Katzen und Kaninchen wird nach Einspritzungen von Adrenalin in das Unterhautzellgewebe nur dann erhöht, wenn sehr große

---

[1] ROTHBERGER u. WINTERBERG. — EGMOND, A. A. J. VAN: Pflügers Arch. **154**, 39 (1913). — STEWART, G. N., u. J. M. ROGOFF: J. of Pharmacol. **13**, 397 (1919).
[2] WIGGERS, C. J.: J. of Pharmacol. **30**, 233 (1927).
[3] CANNON, W. B., u. Mitarb.: Amer. J. Physiol. **77**, 326 (1926).

Mengen eingespritzt werden[1]; selbst die bei intravenöser Einspritzung tödliche Menge ist nach Subcutaninjektion noch blutdruckunwirksam. ELLIOTT fand z. B. 10 mg pro Kilo bei der Katze unwirksam, während 37 mg pro Kilo beim Hund nach AMBERG den Blutdruck erhöhen. Daß aber trotz ausbleibender Blutdrucksteigerung die subcutane Einspritzung kleiner Adrenalinmengen eine Wirkung auf die Kapillaren hat, ergibt sich daraus, daß die Durchlässigkeit derselben vermindert wird (siehe S. 270).

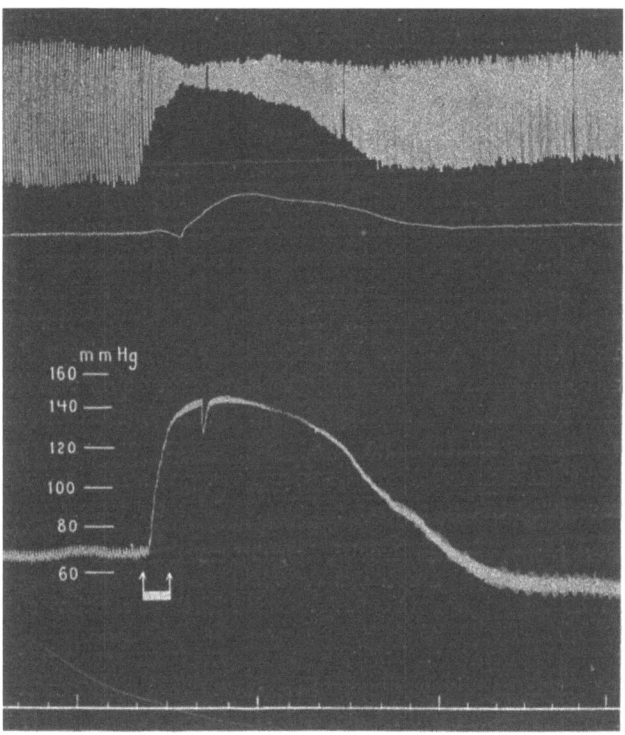

Abb. 44. Fortsetzung des Versuches von Abb. 43. $^1/_{20}$ mg Adrenalin intravenos einige Minuten nach 3 mg Atropin. sulf. (Trendelenburg.)

Nach einer innerhalb weniger Sekunden ausgeführten intravenösen Adrenalineinspritzung (Abb. 43 u. 44) vergehen nur wenige Sekunden bis zum Beginn der Steigerung des arteriellen Druckes. Diese Latenzzeit dürfte genau der Zeit entsprechen, die vergeht, bis die injizierte

---

[1] Z. B. VINCENT, S.: J. of Physiol. 22, 270 (1897—98). — LEERSUM, E. C. VAN: Pflügers Arch. 142, 377 (1911). — ELLIOTT, T. R.: J. of Physiol. 32, 401 (1905). — AMBERG, S.: Arch. internat. Pharmaco-Dynamie 11, 57 (1903).

Lösung mit dem Blutstrom an die adrenalinempfindlichen Arteriolen des großen Kreislaufes gelangt ist. Der Druck erreicht, wenn mittlere Mengen von etwa 0,05 mg pro Kilo eingespritzt werden, in etwa $1/_4$ Minute fast sein Maximum, um dann noch $1/_2$—$1^1/_2$ Minuten lang ein wenig weiter zu steigen und dann langsam wieder abzusinken. Der zunächst beschleunigte Puls wird mit zunehmender Drucksteigerung stark verlangsamt und oft arhythmisch.

Submaximal wirksame Mengen erhöhen den Blutdruck der Katze etwas weniger und für kürzere Dauer als den des Kaninchens[1]. Bei ersteren beobachtete man z. B. nach 0,03 mg pro Kilo einen Anstieg um 45 mm, die Dauer betrug $3^1/_2$ Minuten, während die entsprechenden Werte bei Kaninchen 70 mm und 4 Minuten waren.

Die Frequenz der Herzschläge kann beim Hunde auf das $1^1/_2$ bis 2fache, beim Pferde bis auf über das 3fache in die Höhe gehen[2]. Die Pulsbeschleunigung hält etwas länger an als die Blutdrucksteigerung.

Die mit einwandfrei arbeitenden Manometern aufgezeichneten Druckkurven[3] zeigen, daß die pulsatorischen Druckschwankungen beim Kaninchen infolge einer Abnahme der Schlagvolumina auf der Höhe der Drucksteigerung kleiner werden, während bei Fleischfressern der Pulsdruck meist vergrößert wird. Die Dauer der Systole ist verkürzt.

Die mit Adrenalin erzielbaren Druckmaxima sind von der Tierart und von zahlreichen Einzelfaktoren abhängig. Während beim Kaninchen der Normaldruck bestenfalls verdoppelt werden kann, können bei der Katze und dem Hunde Werte bis 240 bzw. 300 mm Hg erreicht werden, vorausgesetzt, daß der Vagus ausgeschaltet wurde.

Die Beziehung der Blutdrucksteigerung zu der injizierten Adrenalinmenge soll nach LYON[4] durch das WEBER-FECHNERsche Gesetz bestimmt sein: die Wirkung sei proportional dem natürlichen Logarithmus der Menge.

Eine gegebene Menge bewirkt im allgemeinen bei hoher Lage des arteriellen Druckes eine geringere Steigerung als bei niederer. Doch ist die Blutdrucksteigerung durch Adrenalin stark vermindert, wenn der

---

[1] GITHENS, TH. ST.: J. of exper. Med. **25**, 323 (1917). — SANTESSON, C. G.: Skand. Arch. Physiol. **37**, 185 (1919). — LAUNOY, L., u. B. MENGUY: C. r. Soc. Biol. **83**, 1510 (1920) u. a.

[2] OLIVER, G., u. E. A. SCHÄFER: J. of Physiol. **18**, 230 (1895). — GERHARDT, D.: Arch. f. exper. Path. **44**, 161 (1900). — MUTO, K.: Mitt. med. Fak. Tokyo **15**, 365 (1915) u. a.

[3] Siehe BORN, M. VON: Skand. Arch. Physiol. **24**, 127 (1911). — BIAUDET, T., u. A. WECKMAN: Ebenda **28**, 278 (1913). — AIRILA, Y.: Ebenda **31**, 281 (1914). — HUERTHLE, K.: Pflügers Arch. **162**, 338 (1915). — TIGERSTEDT, C.: Skand. Arch. Physiol. **28**, 37 (1917); **36**, 103 (1918). — WIGGERS, C. J.: J. of Pharmacol. **30**, 233 (1927).

[4] LYON, D. M.: J. of Pharmacol. **21**, 219 (1923).

Blutdruck durch Aderlaß[1] erniedrigt wurde. Von Bedeutung ist weiter die Tiefe der Narkose[2]: tiefe Äthernarkose wirkt abschwächend. Hypoventilation oder Erstickung durch N-Einatmung oder Blausäurevergiftung vermindern die Adrenalinwirkung auf den Blutdruck ebenfalls[3], auch die Hyperventilation wirkt abschwächend[4].

Die Wiederholung der Adrenalineinspritzung nach dem Wiederabsinken des arteriellen Druckes führt jedesmal nahezu die gleiche Blutdrucksteigerung herbei. Am gleichmäßigsten reagiert der Blutdruck

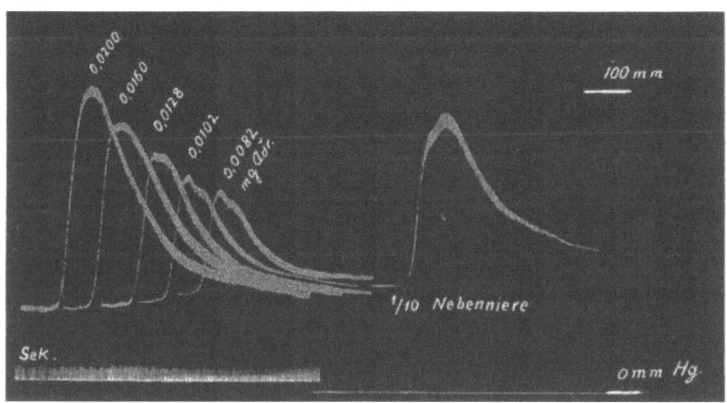

Abb. 45. Messung des Adrenalingehaltes einer Kaninchennebenniere im Blutdruckversuch (Kaninchen Novocainausschaltung des verlangerten Markes und des oberen Halsmarkes). (Trendelenburg.)

auf derart wiederholte Einspritzungen, wenn zuvor das Rückenmark der Tiere im oberen Brustmark durchtrennt wurde. Dann sind besonders die Katzen ausgezeichnet geeignet, um adrenalinhaltige Flüssigkeiten auszuwerten[5]. Schon $1/1000$—$1/500$ mg Adrenalin gibt meist einen guten Ausschlag der Blutdruckkurve. 0,03 mg pro Kilo macht schon maximale Steigerung (Abb. 45).

Läßt man in die Vene eines Tieres eine Adrenalinlösung mit gleichbleibender Geschwindigkeit einfließen, so wird innerhalb $1/2$ 1 Minute

---

[1] LIEB, CH., u. H. TH. HYMANN: Amer. J. Physiol. 63, 60ff. (1922). — ROUS, P., u. G. W. WILSON: J. of exper. Med. 29, 173 (1919). — STORM VAN LEEUWEN, W.: Arch. f. exper. Path. 88, 318 (1920).

[2] WYMAN, L. C., u. BR. LUTZ: Amer. J. Physiol. 73, 113 (1925). — ROUS u. WILSON. — DRAGSTEDT, C. A., u. A. H. WIGHTMAN: Proc. Soc. exper. Biol. a. Med. 25, 22 (1927).

[3] EVANS, C. L.: J. of Physiol. 53, 40 (1919). — MASING, E.: Arch. f. exper. Path. 69, 431 (1912). — DUZAR, J., u. G. FRITZ: Klin. Wschr. 3, 2338 (1924).

[4] BREHME, TH., u. G. POPOVICIU: Z. exper. Med. 52, 579 (1926).

[5] Siehe hierzu: ELLIOTT, T. R.: J. of Physiol. 44, 374 (1912). — LUTZ, BR. R., u. L. C. WYMAN: Amer. J. Physiol. 72, 488 (1925).

eine neue Lage des arteriellen Druckes erreicht, die dann für die ganze Dauer der Infusion nahezu unverändert bleibt und nur selten ganz allmählich ein wenig weiter erhöht wird[1] (siehe hierzu auch S. 251). Um eine eben erkennbare Blutdrucksteigerung zu erhalten, muß beim Kaninchen etwa $^1/_2$ Tausendstel mg pro Kilo und pro Minute infundiert werden, der doppelte Wert erhöht den Druck um etwa 10 mm Hg, der 10fache Wert um etwa 50 mm Hg. Beim Hunde liegt der blutdrucksteigernde Schwellenwert bei etwas über $^1/_4$ Tausendstel mg pro Kilo und Minute.

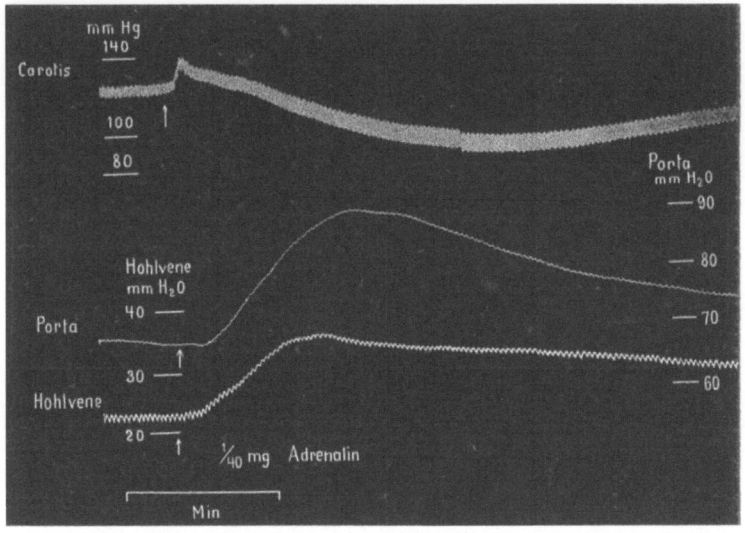

Abb. 46. Carotis-, Pfortader- und Hohlvenendruck einer Katze. $\frac{1}{40}$ mg Adrenalin intravenös.

Bei Tieren, deren Gefäßzentren mit den Blutgefäßen in Verbindung gelassen wurden, folgt der Blutdrucksteigerung eine sekundäre Senkung (Abb. 43 u. 44), die nach großen Gaben ungemein lange anhalten kann: beim Kaninchen wird nach $^1/_3$ mg intravenös gelegentlich noch am 2. und 3. Tag eine Druckverminderung beobachtet[2]. Vermutlich ist diese Senkung von verschiedenen Ursachen abhängig; besonders wichtig dürfte für ihr Zustandekommen eine reflektorische Erregung der Vasodilatorenzentren im Gehirn und verlängerten Marke sein, denn

---

[1] TRENDELENBURG, P.: Arch. f. exper. Path. 79, 154 (1916). — Zbl. Herzkrkh. 13, H. 7—8 (1921). — Ders. u. K. FLEISCHHAUER: Z. exper. Med. 1, 369 (1913). — KRETSCHMER, W.: Arch. f. exper. Path. 57, 423 (1907). — HOSKINS, R. G., u. C. W. MCCLURE: Amer. J. Physiol. 31, 59 (1912) u. a. — SUNDBERG, C. G.: Upsala Läkareför. förhandlingar 33, 301 (1927).
[2] LEERSUM, E. C. VAN: Pflügers Arch. 142, 377 (1911).

die sekundäre Senkung fehlt nach hoher Rückenmarkdurchtrennung; vielleicht wirken auch Stoffwechselprodukte mit, die aus den während der Adrenalinwirkung mangelhaft mit Blut versorgten Geweben stammen.

Die Annahme, daß Adrenalin aus den Geweben Histamin frei mache und daß dieses die Blutdrucksenkung herbeiführe, hat sich als irrig erwiesen[1].

Auf eine durch die Drucksteigerung oder die Zirkulationsänderungen im Gehirne reflektorisch ausgelöste Vasodilatation ist wohl auch der besonders beim Hunde zu beobachtende Knick im Beginn einer Adrenalinblutdrucksteigerung zu beziehen[2]. Denn dieser Knick fehlt nach Rückenmarkdurchtrennung und in tiefer Narkose, er wird dagegen durch Strychnin verstärkt.

Nach HEYMANS[3] beginnt der zentripetale Teil des Reflexbogens, der die sekundäre Vasodilatation und Pulsverlangsamung vermittelt, im Sinus caroticus.

Während beim Kaninchen alle überhaupt wirksamen Adrenalinmengen nur blutdrucksteigernd wirken, wird bei Hunden und Katzen (Abb. 46) durch kleine Mengen (bei der Katze z. B. 0,1 Tausendstel mg pro Sekunde) eine Blutdrucksenkung bewirkt[4]. Durch Wiederholungen der Injektionen gelingt es, den Druck um insgesamt 20—35 mm Hg zu erniedrigen.

Die Senkung ist die Folge einer Gefäßerweiterung[5] (Abb. 47), die an den Beinen viel stärker in Erscheinung tritt als an den Baucheingeweiden. Vermutlich ist die Erweiterung bedingt durch eine periphere Reizung sympathischer Vasodilatatoren; sie ist nach Entnervung und Nervdegeneration noch auslösbar, was gegen die Richtigkeit der Annahme HARTMANS[6] spricht, nach dem die Erweiterung durch einen ganglionären Angriff zustande kommen soll. Ob hauptsächlich die Arte-

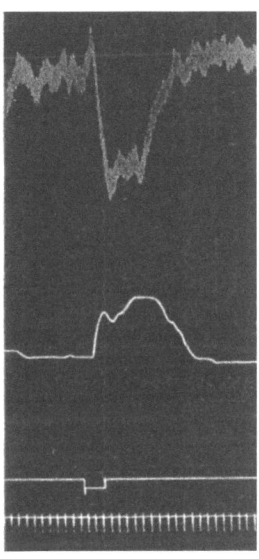

Abb. 47. Carotisdruck und Beinvolumen der Katze bei einer blutdrucksenkenden Adrenalineinspritzung. Der Blutdruck (Hg-Manometer) sinkt auf 0,0025 mg pro Kilo in 30″ intravenös ab, gleichzeitig nimmt das Beinvolumen zu. Zeit in 10″. (Eichholtz.)

[1] DALE, H. H., u. A. N. RICHARDS: J. of Physiol. 63, 204 (1927).
[2] McGUIGAN, H., u. E. G. HYATT: J. of Pharmacol. 12, 59 (1919).
[3] HEYMANS, C.: Arch. internat. Pharmaco-Dynamie 35, 269 (1929).
[4] CANNON, W. B., u. H. LYMAN: Amer. J. Physiol. 31, 376 (1913). — HARTMAN, FR. A., u. Mitarb.: Ebenda 45, 111 (1918); 46, 168, 502, 521 (1918). — J. of Pharmacol. 13, 417 (1919).
[5] GRUBER, CH. M.: Amer. J. Physiol. 45, 302 (1918). — DALE, H. H., u. A. N. RICHARDS: J. of Physiol. 52, 110, (1918). — FLATOW, E., u. M. MORIMOTO: Arch. f. exper. Path. 131, 127 (1928). [6] HARTMAN.

riolen oder die Kapillaren erschlaffen, ist nicht sicher zu entscheiden; DALE und RICHARDS verlegen den Angriff vorwiegend in die Kapillaren.

Die Stärke der Blutdrucksenkung nach Adrenalin ist vom Zustande des Tieres stark abhängig. Die Blutdrucksenkung ist nur am äthernarkotisierten Tiere zu erhalten[1], sie fehlt am decerebrierten, nicht narkotisierten Tiere.

Mit zunehmender Steigerung der injizierten Adrenalinmengen erscheint statt der reinen Blutdrucksenkung zunächst vor dieser Senkung eine flüchtige Steigerung und schließlich nur noch eine geringe sekundäre Senkung, die sich an eine starke Steigerung anschließt.

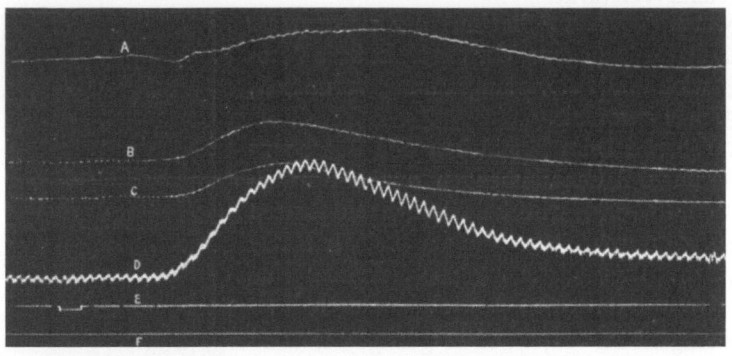

Abb. 48. Nierenvolumen (*A*), Volumen der Vorderbeine (*B*, *C*) und Blutdruck nach der Einspritzung von Nebennierenextrakt. Hund. Vagotomie, Halsmarkschnitt. Bein *B* ist entnervt. Das Volumen beider Beine und der Niere nimmt während der Drucksteigerung zu. (Oliver und Schäfer.)

Die Dauerinfusion sehr dünner Adrenalinlösungen macht bei Fleischfressern bei hohem Gefäßtonus eine dauernde Blutdrucksenkung.

Daß manche Gifte besonders gut das Ergotoxin, auch größere Mengen von Yohimbin, Atropin oder die Oxalatvergiftung die Adrenalinblutdrucksteigerung bei Karnivoren in eine Senkung umkehren können, ist oben erwähnt. Das Wesen der Umkehr ist noch ungeklärt; wahrscheinlich sind die sympathischen Gefäßerweiterer durch jene Stoffe schwerer adrenalinunempfindlich zu machen als die Verengerer, so daß deren Anteil an der Blutdruckwirkung ausfällt.

Auch nach tiefer Senkung des Blutdruckes durch Gifte der verschiedensten Art (z. B. Chloroform, Chloralhydrat, Arsenik, Nitrite, Bakteriengifte) hat die Adrenalininjektion noch eine starke blutdrucksteigernde Wirkung[2]. Der in der Chloroform- oder Chloralhydratnarkose eingetretene

---

[1] MACDONALD, A. D., u. W. SCHLAPP: J. of Physiol. **62**, XII (1926). — VINCENT, SW., u. F. R. CURTIS: Ebenda **63**, 151 (1927). — Siehe dagegen: GRUBER, CH. M.: Amer. J. Physiol. **84**, 345 (1928).

[2] HEINEKE, H.: Arch. klin. Chir. **90**, 102 (1909). — HEIDENHAIN, L.:

Herzstillstand ist auch noch mehrere Minuten nach seinem Eintritt fast sicher zu beseitigen, wenn das Adrenalin in das Herz oder in den Herzbeutel gespritzt wird und Herzmassage ausgeführt wird[1].

Schon OLIVER und SCHÄFER[2] erkannten, daß die Blutdrucksteigerung nach der Injektion von Auszügen aus Nebennierenmark hauptsächlich durch peripheren Angriff an den Gefäßen zustande kommt. Denn die Abtrennung der Vasomotorenzentren von den Gefäßen durch Rückenmarkdurchtrennung vermindert die Drucksteigerung nicht und die Volumabnahme von Körperteilen, die in einen Plethysmographen eingeschlossen werden, ist nach der Entnervung auf Adrenalineinwirkung nicht geringer (Abb. 48).

Die Widerstandsvermehrung wird vorwiegend durch die Verengerung kleiner Arterien herbeigeführt. Die Muskeln der großen Arterienstämme werden zwar durch Adrenalin auch in vermehrte Spannung versetzt, aber sie genügt nicht, um die vermehrte Dehnung durch den gesteigerten Blutdruck zu kompensieren. Die großen Arterien weiten sich während der Blutdrucksteigerung. (Adrenalin wirkt auf die isolierten Arterien des großen Kreislaufes um so stärker ein, je weiter distal der zur Untersuchung entnommene Abschnitt liegt[3].) Daß die Widerstandsvermehrung nicht ausschließlich oder hauptsächlich durch Kapillarverengerung bewirkt wird, zeigten DALE und RICHARDS[4] an den Mesenterialgefäßen, durch die nach Adrenalin auch dann viel weniger Blut fließt, wenn das Kapillarnetz durch Abtrennen des Mesenteriums vom Darme entfernt worden war.

Wahrscheinlich verengt Adrenalin auch die Kapillaren der Warmblüter. Bei der Betrachtung der Kapillaren verschiedener Gefäßgebiete sah man bei Tier und Mensch unter Adrenalineinwirkung eine Verengerung der Kapillaren und der Arteriolen[5]. Daß diese Verengerung der Kapillaren nicht einfach die Folge der Arteriolenverengerung an sich

---

Dtsch. Z. Chir. 104, 535 (1910). — GOTTLIEB, R.: Arch. f. exper. Path. 43, 286 (1900). — MEYER, FR.: Ebenda 60, 208 (1909). — JACOBJ, C.: Ebenda 66, 296 (1911). — HOLZBACH, E.: Ebenda 70, 183 (1912). — PATTA, A.: Arch. ital. de Biol. 48, 190 (1907). — PILCHER, J. W., u. T. SOLLMANN: J. of Pharmacol. 6, 323 (1915).
[1] GUNN, J. A., u. PH. A. MARTIN: J. of Pharmacol. 7, 31 (1915). — BUSCH F. C., u. T. H. MCKEE: Amer. J. Physiol. 23, XXI, (1909).
[2] OLIVER, G., u. E. A. SCHÄFER: J. of Physiol. 18, 230 (1895) u. a.
[3] BARBOUR, H. G.: Arch. f. exper. Path. 68, 41 (1912).
[4] DALE, H. H., u. A. N. RICHARDS: J. of Physiol. 52, 110 (1918).
[5] RICKER, G., u. Mitarb.: Z. exper. Med. 4, 1 (1914). — Virchows Arch. 231, 1 (1921). — NATUS, M.: Ebenda 199, 1 (1910). — HOOKER, D. R.: Amer. J. Physiol. 54, 30 (1920). — KROGH, A.: Anat. Physiol. capill. 1922. — HEIMBERGER, H.: Z. exper. Med. 46, 533 (1925). — FISCHER, L.: Z. Biol. 86, 351 (1927). — KISCH, FR.: Pflügers Arch. 220, 612 (1928).

ist, wurde zwar nicht an Säugetieren, wohl aber am Menschen gezeigt[1]. Wenn man bei einem Menschen den Arm so fest umschnürt, daß der Blutumlauf in ihm unterbrochen ist, dann bewirkt die kutane Injektion einer Adrenalinlösung 1:30000 ein Abblassen der Haut, die natürlich nur auf eine aktive Verengerung der Kapillaren durch Adrenalin bezogen werden kann.

Der periphere Angriff des Adrenalins ergibt sich auch aus den Durchströmungsversuchen an isolierten Organen und aus Versuchen an ausgeschnittenen Arterienstreifen. Oft beobachtete man[2], daß der Adrenalinzusatz an Arterienstreifen außer der tonischen Kontraktion rhythmische, kurzdauernde Zusammenziehungen auslöste.

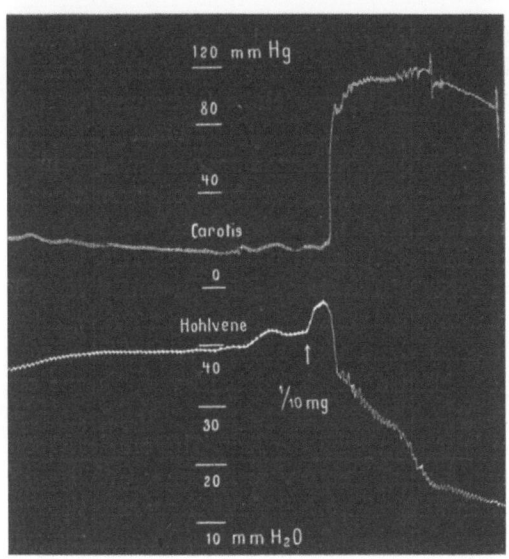

Abb. 49. Carotis- und Hohlvenendruck eines Kaninchens. Hoher Venendruck durch kunstliche Herzinsufficienz, Ausschaltung des Vasomotorenzentrums. $^1/_{10}$ mg Adrenalin intravenös.

Zum Nachweis von Adrenalin sind die Arterienstreifen wenig geeignet, da die Wirkung schlecht reversibel ist.

Brauchbarer ist das Kaninchenohr-Gefäßpräparat nach PISEMSKY[3], das auf die Einspritzung von 1 ccm 1:10 — 1:50 Millionen mit einer vorübergehenden Verengerung reagiert.

Während einer Adrenalinblutdrucksteigerung ist der Druck in den großen Venen des großen Kreislaufes[4] meist stark erhöht, manchmal nach einer anfänglichen Senkung, die auf die Förderung der Herzleistung zu beziehen ist.

---

[1] COTTON u. Mitarb.: Heart 6, 227 (1917). — Siehe auch: KYLIN, E.: Klin. Wschr. 2, 14 (1923).
[2] Cow, D.: J. of Physiol. 42, 125 (1911). — GÜNTHER, G.: Z. Biol. 66, 280 (1916). — FRIEDMANN, H.: Pflügers Arch. 183, 271 (1920). — ROTHLIN, E.: Biochem. Z. 111, 219 (1920) u. a.
[3] Siehe RISCHBIETER, W.; Z. exp. Med. 1, 335 (1913). — KRAWKOW, N. P.: ebenda, 27, 127 (1922).
[4] SCHÄFER u. OLIVER. — SZYMONOWICZ. — GERHARDT. — ELLIOTT. — RICKER u. Mitarb. — WIGGERS, C. J., u. L. N. KATZ: Amer. J. Physiol. 58, 439 (1922) u. a.

Die Stärke der Drucksteigerung in den Hohlvenen und im rechten Vorhof hängt von 3 Faktoren ab. Je größer die Zunahme des Widerstandes ist, gegen den sich das Herz nach Adrenalin zusammenziehen muß, um so ausgesprochener ist der Anstieg des Venendruckes; wird Adrenalin nach Ausschaltung des Vasomotorenzentrums eingespritzt, so fehlt nach zuvor venendrucksteigernden Gaben die Erhöhung des Venendruckes, da der Widerstand nicht mehr so hoch ansteigt. Zweitens begünstigt die reflektorische Pulsverlangsamung nach Adrenalin die Blutanstauung vor dem Herzen: der Venendruckanstieg ist nach Atropinvorbehandlung ein viel geringerer (Abb. 43 u. 44). Drittens wirkt die Vermehrung des Blutdurchflusses durch die Kranzgefäße venendrucksteigernd.

Diesen im Sinne einer Venendrucksteigerung wirkenden Kräften wirkt die Verbesserung der Herzleistung entgegen. Daher können kleine Adrenalingaben bei normaler Vasomotorenspannung und kleine wie große Gaben bei erniedrigter Vasomotorenspannung oder bei Herzinsufficienz (Abb. 49) eine erhebliche Erniedrigung des Hohlvenendruckes herbeiführen, die oft erheblich länger anhält als die Erhöhung des arteriellen Druckes.

Adrenalin hat eine unmittelbare verengernde Wirkung auf die Venen des großen Kreislaufes, die an ausgeschnittenen Venen wiederholt festgestellt worden ist[1]. Besonders adrenalinempfindlich sind die oberflächlichen Hautvenen, die bei lokaler Einwirkung auch sehr dünner Lösungen (1:1 Million) zum Verschluß gebracht werden.

Auf entzündete Blutgefäße (Bakteriengifte, Hitze oder reizende Stoffe) wirkt Adrenalin im Beginn der Entzündung mit unverminderter Stärke; bei länger bestehenden, starken entzündlichen Veränderungen ist die Empfindlichkeit vermindert gefunden worden[2].

An den unter Adrenalineinwirkung stehenden Gefäßen ist die Reaktion auf entzündliche Reize abgeschwächt. Die Augenbindehaut zeigt auf Senföl eine geringere entzündliche Schwellung, wenn den Tieren zuvor Adrenalin subcutan eingespritzt wurde[3]. Adrenalin, subcutan gegeben, hemmt die durch Histamin sonst herbeizuführende Wasserabwanderung aus dem Blute ins Gewebe und verhindert die Bildung

---

[1] MEYER, O. B.: Z. Biol. 48, 352 (1906). — CAMPBELL, J. A.: Quart. J. exper. Physiol. 4, 81 (1911). — GUNN, J. A., u. F. B. CHAVASSE: Proc. roy. Soc. Lond. B. 86, 192 (1913). — EDMUNDS, CH. W.: J. of Pharmacol. 6, 569 (1915). — DONEGAN, J. F.: J. of Physiol. 55, 226 (1921).
[2] LAEWEN, A., u. R. DITTLER: Z. exper. Med. 1, 3 (1913). — KRAWKOW, N. P.: Ebenda 27, 127 (1922). — DIETER, W., u. CH. SUNG-SHENG: Ebenda 28, 234 (1922) u. a.
[3] JANUSCHKE, H.: Wien. klin. Wschr. 26, 1164 (1913). — BARDY, H.: Skand. Arch. Physiol. 32, 198 (1915).

von Hautquaddeln nach Histamin- oder Morphineinspritzungen[1] in die Haut. Die Bildung von allgemeinen Hautödemen durch Paraphenylendiamin und von Quaddeln durch Senföl wird durch intravenöse Adrenalininfusion oder subcutane Injektion verhindert[2].

Die Endothelabdichtung wird schon durch Adrenalinmengen im Blute erzielt, die noch keine Blutdrucksteigerung bewirken; denn die in den erwähnten Versuchen subcutan eingespritzten Mengen sind blutdruckunterschwellig.

Auch die an überlebenden durchströmten Organen spontan auftretende Ödembildung soll durch einen Zusatz von Adrenalin zur Durchströmungsflüssigkeit vermindert werden[3].

Angesichts der starken Verengerung, die Adrenalin an Arteriolen und Capillaren herbeiführt, sollte man vermuten, daß ein Zusatz von Adrenalin zu einer subcutan oder intraperitoneal eingespritzten Lösung die Resorption der in der Lösung enthaltenen Stoffe stark verlangsamen würde. Aber in den meisten Versuchen[4] war der hemmende Einfluß auf die Resorption von Jodsalz, von Farbstoffen, Zucker, Giften (wie Strychnin, Morphin, Cocain usw.) ein recht geringer, und nicht selten fehlte er ganz.

Ebenso wird die Resorption gelöster Stoffe im Darme durch Adrenalinzugabe keineswegs regelmäßig erkennbar verlangsamt[5].

Auch konnte keine Hemmung des Austrittes intravenös injizierter Salzlösungen aus dem Blute nach Zugabe von Adrenalin zur Salzlösung nachgewiesen werden[6].

Die Lymphgefäße des Mesenteriums werden durch Adrenalin verengert und zu rhythmischen Kontraktionen erregt. (Die Lymphdrüsen kontrahieren sich ebenfalls[7].)

---

[1] SOLLMANN, T.: J. of Pharmacol. **10**, 147 (1918). — Siehe auch: GOLDSCHEIDER u. H. HAHN: Dtsch. med. Wschr. **31**, 465 (1925).

[2] TAINTER, M. L., u. P. J. HANZLIC: J. of Pharmacol. **24**, 179 (1925). — TAINTER, M. L.: Ebenda **33**, 129 (1928).

[3] GRADINESCU, A. V.: Pflügers Arch. **152**, 187 (1913). — DONATH, J.: Arch. f. exper. Path. **77**, 1 (1914).

[4] MELTZER, J.: Amer. J. med. Sci. **129**, 98 (1901). — EXNER, A.: Arch. f. exper. Path. **50**, 313 (1903). — BRAUN, H.: Arch. klin. Chir. **69**, 541 (1903). — KLAPP, R.: Dtsch. Z. Chir. **71**, 187 (1904). — THIES, J.: Ebenda **74**, 434 (1904). — HEINEKE, H., u. A. LAEWEN: Ebenda **80**, 180 (1905). — PATTA, A.: Arch. ital. de Biol. **46**, 463 (1906). — FALTA, W., u. L. IVCOVIC: Berl. klin. Wschr. **47**, 1929 (1909). — MOSTROM, M. T., u. H. MCGUIGAN: J. of Pharmacol. **3**, 521 (1912). — EPPINGER, H.: Path. Ther. menschl. Ödems **1917**. — LOEWE, S., u. M. SIMON: Z. exper. Med. **6**, 39 (1918). — HATCHER, R. A., u. C. EGGLESTON: J. of Pharmacol. **13**, 433 (1919). — CLARK, A. J.: Ebenda **16**, 415 (1921). — HANZLIC, P. J., u. F. DE EDS: Ebenda **29**, 485 (1926). — HARA, Y.: Biochem. Z. **126**, 281 (1922).

[5] HANZLIC, P. J., u. Mitarb.: J. of Pharmacol. **1**, 409 (1910); **3**, 387 (1912); **5**, 185 (1913). — KNAFFL-LENZ, E., u. J. NOGAKI: Arch. f. exper. Path. **105**, 109 (1925). — DOUGLAS, B.: C. r. Soc. Biol. **92**, 265 (1925) u. a.

[6] FLEISHER, M. C., u. L. LOEB: J. of exper. Med. **11**, 470, 627 (1909). — LAMSON, P. D., u. J. ROCA: J. of Pharmacol. **17**, 481 (1921).

[7] FLOREY, H.: J. of Physiol. **68**, 1 (1927).

Die zahlreichen Untersuchungen[1] über den Einfluß des Adrenalins auf die Lymphbildung haben kein eindeutiges Ergebnis gebracht; meist fand man auf der Höhe der Blutdrucksteigerung eine Zunahme der aus dem Ductus thoracicus abfließenden Lymphmengen. Die Lymphe wird meist dickflüssiger.

Das Minutenschlagvolumen des Warmblüterherzens wird durch Adrenalin stark gefördert, wenn (z. B. am Herz-Lungenpräparat) der arterielle Widerstand nicht vermehrt wird[2]. Diese Förderung des Blutumlaufes ist unter dieser Bedingung besonders ausgesprochen bei mangelhafter Herztätigkeit: Da das Herz einen viel größeren Anteil des venösen Angebotes aufnimmt und auswirft, sinkt der Druck in der Hohl-

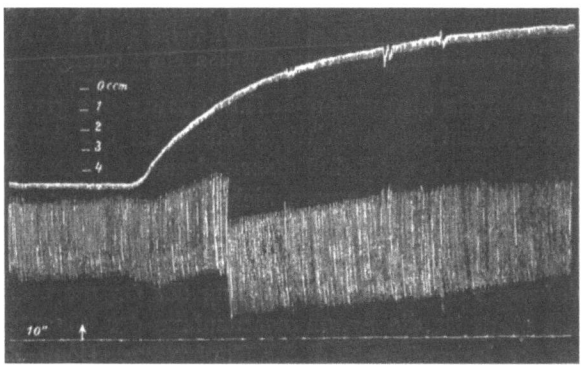

Abb. 50. Herzplethysmogramm einer Katze bei einer Infusion von 0,055 mg Adrenalin pro Minute und pro Kilo. (Im Beginn des Volumkurvenanstieges wurde der Hebel gesenkt.) Der Blutdruck steigt um 140 mm Hg. (Trendelenburg.)

vene stark ab. Nach $^1/_{100}$ mg Adrenalin beobachtete z. B. PLANT ein rasches Absinken des Hohlvenendruckes von 12—16 auf 2—6 mm H_2O, das Minutenschlagvolumen stieg von 50—51 ccm auf 100 ccm, der Druck des gegen einen konstanten Widerstand abfließenden Blutes ging von 34 auf 58 mm Hg in die Höhe, die Pulszahl von 128 auf 184 (Versuch an einem Hundeherzen).

Bestimmt man den Blutumlauf eines Herzens bei intakten Kreislaufverhältnissen[3], so findet man ihn oft zunächst beschleunigt. Bei Ka-

---

[1] Z. B.: CAMUS, L.: C. r. Soc. Biol. **56**, 552 (1904). — BAINBRIDGE, F. A., u. J. W. TREVAN: J. of Physiol. **51**, 460 (1917). — LAMSON u. ROCA. — YAMAGAWA, H.: J. of Pharmacol. **9**, 75 (1917). — MEYER-BISCH, R., u. Mitarb.: Pflügers Arch. **211**, 341 (1926).

[2] PLANT, O. H.: J. of Pharmacol. **5**, 603 (1914). — EVANS, C. L., u. E. H. STARLING: J. of Physiol. **46**, 413 (1913). — PATTERSON, S. W.: Proc. roy. Soc. B. **88**, 371 (1915) u. a.

[3] TIGERSTEDT, R., u. Mitarb.: Skand. Arch. Physiol. **19**, 1, 96 (1907); **30**, 303 (1913); **31**, 381 (1914). — EDMUNDS, CH. W.: Amer. J. Physiol. **18**,

ninchen ist aber mit zunehmender Arterienverengerung sehr bald der Punkt erreicht, an dem das Herz sich so viel unvollkommener gegen den erhöhten Widerstand entleert, daß der Blutumlauf verlangsamt wird; nach hohen Adrenalingaben sinkt das Minutenschlagvolumen des Kaninchenherzens sehr stark ab (bis unter $1/10$ des Normalwertes). Das Herz des Hundes und der Katze überwindet einen gesteigerten arteriellen Widerstand viel besser (Abb. 50), so daß selbst hohe Gaben den Blutumlauf nur wenig verschlechtern.

Das Herz arbeitet unter Adrenalineinfluß in diastolisch erweiterter Stellung[1]. Besonders beim Kaninchen wird die linke Kammer stark gebläht. Nach sehr hohen Gaben ist der Herzbeutel prall gespannt. Das unter hohem Druck einströmende Venenblut kann den Herzmuskel nicht weiter dehnen, so daß der Kreislauf stillsteht. Nun kann die Spaltung des Herzbeutels lebensrettend wirken[2]. Nach diesem Eingriff vertragen Katzen und Hunde beliebig hohe Adrenalinmengen, ohne daß das Herz versagt.

Welchen Anteil die einzelnen Gefäßgebiete des großen Kreislaufs an der Widerstandsvermehrung haben, ist aus den zahlreichen Untersuchungen über den Einfluß einer Adrenalineinspritzung auf das Volumen der einzelnen Organe noch nicht klar zu sehen; ebensowenig können wir uns ein klares Bild davon machen, welchen Einfluß die Gefäßverengerung einerseits und die Erhöhung des arteriellen Blutdrucks andererseits auf die Blutversorgung der Organe hat.

Besonders stark ist die Spannungszunahme der Mesenterialgefäße, geringer die der Beingefäße und der Kopfgefäße. Denn Pick[3] fand, daß nach einer Einspritzung von Nebennierenauszug der Blutausfluß aus der Vena mesenterica auf etwa $1/5$—$1/7,5$, aus der Femoralvene und Jugularvene dagegen nur auf etwa $9/10$ und $8/10$ des Normalwertes absank.

Da die Spannungszunahme der Beingefäße eine verhältnismäßig geringe ist, findet man nach der intravenösen Einspritzung oft eine Volumzunahme des Beines[4]: der Blutdruckanstieg überwindet die Spannungsvermehrung. Aus Muskelvenen fließt nach kleinen Adrenalingaben daher mehr Blut ab, nach großen Mengen wird die Gefäßspannung

---

129 (1907). — TRENDELENBURG, P.: Arch. f. exper. Path. **79**, 154 (1916). — GROSS, R. E., u. R. MITTERMAIER: Pflügers Arch. **212**, 136 (1926).
[1] WOLFER, P.: Arch. f. exper. Path. **93**, 1 (1922). — BIEDL, A.: Inn. Sekr. 3. Aufl., I, 579 (1913). — WIGGERS, C. J., u. L. N. KATZ: Amer. J. Physiol. **58**, 439 (1922). — TRENDELENBURG. — ELLIOTT.
[2] ELLIOTT.
[3] PICK, FR.: Arch. f. exper. Path. **42**, 399 (1899).
[4] OLIVER u. SCHÄFER. — HILL, L., u. J. J. R. MACLEOD: J. of Physiol. **26**, 394 (1901). — PARI, G. A.: Arch. ital. de Biol. **46**, 209 (1906). — HARTMAN, FR. A., u. Mitarb.: Amer. J. Physiol. **46**, 168, 502 (1918). — HOSKINS, L. G. R., u. Mitarb.: Ebenda **41**, 513 (1916) u. a.

so stark, daß der Blutzufluß zu den Muskeln verschlechtert wird[1]; im Mikroskop beobachtet man nun eine Verengerung der Arteriolen und der Venen[2].

Auf die künstlich durchströmten Blutgefäße des Beines wirkt Adrenalin gefäßverengernd[3].

Wie viele Beobachtungen ergaben, werden die Hautgefäße durch Adrenalin stark verengt[4]. So erzeugt die intracutane Einspritzung einer Lösung 1:10 Millionen beim Menschen noch eine deutliche Hautblässe, eine Lösung 1:1 Million macht einen anämischen Hof mit hyperämischer Randzone. Stärkere Lösungen, die auf eine blutende Hautwunde gebracht werden, beendigen die Blutung. Nach der subcutanen Einspritzung kann die langanhaltende Blutleere zur Hautnekrose führen[5].

Die große Adrenalinempfindlichkeit der Schleimhäute folgt aus der Beobachtung von MOLTSCHANOW[6], der nach der Injektion der Lösung 1:100 Millionen in das periphere Ende der Carotis eine Zusammenziehung der Nasenschleimhautgefäße feststellte. Nach intravenösen Einspritzungen nehmen Schleimhautblutungen stark ab[7].

Erweiternd wirkt Adrenalin wie der Sympathicusreiz auf die Lippenschleimhaut des Hundes[8].

Die Gehirngefäße besitzen eine geringe Adrenalinempfindlichkeit. An isolierten Hirngefäßen fand man teils eine geringe Verengerung, teils auch Erweiterung[9]. Nach Einspritzung von Adrenalin in die Blutbahn[10] ist die Widerstandsvermehrung in den Gehirngefäßen eine meist unbedeutende, nach größeren Gaben steigt das Hirnvolumen sogar an und

---

[1] HUNT, R.: Amer. J. Physiol. 45, 197 (1918). — CANNON, W. B., u. CH. M. GRUBER: Ebenda 42, 36 (1917). — HOSKINS u. Mitarb., u. a.

[2] HARTMAN, F. A., u. Mitarb.: Amer. J. Physiol. 85, 91 (1928).

[3] OGAWA, S.: Arch. f. exper. Path. 67, 89 (1912).

[4] BRAUN, H.: Arch. klin. Chir. 69, 541 (1903). — GROER, FR. V.: Z. exper. Med. 7, 237 (1919). — HANZLIC, P. J.: J. of Pharmacol. 12, 71 (1919).

[5] ELLIOTT, J. R., u. H. E. DURHAM: J. of Physiol. 34, 490 (1906). — HERXHEIMER, H.: Diss. Straßburg 1909 u. a.

[6] MOLTSCHANOW, W. J.: Z. exper. Med. 1, 513 (1913).

[7] LISIN, FR.: Arch. internat. Pharmaco-Dynamie 17, 465 (1907). — FREY, E.: Z. exper. Path. u. Ther. 7, 8 (1909).

[8] DUBOIS, CH.: C. r. Soc. Biol. 56, 355 (1904).

[9] HILL, L., u. J. J. R. MACLEOD: J. of Physiol. 26, 394 (1901). — BRODIE, T. G., u. W. E. DIXON: Ebenda 30, 476 (1904). — WIGGERS, C. J.: Ebenda 48, 109 (1914). — COW, D.: Ebenda 42, 125 (1911). — DIXON, W. E., u. W. D. HALLIBURTON: Quart. J. exper. Physiol. 3, 315 (1910).

[10] BIEDL, A., u. M. REINER: Pflügers Arch. 79, 158 (1900). — WIECHOWSKI, W.: Arch. f. exper. Path. 52, 389 (1905). — SPINA, A.: Pflügers Arch. 76, 204 (1899). — MÜLLER, O., u. R. SIEBECK: Z. exper. Path. u. Ther. 4, 57 (1907). — YAMAKITA, M.: Tohoku J. exper. Med. 3, 414 (1922). — CASKEY, M. W., u. W. P. SPENCER: Amer. J. Physiol. 71, 507 (1925). — MIVA, M., u. Mitarb.: Arch. f. exper. Path. 123, 331 (1927).

der Abfluß des Blutes aus dem Gehirn nimmt meist zu — der erhöhte Blutdruck hat also auf die Hirndurchblutung meist einen stärkeren Einfluß als die Verengerung der Hirngefäße.

Parallel mit der Hirnvolumzunahme steigt der Druck des Liquor cerebrospinalis an[1]. Aus der freigelegten Hirnoberfläche können feine Liquortropfen ausgepreßt werden.

Ob nach Adrenalineinspritzungen die Durchblutung des verlängerten Markes verbessert oder verschlechtert ist, wird verschieden beantwortet[2].

Am Augenhintergrunde beobachtete man nach intravenösen Einspritzungen teils eine Erweiterung, teils eine Verengerung der Augengefäße[3]. Vermutlich ist die Richtung, in der die Retinadurchblutung sich verändert, von der zugeführten Adrenalinmenge abhängig.

Das Verhalten des intraokularen Druckes wechselt[4]. Ist die Blutdrucksteigerung nach Adrenalin eine hohe, so pflegt der Druck anzusteigen, doch kann der Druck durch die Verengerung der Augengefäße auch abnehmen. Diese Senkung ist die Regel nach subkonjunktivaler Einspritzung[5].

An der isolierten Submaxillardrüse der Katze wird durch Adrenalin der Durchfluß vermindert, in situ wird er vermehrt, da die zur Sekretion angeregte Drüse gefäßerweiternde Stoffe bildet[6].

Der Blutausfluß aus Parotis[7] und Schilddrüse[8] wird vermindert. Nach ENGEL[9] soll dagegen die örtliche Einwirkung von Adrenalinlösungen die Schilddrüsengefäße erweitern.

Bei der Durchströmung isolierter Herzen fand man meist eine kräftige Erweiterung der Coronargefäße unter Adrenaleinwirkung. Doch wurden auch, zumal bei niederem Tonus der Kranzgefäße, Verengerungen beobachtet, die bei den Kranzgefäßen des Menschen, des Affen und des Pferdes die Regel sind[10].

---

[1] BIEDL u. REINER. — SPINA. — BECHT, F. C., u. H. GUNNAR: Amer. J. Physiol. **56**, 231 (1921).

[2] Z. B. ROBERTS, F.: J. of Physiol. **55**, 346 (1921).

[3] GERHARDT, D.: Arch. f. exper. Path. **44**, 161 (1900). — KAHN, R. H.: Zbl. Physiol. **18**, 153 (1905). — HIRSCHFELDER, A. D.: J. of Pharmacol. **6**, 597 (1915).

[4] WESSELY, K.: Arch. Augenheilk. **60**, 1 (1908). — KOCHMANN, M., u. P. RÖMER: Arch. f. Ophthalm. **88**, 527 (1914). — SOCOR: J. Physiol. et Path. gén. **7**, 234 (1905). — HENDERSON, E. E., u. E. H. STARLING: J. of Physiol. **31**, 305 (1904).

[5] WESSELY. — SOCOR. — HAMBURGER, C.: Med. Klin. **1924**, Nr 9. — Klin. Mbl. Augenheilk. **72**, 47 (1924).

[6] BARCROFT, J., u. H. PIPER: J. of Physiol. **44**, 359 (1912).

[7] LANGLEY, J. N.: J. of Physiol. **27**, 237 (1902). — MC LEAN, J. C.: Amer. J. Physiol. **22**, 279 (1908).

[8] HUNT, R.: Amer. J. Physiol. **45**, 197 (1918).

[9] ENGEL, W.: Pflügers Arch. **211**, 433 (1926).

[10] BARBOUR, H. G.: Arch. f. exper. Path. **68**, 41 (1912). — BARBOUR, H. G., u. A. L. PRINCE: J. of exper. Med. **21**, 330 (1915). — RABE, F.: Z. exper. Path. u. Ther. **11**, 175 (1912). — ROTHLIN, E.: Biochem. Z. **111**, 257 (1920). — KRAWKOW, N. P.: Z. exper. Med. **27**, 127 (1922). — SMITH, FR. M., u.

Die etwa eintretende Zunahme der Coronargefäßspannung ist nicht stark genug, um den durchflußfördernden Einfluß der Blutdrucksteigerung zu kompensieren; nach Injektionen von Adrenalin ins Blut steigt der Blutabfluß aus dem Coronarsinus bis auf das 4—10fache an[1].

Eine besonders starke Wirkung auf die Spannung hat Adrenalin an den Darmgefäßen. Daher fand man nach intravenösen Einspritzungen fast stets starke Abnahmen des Darmvolumens; nur beim Hunde nimmt dieses häufig zu[2].

Die besonders starke Einengung der Splanchnicusbahnen folgt aus der Tatsache, daß die Unterbindung der Mesenterialarterien bei der Katze eine Umkehr der blutdrucksteigernden Adrenalinwirkung in eine Senkung bewirken kann.

Unter den Bauchorganen zeigen die Bauchspeicheldrüse[3], der Uterus[4] und die Milz[5] eine Gefäßverengerung nach intravenösen Adrenalineinspritzungen. An der starken Verkleinerung der Milz, auch nach blutdrucksenkenden Adrenalingaben, ist die Erregung ihrer glatten Muskelfasern beteiligt.

Die Nebennierengefäße[6] werden durch Adrenalin bei der Durchströmung des isolierten Organes nie erweitert, sondern bei überschwelligen Konzentrationen schwach verengt. In situ wird der Blutausfluß nach intravenösen Adrenalingaben meist zunächst stark vermehrt, da das Blut unter höherem Druck einströmt.

Entgegen Angaben von SCHMITT werden nach KOSAKAÉ die Gefäße der Placenta durch Adrenalin verengt[7].

Mitarb.: Amer. J. Physiol. **77**, 1 (1926). — GRUBER, CH. M., u. S. J. ROBERTS: Ebenda **76**, 508 (1925). — MARKWALDER, J., u. E. H. STARLING: J. of Physiol. **47**, 275 (1914). — ANREP, G. V., u. R. S. STACEY: J. of Physiol. **64**, 187 (1927).

[1] MEYER, F.: Arch. f. Physiol. **1912**, 223. — MORAWITZ, P., u. A. ZAHN: Dtsch. Arch. klin. Med. **116**, 364 (1914). — UNGER, W.: Z. exper. Med. **4**, 75 (1914). — HAMMOUDA, M., u. R. KINOSITA: J. of Physiol. **64**, 615 (1926).

[2] HOSKINS, R. G., u. R. E. L. GUNNING: Amer. J. Physiol. **43**, 399 (1917). — OGAWA, S.: Arch. f. exper. Path. **67**, 89 (1912). — HARTMAN, FR. A., u. L. MC. PHEDRAN: Amer. J. Physiol. **43**, 311 (1917). — HUNT, R.: Ebenda **45**, 197 (1918). — WHITE, A. C.: J. of Pharmacol. **32**, 135 (1928) u. a.

[3] MAY, O.: J. of Physiol. **30**, 400 (1904). — EDMUNDS, CH. W.: J. of Pharmacol. **2**, 559 (1911).

[4] LUDWIG, F., u. E. LENTZ: Arch. Gynäk. **87**, 115 (1924).

[5] SCHÄFER, E. A., u. Mitarb.: J. of Physiol. **18**, 230 (1895); **20**, 1 (1896). — LANGLEY, J. N.: Ebenda **27**, 237 (1901). — STRASSER, A., u. H. WOLF: Pflügers Arch. **108**, 590 (1905). — HARTMAN, F. A., u. Mitarb.: J. of Pharmacol. **13**, 417 (1919).

[6] BIEDL, A.: Pflügers Arch. **67**, 443 (1897). — NEUMANN, K. O.: J. of Physiol. **45**, 188 (1913). — GUNNING, R. E. L.: Amer. J. Physiol. **46**, 362 (1918). — HALLION: C. r. Soc. Biol. **85**, 146 (1921). — TAKENAGA, K.: Pflügers Arch. **205**, 284 (1925).

[7] SCHMITT, W.: Z. Biol. **75**, 19 (1922). — KOSAKAÉ, J.: J. Kinki Gynäk. Soc. **10**, 1 (1927).

Während die Leberarterien sich unter Adrenalinwirkung stark kontrahieren[1], sind die Pfortadergefäße der Leber wenig adrenalinempfindlich, so daß die künstlich durchströmte Leber[2] sich nur wenig verkleinert und der Blutdurchfluß durch die Pfortaderbahnen nur wenig abnimmt. Es bestehen aber starke Unterschiede bei den einzelnen

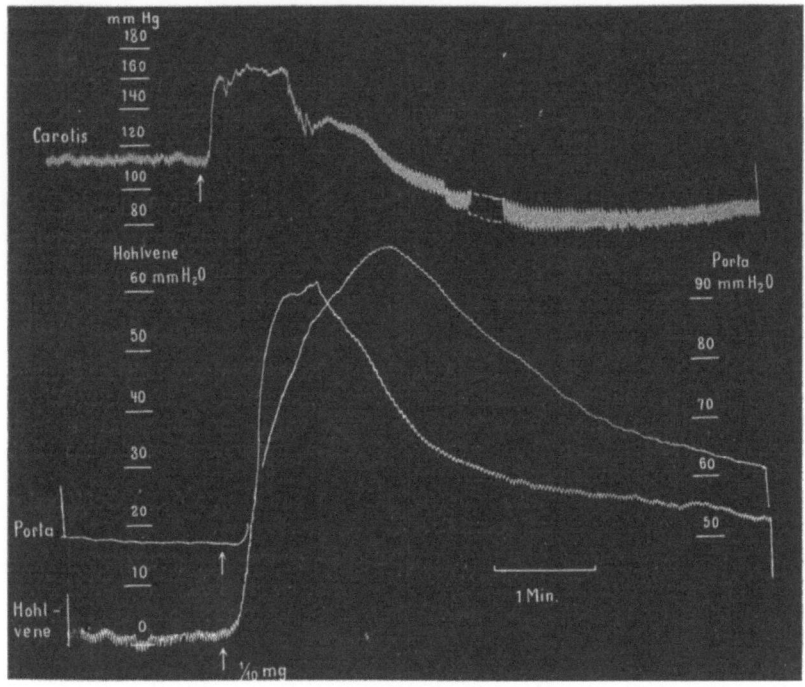

Abb. 51. Carotis-, Pfortader- und Hohlvenendruck einer Katze. $\frac{1}{40}$ mg Adrenalin intravenos. (Trendelenburg.)

Tierarten: Karnivore Tiere haben verhältnismäßig adrenalinempfindliche Lebergefäße[3].

Das Pfortaderstromvolumen nimmt nach intravenösen Adrenalineinspritzungen stark ab[4], da der Zufluß des Blutes aus den Mesenterialvenen abgedrosselt ist. Infolge der Erhöhung des Hohlvenendruckes

---

[1] BURTON-OPITZ, R.: Quart. J. exper. Physiol. **7**, 57 (1913).
[2] BURTON-OPITZ. — CAMPBELL, J. A.: Quart. J. exper. Physiol. **4**, 1 (1911). — MASING, E.: Arch. f. exper. Path. **69**, 431 (1912). — EDMUNDS, Ch. W.: J. of Pharmacol. **6**, 569 (1915). — LAMPE, W., u. J. MÉHES: Arch. f. exper. Path. **119**, 66 (1927). — CLARK, G. A.: J. of Physiol. **66**, 274 (1928) u. a.
[3] MAUTNER, H., u. E. P. PICK: Biochem. Z. **127**, 72 (1922). — LAMPE u. MÉHES. — McLAUGHLIN, A. R.: J. of Pharmacol. **34**, 147 (1928).
[4] BURTON-OPITZ. — SCHMID, J.: Pflügers Arch. **126**, 165 (1918).

steigt auch der Pfortaderdruck[1] an (Abb. 51), und dadurch wird nicht selten das Lebervolumen erheblich vergrößert[2].

Auf ausgeschnittene Streifen der Nierenarterien können dünne Adrenalinlösungen erschlaffend wirken, stärkere Lösungen kontrahierend[3]. Der Durchfluß künstlich durchströmter Nieren nimmt ab[4], da bei solchen Versuchen gleichzeitig eine Volumzunahme eintreten kann, ist zu folgern, daß der Angriff des Adrenalins hauptsächlich in den Vasa efferentia, also hinter den Glomeruluskapillaren gelegen ist.

Das Volumen[5] der in situ untersuchten Nieren vermindert sich zunächst nach intravenösen Adrenalineinspritzungen, um dann zuzunehmen. Auf der Höhe der Adrenalinblutdrucksteigerung kann der Ausfluß aus der Nierenvene ganz zum Stillstand kommen.

Bei der Durchströmung ausgeschnittener Warmblüterlungen oder der Einwirkung auf Streifen aus Lungenarterien[6] kann Adrenalin, zumal in schwachen Lösungen, erweiternd wirken, starke Lösungen verengern die Gefäße, und zwar um so weniger, je dichter an den Lungencapillaren der beobachtete Gefäßabschnitt liegt.

Ein Bild über die in den Lungen vorhandene Blutmenge und über die Blutdurchströmung nach intravenösen Adrenalineinspritzungen geben die zahlreichen Versuche, in denen der Druck in der Lungenarterie und -Vene oder in den diesen Gefäßen angelagerten Herzkammern gemessen wurde[7], oder in denen das Verhalten des Lungen-

---

[1] BURTON-OPITZ. — SCHMID. — EDMUNDS. — BAINBRIDGE, F. A., u. J. W. TREVAN: J. of Physiol. 51, 460 (1917). — TATUM, A. L.: J. of Pharmacol. 17, 395 (1921). — CLARK.

[2] EDMUNDS. — MAUTNER u. PICK. — NEUBAUER, E.: Biochem. Z. 43, 335 (1912); 52, 118 (1913) u. a.

[3] BARBOUR, H. G.: Arch. f. exper. Path. 68, 41 (1912). — ROTHLIN.

[4] SOLLMANN, T., u. R. A. HATCHER: Amer. J. Physiol. 21, 37 (1908). — CAMPBELL, J. A.: Quart. J. exper. Physiol. 4, 1 (1911). — PENTIMALLI, P., u. N. QUERCIA: Arch. ital. de Biol. 58, 33 (1912). — OGAWA, S.: Arch. f. exper. Path. 67, 89 (1912). — RICHARDS, A. N., u. O. H. PLANT: Amer. J. Physiol. 59, 144, 184, 191 (1922).

[5] OLIVER u. SCHÄFER. — BARDIER, E., u. H. FRENKEL: J. Physiol. et Path. gén. 1, 950 (1899). — JOSEPH, DON R.: Arch. f. exper. Path. 73, 81 (1913). — JOST, W.: Z. Biol. 64, 441 (1914). — HARTMAN, FR. A., u. L. MC. PHEDRAN: Amer. J. Physiol. 43, 311 (1917). — HUNT, R.: Ebenda 45, 197 (1918) u. a.

[6] PLUMIER, L.: J. Physiol. et Path. gén. 6, 655 (1904). — MEYER, O. B.: Z. Biol. 48, 352 (1906). — WIGGERS, C. J.: J. of Pharm. 1, 341 (1910). — DIXON, W. E., u. W. D. HALLIBURTON: Quart. J. exper. Physiol. 3, 315 (1910). — COW, D.: J. of Physiol. 42, 125 (1911). — BARBOUR, H. G.: Arch. f. exper. Path. 68, 41 (1912). — BAEHR, G., u. E. P. PICK: Ebenda 74, 65 (1913). — TRIBE, E. M.: J. of Physiol. 48, 154 (1914). — BERESIN, W.: Pflügers Arch. 158, 219 (1915). — SCHAFER, E., u. R. H. S. LIM: Quart. J. exper. Physiol. 12, 157 (1919) u. a.

[7] PLUMIER. — WEBER. — SCHAFER u. LIM. — WIGGERS, C. J.: Physiol.

volumens[1] oder die Geschwindigkeit des Blutdurchflusses durch die Lungen beobachtet wurde[2].

In der Regel wird der Durchfluß zunächst gefördert. Die linke Kammer wirft mehr Blut aus, der Druck in den Lungenvenen und rückläufig oft auch in den Lungenarterien sinkt etwas ab. Diese Abnahme

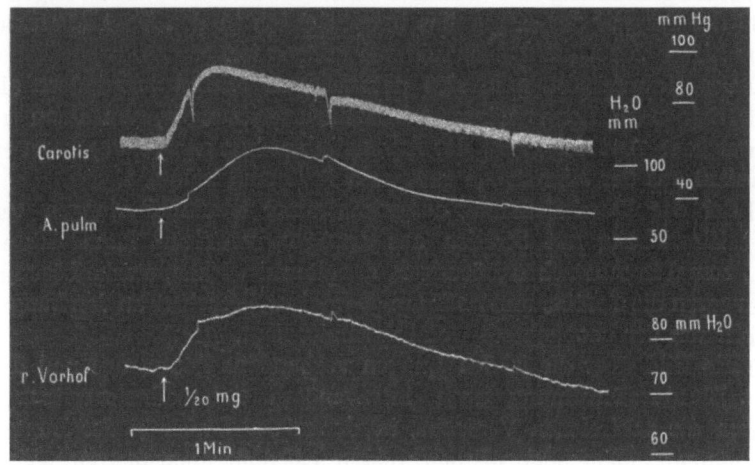

Abb. 52. Carotis-, Pulmonalarterien- und r.-Vorhofdruck einer Katze, 3 Kilo. $\frac{1}{20}$ mg Adrenalin intravenos. (Krayer und Trendelenburg.)

hält nur wenige Sekunden lang an. Dann steigt der Druck in dem linken Vorhof und in den Lungenvenen an (Abb. 52) und zwar gelegentlich schon vor dem Ansteigen des Aortendruckes. Diese Steigerung ist auf die vermehrte Leistung der rechten Kammer zurückzuführen.

Die Druckerhöhung in den Lungenvenen nach großen Gaben — bei Katzen kann der Druck auf den 4—5 fachen Normalwert steigen —

Rev. 1, 239 (1921). — GERHARDT, D.: Arch. f. exper. Path. **44**, 164 (1900); **82**, 122 (1918). — MELLIN, G.: Skand. Arch. Physiol. **15**, 147 (1904). — DIXON, W. E., u. J. RANSOM: J. of Pharmacol **5**, 529 (1914). — PETITJEAN, G.: J. Physiol. et Path. gén. **10**, 403 (1908). — HALLION u. NEPPER: Ebenda **13**, 887 (1911). — RETZLAFF, H.: Z. exper. Path. u. Ther. **14**, 391 (1913). — KRAUS, F.: Ebenda 402. — CLOETTA, M., u. E. ANDERES: Arch. f. exper. Path. **76**, 125 (1914); **79**, 291, 301 (1916). — STRAUB, H.: Dtsch. Arch. klin. Med. **121**, 393 (1917). — SCHAFER, E.: Arch. intern. Physiol. **18**, 14 (1921). — WIGGERS, C. J.: J. of Pharmacol. **30**, 233 (1928). — LUISADA, A.: Arch. f. exper. Path. **132**, 296 (1928).

[1] WEBER. — STRAUB. — CLOETTA. — WIGGERS, C. J.: Amer. J. Physiol. **23**, XXV (1909).

[2] DESBOUIS u. LANGLOIS: C. r. Soc. Biol. **72**, 674 (1912). — J. Physiol. et Path. gén. **14**, 282, 1113 (1912). — ROMM, S. O.: Pflügers Arch. **204**, 668 (1924).

kommt dadurch zustande, daß die linke Kammer ihre Arbeit gegen den erhöhten Widerstand nur dann vollbringen kann, wenn das diastolische Volumen stark erhöht wird. Diese Erhöhung hat zur Voraussetzung, daß der Druck im linken Vorhof ansteigt.

Das Verhalten des Druckes in den Lungenarterien wechselt stark. Beim Kaninchen wird meist ein nur geringes Steigen beobachtet; beim Fleichfresser kann der Druck dagegen bis auf das 2—3 fache des Normalwertes in die Höhe gehen, teils als Folge der Erhöhung der Leistung der rechten Kammer, teils als Folge der Zunahme des Blutzuflusses durch die Zunahme des Minutenschlagvolumens, teils als Folge der Widerstandsvermehrung im kleinen Kreislauf.

Die Durchflußzeit des Blutes durch den kleinen Kreislauf wird wie im großen Kreislauf durch kleine Adrenalinmengen verkürzt und durch große Gaben sehr verlängert.

Da der Widerstand in den Gefäßen des großen Kreislaufes viel stärker ansteigt als in den verhältnismäßig wenig adrenalinempfindlichen Lungengefäßen, werden die Lungen nach großen Gaben auf der Höhe der Drucksteigerung voll Blut gepumpt: Das Lungenvolumen steigt stark an. Als Folge der Blutüberfüllung der Lungen kann Lungenödem auftreten.

Narkose hemmt das Auftreten des Lungenödems, ebenso Vagotomie und hohe Rückenmarkdurchtrennung — es scheint also ein zentraler Faktor am Zustandekommen des Adrenalinlungenödems beteiligt zu sein[1].

d) Mensch.

Der Blutdruck des Menschen[2] reagiert auf die subcutane Einspritzung von Adrenalin sehr verschieden stark. Nach 1 mg beobachtet man meist eine Erhöhung des systolischen Druckes in der Armarterie um 10—30 mm Hg, deren Maximum in etwa $1/2$ Stunde erreicht und die nach 1—2 Stunden beendet ist. Die Pulsfrequenz steigt dabei meist um 10—20 Schläge, gelegentlich treten Extrasystolen auf. Die großen individuellen Reaktionsunterschiede dürften vorwiegend auf Unterschieden in der Resorptionsgeschwindigkeit beruhen.

Nach intravenöser Einspritzung[3] vergehen auch beim Menschen nur

---

[1] LUISADA, A.: Arch. f. exper. Path. **132**, 296 (1928). — GLASS, A.: Ebenda **136**, 88 (1928).

[2] Siehe bei CSÉPAI, V. K.: Dtsch. med. Wschr. **47**, 33 (1921). — Z. exper. Med. **56**, 206 (1927). — DRESEL, K.: Z. exper. Path. u. Ther. **22**, 34 (1921). — HESS, F. O.: Dtsch. Arch. klin. Med. **137**, 200 (1921). — KYLIN, E.: Klin. Wschr. **4**, 669 (1925). — Z. exper. Med. **44**, 227 (1924). — DANIÉLOPOLU, D., u. A. ASLAN: J. Physiol. et Path. gén. **23**, 572 (1925). — v. EULER, U., u. G. LILJESTRAND: Skand. Arch. Physiol. **52**, 243 (1927). — LILJESTRAND, G., u. E. ZANDER: Z. exper. Med. **59**, 105 (1928).

[3] Siehe HESS. — CSEPAI. — PLATZ, O.: Z. exper. Med. **30**, 43 (1922).

wenige Sekunden bis zum Beginn der Blutdrucksteigerung. Der Schwellenwert liegt bei 0,01 γ pro Kilo; 0,2—0,4 γ pro Kilo macht einen Anstieg um 20—60 mm Hg, 1 γ pro Kilo um über 100 mm Hg. Die Drucksteigerung sinkt in wenigen Minuten wieder ab. Bei intravenöser Dauerinfusion[1] liegt der steigernde Schwellenwert bei 0,1 γ pro Kilo und Minute, d. h. das Gefäßsystem des Menschen besitzt eine höhere Adrenalinempfindlichkeit als das der Laboratoriumssäugetiere.

Auf die zahlreichen klinischen Versuche, aus dem Verhalten des Blutdruckes nach subcutanen oder intravenösen Adrenalineinspritzungen Rückschlüsse auf die Erregbarkeit im autonomen Nervensystem zu schließen, soll hier nicht näher eingegangen werden. Es ist noch keineswegs bewiesen, daß der individuell so verschiedene Verlauf der Blutdruckschwankung in erster Linie von dem Verhältnis der Erregbarkeit des sympathischen und des parasympathischen Systemes abhängig ist, daß man also aus dem Ausfall des Blutdruckversuches auf das Maß der Sympathico- oder Vagotonie schließen kann.

Das Minutenschlagvolumen des Menschen[2] wird durch die subcutane Injektion von 0,7 mg Adrenalin gefördert: im Durchschnitt der Normalversuche an zwei Menschen stieg das Minutenschlagvolumen von 4,3 Liter auf 7,5 Liter (2. Bestimmung 13—48 Minuten nach der Injektion)[2].

XXIII. Glatte Augenmuskeln.

Daß Auszüge aus dem Nebennierenmark die glatten Augenmuskeln so beeinflussen wie eine elektrische Reizung des Halssympathicus, wies als erster LEWANDOWSKY[3] nach: man beobachtet neben stärkster Pupillenerweiterung eine Öffnung der Lidspalte, ein Vorrücken des Augapfels und ein Zurücktreten der Nickhaut. Der Angriff liegt peripher; die Wirkung bleibt nach Sympathicusdurchschneidung[4] erhalten.

Die Pupillenerweiterung ist, wie durch Versuche an ausgeschnittenen Irisstücken[5] bewiesen wurde, die Folge einer Erregung des Dilatator pupillae und einer gleichzeitigen Hemmung des Sphincter iridis.

Die Iris der einzelnen Säugetierarten zeigt große Empfindlichkeitsunterschiede[6]. Bei der Katze tritt eine Pupillenerweiterung bei etwa

---

[1] WEINBERG, F.: Klin. Wschr. 4, 967 (1925).
[2] v. EULER u. LILJESTRAND. — LILJESTRAND u. ZANDER.
[3] LEWANDOWSKY, M.: Zbl. Physiol. 12, 599 (1898). — Arch. f. Physiol. 1899, 360.
[4] LEWANDOWSKY. — LANGLEY, J. N.: J. of Physiol. 27, 237 (1902) u. a.
[5] WESSELY, K.: Vortr. ophth. Ges. Heidelberg 1900, 76. — JOSEPH, DON R.: Amer. J. Physiol. 55, 279 (1921). — MILLER, G. H.: J. of Pharmacol. 28, 219 (1926). — POOS, FR.: Arch. f. exper. Path. 126, 307 (1927). — LEYKO, E.: C. r. Soc. Biol. 97, 941 (1927).
[6] LOEWI, O.: Arch. f. exper. Path. 59, 83 (1908). — GITHENS, TH. ST.:

Wirkung des Adrenalins auf die glatten Augenmuskeln. 281

0,01 mg pro Kilo (intravenös) ein, beim Kaninchen sind etwa 10 mal größere Mengen notwendig. Beim Hunde[1] wird oft infolge zentraler Erregung des Okulomotoriuszentrums eine Verengerung beobachtet. Infolge der verhältnismäßig geringen Empfindlichkeit der Iris wirkt die subcutane Adrenalineinspritzung in der Regel nicht pupillenerweiternd. Ebenso ist das Eintropfen der Lösung 1:1000 ohne oder von sehr geringer Wirkung auf die Pupillenweite[2]. Auftropfen stark konzentrierter Lösung hat dagegen ebenso wie Injektion der $1^0/_{00}$ igen Lösung unter die Konjunktiva[3] eine sehr starke und recht lang anhaltende Mydriasis zur Folge.

Auf die Akkomodation hat das Eintropfen von Nebennierenauszug keinen Einfluß[4].

Eine Zeitlang wurde das ausgeschnittene Froschauge, dessen Pupille in Adrenalinlösungen ebenfalls erweitert wird[5], oft zum Nachweis von Adrenalin verwandt[6]. Die Schwellenkonzentration liegt bei 1:3 bis 1:10 Millionen, wenn der herausgeschnittene Bulbus in die Lösung eingelegt wird und bei 1:100 Millionen, wenn zuvor die Hornhaut entfernt worden war.

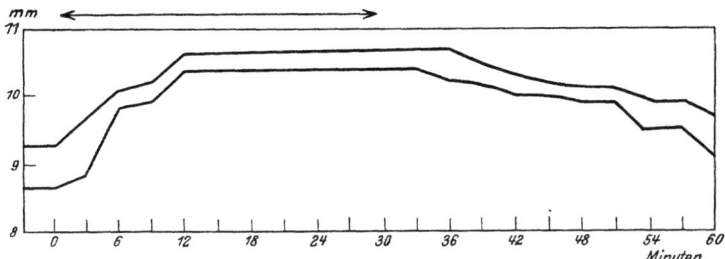

Abb. 53. Verhalten des horizontalen und vertikalen Pupillendurchmessers eines uberempfindlichen Auges wahrend einer intravenösen Dauerinfusion von 1,7 Tausendstel mg Adrenalin pro Kilo und Minute (←→) und nach deren Abstellen. (Nach Shimidzu u. Trendelenburg.)

Zu sichereren Ergebnissen als mit dieser Methode gelangt man in viel kürzerer Zeit, wenn man statt ihrer die Methode der Auswertung am Blutdruck oder am isolierten Dünndarm benützt.

Sehr wertvolle Aufschlüsse brachte die Methode des Nachweises

---

J. of exper. Med. 25, 323 (1917). — MATTIROLO, G., u. C. GAMNA: Arch. ital. de Biol. 59, 193 (1913).
[1] LANGLEY. — ELLIOTT, T. R.: J. of Physiol. 32, 401 (1905).
[2] SCHULTZ, W. H.: Proc. Soc. exper. Biol. a. Med. 6, 23.
[3] WESSELY, K.: Z. Augenheilk. 13, 310 (1905). — HAMBURGER, C.: Klin. Mbl. Augenheilk. 72, 47 (1924).
[4] RADZIEJEWSKI, M.: Berl. klin. Wschr. 1898, 572.
[5] WESSELY. — MELTZER, S. J., u. CL. MELTZER-AUER: Amer. J. Physiol. 11, 449 (1904). — EHRMANN, R.: Arch. f. exper. Path. 53, 97 (1905). — Arch. f. Physiol. 129, 402 (1909).
[6] EHRMANN. — KAHN, R. H.: Pflügers Arch. 128, 519 (1909). — HOSKINS, R. G.: J. of Pharmacol. 3, 93 (1911) u. a.

einer Adrenalinausschüttung am Auge des lebenden Säugetieres[1]. Man verwendet Tiere, deren Iris durch die mindestens 2 Tage zuvor ausgeführte Herausnahme des obersten Halsganglions adrenalinüberempfindlich gemacht worden ist. An derartig vorbereiteten Tieren (Katzen, Kaninchen) führt eine Steigerung der physiologischen Adrenalinabgabe durch irgendwelche Eingriffe zu einer Mydriasis, wenn die Menge des mehr sezernierten Adrenalins größer als etwa 0,05—0,1—0,2 Tausendstel mg pro Kilo und pro Minute ist (Abb. 53). Daß eine festgestellte Mydriasis die Folge einer Mehrsekretion des Nebennierenmarkes ist, muß bei solchen Versuchen natürlich durch Kontrollversuche an Tieren mit entfernten oder abgebundenen Nebennieren sichergestellt werden.

XXIV. Glatte Muskeln der Atmungswege.

Die glatten Muskelfasern der Lungen von Fröschen, Schildkröten und Salamandern erschlaffen auf Adrenalineinwirkung[2].

Die günstige Wirkung einer Adrenalineinspritzung bei Asthma bronchiale wurde schon vor der Entdeckung der sympathischen Bronchodilatatoren und der die Bronchialmuskeln entspannenden Adrenalinwirkung beobachtet.

Durch Verzeichnen des Lungenvolumens bei künstlich beatmeten Tieren wurde nachgewiesen, daß der Luftdurchtritt durch die Bronchiolen im Normalzustand auf Adrenalineinspritzung nicht erkennbar begünstigt wird, daß aber bei künstlich erzeugtem Bronchospasmus sofort eine starke Erweiterung der Bronchiolen erzielt wird[3].

Der Angriff liegt in der Peripherie, denn auch an ausgeschnittenen, durchströmten Lungen wird ein künstlich erzeugter Bronchospasmus durch Adrenalinzugabe zur Durchströmungsflüssigkeit beseitigt[4]. Auch beobachtet man an ausgeschnittenen Bronchialmuskelstreifen eine Verlängerung auf Adrenalinzusatz zur umspülenden Salzlösung[5]. Ebenso erschlaffen die glatten Muskeln der Trachea[6].

---

[1] DALE, H. H., u. P. P. LAIDLAW: J. of Physiol. **45**, 1 (1912). — STEWART, G. N., u. Mitarb.: J. of Pharmacol. **8**, 205, 479 (1916); **13**, 95 (1919). — Über die Methode siehe: SHIMIDZU, K.: Arch. f. exper. Path. **103**, 52 (1924). — SUGAWARA, T.: Tohoku J. exper. Med. **8**, 355 (1927). — POOS, FR., u. O. RISSE: Arch. f. exper. Path. **108**, 122 (1925).
[2] LUCKHARDT, A. B., u. A. J. CARLSON: Amer. J. Physiol. **54**, 55 (1920); **56**, 72 (1921); **57**, 299 (1921).
[3] JANUSCHKE, H., u. L. POLLAK: Arch. f. exper. Path. **66**, 205 (1911). — DIXON, W. E., u. J. RANSOM: J. of Physiol. **45**, 413 (1913). — JACKSON, D. E.: J. of Pharmacol. **4**, 59, 291 (1913); **5**, 479 (1914). — BAEHR, G., u. E. P. PICK: Arch. f. exper. Path. **74**, 41 (1913). — CLOETTA, M.: Ebenda **73**, 233 (1913) u. a.
[4] BAEHR u. PICK. — MODRAKOWSKI, G.: Pflügers Arch. **158**, 509 (1914).
[5] TRENDELENBURG, P.: Arch. f. exper. Path. **69**, 79 (1912). — PARK, E. A.: J. of exper. Med. **16**, 558 (1912). — TITONE, F. P.: Pflügers Arch. **155**, 77 (1914).   [6] KAHN, R. H.: Arch. f. Physiol. **1907**, 398.

XXV. Muskeln des Magendarmkanales.

Die Art der Reaktion der einzelnen Abschnitte des Verdauungsrohres ist bei den einzelnen Wirbeltierklassen eine z. T. recht verschiedene; auch ist sie in ihrer Richtung oft von der einwirkenden Konzentration oder, wie oben erwähnt wurde (S. 234), von dem bestehenden Zustande der Muskelspannung abhängig.

Am kaltblütigen Wirbeltiere wird der Oesophagus entweder stets erregt (Schildkröte[1]) oder in dünnen Lösungen erregt, in starken dagegen gehemmt (Frosch, Kröte[2]).

Der Magen und Darm des Frosches werden ebenfalls durch starke Lösungen gehemmt, während schwache Lösungen erregen können[3].

Auch am Magen und Darm der Fische wurde teils Erregung, teils Hemmung durch Adrenalin beobachtet[4].

Wechselnd ist der Einfluß auf den Vogelkropfmuskel; am Vogeldarm werden die Hauptabschnitte sowie der Sphincter ileocoecalis und ani internus durch Adrenalin gehemmt; am Duodenum beobachtete man eine Förderung; der Dünndarm zeigte wechselndes Verhalten[5].

Die Bewegungen der glatten Muskeln des Oesophagus und des Darmes der Säugetiere[6] werden im allgemeinen durch Adrenalin gehemmt: Der Tonus sinkt ab, die Pendelbewegungen und peristaltischen Wellen werden unterdrückt. Die Hemmung dauert nach der intravenösen Einspritzung etwa ebenso lange wie die Blutdrucksteigerung. Bei Dauerinfusionen[7] wird der Dünndarm des Hundes meist schon durch Adrenalinmengen gehemmt, die den Blutdruck noch nicht steigern; der Kaninchendünndarm ist oft weniger empfindlich als das Gefäßsystem. Nach dem

---

[1] CARLSON, A. J., u. A. B. LUCKHARDT: Amer. J. Physiol. 57, 299 (1921). — BERCOVITZ: Ebenda 60, 219 (1922).

[2] BORUTTAU, H.: Pflügers Arch. 78, 97 (1899). — BECK, G.: Z. allg. Physiol. 6, 457 (1907). — BOTTAZZI, F.: Pflügers Arch. 113, 136 (1906). — J. of Physiol. 25, 157 (1900). — GRUBER, CH. M.: J. of Pharmacol. 20, 321 (1922).

[3] BORUTTAU. — BECK. — MEYER, O. B.: Z. Biol. 48, 352 (1906). — KAUTZSCH, G.: Pflügers Arch. 117, 133 (1907). — STROSS, W.: Arch. f. exper. Path. 95, 304 (1922). — SCHÜLLER, J.: Ebenda 90, 196 (1921). — ROTH, G. B.: J. Labor. a. clin. Med. 11, 1149 (1926) u. a.

[4] MEYER. — BACKMAN, E. L.: Z. Biol. 67, 307 (1917).

[5] ELLIOTT, T. R.: J. of Physiol. 32, 401 (1905). — O'CONNOR, J. M.: Arch. f. exper. Path. 67, 195 (1915). — STROSS. — HANZLIC, P. J., u. E. M. BUTT: J. of Pharmacol. 33, 387 (1928).

[6] OTT: Med. Bull. 19, 376 (1897). — BORUTTAU, H.: Pflügers Arch. 78, 97 (1899). — LANGLEY, J. N.: J. of Physiol. 27, 237 (1902). — ELLIOTT, T. R.: Ebenda 32, 401 (1905). — SALVIOLI, J.: Arch. ital. de Biol. 37, 386 (1902). — KATSCH, G.: Z. exper. Path. u. Ther. 12, 253 (1913) u. a.

[7] HOSKINS, R. G., u. C. W. MC.CLURE: Amer. J. Physiol. 31, 59 (1912). — TRENDELENBURG, P., u. K. FLEISCHHAUER: Z. exper. Med. 1, 369 (1913). — DURANT, R. R.: Amer. J. Physiol. 72, 314 (1925). — DRAGSTEDT, C. A., u. J. W. HUFFMANN: Amer. J. Physiol. 85, 129 (1928).

Abklingen der Adrenalinwirkung ist die Darmbewegung für einige Zeit vermehrt. Kleinste intravenöse Adrenalingaben sollen beim Hunde darmerregend wirken.

An einigen Abschnitten des Magen-Darmkanales hat Adrenalin eine rein fördernde Wirkung oder man beobachtet an ihnen nach Adrenalin teils Hemmung, teils Erregung.

So erschlafft die Kardia nur bei hohem Tonus, während sie bei niederem Tonus häufig erregt wird[1]. Auch der Sphincter pylori zieht sich unter Adrenalineinwirkung zusammen[2], während an Magenmuskelpräparaten teils Hemmung, teils Erregung vorkommt[3]. Durch Adrenalin erregt wird des weiteren der Ileocoecalsphincter, der Sphincter ani internus und der Kolonsphincter des Kaninchens[4].

Somit besteht die Adrenalineinwirkung in einer vorwiegenden Hemmung der Bewegungen des Magen-Darmkanales mit gleichzeitigem Schließen der verschiedenen Sphincteren.

Am isolierten Dünndarm der Säugetiere sollen schwächste Adrenalinkonzentrationen sowohl auf die Ring- als auch die Längsmuskeln gelegentlich schwach erregend wirken[5], stärkere Konzentrationen hemmen die Pendelbewegungen und senken den Tonus. Diese Hemmung ist auch an Präparaten, die frei sind vom Gewebe des AUERBACHschen Plexus[6], zu beobachten.

Das Maß der Abschwächung der Pendelbewegungen, deren Frequenz unbeeinflußt bleibt, und des Tonus ist proportional der einwirkenden Adrenalinmenge. Da die Hemmung zudem durch Auswaschen mit frischer Salzlösung glatt zu beseitigen ist (oft folgt dem Fortwaschen zunächst eine Erregung, Abb. 54), eignet sich das überlebend gehaltene ausgeschnittene Dünndarmstück gut zur Bestimmung kleiner Adrenalinmengen[7]. Die besten Ergebnisse erhält man mit Kaninchendünndarm,

---

[1] LANGLEY. — SMITH, M. J.: Amer. J. Physiol. **46**, 232 (1918). — CARLSON, A. J., u. J. F. PEARCY: Ebenda **61**, 14 (1922).

[2] ELLIOTT.— SMITH.— KLEE, PH.: Dtsch. Arch. klin. Med. **133**, 265(1920).

[3] SMITH. — BROWN, G. L., u. B. A. SWINEY: J. of Physiol. **61**, 261 (1926); **62**, 52 (1926). — HEINEKAMP, W. J. R.: J. Labor. a. clin. Med. **11**, 1062 (1926). — KURODA, S.: Z. exper. Med. **39**, 341 (1924).

[4] LANGLEY. — ELLIOTT. — DALE, H. H.: J. of Physiol. **34**, 163 (1906). — KURODA, M.: J. of Pharmacol. **9**, 187 (1917). — AUER, J.: J. of Pharmacol. **25**, 140 (1925).

[5] HOSKINS, R. G.: Amer. J. Physiol. **29**, 363 (1912). — TASHIRO, K.: Tohoku J. exper. Med. **1**, 102 (1920).

[6] MAGNUS, R.: Pflügers Arch. **108**, 1 (1905). — GASSER, H. S.: J. of Pharmacol. **27**, 395 (1926). — ESVELD, L. W. VAN: Arch. f. exper. Path. **134**, 347 (1928).

[7] MAGNUS.—HOSKINS, R. G.: Siehe o. u. J. of Pharmacol. **3**, 93 (1912).— O'CONNOR, J. M.: Arch. f. exper. Path. **67**, 195 (1912). — STEWART, G. N.: J. of exper. Med. **16**, 502 (1912). — DITTLER, R.: Z. Biol. **68**, 223 (1918). — KOJIMA, T., u. S. SAITO: Tohoku J. exper. Med. **10**, 528, 546 (1928) u. a.

Wirkung des Adrenalins auf die Muskeln des Magendarmkanals. 285

da dieser die regelmäßigsten Pendelbewegungen zeigt. Die hemmende Grenzkonzentration liegt bei 1:20—1:100Millionen. In Serum wirkt Adrenalin schwächer als in Salzlösung; das Serum enthält bei der Blutgerinnung entstandene antagonistisch wirkende, den Tonus fördernde Stoffe.

Die Muscularis mucosae[1] reagiert auf Adrenalin anders als die Darmwandmuskeln, sie wird erregt. Die Darmzotten werden nach intravenöser Adrenalineinspritzung zu vermehrten rhythmischen Kontraktionen angeregt.

Die Muskulatur des Verdauungsrohres des Menschen[2] verhält sich im allgemeinen ebenso wie die der Säugetiere. Die Bewegungen des

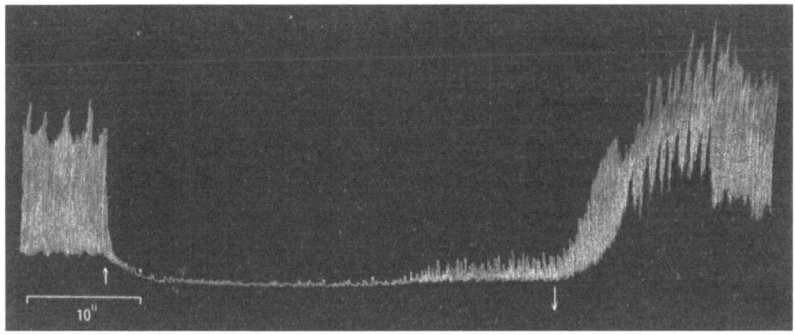

Abb. 54. Ausgeschnittener Kaninchendünndarm, in dauernd sich erneuernder Tyrodelösung. Von ↑ bis ↓ wird eine Adrenalinlösung mit gleichbleibender Geschwindigkeit in die einfließende Tyrodelösung eingeleitet. (Nach Fritz.)

Dünn- und des Dickdarmes werden nach intravenöser oder subcutaner Zufuhr gehemmt unter Absinken des Tonus, so daß bei der Röntgendurchleuchtung eine Verzögerung der Fortbeförderung des Kontrastmittels sichtbar wird. Am Magen wird der Tonus ebenfalls gesenkt und die rhythmischen Volumschwankungen lassen nach; die Hemmung dauert nach intravenöser Injektion kleiner Adrenalinmengen (0,05 mg) nur wenige Minuten.

Der ausgeschnittene Pylorusmuskel des Menschen wird dagegen meist erregt. Beim Menschen sind blutdrucksteigernde Adrenalingaben noch ohne Wirkung auf den Darm[3].

[1] BOTTAZZI, F., u. F. COSTANZI: Nach Zbl. Physiol. 28, 279 (1907). — GUNN, J. A., u. J. W. F. UNDERHILL: Quart. J. exper. Physiol. 8, 275 (1914). — KING, C. E., u. J. C. CHURCH: Amer. J. Physiol. 66, 428 (1923).

[2] KATSCH, G.: Fortschr. Röntgenstr. 21, 150 (1914). — SMITH. — TEZNER, O., u. M. TUROLT: Z. exper. Med. 12, 275 (1921). — DANIELOPOLU, D., u. D. CARNIOL: J. Physiol. et Path. gén. 21, 704 (1923). — GANTER, G.: Arch. f. exper. Path. 103, 84 (1924). — WEITZ, W., u. W. VOLLERS: Z. exper. Med. 55, 45 (1927). — LOEPER u. G. VERPY: C. r. Soc. Biol. 80, 703 (1917).

[3] DRAGSTEDT, C. A., u. J. W. HUFFMANN: Amer. J. Physiol. 85, 363 (1928).

XXVI. Muskeln der Gallenwege.

Die Gallenblase[1] und der ODDIsche Sphincter[2] erschlaffen nach Adrenalineinwirkung.

XXVII. Muskeln der Milz.

Nach intravenöser Adrenalineinspritzung wird die Milz unter Auftreten rhythmischer Volumschwankungen viel kleiner[3]. Diese Schrumpfung ist z. T. die Folge einer Kontraktion der Trabekeln, die schon bei blutdruckunwirksamen Adrenalingaben eintritt und die auch am ausgeschnittenen Organ nach Adrenalineinwirkung zu erhalten ist[4].

XXVIII. Glatte Muskeln der Harnwege.

Die Blase des Frosches[5] wird durch Adrenalin meist gehemmt, gelegentlich jedoch erregt.

Bei den einzelnen Säugetierarten[6] ist die Adrenalinwirkung auf die Blase verschieden. Man beobachtet teils fast reine Förderung, so beim Frettchen, teils fast reine Hemmung, so bei der Katze, teils wechselnd Hemmungen oder Förderungen, je nach dem Zustand der Blase oder der einwirkenden Menge.

Aus Versuchen an ausgeschnittenen Stücken der verschiedenen Teile der Blase[7] ergibt sich, daß der Sphincter vesicae und die Muskulatur des Trigonum erregt wird, während der Detrusor des Blasenkörpers entweder adrenalinunempfindlich ist oder mit einer Erschlaffung antwortet.

Der Innendruck der menschlichen Harnblase[8] steigt nach subcutaner Adrenalineinspritzung an und der ausgeschnittene Sphincter derselben wird erregt, der ausgeschnittene Fundusteil gehemmt.

---

[1] LANGLEY. — BAINBRIDGE, F. A., u. H. H. DALE: J. of Physiol. 33, 138. (1906). — LIEB, C. C., u. J. E. Mc. WHORTER: J. of Pharmacol. 9, 83 (1917). — ERBSEN, H., u. E. DAMM: Z. exper. Med. 55, 748 (1927).

[2] IWANAGA, H.: Mitt. med. Fak. Kyushu 10, 1 (1925). — Siehe auch BURGET: Amer. J. Physiol. 74, 583 (1925).

[3] OLIVER, G., u. E. A. SCHÄFER: J. of Physiol. 18, 230 (1895). — HARTMAN, FR. A., u. R. S. LANG: J. of Pharmacol. 13, 417 (1919). — TOURNADE, A., u. M. CHABROL: C. r. Soc. Biol. 90, 835 (1924).

[4] SCHÄFER, E. A., u. B. MOORE: J. of Physiol. 20, 1 (1896). — FREY, W., u. W. TORIETTI: Z. exper. Med. 44, 597 (1925) u. a.

[5] ADLER, L.: Arch. f. exper. Path. 83, 248 (1918).

[6] LEWANDOWSKY, M.: Zbl. Physiol. 14, 433 (1901). — LANGLEY. — ELLIOTT, T. R.: J. of Physiol. 35, 367 (1907). — EDMUNDS, CH. W., u. G. B. ROTH: J. of Pharmacol. 15, 189 (1920). — MEYER, O. B.: Z. Biol. 48, 352 (1906). — STREULI, H.: Ebenda 66, 167 (1905). — ABELIN, J.: Ebenda 69, 373. (1919) u. a.

[7] YOUNG, H. H., u. D. J. MACHT: J. of Pharmacol. 22, 329 (1924). — BOEMINGHAUS, H.: Z. exper. Med. 33, 378 (1923). — OHASHI, H.: Tohoku J. exper. Med. 9, 617 (1927).

[8] SCHWARZ, O.: Arch. klin. Chir. 110, 2. — BOEMINGHAUS. — YOUNG u. MACHT.

Auch im Verhalten des Ureters[1] finden sich Unterschiede: Man beobachtete bei der Katze, dem Meerschweinchen, dem Affen, beim Menschen Förderung, beim Frettchen refraktäres Verhalten, beim Hunde teils Förderung, teils Hemmung.

Die Urethra der Katze[2] kontrahiert sich auf Adrenalin.

XXIX. Glatte Muskeln der Geschlechtsorgane.

Die glatten Muskeln aller Teile der männlichen Geschlechtsorgane[3] werden durch Adrenalin erregt, so der Retractor penis des Hundes, die Muskeln des Vas deferens, der Prostata, des Uterus masculinus, der Samenblase und der die Keimdrüsen bedeckenden Haut verschiedener Säugetiere.

Bei Menschen ist nach subcutanen Adrenalineinspritzungen gelegentlich Samenerguß beobachtet worden. Die Tunica dartos kontrahiert sich stärker und häufiger[4].

Auf die Muskeln des Uterus der verschiedenen Säugetiere wirkt Adrenalin wieder verschieden ein, so wie der Einfluß der Sympathicusreizung bei ihnen ein verschiedener ist. Fast stets eine reine Förderung und nur selten eine Hemmung beobachtet man sowohl in vivo als auch am ausgeschnittenen Organ beim Kaninchen[5], und zwar im schwangeren wie im nichtschwangeren Zustand. Bei der Katze[6] ist die Reaktion dagegen abhängig vom funktionellen Zustand; nur in der Schwangerschaft und nach dieser erregt Adrenalin, sonst hemmt es die Bewegungen und den Tonus. Sowohl im schwangeren wie im nichtschwangeren Zustand wird der Uterus der Maus und Ratte[7] gehemmt.

---

[1] ELLIOTT. — LUCAS, D. R.: Amer. J. Physiol. 22, 245 (1908). — SATANI, Y.: Ebenda 49, 474 (1919). — MACHT, D. J.: J. of Pharmacol. 8, 155 (1916). — ROTHMANN, H.: Z. exper. Med. 55, 776 (1927).

[2] ELLIOTT.

[3] LANGLEY, J. N.: J. of Physiol. 27, 237 (1902). — WADELL, J. A.: J. of Pharmacol. 8, 551 (1916); 9, 171, 179, 411 (1917). — GOHARA, A.: Acta Scholae med. Kioto 3, 363 (1920). — KOFLER, L., u. A. PERUTZ: Dermat. Z. 34, 150 (1921). — LUDWIG, F, u. E. LENZ: Arch. Gynäk. 87, 115 (1924). — BROOM, W., u. A. CLARK: J. of Pharmacol. 22, 59 (1923).

[4] WEICKER, B.: Z. exper. Med. 54, 61 (1927).

[5] LANGLEY. — KURDINOWSKY, E. M.: Arch. Gynäk. 73, 425 (1904). — Arch. f. Physiol., 1904 Supl., 323. — DALE, H. H.: J. of Physiol. 34, 163 (1906). — CUSHNY, A. R.: Ebenda 35, 1 (1906). — KEHRER, E.: Arch. Gynäk. 81, 160 (1907). — KNAUS, H.: Arch. f. exper. Path. 124, 152 (1927); 134, 225 (1928) u. a.

[6] KEHRER. — CUSHNY. — DALE. — BARGER, G., u. H. H. DALE: J. of Physiol. 41, 19 (1910). — KURODA, M.: J. of Pharmacol. 7, 423 (1915). — BACKMAN, E. L., u. H. LUNDBERG: C. r. Soc. Biol. 87, 475 (1922) u. a.

[7] ADLER, L.: Mschr. Geburtsh. 36, 133 (1912). — GUNN, J. A., u. J. W. C. GUNN: J. of Pharmacol. 5, 527 (1914). — BACKMAN u. LUNDBERG. — OKAMOTO, S.: Acta Scholae med. Kioto 2, 307 (1918).

Beim Hunde[1] wurde während einer Gravidität eine starke Erregung, außerhalb derselben teils Erregung, teils Hemmung beobachtet.

Der Meerschweinchenuterus[2] reagiert unabhängig von seinem funktionellen Zustande vorwiegend mit Erschlaffung, doch kann er sich auf Adrenalin gelegentlich auch kontrahieren.

Der Uterus des Schweines[3] wird zunächst gehemmt, dann erregt; große Dosen machen reine Hemmung. Der schwangere Uterus der Kuh[4] wird gehemmt, der nichtschwangere Uterus der Kuh, des Frettchens[5] und des Affen[5] wird erregt.

Nach den meisten Angaben wird sowohl der schwangere wie der nichtschwangere Uterus des Menschen[6] erregt. Neuerdings geben aber BOURNE und BURN[7] an, daß die Wehentätigkeit nach Adrenalin, fünf Tropfen 1:1000 intravenös, gehemmt werde.

Die Muskeln des Ligamentum rotundum[8] werden teils erregt, teils gehemmt; die Muskeln der Tube[9] werden, auch beim Menschen, erregt; nur der ampullenwärts gelegene Abschnitt wird, zumal zur Zeit der Ovulation, gehemmt, während er einige Tage nach der Ovulation eine sekundäre Erregung zeigt[10].

Die Scheidenmuskeln[11] kontrahieren sich auf Adrenalin bei Hund, Schwein, Schaf, während sie bei Katze, Meerschweinchen, Rind erschlaffen. Auf die Scheide junger Kaninchen wirkt Adrenalin hemmend, bei alten Tieren erregend.

Daß Adrenalin auf Scheide und Uterus, sowie Harnblase so oft entgegengesetzte Wirkung auslöst, hängt sicher damit zusammen, daß die Versorgung dieser Organe mit hemmenden und fördernden sympathischen Fasern sehr wechselt. Auch ist die Beschaffenheit der das isolierte Organ umspülenden Lösung für die Art der Reaktion bestimmend[12].

Der überlebende Uterus des Kaninchens, der noch auf 1:10 bis

---

[1] KEHRER. — OKAMOTO. — KURODA. — NEU, M.: Arch. Gynäk. **85**, 617 (1908).
[2] Cow, D.: J. of Physiol. **52**, 301 (1919). — ADLER. — GUNN u. GUNN. — OKAMOTO. — HILT. — BACKMAN u. LUNDBERG. — SUGIMOTO, T.: Arch. f. exper. Path. **74**, 27 (1913). — KEHRER. — TUROLT, M.: Arch. Gynäk. **115**, 600 (1922).
[3] SEEL, K.: Arch. f. exper. Path. **114**, 362 (1926).
[4] MEYER, O. B.: Z. Biol. **48**, 352 (1906).
[5] DALE, H. H.: J. of Physiol. **46**, 291 (1913). — GRAF, H., u. A. NIMTZ: Arch. Tierheilk. **58**, 171 (1928).
[6] KURDINOWSKI. — KEHRER. — NEU. — TUROLT. — RÜBSAMEN, W., u. N. R. KLIGERMANN: Z. Geburtsh. **72**, 272 (1912). — GUGGISBERG, H.: Ebenda **75**, 231 (1914). — FLURY, F.: Z. Geburtsh. **87**, 291 (1924).
[7] BOURNE, A., u. J. H. BURN: J. Obstetr. **34**, 249 (1927).
[8] JUNKMANN, K., u. W. STROSS: Klin. Wschr. **4**, 23 (1925).
[9] KEHRER. — RÜBSAMEN u. KLIGERMANN. — GOHARA.
[10] KOK, F.: Z. exper. Med. **56**, 477 (1927).
[11] KEHRER. — LANGLEY. — WADELL. — OHASHI.   [12] TUROLT.

1 : 30 Millionen Adrenalin anspricht, ist für die Auswertung von Adrenalin in Nebennieren usw. geeignet[1]. Doch dürfte die Methode des Nachweises am ausgeschnittenen Kaninchendünndarm bessere Ergebnisse liefern. Zur Entscheidung der Frage, ob irgendein Stoff „adrenalinartige" Wirkungen hat, läßt man ihn auf den ausgeschnittenen Uterus der nichtschwangeren und der schwangeren Katze einwirken[2]: bei adrenalinartiger Wirkung hemmt er den ersteren und erregt er den letzteren.

XXX. Haarschaftmuskeln.

Die die Haarschäfte aufrichtenden glatten Muskeln der Haut[3] werden durch Adrenalin wie durch elektrischen Sympathicusreiz erregt: die Stacheln des Igels, die Haare der Tiere, die sich sträuben können, die Federn der Hähne richten sich nach Adrenalineinspritzung auf. Unwirksam ist Adrenalin auf die Haarstellung bei Pferd und Kaninchen.

An der menschlichen Haut[4], in die Adrenalin eingespritzt wurde, beobachtet man für viele Stunden das Auftreten der „Gänsehaut", die durch Kontraktion der Arectores pilorum zustande kommt.

XXXI. Quergestreifte Muskeln.

Aus vielen Arbeiten folgt, daß Adrenalin auf den tätigen, ermüdenden Skelettmuskel einen die Hubhöhen stark begünstigenden Einfluß hat, sowie dies kürzlich auch für den elektrischen Sympathicusreiz nachgewiesen wurde.

Wenn man beim Frosch[5] die Ermüdungskurve des Gastrocnemius verzeichnet, beobachtet man nach intravenöser Einspritzung von sehr kleinen Adrenalinmengen (z. B. 1 Tausendstel mg) eine oft ganz ausgezeichnete Erholung der Muskeltätigkeit. Diese ist zweifellos unabhängig von der Gefäßwirkung und ist meist auch nach Abtrennung des gereizten Muskels vom Zentralnervensystem zu erhalten.

Schwache Adrenalinkonzentrationen steigern die Erregbarkeit des vom Nerven aus gereizten Froschmuskels[6] so stark, daß Adrenalin ein wirksamer Antagonist des Curarins ist[7].

---

[1] FRAENKEL, A.: Arch. f. exper. Path. 60, 395 (1909). — O'CONNOR, J. M.: Ebenda 67, 195 (1912).
[2] BARGER, G., u. H. H. DALE: J. of Physiol. 41, 19 (1910).
[3] LEWANDOWSKY, M.: Zbl. Physiol. 14, 433 (1901). — LANGLEY, J. N.: J. of Physiol. 30, 221 (1904). — ELLIOTT. — KAHN, R. H.: Arch. f. Physiol. 1903, 239. — HABERSANG: Mschr. Tierheilk. 32, 127 (1921).
[4] BRAUN, H.: Arch. klin. Chir. 69, 541 (1903) u. a.
[5] DESSY, S., u. V. GRANDIS: Arch. ital. de Biol. 41, 225 (1904). — PANELLA, A.: Ebenda 48, 430 (1907); 49, 321 (1909). — GUGLIEMETTI, J.: Quart. J. exper. Physiol. 12, 139 (1919). — MAIBACH, CH.: Z. Biol. 88, 207 (1928).
[6] KUNO, Y.: J. of Physiol. 49, 139 (1915). — OKUSHIMA, K.: Acta Scholae med. Kioto 3, 261 (1919) u. a.
[7] OKUSHIMA. — PANELLA. — GRUBER, C. M.: Amer. J. Physiol. 34, 89 (1914). — BREMER, F., u. J. TITECA: C. r. Soc. Biol. 99, 624 (1928) u. a.

Die Angaben über den Einfluß des Adrenalins auf die Erregbarkeit des direkt gereizten, nicht ermüdeten Froschmuskels sowie auf die Form der Zuckungskurve gehen auseinander. Die Mehrzahl der neueren Untersucher hatte negative Ergebnisse[1].
Im Gegensatz zum Warmblütermuskel wird am Kaltblütermuskel die durch Acetylcholin erzeugte Kontraktur nicht aufgehoben[2].
Am Krötenmuskel[3] hat Adrenalin einen tonus- und kontraktionsfördernden Einfluß.
Auch am Warmblütermuskel fördert Adrenalin die Erregbarkeit bei indirekter Reizung[4]. Im unermüdeten Zustand bleiben die Zuckungs-

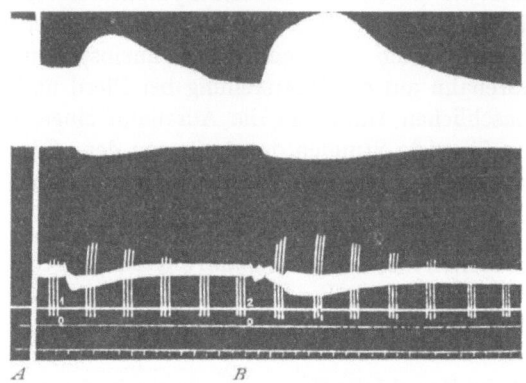

Abb. 55. Wirkung des Adrenalins auf die Tätigkeit des ermüdeten (oben) und des nicht ermüdeten Muskels sowie den Blutdruck der Katze. *A* Normalzustand. *B* Intravenöse Einspritzung von 0,01 mg Adrenalin (1) und 0,05 mg Adrenalin (2). Beide Dosen wirken blutdrucksenkend. (Gruber.)

höhen unverändert[5], während die ermüdenden Muskeln[6] nach intravenöser Injektion mächtig gefördert werden (bei der Katze nach 0,01 bis 0,05 mg), sofern nicht sehr große, die Muskelgefäße stark kontrahierende Mengen gegeben werden (Abb. 55). Wahrscheinlich ist jene Erholung der Muskelermüdung nicht nur die Folge einer besseren

---

[1] YOSHIMOTO, M.: Quart. J. exper. Physiol. **13**, 5 (1922). — KUNO. — OKUSHIMA. — OBRÉ, A.: C. r. Soc. Biol. **88**, 585 (1923). — HESS, W. R., u. K. NEERGAARD: Pflügers Arch. **205**, 509 (1924). — WASTL, H.: J. of Physiol. **60**, 109 (1925).
[2] RIESSER, O., u. S. M. NEUSCHLOSZ: Arch. f. exper. Path. **91**, 342 (1921). — GASSER, H. S., u. H. H. DALE: J. of Pharmacol. **28**, 287 (1926). — HESS u. NEERGAARD.
[3] YOTEYKO, J.: J. Méd. Brux. **8**, 417, 433, 449. — LUSSANA, F.: Arch. internat. Physiol. **12**, 119 (1912).
[4] GRUBER, C. M., u. A. P. FELLOWS: Amer. J. Physiol. **46**, 472 (1918).
[5] RIESSER, O.: Pflügers Arch. **190**, 137 (1921).
[6] GRUBER, C. M.: Amer. J. Physiol. **32**, 221 (1913); **33**, 335 (1914); **34**, 89 (1914); **43**, 530 (1917); **47**, 178 (1918); **61**, 475 (1922); **62**, 438 (1922). — Ders. u. W. B. CANNON: Ebenda **42**, 36 (1917). — Siehe dagegen WASTL, H.: A. a. o. und Pflügers Arch. **219**, 337 (1928).

Blutdurchströmung, sondern zum Teil von dieser unabhängig. Die großen Gaben verschlechtern die Muskeltätigkeit wohl infolge einer Verminderung des Blutzuflusses.

Unter bestimmten Bedingungen entfaltet Adrenalin des weiteren eine starke kontrakturlösende Wirkung am Warmblütermuskel, so z. B. an den Zungenmuskeln[1], wenn diese nach vorher ausgeführter Hypoglossusdurchtrennung durch Lingualisreizung in Kontraktur versetzt wurden, oder wenn der entnervte Muskel der Katze sowie der nichtentnervte Muskel des Huhnes durch Nikotin[2] zur Kontraktion gebracht wurden — diese letztere Wirkung ist unabhängig von der Gefäßwirkung des Adrenalins.

Der durch Physostigmin gesteigerte Tonus soll ebenfalls durch Adrenalin vermindert werden[3], doch blieb diese Angabe nicht unwidersprochen[4].

Die Enthirnungsstarre der Muskeln wird durch Adrenalin nicht beeinflußt[5]. Am Zwerchfell soll Adrenalin sogar tonuserhöhend wirken, besonders wenn die zugehörenden sympathischen Bahnen zuvor durchtrennt wurden[6]. Bei der mikroskopischen Betrachtung zeigt sich nach intravenöser Einspritzung stets Flimmern der Muskelfasern; es ist nach Entnervung abgeschwächt oder tritt nicht auf[7].

Auch beim Menschen hat Adrenalin eine kontrakturlösende Wirkung: der Verkürzungsrückstand des Muskels nach vereinter willkürlicher und elektrischer Erregung (TIEGELsche Kontraktur) schwindet[8]. Auf der anderen Seite soll Adrenalin auf die Hyperventilations-Tetanie des menschlichen Muskels begünstigend wirken, und zwar durch Angriff am Muskel selbst[9]. Vielleicht sind diese entgegengesetzten Wirkungen die Folge einer doppelsinnigen sympathischen Innervation der Muskeln.

An muskeldystrophischen Menschen, oder bei Menschen, deren sympathische Bahnen des entsprechenden Gliedes durchtrennt worden sind, verzögert Adrenalin den Eintritt der Ermüdung[10].

Ob der Muskeltremor[11], der nach subcutaner Adrenalineinspritzung

---

[1] FRANK, E., u. Mitarb.: Pflügers Arch. 197, 270 (1922).
[2] GASSER u. DALE.
[3] SCHÄFFER: Verh. Kongr. inn. Med. 1920, 167.
[4] ZUCKER, K.: Arch. f. exper. Path. 96, 28 (1923).
[5] GAYDA: Atti Accad. naz. Lincei 32, 310 (1924). — PORTER, E. L.: Amer. J. Physiol. 78, 495 (1926).
[6] KURÉ, K., u. Mitarb.: Z. exper. Med. 28, 244 (1922).
[7] HARTMAN, F. A., u. Mitarb.: Amer. J. Physiol. 85, 91 (1928).
[8] SCHÄFFER, H.: Pflügers Arch. 185, 42 (1920).
[9] BREHME, TH., u. G. POPOVICIU: Z. exper. Med. 52, 579 (1926). — FREUDENBERG, E.: Klin. Wschr. 6, 634 (1927).
[10] KURÉ, M., u. Mitarb.: Z. exper. Med. 55, 789 (1927).
[11] BAUER, J.: Dtsch. Arch. klin. Med. 107, 39 (1912) u. a.

an den Händen, selten auch an anderen Stellen aufzutreten pflegt, zentral oder peripher ausgelöst wird, ist unbekannt.

Die fördernde Wirkung des Adrenalins auf die Arbeitsleistung ermüdeter Muskeln dürfte mit seiner Wirkung auf den Kohlenhydratstoffwechsel des Muskels zusammenhängen, über die S. 299 näher berichtet wird.

XXXII. Pigmentzellen.

Die vom Sympathicus innervierten Melanophoren des Fisches Fundulus heteroclitus[1], die wahrscheinlich aus glatten Muskelzellen entstehen, ballen sich auf Adrenalineinwirkung; nach Ergotoxin hat Adrenalin umgekehrt eine pigmentausbreitende Wirkung. Gleiche Pigmentballung löst Adrenalin auch an den Melanophoren und Erythrophoren, aber nicht an den Xanthophoren vieler anderer Fische aus[2].

Auch bei Amphibien[3] (Frosch, Kröte) wird die Farbe durch Ballung der Melanophoren hell; die Lipophoren des Laubfrosches breiten sich dagegen aus. Die tief gelegenen Melanophoren des Frosches scheinen adrenalinunempfindlich zu sein. Die Ballung der Hautmelanophoren des Frosches soll z. T. zentral ausgelöst werden, z. T. ist sie aber sicher peripher bedingt.

Über den Einfluß des Adrenalins auf das Retinapigment[4] des Fisches, des Frosches und der Kröte gehen die Angaben auseinander; es scheint zu einer Wanderung des Pigmentes nach der Basis der Stäbchen und Zapfen zu kommen.

Die Kephalopodenhaut wird an der Stelle einer Adrenalineinspritzung durch Erschlaffung der Chromatophorenmuskeln hell[5].

XXXIII. Drüsensekretionen und Nierentätigkeit.

Die vom Sympathicus mit fördernden Nerven versorgten Drüsen werden durch Adrenalin zu vermehrter Sekretabgabe angeregt. So bedeckt sich die Haut des Frosches und der Kröte[6] mit Sekret. Bei Warmblütern,

---

[1] BARBOUR, H. G., u. R. A. SPAETH: J. of Pharmacol. 9, 356, 431 (1917).
[2] ABODIN, L.: Arch. Entw.mechan. 104, 667 (1925). — WERNOE, TH. B.: Pflügers Arch. 210, 1 (1925). — HEWER, H. R.: Brit. J. exper. Biol. 3, 123 (1926). — SCHAEFER, J. G.: Pflügers Arch. 188, 25 (1921).
[3] ABELOUS, J. E.: C. r. Soc. Biol. 56, 952 (1904). — KAHN, R. H., u. S. LIEBEN: Arch. f. Physiol. 1907, 104. — KAHN, R. H.: Pflügers Arch. 195, 337 (1922). — UYENO, K.: J. of Physiol. 56, 348 (1922). — TSUKAMOTO, R.: nach Ber. Physiol. 35, 555 (1926).
[4] BIGNY, A. J.: J. exper. Zool. 27, 391 (1919). — GILSON, A. S.: Proc. nat. Acad. Sci. 8, 130 (1922). — KLETT: Arch. f. Physiol. 1908, Supl. 213. — CHEN, T. Y., u. B. K. S. LIM: Nach Ber. Physiol. 41, 839 (1927). — NAKAMURA, B., u. B. MIYAKE: Klin. Mbl. Augenheilk. 69, 258 (1923) u. a.
[5] NADLER, J. E.: J. of Pharmacol. 30, 489 (1927).
[6] ELLIOTT. — EHRMANN, R.: Arch. f. exper. Path. 53, 137 (1906). —

besonders bei der Katze, löst eine intravenöse Adrenalineinspritzung einen nur wenige Minuten lang anhaltenden *Speichelfluß* aus, und aus den *Tränendrüsen*, sowie aus den *Drüsen der Mund-, Oesophagus- und Trachealschleimhaut* quillt mehr Sekret[1]. Nach Pilokarpin wirkt Adrenalin besonders stark auf die Speicheldrüsen[2].

Am Menschen beobachtet man nur selten Speichelfluß[3].

Eine Ausnahmestellung schienen die *Schweißdrüsen* einzunehmen, denn obwohl vom Sympathicus mit fördernden Nervenfasern versorgt, sondern sie bei Katzen und Menschen nach intravenöser oder subcutaner Adrenalineinspritzung in der Regel keinen Schweiß ab[4]. Wahrscheinlich bleibt die Schweißsekretion infolge der starken Gefäßverengerung aus; daher unterdrückt Adrenalin sogar die Spontan- und die Pilokarpinschweißsekretion. Bei anderen Säugetieren hat Adrenalin dagegen eine sehr starke schweißfördernde Wirkung, so beim Pferde und beim Schaf[5]; der bei diesen Tieren auftretende profuse Schweißausbruch wird durch Atropin nicht gehemmt.

Sehr widerspruchsvoll sind die Angaben über den Einfluß der Adrenalineinspritzung auf die *Magensaftsekretion* bei Tieren[6] und Menschen[7]. Die einen berichten von Förderung, andere beobachteten Hemmungen. Diese Unterschiede sind einstweilen nicht zu erklären.

Entgegen älteren Angaben LANGLEYs hat die Injektion von Adrenalinlösungen in der Regel eine z. T. sehr starke Verminderung der aus einer Gallengangfistel abfließenden *Gallenmengen* zur Folge[8]. Über die

---

KAHN, R. H.: Pflügers Arch. 195, 337 (1922). — WASTL, H.: Z. Biol. 74, 77 (1921).
[1] LANGLEY, J. N.: J. of Physiol. 27, 237 (1902). — BARCROFT, J., u. H. PIPER: Ebenda 44, 359 (1912). — ASHER, L.: Biochem. Z. 14, 1 (1908).
[2] BAUER, J.: Dtsch. Arch. klin. Med. 107, 39 (1912).
[3] BASCHMAKOFF, W. J.: Pflügers Arch. 200, 379 (1923).
[4] LANGLEY, J. N.: J. of Physiol. 27, 237 (1902); 56, 110 (1922). — Ders. u. K. UYENO: Ebenda 206. — BURN, J. H.: Ebenda 232. — SCHILF, E., u. J. MANDUR: Pflügers Arch. 196, 345 (1922). — BILLIGHEIMER, E.: Arch. f. exper. Path. 88, 172 (1920).
[5] MUTO, K.: Mitt. med. Fak. Tokyo 15, 365 (1915). — FRÖHNER, E.: Monatsh. Tierheilk. 26, 10 (1915). — HABERSANG: Ebenda 32, 127 (1921). — LANGLEY, J. N., u. S. BENNETT: J. of Physiol. 57, LXXI (1923).
[6] HESS, W. R., u. R. GUNDLACH: Pflügers Arch. 185, 122 (1920). — J. ROGERS u. Mitarb.: Amer. J. Physiol. 48, 79 (1919). — SIROTININ, G. W. v.: Z. exper. Med. 40, 90 (1924). — ALPERN. — LIM, R. K. S.: Quart. J. exper. Physiol. 13, 79 (1922).
[7] BOUCHÉ, FR.: Diss. Freiburg 1909. — YUKAWA, G.: Arch. Verdgskrkh. 14, 166 (1908). — LOEPER u. G. VERPY: C. r. Soc. Biol. 80, 703 (1917).
[8] CAMUS, L.: C. r. Soc. Biol. 56, 552 (1904). — PITINI, A.: Arch. internat. Pharmaco-Dynamie 16, 297 (1906). — DOWNS, A. W., u. N. B. EDDY: Amer. J. Physiol. 48, 192 (1919). — ERBSEN, H., u. E. DAMM: Z. exper. Med. 55, 757 (1927). — WINOGRADOW, A. P.: Arch. f. exper. Path. 126, 17 (1927).

Ursache dieser Hemmung des Gallenabflusses ist nichts Näheres bekannt. Als Folge einer starken Verengerung der Pankreasgefäße wird der Abfluß des *Pankreassekretes*[1] aus einer Fistel stark gehemmt. Die Konzentration des Sekretes ist vermehrt, seine fermentativen Leistungen sind fast unverändert[2].

Auf die *Milchsekretion*[3] hat Adrenalin keinen Einfluß.

Die Menge des von isolierten, künstlich durchströmten *Nieren* der Frösche[4] und der Warmblüter[5] gelieferten Harnes wird unter Adrenalineinwirkung infolge der Gefäßverengerung und der Abnahme des Durchflusses entsprechend vermindert. Wenn die Adrenalinlösung mit unverminderter Geschwindigkeit durch die Nierengefäße hindurchgepreßt wird[6], wird die Harnmenge gefördert, da der Druck in den zuleitenden Nierengefäßen bei dieser Versuchsanordnung natürlich stark ansteigt.

Auch bei den vielen Versuchen an den in ihrer natürlichen Lage belassenen Nieren ergaben sich keine sicheren Anhaltspunkte dafür, daß Adrenalin die Harnmenge auf einem anderen Wege als durch Beeinflussung der Nierendurchblutung verändern könnte. Nach der intravenösen Einspritzung[7] stark blutdrucksteigernder Adrenalinmengen werden die Harnmengen kleiner oder die Harnabgabe hört ganz auf, zweifellos als Folge einer starken Nierengefäßverengerung, wie sie die Volummessung anzeigt (siehe Abb. 48). Als Nachwirkung großer Gaben oder als Hauptwirkung kleinerer intravenöser Gaben tritt eine Nierenschwellung und Harnförderung in Erscheinung. Sehr ausgesprochen ist die diuretische Wirkung intravenös zugeführten Adrenalins beim Vogel[8].

Manchmal steigt beim Kaninchen nach intravenösen Adrenalineinspritzungen das Nierenvolumen an, der Blutdurchfluß wird geringer und trotzdem wird die Harnmenge vermehrt. Offenbar werden die

---

[1] LANGLEY. — EDMUNDS, CH. W.: J. of Pharmacol. 1, 135 (1909); 2, 559 (1911). — GLEY, E.: C. r. Soc. Biol. 70, 866 (1911); 71, 23 (1911). — MANN, F. C., u. L. C. McLACHLIN: J. of Pharmacol. 10, 251 (1917) u. a.

[2] BENEDICENTI, A.: Arch. ital. de Biol. 45, 1 (1906). — GLAESSNER, K., u. E. P. PICK: Z. exper. Path. u. Ther. 6, 313 (1909).

[3] MACKENZIE, K.: Quart. J. exper. Physiol. 4, 305 (1911). — ROTHLIN, E., u. Mitarb.: Quart. J. exper. Physiol. 16, 3 (1922).

[4] SCHMIDT, R.: Arch. f. exper. Path. 95, 267 (1922).

[5] BECO, L., u. L. PLUMIER: J. Physiol. et Path. gén. 8, 10 (1906). — PENTIMALLI, P., u. N. QUERCIA: Arch. ital. de Biol. 58, 33 (1912). — CUSHNY, A. R., u. C. G. LAMBIE: J. of Physiol. 55, 276 (1921).

[6] RICHARDS, A. N., u. O. H. PLANT: Amer. J. Physiol. 59, 144, 184, 191 (1922).

[7] BARDIER, E., u. H. FRAENKEL: J. Physiol. et Path. gén. 1, 950 (1899). — CUSHNY u. LAMBIE. — FREY, W., u. Mitarb.: Dtsch. Arch. klin. Med. 123, 163 (1917).

[8] SHARPE, N. C.: Amer. J. Physiol. 31, 75 (1912).

Vasa efferentia stark verengt, so daß der Glomeruluscapillardruck in die Höhe geht[1].

Bei Kaninchen und anderen Säugetieren wird nach der Einspritzung von Adrenalin in das Unterhautzellgewebe[2] mehr Harn geliefert, beim Kaninchen z. B. die 2—3 fache Menge. Ob diese Diurese von einer Vermehrung der Nierendurchblutung abhängig ist, kann noch nicht entschieden werden; beim Kaninchen sollen kleinste Adrenalinmengen gelegentlich nierengefäßerweiternd wirken[3]. Sicher ist die Harnzunahme nicht lediglich durch die Zuckerausscheidung bedingt. Denn der Verlauf der Diurese geht dem Verlauf der Zuckerabgabe nicht parallel[4].

Nach der Einspritzung von Adrenalin in das Unterhautzellgewebe des Menschen[5] wechselt das Verhalten der Harnmenge. Meist nimmt sie ab, aber gelegentlich steigt sie auch an.

XXXIV. Zentralnervensystem.

Die motorischen *Lähmungen*, die während einer Adrenalinvergiftung bei Kalt- und Warmblütern auftreten, sind zentralen Ursprunges, denn die zu einem bewegungslos gewordenen Gliede ziehenden Nerven bleiben erregbar[6]. Auch das Rückenmark ist beteiligt, so daß die nach Benetzen einer Pfote mit Essigsäure beim Frosche gemessene Reflexzeit nach Adrenalin verlängert und der Reflex schließlich ganz aufgehoben wird[7]. Vermutlich sind diese Lähmungen sowie die nicht selten nach Adrenalinvergiftungen auftretenden Krämpfe lediglich die Folge einer Veränderung der Blutversorgung des Zentralnervensystemes.

Nach intravenöser Einspritzung adrenalinhaltiger Lösungen tritt auf der Höhe der Blutdrucksteigerung eine Abflachung, oft sogar völliger Stillstand der *Atmung* ein[8]. Ergotamin verhindert die Adrenalinapnoe,

---

[1] LIVINGSTON, A. E.: J. of Pharmacol. **32**, 181 (1928).
[2] BIBERFELD, J.: Pflügers Arch. **119**, 341 (1907). — SCHATILOFF, P.: Arch. f. Physiol. 1908, 213. — ERLANDSEN, A.: Biochem. Z. **24**, 1 (1910). — KONSCHEGG, A. VON: Arch. f. exper. Path. **70**, 311 (1912) u. a.
[3] OGAWA, S.: Arch. f. exper. Path. **67**, 89 (1912). — Siehe dagegen OZAKI, M.: Ebenda **123**, 305 (1927).
[4] ERLANDSEN u. a.
[5] EPPINGER, H., u. Mitarb.: Z. klin. Med. **67**, 346 (1909); **72**, 97 (1911). — BAUER, J.: Dtsch. Arch. klin. Med. **107**, 39 (1912). — FREY u. Mitarb. u. a.
[6] OLIVER, G., u. E. A. SCHÄFER: J. of Physiol. **18**, 230 (1895). — GOURFEIN, D.: C. r. Acad. Sci. **121**, 311 (1895). — VINCENT, S.: J. of Physiol. **22**, 111 (1897—98).
[7] MOSTROEM, H. T., u. H. MC GUIGAN: J. of Pharmacol. **3**, 521 (1911-12).
[8] KAHN, R. H.: Arch. f. Physiol. 1903, 522. — NEUJEAN, V.: Arch. internat. Pharmaco-Dynamie **13**, 45 (1904). — NICE, L. B., u. Mitarb.: Amer. J. Physiol. **34**, 326 (1914). — ROBERTS, F.: J. of Physiol. **55**, 346 (1921); **56**, 101 (1922) u. a.

Atropin und Vagotomie wirken gegen sie nicht antagonistisch[1] (Abb. 43 u. 44). An die Apnoe schließt sich häufig eine Periode von CHEYNE-STOKESschem Atemtypus oder eine Hyperventilation an.
Die Apnoe fehlt nicht am Hypothalamustier[2].
Gelegentlich erregen intravenöse Adrenalineinspritzungen die Atmung[3]; nach der subcutanen Einspritzung ist die Hyperventilation die Regel.
Wahrscheinlich sind die Wirkungen des Adrenalins auf das Atemzentrum indirekte Folgen einer Veränderung der Durchblutung desselben, während das Zentrum unmittelbar nicht beeinflußt wird (siehe S. 273).
Sehr ausgesprochen ist die atmungserregende Wirkung subcutan einverleibten Adrenalins beim Menschen: nach 0,5—1 mg wird das Volumen der Atmung um 50—100% vermehrt[4]. Auch die nach Morphin gehemmte Atmung des Tieres und Menschen wird durch subcutane Adrenalineinspritzung verbessert[5].
Über die nach intravenösen Einspritzungen von adrenalinhaltigen Lösungen auftretenden Erregungen des Vaguszentrums ist S. 231 und S. 259 näher berichtet worden. Weiter finden sich S. 264 Angaben über die Rückwirkung der Erregung der Vasomotorenzentren nach intravenösen Adrenalineinspritzungen auf den Blutdruck und S. 308 über die Wirkung auf die wärmeregulierenden Zentren.

XXXV. Grundumsatz.

Nahezu ausnahmslos ergaben die Stoffwechselversuche an Hunden, Katzen, Kaninchen, Ratten, Mäusen, daß die Subcutaneinspritzung von Adrenalin den Grundumsatz für die Dauer von einigen Stunden erheblich erhöht[6]. Beim Kaninchen ist nach 1 mg subcutan das Maximum

---

[1] LANGLOIS, J. P., u. L. GARRELON: C. r. Soc. Biol. **69**, 80 (1910); **70**, 747 (1911). — FRÖHLICH, A., u. E. P. PICK: Arch. f. exper. Path. **74**, 92 (1913). — SCHOEN, R.: Ebenda **138**, 339 (1928). [2] SCHOEN.
[3] NICE u. Mitarb. — M'DOWALL, R.: Quart. J. exper. Physiol. **18**, 325 (1928).
[4] FUCHS, D., u. N. ROTH: Z. exper. Path. u. Ther. **12**, 568 (1913). — BAUER, J.: Dtsch. Arch. klin. Med. **107**, 39 (1912). — BORNSTEIN, A.: Biochem. Z. **144**, 157 (1921). — Ders. u. E. MÜLLER: Ebenda **126**, 64 (1921). — ERICHSON, K.: Z. exper. Med. **50**, 637 (1926) u. a.
[5] GRUBER, A.: Arch. f. exper. Path. **75**, 333 (1914). — BORNSTEIN.
[6] FRANCA, S. LA: Z. exper. Path. u. Ther. **6**, 1 (1909). — JUSCHTSCHENKO, A. J.: Biochem. Z. **15**, 365 (1909). — BERNSTEIN, S.: Z. exper. Path. u. Ther. **15**, 86 (1914). — FREUND, H., u. E. GRAFE: Arch. f. exper. Path. **67**, 55 (1912). — MARINE, D., u. C. H. LENHART: Amer. J. Physiol. **54**, 248 (1920). — BORNSTEIN, A.: Biochem. Z. **114**, 157 (1921). — Ders. u. E. MÜLLER: Ebenda **126**, 64 (1922). — ABELIN, J.: Ebenda **129**, 1 (1922). — ABDERHALDEN, E., u. E. GELLHORN: Pflügers Arch. **210**, 462 (1925). — SOSKIN, S.: Amer. J. Phy-

der Steigerung meist in der 3. Stunde erreicht, es liegt oft bei über + 50 % des Vorwertes; bei der Ratte kann der Gaswechsel auf fast das Doppelte ansteigen. Beim Hunde ergaben sich nach 0,1 mg pro Kilo subcutan statt der Vorwerte von 369 und 343 ccm O_2 pro Kilo und Minute die Werte 487 ccm (20'), 580 ccm (80'), 513 ccm (140') und 478 ccm (200').

Ebenso erhöht die intravenöse Dauerinfusion den Umsatz. Bei Katzen fand man nach 4,5 γ pro Kilo und Minute, also bei einer nur schwach blutdrucksteigernden Infusion, eine Erhöhung um 10—40% innerhalb weniger Minuten und bei Hunden nach 0,6—1,2 γ pro Kilo und Minute um 10—27%. Bei Kaninchen vermehrt dagegen die Dauerinfusion die Wärmebildung angeblich nicht[1].

BORNSTEIN[2] nimmt an, daß Adrenalin durch zentralen Angriff stoffwechselsteigernd wirkt, da nach HÁRI[3] die intravenöse Injektion bei kurarisierten Hunden den Sauerstoffverbrauch nicht erhöht und da nach seinen eigenen Beobachtungen die künstlich durchbluteten Hundebeine nach Adrenalin ebenfalls keine Steigerung des O_2-Verbrauches zeigen. Aber ältere Versuche haben den Beweis des peripheren Angriffs des Adrenalins erbracht. Der Stoffwechsel winterschlafender Igel wird durch Adrenalin so stark gefördert, daß die Tiere in kurzer Zeit warm werden und erwachen. Diese Wirkung bleibt nach Entfernung des Wärmeregulationszentrums oder nach Halsmarkdurchtrennung erhalten[4]. Auch bei halsmarkdurchtrennten Kaninchen erhöht subcutan eingespritztes Adrenalin den Stoffwechsel noch um 22—50 %[5].

Die vermehrten Oxydationen gehen hauptsächlich in den Bauchorganen und zwar besonders in der Leber vor sich[6]. Denn bei eviscerierten oder leberexstirpierten Hunden vermehrt Adrenalin die Sauerstoffaufnahme nicht mehr sicher.

Außerdem ist an der Oxydationssteigerung das Herz beteiligt, das zumal nach intravenöser Injektion zu einer gewaltigen Arbeitssteigerung erregt wird. Während ROHDE u. OGAWA[7] am überlebenden Herzen unter Adrenalin den O_2-Verbrauch nur entsprechend der Mehrleistung in die

---

siol. 83, 162 (1927). — CORI, C. F. u. G. T.: J. of biol. Chem. 79, 309, 321, 343 (1928). — KLEIN, F., n. R. WEISS: nach Ber. Physiol. 46, 280 (1928).

[1] BOOTHBY, W. M., u. J. SANDIFORD: Amer. J. Physiol. 59, 463 (1922); 66, 93 (1923). — AUB, J. C., u. Mitarb.: Ebenda 61, 349 (1922). — HUNT, H. B., u. E. M. BRIGHT: Amer. J. Physiol. 77, 353 (1926). — KLEIN u. WEISS.
[2] BORNSTEIN, A.: Arch. f. exper. Path. 127, 63 (1928).
[3] HÁRI, P.: Biochem. Z. 38, 23 (1912).
[4] ADLER, L.: Arch. f. exper. Path. 86, 159 (1920); 87, 406 (1920). — SCHENK, P.: Pflügers Arch. 197, 66 (1922).
[5] FREUND, H., u. E. GRAFE: Arch. f. exper. Path. 93, 285 (1922).
[6] SOSKIN.
[7] ROHDE, E., u. S. OGAWA: Arch. f. exper. Path. 69, 200 (1912).

Höhe gehen sahen, sollen nach EVANS[1] die Oxydationen noch weit über das Maß der Arbeitssteigerung vergrößert werden (2—4 mal mehr). Analog verhält sich das Froschherz[2].

Für den peripheren Angriff der stoffwechselsteigernden Wirkung des Adrenalins spricht weiter die Tatsache, daß der O_2-Verbrauch des zerkleinerten Froschmuskels durch Adrenalin (10^{-7} bis 10^{-11}) bis über + 50% vermehrt wird[3]. Dinitrophenol und Methylenblau werden unter Adrenalineinwirkung vom Froschmuskel rascher reduziert[4]; es wird mehr Kohlensäure gebildet[5].

Auch bei manchen weiteren isolierten Geweben, z. B. der Leber und der Haut, fördert Adrenalin die Verbrennung[6], aber es liegen auch Berichte über negativ verlaufene Versuche vor, so von GRAFE[7], der den Sauerstoffverbrauch von Schnitten durch verschiedene Gewebe unter Adrenalin nicht ansteigen sah.

Daß der O_2-Verbrauch der roten Blutkörperchen von Kaninchen oder Gänsen durch Adrenalin nicht gesteigert wird[8], könnte darauf beruhen, daß diese Zellen nicht unter dem Einflusse des Sympathicus stehen.

Die Arbeit von Ratten wird nach Adrenalin ökonomischer geleistet als im Normalzustande[9].

Auch beim Menschen[10] steigt nach 1 mg Adrenalin subcutan der

---

[1] EVANS, C. L.: J. of Physiol. **51**, 91 (1917). — Ders. u. S. OGAWA: Ebenda **47**, 446 (1914). — Ders. u. E. H. STARLING: Ebenda **49**, 67 (1915). — PATTERSON, S. W., u. E. H. STARLING: J. of Physiol. **47**, 137 (1913).

[2] SCHAUR, J., u. J. P. BOUCKAERT: C. r. Soc. Biol. **94**, 800 (1926).

[3] AHLGREN, G.: Skand. Arch. Physiol. **47**, 467 (1926); Ebenda **47**, Supl. 1 (1926). — Siehe auch DE CLOEDT, J., u. J. VAN CANNEYT: C. r. Soc. Biol. **91**, 92 (1924). — ABDERHALDEN, E., u. E. GELLHORN: Pflügers Arch. **212**, 523 (1926).

[4] ADLER, L., u. W. LIPSCHITZ: Arch. f. exper. Path. **95**, 181 (1922). — v. EULER, U.: Pflügers Arch. **217**, 699 (1927).

[5] MARTIN, E. G., u. R. B. ARMITSTEAD: Amer. J. Physiol. **59**, 37 (1922). **62**, 488 (1922). — Siehe dagegen GRIFFITH, F. R.: Ebenda **65**, 15 (1923).

[6] ABDERHALDEN, E., u. E. GELLHORN: Pflügers Arch. **212**, 523 (1926). — AHLGREN. — NEUSCHLOSZ, S. M.: Klin. Wschr. **3**, 57 (1924). — WOHLGEMUTH, J.: Dtsch. med. Wschr. **54**, 816 (1928).

[7] GRAFE, E.: Dtsch. med. Wschr. **51**, 640 (1925). — REINWEIN, H., u. W. SINGER: Biochem. Z. **197**, 152 (1928).

[8] ELLINGER, PH.: Z. physiol. Chem. **119**, 11 (1922). — YAMAKITA, M.: Tohoku J. exper. Med. **3**, 567 (1922). — BORNSTEIN.

[9] SCHEUCHZER, W. H.: Biochem. Z. **201**, 148 (1928).

[10] FUCHS, D., u. N. ROTH: Z. exper. Path. u. Ther. **10**, 187 (1912). — BERNSTEIN, S.: Ebenda **15**, 86 (1914). — Ders. u. W. FALTA: Dtsch. Arch. klin. Med. **125**, 233 (1918). — TOMPKINS u. Mitarb.: Arch. int. Med. **24**, 269 (1919). — SANDIFORD, J.: Amer. J. Physiol. **51**, 407 (1920). — BORNSTEIN, A.: Biochem. Z. **114**, 157 (1921). — Ders. u. E. MÜLLER: Ebenda **126**, 64 (1921). — ERICHSON, K.: Z. exper. Med. **50**, 637 (1926). — LYMAN, R. S., u. Mitarb.: J. of Pharmacol. **21**, 343 (1923).

Grundumsatz fast ausnahmslos an; die Dauer der Steigerung, deren Höhepunkt bei + 50% liegen kann, beträgt nur wenige Stunden. Die Zunahme der Verbrennungen ist unabhängig vom Muskeltremor.

Am Menschen ist auch die Frage untersucht worden, ob die Steigerung der Verbrennungen allein die Folge der Blutzuckervermehrung (s. unten) ist. Dies ist zu verneinen. Denn wenn man den Blutzucker durch Glucosedarreichung auf einen höheren Wert treibt als bei einem späteren Versuch durch Adrenalin, so ist doch die Oxydationsvermehrung beim Adrenalinversuch eine viel stärkere[1].

Nach großen Adrenalingaben sinkt der Grundumsatz stark ab, so bei weißen Mäusen[2], deren O_2-Verbrauch nach 0,006 mg pro Gramm um 24—79% absank, und bei Tauben[3].

Die zahlreichen Bestimmungen[4] des respiratorischen Quotienten nach Adrenalin an Tieren und Menschen haben kein eindeutiges Ergebnis gehabt, vermutlich weil die Atmungstiefe zu stark verändert wird und diese die Menge der abgegebenen Kohlensäure mitbestimmt. Es läßt sich also aus jenen Bestimmungen nicht klar entscheiden, welche Stoffe unter Adrenalin vermehrt oxydiert werden. Die Mehrzahl der Versuche, besonders am Menschen, ergab Steigerungen des Quotienten[5], spricht also für eine vermehrte Oxydation von Kohlenhydraten (s. auch weiter unten). Aber nicht selten blieb der Quotient unverändert, so besonders in Versuchen an Ratten[6].

XXXVI. Kohlenhydratstoffwechsel.

Daß die Subcutaneinspritzung von Nebennierenauszug beim Warmblüter eine *Glykosurie* erzeugt, entdeckte BLUM[7] im Jahre 1901. Beim gut genährten Kaninchen bleibt auf 0,2 mg Adrenalin pro Kilo, subcutan eingespritzt, die Glykosurie oft noch aus, nach 0,3 mg pro Kilo kommt sie ausnahmslos zustande, nach 1 mg pro Kilo erreicht sie in 3—5 Stunden ihr Maximum, das bei über 8% Zucker im Harn liegen kann, und ist nach einigen weiteren Stunden beendet[8].

---

[1] BOOTHBY, W. M., u. J. SANDIFORD: Amer. J. Physiol. **55**, 293 (1921).

[2] ABDERHALDEN, E., u. E. GELLHORN: Pflugers Arch. **210**, 462 (1925).

[3] ABDERHALDEN, E., u. E. WERTHEIMER: Pflügers Arch. **195**, 460 (1922).

[4] Lit. bei TRENDELENBURG, P.: Heffter's Handbuch exper. Pharm. II 2, 1269 (1924) u. bei ERICHSON.

[5] JUSCHTSCHENKO, A. J.: Biochem. Z. **15**, 365 (1909). — HARI. — LUSK, G., u. J. A. RICHE: Arch. int. Med. **13**, 673 (1914). — BERNSTEIN. — Ders. u. FALTA. — BORNSTEIN u. MÜLLER. — BOOTHBY u. SANDIFORD. — TOMPKINS u. Mitarb. — LYMAN u. Mitarb. — ERICHSON, K.: Z. exper. Med. **50**, 637 (1926). — SOSKIN, S.: Amer. J. Physiol. **83**, 162 (1927).

[6] CORI, C. F. u. G. T.: J. of biol. Chem. **79**, 309, 321, 343 (1928).

[7] BLUM, F.: Dtsch. Arch. klin. Med. **71**, 146 (1901). — Pflügers Arch. **90**, 617 (1902).

[8] McDANELL, L., u. F. P. UNDERHILL: J. of biol. Chem. **29**, 245 (1917). — ERLANDSEN, A.: Biochem. Z. **24**, 1 (1910).

Die Stärke der glykosurischen Wirkung einer bestimmten Adrenalinmenge ist von mehreren Faktoren abhängig. So ist die Darreichungsart von Bedeutung. Begünstigt man die Resorption dadurch, daß man die Lösung auf mehrere Stellen verteilt injiziert, oder daß man in die besser resorbierende Muskulatur einspritzt, so ist der Erwartung entgegen die Zuckerausscheidung eine geringere[1]. Bei intravenöser Einspritzung einer subcutan glykosurisch wirksamen Adrenalinmenge kann sogar jede Zuckerausscheidung ausbleiben[2]. Offenbar fehlt bei stärker ausgeprägten vasomotorischen Wirkungen der Zuckerübertritt; ob hierbei die Gefäßwirkungen an der Niere oder Leber ausschlaggebend sind, bleibt noch näher zu untersuchen. Die Zuckerzunahme im Blute stellt sich nach intravenöser Einspritzung fast ohne Latenz ein und geht sehr bald nach der Beendigung einer Dauerinfusion in die Vene wieder zurück[3].

Bei intravenöser Dauerinfusion wirken bei Kaninchen schon solche Adrenalinmengen im Verlaufe einer Stunde glykosurisch, die den Blutdruck noch nicht steigern[4]. Der Schwellenwert liegt nämlich bei 0,2 bis 0,3 Tausendstel mg pro Kilo und Minute.

Sehr bald nach der Entdeckung des Nebennierendiabetes wurde dessen nicht renaler Ursprung durch Blutzuckeranalysen nachgewiesen[5]: bei Kaninchen und Hunden kann der *Zuckergehalt des Blutes* durch Einspritzungen von Nebennierenauszug von 0,1 auf 0,5—0,7%, nach Nierenausschaltung sogar auf über 1% erhöht werden. Der Verlauf der Hyperglykämie ist bei Kaninchen etwa folgender[6]. Nach 0,2—0,5 mg pro Kilo subcutan steigt der Blutzucker auf etwa 0,25—0,3%, nach 1 mg pro Kilo ist das Maximum mit etwa 0,35—0,4% nach 2—3 Stunden erreicht, und 4—8 Stunden nach der Einspritzung ist der Blutzucker auf den Ausgangswert zurückgekehrt (Abb. 56). Meist folgt der Hyperglykämie eine langanhaltende leichte Hypoglykämie[7]. Bei intravenöser Dauerinfusion genügt 0,1 Tausendstel mg Adrenalin pro Kilo und pro Minute, um den Blutzucker innerhalb einer Stunde ein wenig zu erhöhen[8]. Der Blutzuckerschwellenwert, bei dem der Zucker in den Harn ab-

---

[1] KLEINER, J. S., u. S. J. MELTZER: J. of exper. Med. **18**, 190 (1913).
[2] POLLAK, L.: Arch. f. exper. Path. **61**, 157 (1909). — UNDERHILL, FR. P.: J. of biol. Chem. **9**, 13 (1911). — BARDIER, E., u. A. STILLMUNKÉS: C. r. Soc. Biol. **84**, 613 (1921). — ULRICH, H. L., u. H. RYPINS: J. of Pharmacol. **19**, 215 (1922).
[3] TATUM, A. L.: J. of Pharmacol. **18**, 121 (1921).
[4] TRENDELENBURG, P.: Pflügers Arch. **201**, 39 (1923).
[5] ZUELZER, G.: Berl. klin. Wschr. **38**, 1209 (1901). — METZGER, L.: Münch. med. Wschr. **49**, 478 (1902).
[6] STENSTRÖM, TH.: Biochem. Z. **58**, 472 (1914). — ASK, F.: Ebenda **59**. 1 (1914). — LAURIN, E.: Ebenda **82**, 87 (1917). — HILDEBRANDT, F.: Arch. f. exper. Path. **88**, 80 (1920). — STÖRRING, G.: Pflügers Arch. **221**, 282 (1922) u. a. [7] ERLANDSEN u. a.
[8] TRENDELENBURG. — HIRAYAMA, S.: Tohoku J. exper. Med. **7**, 34 (1926). — TACHI, H., u. S. SAITO: Ebenda **11**, 218 (1928).

zufließen beginnt, liegt für das Kaninchen bei etwa 0,2%[1]. Beim Hunde vermehrt 0,18 mg pro Kilo subcutan den Blutzucker in 2 Stunden um durchschnittlich etwa 60%[2].

Gleichzeitig mit dem Blutzucker geht auch der Zuckergehalt im Kammerwasser[3], in der Lymphe[4] und bei Hunden im Speichel[5] in die Höhe.

Zweifellos stammt der Blutzucker zum Teil aus dem *Leberglykogen*, dessen Menge nach der subcutanen Zufuhr von Adrenalin in der Regel sehr stark abnimmt[6]; nach größeren Gaben ist die Leber oft frei von Glykogen[7].

Gleichzeitig mit der Glykogenabnahme ergibt die Leberanalyse eine

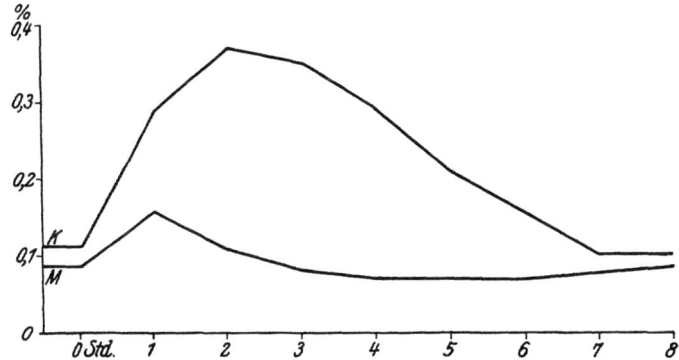

Abb. 56. Adrenalinhyperglykämie. *K* beim Kaninchen nach 1 mg subcutan. *M* beim Menschen nach 1 mg subcutan. (Durchschnitt von 4 Versuchen.) (Erlandsen, Petényi und Lax.)

Vermehrung des freien Leberzuckers; der Zuckergehalt der Leber liegt dabei stets wesentlich über dem des Blutes[8].

Das aus Laevulose aufgebaute Glykogen der Leber soll unter Adrenalineinwirkung weniger leicht abgebaut werden[9].

Die Glykogenolyse kommt durch peripheren Angriff in den Leberzellen zustande; sie fehlt nicht nach Durchtrennung der Lebernerven[10] oder der Splanchnici[11].

---

[1] HILDEBRANDT.
[2] BERTRAM, F., u. A. BORNSTEIN: Z. exper. Med. 37, 133 (1923). [3] ASK.
[4] PIKO-ESTRADA, O.: C. r. Soc. Biol. 95, 1378 (1926).
[5] YAMAGUCHI, S.: Zieglers Beitr. 73, 113 (1925).
[6] DOYON, M., u. Mitarb.: C. r. Soc. Biol. 56, 66 (1904); 59, 202 (1905); 64, 866 (1908). — WOLOWNIK, B.: Virchows Arch. 180, 225 (1905). — GATIN-GRUZEWSKA, Z.: C. r. Acad. Sci. 142, 1165 (1906). — AGADSCHANIANZ, K.: Biochem. Z. 2, 148 (1907). — POLLAK, L.: Arch. f. exper. Path. 61, 166 (1909) u. a.
[7] NEUBAUER, O.: Abd. Handb. biol. Arb. Meth., Abt. IV, T. 9, 600.
[8] CORI, C. F., u. Mitarb.: J. of Pharmacol. 21, 377 (1923).
[9] POLLAK. — LANDAU, A.: Z. klin. Med. 79, 201 (1914).
[10] FREUND, H., u. E. SCHLAGINTWEIT: Arch. f. exper. Path. 76, 303 (1914).
[11] BIERRY, H., u. L. MOREL: C. r. Soc. Biol. 68, 55 (1910).

Auch die Injektion des Adrenalins in das Blut der Pfortader[1] führt zu einer starken Zuckerausschüttung und nach Ligatur der Leberarterien verliert Adrenalin seine blutzuckererhöhende Wirkung nicht[2]. Aber auf der anderen Seite scheint nach der Ausschaltung der Leber aus der Pfortaderbahn durch Anlegen einer ECKschen Fistel die Adrenalinglykosurie nicht auszubleiben[3]. Demnach scheint Adrenalin sowohl von der Leberarterie als von der Pfortader aus wirksam zu sein.

Bei der Durchströmung der isolierten Leber stellt sich nach Adrenalin eine gewisse, oft aber nicht sehr eindeutige Vermehrung des Zuckergehaltes in der abfließenden Lösung ein[4]. Dabei nimmt die Menge des Glykogens ab[5].

Diese Glykogenverminderung in der Leber nach Adrenalinzufuhr beobachtet man meist bei normalen, d. h. nicht kohlenhydratarm ernährten Tieren.

An Tieren, deren Leber nach Hunger oder Strychninvergiftung glykogenarm gemacht worden war, kann Adrenalin eine Vermehrung des Glykogenvorrates bewirken[6]. CORI und CORI fanden z. B. bei seit 24 Stunden hungernden Ratten nach subcutanen Adrenalineinspritzungen eine Vermehrung des Leberglykogens auf das 5—7fache (bei den Kontrolltieren i. D. 7 mg%, bei den Adrenalintieren 28—52 mg%).

Auch wenn es beim hungernden Tier nach Adrenalin zu einer Synthese von Glykogen in der Leber kommt, nimmt das *Muskelglykogen* ab oder es schwindet bis auf unmeßbar kleine Spuren[7]. CORI und CORI erhielten z. B. in den obenerwähnten Versuchen an hungernden Ratten

---

[1] MACLEOD, J. J. R., u. R. G. PEARCE: Amer. J. Physiol. **29**, 419 (1911). — FREUND, H.: Arch. f. exper. Path. **76**, 311 (1914). — Siehe dagegen COLLENS, W. S., u. Mitarb.: Amer. J. Physiol. **79**, 689 (1927).

[2] FREUND. — COLLENS, W. S., u. Mitarb.: Amer. J. Physiol. **79**, 689 (1927).

[3] MICHAUD: Verh. Kongr. inn. Med. **28**, 561 (1911). — FRANKE, E., u. F. RABE: Sitzgsber. nat. Ges. Rostock **4**, 1 (1912). — OKA, T.: Tohoku J. exper. Med. **3**, 206 (1922). — OHARA, T.: Ebenda **6**, 23 (1925).

[4] MASING, E.: Arch. f. exper. Path. **69**, 431 (1912). — PECHSTEIN, H.: Z. f. exper. Path. **12**, 380 (1913). — DRESEL, K., u. A. PEIPER: Ebenda **16**, 327 (1914). — ABELIN, J.: Biochem. Z. **74**, 248 (1916). — SCHENK, P.: Arch. f. exper. Path. **92**, 34 (1922). — BORNSTEIN, A., u. W. GRIESBACH: Z. exper. Med. **37**, 33 (1923); **43**, 37 (1924).

[5] BODO, R., u. H. P. MARKS: J. of Physiol. **65**, 48 (1928).

[6] POLLAK, S.: Arch. f. exper. Path. **61**, 166 (1909). — KURIYAMA, S.: J. of biol. Chem. **34**, 269 (1918). — CORI, C. F. u. G. T.: Proc. Soc. exper. Biol. a. Med. **25**, 258 (1928); J. of biol. Chem. **79**, 309, 321, 343 (1928).

[7] GATIN-GRUZEWSKA. — AGADSCHANIANZ. — POLLAK. — KURIYAMA. — RINGER, A., u. Mitarb.: Proc. Soc. exper. Biol. a. Med. **19**, 92 (1921). — TÖRÖK, P.: Pflügers Arch. **211**, 414 (1926). — CHOI, Y. O.: Amer. J. Physiol. **83**, 407 (1927). — CHAIKOFF, J. L., u. J. WEBER: J. of biol. Chem. **76**, 813 (1928). — GEIGER, E., u. E. SCHMIDT: Arch. f. exper. Path. **134**, 173 (1928). — STÖRRING, G.: Pflügers Arch. **221**, 282 (1928). — CORI u. CORI.

eine Verminderung des Muskelglykogens — richtiger des außerhalb der Leber liegenden Glykogens — von 136 mg% i. D. auf 58—92 mg %. Bei anderen Untersuchern waren die Verminderungen noch viel stärker. Auch das Lactazidogen der Muskeln nimmt ab[1].

Während aus dem Leberglykogen, das unter Adrenalin verschwunden ist, wohl zweifellos vorwiegend Zucker gebildet wird und höchstens ein kleiner Teil in Milchsäure übergeführt wird — CORI[2] fand im Gegensatz zu SAMMARTINO[3] den Milchsäuregehalt der Lebern hungernder Tiere nach Adrenalin nicht erhöht —, scheint das Muskelglykogen weniger in Form des Traubenzuckers als in Form von Milchsäure in den Blutstrom überzugehen.

Denn nach der Leberausschaltung oder Entfernung erhöht Adrenalin den Blutzucker nicht mehr oder nur sehr wenig[4].

Die, wie erwähnt, wohl vorwiegend aus den Muskeln stammende Milchsäure erhöht den Milchsäurespiegel des Blutes[5]. CORI und CORI[6] nehmen an, daß diese Milchsäure zum Teil in der Leber resynthetisiert wird. Demnach würde unter dem Einfluß von Adrenalin eine Verlagerung des Glykogens aus den Muskeln in die Leber auf dem Umweg über eine Bildung von Milchsäure stattfinden. Bei kohlenhydratreicher Ernährung wird dieses Leberglykogen mehr oder weniger vollkommen als Zucker in das Blut abgegeben.

Daß der gesamte, nach Adrenalin frei werdende Zucker nicht aus dem im Augenblick der Injektion in der Leber vorhandenen Glykogenvorrat stammen kann, ergibt sich nach CORI und CORI aus der Tatsache, daß bei einer Adrenalinglykosurie oft weit mehr Zucker in den Harn übertritt, als jenem Vorrat entspricht.

Der Glykogengehalt des Herzens[7] wird nach der Adrenalinvergiftung im allgemeinen nicht vermindert; nur CRUICKSHANK sowie PATTERSON und STARLING fanden am ausgeschnittenen Herzen des Hundes unter Adrenalin einen rascheren Glykogenschwund als bei nicht vergifteten Herzen.

[1] SACHS, J.: Amer. J. Physiol. 81, 276 (1927).
[2] CORI, C. F.: J. of biol. Chem. 53, 253 (1925). — Siehe auch BORNSTEIN, A., u. W. GRIESBACH: Z. exper. Med. 37, 33 (1923).
[3] ELIAS, H., u. U. SAMMARTINO: Biochem. Z. 117, 10 (1921). — SAMMARTINO, U.: Arch. Farmacol. sper. 44, 11 (1927).
[4] VANDEPUT, E.: Arch. internat. Physiol. 9, 292 (1910). — FALTA, W., u. J. G. PRIESTLEY: Berl. klin. Wschr. 48, 2102 (1911). — MANN, FR. C., u. TH. B. MAGATH: Erg. Physiol. 23, 212 (1924). — OHARA, T.: Tohoku J. exper. Med. 4, 1, 23, 191 (1925).
[5] CORI, C. F. u. G. T.: J. of Pharmacol. 24, 465 (1925).
[6] CORI u. CORI. — Siehe auch CHOI, Y. O.: Amer. J. Physiol. 83, 407 (1927).
[7] CRUICKSHANK, E. W. H.: J. of Physiol. 47, 1 (1912). — PATTERSON, S. H., u. E. H. STARLING: Ebenda 137. — OHARA, T.: Tohoku J. exper. Med. 6, 23 (1925). — GEIGER, E., u. E. SCHMIDT: Arch. f. exper. Path. 134, 173 (1928). — STÖRRING u. a.

Da der Zucker nach Adrenalin hauptsächlich aus Glykogen freigemacht wird, ist die Stärke der Glykogenolyse von der Ernährung abhängig. Kohlehydratreiche Nahrung begünstigt die Adrenalinglykosurie[1], Verminderung des Glykogenbestandes durch Hungernlassen[2] wirkt ihr entgegen.

Bei täglicher Zufuhr von reichlich Adrenalin wird die Glykosurie früher oder später immer schwächer. HILDEBRANDT[3] wies nach, daß die mehrfach geäußerte Annahme einer zunehmenden Zuckerdichtigkeit der Nieren nicht zutrifft, sondern daß das Schwinden des Glykogenvorrates für die Verringerung der Glykosurie verantwortlich zu machen ist, da auch die Blutzuckererhöhung geringer wird.

Gleichen Einfluß auf den Kohlenhydratstoffwechsel hat das Adrenalin auch beim Frosch[4]. Größere Adrenalinmengen (über 0,5 mg) führen zu lang anhaltender Hyperglykämie und Glykosurie, sofern die Leber reich an Glykogen ist. An entleberten Fröschen ist Adrenalin wirkungslos[5]. Bei Durchströmung der Frosch- oder Schildkrötenleber mit adrenalinhaltigen Lösungen (1:1 000 000 und mehr) oder nach dem Einlegen von Leberstückchen in diese Lösungen tritt mehr Zucker aus als im Vor- und Kontrollversuch[6]. Auch das Muskelglykogen des Frosches ist nach Adrenalin vermindert; durchströmte Muskeln sollen nach Adrenalin mehr Zucker abgeben[7].

Beim Menschen[8] liegt der nach subcutaner Einspritzung blutzuckererhöhende Schwellenwert bei 0,2 mg. Nach 1 mg steigt der Blutzucker maximal um 0,03—0,11 g% (Abb. 56). Das Maximum tritt nach etwa einer Stunde ein. Nach 2—4 weiteren Stunden ist der Ausgangswert wieder

---

[1] BLUM. — RITZMANN, H.: Arch. f. exper. Path. **61**, 231 (1909). — BIBERFELD, J.: Ebenda **80**, 164 (1916). — EELANDSEN. — ACHARD, CH., u. Mitarb.: Rev. Méd. **38**, 447 (1921).
[2] BLUM. — HERTER, C. A., u. A. J. WAKEMAN: Virchows Arch. **169**, 479 (1902). — RINGER, A. J.: Proc. Soc. exper. Biol. a. Med. **7** (1908). — Siehe dagegen OHARA. — MARKOWITZ, J.: Amer. J. Physiol. **74**, 22 (1925).
[3] HILDEBRANDT, F.: Arch. f. exper. Path. **88**, 80 (1920).
[4] GAUTIER, CL.: C. r. Soc. Biol. **56**, 472 (1904); **75**, 339 (1913). — VELICH, A.: Virchows Arch. **184**, 345 (1906). — LOEWIT, M.: Arch. f. exper. Path. **62**, 47 (1910). — BANG, J.: Biochem. Z. **49**, 81 (1913).
[5] VELICH.
[6] BANG, J.: Biochem. Z. **49**, 81 (1913). — FRÖHLICH, A., u. L. POLLAK: Arch. f. exper. Path. **77**, 265, 299 (1914). — LESSER, E. J.: Ebenda **102**, 304 (1920). — Klin. Wschr. **7**, 25 (1928).
[7] LESSER. — HOFFMANN, A., u. E. WERTHEIMER: Pflügers Arch. **218**, 176 (1927). — GRUNKE, W., u. A. KAIRIES: Arch. f. exper. Path. **133**, 63 (1928).
[8] EPPINGER, H., u. L. HESS: Z. klin. Med. **67**, 346 (1909). — FALTA, W., u. Mitarb.: Ebenda **72**, 97 (1911). — PETRÉN, K., u. J. THORLING: Ebenda **73**, 27 (1911). — LANDAU, A.: Ebenda **79**, 201 (1914). — RYSER, H.: Dtsch. Arch. klin. Med. **48**, 408 (1916). — v. MORACZEWSKI, W., u. E. LINDNER: Ebenda **121**, 431 (1917). — BRÖSAMLEN: Ebenda **137**, 229 (1921). — BORNSTEIN, A., u. E. MÜLLER: Biochem. Z. **126**, 64 (1921). — ERICHSON, K.: Z. exper. Med. **50**, 637 (1926).

erreicht. Der Zuckervermehrung folgt gelegentlich eine leichte Verminderung. Glykosurie tritt nach 1 mg nur ausnahmsweise auf. Die intramuskuläre Injektion[1] ist etwas stärker wirksam als die subcutane. Dagegen wirkt die rasche Injektion in die Vene wieder weit schwächer als die Injektion unter die Haut[2]. Bei intravenöser Dauerinfusion[3] (1 Stunde lang) liegt der blutzuckererhöhende Schwellenwert unter 0,5 γ pro Kilo pro Minute.

In das *Wesen der Adrenalinglykogenolyse* näher einzudringen, ist bisher nicht recht gelungen. Man hatte vermutet, daß unter Adrenalin die Menge der Leberdiastase vermehrt sei, dies ist aber in den meisten Untersuchungen nicht nachzuweisen gewesen[4]. Ebensowenig wird das Reaktionsoptimum der Leberdiastase, wie behauptet worden ist, verschoben[5]. Daß die Theorie, nach der der Adrenalindiabetes durch eine Hemmung der Hormonabgabe aus den LANGERHANSschen Inseln des Pankreas bedingt ist, nicht zu halten ist, wird weiter unten ausgeführt werden (S. 337).

Daß eine Ansäuerung der Leber nicht nur eine Begleiterscheinung der Glykogenolyse, sondern der den Glykogenabbau bedingende Vorgang ist[6], ist nicht bewiesen und nach dem Ausfall der Durchströmungsversuche an isolierten Lebern ganz unwahrscheinlich.

LESSER nimmt an, daß eine räumliche Trennung zwischen Glykogen und Diastase in den Leberzellen durch Adrenalin aufgehoben werde. Mit dieser Vorstellung ist die Tatsache gut vereinbar, daß Adrenalin nur in intakten Leberzellen, nicht im Leberbrei[7] glykogenolytisch wirksam ist.

Wenig geklärt ist die Frage, ob unter Adrenalineinfluß eine vermehrte *Bildung von Kohlenhydraten aus Fetten oder Eiweiß* stattfindet. Einige Beobachtungen sprechen für eine raschere Glykogenbildung aus Fett unter Adrenalin: am Hungertier[8] kann die Adrenalinglykosurie wieder ausgelöst werden, wenn Öl verfüttert wird[9], und nach WERTHEIMER[10] wird

---

[1] ROSENOW, G., u. JAGUTTIS: Klin. Wschr. 1, 358 (1922). — PETÉNYI, G., u. H. LAX: Biochem. Z. 125, 272 (1921). — PLATZ, O.: Z. exper. Med. 30, 43 (1922). — BILLIGHEIMER, E.: Dtsch. Arch. klin. Med. 136, 1 (1921).
[2] SCHENK, F., u. A. HEIMANN-TROSIEN: Z. exper. Med. 29, 401 (1922). — ULRICH, H. L., u. H. RYPINS: J. of Pharmacol. 19, 215 (1921).
[3] WEINBERG: Verh. Kongr. inn. Med. 34, 406 (1922).
[4] DOYON, M., u. CL. GAUTIER: C. r. Soc. Biol. 64, 866 (1908). — ZEGLA, P.: Biochem. Z. 16, 111 (1909). — WOHLGEMUTH, J., u. J. BENZUR: Ebenda 21, 460 (1909). — STARKENSTEIN, E.: Ebenda 24, 191 (1910). — SCHIROKAUER, H., u. G. WILENKO: Z. klin. Med. 70, 257 (1910). — OSATO, S.: Tohoku J. exper. Med. 1, 1 (1920). — LESSER u. a.
[5] SMITH, W.: J. of Physiol. 62, III (1926). — VISSCHER, M. B.: J. of biol. Chem. 69, 3 (1926).
[6] GOTTSCHALK, A., u. E. POHLE: Arch. f. exper. Path. 95, 65 (1922).
[7] BANG. — KIRA, G.: Mitt. med. Fak. Tokyo 30, 75 (1922).
[8] POLLAK. — MARKOWITZ. — TÖRÖK. — KURIYAMA, S.: J. of biol. Chem. 34, 269 (1918).
[9] ROUBITSCHEK, R.: Pflügers Arch. 155, 68 (1914).
[10] WERTHEIMER, E.: Pflügers Arch. 213, 280, 287, 298 (1926). — Siehe dagegen GEIGER, E., u. E. SCHMIDT: Arch. f. exper. Path. 134, 173 (1928).

beim hungernden und mit Phloridzin vergifteten Hunde das angesammelte Leberfett viel rascher in Kohlenhydrate (Glykogen) umgewandelt, wenn Adrenalin injiziert wird.

Sicher stammt der Hauptteil des Zuckers, der bei pankreasdiabetischen Hunden nach Adrenalin mehr abgegeben wird, aus den Fettsäuren des Körpers; bei diesen Tieren wird nach Adrenalin bestenfalls sehr wenig Zucker aus Eiweiß gebildet[1].

Die Zuckerverbrennung des ausgeschnittenen Herzens wird durch Adrenalin stark gefördert[2], dagegen soll die Oxydation des Zuckers im ganzen Tiere gehemmt werden[3].

Diese Hemmung soll nach LOEWI und WESELKO[4] eine mittelbare Wirkung sein; denn die Herzen von Kaninchen, die 1—2 Stunden nach der subcutanen Adrenalinzufuhr entnommen wurden, verbrennen den Zucker schlechter als normale Herzen. Auch die Glykolyse des Blutes soll nach Adrenalininjektion vermindert sein[5].

LOEWI und GEIGER[5] glauben, daß Adrenalin aus der Leber einen Stoff, das Glykämin, frei macht, der die Zuckeraufnahme in die Zellen — nachgewiesen wird diese Wirkung an suspendierten Erythrocyten — hemmt und der die Glykogenolyse fördern soll. Es bleibt abzuwarten, ob diese Theorie der indirekten Adrenalinwirkung durch Vermittlung eines hepatogenen Reizstoffes sich bestätigen wird.

XXXVII. Fettstoffwechsel.

Über die Adrenalinwirkung auf den Fettstoffwechsel ist verhältnismäßig wenig bekannt. Einige Beobachtungen sprechen, wie erwähnt, dafür, daß Adrenalin die Umwandlung von Fett in Kohlenhydrate fördert.

Anscheinend löst Adrenalin eine Zunahme des Fetttransportes zur Leber aus. Denn in vielen — doch nicht in allen — Versuchen fand man nach der Adrenalineinspritzung eine Zunahme des Blutfettes[6] so-

---

[1] CHAIKOFF, J. L., u. J. J. WEBER: J. of biol. Chem. **76**, 813 (1928).
[2] PATTERSON, S. W., u. E. H. STARLING: J. of Physiol. **47**, 137 (1913). — EVANS, C. L., u. S. OGAWA: Ebenda 446 (1914).
[3] WILENKO, G. G.: Biochem. Z. **42**, 44 (1912). — ACHARD, CH., u. G. DESBOUIS: C. r. Soc. Biol. **74**, 467 (1913). — UNDERHILL, F. P., u. O. E. CLOSSON: Amer. J. Physiol. **17**, 42 (1906). — ERICHSON, K.: Z. exper. Med. **50**, 637 (1926). — Siehe auch CORI, C. F. u. G. T.: Proc. Soc. exper. Biol. a. Med. **25**, 66 (1927). — J. of biol. Chem. **79**, 321 (1928).
[4] LOEWI, O., u. O. WESELKO: Pflügers Arch. **158**, 155 (1914). — WILENKO, G. G.: Arch. f. exper. Path. **71**, 261 (1913).
[5] GEIGER, E.: Pflügers Arch. **217**, 674 (1927). — LOEWI, O.: Klin. Wschr. **6**, 2169 (1927).
[6] ALPERN, D., u. J. A. COLLAZO: Z. exper. Med. **35**, 288 (1923). — FLEISCH, A.: Biochem. Z. **177**, 461 (1926). — RAAB, W.: Z. exper. Med. **49**, 179 (1926). — BORNSTEIN u. MÜLLER. — LOEW, A., u. R. PFEILER: Biochem. Z. **193**, 278 (1927). — GEIGER, E., u. E. SCHMIDT: Arch. f. exper. Path. **134**, 173 (1928).

wohl bei normalen als auch bei phloridzindiabetischen Tieren und bei hungernden Hunden wird die Leber nach Adrenalineinspritzungen fettreicher[1].

Für eine Zunahme der Fettverbrennung spricht die Tatsache, daß die Abgabe der Acetonkörper bei fettgefütterten und bei phloridzindiabetischen Ratten — nicht bei normalen Ratten — nach Adrenalin vermehrt ist[2]. Aus den Ergebnissen von Stoffwechselbilanzen an Ratten, die teils sofort, teils einige Stunden nach Zuckereinverleibung mit kleinen Gaben von Adrenalin behandelt worden waren, errechnen CORI und CORI[3], daß das Plus an Fettverbrennung ein recht erhebliches ist.

Die Angaben über das Verhalten des Blutcholesterins beim Menschen gehen auseinander[4].

XXXVIII. Eiweißstoffwechsel.

Obwohl man sich in etwa zwei Dutzend Arbeiten[5] mit dem Einfluß des Adrenalins auf den Eiweißstoffwechsel beschäftigt hat, ist kein klares Bild zu gewinnen. Häufig, aber keineswegs regelmäßig, fand man eine Zunahme der N-Ausscheidung, und zwar besonders bei hungernden Hunden. Bei zuckergefütterten Ratten, die subcutan Adrenalin erhalten, entfällt sicher nur ein sehr geringer Teil der gesamten Stoffwechselsteigerungen auf eine Mehroxydation von Eiweiß (CORI und CORI).

Daß das abgebaute Eiweiß unter Adrenalin zur Kohlenhydratsynthese verwandt wird, ist nicht bewiesen. Für diesen Übergang spricht, daß nach Adrenalin nicht nur das Leberglykogen, sondern auch das Lebereiweiß an Menge abnimmt[6].

Nach FREUND und GRAFE[7] fehlt die Vermehrung der N-Abgabe durch Adrenalin bei Tieren, deren Halsmark durchtrennt worden war; hiernach scheint der Angriff ein zentraler zu sein.

Über das Verhalten der einzelnen N-Substanzen gehen die Angaben

---

[1] TÖRÖK, P.: Pflügers Arch. 211, 414 (1926). STÖRRING, G.: Ebenda 221, 282 (1928).
[2] ANDERSON, A. B., u. M. D.: Biochemic. J. 21, 1398 (1927).
[3] CORI, C. F. u. G. T.: J. of biol. Chem. 79, 321, 343 (1928).
[4] HIMMELWEIT, F.: Z. klin. Med. 107, 803 (1928). — DERNEVAGAS, A.: Dissert. Berlin 1926.
[5] Lit. bis 1922 bei TRENDELENBURG, P.: Handb. d. exper. Pharm. 2 II, 1270 (1924). — BRU, P.: C. r. Soc. Biol. 86, 1068 (1922). — ALLAN, F. N., u. Mitarb.: Amer. J. Physiol. 70, 333 (1924). — PALLADIN, A., u. W. TICHWINSKAJA: Pflügers Arch. 210, 436 (1926). — TAUBMANN, G.: Arch. f. exper. Path. 129, 43 (1928). — TÖRÖK. — STÖRRING.
[6] STÜBEL, H.: Pflügers Arch. 185, 74 (1920). — BERG, W.: Ebenda 194, 543 (1922). — ROTHMANN, H.: Z. exper. Med. 40, 255 (1924).
[7] FREUND H., u. E. GRAFE: Arch. f. exper. Path. 93, 285 (1922).

auseinander. Häufig erscheint verhältnismäßig viel des N als NH_4-Salz im Urin[1], offenbar als Folge der Adrenalinacidose (s. unten).

Der Harnstoffgehalt des Blutes und des Urines soll nach einigen Untersuchern unter Adrenalin steigen[2]. Aber in anderen Experimenten wurde jede Einwirkung auf den Blutharnstoff vermißt[3].

Mehrfach fand man eine Zunahme der Harnsäure im Blut und eine Vermehrung der Harnsäure- und Allantoinausscheidung[4]. Aber nach HARPUDER scheint Adrenalin keinen gesetzmäßigen Einfluß auf den Harnsäurestoffwechsel des Menschen zu haben[5].

Auch über den Einfluß auf Kreatin- und Kreatiningehalt des Blutes und über die Abgabe dieser Stoffe in den Harn gehen die Angaben auseinander[6]. Einige Untersucher fanden eine Vermehrung. Bei Ratten findet man nach Adrenalin im Muskel etwas mehr Kreatin und Kreatinin[7].

Isolierte, durchströmte Organe geben bei Adrenalineinwirkung mehr Rest-N-Stoffe ab[8].

XXXIX. Körpertemperatur.

Da Adrenalin die Verbrennungen steigert und gleichzeitig die Hautgefäße verengt, ist zu erwarten, daß die Körpertemperatur in die Höhe geht. So ist denn auch von vielen Beobachtern[9] beim Kaninchen und Hunde nach der subcutanen Einspritzung von $1/2$—1 mg ein mäßig starkes Fieber festgestellt worden, nur wenige[10] vermißten eine einigermaßen regelmäßige Temperatursteigerung. Besonders ausgesprochen ist die Temperaturerhöhung beim winterschlafenden Igel[11] nach Adrenalineinspritzung. Auch beim Pferde[12] steigt die Körperwärme. Nach

---

[1] PATON, D. N.: J. of Physiol. **27**, 286 (1903); **32**, 59 (1905).
[2] Z. B. ADDIS, T., u. Mitarb.: Amer. J. Physiol. **46**, 39, 84 (1918).
[3] TASHIRO, K.: Tohoku J. exper. Med. **7**, 482 (1926).
[4] POHL, J.: Biochem. Z. **78**, 200 (1917). — FALTA, W.: Z. exper. Path. u. Ther. **15**, 356 (1914). — FLEISCHMANN u. SALECKER: Z. klin. Med. **80**, 456 (1914). — STRANSKY, E.: Biochem. Z. **133**, 434 (1922). — KRAUSS, E., u. ÖSTERREICHER: Verh. Kongr. inn. Med. **34**, 150 (1922). — DUBOIS, CH., u. M. POLONOVSKY: C. r. Soc. Biol. **91**, 293 (1924). — TASHIRO, K.: Tohoku J. exper. Med. **7**, 482 (1926). — TAUBMANN, G.: Arch. f. exper. Path. **129**, 43 (1928). [5] HARPUDER, K.: Z. exper. Med. **42**, 1 (1924).
[6] KURÉ, K., u. Mitarb.: Z. exper. Med. **28**, 244 (1922). — KRAUSS u. ÖSTERREICHER. — PALLADIN u. TICHWINSKAJA. — ULRICH, H. L., u. H. RYPINS: J. of Pharmacol. **19**, 215 (1922).
[7] AKATSUKA, H.: J. of Biochem. **8**, 57 (1927).
[8] SSENTJURIN, B. S.: Arch. f. exper. Path. **133**, 233 (1928). — MEDNIKIANZ, G. A.: Ebenda **136**, 370 (1928).
[9] JUSCHTSCHENKO, G. J.: Biochem. Z. **15**, 365 (1909). — EPPINGER, H., u. Mitarb.: Z. klin. Med. **61**, 1 (1908). — FREUND, H., u. E. GRAFE: Arch. f. exper. Path. **67**, 55 (1912). — HASHIMOTO, M.: Ebenda **78**, 394 (1915).
[10] KONDO, S.: Acta Scholae med. Kioto **3**, 169 (1919). — RIESSER, O.: Arch. f. exper. Path. **80**, 183 (1917).
[11] ADLER, L.: Arch. f. exper. Path. **87**, 406 (1920); **91**, 110 (1921). — SCHENK, P.: Pflügers Arch. **197**, 66 (1922).
[12] HABERSANG: Mschr. prakt. Tierheilk. **32**, 127 (1921).

großen Gaben können dagegen starke Temperatursenkungen entstehen[1], so bei Kaninchen nach größeren intravenös gegebenen Gaben (0,1 bis 0,2 mg)[2] und besonders bei Tauben[3].

Ob die Änderung der Körperwärme durch eine Störung der zentralen Regulationsmechanismen oder durch peripheren Angriff zustande kommt, ist nicht sicher zu entscheiden. Für den peripheren Angriff spricht die Tatsache, daß Adrenalin die Erwärmung der winterschlafenden Igel auch dann bewirkt, wenn die wärmeregulierenden Zentren entfernt worden waren[4], und daß es die Temperatur der halsmarkdurchtrennten, poikilothermen Hunde erhöht[5].

Man hat aus den Ergebnissen der Versuche[6], in denen Adrenalin durch Einspritzen in den Seitenventrikel zur unmittelbaren Einwirkung auf das Temperaturzentrum gebracht wurde, Schlüsse über den zentralen Angriff gezogen. Doch sind diese Schlüsse nicht bindend, da nach derartigen Einspritzungen teils Erhöhungen, teils Senkungen beobachtet wurden. Ebenso wenig kann man sich der Beweisführung von CLOETTA und WASER anschließen, die in der Tatsache, daß nach intravenösen Adrenalineinspritzungen das Vorderhirn und die Seitenventrikel sich früher erwärmen als der Darm, einen Hinweis auf einen zentralen Ursprung der Temperaturregulationsstörung sehen. Wenn HASHIMOTO die örtliche Einwirkung von Wärme und Kälte auf das Mittelhirn während des Adrenalinfiebers abnorm schwach wirksam fand, so braucht auch dies nicht, wie er es meint, ein Ausdruck eines zentralen Angriffs des Adrenalins zu sein, sondern es könnte ebenso gut die periphere Wirkung des Adrenalins auf die Zelloxydationen oder die Blutgefäße den Effekt der Regulationen der Wärmezentren vermindert haben.

Sicher ist der Einfluß des Adrenalins auf die Körpertemperatur ein ungemein komplexer Vorgang. Infolge der Mehrbildung von Wärme im Gehirn oder des verlangsamten Abtransportes der Wärme mit dem Blute tritt eine lokale Übererwärmung des Gehirns ein[7], die vermehrte Wärmeabgabe auslöst. Doch dürfte diese Gegenregulation durch die hautgefäßverengernde Adrenalinwirkung gestört sein. Die Verbrennungen im Körper werden erhöht. Nach großen Gaben wird in vielen Organen die Durchblutung so verschlechtert werden, daß die Verbrennung

---

[1] WOLOWNIK, B.: Virchows Arch. 180, 225 (1905). — ABDERHALDEN, E., u. Mitarb.: Z. physiol. Chem. 59, 129 (1919); 61, 119 (1909). — Pflügers Arch. 195, 460 (1922).
[2] FREUND, H.: Arch. f. exper. Path. 65, 225 (1911). — DÖBLIN, A., u. P. FLEISCHMANN: Z. klin. Med. 78, 275 (1913). — CLOETTA, M., u. E. WASER: Arch. f. exper. Path. 79, 30 (1916). — KONDO.
[3] ABDERHALDEN, E., u. E. WERTHEIMER: Pflügers Arch. 195, 460 (1922).
[4] ADLER.   [5] FREUND u. GRAFE.
[6] CLOETTA u. WASER. — KONDO. — BARBOUR, H. G., u. E. S. WING: J. of Pharmacol. 5, 105 (1913). — JACOBJ, C., u. C. ROEMER: Arch. f. exper. Path. 70, 149 (1912).
[7] CLOETTA u. WASER. — CRILE, G. W., u. A. F. ROWLAND: Amer. J. Physiol. 62, 370 (1922). — CASKEY, M. W.: Ebenda 80, 381 (1927).

gestört und gehemmt ist. Große Gaben haben auch einen so starken Einfluß auf die Hirndurchblutung, daß die Leistungsfähigkeit der Temperaturzentren dadurch gestört wird. Schließlich scheint in einer nicht näher bekannten Weise die Leber einen wichtigen Anteil an der Störung der Temperaturregulation nach Adrenalin zu haben. Denn die Erwärmung des Gehirnes und der Muskeln soll nach Leberentfernung durch Adrenalin nicht mehr auslösbar sein[1]. — Wir sind noch weit davon entfernt, die Bedeutung dieser einzelnen Faktoren abschätzen zu können.

Die Temperatur des Menschen steigt nach 1 mg subcutan nicht mehr als um Bruchteile eines Grades[2].

XL. Säuren-Basengleichgewicht.

Die subcutane Einspritzung von Adrenalin hat bei Tieren und Menschen zur Folge, daß mehr Milchsäure, Acetessigsäure und Oxybuttersäure in der Leber und im Blute auftreten und in den Harn übergehen. Die Acidose ist jedoch meist nur unbedeutend[3]. Sie geht der Zunahme des Blutzuckers einigermaßen parallel, ist aber von ihr unabhängig[4].

Die Phosphorsäure des Blutes und Harnes fand man in den meisten Versuchen zunächst vermindert, dann vermehrt[5]. Auch das isolierte Froschherz soll bei Adrenalineinwirkung mehr P abgeben[6], während die Phosphorsäureabspaltung in der überlebenden Leber nicht beeinflußt wird[7].

---

[1] CRILE u. ROWLAND. — CASKEY.
[2] BAUER, J.: Dtsch. Arch. klin. Med. **107**, 39 (1912) u. a.
[3] ELIAS, H., u. Mitarb.: Biochem. Z. **117**, 10 (1921); **133**, 192 (1922). — PETERS, J. P., u. H. R. GEYELIN: J. of biol. Chem. **31**, 471 (1917). — HUBBARD, R. S., u. F. R. WRIGHT: Ebenda **49**, 385 (1921). — TATUM, A. L.: J. of Pharmacol. **17**, 395 (1921). — Ders. u. A. J. ATKINSON: J. of biol. Chem. **56**, 331 (1922). — FOÀ, C., u. Z. GATIN-GRUZEWSKA: C. r. Soc. Biol. **59**, 145 (1905). — SCHATILOFF, P.: Arch. f. Physiol. **1908**, 213. — MORACZEWSKI, W. v., u. E. LINDNER: Dtsch. Arch. klin. Med. **121**, 431 (1917). — GIGON, A., u. W. BRAUCH: Z. exper. Med. **44**, 107 (1925). — ENDRES, G., u. H. LUCKE: Ebenda **45**, 89 (1925). — PULAY, E., u. M. RICHTER: Ebenda **48**, 582 (1926). — ERICHSON, K.: Ebenda **50**, 637 (1926). — BRANDY, M. B., u. TH. BREHME: Ebenda **58**, 232 (1928). — SAMMARTINO, U.: Arch. Farmacol. sper. **44**, 11 (1927).
[4] PETERS u. GEYELIN. — TATUM.
[5] POHL, J.: Biochem. Z. **78**, 200 (1917). — WORRINGER, P.: C. r. Soc. Biol. **91**, 588 (1924). — BARRENSCHEEN, H. K., u. Mitarb.: Biochem. Z. **189**, 119 (1927). — VOLLMER, H.: Biochem. Z. **140**, 410 (1923). — ALLEN, F., u. Mitarb.: Amer. J. Physiol. **70**, 333 (1924). — CHAIKOFF, J. L., u. J. J. WEBER: J. of biol. Chem. **76**, 813 (1928).
[6] FREY, W., u. F. TIEMANN: Z. exper. Med. **53**, 658 (1927).
[7] RIESSER, O.: Z. physiol. Chem. **161**, 149 (1926).

XLI. Salzstoffwechsel.

Eine eindeutige Adrenalinwirkung auf den Chloridwechsel ist nicht festgestellt. Die Mehrzahl[1] der Untersucher beobachtete bei Tieren und Menschen eine Hemmung der Cl-Ausscheidung, andere[2] aber sahen bei Tieren eine Förderung. Ebenso divergieren die Angaben über den Cl-Gehalt des Plasmas von Tieren und Menschen nach Adrenalin[3]; neben Steigerungen wurden häufiger Verminderungen festgestellt.

Die Na- und K-Abgabe in den Harn wird erheblich vermehrt[4]; der K-Gehalt des Serums sinkt bei Kaninchen[5] und Menschen[6] ab.

In der Mehrzahl der Versuche, die sich mit der Einwirkung des Adrenalins auf die Calciumbilanz des Hundes[7] und des Menschen[8] befaßten, fand man eine mäßige Kalkausschüttung, vielleicht als Folge der leichten Acidose. Die Schwankungen des Ca-Gehaltes des Blutes[9] nach Adrenalin — teils fand man Erniedrigung, teils Erhöhung, teils keinen Einfluß — liegen so dicht an den Fehlergrenzen der analytischen Methode, daß die erhaltenen Werte keine sicheren Schlüsse erlauben.

XLII. Zahl der Blutkörperchen und Blutkonzentration.

In der Mehrzahl der vielen Untersuchungen, die die Beeinflussung der Erythrocytenzahl durch Adrenalin an Tieren und Menschen verfolgten[10], fand man eine mäßig starke Zunahme, deren Bedeutung dadurch eingeschränkt wird, daß sie keineswegs regelmäßig auftritt.

---

[1] BIBERFELD, J.: Pflügers Arch. 119, 341 (1907). — RENNER, O.: Dtsch. Arch. klin. Med. 110, 101 (1913). — FREY, W., u. Mitarb.: Dtsch. Arch. klin. Med. 123, 163 (1917). — MEYER-BISCH, R., u. W. WOHLENBERG: Z. exper. Med. 50, 728 (1926).
[2] FALTA, W., u. Mitarb.: Verh. Kongr. inn. Med. 26, 139 (1909). — STRANSKY, E.: Biochem. Z. 133, 434 (1922).
[3] HESS, O.: Dtsch. Arch. klin. Med. 79, 128 (1904). — FREY u. Mitarb. — BOENHEIM, F.: Z. exper.. Med. 12, 317 (1921). — PLATZ, O.: Z. exper. Med. 30, 43 (1922). — BAUER, J., u. B. ASCHNER: Ebenda 27, 191 (1922). — ÉDERER, ST.: Arch. f. exper. Path. 122, 211 (1927).
[4] FALTA. [5] PULAY u. RICHTER.
[6] DRESEL, K., u. R. KATZ: Klin. Wschr. 1, 1601 (1922). — Ders. u. E. WOLLHEIM: Pflügers Arch. 205, 375 (1925).
[7] QUEST, R.: Z. exper. Path. u. Ther. 5, 43 (1909).
[8] ELFER, A., u. J. KAPPEL: Z. exper. Path. u. Ther. 21, 104 (1920). — SCHIFF, E., u. A. PEIPER: Jahrb. Kinderheilk. 93, 160 (1920).
[9] BILLIGHEIMER, E.: Klin. Wschr. 1, 256 (1922). — LEICHER, H.: Dtsch. Arch. klin. Med. 141, 85 (1922). — PULAY u. RICHTER. — WORRINGER, P.: C. r. Soc. Biol. 91, 588 (1924). — VOLLMER. — DRESEL u. WOLLHEIM.
[10] HESS, O.: Dtsch. Arch. klin. Med. 79, 128 (1904). — ERB, W.: Dtsch. Arch. klin. Med. 88, 36 (1907). — ASHER, L.: Biochem. Z. 14, 1 (1908). — BOEHM, B.: Ebenda 16, 313 (1909). — LAMSON, P. D. (u. Mitarb.): J. of Pharmacol. 7, 169 (1915); 8, 167, 247 (1916); 9, 129 (1917); 16, 125 (1921). — Amer. J. Physiol. 63, 358 (1922). — SCHENK, P.: Med. Klin. 16, 309

An Versuchen, diese Erythrocytenvermehrung zu erklären, fehlt es nicht. Fast alle Theorien sind aber recht mangelhaft gestützt. Anteil an der Vermehrung dürfte die Entleerung der Milz (s. S. 286) haben. Doch auch bei milzlosen Tieren ist sie noch zu beobachten. Von Bedeutung für ihr Zustandekommen scheint weiter die Leber zu sein[1], doch nicht von ausschlaggebender, denn die Blutkörperchenzunahme fehlt nicht nach Leberausschaltung[2].

Aus der Tatsache, daß bei einer Vermehrung der Erythrocyten in den Arterien des großen Kreislaufes eine Verminderung im Capillar- und im Venenblute nachweisbar ist[3] — doch ist diese Angabe nicht unbestritten geblieben —, schloß man auf eine Zurückhaltung von Erythrocyten in den verengten Arteriolen und Capillaren. Andere[4] vermuten, daß nach Adrenalin mehr Flüssigkeit aus dem Blute in die Gewebe abgepreßt werde; tatsächlich steigt nach Adrenalin der Lymphfluß an (s. S. 271). Aber der Eiweißgehalt des Blutplasmas oder der Wassergehalt des Blutes sind keineswegs regelmäßig im Sinne einer Bluteindickung verändert[5].

Sicher steht, daß Adrenalin unreife Erythrocyten aus dem Knochenmark in das Blut ausschwemmen kann[6]. Wie diese Ausschwemmung zustande kommt, ist unbekannt. Ergotoxin soll sie verhindern.

Aus dem Knochenmark dürften auch die nach Adrenalin in das Blut übertretenden Blutplättchen stammen[7].

Fast übereinstimmend wird von zahlreichen Untersuchern[8] berichtet, daß die Adrenalineinspritzung bei Tieren und Menschen zu einer erheblichen Vermehrung der weißen Blutkörperchen führt. Eine Gesetzmäßigkeit in der Beteiligung der Lymphocyten und der Neutrophilen läßt sich beim Vergleich der vielen vorliegenden Angaben nicht nachweisen. Sicher stammen, wie SCHOEN und BERCHTOLD durch Untersuchung des Knochenmarkvenenblutes zeigten, die Neutrophilen z. T.

(1920). — KÄGI, A.: Fol. haemat. 25, 107 (1920). — HESS, FR. O.: Dtsch. Arch. klin. Med. 137, 200 (1921). — BOSTROM, E. F.: Amer. J. Physiol. 58, 195 (1921). — ULRICH, H. L., u. H. RYPINS: J. of Pharmacol. 19, 215 (1922) u. a.   [1] LAMSON u. Mitarb.
[2] EDMUNDS, C. W., u. R. P. STONE: J. of Pharmacol. 21, 210 (1923)
[3] HESS, FR. O.
[4] HESS, O. — ERB. — ASHER. — BOEHM. — YAMAGUCHI, T.: Tohoku J. exper. Med. 9, 551 (1927).
[5] LOEPER, M., u. O. CROUZON: Arch. internat. Méd. expér. 16, 83 (1904). — SCHENK. — GASSER, H. S., u. Mitarb.: Amer. J. Physiol. 50, 31 (1919). — PLATZ, O.: Z. exper. Med. 30, 42 (1922). — KÄGI. — ULRICH u. RYPINS. — LAMSON u. Mitarb. — EDERER, ST.: Arch. f. exper. Path. 122, 211 (1927).
[6] BERTELLI, G., u. Mitarb.: Z. klin. Med. 71, 23 (1910). — SCHOEN, R., u. E. BERCHTOLD: Arch. f. exper. Path. 105, 63 (1924). — MANDELSTAMM, M.: Virchows Arch. 261, 858 (1926).
[7] GORKE, H.: Dtsch. Arch. klin. Med. 136, 143 (1921). — SCHENK. — MANDELSTAMM.
[8] Lit. bei SCHOEN u. BERCHTOLD sowie bei BAYER, G.: Handb. inn. Sekr. 2, 664 (1927).

aus dem Knochenmark. Die Lymphocyten scheinen z. T. aus der Milz ausgepreßt zu werden, denn die Adrenalinlymphocytose fällt häufig nach Milzentfernung geringer aus[1]. Auch die Lymphdrüsen sind beteiligt[2]. Die Eosinophilen[3] schwinden nach Adrenalin aus dem Blute der Tiere. Beim Menschen ist diese Wirkung vielleicht wegen der relativ kleineren Gaben nicht konstant festzustellen.

XLIII. Blutgerinnung.

Kleine subcutan oder intravenös gegebene Adrenalingaben fördern eindeutig die Blutgerinnung[4]. An der Gerinnungsförderung scheint die Leber ausschlaggebend beteiligt zu sein. Große Mengen hemmen dagegen die Gerinnung[5]. Zusatz von Adrenalin zu entnommenem Blut ist ohne Einfluß auf die Gerinnung desselben[6].

XLIV. Physiologie und Pathologie der Adrenalinsekretion.

Bei keinem zweiten innersekretorischen Organ sind wir so vollkommen wie bei dem Nebennierenmark über die Bedingungen unterrichtet, von denen die Stärke der Sekretabgabe abhängig ist. Dies liegt zweifellos daran, daß die Methoden zum Nachweis des abgegebenen Sekretes beim Marksekret viel besser entwickelt sind als bei den anderen Hormonen.

Die wichtigsten Methoden zum Nachweise der Adrenalinmengen, die die Nebennieren mit dem Venenblute verlassen, sind folgende. 1. Man fängt bei narkotisierten Tieren das Blut einer Nebennierenvene auf, oder man läßt dieses für einige Zeit sich in eine „Tasche" der Vena cava inferior ergießen und bestimmt später mit pharmakologischer Methode — am geeignetsten ist wohl die Auswertung am ausgeschnittenen Kaninchendarmstück — den Adrenalingehalt. Wurde die Menge des abfließenden Blutes bestimmt, so läßt sich die Menge des in der Zeiteinheit sezernierten Adrenalins leicht berechnen. 2. Weniger geeignet ist das Verfahren, das Blut der Nebennieren eine Zeitlang zu stauen und dann den Adrenalineffekt nach Freigabe der Klemme am gleichen Tiere zu beobachten, z. B. am Blutdruck, am Volumen der Milz, des Beines oder an der entnervten Iris. 3. Brauchbar ist auch das Verfahren, das Nebennierenvenenblut durch eine Gefäßanastomose dauernd in die

---

[1] FREY, W., u. Mitarb.: Z. exper. Med. 2, 38, 50 (1913); 3, 416 (1914). — Z. klin. Med. 92, 450 (1921). — OEHME, C.: Dtsch. Arch. klin. Med. 122, 101 (1917). — SCHENK. — HESS, F. O.   [2] MANDELSTAMM.
[3] BERTELLI u. Mitarb. — SCHENK. — PLATZ. — FRIEDBERG, E.: Mschr. Kinderheilk. 18, 433 u. a.
[4] VOSBURGH, CH. H., u. A. N. RICHARDS: Amer. J. Physiol. 9, 35 (1903). — CANNON, W. B., u. H. GRAY: Ebenda 34, 233 (1914). — VON DEN VELDEN, R.: Münch. med. Wschr. 58, 184 (1911).
[5] GRABFIELD, G. P.: J. of Physiol. 42, 46 (1917).   [6] CANNON u. GRAY.

Vene eines zweiten Tieres einfließen zu lassen; bei einer durch irgendeinen Eingriff ausgelösten Adrenalinmehrsekretion wird das zweite Tier adrenalinartige Effekte zeigen.

Alle diese Verfahren arbeiten mit narkotisierten Tieren. Weiter unten wird sich aber zeigen lassen, daß die Narkose, die Abkühlung, der Wundschmerz von erheblichem Einfluß auf die Adrenalinsekretion sind. Deshalb sind die Methoden von besonderer Wichtigkeit, die die Stärke der Adrenalinsekretion an nicht narkotisierten, nicht gefesselten und nicht mit Schmerzen gequälten Tieren zu bewerten gestatten.

Dies wurde kürzlich dadurch erreicht, daß man bei den Versuchstieren in einer Voroperation die Hinterwurzeln im Bereich des Rückens durchtrennte, so daß man später schmerzfrei und ohne Narkose vom Rücken aus an die Nebennierenvene gelangen konnte und deren „Normalblut" gewinnen konnte.

Sehr wertvoll sind zwei weitere Verfahren, bei denen man am nicht narkotisierten Tiere das Verhalten besonders adrenalinempfindlicher Organe beachtet, entweder das Verhalten der Iris, die man durch zuvor ausgeführte Entfernung des zugehörenden obersten Halsganglions adrenalinüberempfindlich gemacht hat, oder das Verhalten des vollkommen entnervten Herzens.

1. **Beziehungen der Adrenalinsekretion zum Splanchnicus.** Wenn man bei einem Tiere die Splanchnicusnerven durchtrennt, dann sinkt die Menge der aus den Nebennieren abgegebenen Adrenalinmengen sehr erheblich ab[1]. So fanden STEWART und ROGOFF 1—15 Wochen nach der Durchtrennung der Nerven bei Katzen, die in Narkose ihr Nebennierenvenenblut abgaben, statt der bei normalen narkotisierten Tieren meist zu findenden Sekretionsmenge von etwa 0,2 γ Adrenalin[2] pro Kilo und Minute (s. unten) nur mehr 0,007 bis 0,004 γ (in drei Versuchen mehr, nämlich 0,01—0,02 γ).

Zweifellos sezernieren die Nebennieren nach Splanchnicusdurchtrennung nur ungemein kleine, an der Grenze der Nachweisbarkeit liegende Adrenalinmengen.

Eine zweite völlig gesicherte Tatsache ist die Mehrabgabe von Adrenalin nach faradischer Reizung der Splanchnicusnerven. Wird dieser Eingriff am narkotisierten Tier vorgenommen, so wird das abfließende Blut adrenalinreicher; es hat stärkere Wirkung auf den Blutdruck bei Injektion in ein zweites Tier[3] und auch bei der Dauertransfusion des

---

[1] TSCHEBOKSAROFF, M.: Pflügers Arch. **137**, 59 (1910). — O'CONNOR, J. M.: Arch. f. exper. Path. **67**, 195 (1912). — STEWART, G. N., u. J. M. ROGOFF: J. of Pharmacol. **10**, 1 (1917). — Amer. J. Physiol. **48**, 397 (1919).
[2] 1 γ = 0,001 mg.
[3] DREYER, G. P.: Amer. J. Physiol. **2**, 203 (1898). — TSCHEBOKSAROFF. — GLEY, E., u. A. QUINQUAUD: C. r. Soc. Biol. **91**, 1128 (1924). — MOLINELLI, E. A.: La secrezion de adrenalina. Buenos Aires 1926.

Nebennierenvenenblutes in ein zweites Tier steigt dessen Blutdruck und Blutzucker an[1], am Versuchstiere selbst werden die durch Ganglionentfernung überempfindlich gemachten glatten Muskeln des Auges erregt[2], das entnervte Herz schlägt schneller[3], Beinvolumen und Nierenvolumen werden kleiner[4]; nach Entfernung aller Bauchorgane außer den Nebennieren erhöht die Splanchnicusreizung den Blutdruck des Versuchstieres[5]. Diese Wirkungen fehlen oder sind sehr abgeschwächt, wenn die Nebennieren entfernt oder durch Venenunterbindung ausgeschaltet wurden. Schließlich kann man den erhöhten Adrenalingehalt des Nebennierenvenenblutes auch am ausgeschnittenen Froschauge, am ausgeschnittenen Kaninchendarm oder am Froschgefäßpräparat nachweisen[6].

Die Angaben über die Menge der aus einer oder zwei Nebennieren auf Splanchnicusreizung ausgeworfenen Adrenalinmengen gehen auseinander, da natürlich nicht gleiche Reizstärke und -dauer zur Anwendung kamen[7]. Man bestimmte die Mehrabgabe zu $1-2\gamma$ beim Kaninchen, zu $8-20\gamma$ bei der Katze, bis zu etwa $50-75\gamma$ (pro Minute) beim Hunde.

Bei intermittierend ausgeführten faradischen Splanchnicusreizungen wird lange Zeit hindurch immer wieder annähernd das gleiche Adrenalinquantum ausgeworfen[8]. So konnten STEWART u. Mitarb. bei einer Katze innerhalb vier Stunden aus *einer* Nebenniere insgesamt etwa 0,4 mg Adrenalin auswerfen — diese Menge entspricht etwa dem Gehalt von 2 normalen Nebennieren. Trotz dieser starken Hormonabgabe enthielt die gereizte Nebenniere am Schlusse des Versuches noch 0,14 mg. Offenbar wird also der Verlust an Adrenalin durch Neubildung rasch gedeckt. Daher erwiesen sich auch in anderen Versuchen[9] nach stundenlanger Splanchnicus-

---

[1] TOURNADE, A., u. M. CHABROL: C. r. Soc. Biol. **85**, 651 (1921). — HOUSSAY, B. A., u. E. A. MOLINELLI: Rev. Soc. argent. Biol. **3**, 509 (1927).

[2] ELLIOTT, T. R.: J. of Physiol. **44**, 374 (1912). — JOSEPH, D. R., u. S. J. MELTZER: Amer. J. Physiol. **29**, XXXIV (1911—12). — STEWART, G. N., u. Mitarb.: J. of Pharmacol. **8**, 205 (1916).

[3] SEARLES, J.: Amer. J. Physiol. **66**, 408 (1923). — ANREP, G. V., u. J. DE BURGH DALY: Proc. roy. Soc. B. **97**, 450 (1924).

[4] HOUSSAY, B. A.: C. r. Soc. Biol. **83**, 1279 (1920); **87**, 695, 1049. — TOURNADE, A., u. H. HERMANN: Ebenda **94**, 656 (1926).

[5] ASHER, L.: Z. Biol. **58**, 274 (1912). — Pflügers Arch. **166**, 372 (1916). — ELLIOTT.

[6] WATERMAN, N., u. H. J. SMIT: Pflügers Arch. **124**, 198 (1908). — RICHARDS, A. N., u. W. G. WOOD: J. of Pharmacol. **6**, 283 (1914—15). — STEWART, G. N.: J. of exper. Med. **15**, 547 (1912). — O'CONNOR.

[7] ASHER. — ELLIOTT. — STEWART u. Mitarb. — MOLINELLI. — TOURNADE, A., u. M. CHABROL: C. r. Soc. Biol. **88**, 6 (1923).

[8] ASHER. — STEWART u. Mitarb. — GLEY, E., u. A. QUINQUAUD: C. r. Soc. Biol. **92**, 938 (1926).

[9] ELLIOTT, a. a. O. u. J. of Physiol. **46**, 285 (1913). — BORBERG, N. C.: Skand. Arch. Physiol. **28**, 91 (1913). — KAHN, R. H.: Pflügers Arch. **140**, 209 (1911). — TSCHEBOKSAROFF.

reizung die Nebennieren nicht wesentlich oder gar nicht ärmer an Adrenalin als normale Nebennieren.

Auch aus isolierten und künstlich durchströmten Nebennieren tritt nach einer Splanchnicusreizung mehr Adrenalin aus[1].

Über den Anteil dieser Adrenalinausschüttung an der gesamten Blutdrucksteigerung, die nach einer Splanchnicusreizung auftritt, gingen längere Zeit hindurch die Ansichten sehr auseinander[2]. Jetzt darf man es wohl als feststehend betrachten, daß die ausgeworfenen Adrenalinmengen eine gewisse Kreislaufwirksamkeit und einen geringen Anteil an der Gesamtblutdrucksteigerung haben. Nach Nebennierenentfernung oder -unterbindung bleibt aber ein sehr beträchtlicher Rest von Blutdrucksteigerung nach Splanchnicusreizung bestehen. Verloren geht meist, aber anscheinend nicht regelmäßig, die sogenannte Zweigipfelform der Drucksteigerung. Der zweite Gipfel scheint vorwiegend von der Adrenalinmehrsekretion abhängig zu sein; bei erhaltenen Nebennieren geht ihm eine Volumenabnahme der Beine parallel.

Die bei Splanchnicusreizung sezernierten Adrenalinmengen scheinen bei der Katze groß genug zu sein, um den Stoffwechsel zu erhöhen[3].

Bei der Splanchnicusreizung wird sicher mehr Adrenalin aus den Markzellen in das Blut abgegeben und nicht nur durch bessere Blutdurchströmung aus dem Nebennierenblut in den Kreislauf befördert. Denn wenn man bei abgeklemmten Nebennierenvenen eine Splanchnicusreizung ausführt und danach die Venen freigibt, so erhält man kurz danach eine starke Blutdruckwirkung[4]. Der Sauerstoffverbrauch der Nebennieren steigt während der Reizung des Splanchnicus auf das 2—3fache an[5].

2. Zentren der sekretorischen Nerven des Nebennierenmarkes. Für die bei narkotisierten und laparotomierten Tieren nachzuweisende Adrenalinsekretion (siehe unten) nahmen STEWART und ROGOFF[6] an,

---

[1] ANITSCHKOW, S. V., u. A. J. KUSNETZOW: Arch. f. exper. Path. **137**, 168 (1928).
[2] ELLIOTT. — ANREP, G. v.: J. of Physiol. **45**, 307, 318 (1913). — BAZETT, H., u. W. C. QUINBY: Quart. J. exper. Physiol. **12**, 199 (1919). — GLEY, E., u. A. QUINQUAUD: J. Physiol. et Path. gén. **18**, 807 (1918); **19**, 355, 504 (1922); **20**, 193 (1922). — Arch. internat. Physiol. **26**, 54 (1926). — PARSONS, J. P., u. S. VINCENT: nach Endocrin. **3**, 44 (1919). — STEWART, G. N., u. J. M. ROGOFF: Amer. J. Physiol. **63**, 436 (1923). — THOMPSON, J. H.: J. of Physiol. **65**, 441 (1928). — FLATOW, E., u. M. MORIMOTO: Arch. f. exper. Path. **131**, 127 (1928). — HOUSSAY, B. A.: C. r. Soc. Biol. **83**, 1279 (1920). VINCENT, Sw., u. F. R. CURTIUS: J. of Physiol. **63**, 151 (1927). — TOURNADE, A., u. M. CHABROLL: Arch. internat. Physiol. **29**, 1 (1927).
[3] ELLIOTT, R.: J. Physiol. **43**, XXXII (1911); **46**, 285 (1913). — McIVER, M. A., u. E. M. BRIGHT: Amer. J. Physiol. **68**, 622 (1924).
[4] HOUSSAY, B. A.: C. r. Soc. Biol. **83**, 1279 (1920).
[5] BROENING, A.: Pflügers Arch. **205**, 571 (1924).
[6] STEWART, G. N., u. J. M. ROGOFF: J. of exper. Med. **26**, 613 (1919). — Amer. J. Physiol. **51**, 484 (1920).

daß sie in sympathischen Zentren des Brustmarkes ausgelöst werde, denn sie fanden meist keine Abschwächung dieser Sekretion, wenn das Halsmark in der Höhe des letzten Halswirbels durchtrennt worden war. Doch bedürfen diese Versuche der Nachprüfung mit der Methode der reizlosen Rückenmarkausschaltung. ELLIOTT[1] gibt nämlich an, daß die Narkose nach der Durchtrennung des Rückenmarkes im obersten Brustmark keine Adrenalinausschüttung mehr macht, während diese nach einer Entfernung der vor den Corpora quadrigemina gelegenen Gehirnteile erhalten bleibt.

Zweifellos kann durch Verletzungen im Boden des 4. Ventrikels, durch den *Zuckerstich* in die Rautengrube, eine sehr starke Adrenalinmehrsekretion ausgelöst werden. Schon BLUM, der Entdecker der Adrenalinglykosurie, hatte vermutet, daß der Zuckerstich über eine Nebennierenmehrsekretion wirksam sei, und diese Annahme fand eine experimentelle Stütze in Versuchen an nebennierenlosen Tieren; bei diesen ist der Zuckerstich in der Regel wirkungslos[2]. Die einige Stunden nach dem Stich entnommenen Nebennieren ergeben übereinstimmend eine nur geringe Bräunung mit Chromaten, oder diese fehlt ganz[3]. Ebenso ist der Adrenalingehalt solcher Nebennieren, mit pharmakologischen Methoden bestimmt, ein abnorm geringer[4].

Der mittelbare Nachweis der Adrenalinausschüttung nach dem Zuckerstich gelingt auf verschiedenen Wegen. Nach dem Stich tritt bei Hunden, deren Rückenmark im unteren Brustteil durchtrennt worden war und deren Vagi durchschnitten worden waren, eine Volumenabnahme des entnervten Beines ein, die mit Abklemmen und Öffnen der Nebennierenvenen schwindet und wiederkehrt[5]. Das entnervte Herz der Katze zeigt nach dem Stich eine Pulsbeschleunigung, die ebenfalls nach Nebennierenausschaltung schwindet[6], und beim Kaninchen erweitert sich die Pupille des durch Entnervung überempfindlich gewordenen Auges (Abb. 57) — auch diese Wirkung fehlt nach Nebennierenausschaltung. Die Stärke der Pupillenerweiterung ist etwa die

---

[1] ELLIOTT, T. R.: J. of Physiol. 44, 374 (1912).
[2] MAYER, A.: C. r. Soc. Biol. 60, 1123 (1906). — KAHN, R. H.: Pflügers Arch. 128, 519 (1909); 144, 396 (1912). — Ders. u. E. STARKENSTEIN: Ebenda 139, 181 (1911). — Siehe dagegen WERTHEIMER, E., u. G. BATTEZ: Arch. internat. Physiol. 9, 140 (1910). — STEWART, G. N., u. J. M. ROGOFF: Amer. J. Physiol. 46, 90 (1918). — CATAN u. Mitarb.: C. r. Soc. Biol. 84, 6, 164 (1921).
[3] KAHN, R. H.: Pflügers Arch. 140, 209 (1911); 146, 378 (1912). — JARISCH, A.: Ebenda 158, 478 (1914). — BORBERG, N. C.: Skand. Arch. Physiol. 28, 91 (1913). — PFEIFFER, H.: Z. exper. Med. 10, 1 (1919). — FUJI, J.: Tohoku J. exper. Med. 1, 38 (1920).
[4] KAHN. — TRENDELENBURG, P.: Pflügers Arch. 201, 39 (1923).
[5] HOUSSAY, B. A., u. L. CERVERA: C. r. Soc. Biol. 83, 1281 (1920).
[6] CARRASCO-FORMIGUERA, R.: Amer. J. Physiol. 61, 254 (1922).

gleiche wie bei einer Adrenalindauerinfusion von 0,25—0,7 γ pro Kilo und Minute[1]. Weiter gelang der Nachweis der Adrenalinsekretion durch Versuche, in denen ein Hund dauernd sein Nebennierenvenenblut in den Kreislauf eines zweiten Hundes ergoß; der Stich beim ersten Hunde bewirkte eine Hyperglykämie, ein Blutdruckansteigen, eine Darmhemmung usw. beim zweiten Hunde[2]. Endlich konnte man den vermehrten Adrenalingehalt des nach einem Zuckerstich entnommenen Blutes am Kaninchenohrpräparate nachweisen[3]. In dem nach dem Zuckerstiche aufgefangenen Nebennierenvenenblute ist beim Kaninchen 0,25—0,56 γ Adrenalin pro Kilo und Minute enthalten[4]. Diese Menge genügt, um eine beträchtliche Hyperglykämie zu erzeugen; denn bei normalen Tieren stellt sich in der Regel im Verlaufe einer Stunde eine Glykosurie ein, wenn über etwa 0,3 γ Adrenalin pro Kilo und Minute infundiert wird.

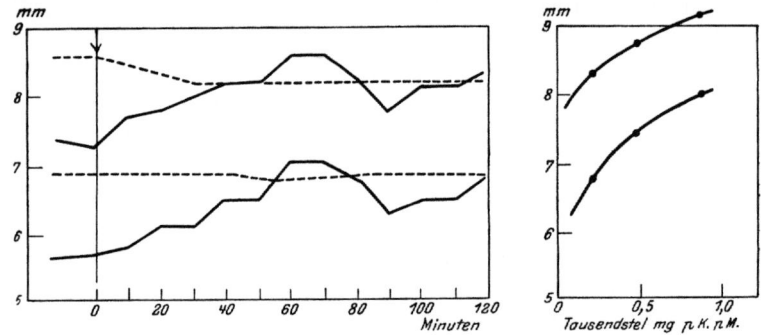

Abb. 57. Verhalten des horizontalen und des vertikalen Pupillendurchmessers des überempfindlichen (ausgezogene Linie) und des normalen Auges (gestrichelte Linie) nach dem Zuckerstich. Rechts die zum Versuch gehörende Adrenaleicheichungskurve. (Nach Shimidzu u. Trendelenburg.)

Zweifellos hat also die Adrenalinausschüttung nach einem Zuckerstich einen wesentlichen Anteil an der Blutzuckervermehrung. Doch scheinen auch nichthormonale, nervös zugeleitete Einflüsse mitbestimmend zu sein, denn es liegen Angaben vor, daß der Stich auch bei nebennierenlosen Tieren noch blutzuckererhöhend wirksam ist. (Über die Lage des Zuckerstichzentrums siehe Brugsch und Mitarbeiter[5].)

Durch Reizungen von Gehirnstellen, die oberhalb des verlängerten Markes liegen, lassen sich keine so starken Adrenalinausschüttungen herbeiführen wie vom Zuckerstichzentrum aus. Bei Reizungen des

---

[1] Shimidzu, K.: Arch. f. exper. Path. **103**, 52 (1924).
[2] Houssay, B. A., u. E. Molinelli: C. r. Soc. Biol. **91**, 1045 (1924). — Tournade, A., u. Mitarb.: Ebenda **93**, 160 (1925); **94**, 654 (1926). — Molinelli, E. A.: La secrezion de adrenalina. Buenos Aires 1926.
[3] Schlossmann, H.: Arch. f. exper. Path. **121**, 160 (1927).
[4] Trendelenburg, P.: Pflügers Arch. **201**, 39 (1923).
[5] Brugsch, Th., u. Mitarb.: Z. exper. Path. u. Ther. **21**, 358 (1920).

Hypothalamus, die nur selten eine Glykosurie auslösen[1], kann eine geringe, nur wenige Minuten anhaltende Mehrsekretion eintreten; diese fehlt nach der Splanchnicotomie[2]. Reizungen der Großhirnrinde führen nur dann zu einer Adrenalinmehrabgabe, wenn sie Krämpfe bewirken[3].

3. **Adrenalinabgabe in der Ruhe.** Es wurde oben erwähnt, daß nach der Durchtrennung der in den Nervi Splanchnici laufenden, die Zellen des Nebennierenmarkes innervierenden Fasern nur noch außerordentlich geringe Mengen von Adrenalin in das Venenblut abgegeben werden. Es fragt sich nun, ob in der Ruhe von den erwähnten Zentren der Adrenalinsekretion sekretionsfördernde Einflüsse ausgehen, und wie hoch die Ruhesekretion ist.

Diese Frage war bis vor kurzem nicht zu entscheiden. Denn alle Auswertungen des Adrenalingehaltes im Nebennierenvenenblut wurden an narkotisierten Tieren vorgenommen: Narkose und Abkühlung haben aber eine sekretionsfördernde Wirkung. Kürzlich ergaben nun die ersten Auswertungen mit einer Methode, die das Auffangen von Nebennierenvenenblut am nicht narkotisierten und nicht gefesselten Tiere gestattet, daß die Ruhesekretion eine sehr geringe ist[4]. Um den Eingriff schmerzlos zu machen, wurden den Versuchstieren in einer Voroperation die Hinterwurzeln des mittleren Rückenmarkes durchtrennt, die Nebennierenvenen wurden später vom Rücken her freigelegt, ihr Blut wurde aufgefangen und untersucht. Man fand, daß die Ruhesekretion aus beiden Nebennieren i. D. von sehr vielen Versuchen an Hunden 0,07 γ Adrenalin pro Kilo und Minute beträgt. Die Adrenalinkonzentration im Nebennierenvenenblut liegt bei 1:10 Millionen. Diese Ruhesekretion ist ohne erkennbare Wirkung auf Blutdruckhöhe und Blutzuckerspiegel; wie weiter oben erwähnt wurde, sinkt bei nebennierenlosen Tieren oder bei Tieren, deren Adrenalinabgabe durch die Splanchnicusdurchtrennung weiter vermindert wurde, weder der Blutdruck noch der Blutzucker sofort ab.

4. **Reflektorische Erregung der Adrenalinsekretion durch sensible Reize.** Durch faradische Reizung sensibler Nerven, z. B. durch die Reizung des zentralen Stumpfes eines Nervus ischiadicus, Nervus brachialis oder Vagus wird eine erhebliche Mehrabgabe von Adrenalin ausgelöst. Sie führt bei langanhaltender Reizung zu einer Verarmung der Nebennieren an Adrenalin; man sah bei Katzen[5] ein Absinken bis auf $1/8$. Die Mehrsekretion ist mit vielen Methoden sichergestellt: das

---

[1] LESCHKE, E., u. E. SCHNEIDER: Z. exper. Path. u. Ther. 19, 58 (1918).
[2] MOLINELLI.
[3] MOLINELLI. — Siehe auch ELLIOTT. — STEWART u. ROGOFF.
[4] SATAKE, Y., u. Mitarb.: Tohoku J. exper. Med. 8, 501 (1927). — SUGAWARA, T., u. H. TADA: Ebenda 9, 295 (1927). — WATANABÉ, M.: Ebenda 9, 250, 412 (1927); 10, 29 (1928). [5] ELLIOTT.

aufgefangene Nebennierenvenenblut enthält mehr Adrenalin[1], der Puls des entnervten Herzens[2] wird stark beschleunigt, die Pupille des durch Ganglionentfernung adrenalinüberempfindlich gemachten Auges erweitert sich schon bei Haut- und Muskelschnitten[3], und wenn man am Hunde, der sein Nebennierenvenenblut dauernd in den Kreislauf eines zweiten Hundes ergießt, sensible Nerven faradisch reizt, so treten beim Empfänger Blutdrucksteigerung und Pulsbeschleunigung auf[4]. Alle diese Wirkungen fehlen, oder sie sind viel schwächer, wenn die Nebennieren zuvor ausgeschaltet worden sind.

Durch Auswertung der Adrenalinsekretion konnte festgestellt werden, daß in der Minute und pro Kilo bei sensiblen Reizen 1—2—3 γ Adrenalin ausgeworfen wird[5], das sind Mengen, die eine deutliche Blutdruckerhöhung und eine starke Hyperglykämie erzeugen. Somit entfällt ein Teil der durch sensible Reize zu erhaltenden Kohlenhydratmobilisation ganz zweifellos auf eine Adrenalinmehrsekretion. Aber diese scheint nicht der einzige wirksame Faktor zu sein, denn bei nebennierenlosen Tieren kann man durch faradische Reizung sensibler Nerven noch eine Blutzuckererhöhung oder Glykosurie erhalten; doch ist diese schwächer als bei erhaltenen Nebennieren[6].

5. Adrenalinabgabe bei Unterkühlung und im Fieber. Nach der Fesselung eines Tieres steigt bekanntlich der Blutzucker stark an und eine Glykosurie kann auftreten. Dieser Fesselungsdiabetes ist viel geringer, wenn das Tier gegen Unterkühlung geschützt wird.

Nach der Fesselung sind die Nebennieren ärmer an Adrenalin; bei der Ratte kann nach Kälteeinwirkung die Chromierbarkeit des Markes ganz schwinden, und bei abgekühlten Katzen ist in den Nebennieren weit weniger Adrenalin als normal (bis $1/3$) enthalten[7]. Dieser Verlust an Adrenalin ist die Folge einer Mehrsekretion. Das entnervte Herz der Katze schlägt bei Abkühlung des Tieres um 18—32 Pulse pro Minute schneller; die Pupille des überempfindlich gemachten Auges wird weiter.

---

[1] CANNON, W. B., u. R. G. HOSKINS: Amer. J. Physiol. 29, 274 (1912). — KODAMA, S.: Tohoku J. exper. Med. 4, 166 (1923).
[2] CANNON, W. B., u. Mitarb.: Amer. J. Physiol. 58, 308, 338 (1922); 60, 476 (1922); 61, 215 (1922).
[3] HARTMAN, F. A., u. Mitarb.: Amer. J. Physiol. 64, 1 (1923).
[4] HOUSSAY, B. A., u. E. A. MOLINELLI: C. r. Soc. Biol. 93, 881 (1925). — Rev. Soc. argent. Biol. 3, 563 (1927). — TOURNADE, A., u. M. CHABROL: Ebenda 94, 1199 (1926). — MOLINELLI.
[5] KODAMA. — CANNON u. Mitarb.
[6] STARKENSTEIN, E.: Z. exper. Path. u. Ther. 10, 78 (1912). — EXNER, H. V.: nach Ber. Physiol. 2, 242 (1920). — GRIFFITH, FR. R.: Amer. J. Physiol. 66, 618, 659 (1923).
[7] FUJI, J.: Tohoku J. exper. Med. 2, 9 (1921). — VINCENT, SW.: Quart. J. exper. Physiol. 15, 319 (1925). — CROWDEN, G. T., u. M. G. PEARSON: J. of Physiol. 65, XXV (1928).

Nach der Nebennierenausschaltung fehlt diese Pulsbeschleunigung und Mydriasis. Die Adrenalinmehrsekretion geht nach Beendigung der Abkühlung innerhalb weniger Minuten vorüber[1]. Da die Fesselungs- und Abkühlungshyperglykämie nach der Durchtrennung der Nervi splanchnici oder der Nebennierenentfernung eine nur sehr unbedeutende ist[2], ist sie sicher zum ganz überwiegenden Teil eine Folge der Adrenalinausschüttung. Sehr stark scheint letztere zu sein, wenn die Abkühlung an insulin-hypoglykämischen Katzen ausgeführt wird. Der bei dieser Abkühlung auftretende Blutzuckeranstieg ist nur noch sehr klein, wenn die Nebennierensekretion ausgeschaltet worden war[3].

Hiernach hat das Nebennierenmark Anteil an der chemischen Wärmeregulation bei Unterkühlung[4]. Denn das abgegebene Adrenalin wirkt verbrennungsvermehrend. Es fehlen noch quantitative Bestimmungen der bei Abkühlung ausgeworfenen Adrenalinmengen. Daher läßt sich die Bedeutung dieser hormonalen Wärmeregulation noch nicht näher abschätzen.

Sehr lückenhaft sind noch die Kenntnisse über das Verhalten der Adrenalinsekretion im *Fieber*. Aus dem histologischen Bild der Markzellen schließt CRAMER[5] auf ein Nachlassen der Adrenalinbildung; nach dem Wärmestich fand man aber die Chromierbarkeit des Markes nicht verändert[6]. Nach anderen soll eine Mehrsekretion von Adrenalin eintreten[7], aber der Beweis für die Richtigkeit dieser Anschauung ist noch nicht erbracht.

Bei künstlicher Überwärmung durch heiße Bäder steigt die Adrenalinsekretion des Hundes stark an[4].

Näherer Untersuchung bedarf auch die etwaige Beteiligung der Adrenalinsekretion am Wiedererwachen winterschlafender Tiere[8]; während des Winterschlafes sind die Markzellen atrophisch, kurz vor dem Frühjahr regenerieren sie[9].

6. Operationsadrenalinämie. Bei der Auswertung des Nebennierenvenenblutes, das narkotisierten, gefesselten und wohl stets auch unterkühlten Tieren entnommen wurde, fand man wesentlich stärkere Adrenalinsekretionswerte als bei den oben erwähnten neueren Versuchen an normalen Tieren. Wohl sicher sind Abkühlung und sensible Rei-

---

[1] CANNON, W. B., u. Mitarb.: Amer. J. Physiol. **79**, 466 (1927). — HARTMAN, F. A., u. Mitarb.: Ebenda **64**, 1 (1923).
[2] GEIGER, E.: Arch. f. exper. Path. **121**, 67 (1926). — CROWDEN u. PEARSON. — KISCH, B.: Klin. Wschr. **3**, 1661 (1924). — HIRAYAMA, S.: Tohoku J. exper. Med. **8**, 37 (1926).
[3] BRITTON, S. W.: Amer. J. Physiol. **84**, 119 (1928).
[4] Siehe dagegen SAITO, SH.: Tohoku J. exper. Med. **11**, 544 (1928).
[5] CRAMER, W.: Brit. J. exper. Path. **7**, 95 (1926).
[6] LUCKSCH. — BORBERG. — PFEIFFER. — ELIAS, H.: Zbl. Physiol. **27**, 152 (1914).
[7] EULER, U. VON: Pflügers Arch. **217**, 699 (1927). — Arch f. exper. Path. **117**, 24 (1926). — CANNON, W. B., u. PEREIRA: Proc. nat. Acad. Sci. U.S.A. **10**, 247 (1924). [8] BRITTON.
[9] MANN, F. C.: Amer. J. Physiol. **41**, 173 (1916).

zungen die Ursache dieser Sekretionsförderung. (Über den Einfluß der Narkose siehe unten S. 325).

Derartige Auswertungen sind an den gebräuchlichen Versuchstieren in sehr großer Zahl ausgeführt worden[1]. Es ergab sich in guter Übereinstimmung, daß während der Operation in Narkose etwa 0,15—1,5 γ pro Kilo und Minute aus beiden Nebennieren abgegeben werden. Der Durchschnittswert der meisten Bestimmungen liegt bei 0,2—0,5 γ pro Kilo und Minute. So erhielten STEWART und ROGOFF als Durchschnittswert sehr zahlreicher Versuche an Katzen und Hunden 0,23 bzw. 0,27 γ pro Kilo und Minute und KODAMA an Kaninchen, Katzen und Hunden die etwas höheren Werte 0,35, 1,0 und 0,53—0,6 γ pro Kilo und Minute. Diese Mengen genügen, um den Blutzuckergehalt zu vermehren; die oberen Werte haben eine geringe Kreislaufwirksamkeit.

7. **Adrenalinabgabe bei psychischer Erregung.** Daß schwere psychische Erregung eines Tieres neben anderen Sympathicuserregungen auch zu einer Förderung der Adrenalinsekretion führt, wurde zuerst von CANNON und DE LA PAZ[2] angenommen. Sie lösten bei Katzen einen Wutanfall aus durch Vorzeigen eines Hundes. Während dieses Wutanfalles fanden sie im Blute der Hohlvene, das mit einem Katheter entnommen wurde, mehr Adrenalin. Sicherer gelingt der Nachweis der Adrenalinsekretion im Wutanfall an der Iris des durch die zuvor ausgeführte Ganglionentfernung adrenalinüberempfindlich gemachten Auges. Die Mehrzahl der Untersucher stellte bei dieser psychischen Erregung eine starke Pupillenerweiterung fest, die nach Nebennierenausschaltung fehlte, also adrenalinbedingt war[3]. Ebenso wird die Frequenz des entnervten Herzens der Katze im Wutanfall gesteigert, auch diese Wirkung schwindet oder wird viel geringer nach Nebennierenausschaltung[4]. Diese Erregungsmehrsekretion ist nicht stark genug, um die Nebennieren adrenalinarm zu machen[5]. An der Erregungshyperglykämie scheint sie jedoch wesentlichen Anteil zu haben[6].

---

[1] TRENDELENBURG, P.: Z. Biol. **57**, 90 (1911). — O'CONNOR, J. M.: Arch. f. exper. Path. **67**, 195 (1912); **68**, 383 (1912). — BORBERG, N. C.: Skand. Arch. Physiol. **28**, 91 (1913). — HOSKINS, R. G., u. C. W. MCCLURE: Arch. int. Med. **10**, 343 (1912). — STEWART, G. N., u. J. M. ROGOFF: Amer. J. Physiol. **66**, 235 (1923). — KODAMA, S.: Tohoku J. exper. Med. **4**, 166 (1923).
[2] CANNON, W. B., u. D. DE LA PAZ: Amer. J. Physiol. **28**, 64 (1911).
[3] MELTZER, S. J.: Amer. J. Physiol. **11**, 37 (1904). — ELLIOTT. — KELLAWAY, C. H.: J. of Physiol. **53**, 211 (1919). — STEWART, G. N., u. J. M. ROGOFF: J. of Pharmacol. **8**, 479 (1916). — HARTMAN, F. A., u. Mitarb.: Amer. J. Physiol. **64**, 1 (1923).
[4] CANNON, W. B., u. S. W. BRITTON: Ebenda **79**, 433 (1927).
[5] ELLIOTT. — STEWART u. ROGOFF. — UNO, T.: Amer. J. Physiol. **61**, 203 (1922).
[6] CANNON, W. B., u. Mitarb.: Amer. J. Physiol. **29**, 280 (1912). —

8. Adrenalinabgabe bei Muskelarbeit. Manche Untersucher[1] fanden den Adrenalingehalt der Nebennieren nach schwerer Muskelarbeit vermindert; nach VINCENT fehlt diese Abnahme, wenn bei der erschöpfenden Arbeit eine Abkühlung des Tieres verhindert wird.

Durch Beobachtungen an der überempfindlich gemachten Iris und am entnervten Herzen wurde neuerdings eine Mehrsekretion von Adrenalin bei Katzen sichergestellt[2]; schon ganz leichte Muskelarbeit macht eine Pulsbeschleunigung, die nach Nebennierenausschaltung fehlt oder viel geringer ist.

Ob diese Arbeitsadrenalinausschüttung stark genug ist, um die Leistungsfähigkeit der quergestreiften Muskeln oder des Herzmuskels zu steigern, kann nicht entschieden werden, da die Stärke der Mehrsekretion nicht näher bekannt ist. Die Angabe, daß Tiere mit unterbundener Adrenalinsekretion — eine Nebenniere wurde entfernt, an der anderen die Innervation aufgehoben — im Tretrade rascher ermüden, ist nicht unwidersprochen geblieben[3].

9. Adrenalinabgabe bei Aderlaß, Blutdrucksenkung. Wenn man durch Untersuchung des nach Laparotomie gewonnenen Nebennierenvenenblutes die Höhe der Adrenalinsekretion vor und nach einem Aderlaß bestimmt[4], so findet man keine sichere Mehrsekretion nach diesem Eingriff. Dies liegt aber nur daran, daß bei diesen Tieren schon eine Operationsmehrsekretion bestand. Denn beim nichtnarkotisierten Hunde, der nach Durchtrennung der hinteren Wurzeln des Rückenmarkes schmerzlos operiert wird, machen stärkere Aderlässe Steigerungen der Adrenalinabgabe auf $0,3$—$0,4\,\gamma$ pro Kilo und Minute[5]; und wenn bei einem Hunde, der sein Nebennierenvenenblut in den Kreislauf eines zweiten Hundes ergießt, ein Aderlaß ausgeführt wird, dann ist am Blutdruck des Empfängers die Adrenalinausschüttung nachzuweisen[6]. Gleiches gilt für

---

STEWART, G. N., u. J. M. ROGOFF: Ebenda **44**, 543 (1918). — BRITTON, S. W.: Amer. J. Physiol. **86**, 340 (1928).

[1] BATTELLI, M. F., u. G. B. ROATTA: C. r. Soc. Biol. **54**, 1203 (1902). — BORBERG, N. C.: Skand. Arch. Physiol. **27**, 341 (1912). — STEWART, G. N., u. J. M. ROGOFF: J. of Pharmacol. **19**, 87 (1922). — KAHN, R. H.: Pflügers Arch. **128**, 519 (1909). — VINCENT, SW.: Quart. J. exper. Physiol. **15**, 319 (1925).

[2] HARTMAN, F. A., u. Mitarb.: Amer. J. Physiol. **59**, 463 (1922); **64**, 1 (1923). — CANNON u. BRITTON. — CANNON, W. B., u. Mitarb.: Ebenda **71**, 153 (1924). — Siehe auch MOLINELLI, E. A.: Tesis. Buenos Aires 1926. — GASSER, H. S., u. W. J. MEEK: Amer. J. Physiol. **34**, 48 (1914).

[3] STEWART, G. N., u. J. M. ROGOFF: J. of Pharmacol. **19**, 87 (1922).

[4] TRENDELENBURG, P.: Z. Biol. **57**, 90 (1911). — STEWART, G. N., u. J. M. ROGOFF: Amer. J. Physiol. **48**, 397 (1919).

[5] SAITO, SH.: Tohoku J. exper. Med. **11**, 79 (1928).

[6] TOURNADE, A., u. M. CHABROL: C. r. Soc. Biol. **93**, 934 (1925); **94**, 1080 (1926); **96**, 930 (1927).

die starke Blutdrucksenkung nach Splanchnicusdurchschneidung. Die Mehrsekretion ist nicht stark genug, um den Adrenalingehalt des Markes erheblich zu senken[1]. Sie ist nicht die einzige Ursache der Aderlaßhyperglykämie, denn diese ist nur stark vermindert, aber sie fehlt nicht ganz nach der Splanchnicusdurchtrennung oder Nebennierenentfernung[2]. Sie ist auch zu gering, um an der Wiedererhöhung des nach Aderlaß gesenkten Blutdruckes nennenswerten Anteil zu haben.

10. Adrenalinabgabe bei Sauerstoffmangel, Kohlensäurevergiftung. Nachdem frühere Versuche, an narkotisierten Tieren, eine Adrenalinausschüttung in der Erstickung nachzuweisen, meist fehlgeschlagen waren[3], ist dieser Nachweis inzwischen einwandfrei gelungen. Bei Katzen, deren Iris einige Zeit zuvor entnervt worden ist, macht die Erstickung für lange Zeit eine starke Pupillenerweiterung (z. B. 40 Sekunden lang anhaltende Asphyxie macht über eine halbe Stunde lang anhaltende Mydriasis). Die Erweiterung fehlt oder ist sehr gering nach Nebennierenausschaltung[4]. Ebenso ist die am entnervten Herzen des Hundes während einer Asphyxie feststellbare Schlagbeschleunigung ein Adrenalineffekt; sie fehlt ebenfalls ganz oder fast ganz, wenn die Nebennieren vorher ausgeschaltet werden[5]. Weitere Beweise für die asphyktische Adrenalinmehrsekretion brachten die Versuche von HOUSSAY und MOLINELLI[6], nach denen die asphyktische Volumenverminderung eines entnervten Beines ausblieb, wenn die Splanchnici durchtrennt worden waren oder die Nebennieren entfernt worden waren. Sie fanden nach einigen Minuten eine Sekretion von über 2γ pro Kilo und Minute aus einer Nebenniere. Wie Erstickung wirkte auch die Blausäurevergiftung.

Ausschlaggebend für die sekretionsfördernde Wirkung der Erstickung ist der Sauerstoffmangel[7]; eine Herabsetzung des O_2-Gehaltes in der Einatmungsluft auf 13—6% macht eine Sekretionsvermehrung, während

---

[1] ELLIOTT. — BORBERG. — MARINO, S.: Arch. Farmacol. sper. **31**, 154 (1921). — TACHI, H.: Tohoku J. exper. Med. **10**, 409 (1928).

[2] NISHI, M.: Arch. f. exper. Path. **61**, 186 (1909). — TACHI, H.: Tohoku J. exper. Med. **10**, 96, 307 (1928); **11**, 14 (1928). — Siehe auch MULINOS, M. G.: Amer. J. Physiol. **86**, 70 (1928). — AGGAZOTTI, A.: nach Ber. Physiol. **45**, 805 (1928).

[3] CANNON u. HOSKINS. — STEWART, G. N., u. J. M. ROGOFF: J. of Pharmacol. **13**, 95 (1919). — KODAMA, S.: Tohoku J. exper. Med. **4**, 47 (1924).

[4] ELLIOTT, T. R.: J. of Physiol. **44**, 374 (1912). — HARTMAN, F. A., u. Mitarb.: Amer. J. Physiol. **64**, 1 (1923).

[5] GASSER, H. S., u. W. J. MEEK: Amer. J. Physiol. **34**, 48 (1914). — SEARLES, J.: Ebenda **66**, 408 (1923). — KELLAWAY, C. H.: J. of Physiol. **53**, 211 (1919).

[6] HOUSSAY, B. A., u. E. A. MOLINELLI: Amer. J. Physiol. **76**, 538 (1926). — MOLINELLI, E. A.: Tesis. Buenos Aires 1926.

[7] KELLAWAY. — HOUSSAY u. MOLINELLI.

die Einatmung von Kohlensäure keine oder in starker Konzentration (15%) eine nur sehr geringe Wirkung hat. Auch die Kompression oder die embolische Verstopfung der Hirnarterien[1] bewirkt eine starke und langanhaltende Adrenalinausschüttung.

Die während einer Asphyxie ausgeworfenen Adrenalinmengen sind sicher von einer gewissen blutgefäßverengernden Wirksamkeit. Aber der auf das Adrenalin entfallende Anteil an der gesamten asphyktischen Blutdrucksteigerung ist doch so gering, daß diese nach der Nebennierenausschaltung nicht erkennbar schwächer ist[2]. Ebenso ist an der asphyktischen Blutzuckervermehrung sicher das Adrenalin nur als unterstützendes Moment beteiligt[3]. Es wird berichtet, daß die doppelte Splanchnicusdurchtrennung die die CO-Vergiftung begleitende Hyperglykämie wesentlich abschwächt[4]. Aber auch nach Nebennierenentfernung hat CO noch eine hyperglykämieerzeugende Wirkung[5].

Nach der akuten Erstickung vermißt man wohl wegen des zu bald eintretenden Todes eine Verarmung der Nebennieren an Adrenalin[6]. Sie tritt dagegen mit großer Regelmäßigkeit nach protrahierter Erstickung und Kohlenoxydvergiftung auf[7].

Eine geringe Adrenalinmehrabgabe beobachtet man auch nach vorübergehender Abdrosselung des Blutzuflusses zu den Nebennieren[8].

11. **Adrenalinabgabe in der Narkose.** Der Einfluß der Narkose auf die Adrenalinsekretion ist noch unbefriedigend geklärt. Die Tatsache, daß sehr viele Untersucher[9] nach langer Narkose eine Verarmung der Nebennieren an Adrenalin feststellten — nach ELLIOTT sinkt der Gehalt auf $1/2 - 1/3$ — und daß die Splanchnicusdurchtrennung diese Wirkung der Narkose auf den Adrenalinvorrat der Nebennieren ver-

---

[1] ANREP, G. V., u. J. DE BURGH DALY: Proc. roy. Soc. B. **97**, 450 (1924). — MOLINELLI.
[2] ROGOFF, J. M., u. H. C. COOMBS: Amer. J. Physiol. **70**, 44 (1923). — GANTER, G.: Arch. f. exper. Path. **113**, 66 (1926).
[3] STARKENSTEIN, E.: Z. exper. Path. u. Ther. **10**, 78 (1912). — STEWART, G. N., u. J. M. ROGOFF: J. of Pharmacol. **15**, 238 (1920). — BORNSTEIN, A., u. K. HOLM: Biochem. Z. **132**, 139 (1922). — BINSWANGER, F.: Pflügers Arch. **193**, 296 (1922). — KELLAWAY. — OLMSTED, I. M. D.: Amer. J. Physiol. **75**, 487 (1925).
[4] MIKAMI, S.: Tohoku J. exper. Med. **8**, 113 (1927).
[5] BORNSTEIN, A., u. K. HOLM: Biochem. Z. **132**, 139 (1922).
[6] BORBERG.
[7] STARKENSTEIN. — KAHN, R. H.: Pflügers Arch. **146**, 578 (1912).
[8] ZWEMER, R. L., u. H. F. NEWTON: Amer. J. Physiol. **85**, 507 (1928).
[9] SCHUR, H., u. I. WIESEL: Wien. klin. Wschr. **1908**, 247. — HORNOWSKY, J.: Virchows Arch. **198**, 93 (1909). — ELLIOTT. — BORBERG. — SYDENSTRIKKER, V. P. W., u. Mitarb.: J. exper. Med. **19**, 536 (1914). — PORAK, A.: J. of Physiol. et Path. gén. **18**, 95 (1919). — FUJI, J.: Tohoku J. exper. Med. **1**, 38 (1920); **2**, 9 (1921). — KEETON, R. W., u. E. L. ROSS: Amer. J. Physiol. **48**, 146 (1919). — HIRAYAMA, S.: Tohoku J. exper. Med. **7**, 364 (1926) u. a.

hindert[1], läßt auf eine erhebliche Adrenalinausschüttung in der Narkose schließen.

Die Narkosehyperglykämie ist zentral ausgelöst: sie wird nicht beeinflußt durch die Großhirnentfernung, sie wird gehemmt durch Ausschaltung der Medulla oblongata[2] und sehr abgeschwächt durch Splanchnicusdurchtrennung oder Nebennierenentfernung[3]; doch ist sie nicht reine Folge einer Adrenalinmehrsekretion, da sie nach Unterbindung der Nebennierensekretion nicht vollkommen fehlt[4].

Über die Stärke der Adrenalinsekretionsförderung durch Narcotica lassen sich keine genauen Angaben machen. Es fehlt an Versuchen, in denen der Einfluß der Narkose auf die im Nebennierenvenenblute eines normalen, nicht gefesselten Tieres forttransportierten Adrenalinmengen untersucht wurde. Am gefesselten und laparotomierten Tier fand man keine Zunahme[5], vielleicht aber nur, weil die sensiblen Reize und die Abkühlung an sich schon stark fördernd wirken. Die Beobachtungen an der Iris eines adrenalinüberempfindlich gemachten Auges[6] zeigen, daß die Narkose allein eine nur geringe Hyperadrenalinämie macht, sofern die Narkose nicht zur Erstickung führt. Die Narkosehyperglykämie ist nicht nur durch Abkühlung bedingt; durch Schutz gegen Wärmeverlust wird sie nur abgeschwächt, nicht aufgehoben[7].

Auf die Adrenalinabgabe der isolierten, mit Salzlösung durchströmten Nebennieren wirkt der Zusatz von narkotischen Mitteln nach kurzer Förderung hemmend; Nikotin verliert seine sekretionsfördernde Wirkung[8].

12. **Adrenalinabgabe nach Morphin.** Bei der Katze, die nach Morphineinspritzungen bekanntlich in einen starken Erregungszustand gerät, wird nach diesen Einspritzungen so viel Adrenalin ausgeworfen, daß die Nebennieren nur noch $1/3$—$1/7$ der normalen Adrenalinmenge enthalten[9];

---

[1] ELLIOTT. — FUJI.
[2] MORITA, S.: Arch. f. exper. Path. 78, 188 (1915). — MELLANBY: J. of Physiol. 53, 1 (1919).
[3] KEETON u. ROSS. — FUJI. — TUCKETT, J. L.: J. of Physiol. 41, 88 (1910). — TACHI, H., u. S. HIRAYAMA: Tohoku J. exper. Med. 8, 41 (1926); 10, 191 (1928).
[4] STEWART, G. N., u. J. M. ROGOFF: Amer. J. Physiol. 44, 543 (1918). — J. of Pharmacol. 15, 238 (1920). — TACHI u. HIRAYAMA. — TATUM, A. L., u. A. J. ATKINSON: J. of biol. Chem. 36, 331 (1922). — BERTRAM, F.: Z. exper. Med. 37, 99 (1923).
[5] KODAMA, S.: Tohoku J. exper. Med. 4, 601 (1924).
[6] MELTZER, S. J.: Amer. J. Physiol. 11, 37 (1904). — HARTMAN, F. A., u. Mitarb.: Ebenda 64, 1 (1923) u. a.
[7] FUJI, J.: Tohoku J. exper. Med. 2, 185, 202 (1921). — TACHI, H., u. Mitarb.: Ebenda 7, 411 (1926).
[8] NIKOLAEFF, M. P.: Z. exper. Med. 42, 213 (1924). — ANITSCHKOW, S. V.: Arch. f. exper. Path. 122, 309 (1927).
[9] ELLIOTT. — CROWDEN, G. P., u. M. G. PEARSON: J. of Physiol. 65, XXXII (1928).

bei der Auswertung des Nebennierenvenenblutes findet man über 1γ pro Kilo und Minute[1]. Die Morphinhyperglykämie der Katze ist fast ganz Folge dieser Hyperadrenalinämie. Man fand z. B. nach 10—20 mg Morphin bei normalen Katzen einen Anstieg des Blutzuckers auf maximal 0,25 g%, nach Ausschaltung der Adrenalinsekretion aber nur auf 0,115 g% i. D. Ganz ähnliche Zahlen erhielt man bei normalen und nebennierenlosen Kaninchen[2]. Bei Hunden, die durch Morphin nicht erregt werden, wird ebenfalls durch zentralen Angriff mehr Adrenalin abgegeben[3]. Doch wird die Morphinhyperglykämie beim Hunde durch die Nebennierenentfernung nicht unterdrückt[4].

Bei Kaninchen scheint die Mehrsekretion groß genug zu sein, um die Darmbewegungen stillzustellen[5].

13. **Adrenalinabgabe nach Strychnin und anderen zentralen Krampfgiften.** Strychnin bewirkt beim Hunde[6] in Mengen, die noch nicht krampferregend wirken, eine starke Adrenalinmehrsekretion. Bei der Auswertung des aufgefangenen Nebennierenvenenblutes findet man eine Sekretion von über 1—2—4 γ Adrenalin pro Kilo und Minute. (Hohe Gaben sollen hemmend wirken.) Die Wirkung des Strychnins auf die Adrenalinsekretion des Kaninchens[7] scheint eine schwächere zu sein. Die beim Hunde gefundenen Sekretionswerte genügen, um eine starke Blutzuckererhöhung und eine geringe Blutdrucksteigerung zu erzeugen. Doch ist die Strychninhyperglykämie nicht nur durch eine Adrenalinmehrabgabe bedingt; sie fehlt nicht bei nebennierenlosen Tieren[8].

Pikrotoxin wirkt beim Kaninchen[9] stärker sekretionsfördernd als Strychnin; bei erhaltenen Nebennieren tritt eine sehr starke Pupillenerweiterung an dem Auge, dessen Iris durch zuvor ausgeführte Entfernung des obersten Halsganglions adrenalinüberempfindlich gemacht worden ist (Abb. 58). Die Pikrotoxinhyperglykämie ist eine Folge dieser Mehrsekretion[10].

Santoninnatrium in nicht krampferregender Menge und Kamp-

---

[1] STEWART, G. N., u. J. M. ROGOFF: J. of Pharmacol. **19**, 59 (1922).
[2] Dieselben: Amer. J. Physiol. **62**, 93 (1922).
[3] STEWART u. ROGOFF. — MOLINELLI.
[4] HOLM, K.: Z. exper. Med. **37**, 52 (1923).
[5] HAYAMA, T.: Nach Ber. Physiol. **46**, 284 (1928).
[6] STEWART, G. N., u. J. M. ROGOFF: J. of Pharmacol. **13**, 513 (1919). — WATANABÉ, M.: Tohoku J. exper. Med. **9**, 250 (1927).
[7] SCHNEIDER, C.: Biochem. Z. **133**, 373 (1922). — SHIMIDZU, K.: Arch. f. exper. Path. **103**, 52 (1924). — SCHLOSSMANN, H.: Ebenda **121**, 160 (1927).
[8] FRITZ, G., u. B. PAUL: Biochem. Z. **157**, 263 (1925).
[9] SHIMIDZU. — Siehe auch MOLINELLI.
[10] TATUM, A. L.: J. of Pharmacol. **20**, 385 (1922). — FUJII, J.: Arch. f. exper. Path. **133**, 242 (1928).

fer in krampferregender Menge steigern die Adrenalinsekretion des Kaninchens bis auf etwa 0,5 γ pro Kilo und Minute[1].

Coffein und Theobromin (Diuretin) vermehren den Blutzucker. An dieser Wirkung ist eine cerebrale Erregung der Nebennierensekretion beteiligt. Denn die Splanchnicusdurchtrennung vermindert oder ver-

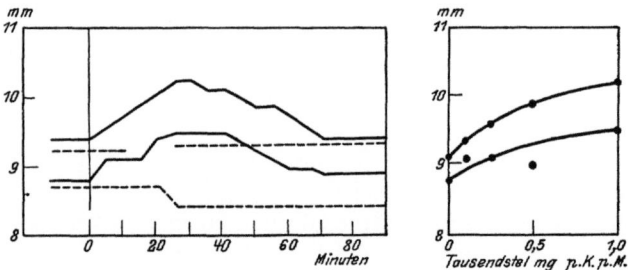

Abb. 58. Verhalten der beiden Pupillendurchmesser des überempfindlichen Auges (ausgezogene Linie) und des normalen Auges (gestrichelte Linie) nach 0,75 mg Pikrotoxin pro Kilo subcutan. Rechts die Adrenalineichungskurve. Beide Augen standen unter Atropineinwirkung. (Nach Shimidzu und Trendelenburg.)

hindert die Hyperglykämie[2], die Nebennieren sind nach der Diuretinvergiftung adrenalinarm[3]. Im Nebennierenvenenblut ist sehr viel mehr Adrenalin (bis 5—8 γ pro Minute und Kilo, Hund) nachzuweisen[4].

Guanidin steigert ebenfalls die Adrenalinsekretion auf das Vielfache des Normalruhewertes[5].

14. **Adrenalinabgabe nach Nicotin, Coniin und quartären Ammoniumbasen.** Während von den bisher abgehandelten Stoffen sicher steht oder anzunehmen ist, daß sie die Zentren der Adrenalinsekretion erregen, greifen diese Stoffe am Nebennierenmark an. Auch die entnervten Nebennieren schütten nach Nicotineinspritzung noch Adrenalin aus[6], und der Zusatz von Nicotin zu der die ausgeschnittenen Nebennieren durchströmenden Flüssigkeit macht ebenfalls Adrenalin frei; sehr kleine Mengen sind schon wirksam[7]. Die Stärke der Sekretion erreicht bei Katzen und Kaninchen Werte bis über 2 γ pro Kilo und Minute[8], d. h.

---

[1] Shimidzu. — Fujii. — Siehe auch Molinelli.
[2] Pollak, L.: Arch. f. exper. Path. **61**, 376 (1909). — Nishi, M.: Ebenda 401. — Jarisch, A.: Pflügers Arch. **158**, 502 (1914). — Mikami, S.: Jap. J. med. Sci. Trans. IV **1**, 121 (1926).
[3] Pfeiffer, H.: Z. exper. Med. **10**, 1 (1919). — Fuji.
[4] Watanabé, M.: Tohoku J. exper. Med. **10**, 177 (1928).
[5] Sugawara, T., u. H. Tada: Tohoku J. exper. Med. **9**, 295 (1927).
[6] Eichholtz, F.: Arch. f. exper. Path. **99**, 172 (1923). — Molinelli.
[7] Kusnetzow, A. J.: Arch. f. exper. Path. **120**, 156 (1927); **135**, 333 (1928). — Anitschkow, S. V., u. A. J. Kusnetzow: Ebenda **137**, 168, 180 (1928). — Kudrjawzew, N. N.: Z. exper. Med. **41**, 114 (1924).
[8] Stewart, G. N., u. J. M. Rogoff: J. of Pharmacol. **13**, 183 (1919). — Eichholtz. — Shimidzu. — Siehe auch Mansfeld, G.: nach Malys Jber. **38**,

also Werte, die auf Blutzucker und Blutdruck wirksam sind. Der Erregung der Adrenalinsekretion folgt später eine Lähmung. Vielleicht macht Nicotin auch das Adrenalin der außerhalb des Nebennierenmarkes liegenden chromaffinen Zellen frei. Denn die nach Nicotineinspritzung zu beobachtende Pupillenerweiterung des überempfindlich gemachten Auges fehlt zwar nach der Aortenkompression ganz, ist aber nach Nebennierenentfernung noch in abgeschwächtem Maße zu erhalten[1].

Ob Tabakgenuß in der üblichen Form beim Menschen eine Adrenalinausschüttung bewirkt — er führt zu einer vorübergehenden Hyperglykämie[2] — bedarf noch näherer Untersuchung. Ein von STROOMANN[3] berichteter Fall spricht für eine solche Adrenalinabgabe.

Die erregende und dann hemmende Wirkung des Nicotins auf die Zellen des Markes ist wohl nur ein Spezialfall der gleichen Wirkung auf die sympathischen Ganglienzellen, mit denen die Markzellen ja genetische Beziehungen haben. Daher wirken auch andere auf die sympathischen Ganglienzellen nicotinartig wirksame Stoffe durch unmittelbaren Angriff an den Markzellen sekretionsfördernd, so die Salze zahlreicher quartärer Ammoniumbasen, wie Tetramethylammoniumsalz, Neurinsalz, Hordeninmethyljodid, Hydrastininiumsalz[4], und in besonders starkem Maße das β-Dimethylteluroniumsalz[5]. Nicotinartige, d. h. periphere Sekretionsförderung wurde weiter festgestellt für Cytisin, Coniin, Arecolin[6], Spartein, Gelsemin und Lobelin[7]. Die durch Lobelin herbeizuführende Blutzuckervermehrung ist eine Adrenalinwirkung; sie fehlt nach der Nebennierenentfernung[8].

Das Cholinderivat Chloracetylcholinchloridharnstoff scheint eine sehr starke Adrenalinausschüttung zu bewirken, so daß das ausgeworfene Adrenalin eine kräftige Blutdrucksteigerung auslöst[9]. Cholin selbst scheint dagegen ebenso wie Acetylcholin eine nur sehr unbedeutende Mehrsekretion

---

1250 (1908). — CANNON, W. B., u. Mitarb.: J. of Pharmacol. **3**, 379 (1911). — HOUSSAY, B. A., u. E. A. MOLINELLI: Amer. J. Physiol. **76**, 538 (1926).
[1] DALE, H. H., u. P. P. LAIDLAW: J. of Physiol. **45**, 1 (1912).
[2] CAPONETTO, A.: Klin. Wschr. **7**, 701 (1928).
[3] STROOMANN, G.: Verh. Kongr. inn. Med. **37**, 417 (1925).
[4] DALE, H. H., u. Mitarb.: J. of Physiol. **45**, 1 (1912); J. of Pharmacol. **6**, 417 (1915). — EICHHOLTZ. — HOUSSAY, B. A., u. E. A. MOLINELLI: Amer. J. Physiol. **76**, 538 (1926). — Rev. Soc. argent. Biol. **3**, 699 (1927). — PUTSCHKOW, N. W.: Z. exper. Med. **61**, 20 (1928).
[5] COW, D., u. W. E. DIXON: J. of Physiol. **56**, 42 (1922).
[6] HOUSSAY u. MOLINELLI. — NIKOLAEFF. — ROMM, S. O., u. J. S. SERDÜK: Pflügers Arch. **217**, 677 (1927).
[7] HOUSSAY u. MOLINELLI. — ANITSCHKOW, S. V.: Arch. f. exper. Path. **118**, 242 (1926). — KUSNETZOW.
[8] BERTRAM, F.: Arch. f. exper. Path. **128**, 179 (1928).
[9] GLAUBACH, S., u. E. P. PICK: Arch. f. exper. Path. **110**, 212 (1925). — LAMPE, W.: Ebenda **123**, 50 (1927).

zu bewirken[1]. Die Cholinhyperglykämie ist unabhängig von der Nebennierentätigkeit[2].

15. Adrenalinabgabe nach Giften des autonomen Nervensystems. Das die sympathischen Zentren stark erregende Tetrahydro-β-Naphthylamin erregt auch die Zentren der Adrenalinsekretion. Die in das Nebennierenvenenblut abgegebenen Adrenalinmengen steigen bei nicht durchtrennten Splanchnicusnerven auf 1—2—3 γ pro Kilo und Minute[3]. Die Nebennieren werden adrenalinarm[4]. Am nebennierenlosen Tier fehlt die Hyperglykämie, nicht dagegen die Hyperthermie[5].

Das die Sympathicusperipherie lähmende Ergotoxin (Ergotamin) fördert die Adrenalinsekretion nicht[6]; ob es diese lähmt, scheint nicht untersucht zu sein.

Adrenalin selbst hat keinen Einfluß auf den Adrenalingehalt des Markes[7]; es löst keine Adrenalinausschüttung aus den Nebennieren aus[8].

Unter den Erregern der parasympathischen Peripherie macht Physostigmin eine so starke Adrenalinsekretion, daß der Minuten-Kilowert der Sekretion auf über 2 γ steigen kann[9]. Splanchnicusdurchtrennung unterdrückt diese Wirkung und verhindert die sonst eintretende Adrenalinverarmung der Nebennieren[10]. Pilocarpin fördert die Adrenalinabgabe nur unsicher und in geringerem Maße[11]. Die durch die letztgenannten beiden Mittel bewirkte Hyperglykämie scheint von dieser Adrenalinausschüttung ziemlich unabhängig zu sein, da sie angeblich nach der Splanchnicotomie oder Nebennierenentfernung noch fortbesteht[12].

---

[1] Kellaway u. Cowell. — Glaubach u. Pick. — Eichholtz.
[2] Farber. — Bertram, F.: Z. exper. Med. **43**, 421 (1924).
[3] Eichholtz. — Shimidzu. — Sugawara, T.: Tohoku J. exper. Med. **9**, 368 (1927).
[4] Elliott. — Stewart, G. N., u. J. M. Rogoff: J. of exper. Med. **24**, 718 (1916). — Cramer, W.: Quart. J. exper. Physiol. **1923**, Suppl.bd 93. — Sugawara.
[5] Bouckaert, J. J., u. C. Heymans: Arch. internat. Pharmaco-Dynamie **35**, 153 (1928).
[6] Molinelli, E. A.: Tesis. Buenos Aires 1926.
[7] Borberg. — Elliott. — Kuriyama, S.: J. of biol. Chem. **34**, 299 (1918).
[8] Tournade, A., u. M. Chabrol: C. r. Soc. Biol. **94**, 535 (1926). — Sugawara, T., u. Mitarb.: Tohoku J. exper. Med. **9**, 149 (1927). — Molinelli.
[9] Stewart, G. N., u. J. M. Rogoff: J. of Pharmacol. **17**, 227 (1921). — Houssay u. Molinelli. — Molinelli. — Tscheboksaroff, M.: Pflügers Arch. **137**, 59 (1910). [10] Elliott.
[11] Tscheboksaroff. — Dale, H. H., u. P. P. Laidlaw: J. of Physiol. **45**, 1 (1914). — Houssay u. Molinelli. — Molinelli. — Kudrjawzew.
[12] Bornstein, A., u. K. Holm: Biochem. Z. **132**, 139 (1922). — Kendzierski, J.: C. r. Soc. Biol. **95**, 897 (1926). — Farber, B.: Z. exper. Med. **49**, 525 (1926). — Siehe dagegen Sakurai, T.: J. of Biochem. **6**, 211 (1926).

Atropin hat keinen abschwächenden Einfluß auf die Adrenalinsekretion[1]. Eher wird sie etwas gefördert[2]. Diese Mehrabgabe soll eine kurzanhaltende Blutzuckervermehrung zur Folge haben[3]; die Hyperglykämie fehlt nach Splanchnicotomie oder Nebennierenentfernung. Unter den sonstigen pflanzlichen Giften können hier die ausgeschieden werden, die keine Hyperglykämie machen; bei ihnen ist natürlich keine Hyperadrenalinämie zu erwarten und auch nicht nachgewiesen worden. Chinin[4] wirkt sekretionsvermehrend und dadurch blutzuckererhöhend.

16. **Adrenalinabgabe im Schock.** Nach der intravenösen Einspritzung von 0,01—0,1 mg Histamin wird die Pupille des durch Ganglionentfernung überempfindlich gemachten Auges der Katze weit; die Wirkung fehlt nach Nebennierenentfernung[5]. Die Adrenalinmehrsekretion ist stark genug, um der capillarschädigenden Wirkung des Histamins entgegenzuwirken. Auch beim Hunde macht Histamin eine Adrenalinausschüttung[6]. An nebennierenlosen Tieren ist die Histaminbluteindickung durch Verlust von Blutwasser in die Gewebe abnorm stark[7].

Im Peptonschok des unnarkotisierten Hundes wird ebenfalls mehr Adrenalin abgegeben[8]. Die während eines **anaphylaktischen Schockes**[9] auftretende Mehrabgabe ist nur gering; sie führt nicht zu einer Adrenalinverarmung der Nebennieren. Die Schockhyperglykämie wird auch bei nebennierenlosen Meerschweinchen beobachtet.

17. **Wirkung anorganischer Stoffe auf die Adrenalinabgabe.** Die zentral ausgelöste Salzhyperglykämie kommt in erster Linie durch eine Vermehrung der Adrenalinsekretion zustande. Sie fehlt oder ist abgeschwächt nach der Splanchnicusdurchtrennung[10] oder Nebennierenentfernung[11].

Bei der Untersuchung des Nebennierenvenenblutes oder in Versuchen, in denen ein Hund sein Venenblut in ein zweites Tier ergoß,

---
[1] BIEDL, A.: Pflügers Arch. **67**, 443 (1897). — EHRMANN, R.: Arch. f. exper. Path. **55**, 39 (1906). — TSCHEBOKSAROFF. — POPIELSKI, L.: Pflügers Arch. **139**, 571 (1911). — STEWART, G. N., u. J. M. ROGOFF: J. of Pharmacol. **16**, 71 (1920).
[2] HOUSSAY, B. A., u. E. A. MOLINELLI: Amer. J. Physiol. **77**, 184 (1926).
[3] GEIGER, E., u. L. SZIRTES: Arch. f. exper. Path. **119**, 1 (1927).
[4] HOUSSAY u. MOLINELLI. — TATUM, A. L., u. R. A. CUTTING: J. of Pharmacol. **20**, 393 (1922).
[5] DALE, H. H.: Brit. J. exper. Path. **1**, 103 (1920). [6] MOLINELLI.
[7] KELLAWAY, C. H., u. S. J. COWELL: J. of Physiol. **57**, 82 (1922).
[8] MOLINELLI. — WATANABÉ, M.: Tohoku J. exper. Med. **9**, 412 (1927).
[9] HOUSSAY, B. A., u. E. A. MOLINELLI: Amer. J. Physiol. **77**, 184 (1926) — LA BARRE, J.: Arch. f. exper. Path. **113**, 368 (1926).
[10] KÜLZ: Eckhards Beitr. z. Anat. Physiol. **6**, 173 (1872). — WILENKO G. G.: Arch. f. exper. Path. **66**, 143 (1911). — NAITO, K.: Tohoku J. exper. Med. **1**, 131 (1920). — SATAKÉ, Y.: Ebenda **8**, 26 (1926).
[11] MC GUIGAN, H.: Amer. J. Physiol. **26**, 287 (1910).

wurde dementsprechend nach verschiedenen Salzen eine Vermehrung der Adrenalinsekretion nachgewiesen[1]. Sie bewirkt aber keine Abnahme des Adrenalingehaltes des Markes[2].

Nach Vergiftungen mit Quecksilbersalz, Arsenverbindungen, weißem Phosphor fanden viele Untersucher einen starken Verlust an Nebennierenadrenalin, ob als Folge einer Mehrsekretion oder einer den Aufbau störenden Zellschädigung steht noch dahin[3]. Nach KUSNETZOW steigt die Adrenalinabgabe aus der isolierten, durchströmten Nebenniere durch Einwirkung dünner Sublimatlösungen — wie übrigens auch von Lösungen mancher Alkalien und Erdalkalien[4] — erheblich an.

18. **Einfluß von Hunger, Infektionskrankheiten, Verbrennung, Urämie auf die chromaffinen Zellen.** Nach länger anhaltendem Hungern[5] fand man in manchen, aber nicht in allen Versuchen eine Abnahme des Adrenalingehaltes der Nebennieren, bei der Ratte z. B. vom Durchschnittswert 0,086—0,094 mg auf 0,027—0,040 mg.

Daß man nach vielen Infektionskrankheiten einen Verlust an Nebennierenadrenalin feststellen konnte[6], dürfte mit der bei vielen dieser Erkrankungen eintretenden Kachexie oder Abkühlung oder mit der Tatsache des langsam erfolgten Todes (Erstickung) zusammenhängen; ein Beweis für eine Mehrsekretion ist nicht erbracht. Dies gilt auch für die am meisten untersuchte Diphtherie, bei der starke histologische Veränderungen der Markzellen und oft eine Abnahme ihres Adrenalingehaltes[7] festzustellen ist. Eine Zunahme der Sekretion vermißte man bei der pharmakologischen Auswertung des Nebennierenvenenblutes diphtherietoxinvergifteter Hunde[8]. Gleiches gilt für kurzfristige Versuche mit Tetanustoxin[9].

---

[1] WATERMAN, M., u. H. I. SMIT: Pflügers Arch. **124**, 198 (1908). — STEWART, G. N., u. J. M. ROGOFF: J. of Pharmacol. **13**, 167 (1919). — HOUSSAY, B. A., u. E. A. MOLINELLI: C. r. Soc. Biol. **93**, 1456 (1925). — MOLINELLI.

[2] WATANABÉ, M., u. S. MORITA: J. Biophysics **2**, LXIX (1927).

[3] LUCKSCH, F.: Wien. klin. Wschr. **1904**, 345. — BORBERG. — ROSSI, P.: Arch. ital. de Biol. **57**, 123 (1912). — NEUBAUER, E., u. O. PORGES: Biochem. Z. **32**, 28 (1911). — BROWN, W. H., u. L. PEARCE: J. exper. Med. **22**, 535 (1915). — HESSE, E.: Arch. f. exper. Path. **107**, 43 (1925).

[4] KUSNETZOW, A. J.: Z. ges. exper. Med. **48**, 671 (1925).

[5] LUCKSCH, F.: Arch. f. exper. Path. **65**, 161 (1911). — VENULET, F., u. G. DMITROWSKY: Ebenda **63**, 460 (1910). — VINCENT, Sw., u. M. S. HOLLENBERG: J. of Physiol. **54**, LXIX (1921). — PEISER, B.: Z. exper. Med. **27**, 234 (1922).

[6] LUCKSCH, F.: Virchows Arch. **223**, 290 (1917). — PEISER. — BORBERG. — PORAK, A.: J. Physiol. et Path. gén. **18**, 95 (1919) u. a.

[7] Lit. bei TRENDELENBURG, P.: Erg. Physiol. **21**, II, 557 (1923). — MOLINELLI, E. A.: Tesis. Buenos Aires 1926.

[8] MOLINELLI, E. A.: Rev. sudam. Endocrin. **9**, Nr 10 (1926). — WATANABÉ, M.: Tohoku J. exper. Med. **10**, 29 (1928).

[9] WATANABÉ, M.: Tohoku J. exper. Med. **10**, 26 (1928).

Nach Verbrennungen werden durch periphere Einwirkung die Nebennieren adrenalinarm. Die Beobachtung der überempfindlich gemachten Iris von Katzen ergibt, daß nach der Verbrennung eine Adrenalinmehrsekretion auftritt[1].
Zwar fand man bei Tieren, deren Nieren durch Gifte geschädigt wurden, oder deren Nieren entfernt worden waren, zum Teil schon einige Zeit vor dem Tode einen Verlust an Nebennierenadrenalin[2], aber eine Mehrsekretion während einer Urämie ist noch nicht nachgewiesen. Zur Zeit der nach Nierenausschaltung auftretenden Hyperglykämie ist der Adrenalingehalt der Nebennieren noch normal[3]. Nach dem, was oben über die Wirkung von Salzinjektionen berichtet wurde, ist eine Mehrsekretion bei Urämie zu erwarten; daß sie aber stark genug ist, um die nephrogenen Blutdrucksteigerungen zu erklären, ist ganz unwahrscheinlich, so oft auch diese Theorie in ein neues Gewand gekleidet wird.

19. **Einfluß der Röntgenstrahlen auf die chromaffinen Zellen.** Mit der Methode der gekreuzten Zirkulation wurde am Kaninchen nachgewiesen, daß die Röntgenbestrahlung bestimmter Stärke, auch bei unmittelbarer Bestrahlung der Nebennieren, die Mehrabgabe von blutdruck- und blutzuckerwirksamen Mengen Adrenalin bewirkt[4]. Für diese Mehrsekretion spricht auch die Tatsache, daß die Pupille eines durch Ganglionentfernung adrenalinüberempfindlich gemachten Auges nach der Bestrahlung weiter wird[5]. Diese Bestrahlungsmydriasis fehlt nach zuvor ausgeführter Entfernung der Nebennieren.

20. **Adrenalinsekretion bei kaltblütigen Wirbeltieren.** Nach den Untersuchungen von REDFIELD[6] an einer Kröte, Phrynosoma, scheint die Pigmentadaptation bei diesem kaltblütigen Wirbeltier von der Adrenalinsekretion abhängig zu sein. Denn die Änderungen der Hautpigmentation, die bei Phrynosoma bei der Anpassung an Veränderung der Belichtung oder des Farbtones des Untergrundes sowie bei psychischer Erregung auftreten, sind viel geringer, wenn die Nebennieren entfernt worden sind. Neben der hormonalen Regulation der Pigmentballung scheint auch eine nervöse Regulation im Spiele zu sein.

Diese Ergebnisse dürfen nicht verallgemeinert werden. Denn bei der Pigmentadaptation der Amphibien und Axolotl hat das Hormon nicht der Nebennieren, sondern das des Hypophysenmittellappens einen hervor-

---

[1] PFEIFFER, H.: Z. exper. Med. **10**, 1 (1919). — HARTMAN, F. A., u. Mitarb.: Amer. J. Physiol. **78**, 47 (1926).
[2] BORBERG. — LUCKSCH. — PFEIFFER. — NOWICKI, W.: Virchows Arch. **202**, 189 (1910). — MCKAY, E. M., u. L. L.: J. of exper. Med. **46**, 429 (1927). — RIEHL, G.: Arch. f. exper. Path. **135**, 369 (1928). — SUZUKI, T.: Tohoku J. exper. Med. **11**, 629 (1928).
[3] WATANABÉ, M.: Tohoku J. exper. Med. **11**, 449 (1928).
[4] ZUNZ, E., u. J. LA BARRE: nach Ber. Physiol. **40**, 18 (1927).
[5] RISSE, O., u. F. POOS: Arch. f. exper. Path. **108**, 121 (1925); **112**, 176 (1926).
[6] REDFIELD, A. C.: J. of exper. Zool. **26**, 275 (1918).

XLV. Wechselbeziehungen zwischen Nebennierenmark und anderen innersekretorischen Organen.

a) Keimdrüsen[2].

Ob der Eierstock Einfluß auf den Adrenalingehalt des Nebennierenmarkes hat, ist ungewiß. Dagegen nimmt der Adrenalingehalt der sympathischen Ganglienzellen des Plexus cervicalis der Maus in der Schwangerschaft oder nach der Einspritzung von Follikelhormon zu. Welche Bedeutung dieser Zunahme zukommt, ist unbekannt.

b) Hypophyse[3].

Der eindeutige Nachweis, daß, wie behauptet wurde, das Sekret des Hinterlappens die sympathisch innervierten Organe adrenalinempfindlicher macht, ist noch nicht erbracht worden. Die Injektion von Hinterlappenauszug scheint eine Adrenalinausschüttung herbeizuführen.

c) Schilddrüse.

Ob Adrenalin die innere Sekretion der Schilddrüse beeinflußt, ist ungewiß. Da die Kaulquappenmetamorphose durch Adrenalin nicht regelmäßig beschleunigt wird[4], scheint bei diesen Tieren keine Förderung der Schilddrüsensekretion ausgelöst zu werden. Daß die stoffwechselsteigernde Adrenalinwirkung nicht über eine Schilddrüsenmehrsekretion zustandekommt, ergibt sich schon aus der Tatsache, daß Adrenalin den Stoffwechsel sofort, Thyreoidzufuhr aber erst ganz allmählich in die Höhe treibt. Zum Überfluß wurde jene Annahme auch noch durch Adrenalinversuche an schilddrüsenlosen Säugetieren widerlegt[5]. An diesen scheint Adrenalin sogar besonders stark stoffwechselsteigernd (bei relativ geringer Toxizität) zu wirken[6].

Die Angaben über den Einfluß der Schilddrüsenentfernung und -verfütterung auf den Adrenalingehalt der Nebennieren gehen so weit auseinander, daß sich kein klares Bild gewinnen läßt[7]. Nach STEWART

---

[1] Näheres siehe bei HOGBEN, L. T.: The pigmentary effector system. Edinburg-London 1924.
[2] Nähere Angaben u. Literaturnachweise finden sich S. 54 u. 82. [3] do S. 176.
[4] KRIZENECKY, J.: Arch. mikrosk. Anat. **101**, 558 (1924).
[5] MARINE, D., u. C. H. LENHART: Amer. J. Physiol. **54**, 248 (1920).
[6] ABDERHALDEN, E., u. E. GELLHORN: Pflügers Arch. **210**, 462 (1926).
[7] BORBERG, N. C.: Skand. Arch. Physiol. **28**, 91 (1913). — KURIYAMA, S.: Amer. J. Physiol. **43**, 481 (1917). — J. of biol. Chem. **33**, 207 (1918). — HERRING, P. T.: Quart. J. exper. Physiol. **9**, 391 (1916); **11**, 47 (1917); **12**, 115 (1919). — GLEY, E.: Arch. internat. Physiol. **14**, 175 (1914). — STEWART, G. N., u. J. M. ROGOFF: Amer. J. Physiol. **56**, 220 (1921). — CRAMER, W.: Brit. J. exper. Path. **7**, 88 (1926).

Beziehungen des Nebennierenmarkes zu and. innersekret. Organen. 335

und ROGOFF soll bei thyreo-parathyreopriven Kaninchen der Adrenalingehalt wesentlich über dem Normalwert liegen. CRAMER schließt aus Versuchen an Mäusen auf eine Verminderung der Chromreaktion im Marke schilddrüsengefütterter Tiere.

Wertlos sind die Versuche[1], eine Adrenalinsekretionsänderung durch Untersuchung des Adrenalingehaltes im Nebennierenvenenblut nachzuweisen. Denn alle Versuche dehnten sich auf nur sehr kurze Zeit aus, während ja bekannt ist, daß die Schilddrüsenwirkung erst viele Stunden nach der Zufuhr in Erscheinung tritt; auch wurde nicht Thyroxin, sondern Schilddrüsenextrakt injiziert, obwohl bekannt ist, daß auch andere Organextrakte die Adrenalinsekretion beeinflussen können. Es fehlen noch Versuche, mit einwandfreier Methode eine etwaige Adrenalinsekretion nach lang anhaltender Schilddrüsenzufuhr nachzuweisen.

Es galt bis vor kurzem als feststehend, daß die Einspritzung von Schilddrüsenauszug eine sofortige Sensibilisierung der sympathisch innervierten Organe für Adrenalin zur Folge habe. Denn nach zahlreichen Angaben[2] hat Adrenalin sofort nach der intravenösen Einspritzung von Schilddrüsenauszug oder Thyreoglobulin eine weit stärkere blutdrucksteigernde Wirkung als zuvor, und nach ASHER u. Mitarb.[3] wird die Adrenalinwirkung auch an isolierten Organen (Herz, Blutgefäße der Froschbeine) durch Zugabe von Schilddrüsenauszug vermehrt.

Neuere Versuche[4] mit Thyroxin haben aber gezeigt, daß die Einwirkung dieses Stoffes weder am Kreislauf (Abb. 59) noch an den Gefäßen isolierter Organe noch am ausgeschnittenen Darm adrenalinsensibilisierend wirkt. Thyreoglobulin kann die Adrenalinempfindlichkeit steigern, aber auch andere Eiweißarten können die gleiche Zustandsänderung der sympathisch innervierten Organe herbeiführen.

Es ist also kein sicherer Beweis dafür vorhanden, daß das Schild-

---

[1] Lit. bei TRENDELENBURG, P.: Erg. Physiol. 21, II, 554 (1923).
[2] KRAUS, F., u. H. FRIEDENTHAL: Berl. klin. Wschr. 45, 1709 (1908). — ASHER, T., u. Mitarb.: Z. Biol. 55, 83 (1911). — Dtsch. med. Wschr. 1916, Nr 34. — OSWALD, A.: Pflügers Arch. 164, 506 (1916); 166, 169 (1917). — LEVY, R. L.: Amer. J. Physiol. 41, 492 (1919). — SANTESSON, C. G.: Skand. Arch. Physiol. 37, 185 (1919).
[3] RICHARDSON, H. B.: Z. Biol. 67, 57 (1916). — KAKEHI, S.: Ebenda 103. — EIGER, M.: Ebenda 253, 265. — CORI, K.: Arch. f. exper. Path. 91, 130 (1921).
[4] LIEB, CH. C., u. H. TH. HEYMAN: Amer. J. Physiol. 63, 68, 83, 88 (1922). — DRYERRE, H.: Quart. J. exper. Physiol. 14, 221 (1924). — FELDBERG, W., u. E. SCHILF: Arch. f. exper. Path. 124, 94 (1927). — KRAYER, O., u. G. SATO: Ebenda 128, 67 (1928). — FLATOW, E.: Ebenda 127, 245 (1928). — OSWALD, A.: Z. exper. Med. 58, 623 (1927). — KÖNIG, W.: Arch. f. exper. Path. 134, 36 (1928). — KALNINS, V.: C. r. Soc. Biol. 98, 800, 802 (1928). — REYNOLDS, CH.: Proc. Soc. exper. Biol. a. Med. 25, 771 (1928).

drüsenhormon eine sofortige Empfindlichkeitssteigerung der sympathisch innervierten Organe gegen Adrenalin bewirkt.

Anders dürfte das Ergebnis bei chronischer Zufuhr von Schilddrüsensubstanz sein. Einige Versuche[1] machen es wahrscheinlich, daß nach länger anhaltender Schilddrüsenzufuhr die Iris adrenalinüberempfind-

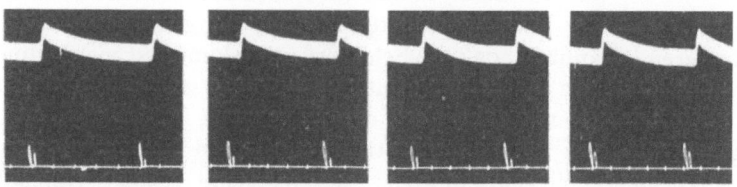

Abb. 59. Carotisdruck. Katze, 2 kg. Injektionen von 0,01 mg Adrenalin intravenös 1: vor, 2—4: 10,30 und 60 Minuten nach 1,3 mg Thyroxin intravenös. (Nach Krayer.)

lich wird. Die Angaben über den Einfluß einer Schilddrüsenvorbehandlung auf die Adrenalinglykogenolyse und -stoffwechselsteigerung gehen auseinander; man berichtet von Verstärkung und von Unbeeinflußtlassen[2].

Auch die Versuche über die Adrenalinempfindlichkeit der Organe von Tieren, deren Schilddrüse zuvor entfernt worden war, lassen keine sicheren Rückschlüsse über die Abhängigkeit der Adrenalinwirkung von der Schilddrüsensekretion zu. Zwar geben einige Untersucher[3] an, daß die Thyreoidektomie einen Zustand verminderter Adrenalinempfindlichkeit des Gesamtorganismus, des Kreislaufsystems und des Kohlenhydratstoffwechsels zur Folge habe, aber andere vermißten eine Abschwächung der blutdrucksteigernden oder der glykogenolytischen Wirkung nach jenem Eingriff[4].

---

[1] Eppinger, H., u. Mitarb.: Z. klin. Med. 66, 1 (1908). — Siehe dagegen Fürth, O. v., u. K. Schwarz: Pflügers Arch. 124, 113 (1908). — Csépai, K., u. J. Fernbach: Arch. f. exper. Path. 129, 256 (1928). — Schliephake, E.: Ebenda 132, 349 (1928).

[2] Sundberg. — Garnier, M., u. E. Schulemann: C. r. Soc. Biol. 76, 287 (1914). — Kuriyama, S.: Amer. J. Physiol. 43, 481 (1917). — Sandiford, J.: Ebenda 51, 407 (1920).

[3] Eppinger u. Mitarb. — Pick, E. P., u. F. Pineles: Biochem. Z. 12, 473 (1908). — Falta u. Rudinger: Z. Phys. Path. Stoffw. 1910, Nr 3. — Grey, E. G., u. W. T. de Sautelle: J. of exper. Med. 11, 659 (1909). — Schermann, S. J.: Arch. f. exper. Path. 126, 10 (1927). — Burn, J. H., u. H. H. Marks: J. of Physiol. 60, 132 (1925). — König, W.: Arch. f. exper. Path. 134, 29, 36 (1928). — Abderhalden, E., u. E. Gellhorn: Pflügers Arch. 210, 462 (1926).

[4] Straub, W., bei Gramenitzki, M.: Biochem. Z. 46, 186 (1912). — Underhill, Fr. P.: Amer. J. Physiol. 27, 331 (1911). — Blum, F., u. A. V. Marx: Pflügers Arch. 159, 393 (1914). — Boe, G.: Biochem. Z. 12, 473 (1908). — Tomaszewski, Z., u. G. G. Wilenko: Nach Malys Jber. 43, 1384 (1913). — Lieb u. Heyman. — Reynolds.

Die stoffwechselsteigernde Wirkung der Schilddrüsenzufuhr verläuft nicht über eine Adrenalinmehrsekretion, denn Thyroxin wirkt auch bei nebennierenlosen Katzen noch stoffwechselerhöhend[1]. Nach Adrenalin finden sich in der Rattenschilddrüse ähnliche histologische Veränderungen wie nach Schilddrüsenfütterung[2].

d) Nebenschilddrüse.

Da manche der Adrenalinwirkungen durch Vermehrung des Kalkgehaltes der die untersuchten isolierten Organe umspülenden Flüssigkeit beeinflußt werden, ist anzunehmen, daß bei der mit Kalkverarmung des Blutes einhergehenden parathyreogenen Tetanie die Adrenalinwirkungen modifiziert werden. Aber wirklich sichere Feststellungen liegen nicht vor. Denn die Angaben über den Verlauf der Adrenalinwirkung auf die Kohlenhydratmobilisation und den Blutdruck nach Parathyreoidectomie widersprechen einander[3]. Die Adrenalinwirkung auf den Blutdruck des Menschen ist nach der Einspritzung von COLLIPschen Parathyreoidhormonlösungen nicht verändert[4].

Vermutlich wird während der parathyreopriven Krämpfe wie bei anderen Krämpfen eine größere Adrenalinmenge in das Blut abgegeben. Bestimmungen hierzu fehlen.

e) Inselzellen des Pankreas.

Die früher mehrfach erörterte Theorie, nach der die Adrenalinhyperglykämie die Folge einer Hemmung der inneren Sekretion des Inselapparates der Pankreasdrüse sei, ist abzulehnen. Sowohl bei Fröschen wie bei Tauben und Warmblütern wirkt Adrenalin auch dann noch blutzuckervermehrend oder glykosurisch sowie bei Warmblütern oxydationsvermehrend, wenn zuvor die Bauchspeicheldrüse der Tiere entfernt worden ist[5]. Die glykogenolytische Wirkung des Adrenalins scheint bei pankreaslosen, insulinfreien Tieren sogar eher verstärkt zu sein. Sie ist auch dann zu beobachten, wenn Adrenalin auf die überlebende Leber pankreasloser Schildkröten einwirkt[6].

---

[1] AUB, J. C., u. Mitarb.: Amer. J. Physiol. 61, 327, 349 (1922).
[2] KOJIMA, M.: Quart. J. exper. Physiol. 11, 256 (1917).
[3] EPPINGER, H., u. Mitarb.: Z. klin. Med. 66, 1 (1908). — ASHER, L., u. M. FLACK: Z. Biol. 55, 83 (1911). — HOSKINS, R. G., u. H. WHEELON: Amer. J. Physiol. 34, 263 (1914). — FALTA, W., u. FR. KAHN: Z. klin. Med. 74, 108 (1912). — LIEB, CH. C., u. H. TH. HEYMAN: Amer. J. Physiol. 63, 83 (1922).
[4] CSÉPAI, K., u. J. FERNBACH: Z. exper. Med. 60, 619 (1928).
[5] VELICH, A.: Virchows Arch. 184, 345 (1906). — PATON, D. N.: J. of Physiol. 32, 59 (1905). — LÉPINE, R., u. BOULUD: Nach Malys Jber. 33, 941 (1903). — DOYON, M., u. Mitarb.: C. r. Soc. Biol. 59, 202 (1905). — J. Physiol. et Path. gén. 7, 998 (1905). — EPPINGER, H., u. Mitarb.: Z. klin. Med. 66, 1 (1908). — FRANK, E., u. S. ISAAK: Arch. f. exper. Path. 64, 292 (1911).
[6] FRÖHLICH, A., u. L. POLLAK: Arch. f. exper. Path. 77, 299 (1914). — SCHAIKOFF, J. L., u. J. J. WEBER: J. of biol. Chem. 76, 813 (1928). — SOSKIN S.: Amer. J. Physiol. 83, 162 (1927).

Einige Beobachtungen, deren Deutung aber noch umstritten ist, sprechen dafür, daß Adrenalin eine Vermehrung der Insulinabgabe in das Blut bewirken kann: das Plasma von Tieren, die zuvor Adrenalin erhielten, verhält sich nach LOEWI und GEIGER[1] in seinem Einfluß auf die Glucosebindung der Erythrocyten so wie das Plasma eines Tieres, das Insulin erhielt: die Glucosebindung ist vermehrt. Diese Adrenalinwirkung fehlt nach Atropin oder thorakaler Vagotomie. Es scheint also das Adrenalin durch einen zentralen Angriff am Vagus zu einer Insulinmehrsekretion zu führen. — Es liegt nahe, anzunehmen, daß diese Adrenalinmehrsekretion die Ursache der oben erwähnten sekundären Hypoglykämie nach Adrenalin ist. Sie ist besonders ausgeprägt bei künstlich hyperventilierten Tieren.

HOSHI will mit einer wohl nicht ganz einwandfreien Methode ebenfalls die Hyperinsulinämie nach Adrenalin nachgewiesen haben[2].

Daß die Zufuhr von Insulin die blutzuckervermehrende Wirkung des Adrenalins vermindert, ist nach unseren jetzigen Kenntnissen von der Wirkungsart des Insulins eine Selbstverständlichkeit. Schon vor der Entdeckung des Insulins wurde wiederholt nachgewiesen, daß die Injektion von Pankreasauszug die Stärke der Adrenalinglykosurie verringert[3], und diese Tatsache ist inzwischen häufig für Insulin bestätigt worden[4].

Diese die Adrenalinhyperglykämie hemmende Insulinwirkung ist nicht nur die Folge einer rascheren Verbrennung des Zuckers, sondern es wird auch das Freiwerden des Zuckers aus dem Leberglykogen durch Insulin gehemmt, wie in Versuchen an isolierten, künstlich durchströmten Warmblüterlebern oder Leberschnitten gezeigt worden ist[5].

Insulin ist aber kein allgemeiner Antagonist des Adrenalins: die Adrenalinwirkung auf das isolierte Froschauge, das Froschherz, den Säugetieruterus und -darm wird durch Insulin nicht aufgehoben, vielmehr z..T. verstärkt[6]. Ebensowenig verliert Adrenalin nach Insulin seine blutdruckerhöhende Wirkung[7]. Dagegen scheint an der Iris des

---

[1] GEIGER, E.: Pflügers Arch. **217**, 574 (1927). — DIETRICH, S., u. O. LOEWI: Klin. Wschr. **7**, 629 (1928). — GEIGER, E.: Arch. f. exper. Path. **129**, 93 (1928).
[2] HOSHI, T.: Tohoku J. exper. Med. **7**, 422 (1926).
[3] ZUELZER, G.: Berl. klin. Wschr. **1907**, 474. — Ders. u. Mitarb.: Dtsch. med. Wschr. **34**, 1380 (1908). — FRUGONI, C.: Berl. klin. Wschr. **45**, 1606 (1908). — GLÄSSNER, K., u. E. P. PICK: Z. f. exper. Path. **6**, 313 (1909).
[4] MACLEOD, A. J. R.: Brit. med. J. **1922**, 832. — BANTING, F. G., u. Mitarb.: Amer. J. Physiol. **62**, 559 (1922).
[5] DRESEL, K., u. A. PEIPER: Z. exper. Path. u. Ther. **16**, 327 (1914). — BORNSTEIN, A., u. W. GRIESBACH: Z. exper. Med. **37**, 43 (1923). — GRAFE, E., u. Mitarb.: Arch. f. exper. Path. **119**, 91 (1927). — Siehe dagegen BODO, R., u. H. P. MARKS: J. of Physiol. **65**, 48 (1928).
[6] ABDERHALDEN, E., u. E. GELLHORN: Pflügers Arch. **208**, 1 (1925).
[7] KLEMPERER, P., u. R. STRISOWER: Wien. klin. Wschr. **36**, 672 (1923). — Siehe dagegen: KOGAN, V., u. N. PONIROWSKY: Z. exper. Med. **47**, 557 (1925).

Beziehungen des Nebennierenmarkes zu anderen innersekret. Organen. 339

Kaninchens ein Antagonismus zwischen Adrenalin und Insulin zu bestehen[1].

Da das Insulin die Adrenalinglykogenolyse nur hemmt, nicht aber unterdrückt, kann man insulinvergiftete Tiere ebenso wie durch Zuckerinjektion auch durch Adrenalineinspritzung retten. Das Wesen dieses Antagonismus besteht wohl sicher einfach in dem Freiwerden von Zucker aus dem Glykogendepot. (Die Synthalinhypoglykämie geht dagegen auf Adrenalin nicht zurück[2].)

Der Insulinantagonist Adrenalin wird in der Insulinvergiftung aus den Nebennieren freigemacht. Nach schwerer Insulinvergiftung sind die Nebennieren der Tiere adrenalinarm oder -frei[3]. Der einwandfreie Nachweis der vermehrten Adrenalinsekretion in das Blut[4] mit verschiedenen Methoden gelang; so schlägt das entnervte Herz der Katze nach Insulin schneller, die entnervte Iris des Kaninchens tritt in der Insulinvergiftung zurück (Abb. 60); diese Wirkungen fehlen am nebennierenlosen Tier, und sie schwinden, wenn man durch Zuckerinfusion die Hypoglykämie beseitigt.

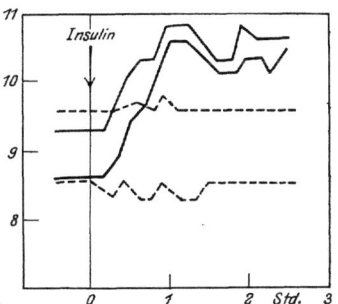

Abb. 60. Kaninchen, 1,9 kg Gewicht, Urethan, Atropin in beide Augen. Verhalten des horizontalen und vertikalen Pupillendurchmessers des überempfindlichen Auges (ausgezogene Linie) und des normalen Auges (gestrichelte Linie) nach Insulin. (Nach Abe und Trendelenburg.)

Diese Adrenalinausschüttung in der Insulinhypoglykämie mildert die Wirksamkeit des Insulins. An Tieren, deren Nebennieren durch Splanchnicotomie oder Splanchnicuslähmung[5] entnervt wurden oder deren Nebennieren ausgeschaltet wurden[6], wirkt Insulin viel giftiger. Nach CORI und

---

[1] RISSE, O., u. FR. POOS: Arch. f. exper. Path. 112, 176 (1926). — POOS, FR.: Ebenda 126, 307 (1927).
[2] BODO, R., u. H. P. MARKS: J. of Physiol. 65, 83 (1928).
[3] POLL, H., Med. Klin. 21, 1717 (1925). — KAHN, R. H.: Pflügers Arch. 212, 54 (1926). — KAHN, R. H., u. F. T. MÜNZER: Ebenda 217, 521 (1927). — HOFMANN, E.: Krkh.forschg 2, 295 (1926).
[4] CANNON, W. B., u. Mitarb.: Amer. J. Physiol. 69, 46 (1924). — ABE, Y.: Arch. f. exper. Path. 103, 73 (1924). — POOS, FR., u. O. RISSE: Ebenda 112, 176 (1928). — MOLINELLI, E. A.: La secrezion de adrenalina. Tesis. Buenos Aires 1926. — HOUSSAY, B. A., u. Mitarb.: C. r. Soc. Biol. 91, 1011 (1924) u. a.
[5] BURN, J. H., u. MARKS: J. of Physiol. 60, 131 (1925). — RUPP, F.: Z. exper. Med. 44, 476 (1925). — DRESEL, K., u. F. OMONSKY: Ebenda 55, 371 (1927). — SAHUYN, M., u. N. R. BLATHERWICK: J. of biol. Chem. 79, 443 (1928).
[6] LEWIS, J. T., u. M. MAGENTA: C. r. Soc. Biol. 92, 820 (1925). — SUNDBERG, G. A.: Studien über die Blutzuckerregulation bei epinephrektomierten

Cori[1] gilt diese Feststellung jedoch nicht für Ratten und Mäuse. Denn bei nebennierenlosen Mäusen sinkt nach Insulin der Blutzucker nicht weniger ab, und bei nebennierenlosen Ratten ist die durch Insulin bewirkte Abnahme des Glykogenspeicherungsvermögens der Leber nicht verringert (letzteres soll bei Katzen der Fall sein).

Längere Zeit nach dem Abbrechen wiederholter Insulineinspritzungen werden die Nebennieren von Kaninchen, deren Adrenalingehalt in der ersten Woche nach dem Ende der Zufuhr auf den halben Wert abgesunken war, adrenalinreicher als bei Normaltieren[2].

An pankreasdiabetischen Katzen und Hunden bewirkt das Einträufeln von Adrenalin in den Augenbindehautsack nach Loewi[3] eine abnorm starke Mydriasis, wie inzwischen wiederholt bestätigt wurde. Die Überempfindlichkeit stellt sich nach 1—3 Tagen ein. Ob es sich dabei um eine direkte Wirkung des Insulinausfalles handelt, oder ob, wie vermutet worden ist, die abnorme Reaktion der Iris nur die Folge der Hyperglykämie ist, bleibt noch zu entscheiden.

Die Pankreasentfernung kann den Adrenalinvorrat der Nebennieren sehr vermindern[4].

Tieren. Stockholm 1925. — Artundo, A.: C. r. Soc. Biol. **97**, 411 (1927).
— Britton, J. W., u. Mitarb.: Amer. J. Physiol. **84**, 141 (1927) (Lit.)
[1] Cori, C. F., u. G. T.: J. of biol. Chem. **74**, 473 (1927).
[2] Langecker, H.: Arch. f. exper. Path. **134**, 155 (1928).
[3] Loewi, O.: Arch. f. exper. Path. **59**, 83 (1908).
[4] Sydenstricker, V. P. W., u. Mitarb.: J. of exper. Med. **19**, 536 (1914).
— Gley, E.: C. r. Soc. Biol. **67**, 1 (1915).

Sachverzeichnis.

Abelsches Tartrat 134, 150, 153.
Abkühlung, Adrenalinabgabe bei 314.
— Adrenalinwirkung bei 251.
Acetonitril, Giftigkeit bei nebennierenlosen Tieren 202.
Acetylcholin, auf Adrenalinwirkungen 228, 244, 290.
— auf Adrenalinabgabe 329.
Acidose nach Adrenalin 308, 310.
— nach Nebennierenentfernung 198.
— bei Schwangerschaft 12.
Addisonsche Krankheit 83, 185, 188, 214.
Adenom der Nebennierenrinde 188.
Aderlaß, Adrenalinabgabe bei 323.
— Adrenalinwirkung nach 263.
Adrenalin, Abbau 250, 251.
— Abgabe bei Aderlaß 323.
— — nach Adrenalin 330.
— — nach Giften 326 ff.
— — nach Hinterlappenhormon 170, 178.
— — nach Laparotomie 316.
— — bei Muskelarbeit 323.
— — in Narkose 325.
— — bei Operationen 321.
— — Physiologie u. Pathologie 313.
— — in Ruhe 319.
— — im Schock 331.
— — nach sensiblen Reizen 319.
— — nach Splanchnicusreizung u. -Durchtrennung 314.
— — nach Unterkühlung 320.
— Allgemeinwirkung bei kaltblüt. Wirbeltieren 252, warmblütigen Wirbeltieren 253, Wirbellosen 252.
— Angriffsort 231.
— Antagonisten 239 ff.
— auf Atmung 296.
— Aufbau 225.
— auf autonome Nerven 226 ff.
— auf Blutgefäße 255 ff. (siehe auch Coronar-, Hirn-, Leber-, Lungen-, Nebennieren-, Splanchnicusgefäße).
— auf Blutgerinnung 313.
— auf Blutkonzentration 311.
— auf Blutzucker 300 ff.
— auf Brunstzyklen 54.
— chem. u. physikal. Eigenschaften 219.

Adrenalin bei Dauerinfusionen 249, 251, 264.
— auf Drüsensekretionen 292.
— Gehalt der Nebennieren 206, 224.
— — des Nebennierenvenenblutes 313 ff.
— — der sympath. Ganglien 54.
— auf Harnwege 286.
— auf Kreislauf 249, 254, 272, 279.
— auf Lymphbildung 271.
— Nachweis 221, 223.
— bei Nebennierenmangel 203.
— auf Nierensekretion 294.
— Resorption 247 ff.
— auf Resorption anderer Stoffe 270.
— auf Magendarmkanal 283 ff.
— auf Salzhaushalt 311.
— auf Skelettmuskeln 289.
— auf Stoffwechsel 296 ff.
— auf Uterus 12, 287 ff.
— auf Wärmehaushalt 308 ff.
— Wechselbeziehungen zur Hypophyse 170, 172, 177, 178, 183, 207.
— — zum Insulin 206, 337.
— — zu den Keimdrüsen 54, 83.
— — zur Nebenschilddrüse 337.
— — zur Schilddrüse 334.
— auf Zentralnervensystem 295.
Adrenalinartige Wirkung, Untersuchung auf 289.
Adrenalon 220.
Akromegalie 51, 98, 106, 176, 180.
Akzessorisches Rindengewebe 187, 189, 192, 202.
Alkalireserve siehe Säuren-Basen-Gleichgewicht.
Alkohol auf Brunstzyklen 57.
— auf Hinterlappensekretion 182.
— auf Hoden 86.
Aminosäuren, Synergismus mit Adrenalin 246.
Ammoniumbasen auf Adrenalinabgabe 328.
Anämie auf Adrenalinabgabe 325.
— auf Adrenalinwirkung 263.
Anaphylaktischer Schock auf Adrenalinabgabe 331.
Apokodein auf Adrenalinwirkung 243.
Arecolin auf Adrenalinabgabe 329.

Arectores pilorum s. Haarmuskeln.
Arsenik auf Adrenalinabgabe 332.
— auf Adrenalinwirkung 266.
— auf Hinterlappensekretion 184.
— auf Nebennierenrinde 209.
Asphyxie auf Adrenalinabgabe 325.
— auf Adrenalinwirkung 263.
Asthma bronchiale, siehe Bronchialmuskeln.
Atheromatose nach Adrenalin 253.
Atmung nach Adrenalin 295, 296.
— nach Hinterlappenauszug 149.
— nach Nebennierenentfernung 194.
Atropin auf Adrenalinabgabe 331.
— Antagonismus gegen Adrenalin 228, 241, 266.
— — gegen Hinterlappenhormone 137, 141, 143, 145, 149, 152, 156.
Augenmuskeln, glatte, nach Adrenalin 280 ff.
— nach Hinterlappenhormon 138.
Auswertung des Adrenalins 221, 263, 268, 281, 284, 288, 313, 317, 318, 320, 322.
— des Brunsthormones 6, 23, 29.
— der Hinterlappenhormone 155.

Bakteriengifte auf Adrenalinabgabe 332.
— auf Adrenalinwirkung 266, 269.
— auf Hypophyse 183.
— auf Keimdrüsen 87.
— auf Nebennieren 209, 332.
— nach Nebennierenentfernung 203.
Barium auf Adrenalinwirkung 238, 260.
Bewegungstrieb und Keimdrüsen 6, 43, 69, 74.
Bichromatreaktion 222.
Biddersches Organ 13, 65, 73, 91.
Blausäure auf Adrenalinabgabe 324.
— auf Adrenalinwirkung 263.
Blutdruck nach Adrenalin 234, 248, 260 ff.
— auf Adrenalinabgabe 324.
— nach Hinterlappenhormon 142 ff.
— nach Nebennierenausschaltung 194, 216.
Blutgefäße siehe auch Coronar-, Hirn-, Leber-, Lungen-, Nebennieren-, Splanchnicusgefäße, Kapillaren, Venen.
— nach Adrenalin 228, 255 ff.
— nach Hinterlappenhormon 141 ff.
Blutgerinnung nach Adrenalin 313.
— nach Corpus luteum-Auszug 43.
— nach Hinterlappenhormon 172.
— nach Nebennierenentfernung 198.

Blutkonzentration nach Adrenalin 311.
— nach Hinterlappenhormon 165.
— nach Nebennierenentfernung 197.
Blutzellen nach Adrenalin 311.
— nach Hinterlappenhormon 159, 165.
— nach Nebennierenentfernung 197.
Blutzucker nach Adrenalin 299, 300, 304.
— nach Hinterlappenhormon 169, 179.
— nach Hypophysenentfernung 178.
— nach Kastration 17, 70.
— bei Menstruation 9.
— nach Nebennierenausschaltung 195, 198, 218.
Blutzusammensetzung (siehe auch Blutzucker)
— nach Adrenalin 306, 308, 310, 311.
— n. Hinterlappenhormon 159, 165.
— nach Hypophysenentfernung 117.
— nach Kastration 17, 70.
— bei der Menstruation 9.
— nach Nebennierenentfernung 198, 201.
— bei der Ovulation 8.
— in der Schwangerschaft 12.
Bronchialmuskeln nach Adrenalin 282.
— nach Hinterlappenhormon 150.
Brunst 6, 8, 12, 22, 23, 26, 46, 59.
Brunstauslösendes Hormon siehe auch Ovarhormon, Corpus luteum-Hormon, Placenta-Hormon.
— — Auswertung 6, 23, 29.
— — chem. u. physik. Eigenschaften 44.
— — Gehalt im Blut 40.
— — im Corpus luteum 30.
— — im Follikel 29.
— — im Hoden 94.
— — in der Placenta 35.
Brunst u. Bewegungstrieb 8, 69.
Brunstzyklen u. Hoden 59.
— u. Hypophyse 50, 51, 125.
— u. Insulin 55.
— u. Kastration 16 ff.
— u. Nebennieren 53.
— u. Ovar 6, 16 ff., 22 ff.
— u. Ovarauszüge 22.
— u. Schilddrüse 48.
— u. Stoffwechsel 8, 9.
— u. Uterusbewegung 8.
— nach Vergiftungen 57.

Calciumabgabe nach Adrenalin 311.
— nach Hinterlappenauszug 168.
— nach Nebennierenentfernung 198.

Calcium auf Adrenalinwirkung 228, 236.
— im Blut bei Ovulation u. Menstruation 8, 9.
— — bei Schwangerschaft 12.
Carotisdrüse 209, 212.
Chinin auf Adrenalinabgabe 241.
— auf Adrenalinwirkung 331.
— auf Hinterlappenhormonwirkung 156.
Chloracetylcholinchloridharnstoff auf Adrenalinabgabe 329.
Chloralose auf Adrenalinwirkung 246.
Chloridhaushalt nach Adrenalin 311.
— nach Hinterlappenhormon 147, 166.
— nach Nebennierenentfernung 198.
Chloroform (s. auch Narkose) auf Adrenalinabgabe 325.
— auf Adrenalinwirkung 259.
— auf Hinterlappensekretion 183.
Cholesterin auf Adrenalinwirkung 246.
— im Blut nach Adrenalin 307.
— — nach Hinterlappenhormon 172.
— — — nach Kastration 70.
— — — nach Nebennierenentfernung 199.
— — — bei Schwangerschaft 12.
— Gehalt in Nebennieren 203.
— — in Ovar- usw.-Auszügen 45.
Cholin auf Adrenalinabgabe 330.
— auf Adrenalinwirkung 228, 243.
— im Blut nach Nebennierenentfernung 200, 202.
— auf Hoden 87.
— bei nebennierenlosen Tieren 202.
— auf Ovar 57.
Chromaffines Gewebe 54, 186, 208 ff.
Cocain auf Adrenalinwirkung 244.
Coffein auf Adrenalinabgabe 328.
— auf Adrenalinwirkung 245.
— auf Hinterlappenhormonwirkung 163.
— auf Hinterlappensekretion 182.
Coniin auf Adrenalinabgabe 328, 329.
Coronargefäße nach Adrenalin 274.
— nach Hinterlappenhormon 146, 147.
Corpus luteum 4, 5, 10, 30 ff.
— -Hormone 30, 42, 47.
— Wechselbeziehungen zum Hinterlappen 182.
— — Vorderlappen 128 ff., 180.
Cortin 206.
Curarin auf Adrenalinwirkung 243, 289.
Cytisin auf Adrenalinabgabe 329.

Darm, Adrenalinauswertung am 284.
— nach Adrenalin 235, 283.
— nach Hinterlappenhormon 151.
Depressorreiz 229.
Deziduombildung 31, 51, 126.
Diabetes insipidus 99, 109, 162, 165, 166.
Dilatator pupillae nach Adrenalin 235, 244, 280.
Dimethyltelluronium auf Adrenalinabgabe 329.
Dioxyphenylalanin 214, 222, 225.
Diuretika auf Hinterlappenoligurie 163.
Diuretin auf Adrenalinabgabe 328.
Dopa siehe Dioxyphenylalanin.
Dystrophia adiposogenitalis 99, 108, 114, 128, 176.

Eierstock siehe Ovar.
Eisenchloridreaktion 222.
Eiweißstoffwechsel siehe auch Stoffwechsel.
— nach Adrenalin 307.
— nach Hinterlappenhormon 169.
— nach Hodenzufuhr 79.
— nach Kastration 17, 49, 70, 82.
— nach Ovarzufuhr 43.
— bei Schwangerschaft 12.
Eiweißsubstanzen auf Adrenalinwirkung 246.
Entzündungswidrige Wirkung des Adrenalins 269.
— — der Hinterlappenhormone 148.
Ephedrin auf Adrenalinwirkung 245.
Epinephrin 210.
Epiphyse, Wechselbeziehungen zum Hoden 85.
— — zum Ovar u. zu den weibl. Geschlechtsorganen 41, 55.
Ergotamin, Ergotoxin auf Adrenalinabgabe 330.
— auf Adrenalinwirkungen 137, 228, 239, 266, 295.
— auf Hinterlappenhormonwirkungen 137.
Ernährungsstörungen, Wirkung auf den Hoden 86.
— — das Nebennierenmark 332.
— — die Nebennierenrinde 208.
— — das Ovar 56.
Erregung, psychische, Wirkung auf Adrenalinabgabe 322.
— — — auf Hypophysensekretion 183.
Erstickung siehe Asphyxie.
Eunuchoidismus 70.
Euphyllin auf Hinterlappensekretion 183.
Evansscher Auszug 31, 121, 124, 128.

Federkleid, Beeinflussung durch Hoden 66.
— — durch Ovar 15.
Fesselung auf Adrenalinabgabe 321.
Fettstoffwechsel (siehe auch Stoffwechsel) nach Adrenalin 306.
— nach Hinterlappenhormon 171, 172.
— nach Hypophysenentfernung 114.
— nach Kastration 67, 70.
— nach Nebennierenentfernung 196.
— nach Ovarauszug 43.
Fieber siehe Wärmehaushalt.
Foetus, hormonale Wirkungen des 39, 88.
— — — auf den 28.
Folinsche Reaktion 222.
Folliculin 46.
Follikel, Histologie 4.
— -flüssigkeit, hormonale Wirkungen 26, 42, 43.
— — Hormongehalt 29.
Follikelreifung 18, 20, 29, 32, 34, 38, 90.

Gallenblase nach Adrenalin 286.
— nach Hinterlappenhormon 153.
Gallensaure Salze, auf Brunst und Uteruswachstum 40.
Gallensekretion nach Adrenalin 293.
— nach Hinterlappenhormon 158.
Ganglien, sympathische, Adrenalingehalt 212.
— — Adrenalinwirkung auf 229.
Ganglion cervicale superius 235, 314.
— cervicale uteri 212.
— parahypophyseos 103.
— paraorticum 209, 211.
— stellatum 230.
Gebärmutter siehe Uterus.
Gefäße siehe Blutgefäße, Kapillaren und Venen.
Gefäßzentrum nach Adrenalin 264.
— nach Hinterlappenhormon 144.
Gelber Körper siehe Corpus luteum.
Gelsemin auf Adrenalinabgabe 329.
Geschichte der Hypophysenerforschung 98.
— der Keimdrüsenerforschung 1.
— der Nebennierenerforschung (Rinde) 185, (Mark) 209.
Gifte, Wirkung auf den Hoden 86.
— — auf die Hypophyse 182.
— — auf die Nebennieren 209, 324.
— — auf das Ovar 57.
Gigantismus 107, 122, 124.
Glykaemin 306.
Glykogen des Körpers nach Adrenalin 301 ff.

Glykogen des Körpers nach Hinterlappenhormon 170.
— — nach Hypophysenentfernung 116.
— — nach Nebennierenentfernung 195.
Graafsche Follikel siehe Follikel.
Gravidität siehe Schwangerschaft.
Grundumsatz nach Adrenalin 296, 297.
— bei Brunst u. Menstruation 8, 9.
— nach Hodenzufuhr 79.
— nach Hypophysenentfernung 111, 116.
— bei Hypophysenerkrankungen 107, 108.
— nach Kastration 16, 17, 71.
— nach Nebennierenentfernung 195.
— nach Ovarialhormon 42.
— bei Schwangerschaft 11.
Guanidin auf Adrenalinabgabe 328.

Haarschaftmuskeln nach Adrenalin 289.
— nach Hinterlappenhormon 157.
Haarwachstum nach Kastration 68, 70.
Harnabgabe s. auch Diabetes insipidus.
— nach Adrenalin 294.
— nach Hinterlappenhormon 158 ff.
— nach Hypophysenentfernung 110, 115, 118.
— nach Hypophysenerkrankung 109.
— nach Nebennierenentfernung 194.
— nach Zwischenhirnverletzung 117.
Harnblase nach Adrenalin 286.
— nach Hinterlappenhormon 153.
Harnsäure im Blut und im Harn nach Adrenalin 308.
— — — bei Menstruation 9.
Harnstoff im Blut nach Adrenalin 308.
— — — nach Hinterlappenhormon 168.
— — — nach Hypophysenentfernung 117.
— — — bei Menstruation 9.
— — — nach Nebennierenentfernung 194.
— — — bei Schwangerschaft 12.
Harnzusammensetzung nach Adrenalin 308, 310, 311.
— nach Hinterlappenhormon 159 ff., 168.
— nach Nebennierenentfernung 194.
Hautgefäße nach Adrenalin 273.
— nach Hinterlappenauszug 148.
Hermaphroditismus, experimenteller 95, 96.

Herz nach Adrenalin 255 ff., 269, 271.
— nach Hinterlappenhormon 141, 143.
— nach Hodenauszug 79.
— nach Ovarauszug 42.
— Stoffwechsel nach Adrenalin 306.
Hinterlappen der Hypophyse siehe Hypophyse.
Hirngefäße nach Adrenalin 272, 273.
— nach Hinterlappenhormon 147.
Hirsutismus 189.
Histamin, antagonistische Wirkung gegen Adrenalin 243.
— Giftigkeit bei nebennierenlosen Tieren 202.
— in Hypophysenauszügen 133, 136, 142, 150.
Histaminschock auf Adrenalinabgabe 331.
— Wirkung des Hinterlappenhormones bei 144, 166.
Hoden, Anatomie und Histologie 58.
— — — bei Kryptorchismus 60.
— — — nach Röntgenstrahlen 62.
— — — nach Samenstrangdurchtrennung 61.
— — — nach Teilkastration 72.
— — — nach Transplantation 73, 93.
— Auszüge, hormonale und allgemeine Wirkungen 77, 79, 80, 90, 94.
— u. Brunst 59.
— Entfernung bei Wirbellosen 63.
— — bei kaltblütigen Wirbeltieren 64.
— — bei Vögeln 66.
— — bei Säugetieren, Menschen 67.
— — teilweise 71.
— bei exogenen Schädigungen 86.
— Umwandlung in Ovar 95.
— Verfütterung 77.
— Wechselbeziehung zur Epiphyse 84.
— — zur Hypophyse 82, 107, 108, 114, 116, 120, 128, 180.
— — zur Nebenniere 82.
— — zur Nebenschilddrüse 82.
— — zum Ovar 42, 88, 89.
— — zur Schilddrüse 80.
— — zum Thymus 85.
Hordeninmethyljodid auf Adrenalinabgabe 329.
Hormovar 47.
Hornbildung nach Kastration 15, 69.
Hydrastininiumsalz auf Adrenalinabgabe 329.
— auf Adrenalinwirkung 241.
Hypernephrom 53, 83, 188.
Hypophamin 135.

Hypophyse, Anatomie und Histologie 100.
— Entfernung 109, 110, 111.
— Innervation 102.
— Sekretabgabe 103, 182.
— Wechselbeziehungen zu den Inselzellen 111, 178.
— — zu den Keimdrüsen 50, 82, 106 ff., 114, 125 ff., 181.
— — zu der Nebenniere 123, 176.
— — zu der Nebenschilddrüse 110, 123, 176.
— — zu der Schilddrüse 110, 123, 173.
— — zu den weiblichen sekundären Geschlechtsorganen 41.
Hypophysenhinterlappenhormone, Allgemeine Pharmakologie 137.
— Auswertung am Uterus 155.
— auf Atmung 149.
— auf Blutgerinnung 159.
— auf Blutzellen 159, 165.
— auf Blutzucker 169.
— Chemische und physikalische Eigenschaften 133.
— auf Drüsensekretionen 158.
— auf glatte Muskeln 149 ff.
— auf Harnabgabe 159.
— auf Harnblase 153.
— auf Herz und Kreislauf 141 ff.
— auf Lymphbildung 165.
— auf Pigmentzellen 157.
— Resorption 139.
— auf Salzhaushalt 160, 166 ff.
— Schicksal im Körper 139.
— auf Stoffwechsel 168 ff.
— auf Uterus 153.
— auf Wachstum und Metamorphose 173.
— auf Wärmehaushalt 172.
— Zahl und Gehalt 130 ff.
Hypophysenvorderlappenadenom 107.
Hypophysenvorderlappenhormone, Chemische und physikalische Eigenschaften 120.
— auf Genitalausbildung 125 ff.
— auf Metamorphose 122.
— auf Wachstum 122 ff.

Immunität nach Hinterlappenhormon 138.
Infektionskrankheiten siehe Bakteriengifte.
Inselzellen (Insulin), Wechselbeziehungen zu der Hypophyse 111, 116, 170, 178.
— — zu den Keimdrüsen 55.

Inselzellen (Insulin), Wechselbeziehungen zu dem Nebennierenmark 172, 337ff.
— — der Nebennierenrinde 207.
Interrenalgewebe 187, 189.
Interrenin 206.
Interstitielles Gewebe der Keimdrüsen 5, 25, 60, 61, 63, 76.
Intraokularer Druck nach Adrenalin 274.

Jod auf Hoden 87.
— und Jodsäurereaktion 223.
Iris nach Adrenalin 235, 280.
— nach Hinterlappenhormon 138.

Kachexie, hypophysäre 108, 112, 177.
Kalium auf Adrenalinwirkungen 237.
Kaliumhaushalt nach Adrenalin 311.
— nach Hinterlappenhormon 166.
— nach Nebennierenentfernung 198.
Kampfer auf Adrenalinabgabe 328.
Kapillaren nach Adrenalin 258, 267, 270.
— nach Hinterlappenhormon 142, 148.
— nach Hypophysenentfernung 111.
Kastration siehe Hoden- bzw. Ovarentfernung.
Keimdrüsen siehe Hoden bzw. Ovar.
Kohlenhydratstoffwechsel nach Adrenalin 299 ff.
— nach Hinterlappenhormon 169ff.
— nach Kastration 17, 70.
— nach Nebennierenentfernung 195, 196, 199.
— nach Nebennierenerkrankung 215.
— bei Ovulation 8, 9.
— bei Schwangerschaft 12.
Kohlenoxyd, Kohlensäure, auf Adrenalinabgabe 324.
— auf Hinterlappensekretion 182, 184.
Krampfgifte auf Adrenalinabgabe 327.
— auf Hinterlappensekretion 182.
Kranzgefäße siehe Coronargefäße.
Kreatin und Kreatinin nach Adrenalin 308.
— — nach Hinterlappenhormon 168.
— — nach Hypophysenentfernung 117.
— — nach Nebennierenentfernung 195.
Kreislauf nach Adrenalin 254ff.
— nach Hinterlappenhormon 141 ff.

Kreislauf nach Hodenauszug 79.
— nach Nebennierenausschaltung 217.
— nach Nebennierenveränderungen 215.
— nach Ovarauszug 42.
Kryptorchismus siehe Hoden.

Lactation (siehe auch Milchdrüsensekretion).
— Einfluß auf Brunstzyklen 28.
— Einfluß auf Corpus luteum 34.
— nach Foetenauszug 39.
— nach Ovarhormon 28, 93.
— nach Placentahormon 37.
— bei Schwangerschaft 11.
— nach Schwangerschaftsunterbrechung 38.
— bei Scheinschwangerschaft 32.
Lactazidogen des Muskels nach Adrenalin 303.
Langerhanssche Zellen siehe Inselzellen (Insulin).
Lebergefäße nach Adrenalin 257, 276.
— nach Hinterlappenhormon 146.
Lecithin auf Adrenalinwirkung 246.
— im Blut nach Nebennierenentfernung 199.
Leydigsche Zellen siehe interstitielle Zellen.
Lipoide auf Adrenalinwirkung.
— der Leber auf Uteruswachstum 40.
— des Hodens 78.
— der Nebennieren 53, 187, 203, 205, 207.
— des Ovars und der Placenta 6, 45, 91.
Lipoidstoffwechsel nach Adrenalin 307.
— nach Hinterlappenhormon 172.
— nach Nebennierenentfernung 196, 199, 203.
— bei Schwangerschaft 12.
Liquor cerebrospinalis, Druck nach Adrenalin 274.
— Gehalt an Hinterlappenhormonen 104, 139, 177, 181, 183.
Lobelin auf Adrenalinabgabe 329
Lokalanaesthetika, Wechselbeziehungen zu Adrenalin 244.
Lungengefäße nach Adrenalin 228, 257, 277.
— nach Hinterlappenhormon 145.
Lungenödem nach Adrenalin 279.
— nach Hinterlappenhormon 145.
Lymphbildung nach Adrenalin 271.
— nach Hinterlappenhormon 165.

Sachverzeichnis.

Lymphgefäße nach Adrenalin 248, 270.

Mäuseeinheit 23.
Magen nach Adrenalin 283ff.
— nach Hinterlappenhormon 151.
Magensaftsekretion nach Adrenalin 293.
— nach Hinterlappenhormon 158.
Magnesiumhaushalt nach Hinterlappenhormon 166.
— nach Nebennierenentfernung 198.
Magnesiumsalze auf Adrenalinwirkungen 238.
Melanin 221.
Melanophoren siehe Pigmentzellen.
Melanophorenausbreitende Substanz des Hinterlappens 102ff., 130ff., 139, 140, 157, 182, 189.
Menformon 47.
Menstruation 6ff.
— nach Ovarauszügen 27.
— nach Ovarentfernung 16.
Metamorphose, Beziehungen zu der Hypophyse 109, 111, 122, 173, 174.
— zu den Nebennieren 205, 334.
Metalle auf Adrenalinabgabe 332.
— auf Adrenalinwirkung 238.
— auf Hinterlappensekretion 183.
— auf Nebennierenrinde 209.
Milchdrüsen nach Adrenalin 294.
— nach Foetenauszug 39.
— nach Hinterlappenhormon 99, 130, 159, 182.
— nach Ovar- und Placentaauszug 24, 28, 32, 37, 93.
— in Schwangerschaft 11, 32.
— nach Transplantation 21, 93.
— nach Uterusauszug 39.
— nach Vitaminmangel 57.
Milchdrüsensekretion siehe auch Lactation.
Milz nach Adrenalin 286, 311.
Morphin auf Adrenalinabgabe 326.
— auf Brunstzyklen 57.
— auf Hinterlappensekretion 182.
— Giftigkeit bei Adrenalineinwirkung 296.
— nach Nebennierenentfernung 202.
Muscarin, Beziehungen zur Adrenalinwirkung 243, 256.
Muskeltätigkeit nach Adrenalin 289.
— auf Adrenalinabgabe 323.
— in der Brunst 8.
— nach Hinterlappenhormon 157.
— nach Kastration 16, 69.
— nach Keimdrüsenhormonen 43, 80.

Muskeltätigkeit nach Keimdrüsentransplantation 21, 74.
— nach Nebennierenrindenentfernung 192, 201.
— nach Nebennierenrindenauszug 205.
Mutterkornalkaloide siehe Ergotamin.

Nachweis siehe Auswertung.
Nanosomia pituitaria siehe Zwergwuchs.
Narkotika auf Adrenalinwirkungen 246, 256, 259, 263, 266.
— auf Adrenalinabgabe 325.
— auf Hinterlappenhormonwirkungen 139, 145, 160.
— auf Hinterlappensekretion 182.
Natrium auf Adrenalinwirkung 238.
Natriumhaushalt nach Hinterlappenhormon 166.
— nach Nebennierenentfernung 198.
Nebennierengefäße nach Adrenalin 275.
Nebennierenmark siehe auch Adrenalin.
— Anatomie und Histologie 211.
— Entfernung, Ausschaltung 216.
— Innervation 214, 314ff.
— krankhafte Veränderungen 214.
— Schädigungen, exogene 331.
— bei Transplantation 200.
— Wechselbeziehungen zur Hypophyse 170, 176, 334.
— — zu den Inselzellen (Insulin) 337.
— — zu den Keimdrüsen 54, 83, 334.
— — zu der Nebennierenrinde 208.
— — zu der Nebenschilddrüse 337.
— — zu der Schilddrüse 334.
Nebennierenrinde, Anatomie und Histologie 186.
— Auszüge 203, 205.
— Entfernung 189.
— krankhafte Veränderungen 188.
— Schädigungen, exogene 208.
— Transplantation 200.
— Wechselbeziehungen zur Hypophyse 176, 207.
— — zu den Inselzellen 207.
— — zu den Keimdrüsen 52, 82, 206.
— — zum Nebennierenmark 208.
— — zur Schilddrüse 207.
— — zum Thymus 208.
— — zu den weiblichen sekundären Geschlechtsorganen 41.
Nebenschilddrüse, Wechselbeziehungen zur Hypophyse 176.

Nebenschilddrüse. Wechselbeziehungen zu den Keimdrüsen 50, 82.
— — zum Nebennierenmark 337.
Neurin auf Adrenalinabgabe 329.
— auf Adrenalinwirkung 228.
Nickhaut nach Adrenalin 226, 236.
Nicotin auf Adrenalinabgabe 328.
— auf Adrenalinwirkung 242.
— Giftigkeit bei nebennierenlosen Tieren 202.
— auf Hinterlappenhormonwirkung 144.
— auf Keimdrüsen 57, 87.
Nierengefäße nach Adrenalin 257, 277, 294.
— nach Hinterlappenhormon 142, 147, 161.
Nierensekretion siehe Harnabgabe.
Novasurol auf Hinterlappensekretion 183.
— auf Hinterlappenharnwirkung 163.

Oesophagus nach Adrenalin 283.
— nach Hinterlappenhormon 150.
Oestrus siehe Brunst.
Ovar, Anatomie und Histologie 3.
— — nach Röntgenbestrahlung 25.
— — nach Transplantation 20, 92.
— Auszüge 25 ff., 41, 42.
— Beziehungen zur Brunst 6, 20, 25 ff.
— — Menstruation 9, 16, 20, 25 ff.
— — Schwangerschaft 9, 17, 30 ff.
— Entfernung bei Wirbellosen 13.
— — bei kaltblütigen Wirbeltieren 13.
— — bei Vögeln 13.
— — Säugetieren, Mensch 14.
— nach Giften 57.
— Hormone, Aufnahme u. Ausscheidung 43.
— — Chemie 45.
— — Gehalt des Ovarsan 29.
— Schädigungen, exogene 57.
— Transplantation 19 ff.
— Umwandlung in Hoden 92, 95.
— Wechselbeziehungen zur Epiphyse 55.
— — zum Hoden 88 ff.
— — zum Hypophysenhinterlappen 51, 115, 181.
— — zum Hypophysenvorderlappen 31, 50, 115, 125, 180.
— — zu den Inselzellen 54.
— — zum Nebennierenmark und zu der Nebennierenrinde 52, 54.
— — zur Nebenschilddrüse 50.
— — zur Schilddrüse 48, 49.

Ovar. Wechselbeziehungen zum Thymus 56.
Ovotestis 96.
Ovulation siehe auch Follikel.
— Hemmung durch Corpus luteum 33.
— — durch Hypophysenvorderlappen 125.
— — durch Placenta 38.
Oxytocin 135.

Pankreas, siehe auch Inselzellen, Insulin.
— Diabetes, Adrenalin bei 306, 337.
— — Adrenalinsekretion bei 337.
— Saftsekretion nach Adrenalin 294.
— — nach Hinterlappenhormon 158.
Parabiose 18, 88, 90.
Paragangliom 215.
Paraganglion aorticum siehe Zuckerkandlsches Organ.
Parasympathicus, Beziehungen zum Adrenalin 228.
— — zum Hypophysenhinterlappenhormon 137.
Parathyreoidea siehe Nebenschilddrüse.
Pars anterior, intermedia, neuralis, tuberalis siehe Hypophyse.
Pepton auf Adrenalinabgabe 331.
— auf Adrenalinwirkung 216, 246.
Pflanzenkeimlinge, brunstauslösende Wirkung 39.
Phenylhydrazin auf Hoden 87.
Phloridzinvergiftung, Adrenalin bei 306.
Phosphathaushalt nach Adrenalin 310.
— nach Hinterlappenhormon 166.
— nach Nebennierenentfernung 198.
Phosphor auf Adrenalinabgabe 332.
Physostigmin auf Adrenalinabgabe 330.
— auf Adrenalinwirkungen 229, 243, 291.
Pigment, Bildung aus Adrenalin 221.
— Vermehrung nach Nebennierenausfall 188, 214, 219.
Pigmentzellen, siehe auch Melanophorenausbreitende Substanz.
— nach Adrenalin 292.
— nach Hinterlappenhormon 130, 140, 157.
— nach Hypophysenentfernung 109, 111.
Pikrotoxin auf Adrenalinabgabe 327.
Pilocarpin auf Adrenalinabgabe 330.
— auf Adrenalinwirkungen 243, 293.

Placentahormone, Chemie 44.
— Gehalt der Placenta 35, 38.
— Wirkungen 35, 36, 37, 38, 42, 91.
Placentombildung durch Corpus luteum 30.
— durch Vorderlappenhormon 126.
Pubertas praecox bei Epiphysentumoren 55, 84.
— bei Hypernephrom 53, 83.
— nach Ovartransplantation 21.
— bei Rindenadenom 188.
— nach Schwangerenharn 180.
— nach Vorderlappeneinwirkung 41, 51, 126.

Quecksilbervergiftung auf Adrenalinabgabe 332.
— auf Hinterlappensekretion 183.
— auf Nebennierenrinde 209.

Radiumstrahlen auf den Hoden 62.
— auf die Nebenniere 210.
Ratteneinheit 23.
Reaktion, Einfluß auf die Adrenalineinwirkung 239.
— — auf die Wirkung der Hinterlappenhormone 139.
— — auf die Haltbarkeit des Adrenalins 221.
— — der Hinterlappenhormone 136.
— — der Ovar- usw.-Hormone 46.
Resistenzsteigerung gegen Adrenalin nach Adrenalin 253.
Resorption des Adrenalins 247, 248.
— nach Adrenalin 270.
— der Hinterlappenhormone 139.
— nach Hinterlappenhormon 148, 165.
— der Ovar- und Placentahormone 43.
— der Vorderlappenhormone 124.
Respiratorischer Quotient nach Adrenalin 299.
— nach Nebennierenentfernung 196.
— nach Ovarenentfernung 16.
Retractor penis nach Adrenalin 287.
— nach Hinterlappenhormon 153.
Röntgenstrahlen auf den Hoden 62.
— auf die Hypophyse 184.
— auf das Nebennierenmark 333.
— auf das Ovar 25.
Ruhesekretion des Nebennierenmarkes 319.

Säuren-Basen-Gleichgewicht nach Adrenalin 310.

Säuren - Basen-Gleichgewicht be Menstruation 9.
— nach Hinterlappenhormon 168.
— nach Nebennierenentfernung 199.
— bei Schwangerschaft 12.
Salze auf Adrenalinabgabe 331.
— auf Adrenalinwirkung 236.
— auf Wirkung der Hinterlappenhormone 139.
Salzhaushalt nach Hinterlappenhormon 159ff., 163.
— nach Hypophysenentfernung 117.
— bei Schwangerschaft 12.
Samenleiter nach Adrenalin 287.
— Ausschaltung 61. 75.
Santoninnatrium auf Adrenalinabgabe 327.
Sauerstoffmangel auf Adrenalinabgabe 324.
— Giftwirkung bei nebennierenlosen Tieren 203.
Scheinschwangerschaft 10, 32
Schilddrüse, Wechselbeziehungen zum Hoden 80.
— — zu der Hypophyse 173.
— — zum Nebennierenmark 334.
— — zu der Nebennierenrinde 207.
— — zum Ovar 48.
Schleimhautgefäße nach Adrenalin 273.
Schock auf Adrenalinabgabe 331.
— Adrenalinwirkung bei 266.
— Wirkung des Hinterlappenhormons bei 144.
Schwangerschaft, Einfluß auf Adrenalingehalt der Nebennieren und des chromaffinen Gewebes 54.
— — auf Adrenalinwirkungen 12, 37, 287, 288.
— — auf Hinterlappenhormonwirkungen 37, 52, 156.
— — auf den Körper 9ff.
— nach Entfernung der Hypophyse 182.
— — der Nebennieren 53.
— — des Ovars 17.
— Hormone im Harne bei 40, 41, 180.
— Wechselbeziehungen zur Hypophyse 50, 179ff.
— — zum Nebennierenmark und chromaff. System 54, 287, 334.
— — zur Nebennierenrinde 53, 206.
— — zu der Nebenschilddrüse 50.
— — zum Ovar 9ff., 20, 27, 30ff.
— — zur Placenta 31, 35.
— — zur Schilddrüse 48.
Schwangerschaftsdiagnose nach Zondek u. Aschheim 41, 180.

Schweißdrüsen nach Adrenalin 227, 293.
Sektionsbefund nach Adrenalin 253.
— nach Hypophysenerkrankungen 107, 108, 109.
— nach Nebennierenentfernung 199.
Sensible Reize auf Adrenalinabgabe 319.
Serum auf Adrenalinhaltbarkeit 250.
— auf Adrenalinwirkungen 246.
Simmondssche Krankheit siehe Kachexie, hypophysäre.
Sistomensin 47.
Speicheldrüse nach Adrenalin 229, 293.
— nach Hinterlappenhormon 158.
Spermin 80.
Splanchnicus, Beziehungen zu Nebennierenmark und -Rinde 187, 214, 226, 314.
Splanchnicusgefäße nach Adrenalin 257, 272, 275.
— nach Hinterlappenhormon 142, 146.
Sterilität durch Corpus luteum-Hormon 32.
— durch Hypophysenvorderlappenhormon 50, 125.
— durch Insulin 55.
— durch Placentahormon 38.
— durch Schilddrüsenhormon 49.
— durch Vitaminmangel 86.
Stoffwechsel nach Adrenalin 296 ff.
— Wirkung der Adrenalinabgabe auf 316 ff., 334, 338.
— — der Hinterlappensekretion 178.
— nach Hodenhormonen 79, 82.
— nach Hypophysenentfernung 111, 116, 175.
— nach Hypophysenerkrankungen 107, 108.
— nach Keimdrüsenentfernung 16, 49, 67, 69.
— nach Hypophysenhinterlappenhormon 168 ff.
— bei Menstruation 9.
— nach Nebennierenentfernung 195.
— nach Ovarhormonen 42.
— bei Schwangerschaft 11.
Strophanthin auf Adrenalinwirkung 246.
— Giftigkeit nach Nebennierenentfernung 202.
Strychnin auf Adrenalinabgabe 327.
— auf Hinterlappensekretion 182.
Sublimat siehe Quecksilber.
Suprarenin 220; siehe auch Adrenalin.
Synthalinhypoglykaemie 339.

Sympathicotonus 252.
Sympathicus, Beziehungen zu Adrenalin 226 ff., 235.
— — zu den Hypophysenhinterlappenhormonen 137.
— — zum Nebennierenmark und chromaffinen System 211.
— Erregbarkeit nach Nebennierenausfall 197, 208.
Sympathicusreizung auf Hinterlappensekretion 163.

Temperatur, siehe auch Wärmehaushalt.
— auf Adrenalinabgabe 320.
— auf Hoden 61, 87.
— auf Hypophysenhinterlappenhormone 136.
— auf Hypophysenvorderlappenhormone 121.
— auf Ovar 20, 58.
Tetanie bei Schwangerschaft 50.
Tethelin 121.
Tetrahydronaphthylamin auf Adrenalinabgabe 330.
Thallium auf Brunstzyklen 57.
Theobromin auf Adrenalinabgabe 328.
Thymus, Wechselbeziehungen zum Hoden 85.
— — zu den Nebennieren 208.
— — zum Ovar 56.
Thyreoidea siehe Schilddrüse.
Tonus, Einfluß auf Adrenalinwirkung 234, 240.
Tränendrüsen nach Adrenalin 293.
Transplantation des Hodens 72 ff., 86 ff.
— der Hypophyse 122, 125, 128.
— der Nebenniere 200.
— des Ovars 19 ff., 33, 86 ff.
Traumen auf Hoden 87.
— auf Ovar 58.
Tremor der Muskeln nach Adrenalin 291.
Tube, Bewegung bei Brunst 7.
— nach Adrenalin 288.
Tuber cinereum 100, 104, 113, 117, 120.
Tunica dartos nach Adrenalin 227, 287.
Tyrosinase auf Adrenalin 225.

Überpflanzung siehe Transplantation.
Ultraviolette Strahlen auf Adrenalin 219.
Unterkühlung siehe Temperatur.
Uraemie auf Adrenalinabgabe 333.
— nach Nebennierenentfernung 209.

Urethra nach Adrenalin 287.
Ureter nach Adrenalin 287.
— nach Hinterlappenhormon 152.
Uterus, Auszüge 39.
— Bewegung nach Adrenalin 227, 234, 287, 288.
— — nach Hinterlappenhormonen 130, 134, 139, 153 ff.
— — nach Ovarhormon 42.
— bei der Brunst 7, 8.
— Entfernung 39.
— nach der Ovarentfernung 15.
— nach Ovarhormonzufuhr 22, 24, 28, 30, 32, 42, 95.
— nach Nebennierenlipoiden 53.
— nach der Ovartransplantation 20.
— nach Placentahormonzufuhr 36, 45.
— in der Schwangerschaft 10, 12.
— nach Zufuhr von Schwangerenserum 40.
Uterus masculinus nach Adrenalin 287.

Vagus siehe auch Parasympathicus.
— Ausschaltung (siehe auch Atropin).
— — Einfluß auf Adrenalinwirkung 256, 259, 260, 269, 279.
— — — auf Hinterlappenhormonwirkung 141, 142, 145.
— — — auf Hypophyse 133.
— — — auf Nebennieren 188.
— Reizwirkung nach Adrenalin 229.
Vaguszentrum nach Adrenalin 289, 296.
— nach Hinterlappenauszug 145.
Vas deferens siehe Samenleiter.
Vasopressin 135, 151.
Venendruck nach Adrenalin 269, 276, 278.
— nach Hinterlappenhormon 146.
Venenweite nach Adrenalin 269.
— nach Hinterlappenhormon 146.
Verbrennung auf Adrenalinabgabe 333.
Verjüngung 22, 24, 75.
Vitaminmangel, Beziehungen zu Hoden 86.
— — zu Nebennieren 203, 205, 208.
— — zu Ovar 57.
Voegtlinsches Pulver 137.

Wärmehaushalt nach Adrenalin 308.
— nach Hinterlappenhormon 172.
— nach Hypophysenentfernung 116.
— nach Kastration 17, 70.
— nach Nebennierenentfernung 197.
Wasserhaushalt (siehe auch Harnabgabe).
— nach Hinterlappenhormon 159 ff.
— nach Hypophysenentfernung 110, 115, 117.
— nach Hypophysenerkrankungen 109.
— nach Nebennierenentfernung 194.
— nach Zwischenhirnverletzung 117.
Wachstum nach Hypophysenentfernung 122 ff.
— nach Hypophysen-Hinterlappenzufuhr 173.
— nach Hypophysenmehrsekretion 183.
— nach Hypophysenveränderungen 106, 107.
— nach Hypophysen-Vorderlappenzufuhr 122 ff.
— nach Kastration 15, 68.
— nach Nebennierenentfernung 195.
— nach Nebennierenrindenzufuhr 205.
— nach Ovarhormon 43.

Yohimbin auf Brunstzyklen 57.
— auf Adrenalinwirkung 241, 266.

Zentralnervensystem nach Adrenalin 230, 253, 255, 259, 262, 264, 267, 292, 295, 307, 308.
— nach Hinterlappenhormon 143, 144, 145, 149, 150, 153, 161, 172.
Zentren der Adrenalinsekretion 316.
— der Hypophysensekretion 103.
Zuckerkandlsches Organ 211.
Zuckerstich 317.
Zuckerstoffwechsel siehe Kohlenhydratstoffwechsel.
Zwerchfell nach Adrenalin 291.
Zwergwuchs, hypophysärer 107, 176.
Zwicke 88.
Zwischenhirn 117; siehe auch Tuber cinereum.
Zwitter siehe Hermaphroditismus.

Buchdruckerei Otto Regel G. m. b. H., Leipzig

MIX
Papier aus verantwortungsvollen Quellen
Paper from responsible sources
FSC® C105338

If you have any concerns about our products,
you can contact us on
ProductSafety@springernature.com

In case Publisher is established outside the EU,
the EU authorized representative is:
**Springer Nature Customer Service Center GmbH
Europaplatz 3, 69115 Heidelberg, Germany**

Printed by Libri Plureos GmbH
in Hamburg, Germany